储层地震精细描述方法及应用研究

张军华 编著

Research on Reservoir Seismic
Fine Description Methods
and Their Applications

中国石油大学出版社
CHINA UNIVERSITY OF PETROLEUM PRESS

山东·青岛

图书在版编目(CIP)数据

储层地震精细描述方法及应用研究/张军华编著
. --青岛:中国石油大学出版社,2022.3
ISBN 978-7-5636-7328-5

Ⅰ.①储…　Ⅱ.①张…　Ⅲ.①储集层－地震勘探－研
究　Ⅳ.①P618.130.8

中国版本图书馆 CIP 数据核字(2022)第 034688 号

书　　　名:储层地震精细描述方法及应用研究
　　　　　　CHUCENG DIZHEN JINGXI MIAOSHU FANGFA JI YINGYONG YANJIU
编 著 者:张军华

责任编辑:王金丽(电话　0532-86983567)
封面设计:王凌波

出 版 者:中国石油大学出版社
　　　　　　(地址:山东省青岛市黄岛区长江西路 66 号　邮编:266580)
网　　　址:http://cbs.upc.edu.cn
电子邮箱:shiyoujiaoyu@126.com
排 版 者:青岛汇英栋梁文化传媒有限公司
印 刷 者:泰安市成辉印刷有限公司
发 行 者:中国石油大学出版社(电话　0532-86981531,86983437)
开　　　本:787 mm×1 092 mm　1/16
印　　　张:25.75
字　　　数:633 千字
版 印 次:2022 年 3 月第 1 版　2022 年 3 月第 1 次印刷
书　　　号:ISBN 978-7-5636-7328-5
定　　　价:120.00 元

前　言

　　随着油田勘探开发的深入,对储层解释、预测和描述的要求越来越高。由于储层的形态、岩性、成因等有较大差别,其研究方法也有所不同。目前,国内外关于储层精细描述方法及应用的论文很多,但结集出版的专著较少,理论研究较深入、实际应用较全面的专著则更少。

　　笔者最近十几年主要从事地震解释研究,其类型包括复杂断块、河流相储层、滩坝砂储层、砂砾岩储层、浊积岩储层、碳酸盐岩溶洞型储层、断溶体等,深感储层预测的复杂性和高难性。要做好储层预测,除了要熟悉物探学科的知识,掌握必要的方法技术以外,还得熟练掌握计算机及软件操作技能,懂得地质、测井知识,了解必要的油藏、开发知识,是真正的系统工程。

　　不同储层,地震预测和描述方法有明显的不同。譬如,断块类储层要研究相干体、曲率体等能凸显边缘信息的地震属性,薄互层地层则要研究地层切片、弧长、波阻抗等技术。作为高等院校教师,笔者一直想结合国内外文献资料及自身科研体会认识,把不同储层的研究方法总结出来,写本专著,便于研究生学习及油田实际解释人员使用参考。但由于内容较多,一直理不好写作的主线,无法成集。2016年,山东省启动研究生教育质量提升计划,对案例教学及研究给予高度重视。2018年笔者申报了"典型储层地球物理资料解释案例库建设"项目,并成功获批(编号 SDYAL18021)。在省教改项目的推动下,笔者以案例教学为提纲,选取关于储层研究的13个案例开展相关研究。这些案例包括:① 薄层、薄互层精细描述;② 溶洞型储层描述;③ 断层破碎带研究;④ 滩坝砂储层预测;⑤ 二氧化碳驱地震监测;⑥ 地震弱反射储层预测;⑦ 甜点地震描述;⑧ 低序级断层精细描述;⑨ 河流相储层精细描述;⑩ 强屏蔽层去除问题;⑪火成岩储层描述;⑫浊积岩储层精细描述;⑬ 砂砾岩储层精细描述。

　　本书撰写主要参考了笔者及学生发表的60篇地震解释方面的核心期刊论文,为了使专著能反映现状和发展趋势,部分内容由研究生们更新了文献,补充了同类型研究问题国内外最新研究成果。各章内容如下:第1章,薄层、薄互层精细描述方法及应用;第2章,缝洞型储层精细描述方法及应用;第3章,低序级断层及断层破碎带精细描述方法及应用;第 4 章,滩坝砂储层精细描述方法及应用;第 5 章,二氧化碳驱储层精细描述方法及应用;第 6 章,强屏蔽、弱反射储层精细描述方法及应用;第 7 章,河流相储层精细描述方法及应用;第 8 章,火成岩储层精细描述方法及应用;第 9 章,浊积岩储层精细描述方法及应用;第 10 章,砂砾岩储层精细描述方法及应用;第 11 章,深部储层精细描述方法及应用。专著与教改项目设置的案例略有不同,其中归并了低序级断层和断层破碎带以及强屏蔽和弱反射的研究内容,穿插甜点案例到相关章节,并增加了深部储层的研究案例。

胜利油田素有"石油地质大观园"之美称,中国石油大学(华东)又与胜利油田有良好的产学研合作关系,这为典型案例研究提供了政策和保障。在国家油气重大专项和十几个校企合作项目的支持下,笔者通过项目合作,解决了部分科研生产难题,也接触到了企业储层解释的最新成果。更重要的是,对多种类型储层的地质特点、测井响应有了基本的了解和认识,对不同储层针对性的地震预测和解释方法有了较深入的研究。这些又为本书撰写提供了必要的知识储备和详细的案例素材。

本书能够顺利出版,要特别感谢胜利油田物探研究院、勘探开发研究院,因为大多数合作项目和典型案例来自这两个科研机构。要感谢胜利油田的刘显太老总、王延光老总、杨勇老总、王增林老总,感谢物探研究院韩宏伟院长、谭明友副院长、张云银副院长以及曲志鹏、于正军、冯德永、崔世凌、刘立彬、李红梅、于景强等领导和专家,感谢勘探开发研究院杜玉山副院长、王军老总、刘磊专家、蒋龙主任等。还要感谢中石化南京物探研究院胡中平副院长、王立歆副院长、徐颖专家,感谢中石化勘探开发研究院张宏专家。感谢各位领导和专家对相关研究提供的帮助、提出的意见和建议。

笔者多届做储层描述和预测研究的弟子们对本书的研究内容做出了贡献:已毕业的有博士李军,硕士王伟、张在金、刘振、黄广谭、刘杨、朱博华、刘培金、吴成、范腾腾、江徐、桂志鹏等;在读的有博士王静、刘震,硕士赵杰、任雄风、李琴、王作乾、常健强等。王静、桂志鹏、江徐、赵杰、任雄风、王作乾、刘震、李琴、黄德峰、任陆庆、胡陈康、常健强、田哲,参与了部分章节内容的文献调研、内容整理和编写。全书由王静博士负责整理,刘震博士负责校对。

本书可作为广大从事地震资料解释和储层预测人员的参考书,也可作为高等院校、大专院校、科研院所研究生的辅助教材。

由于编者水平有限,编写时间仓促,书中难免存在很多不足和错误,望广大读者批评指正。

作 者

2021 年 2 月

目 录

第 1 章
薄层、薄互层精细描述方法及应用

1.1 概 述

随着水平井技术、钻井压裂工艺的进步与推广,以往不太受重视的薄层和薄互层,正日益受到油气勘探开发界的关注,而薄层油气藏和薄互层油气藏也逐渐成为一类很重要的油气藏。

地质学上狭义的薄层是指储层的厚度薄、单一,层与层之间由较厚的非渗透层分开,如单期沉积的三角洲前缘席状砂体。根据油田一般的开发标准,将单层厚度 $h \leqslant 1$ m 的储层划为特薄层储层,1 m$<h \leqslant 2$ m 的储层划为薄层储层,2 m$<h \leqslant 5$ m 的储层划为中厚层储层,5 m$<h \leqslant 10$ m 的储层划为厚层储层,$h>10$ m 的储层划为特厚层储层。因此,可以将单层储层厚度 $h \leqslant 2$ m 的油气藏定义为薄层油气藏。根据圈闭成因,可以将薄层油气藏分为构造薄层油气藏、地层薄层油气藏、岩性薄层油气藏、水动力薄层油气藏和复合薄层油气藏。

测井上对薄层的定义是厚度较薄的地层,一般定义薄层为厚度 5～60 cm 的地层,在砂泥岩剖面中尤为常见。就测井而言,薄层是相对的,小于测井仪器的纵向分辨率就称为薄层,然而不同测井仪器有不同的分辨率,因此,薄层可能在不同地区、不同油气田,相对某种测井仪器来讲有不同的界限。薄层有单一薄层和薄互层两类。单一薄层是指发育的薄砂岩;薄互层是指砂岩层中被一个或几个泥质条带分成许多小层,扣除夹层后的储层厚度在 0.5 m 以上,这种储层一般物性较差,在测井资料上没有明显的储层显示,造成测井解释上的困难,但是这些薄层有可能成为具有工业价值的油气储层。薄层及薄互层易形成低阻油层,这些薄低阻油层 GR 一般在 80 API 左右,SP 具有明显负异常,电阻率一般低于 6 Ω·m,有的层电阻率甚至在 2～3 Ω·m 之间。这类油层常规测井曲线受薄层的上下围岩影响较大,特别是深感应电阻率曲线,由于其纵向分辨率较低,受薄层围岩的影响更大。薄层及薄互层对测井工作影响很大,在砂泥岩薄互层中测得的电阻率过低,计算的地层有效孔隙度偏小,导致最后计算的含水饱和度不准确。对于同时含有钙质等致密层的薄互层储层,情况更为复杂,这时的测井曲线将同时受到致密层、砂岩层和泥岩层的影响,影响的程度随着它们相互位置及厚度的不同产生明显的变化。在低渗透油藏中,微电极测井分辨率较高,比较适合于划分薄层。

地震上对薄层的定义是其双程旅行时间厚度小于入射波调谐厚度(1/4 波长)且在常规地震剖面上难以分辨的地层;薄互层是由不能被地震反射区分出每个单层的多个薄层组成的一

套地层。在地震剖面上,因为主频低,薄互层常表现为混合的复合波,地震描述与预测难度很大。由于地震数据对薄层的分辨能力有限,该类储层的地震预测具有较大难度。

无论是地质上、测井上还是地震上定义的薄层或薄互层的单层厚度都一般只有几米,甚至更小。从地震勘探原理上来说,它们是严格意义上的调谐厚度内的地层,因此对这种薄的地层用常规的地震解释方法已不能有效预测和精细描述,需要采用特殊的方法技术对它们进行探究与认识。

本章从薄层和薄互层的地震响应机理出发,对现有实用的或较新的叠后解释方法进行梳理,给出相关方法技术的基本原理及物理意义,并用理论模型进行验证或说明。其内容主要包括调谐厚度薄层解释方法,90°相移子波薄层描述方法,道积分薄层描述方法,砂体尖灭线的描述方法,基于地震旋回的分析方法,基于能量半时、弧长、甜点等特色属性分析方法,基于地层切片的分析方法,基于层次分析法的描述方法和基于反射系数稀疏反演的方法 9 个方面(张军华等,2017)。

1.2　单一薄层描述方法

1.2.1　调谐厚度薄层解释方法

用调谐理论进行薄层定量解释是一种常用方法,一般认为 $\lambda/4$(λ 为波长)是薄层分辨率极限,也称调谐厚度,以此作为薄层的划分标准。调谐理论的解释方法分为时间域和频率域两类。

1.2.1.1　时间域薄层解释方法

时间域求取薄层厚度主要利用振幅、时差信息,当薄层厚度大于 $\lambda/4$ 时,用视时差(相对时差)计算真实厚度;当薄层厚度小于 $\lambda/4$ 时,视时差已基本不变,此时可用相对振幅关系计算实际厚度。

图 1-1 为用于研究薄层调谐关系的楔形体模型,楔形体内薄层速度取 2 500 m/s,为了便于表示,设上界面反射系数为 -1,下界面反射系数为 $+1$,采用主频 35 Hz 的雷克子波,每道厚度间隔为 1 m(双程旅行时为 0.8 ms)。图 1-2 为根据顶、底波谷和波峰处的振幅与时差计算得到的薄层调谐曲线。

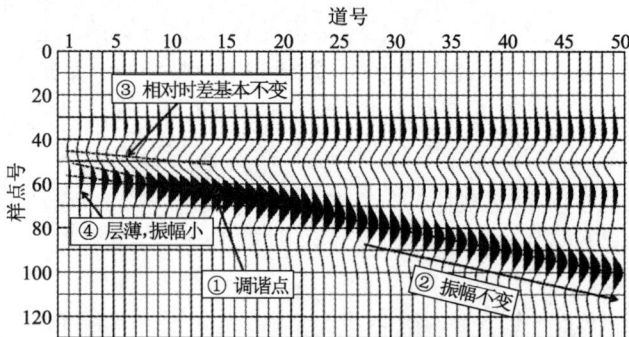

图 1-1　用于研究薄层调谐关系的楔形体模型

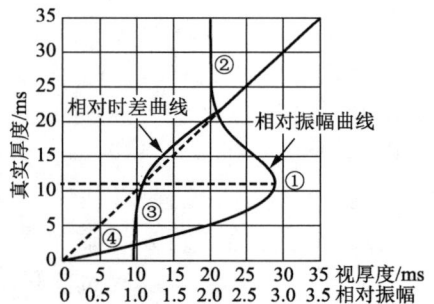

图 1-2　薄层调谐曲线

　　根据图1-1和图1-2可分析以下几个关键点：① 调谐厚度点。这在调谐曲线上是明确无误的，对于图1-1所示的模型，调谐厚度约为11.1 ms，基本上就是$\lambda/4$；在合成记录上是在第$11.1/0.8≈14$道处，但在人工解释时很难准确解释出是13道还是14道或15道。② 相对振幅稳定点。从图1-2上看，此点以后顶、底界面波谷与波峰已没有混叠，值固定不变；这在图1-1上也很明显，此点向右，波峰、波谷振幅和形状已不发生变化。③ 复合波时差不变点。图1-2中时差曲线在11.0 ms以后基本不变，最小值为9.5 ms，此时不能用时差关系来计算厚度；图1-1示意性地用虚线表示了波谷和波峰时间位置，需要特别注意的是，即使5 m，10 m这种数量级的薄层，通过直接解释顶、底反射界面来计算实际厚度的方法也是不可取的。④ 几米厚的薄层区。以往用调谐厚度计算薄层，往往忽视薄层复合波的幅度问题。图1-1直观地说明，对于1 m，2 m，3 m的薄层，它们的幅度明显比厚层或调谐点附近要小很多，对于低信噪比资料，用调谐厚度预测特薄的储层有一定的不确定性。

　　调谐厚度和视厚度最小值由子波主频决定，图1-3给出了主频与调谐厚度和最小视厚度之间的关系。有两点值得注意：第一点是曲线不是线性关系；第二点是调谐厚度与最小视厚度不是一个概念，最小视厚度的值比调谐厚度要小，这一点从图1-2的时差变化曲线上也得以体现。调谐厚度也可以通过公式(1-1)计算得到，计算的结果与合成记录统计提取的结果一致。

$$\Delta t = \frac{\sqrt{6}}{2\pi f_m} \tag{1-1}$$

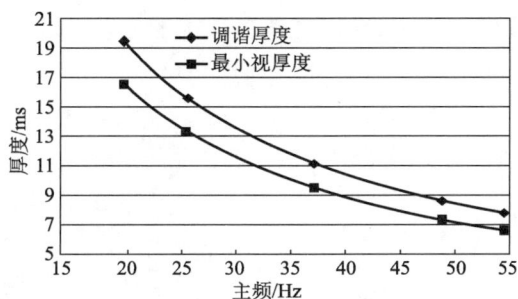

图1-3　主频与调谐厚度、最小视厚度之间的关系

1.2.1.2 频率域薄层解释方法

　　对于泥包砂储层，在层厚很小的条件下，可得峰值频率f_p与薄层厚度τ之间的关系式：

$$f_p \approx \frac{\sqrt{6}}{2} f_m \left(1 - \frac{\pi^2 \tau^2 f_m^2}{6}\right) \tag{1-2}$$

式中，f_m为子波主频。

　　设子波主频f_m为35 Hz，计算后得到的频率与厚度曲线如图1-4所示。从图1-4可以看出，厚度增加，响应的峰值频率会有所降低。这个结论的前提是薄层厚度τ相对于峰值频率f_p要足够小。直接对图1-1的薄层响应计算频谱，结果如图1-5所示，可以看出，当厚度较小时，频谱呈单峰，厚度增加，峰值频率减小，符合公式(1-2)和图1-4的结论。

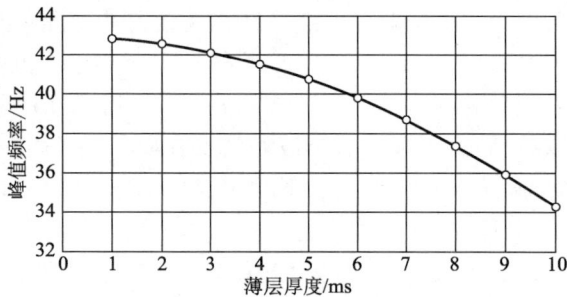

图 1-4　峰值频率与薄层厚度的关系曲线

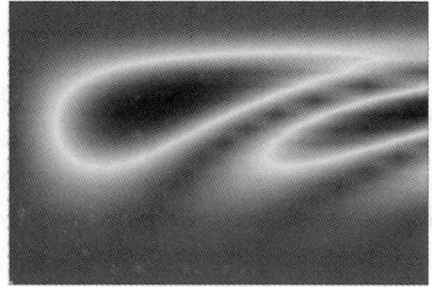

图 1-5　直接根据模型计算的频谱

由于层厚度与频率存在对应关系,分频解释便成了一项很实用的解释技术。商用解释工作站(如 GeoFrame)还开发了一种利用调谐频率计算净厚度的方法。该方法先计算 F-X谱,然后提取峰值频率(从谱分解的角度来说,也可以称为调谐频率),最后根据井点的相关性统计厚度与调谐频率的关系,进而预测储层厚度。

1.2.2　90°相移子波薄层描述方法

90°相移技术是一种很直观有效的薄层检测方法,它可以简单地通过时间域的希尔伯特变换或频率域相移实现。

对地震信号 $x(t)$,用式(1-3)做希尔伯特变换(Hilbert transform,简称 HT),可得到解析道 $y(t)$,其组合可以得到复数道,利用复地震道技术可以提取三瞬属性。

$$y(t) = x(t) * h(t) \tag{1-3}$$

其中,

$$h(t) = \frac{1}{\pi t}$$

对滤波因子 $h(t)$ 进行 Fourier 变换,有:

$$H(f) = \begin{cases} -j, & f > 0 \\ j, & f < 0 \end{cases} \tag{1-4}$$

分析其振幅谱和相位谱,易知其幅度为 1,相位做 90°相移,即

$$\varphi(f) = \begin{cases} -\dfrac{\pi}{2}, & f > 0 \\ \dfrac{\pi}{2}, & f < 0 \end{cases} \tag{1-5}$$

所以做 90°相移处理就是做希尔伯特变换,90°相移子波实际上就是对子波做希尔伯特变换后的结果。对于图 1-6(a)所示的零相位雷克子波,经过 90°相移就得到了奇对称的子波(图 1-6b),不过对于薄层研究来说,这本身没有意义。对于薄层来说,复合波变成具有正负极性、类似于 90°相移子波的耦合波形(图 1-6c)。对它进行 90°相移处理,则又近似地转变为对称的子波了(图 1-6d)。但是,从图中可以看出,90°相移响应旁瓣外还有低幅度的次一级旁瓣,对于薄互层来说这会降低处理后剖面的分辨率。

对于图 1-7(a)所示的楔形体模型,对 90°相移子波的合成记录剖面(图 1-7c),利用变密度显示时,它可以比较直观地展示出薄层的特征,而零相位子波记录(图 1-7b)薄层内部特征不直观。

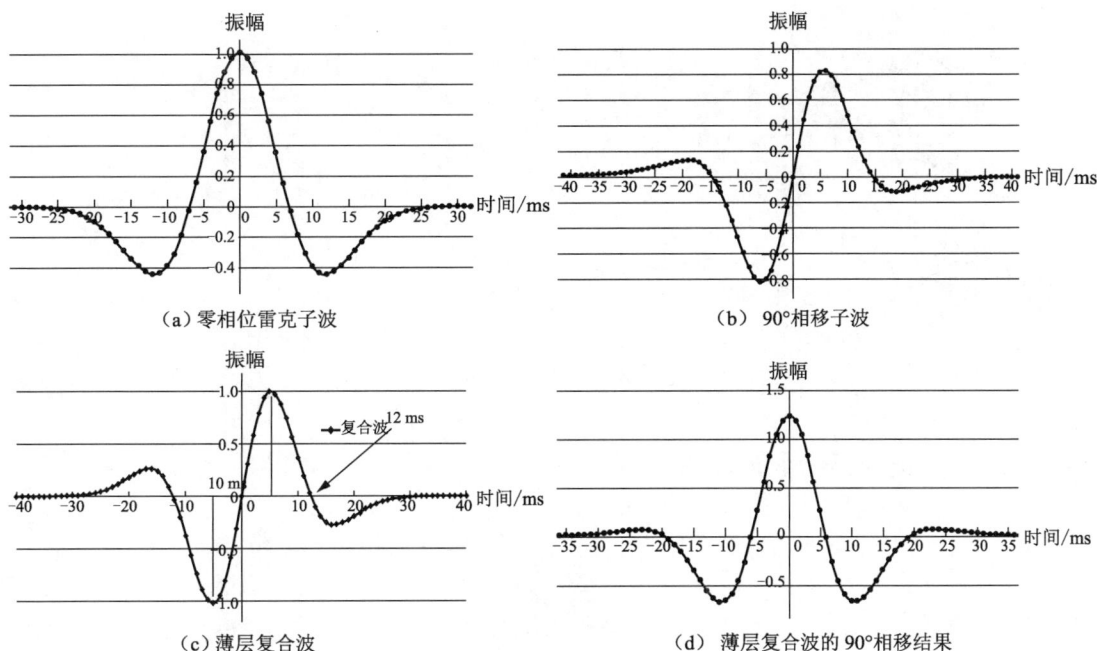

（a）零相位雷克子波　　　　　　　　（b）90°相移子波

（c）薄层复合波　　　　　　　　（d）薄层复合波的90°相移结果

图 1-6　90°相移物理含义

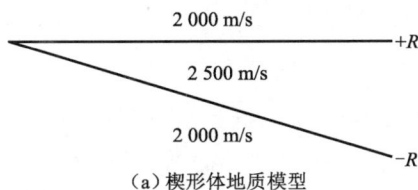

（a）楔形体地质模型

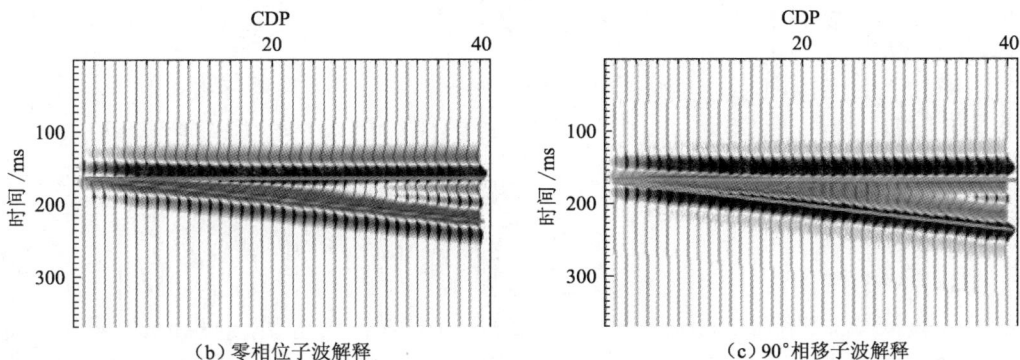

（b）零相位子波解释　　　　　　　　（c）90°相移子波解释

图 1-7　90°相移子波与零相位子波在薄层变密度解释中的对比

图 1-8 展示了一个应用实例,井点分层标识点代表 11.6 m 的薄层。要解释薄层必须识别顶、底两个层位,而采用 90°相移技术处理后,同相轴基本上反映了薄层信息,可用相移处理后的数据体提取最大振幅来进一步开展储层预测研究。需要指出的是,对于很薄的储层,90°相移后的剖面与地质分界面不是一个等时面(很显然图 1-8 中地质分层要小于波谷、波峰解释的地震分界面时差),纵向直接讨论薄层分辨率已意义不大。另外,90°相移技术也有局限性,它适合沉积比较稳定的储层,对于断裂异常复杂的地层,其应用效果受限。

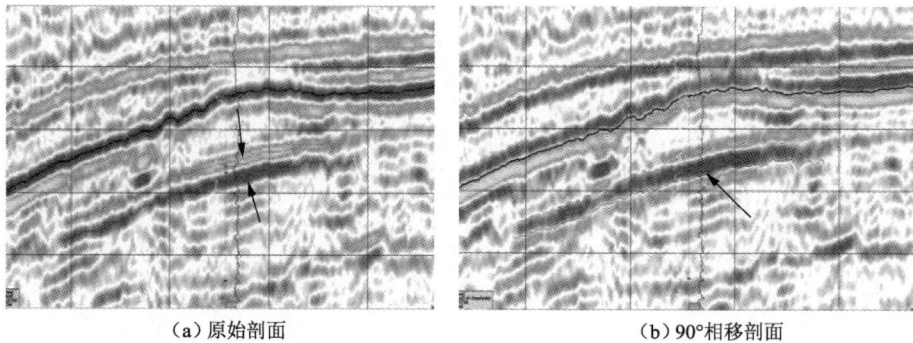

（a）原始剖面　　　　　　　　　　　　　　（b）90°相移剖面

图 1-8　原始剖面与 90°相移剖面对比

1.2.3　道积分薄层描述方法

20 世纪 80 年代中期，日本学者 Ikawa 等提出了道积分技术，通过对地震记录道进行积分，可以快捷地得到相对波阻抗剖面，是一项比较有效的地层岩性解释技术。1994 年，李庆忠院士在《走向精确勘探的道路》专著中专门阐述了道积分的方法原理，并亲自对砂泥岩薄互层模型进行了分析，指出了道积分对砂岩储层解释的重要性，提醒广大解释人员"追踪砂层必须用波阻抗剖面或积分地震道"。地震道积分的计算公式为：

$$\sum_{j=1}^{i-1} x_j = k w_i * \ln \frac{Z_i}{Z_1} \tag{1-6}$$

式中，x_j 为地震记录，w_i 为滤波因子，Z_1 为起始层波阻抗，Z_i 为波阻抗，k 为常数。

地震道积分等于归一化后的波阻抗对数的滤波，常称为相对波阻抗（张军华等，2018）。

1.2.3.1　单砂体波形特征及其道积分

对于单一薄层，设顶面的反射系数为 k、时间间隔为 Δt，则底面的反射系数相反为 $-k$，合成的复合波为：

$$w(t) * [k\delta(t) - k\delta(t - \Delta t)] = k[w(t) - w(t - \Delta t)] \tag{1-7}$$

当 Δt 很小时，有：

$$\lim_{\Delta t \to 0} k \frac{w(t) - w(t - \Delta t)}{\Delta t} = k \frac{\mathrm{d}w(t)}{\mathrm{d}t} \tag{1-8}$$

由式（1-8）可知，复合波实际上就是原子波的导数与顶面反射系数的乘积。对式（1-8）积分，近似得到了薄层的道积分。这样原来耦合的薄层复合波转变为易于解释的单个道积分波形，物理意义是明显的。为了直观地解释以上含义，同时对薄层 Δt 的应用条件有更清楚的认识，下面以董 701 井河流相薄砂体为例进行说明。该井主要含油砂体厚为 11.6 m，速度为 4 064 m/s，围岩的平均速度为 4 353 m/s。通过对过井道计算，储层段主频为 33 Hz，实际资料采样间隔为 1 ms，这样储层双程旅行时约为 6 ms。选取雷克子波进行正演，图 1-9（a）～（d）分别展示了单一薄砂体的原子波、复合前波、复合波和道积分的波形。

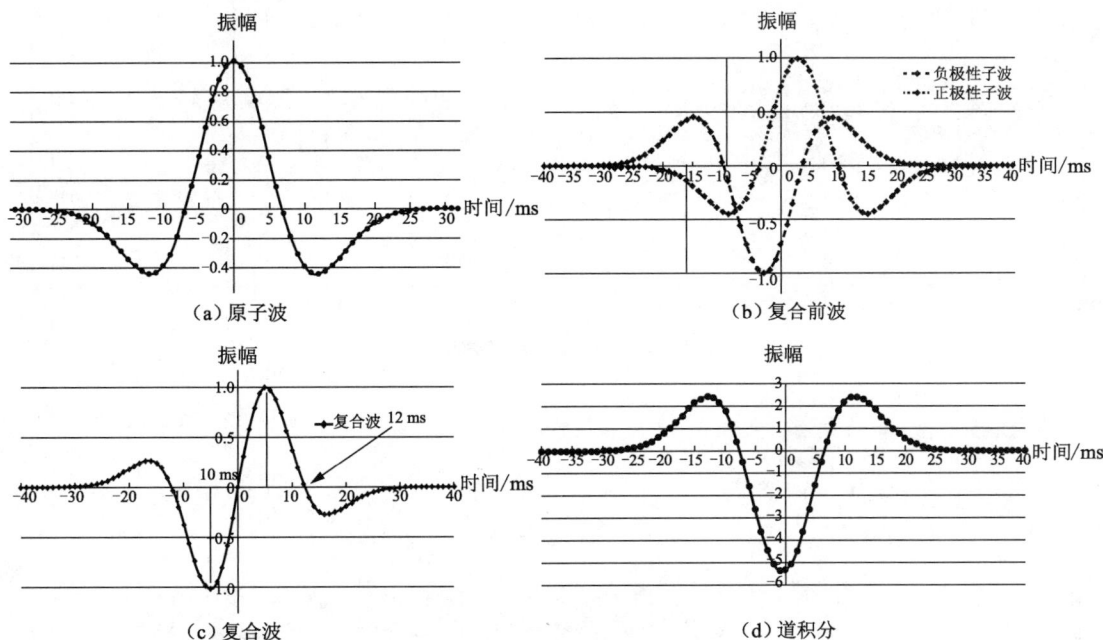

图 1-9   单一薄砂体波形特征分析

由图 1-9(a)可以看出,33 Hz 的雷克子波,子波时间长度大概为 48 ms,旁瓣在+12 ms 和-12 ms 处。图 1-9(b)为间隔 6 ms 的两个波,顶层为负极性,底层为正极性。图 1-9(c) 为单砂体的复合波,它是原子波的导数,原子波主瓣和旁瓣的峰值处导数为零,时间值基本 不变,分别对应 0 ms 和±12 ms。由于顶面反射系数 k 为负值,原子波主瓣右侧为负,乘 k 后变成正值。图 1-9(d)为计算的道积分波形,可以直观地看到道积分又还原为原子波了, 只不过由于 k 为负值,波形极性相反。

1.2.3.2　楔形体特征及其道积分

单道上能清楚地观察到子波的极性变化,但砂体解释厚度变化不易考察。为此,建立 楔形体模型来进行分析(图 1-10)。模型共 61 道,对应时间厚度 0~60 ms。通过调谐厚度 计算与分析,易得子波长度为 48 ms,$\frac{1}{4}\lambda$ =12 ms。由图 1-9(c)可知,由于薄层的分辨率极 限制约,复合波正负极值时间间隔为 10 ms,大于设定的薄层 6 ms 厚度,直接计算界面波 峰和波谷时间差最小为 10 ms。比较原始地震剖面和道积分剖面可以很明显地观察到: ① 整体来看,道积分剖面易于直接分辨地质体范围,而原始剖面不容易进行地层解释与界 面分辨;② 原始剖面在 $\frac{1}{4}\lambda$ 内正负极性同相轴偏离反射界面比较严重,时间分辨率达到极 限(最小值 10 ms);③ $\frac{1}{2}\lambda$ ~ $\frac{3}{4}\lambda$ 这一段,原始剖面出现了混杂的旁瓣,容易被当成小薄层, 导致产生错误的解释结果。

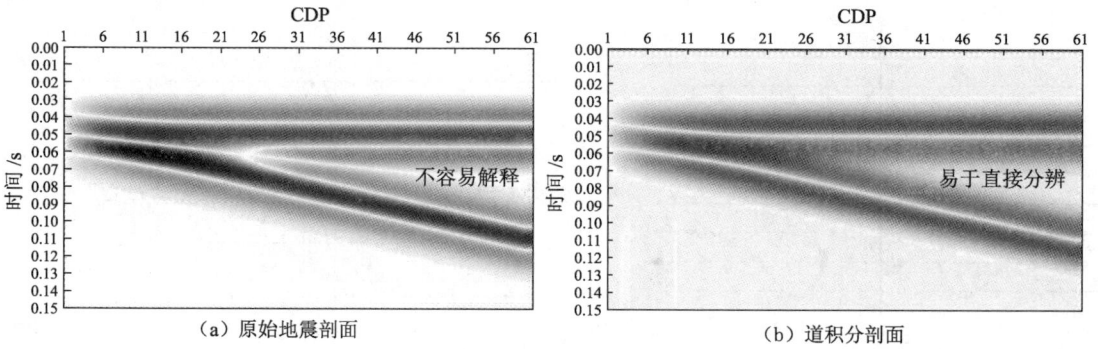

（a）原始地震剖面　　　　　　　　　　　　（b）道积分剖面

图 1-10　楔形体模型特征分析

1.2.3.3　实际河道砂体特征及其道积分

沿研究区河道，垂直河道截取剖面，如图 1-11 所示。分析 4 个切点的反射特征，可以发现明显的双峰特征，其中上面为波谷，下面为波峰。

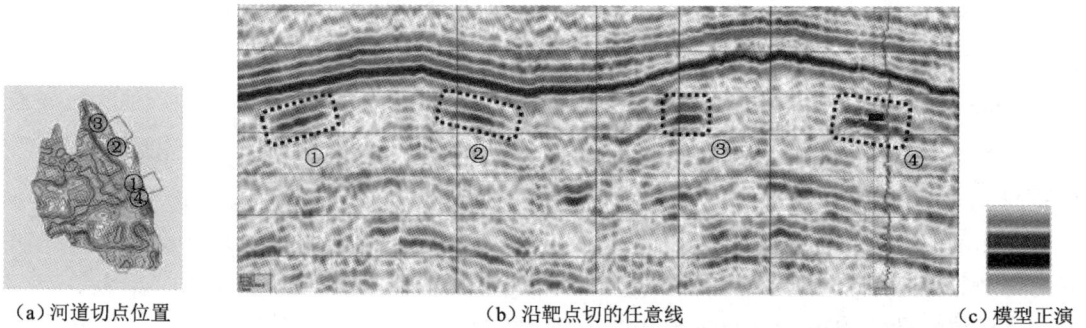

（a）河道切点位置　　　　　　　　（b）沿靶点切的任意线　　　　　　　（c）模型正演

图 1-11　实际河道砂体反射特征

对以上剖面提取道积分，结果如图 1-12 所示。由图 1-12 可以观察到，道积分反映的是相对波阻抗，顶部的清水河底部块砂、靶点处的河道砂体特征都非常明显，而对于薄河道砂体，道积分的纵向和横向分辨率都要高于原始剖面。

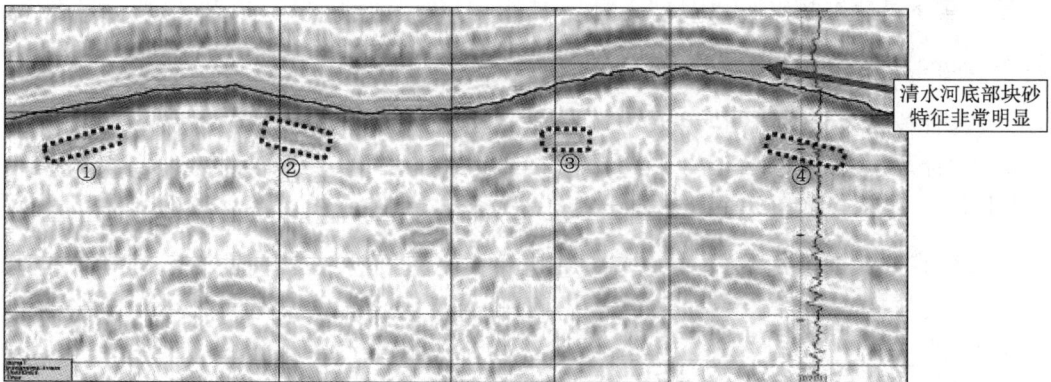

图 1-12　由图 1-11 提取的道积分剖面

1.2.3.4　道积分与其他地震属性对比分析

1）道积分与常规地震属性对比

为了进一步验证道积分技术在薄河道砂体解释中的效果，提取常用的三瞬属性与之进行对比，剖面选取过董 701 井的主测线 L2380（图 1-13）。可以看到，对于研究区，瞬时相位和瞬时频率识别薄河道砂体特征不明显，而瞬时振幅属性虽然对薄河道砂体有一定的响应，但其横向变化大、纵向分辨率低，边界刻画并不准确。

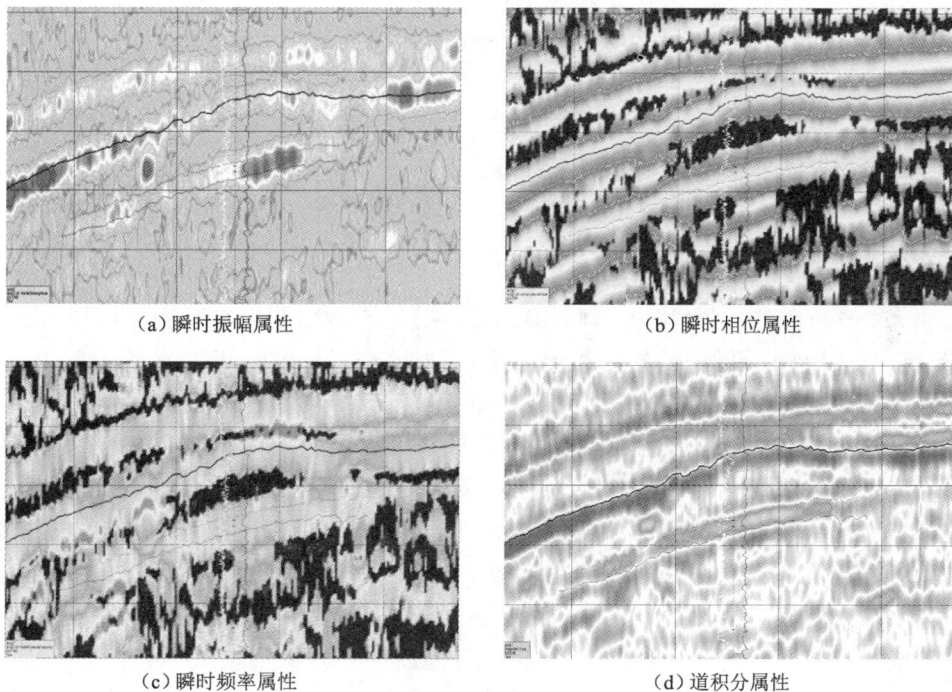

（a）瞬时振幅属性　　　　　　　　　　　（b）瞬时相位属性

（c）瞬时频率属性　　　　　　　　　　　（d）道积分属性

图 1-13　常规地震属性与道积分比较

2）道积分与 90°相移子波技术比较

比较薄层 90°相移（图 1-6d）与道积分（图 1-9d），可以认识到：① 对于低波阻抗的薄层，90°相移处理后的响应极性为正，而道积分为负；② 90°相移响应旁瓣外还有低幅度的次一级旁瓣，对于薄互层这会降低处理后剖面的分辨率；③ 道积分主瓣和旁瓣振幅比绝对值为 2.22，90°相移为 1.83，道积分主瓣相对能量强，更有利于薄层的识别。

图 1-14 为 90°相移和道积分的实际资料应用结果比较。由图可以看到，由于 90°相移振幅低于道积分，其横向分辨率没有道积分好，顶部块砂结构也不如道积分明显，说明道积分对薄河道砂体识别更有效。

另外，道积分法预测的薄层精度要高于调谐厚度法，道积分法求取的厚度更精确，误差也比调谐厚度法要小。

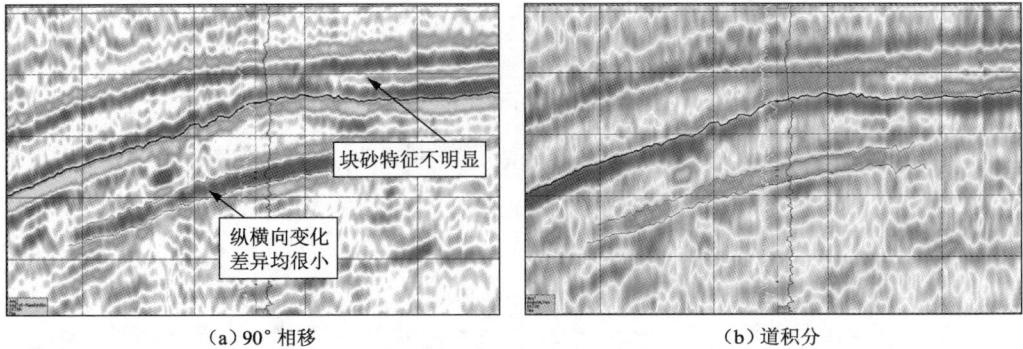

(a) 90°相移　　　　　　　　　　　　　　　　(b) 道积分

图 1-14　90°相移和道积分的实际资料应用结果比较

1.2.4　砂体尖灭线的描述方法

1.2.4.1　概　述

在油气勘探开发中,砂体范围刻画的精度一直广受关注,因为它与确定储层边界、计算储量、部署井位、制订开发方案等有着直接关系。对于地层-岩性油气藏,砂体沿边界会发生尖灭消失现象,这一现象在地震剖面上就能直接观察到,但准确识别砂体尖灭点不是一件容易的事,特别是对于低角度的尖灭地层。从某种程度上来说,它已成为该类油气藏地震解释与储层预测的一个难点。国内外对这一问题已有几种实用方法,应用较多的是基于瞬时谱分析和薄层调谐原理的属性提取方法。Chuang 等(1995)通过对薄层的研究发现,调谐能量处对应的位置十分接近真正尖灭点,而且该位置在瞬时谱剖面上会形成亮点,因此可以利用瞬时谱分量来识别尖灭的位置。凌云研究小组(2003)根据振幅的调谐作用,探测了小于 1/4 波长的薄砂层透镜体、岩性尖灭等地质体。苏朝光等(2007)通过大量正演模型和地质统计方法,认为地层油藏超剥尖灭线的误差与地层和不整合面夹角有关,提出了夹角外推计算方法。王军等(2011)以薄层调谐理论为依据,利用 S 变换分析薄层调谐的瞬时谱特征识别了三角洲尖灭线。王志杰(2012)通过频谱成像和瞬时相位属性识别了东营凹陷小营油田沙二段砂体的尖灭线。张繁昌等(2012)利用匹配追踪瞬时谱及对各瞬时谱分量进行主成分分析识别出三角洲砂岩的尖灭线的全貌。刘杰等(2013)根据调谐原理采用分频后的振幅响应、瞬时相位、90°相移指示尖灭点位置。师永民等、殷积峰等分别在 2005 年和 2007 年利用波形分析技术对研究区的地层剥蚀线进行了识别,取得较好效果。

总之,国内外文献对砂体尖灭线的识别主要体现在两个方面:一是建立在 Widess 调谐厚度理论上的应用及其延伸,二是运用瞬时相位地震属性和波形分类等分析手段识别尖灭线。但是,以上方法对尖灭线的识别均存在不同程度的误差,尤其当地层倾角较小的时候,识别的尖灭点与实际位置的误差较大。本节根据研究区地质特点,设计了多个砂体尖灭模型,进行了理论研究与分析,优选出适合尖灭点拾取的上覆地层下波谷属性,并与其他识别方法进行了效果对比,模型研究显示出更高的精度。在实际应用中,结合谱分解技术,提取了不同频率分频地震数据体的上覆地层下波谷属性,较清晰地识别出目的层的尖灭线,取得了良好的应用效果。该方法对其他类似区块的砂体预测也具有一定的借鉴作用。

1.2.4.2　利用瞬时相位属性识别砂体尖灭点

1) 瞬时相位属性的基本原理

瞬时相位(instantaneous phase)是常规属性中的一种。它是用来描述剖面中同相轴连续程度的重要属性,而同相轴是否连续则受制于地层的连续性。因此只要地层中存在地层异常便会引起相变,而与振幅大小无关。所以在异常点反射系数较小时,即地层反射能量较弱的地方,很难找到异常点的反射,而此时可以通过提取瞬时相位属性,在相位剖面图上寻找相变点来识别地层突变点,这要比单纯从地震剖面中寻找容易得多。

假设传播介质为各向同性的均匀介质,按照地震波传播规律,地震波的相位应当是连续变化的。而当地震波传播过程中遇到岩性突变点时,显然传播介质不再满足各向同性条件,此时相位会出现跳变。通过这一特征,进行地下非均质体、地层突变的检测是行之有效的。由地下非均质体引起的地震波相变,是地震剖面上识别地层连续性的重要标志。该方法可用于超覆线解释。

三瞬属性都是以希尔伯特变换为基础的,瞬时相位作为三瞬属性之一也毫不例外。假设 $\widetilde{x}(t)$ 是原始地震道 $x(t)$ HT 的结果,则瞬时相位计算公式为:

$$\varphi(t) = \arctan \frac{\widetilde{x}(t)}{x(t)} \tag{1-9}$$

由上式可知,瞬时相位的正切值,实际上就是信号的虚部比上信号的实部。瞬时相位是同相轴连续性的直接体现,同时刻画了传播介质的非均匀性。瞬时相位可以区分地层,因为半波损失的原因,地层顶、底会产生相位的变化,顶、底界面的相位正好相反,由 $-\pi$ 到 π 的相位转变,在属性显示时会出现对比最为明显的一对颜色。在单一岩性地层内相位应当是连续变化的,其相位值应当从 $-\pi$ 逐渐、连续地过渡到 π。

瞬时相位属性表示单道地震数据的相位随着时间 t 的变化,这个相位值可以用度表示,也可以用弧度表示。但该属性也存在不足,在增强有效信号识别的同时,也使得噪音信号得以加强,这个副作用类似于增强分辨率。

在地层中发育有地层尖灭、超覆等地质现象,或地下存在非均质体时,该属性可以得到较好的应用效果。尤其是对由角度不整合引起的地层尖灭,由于角度不整合地区反射系数不稳定,所以反射振幅有强有弱,在地震剖面上常显示为断续的同相轴反射,不利于角度不整合的确定。但利用瞬时相位属性可以很好地通过相变解决弱振幅反射问题,从而确定不整合面,找到尖灭点。

2) 实际资料应用

对某研究区地震资料进行瞬时相位属性提取,得到如图 1-15(b)所示的瞬时相位剖面。从图中可以看出,在原始地震剖面中较难确定尖灭点的具体位置,且由于地震资料品质的原因,在不整合位置出现断续同相轴,很难把握尖灭处的实际情况,而通过瞬时相位属性可以清楚地看到不整合面的存在位置,连续性好且同相轴明显,在超覆尖灭点位置能较好地反映出尖灭点的特征。

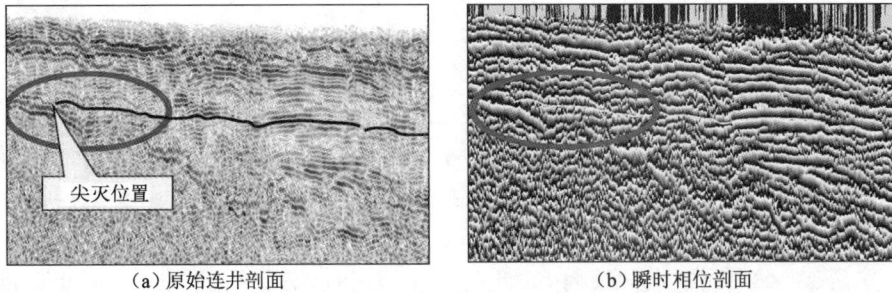

（a）原始连井剖面 （b）瞬时相位剖面

图 1-15 地震剖面与瞬时相位剖面比较

1.2.4.3 利用上覆地层下波谷振幅属性识别砂体尖灭点

1）上覆地层波峰振幅及上覆地层下波谷振幅属性的提出

为了寻找适合识别砂体尖灭线位置的属性，先从最简单的楔形模型出发（图 1-16a），定量分析波形、振幅随砂体厚度变薄呈现的不同响应。如图 1-16（a）所示，模型的实际尖灭位置在 H 点，自上而下地层的速度依次为 4 200 m/s，4 500 m/s，4 800 m/s，界面极性为正，A，B 到 H 点为不同厚度的标记点。子波采用 30 Hz 的雷克子波，褶积后的剖面如图 1-16（b）所示，剖面上地震波形所能追踪的尖灭点应为下强轴消失的点，图中显示为第 368 道（图中箭头指示位置），距离实际的尖灭点 H（第 446 道）相差 78 道。图 1-16（c）为各标记点对应的单道波形，A 点时，模型砂体较厚，波形完全分开，随着砂体厚度的减薄，在上覆地层下波谷与下伏地层的上波谷重合之前，上覆地层的波峰振幅没有变化，而上覆地层的下波谷振幅减小，直到重合时达到最小，砂体厚度继续减薄，上覆地层的波峰振幅先减小后增大，直到在尖灭点处达到最大，上覆地层的下波谷振幅先增大后减小，直到在尖灭点处达到最小。基于以上理论分析，不同厚度时，波形及振幅存在一定的变化，由此提取了两种属性即上覆地层波峰振幅和上覆地层下波谷振幅属性，来定性描述厚度的变化（图 1-17）。

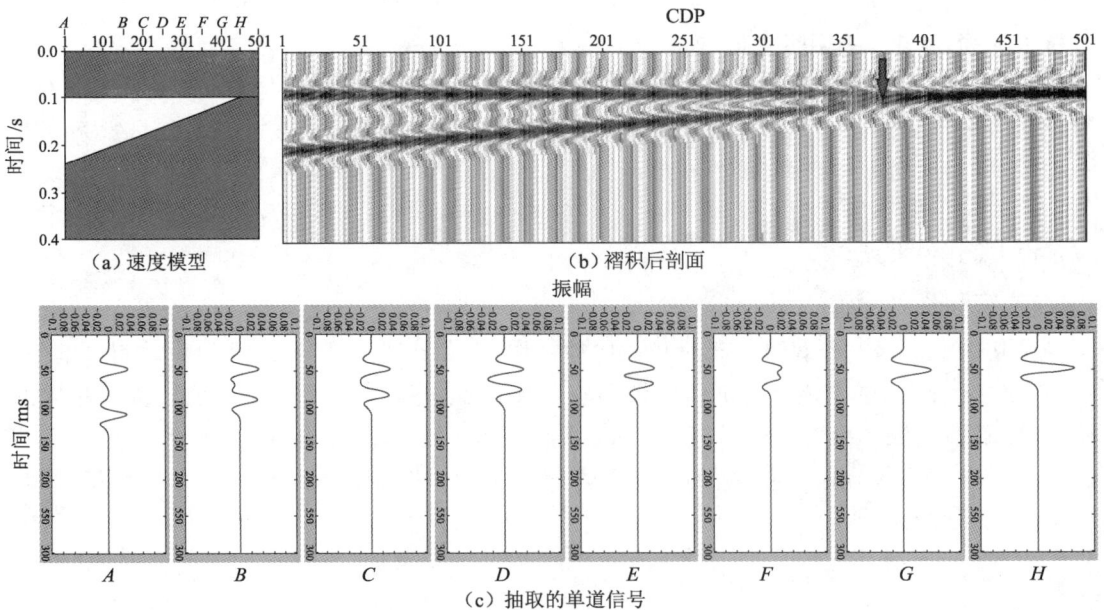

（a）速度模型 （b）褶积后剖面

（c）抽取的单道信号

图 1-16 楔形模型及其处理

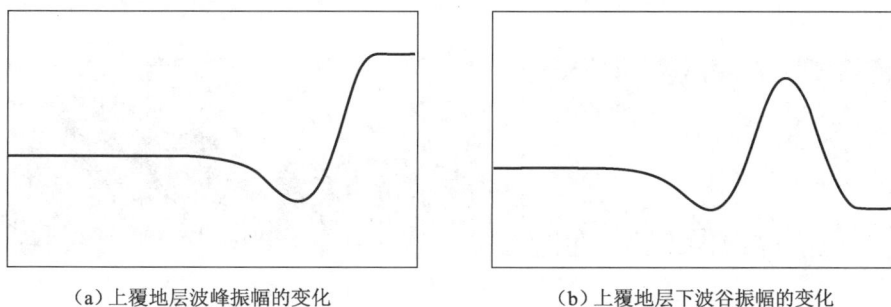

（a）上覆地层波峰振幅的变化　　　　　　　　　（b）上覆地层下波谷振幅的变化

图 1-17　不同厚度对应的上覆地层波峰振幅及上覆地层下波谷振幅

2）复杂模型正演测试及效果对比

由上述简单楔形体模型正演可以得出，厚度的变化可以用波形和振幅来定性描述，为尖灭线的识别提供了理论基础。但实际地层关系往往比较复杂，为了更好地联系实际，建立了比较符合实际资料的模型，进行正演分析。由井上声波时差曲线分析可知，该区上覆地层速度约为 4 360 m/s，泥岩速度约为 4 475 m/s，砂岩速度约为 4 630 m/s。图 1-18（a）为速度模型，A,B,C 点分别为 3 个不同砂体的实际尖灭点位置，分别在第 180,307,467 道。图 1-18（b）为用 30 Hz 雷克子波进行褶积后得到的波形剖面，从波形剖面上只能大概得出 3 个砂体的尖灭点位置为 A1,B1,C1 点，分别位于第 71,214,360 道，与实际尖灭点分别相差 109,93,107 道。因此，单纯从地震剖面上直接观测解释的尖灭点，与实际情况相差甚远。

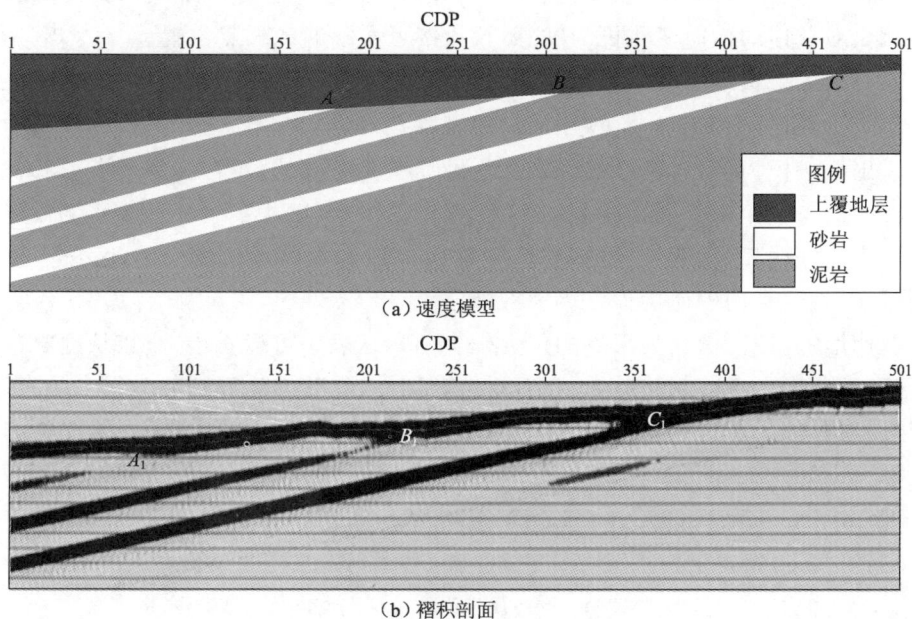

（a）速度模型

（b）褶积剖面

图 1-18　速度模型及褶积后的波形剖面

如前所述，瞬时相位属性对砂体尖灭的识别也有效果，对褶积后的剖面做瞬时相位分析，瞬时相位的剖面图如图 1-19 所示。上述提出的上覆地层波峰振幅和上覆地层下波谷振幅属性，均可很好地识别简单尖灭点位置，同样对该复杂模型沿顶层提取这两种属性，其属性图如图 1-20 所示。

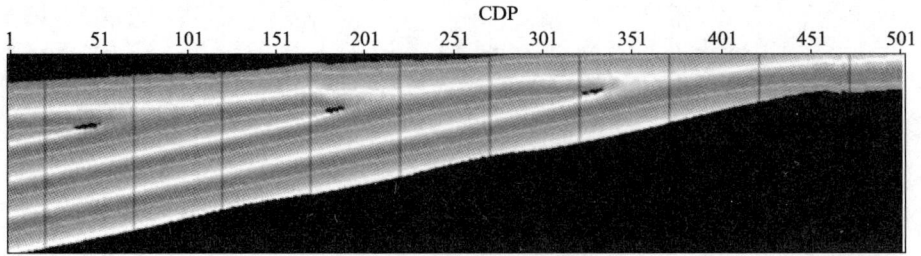

图 1-19 瞬时相位剖面

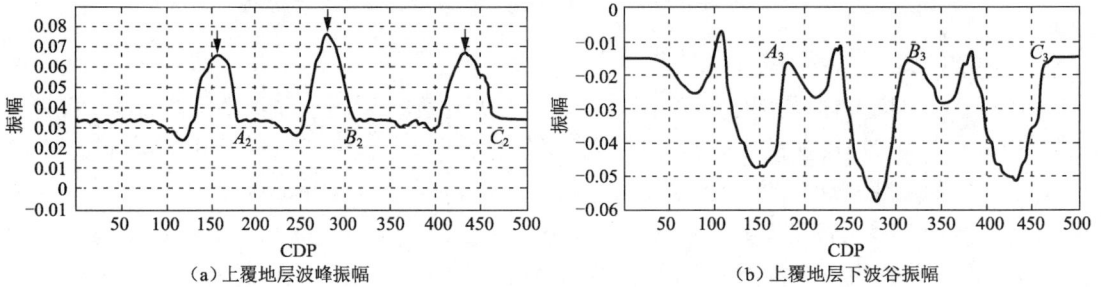

（a）上覆地层波峰振幅 　　　　　　　（b）上覆地层下波谷振幅

图 1-20 上覆地层波峰振幅及上覆地层下波谷振幅

根据瞬时相位剖面可识别 3 个砂组尖灭点位置，分别对应第 $110,251,392$ 道，距离实际的尖灭点分别相差 $70,56,75$ 道。由此可以发现，相对于地震剖面识别尖灭点的方法而言，瞬时相位对砂体的横向变化更为敏感，较为接近实际的尖灭点位置。

图 1-20（a）为上覆地层波峰振幅的变化，实际尖灭点 A,B,C 分别对应属性图上的 A_2,B_2,C_2 点，此 3 点的规律明显，都位于波峰振幅拐点处，但在属性切片上这种性质的拐点并不明显，反射振幅极大值点（箭头指示处）为调谐厚度对应的位置，分别为第 $153,279,436$ 道，与实际尖灭点的距离分别相差 $27,28,31$ 道。图 1-20（b）中 A_3,B_3,C_3 点为实际尖灭点位置，此 3 点特征明显，均位于极值点处，能准确地识别尖灭点位置。由此可见，上覆地层下波谷振幅属性识别的砂体尖灭点更为准确。

分别统计各属性所识别尖灭点的位置（表 1-1），从表中可以看出，直接从地震剖面识别的尖灭点与实际尖灭点的相差最大；相对于地震剖面，瞬时相位识别的尖灭点虽有改进，但仍不能满足实际尖灭点位置预测的需要。而通过对模型分析得出的两种属性预测的尖灭点位置与实际的尖灭点更为接近，其中，上覆地层下波谷振幅属性极值点位置与实际尖灭点位置基本相同，可准确预测实际尖灭点，比调谐厚度所预测的尖灭点位置更接近实际尖灭点。

表 1-1 各属性识别尖灭点位置

实际尖灭点位置	地震剖面识别尖灭点位置	瞬时相位识别尖灭点位置	上覆地层波峰振幅极大值点	上覆地层下波谷振幅极大值点
180	78	110	153	180
307	214	251	279	307
467	360	392	436	467

3) 实际资料应用及效果对比

为检测两种属性对实际资料的应用效果,先对包含不同砂组的某一剖面进行分析。实际资料某一主测线如图 1-21(a)所示,剖面上 A, B 点分别为地震剖面识别的两个砂组的尖灭点位置,较为模糊。图 1-21(b)为该剖面对应的瞬时相位剖面,图中 A_1 和 B_1 点为瞬时相位剖面所识别的砂体尖灭点。图 1-21(c)为沿上覆地层提取的波峰振幅属性,尖灭点位置为 A_2 和 B_2 点。图 1-21(d)为上覆地层下波谷振幅属性,极值点对应尖灭点位置,可以看出,图中 A_3 和 B_3 点对应的位置为尖灭点。

(a)实际剖面

(b)瞬时相位剖面

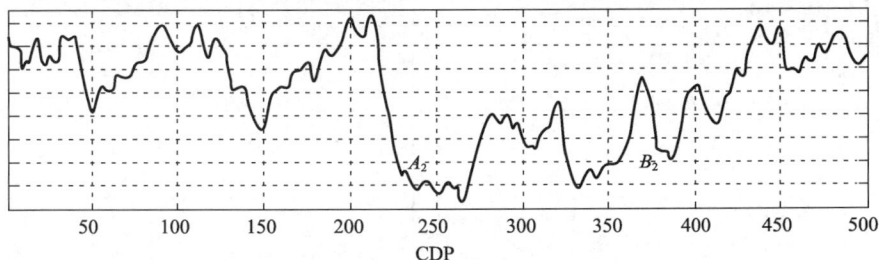

(c)上覆地层波峰振幅属性

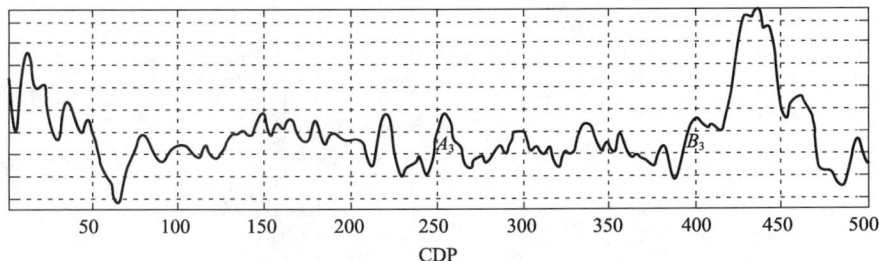

(d)上覆地层下波谷振幅属性

图 1-21 剖面属性识别尖灭点对比

表 1-2 为各属性识别的尖灭点位置统计表,通过对比可以发现:相比于地震剖面和瞬时相位属性,利用上覆地层波峰属性和上覆地层下波谷振幅属性所识别的尖灭点位置沿上

倾方向延伸较远,而对本研究区而言,识别尖灭点最优的属性为上覆地层下波谷振幅属性。

表 1-2　剖面属性识别尖灭点及其对比

砂组	地震剖面识别尖灭点位置	瞬时相位识别尖灭点位置	上覆地层波峰振幅识别尖灭点位置	上覆地层下波谷振幅识别尖灭点位置
3 砂组	171	209	236	255
2 砂组	316	330	380	400

基于模型和实际剖面的分析,上覆地层波峰振幅属性和上覆地层下波谷振幅属性在尖灭点识别方面都有很好的应用,且后者识别的尖灭点更接近实际尖灭点位置。由于目的层埋藏较深,主频较低,资料的纵向分辨率有限,通过分频处理可以得到不同频率下的地震能量属性,利用不同频率的信息进行地质解释和属性提取,可更精细地刻画砂体的结构特征,揭示储层的纵、横向变化规律。因此,在提取上覆地层下波谷属性切片之前,对该研究区的三维数据体进行分频处理,这里使用 GST(广义 S 变换)分频得到了不同频率的单频体,通过分频扫描定性分析地质现象,提取不同频率的上覆地层下波谷属性切片(图 1-22)。

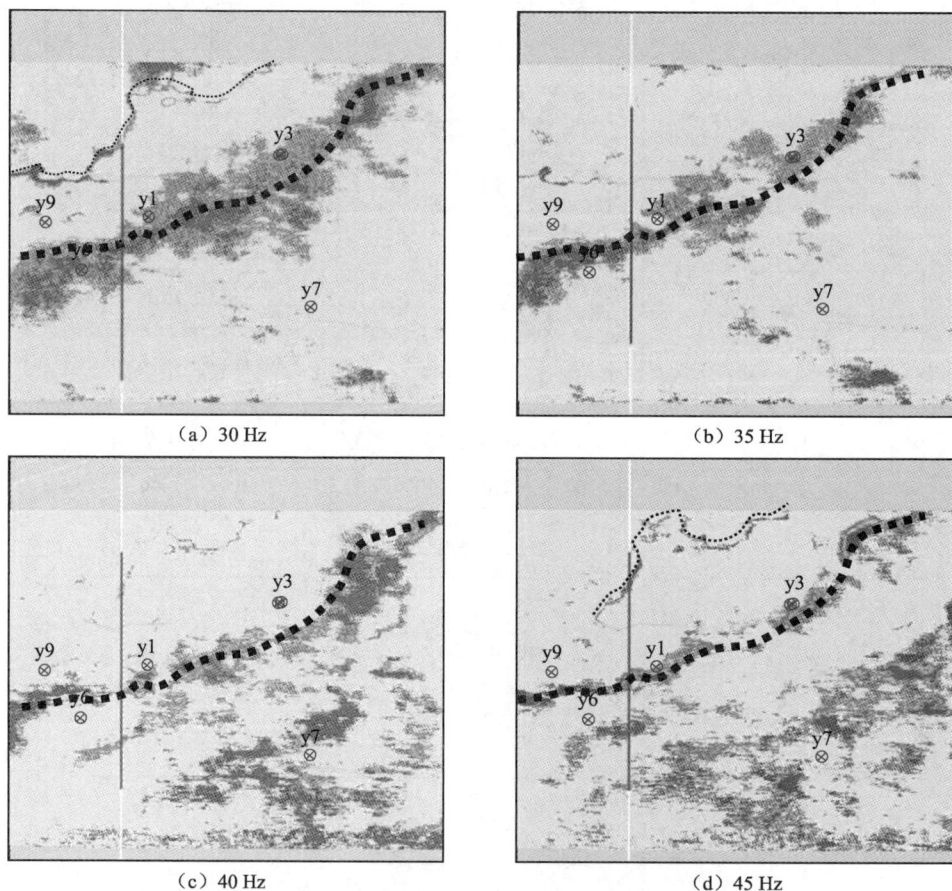

（a）30 Hz　　　　　　（b）35 Hz

（c）40 Hz　　　　　　（d）45 Hz

图 1-22　不同频率的上覆地层下波谷属性

该研究区主力油层有 2 砂组、3 砂组,这两组砂体储层物性较好,均受上覆地层剥蚀而尖灭。测井资料显示,y1 和 y3 井不含 3 砂组,有 2 砂组;y6 井既有 3 砂组,也有 2 砂组。图 1-22 中黑色虚线对应尖灭线位置,不同频率的上覆地层下波谷属性切片对砂体的尖灭点均有一定指示,其中,30 Hz 和 45 Hz 的上覆地层下波谷属性切片识别 2 砂组尖灭点轮廓清晰,而 30 Hz,35 Hz,40 Hz,45 Hz 的上覆地层下波谷属性切片对 3 砂组尖灭线的识别均具有良好效果(张军华等,2016)。

1.3　一般薄互层精细描述的有效方法

1.3.1　基于地震旋回的分析方法

1.3.1.1　地震旋回的定义及特点

在地震学中有一个分支——层序地震学,它把层序体作为勘探目标,研究其构造特征、内部结构和物质成分。与以分析地质资料为主的层序地层学不同,层序地震学主要依靠地震资料进行研究。层序体按照现代地质韵律学的叫法,可称为旋回体,其主要特征变化(粒度、岩石成分、孔隙率等)体现了沉积过程的周期循环。地震层序模型由两部分组成,一是层序体分界面的地震响应,二是层序体内部结构的地震响应,而后者称为地震旋回体,它是层序地震学研究的基本单元,也是开展时频分析研究的主要内容。

地震旋回体属于地层内部结构的反射,多为物性交替或渐变过渡带,其反射波特征表现为多变性和不稳定性,不易对比追踪,反射波和入射波波形不一致,地震信号频带多为带通。地震旋回特征可以将层序地震学上的沉积旋回体与地震资料的时频特征很好地联系起来,可以在地震剖面上形象地划分地震旋回特性、指出层理结构、恢复古地貌,并以此来分析沉积环境、推测物源方向,为开展精细的油藏描述提供可靠的手段。

地震旋回体的主要特点是形成层序体的地层层理厚度与其岩性和粒度成分有明显的相关性。沉积物颗粒由粗到细,对应的地层层理厚度由大到小。相反,当沉积物颗粒由细到粗,则对应的地层层理厚度由小到大。层理结构中的尺度变化及变化的方向性,决定了地震响应频率成分的差异。根据旋回性质,地震旋回体可以分为正向旋回、反向旋回和混合型旋回,分别对应水进型旋回、水退型旋回和水进—水退或水退—水进型旋回。水进型地震旋回体反射波频率向旋回体顶逐渐增加,水退型地震旋回体反射波频率向旋回体顶逐渐减小,水进—水退或水退—水进型地震旋回体反射波频率面向旋回体顶具有相应的混合频率响应(张军华等,2003)。

1.3.1.2　地震旋回的时频分析方法

1)时频扫描滤波器的设计

用于旋回划分的时频分析技术,其关键是时频滤波器的设计和扫描剖面的显示。时频滤波器设计得不好、扫描道过多或过少,都会使旋回特征体现不出来,影响解释效果,而扫描剖面中扫描道振幅、道距、波形显示方式和色标设置不好,则会使扫描结果不具层理结构。

时频分析本质上是一种多道频率扫描。为了突出扫描道的优势频率,同时兼顾频率特征的渐变性,实现时可采用三角形滤波器。如图 1-23 所示,f_n 为优势频率,f_l 和 f_h 分别为滤波器的低截频和高截频。f_n 可以按一递归系列选取,即 $f_{n+1} = kf_n$。一般 k 可取 1.05,f_0 可取 8 Hz。n 的取值要确保其相应频率落在扫描范围内,同时又小于奈奎斯特频率,本系统选用 $n = 48$。滤波器的高截频和低截频由倍频程决定,$f_h/m = f_n = mf_l$,一般 m 取 1.2。

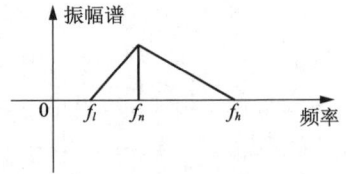

图 1-23 时频扫描滤波器示意图

2) 理论模型的旋回性和时频特征

图 1-24 展示了理论模型沉积旋回体与地震时频特征间的关系。图 1-24(a) 显示了由两个沉积周期组成的反射系数序列、地震道的时频扫描分解及按时频特征画出的地震旋回。从图中可以看出,每个沉积周期中地层厚度由下向上逐渐减小,反射波频率从左到右逐渐升高。地震旋回划分方法是顶部对应高频,底部对应低频,分别与沉积旋回和时频分解的趋势一致。图 1-24(b) 同样显示了由两个沉积同期组成的反射系数序列、地震道的时频扫描分解以及按时频特征画出的地震旋回。不同之处在于:下面的沉积周期中地层厚度由下向上至中间逐渐增加,继续向上至顶部地层厚度又逐渐减小,反射波频率则从高变低,又变高。这两个模型在实际资料解释中经常遇到,具有一定的代表性。

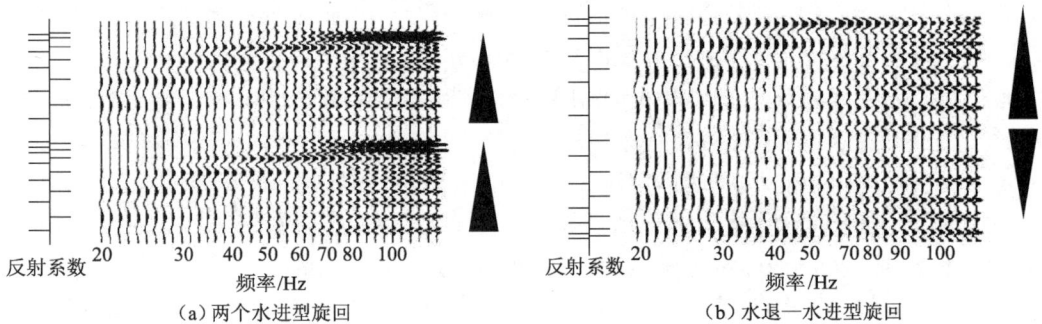

(a) 两个水进型旋回 　　　(b) 水退—水进型旋回

图 1-24 沉积旋回体与地震时频特征间的关系图

3) 实际资料应用

地震旋回在储层精细描述上可以有很好的应用,如图 1-25 所示,滩坝砂发育在高频的 3~4 级旋回,利用这 3~4 级旋回的高频信息便可以识别薄互层。

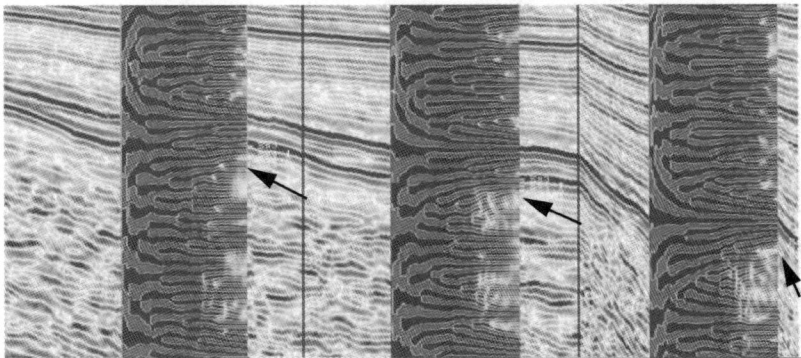

图 1-25 B427—B410—B435 连井剖面地震旋回分析图

1.3.2　基于能量半时、弧长、甜点等特色属性分析方法

地震属性是从地震原始数据中提取的、能从某些方面更好地反映地质规律的地震量度值。地震属性众多,如何提取、优化属性是对不同地震问题预测及解释的关键。本小节选取具有较好应用效果的能量半时、弧长、甜点等特色属性来对薄层、薄互层的预测进行研究及认识分析。

1.3.2.1　能量半时属性

能量半时又称为能量半衰时或半时能量,是一个舶来词,LandMark 解释系统称之为"energy half-time",GeoFrame 解释系统称之为"half energy"。能量半时反映的是一个时窗内振幅的相对变化,它与储层的厚度、岩性有一定的关系(郭迎春等,2015)。

能量半时可定义为:在给定的分析时窗内,计算能量达到 1/2 时的相对时间长度。设分析时窗为 W,共 N 个采样点,对于地震数据道 x,计算时窗内的总能量 E_0:

$$E_0 = \sum_{i=1}^{N} (w_i x_i)^2 \tag{1-10}$$

计算时为了消除吉布斯现象,W 应选取一平滑的窗函数。总能量的一半,即半能量为:

$$E_{\frac{1}{2}} = \frac{E_0}{2} = \sum_{i=1}^{P} (w_i x_i)^2 \tag{1-11}$$

式中,P 为分析窗(长度为 N 个采样点)能量达到一半的时间,做归一化后得:

$$Eht_1 = 100 \cdot \frac{P}{N} \tag{1-12}$$

而 LandMark 解释工作站将能量半时定义为时窗能量质心时间,计算公式为:

$$Eht_2 = 100 \cdot \frac{t_c}{t_l} \tag{1-13}$$

式中,t_l 为计算时窗长度,$t_c = \dfrac{\sum_{i=1}^{N} t_i (w_i x_i)^2}{\sum_{i=1}^{N} (w_i x_i)^2}$ 为能量质心时间,$t_i = i \, dt$,dt 为采样间隔。

直观上来说,能量半时反映的是地震波能量的变化关系。对于相对平静的沉积环境,地震反射能量变化较小,能量半时趋于一个中值;如果储层含有油气,反射能量增加并伴有同相轴下拉,这时能量半时就会变大。因此能量半时属性一定程度上可作为一种很好的地震属性,指示沉积环境、岩性岩相的变化。在研究时发现,对于能量半时,如果储层较厚、信噪比较高,则可用式(1-12)计算,其精确度较高;如果储层较薄、信噪比较低,式(1-12)在锯齿波的端部会出现毛刺,此时用式(1-13)能取得比较好的效果。另外,能量半时属性时窗大小的选择比较重要,理想的时窗应取一个子波的长度,但工作站应用时缺省长度过大(如 LandMark 缺省为 100 ms),不适合于储层研究。

制作一个楔形体模型来进一步讨论能量半时属性对薄层的检测能力,如图 1-26(a)所示。图 1-26(b)是锯齿波下降沿的中值图,从图中可以看出能量半时是一种非常好的储层顶、底界面的识别属性。

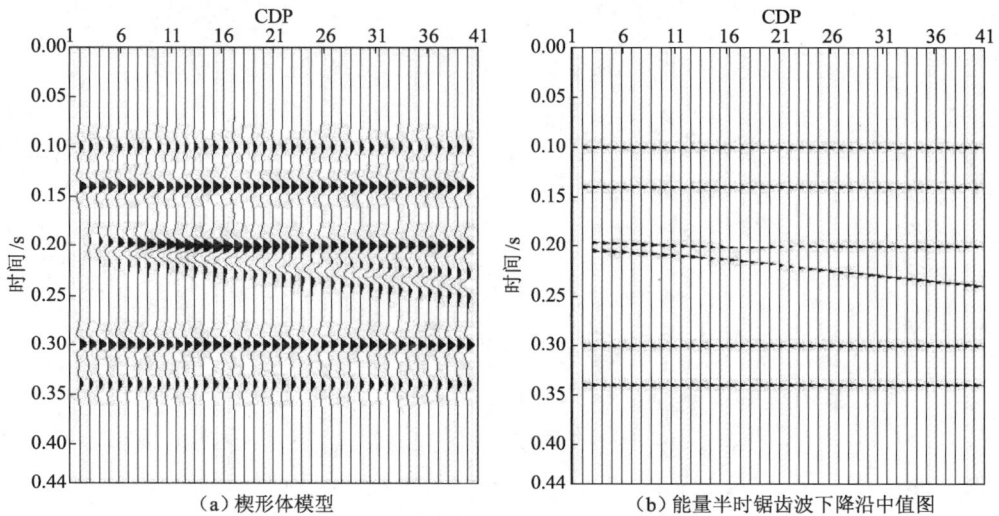

图 1-26 能量半时薄层检测模型图

由于能量半时属性是依据波形信息来研究数据的属性,所以还可以用能量半时属性来研究薄层弱信号的问题。图 1-27(a)是制作的强屏蔽下的薄层弱信号反射界面模型,顶层为强反射层,中间小层为薄储层,黑色厚层为泥岩层。图 1-27(b)是模型的地震记录,从图中可以看出,由于强反射层的存在,第一个薄层的信息得不到很好的反映,第二个层在合成记录中可以分辨出来。图 1-27(c)为能量半时属性,从图中可以看出,能量半时可以有效地分辨弱信号的界面信息。因此当在地震剖面上地震信息很弱但存在波形变化时,可以利用能量半时属性进行界面划分。

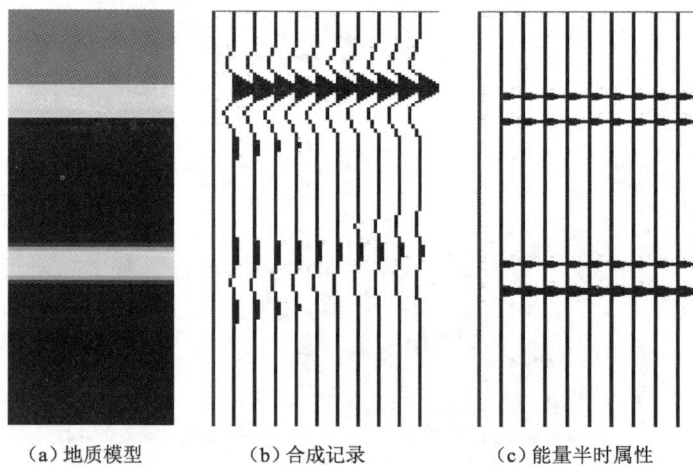

图 1-27 能量半时属性弱信号检测模型图

对于实际资料,选取胜利油田 B435 三维区块为研究实例,储层为沙四上纯下次亚段。前期研究表明,储层埋深较大,厚度较薄,地震分辨率较低,常规地震属性无法很好地预测有利储层。图 1-28 展示的是研究区中的一个连井剖面,剖面中解释线为 T7 反射层(或称 T7 层),下面为滩坝砂储层。从图 1-28(a)可以看出,沙四段储层分辨率很低,用原始地震剖面很难识别储层。提取常用的地震属性——瞬时振幅和瞬时频率,再提取 40 ms 时窗的能量半时属性,结果如图 1-28(b)~(d)所示。可以看到:瞬时振幅对 T7 强反射层有很好的反映,但对下伏储层没有效果;瞬时频率无论是盖层还是储层值都差不多,与储层没有相关性;而开窗时间40 ms(时窗大小接近子波长度)的能量半时属性不仅能与井分层数据较好地对应,而且能够很好地反映储层的特征。

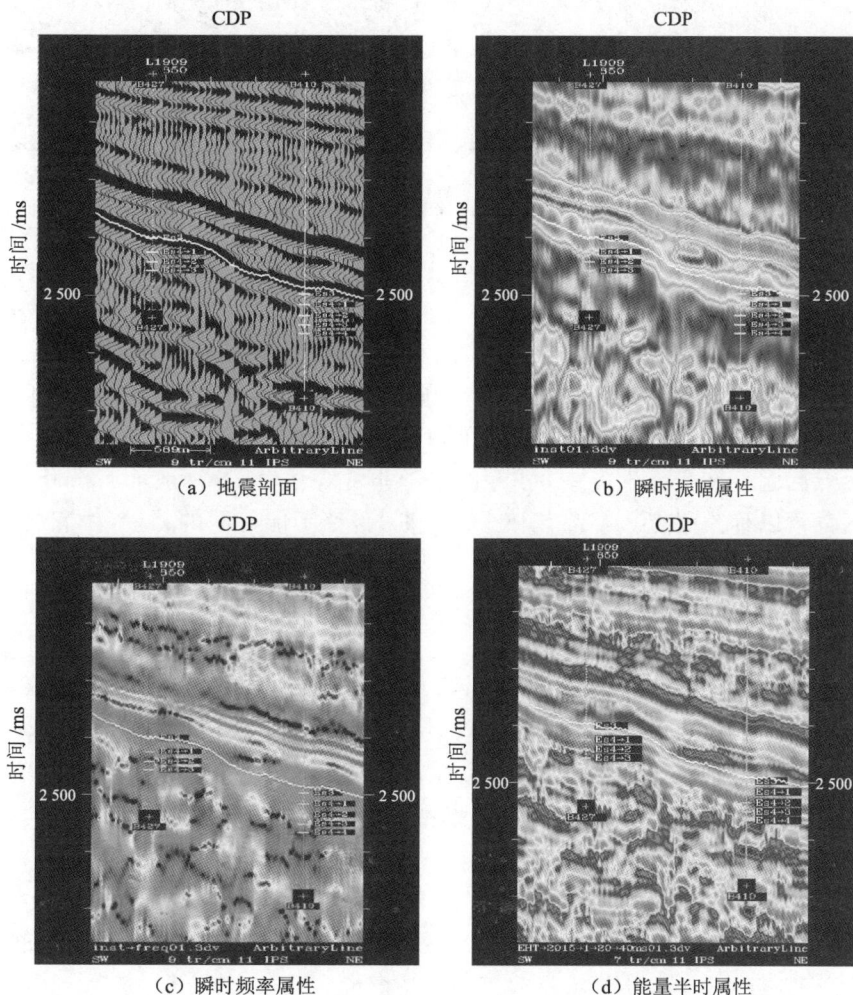

(a)地震剖面   (b)瞬时振幅属性

(c)瞬时频率属性   (d)能量半时属性

图 1-28   B427—B410 连井剖面及其属性

1.3.2.2 弧长属性

弧长属性,顾名思义就是指时窗内地震道波形的长度。它的大小间接反映了地震波振幅和频率的大小,振幅越大,频率越高,对应的弧长越长。其计算公式为:

$$S = \frac{1}{N \Delta t} \sum_{i=1}^{N} \sqrt{(a_{i+1}^2 - a_i^2) + \Delta t^2} \tag{1-14}$$

式中,S 为弧长,a_i 为第 i 个采样点的振幅,Δt 为采样间隔,N 为采样点数。

图 1-29 展示了永进油田用弧长属性预测深层薄砂体的应用实例。由图可以看出,均方根振幅属性在有利井 y1(11 m 油层)和 y3(8 m 油层)的特征没有弧长属性好,砂体的分布规律与地质认识不一致。

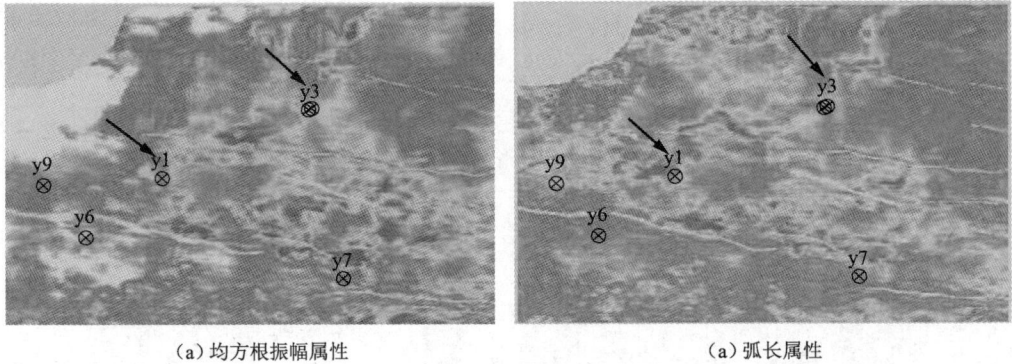

(a)均方根振幅属性   (a)弧长属性

图 1-29 用弧长属性预测深层薄砂体

1.3.2.3 甜点属性

在低孔、低渗、致密的非常规油气藏中,甜点(sweet spots)一般是指物性差、饱和度低、丰度差的整体环境中存在的局部油气有利区,它们虽然不是广泛分布、厚度也不一定很大,但随着开发工艺的进步,它们被成功开发的可能性越来越高,近来已成为国内外非常规勘探的一个热点问题。在实际生产中,可不仅限于非常规油气藏,一般而言沉积地层中局部油气有利区都可以称为甜点。与甜点概念有关联,但又不能等同的,是一个新的地震属性,即甜点属性(sweetness)。

最早提出甜点一词的是 Radovich 等(1998),他们在研究澳大利亚 Gorgon 油田时发现,含气砂体瞬时振幅很强、瞬时频率较低,直接观察或进一步通过二原色属性融合,可以很好地指示砂岩储层的存在。Hart 在 2008 年 AAPG 上发文,明确提出了甜点属性的概念——反射强度(瞬时振幅)除以瞬时频率的平方根,并成功地利用该属性预测了河道砂体。刘曾勤等(2010)首次在国内引入了甜点的概念,并利用甜点及其融合属性在深水储层研究中得到应用。此后,余振等(2012)、尹继全等(2013)都有甜点属性的很好应用。本小节通过专门制作模型、编写程序并对比商用软件的效果,对甜点属性及其薄层、薄互层等应用进行深入分析与讨论(张军华等,2018)。

Radovich 等在研究三瞬属性时发现含气砂体具有瞬时振幅大、瞬时频率小的特点。对地震信号 $x(t)$ 进行希尔伯特变换,易得复地震道 $Z(t)$:

$$Z(t) = x(t) + i\,\tilde{x}(t) \tag{1-15}$$

由此可以得到三瞬属性,即瞬时振幅 $A(t) = \sqrt{x^2(t) + \tilde{x}^2(t)}$、瞬时相位 $\theta(t) = \arctan\dfrac{\tilde{x}(t)}{x(t)}$ 和瞬时频率 $f(t) = \dfrac{1}{2\pi}\dfrac{\mathrm{d}\theta(t)}{\mathrm{d}t}$。

按照文献中的说法,下式即甜点属性:

$$S(t) = \frac{A(t)}{\sqrt{f(t)}} \tag{1-16}$$

式(1-16)的物理意义是明确的,储层含油气后 $A(t)$ 变大、$f(t)$ 变小,两者相除后异常被进一步放大。

设计含 1 个界面、1 个非甜点薄层、1 个甜点薄层的模型道(图 1-30):① 100 ms 处为单一界面，子波为 35 Hz 雷克子波；② 中间 245 ms 和 255 ms 处设置层厚为 10 ms 的薄层，反射系数上面为负、下面为正，子波不变，作为非甜点储层；③ 下面 395 ms 和 405 ms 处设计 10 ms 的甜点薄层，子波主频为 25 Hz。对模型道做希尔伯特变换，直接观察反射强度即原始地震道包络的变化。

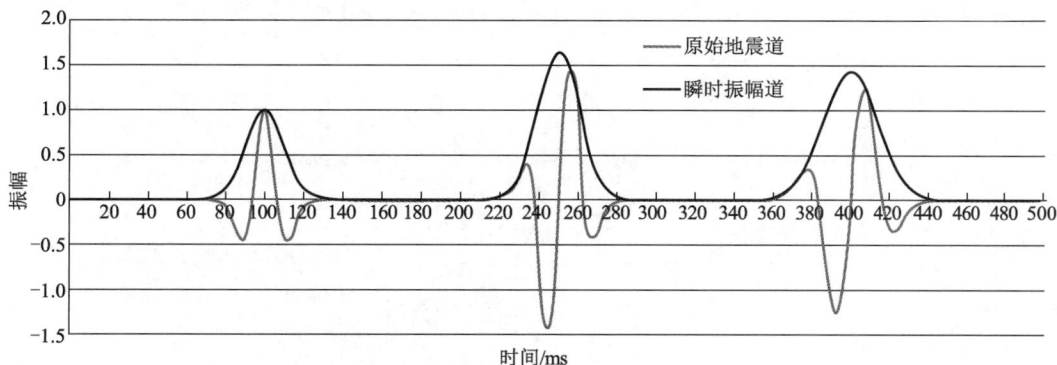

图 1-30　模型道原始振幅与瞬时振幅比较

从图 1-30 可以看出，由于薄层的调谐现象，无论是甜点还是非甜点的薄层，振幅都比界面反射波要强。

计算图 1-30 所示的原始记录道的瞬时频率，得到图 1-31 所示结果。已知子波主频是 35 Hz 和 25 Hz，显然图中长条是异常值。由于瞬时频率是从瞬时相位 $f(t)=\dfrac{1}{2\pi}\dfrac{\mathrm{d}\theta(t)}{\mathrm{d}t}$ 求导得来的，如图 1-31 所示，瞬时相位上的突变点、瞬时相位极性变换点对应希尔伯特变换道的过零点，因为过零点两侧振幅极性发生了改变，所以相位会有 180° 到 −180° 的改变，它们导致了瞬时频率异常的产生。

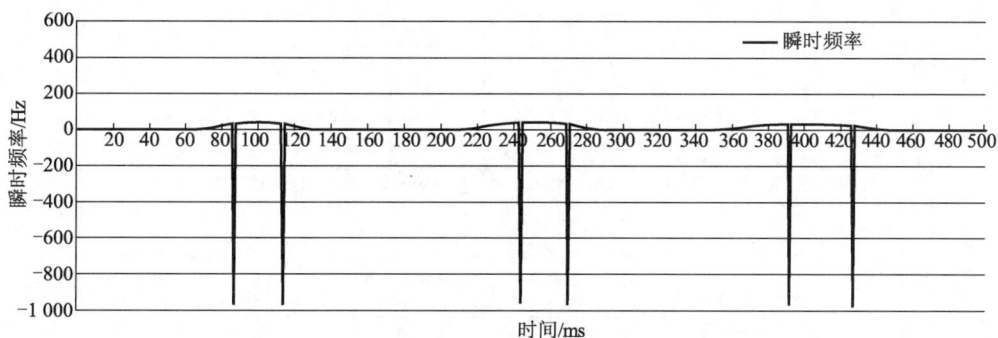

图 1-31　原始记录道的瞬时频率

截取瞬时频率的异常值，修正式（1-16）为式（1-17），计算甜点属性或甜点类属性，并进行比较分析。在计算时，直接剔除图 1-32 中所示的相位点异常带来的野值，但瞬时振幅较大、瞬时频率较小的异常不好直接设门槛值卡除，还会出现较大范围的异常区。

$$Sweet(t)=\frac{A(t)}{\sqrt[N]{f(t)}} \tag{1-17}$$

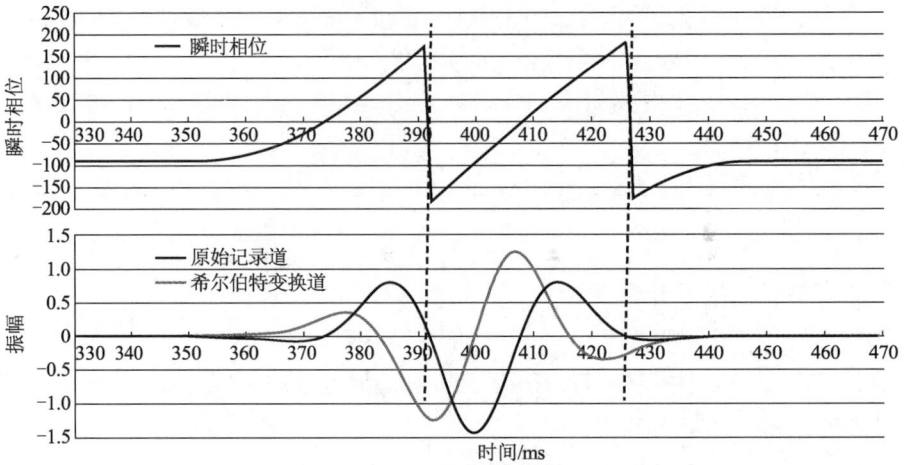

图 1-32　瞬时相位机理分析

　　对模型道的瞬时振幅(图 1-30)、瞬时频率(图 1-31),按公式(1-17)计算不同 N 的甜点属性,得到图 1-33 所示的结果。对比图 1-33 可以得出以下认识:① 直接用瞬时振幅除以瞬时频率(即 N 取 1),在复合波的两侧异常值振幅、范围均很大。② N 取 2,即俗称的甜点属性,甜点处已有改进,但薄层等其他效果还不理想。③ N 取 4 以上,本模型基本上能取得较好的效果,异常可以得到较好的压制;另外,甜点薄层的甜点属性值最高,非甜点薄层的甜点属性值次之,单一界面的甜点属性值最小。

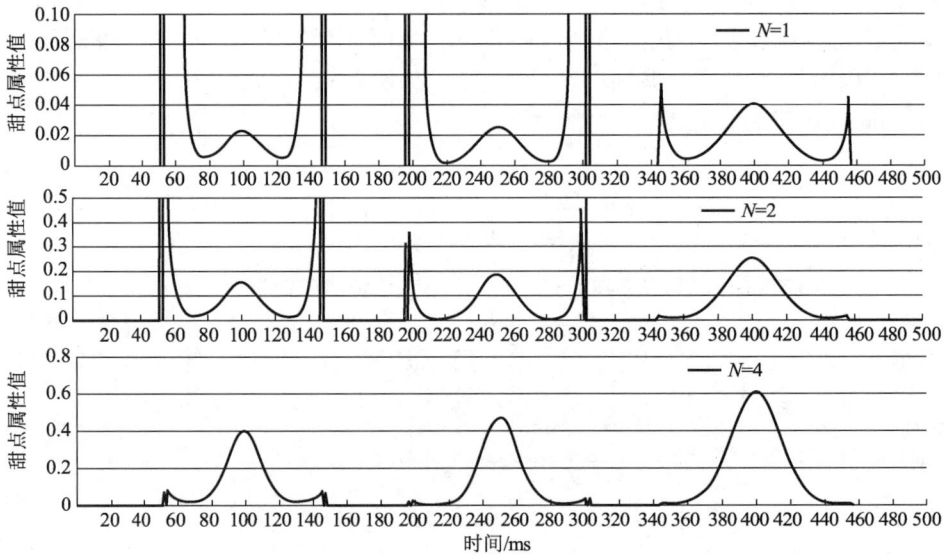

图 1-33　模型道甜点类属性比较

　　基于以上数值模拟,N 取较大值计算的甜点属性,压制异常噪声的能力得以增强,甜点属性相对于瞬时振幅直接除以瞬时频率,对压制异常起的作用更好。另外,由于是开方运算,瞬时频率本身的差异性会变小,瞬时振幅起的作用会加强,所以,太大的 N 值也不可取,至于甜点属性到底开几次根为最好,理论上已不好下定论,应根据实际资料特点进行具体测试分析。

在实际资料应用中选取董 7 井三维研究区为研究实例，实际上利用三瞬属性或其他属性的剖面特征，直接表征薄砂体甜点效果都是受限的，通常的做法是研究沿层切片。为此沿目标层提取瞬时振幅、瞬时频率和主频切片（切片时窗上下取 20 ms）。图 1-34 展示了沿层切片，可以看到，在瞬时振幅切片上，薄河道砂体为强振幅，特征明显。在瞬时频率和主频切片上，薄河道砂体在 35 Hz 左右有一定的识别度，但背景噪声都较大，瞬时频率比主频还严重。

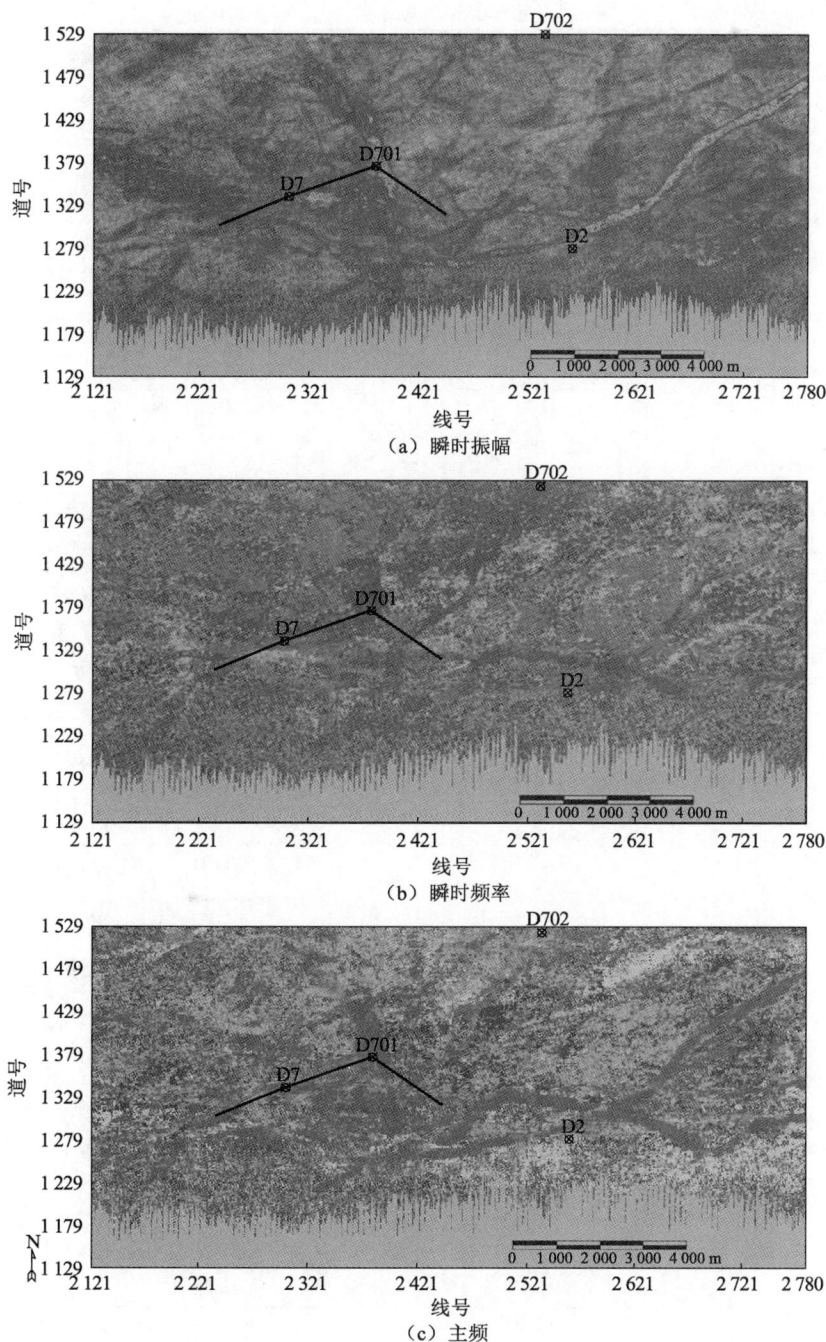

（a）瞬时振幅

（b）瞬时频率

（c）主频

图 1-34　研究区目标层沿层切片

图 1-35 为直接按式(1-17)计算的甜点属性及其比较。由图可以看出，$N=1$ 和 $N=2$ 有较大的差别，$N=2$ 要明显好于 $N=1$，这与模型讨论的认识也非常一致。但对于本研究区，$N=4$ 和 $N=2$ 已差别不大，按 $N=2$ 计算甜点属性即可。从本质上来说，太大的 N，瞬时频率的差异度已很小，甜点属性中起作用的主要是瞬时振幅，但直接除或者 N 取 1，瞬时频率的贡献太大，它本来的属性值噪声又比较大，对属性的识别度又不如瞬时振幅，所以效果不理想。

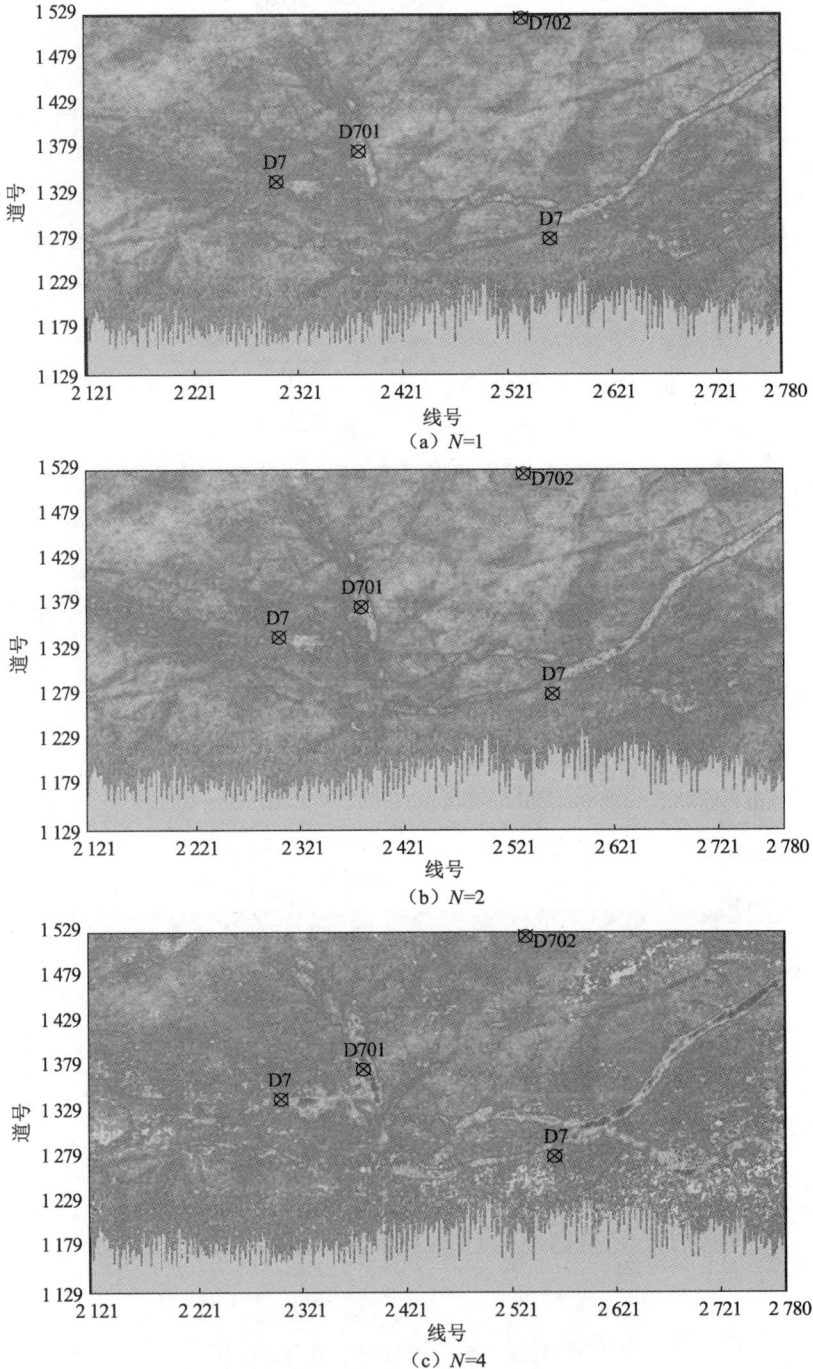

(a) $N=1$

(b) $N=2$

(c) $N=4$

图 1-35　甜点属性直接计算与比较

图 1-34 已经展示主频属性抗噪能力强于瞬时频率,但它们都是频率类属性,对油气的指示性能是类似的。为此将瞬时振幅与主频按甜点重新定义,称之为类甜点属性(式 1-18)。图 1-36 为效果对比,可见效果要好于按瞬时频率计算的常规甜点属性。

$$Sweet2 = \frac{Amp}{\sqrt{Fmain}} \tag{1-18}$$

式中,Amp 为沿层瞬时振幅,$Fmain$ 为主频,$Sweet2$ 为类甜点属性。

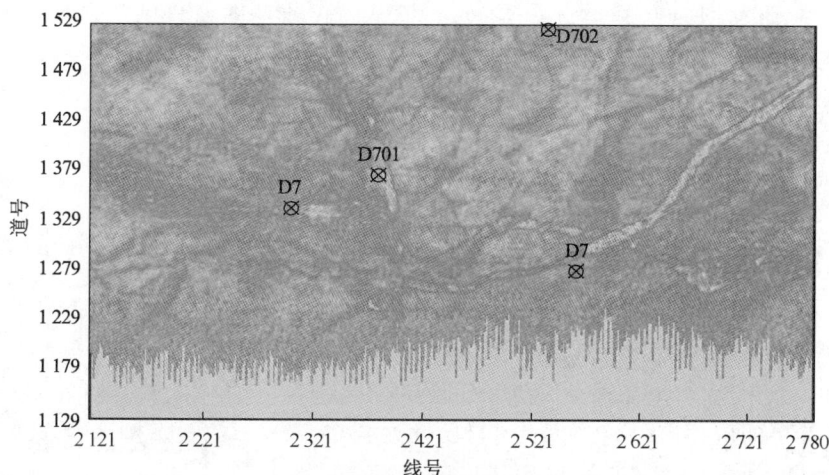

（a）按瞬时频率计算的甜点属性

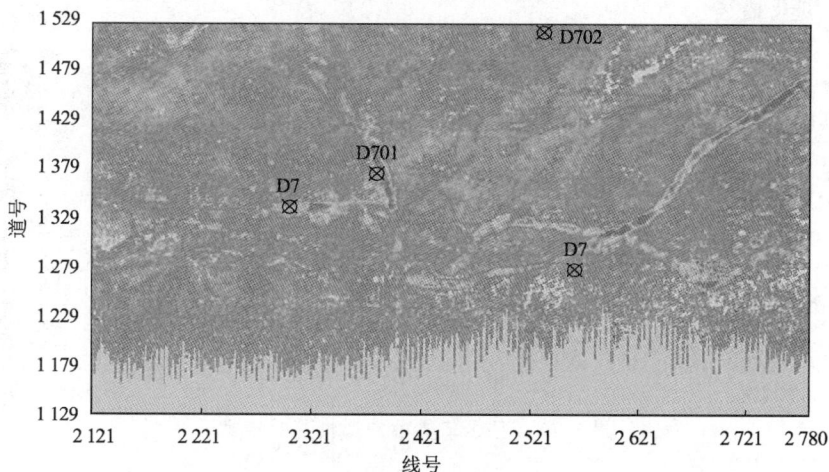

（b）按主频计算的类甜点属性

图 1-36　甜点属性和类甜点属性比较

通过模型研究和实际应用,可以得到以下几点结论与认识:① 甜点这一概念非常形象,有利于阐述和评价薄层、薄互层等储层的特性,已在薄河道砂体和页岩气、页岩油等非常规油气藏描述中广泛应用。② 从机理上来说,瞬时频率在相位突变点容易产生野值,在计算甜点属性前应进行去野值处理。③ 甜点属性被认为是反射强度（瞬时振幅）除以瞬时频率的平方根,无论是理论模型还是实际资料,它都要好于反射强度与瞬时频率直接相除的结果。但开几次方没有定论,对于本实际资料 $N = 2$ 已满足要求。④ 可以将反射强度（瞬时振幅）除以主频的平方根称为类甜点属性,它较常规的甜点属性有更好的抗噪性,更适用于薄层、薄互层等储层的描述,值得推广使用。

1.3.2.4 属性的融合

地震属性能凸显地震数据内的微弱信息,而属性融合技术则能更好地挖掘数据内隐藏的信息,提高复杂储层属性解释的可靠性,比单属性的解释效果更好。属性融合可归纳为两类:一类是将多个属性经过数学运算融合在一起,如复合属性、主因子(或称为主成分、主元素)分析、多元线性回归、聚类分析等;另一类是通过改变图像显示手段来获取储层别样的信息内容,如基于色度-亮度的二值显示、基于 RGB 的三原色显示等。基于数学运算的属性融合,也可以称为属性的优化处理,有时还要加井的先验约束信息。基于图像处理的显示技术不需要井的约束,有时能很好地彰显储层的异常,起到其他数学运算不能起到的作用。尽量选择彼此不相关的属性进行融合,会取得较好的效果。

对于薄层和薄互层的甜点信息,二值显示是容易见效的一种显示手段。图 1-37 是色度-亮度的二值显示元示意图,将两种不同属性按二原色组合,起到强化有利信息的作用。图 1-38 给出了基于二原色的属性融合技术在滩坝砂储层的应用实例,将等 t_0 图与属性融合在一起,这样属性上有滩坝砂滨浅湖沉积环境的特征,有利于储层的识别及描述。

图 1-37　色度-亮度的二值
显示元示意图

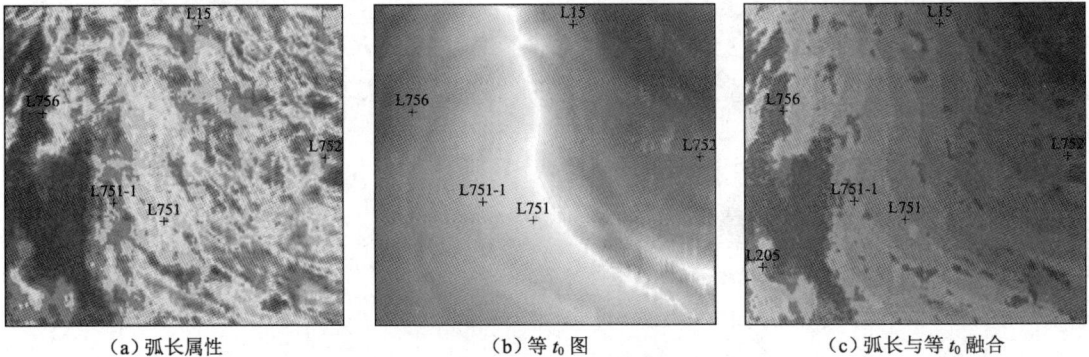

(a) 弧长属性　　　　　　　　(b) 等 t_0 图　　　　　　　　(c) 弧长与等 t_0 融合

图 1-38　基于二原色的属性融合技术

1.3.3　基于地层切片的分析方法

地层切片技术是地震沉积学研究的关键技术,其优势在于可对目的层段进行精细的沉积研究。图 1-39 给出了地层切片与水平切片、沿层切片的比较,很显然对于沉积稳定的地层,地层切片可以较好地反映内部沉积关系。图 1-39(a) 是一个河流相储层的连井剖面,储层的顶面、底面是可以清楚解释的,但储层内部河道叠置复杂,不具有层理性,因此很难按层位去解释每一个小层。但依据地层切片,可以宏观地观测目标层段河道由浅到深的发育情况。图 1-39(b)~(e) 展示的是 10 等分储层后几个代表性的切片。图 1-39(b) 是顶面,切片反映的是储层顶面的强振幅盖层;图 1-39(c) 是上部河道,以北东-西南向为主;图 1-39

(d)是下部河道,以东南部最为发育;图 1-39(e)是底面,河流相特征结束,西侧发育断裂,可形成下部烃源岩的疏通渠道。这样,根据多个储层的地层切片便可以轻松地对薄互层进行精细的研究。

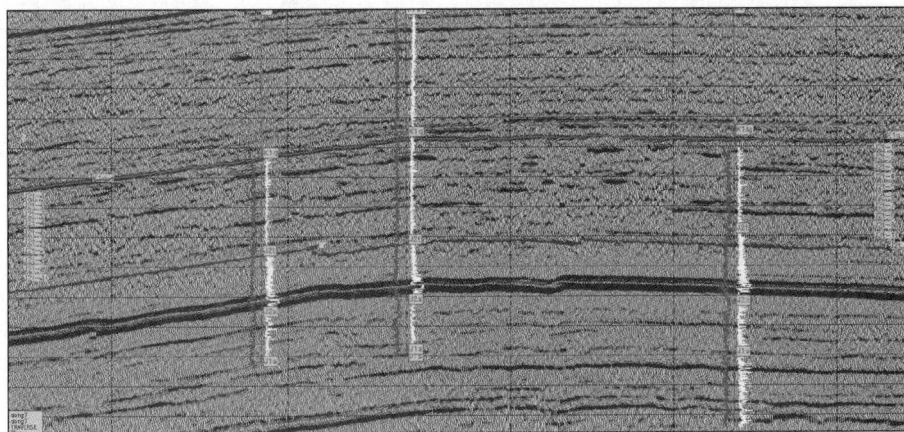

(a)河流相薄层剖面

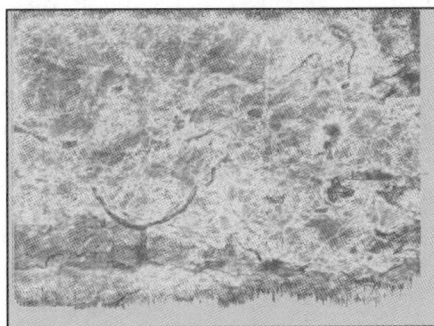

(b)对应顶面盖层

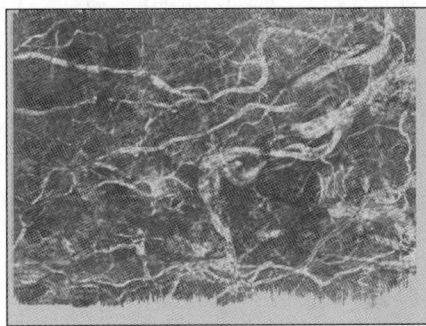

(c)上部河流相储层

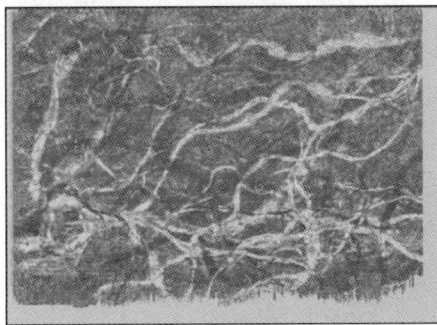

(d)下部河流相储层

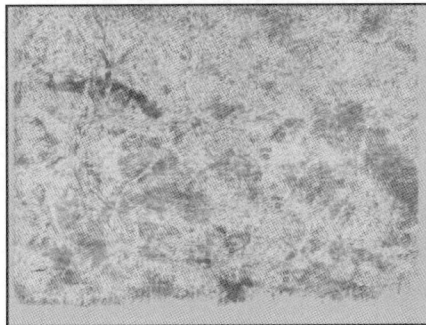

(e)储层的底面

图 1-39 地层切片在实际解释中的应用

1.3.4 基于层次分析法的描述方法

层次分析法(analytic hierarchy process,简称 AHP)是 20 世纪 70 年代初提出的一种

层次权重决策分析方法。该方法最初由美国国防部提出,在对各工业部门进行电力分配时,按照对国家的福利贡献进行合理分配。该方法将复杂问题进行分解,把目的问题分解为若干个影响因素,每个因素根据属性不同继续分解,依此类推,从而形成层次结构。建立好层次结构后,构建各层次之间的关系、避免人为判断的模糊性,进而建立判断矩阵,是方法的关键(张军华等,2015)。

层次分析法将复杂问题转化为目标、准则和方案等层次,然后进行定量和定性分析,通过对复杂本质和相关影响因素深入分析后,绘制清晰的层次结构图并进行判别预测。按照层次分析法递阶层次原理,结合研究区地质情况,在地震属性提取和优化分析的基础上,确定储层预测层次结构图(图1-40)。考虑到多因素影响,除上面属性外,又选取了波峰(谷)数、古地貌图、等 t_0 图、能量半衰时斜率等其他相关属性作为辅助数据。

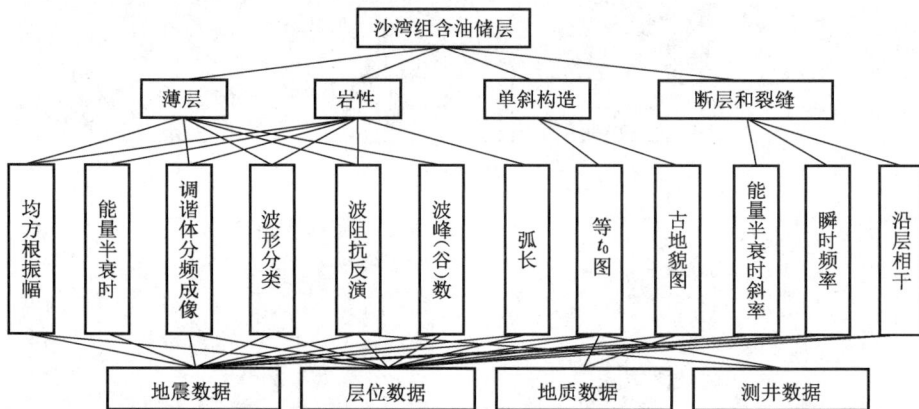

图 1-40 储层预测层次结构图

数据层次结构中,地震资料、层位数据、地质数据和测井数据作为基础数据层,方案层则由地质意义明确、应用效果较好、已优选的地震属性组成,准则层根据研究区的特点由岩性、薄层、单斜构造以及断层和裂缝组成,而目标层为储层预测的最终结果,即最终预测的储层分布。

根据决策者对研究区的地质认识,准则层中的各准则所占有的比重是不同的,引用数字 $1\sim9$ 以及相对应的倒数构建判断矩阵 $\boldsymbol{A}=(a_{ij})_{n\times n}$,其判断准则按一定的标度进行设定,见表1-3。

表 1-3 判断矩阵标度及含义

标 度	含 义
1	表示两个因素相比,具有相同重要性
3	表示两个因素相比,前者比后者稍重要
5	表示两个因素相比,前者比后者明显重要
7	表示两个因素相比,前者比后者强烈重要
9	表示两个因素相比,前者比后者极端重要
2,4,6,8	表示上述相邻判断的中间值
倒数	根据相对重要性而言,$a_{ji}=1/a_{ij}$

在此基础上，结合各个层次的权重求解评价值并进行层次总排序，根据评价的结果选出最佳的方案：

$$F = \sum_{i=1}^{n} x_i w_i \tag{1-19}$$

式中，F 为层次分析法得到的结果，即目标层最终的概率分布；x_i 为准则层某一准则归一化后的数值；w_i 为相应的权重系数。

由图 1-40 可以看出，波阻抗反演及均方根振幅属性可较好地反映岩性，调谐体分频成像及波阻抗反演可很好地表现出薄层的特性，而沿层相干和瞬时频率等可以刻画断层和裂缝。由此建立方案层与准则层之间的判断矩阵：

$$\boldsymbol{B}_1 = \begin{bmatrix} & \text{调谐体分频成像} & \text{波峰数} & \text{波谷数} & \text{波阻抗反演} & \text{均方根振幅} \\ \text{调谐体分频成像} & 1 & 3 & 3 & 5 & 7 \\ \text{波峰数} & 1/3 & 1 & 1 & 2 & 2 \\ \text{波谷数} & 1/3 & 1 & 1 & 2 & 2 \\ \text{波阻抗反演} & 1/5 & 1/2 & 1/2 & 1 & 1 \\ \text{均方根振幅} & 1/7 & 1/2 & 1/2 & 1 & 1 \end{bmatrix} \tag{1-20}$$

$$\boldsymbol{B}_2 = \begin{bmatrix} & \text{均方根振幅} & \text{弧长} & \text{能量半衰时斜率} & \text{波阻抗反演} & \text{调谐体分频成像} \\ \text{均方根振幅} & 1 & 3 & 3 & 5 & 7 \\ \text{弧长} & 1/3 & 1 & 1 & 2 & 2 \\ \text{能量半衰时斜率} & 1/3 & 1 & 1 & 2 & 2 \\ \text{波阻抗反演} & 1/5 & 1/2 & 1/2 & 1 & 1 \\ \text{调谐体分频成像} & 1/7 & 1/2 & 1/2 & 1 & 1 \end{bmatrix} \tag{1-21}$$

$$\boldsymbol{B}_3 = \begin{bmatrix} & \text{等 } t_0 \text{ 图} & \text{古地貌图} \\ \text{等 } t_0 \text{ 图} & 1 & 3 \\ \text{古地貌图} & 3 & 1 \end{bmatrix} \tag{1-22}$$

$$\boldsymbol{B}_4 = \begin{bmatrix} & \text{瞬时频率} & \text{能量半衰时斜率} & \text{沿层相干} \\ \text{瞬时频率} & 1 & 3 & 3 \\ \text{能量半衰时斜率} & 1/3 & 1 & 1 \\ \text{沿层相干} & 1/3 & 1 & 1 \end{bmatrix} \tag{1-23}$$

式中，$\boldsymbol{B}_1$，$\boldsymbol{B}_2$，$\boldsymbol{B}_3$，$\boldsymbol{B}_4$ 分别表示准则层中薄层、岩性、单斜构造以及断层和裂缝与方案层中各属性之间的判断矩阵，即连接各方案与准则之间的关系矩阵。

从地质认识上看，研究区沙湾组储层预测中，储层薄的特点是制约最终评定的关键因素，相比较而言，断层和裂缝的影响较小，岩性及流体的影响介于两者之间。因此建立对薄层及薄互层描述很有价值的目标层与准则层之间的判断矩阵：

$$\boldsymbol{A} = \begin{bmatrix} & \text{薄层} & \text{岩性} & \text{单斜构造} & \text{断层和裂缝} \\ \text{薄层} & 1 & 3 & 5 & 7 \\ \text{岩性} & 1/3 & 1 & 2 & 2 \\ \text{单斜构造} & 1/5 & 1/2 & 1 & 1 \\ \text{断层和裂缝} & 1/7 & 1/2 & 1 & 1 \end{bmatrix} \tag{1-24}$$

层次分析法权重向量的计算方法一般有 4 种,即几何平均法、算术平均法、特征向量法和最小二乘法。下面选用较常用的最小二乘法计算权重:

$$\min Z = \sum_{i=1}^{n} \sum_{j=1}^{n} (a_{ij}w_j - w_i)^2 \tag{1-25}$$

计算得到准则层与方案层间权重系数 $w_1 = (0.497\ 0 \quad 0.167\ 0 \quad 0.167\ 0 \quad 0.094\ 2 \quad 0.074\ 9)$, $w_2 = (0.497\ 0 \quad 0.167\ 0 \quad 0.167\ 0 \quad 0.094\ 2 \quad 0.074\ 9)$, $w_3 = (0.75 \quad 0.25)$, $w_4 = (0.6 \quad 0.2 \quad 0.2)$。

目标层与准则层间的权重系数 $w = (0.598\ 3 \quad 0.200\ 1 \quad 0.105\ 0 \quad 0.096\ 5)$。

由式(1-19)~式(1-25)逐一进行计算,计算结果用计算机绘图,可以得到有利储层分布图(图 1-41)。从定性描述来看:储层整体上呈现南东厚、北西薄并逐渐向北西尖灭的特征,与已有的地质认识一致;井点处大多储层发育,分布规律与钻井结果吻合度较高。为了定量分析储层厚度预测的准确性,读取井点处 AHP 预测值与储层实测值进行对比,结果如图 1-42 所示。

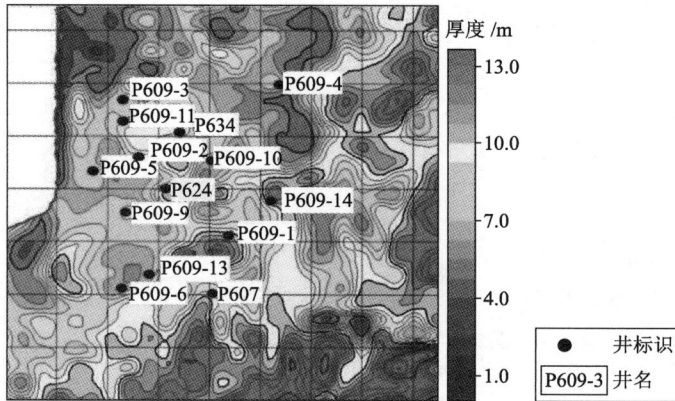

图 1-41 AHP 最终预测储层分布图

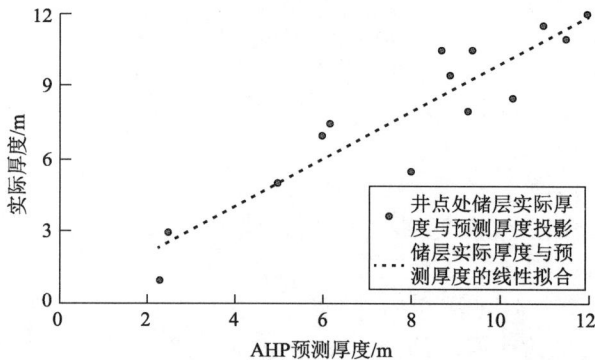

图 1-42 井点处储层实际厚度与 AHP 预测厚度比较

结果表明,AHP 预测结果与实际情况吻合度较高。研究区共 16 口井,其中有 14 口井数据与 AHP 预测结果相一致。相对较差的 P609-5 井位于盆地边缘,储层厚度很薄,仅有 1.5 m,由于下伏不整合面导致该井附近反射杂乱,所以在属性提取时会产生误差。而 P609-4 井位于研究区最北侧,埋深不足 200 m,地震采集覆盖次数很小,导致该井附近同相轴杂乱不连续,因此该井数据存在一定误差。

综上所述,AHP 方法融合多种储层解释结果,根据不同权重对储层分层次进行预测,从理论上讲,该方法较单一预测方法具有较高的可靠性,就实际应用而言,该方法不仅可以定性地预测储层的分布情况,而且还可以加入厚度约束条件,对整个研究区的厚度进行预测,以解决储层预测的关键参数问题,对薄层及薄互层有很好的描述能力。

1.3.5　基于反射系数稀疏反演的方法

薄互层高维信号如果是可压缩的或在某个变换域上具有稀疏性,则可用一个与变换基不相关的观测矩阵,将该信号投影到一个低维空间上,然后通过求解最优化问题,以较高的概率从这些少量的投影值中重构原信号。反射系数具有稀疏性,可以用压缩感知方法将原始地震资料反演为反射系数,从而提高薄互层的解释精度,这是一种值得尝试的薄储集层精细描述新方法。

1.3.5.1　反射系数稀疏反演的基本原理

对于 N 个点的反射系数序列,设其中第 n 个点的振幅和延时分别为 α_n 和 τ_n,则其反射系数可表示为 $r(t)=\sum_{n=1}^{N}\alpha_n\cdot\delta(t-\tau_n)$。设子波为 $w(t)$,利用反射系数和子波可求得其合成记录 $s(t)$。对 $s(t)$ 做傅里叶变换,将 $s(t)$ 稀疏表示为 $S(f)$,对于不同的频率分量 $(f_m,m=1,2,\cdots,M)$,将其离散化,可得到 $S(f_m)$。经过进一步变形推导,可简化为矩阵形式:

$$Ax=b \tag{1-26}$$

式中,A 为子波变换矩阵,x 为反射系数,b 为合成记录的傅里叶变换 $S(f)$。

由于反射系数 x 具有稀疏性,可以根据压缩感知理论,通过最小化策略求解方程(1-26):

$$\min_x\frac{1}{2}\|Ax-b\|_2^2+\lambda\|x\|_1 \tag{1-27}$$

式中,$\|\cdot\|_2^2$ 为 L_2 范数;$\|\cdot\|_1$ 为 L_1 范数;λ 为拉格朗日算子,可调节 L_1 范数所占比重。第一项条件是为了在求解过程中不断向地震记录谱收敛;第二项是稀疏促进项,可以不断获得更稀疏的 x 系数。得到反射系数后,可以直接识别薄层的分界面,也可以用一个更高频率的子波褶积,得到薄层的响应来进一步研究储层特性。

1.3.5.2　反射系数稀疏反演的模型测试

采用图 1-43(a)所示的速度模型进行测试,该模型考虑了两套薄互层的层系,两端考虑有断层的夹持。对图 1-43(a)所示的模型计算反射系数,并与主频 30 Hz 的雷克子波褶积,得到图 1-43(b)所示的合成地震记录。对图 1-43(b)进行稀疏层反演反射系数,结果如图 1-43(c)所示,可以看到,同相轴变细、增多,分辨率有了明显提升。

从图 1-43 来看,反射系数稀疏反演对薄互层的识别效果非常好,有助于提高薄互层的分辨率。由于直接反演的是反射系数,再根据反射系数与高频子波褶积就可以获得宽频带的地震资料。

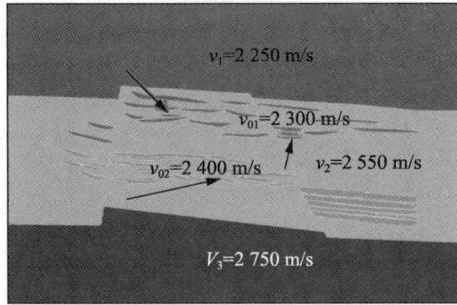

（a）地质模型

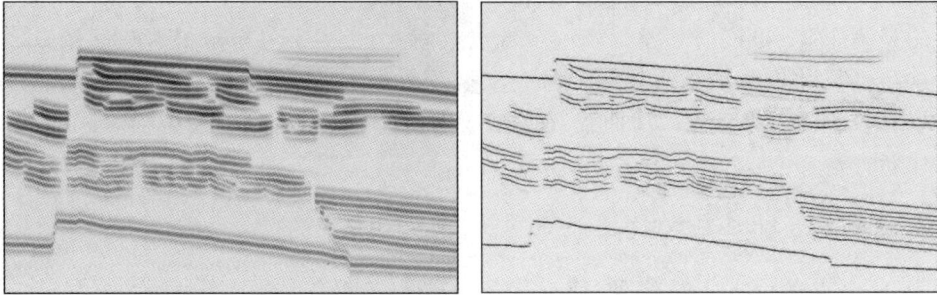

（b）合成地震记录　　　　　　　　　（b）反演后得到的反射系数

图 1-43　反射系数稀疏反演结果对比

1.3.5.3　反射系数稀疏反演的实际资料处理

下面以某研究区剖面为例,验证反射系数稀疏反演对提高薄互层分辨率的效果。该实际资料的采样道是 91 道,采样点是 101 个,采样间隔为 2 ms。

图 1-44 是原始地震记录,对该地震记录做稀疏反演得到反射系数,再将反射系数与 50 Hz 雷克子波褶积得到图 1-45 所示的合成地震记录。从两张图对比可以发现,稀疏反演结果的同相轴增多、宽度变细,尤其是圈内的两条相邻同相轴更清晰,分辨率也相对提高了。

将反射系数稀疏反演方法应用于研究区,选用范围为研究区内 T91-B7-B3 连井剖面,得到以下处理结果。

分别对比图 1-46 的连井资料处理结果和频谱分析结果,发现经反射系数稀疏反演处理后,同相轴增多、变细,分辨率提高,高频信息增多,效果更明显。

图 1-44　原始地震记录

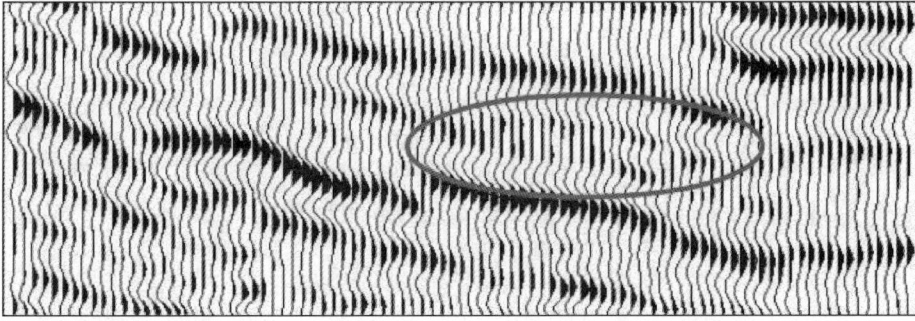

图 1-45　反演反射系数结果与 50 Hz 雷克子波褶积

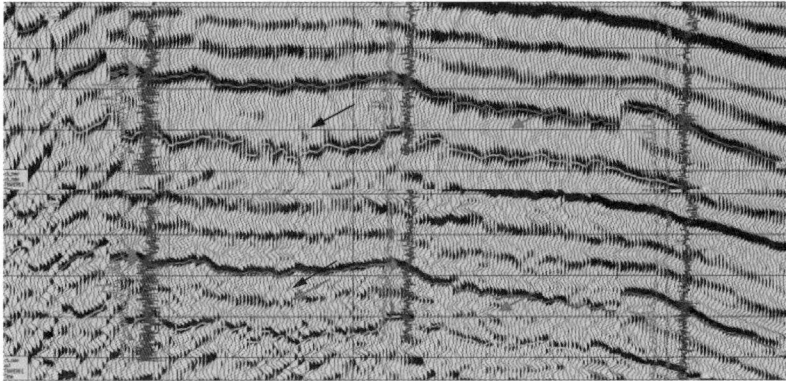

（a）地震资料处理结果对比

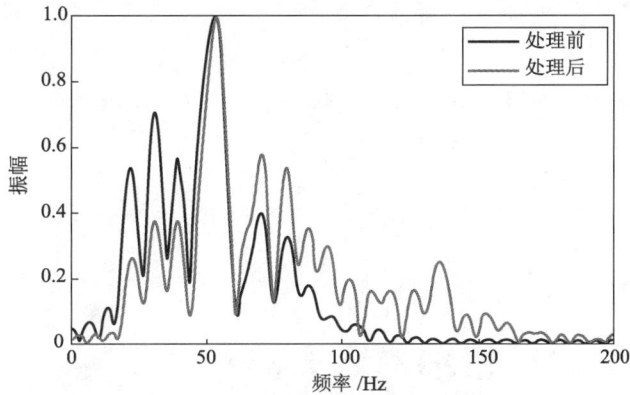

（b）地震资料处理频谱结果对比

图 1-46　T91—B7—B3 连井剖面及稀疏反演处理结果

　　薄层、薄互层的解释一直是油田勘探的重点与难点,本章介绍了调谐厚度薄层解释方法,90°相移子波薄层描述方法,道积分薄层描述方法,砂体尖灭线的描述方法,基于地震旋回的分析方法,基于能量半时、弧长、甜点等特色属性分析方法,基于地层切片的分析方法,基于层次分析法的描述方法和基于反射系数稀疏反演的方法 9 个方面的技术内容。其一定程度上代表了目前科研生产主流技术和发展方向。解释工作者应根据实际地质条件,选择合适的方法技术及应用参数,以便有效地识别薄层、薄互层油气藏。

第 2 章
缝洞型储层精细描述方法及应用

2.1 概　述

碳酸盐岩油气藏是一类十分重要的油气藏,在世界油气资源中占有极其重要的地位,其储量占世界油气储量的一半以上。受多变空间结构、构造变形和岩溶作用的控制,该类储层的储集空间以裂缝和洞穴为主,并以溶洞为最主要的构造特征。这些裂缝和孔、洞系统对致密岩层中的油气赋存和运移起着控制作用,因此缝洞型储层的识别和描述在油气勘探中具有重要意义。我国碳酸盐岩油藏分布也十分广泛,尤其是在塔里木盆地,资源潜力大,以典型喀斯特地表淡水溶蚀作用为主,主要储集空间以古潜山岩溶缝洞为主,包括大型溶洞、溶蚀孔洞和裂缝。但由于储层非均质性强、埋深大、地震地质条件复杂、地震资料品质较低,对该类储层进行准确识别与有效预测还有一定的困难。

目前常用的缝洞型储层地震识别技术包括缝洞型储层正演模拟技术、多波多分量地震技术、纵波裂缝检测方位各向异性技术、地震属性分析技术、地震逆散射成像技术及三维可视化技术等。在实际应用中,通常是综合地质、测井、钻井、地震及油藏等多方面的资料对缝洞型储层进行检测和描述。

本章将针对缝洞型储层的三种典型类型——溶洞型、裂缝型和断溶体,分别介绍其精细描述方法。

2.2　溶洞型储层精细描述方法

溶洞是可溶性岩石中因喀斯特作用所形成的地下空间,是岩溶作用所形成的空洞的通称。在碳酸盐岩储层中,溶洞型储层是极为良好的储层。溶洞型储层是我国西部油区一种主要储层类型。该类储层多分布在风化壳顶界面以下 200 m 内,具有低电阻、高自然伽马、钻井放空、低速度、低波阻抗、高声波时差、低密度、剖面呈串珠状等特征。经过多年的勘探开发,物探工作者已经认识到此类储层的多种地质、测井和地震特征,形成了一些对溶洞定性、定量的描述方法。王勤聪等(2002)通过大量钻井、岩芯、测井、地震资料的对比分析,探讨并建立了超深层碳酸盐岩储层的地球物理识别模式。吴永国等(2008)、曲寿利等(2012)通过数值及物理模拟定量分析了碳酸盐岩孔洞型储集体的地震响应特征。王光付(2008)认为碳酸盐岩有效溶洞储层的发育应同时具备 3 个常规地震剖面波形,即断裂+串珠状反射＋强波谷。胡中平(2010)结合正演和实际资料,分析了溶洞地震波串珠状的形成机理和识别方法,认为串珠状特征是溶洞与地层波阻抗界面形成的多次绕射成像以后的地震现象。闫相宾等(2007)、彭更新等(2011)、郎晓玲等(2012)分别提出了多种针对缝洞型储层的预测方法。刘学利等(2010)采用波形分析技术及正演模拟实现了对塔河油田缝洞储集体储集空间的计算。杜斌山等(2012)提出了一种储层地震响应特征建立与厚度定量预测的方法,即建立储层厚度谱。李凡异等(2012)根据空间子波理论,推导了横向地质体 HTA (horizontal trace amplitude)函数,定量分析了偏移成像确定地质体宽度的能力,并发展了一种估算碳酸盐岩缝洞体宽度的方法。

从以上可以看出,前人研究主要集中在碳酸盐岩储层串珠状特征的描述与解释上,对此类油气藏的成像影响研究还比较少。随着我国西部勘探开发投入的加大,特别是三维高密度地震勘探的推广,此类研究与评价显得更加必要。另外,近来解释人员还在非串珠的地方找到了好的油气藏,这究竟是由地下复杂储层结构造成的,还是由不合理的采集因素或错误的处理参数、假象造成的,对此人们研究得更少。本节从塔河油田实际资料出发,以正演模拟为基础,重点对采集面元大小、覆盖次数、静校正量、去噪处理、速度谱拾取精度、偏移方法选取对溶洞成像的影响等方面进行初步探讨,研究结论对此类油气藏采集及处理有一定的指导意义(张军华等,2014,2015,2016)。

2.2.1 溶洞型储层正演模拟及机理分析

2.2.1.1 覆盖次数及面元大小对成像结果的影响

覆盖次数(FOLD)及面元大小如何选取直接关系到观测系统的定义,同时也直接决定了勘探成本的高低,因此选取合适的覆盖次数及面元大小对于获取高质量的地震资料以及控制采集成本是非常关键的。

为了说明这一问题,建立图 2-1 所示模型。模型为三层介质,溶洞位于中间层,左边为直径 20 m 的圆形洞,右边为边长 20 m 的方形洞。正演模拟原始观测系统为 600 炮 400 道,最大覆盖次数 200 次,炮间距 5 m,道间距 5 m,CDP 间距 2.5 m。将炮点抽稀,覆盖次数依次为 200,100,50,25,12 次,叠前时间偏移采用克希霍夫积分法,图 2-2 为偏移结果。

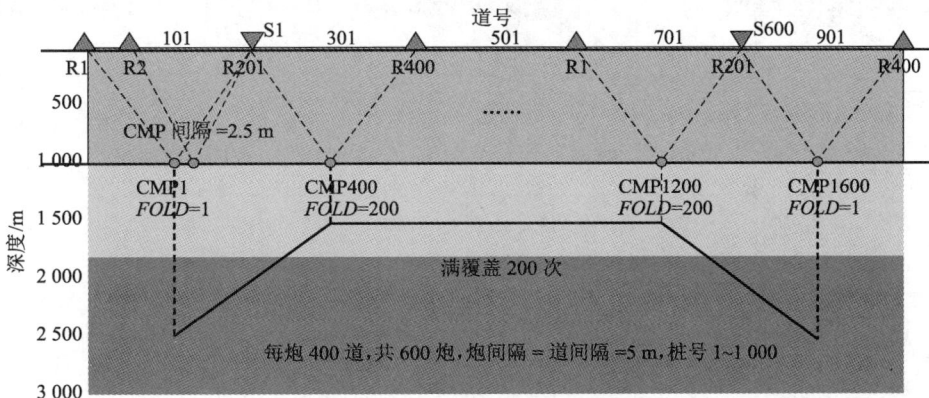

图 2-1 理论模型及观测系统

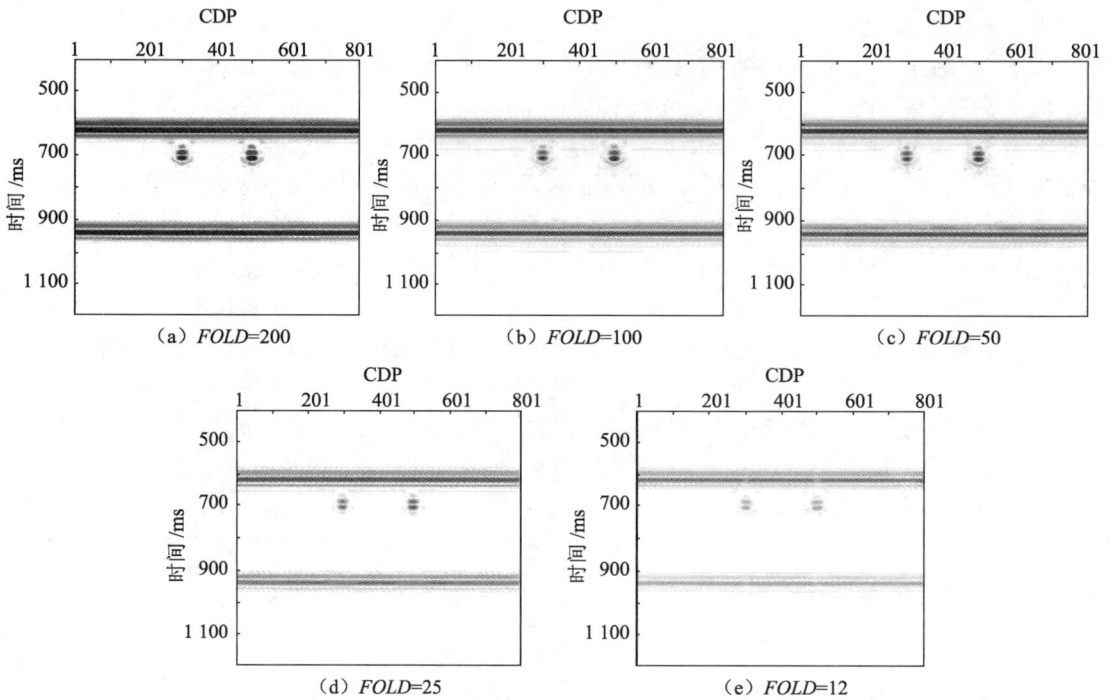

图 2-2　覆盖次数不同时的偏移剖面比较

将炮距抽成 40 m,道距依次抽稀使覆盖次数为 25 次,CDP 间距依次为 2.5 m,5 m, 10 m,20 m,偏移结果如图 2-3(a)～(d)所示。图 2-3(e)还给出了 CDP 间距为 100 m 这样特别大间距的情况,此时覆盖次数已只有 5 次。

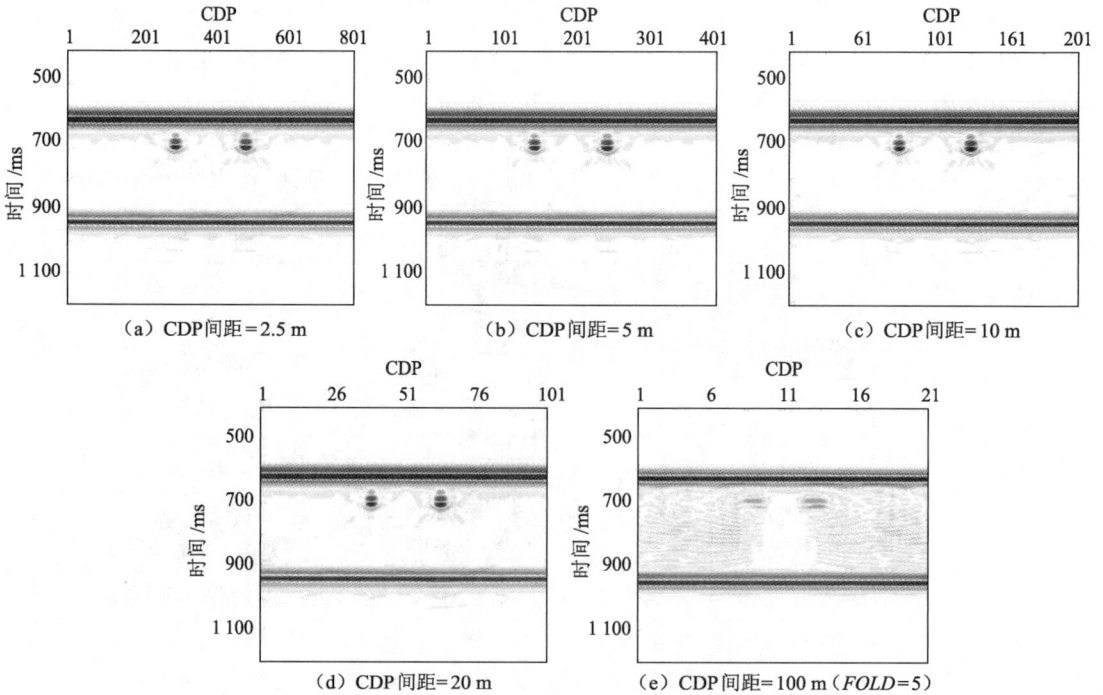

图 2-3　不同 CDP 间距偏移剖面比较

统计不同覆盖次数和 CDP 间距串珠的相对能量,结果如图 2-4 所示。

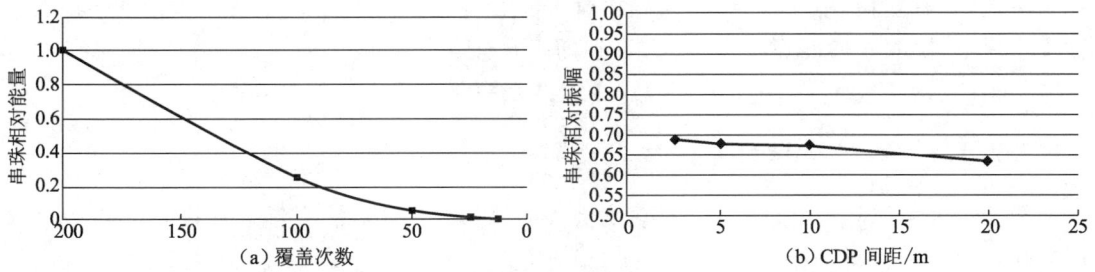

图 2-4 串珠相对能量随覆盖次数(a)及 CDP 间距(b)的变化

由图 2-2 到图 2-4 可以看出:① CDP 间距不变、覆盖次数变小,串珠相对能量首先急剧下降最后趋近于零,覆盖次数 200 时的能量是覆盖次数 100 时的 4 倍多;②覆盖次数不变、CDP 间距增大,串珠能量也会变小,但幅度远不如 CDP 间距的变化;③ 理论上来说,当地质体较小(小于波长 λ 时),覆盖次数和 CDP 间距的变化对溶洞的分辨率影响不大,但进一步增大 CDP 间距最终会使串珠无法成像(图 2-3e)。结论③ 正是当今开展高密度勘探的重要依据,因为对于小的地质体,如孔洞、裂缝、小微断层、小砂体,要真实成像,用太大的面元是得不到这些小尺度地质信息的。

2.2.1.2 静校正量对成像结果的影响

塔河 6-7 区地形起伏,地表结构复杂。为研究静校正量对溶洞成像效果的影响,模型加上具有振幅控制的随机静校正量,随机静校正量最大值分别为 10 ms 和 20 ms(图 2-5)。做成像处理和对比,结果如图 2-6 所示。

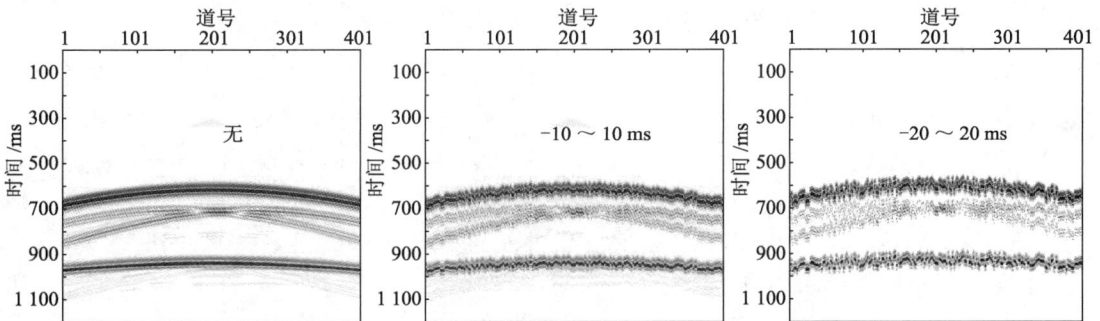

图 2-5 加入静校正量后的炮记录

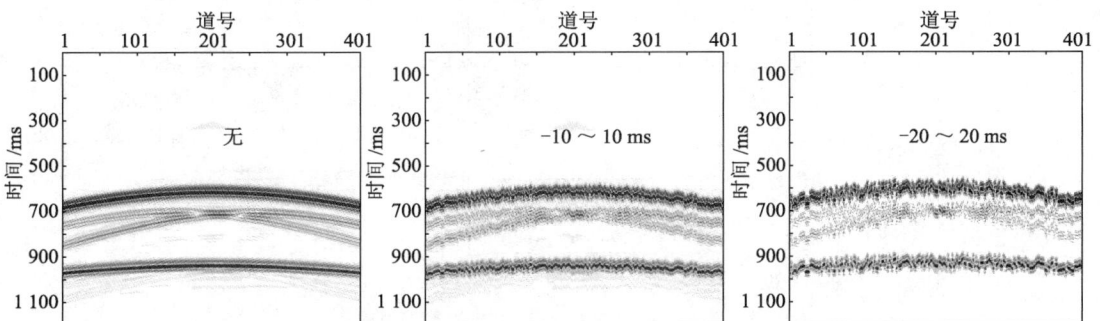

图 2-6 不同静校正量的偏移剖面

从图 2-6 可以看出:随机静校正量为 $-10\sim10$ ms 时,剖面能量变弱,水平轴成像效果基本不变,略有变粗,串珠发生变形;随机静校正量为 $-20\sim20$ ms 时,剖面能量更弱,水平轴发生变形,溶洞无法准确成像,只能看到两个比较模糊的能量团。西部缝洞油气藏发育地区多为沙漠,地表起伏,因此做好静校正工作是溶洞准确成像的重要前提。

2.2.1.3 去噪处理对成像结果的影响

模型加入随机噪声,信噪比(SNR)分别为 0.5,0.1,0.01(图 2-7)。用随机噪声去噪软件去噪,最终进行成像效果比较。

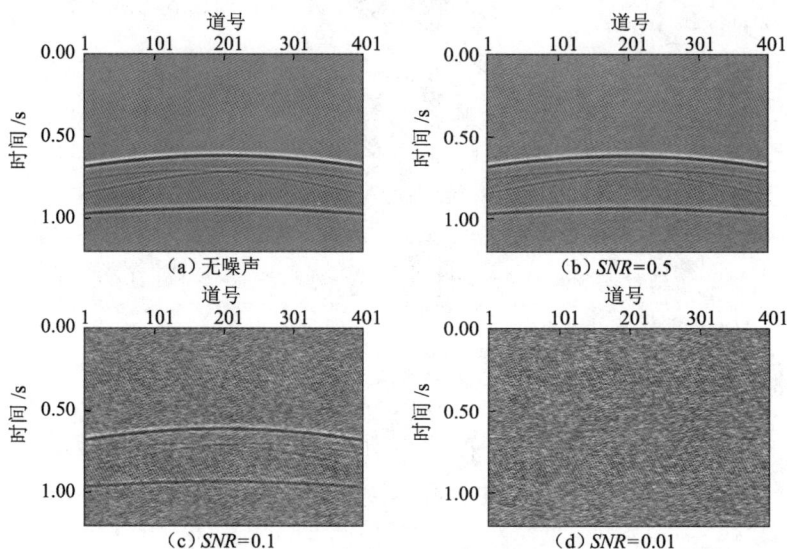

图 2-7　加入不同随机噪声后的单炮记录

从原始炮记录上看,加入噪声后对剖面上各个同相轴的影响还是较大的,当信噪比为0.01 时剖面上已无法识别任何信息,而采用克希霍夫积分偏移后(图 2-8),信噪比为 0.1和 0.5 时,成像剖面与无噪声时基本一致,只是能量略有减弱,而信噪比为 0.01 时仍可以偏移出有效的水平界面及溶洞串珠信息,只是相对无噪声时的剖面能量很弱。出现这种情况的原因是由于加入的是随机噪声,故波场叠加后随机噪声得到很好压制,同时也说明,杂乱的随机噪声不是成像的主要问题。

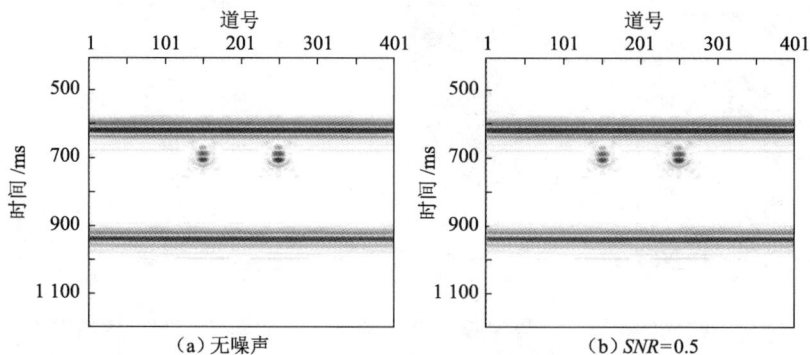

图 2-8　加入不同随机噪声后偏移剖面

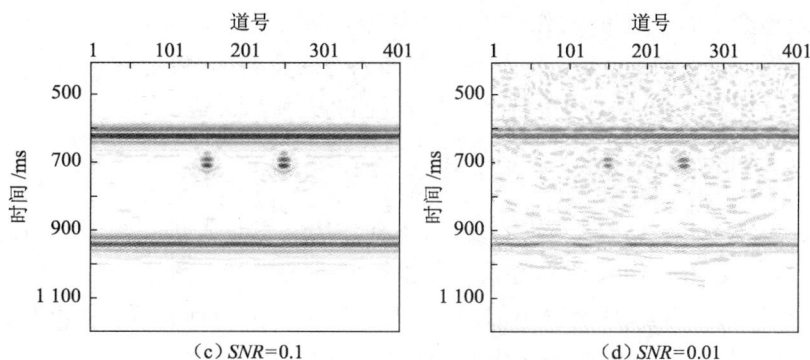

（c）*SNR*=0.1　　　　　　　（d）*SNR*=0.01

图 2-8（续）　加入不同随机噪声后偏移剖面

2.2.1.4　速度谱拾取对成像结果的影响

速度对偏移成像结果正确性有很大影响,在实际资料处理中,有学者在实际偏移处理时发现串珠两侧同相轴有上翘和下拉现象(孙东等,2010)。造成这种现象的原因主要是偏移孔径设定不当和速度给定不准。对于长排列、宽方位资料,偏移孔径一般容易满足,本小节主要对速度误差做深入讨论。

人为改动初始速度场,对溶洞按-6%,-3%,0%,3%,6%的偏移速度误差进行偏移,结果如图 2-9 所示。研究表明:① 速度变化对水平界面成像结果没有影响;② 偏移速度偏小,溶洞绕射波收敛不完全,串珠边缘下拉,反之上翘;③ 速度误差越大,串珠能量发散越严重;④ 速度的准确拾取对于溶洞的精确成像是极为重要的。

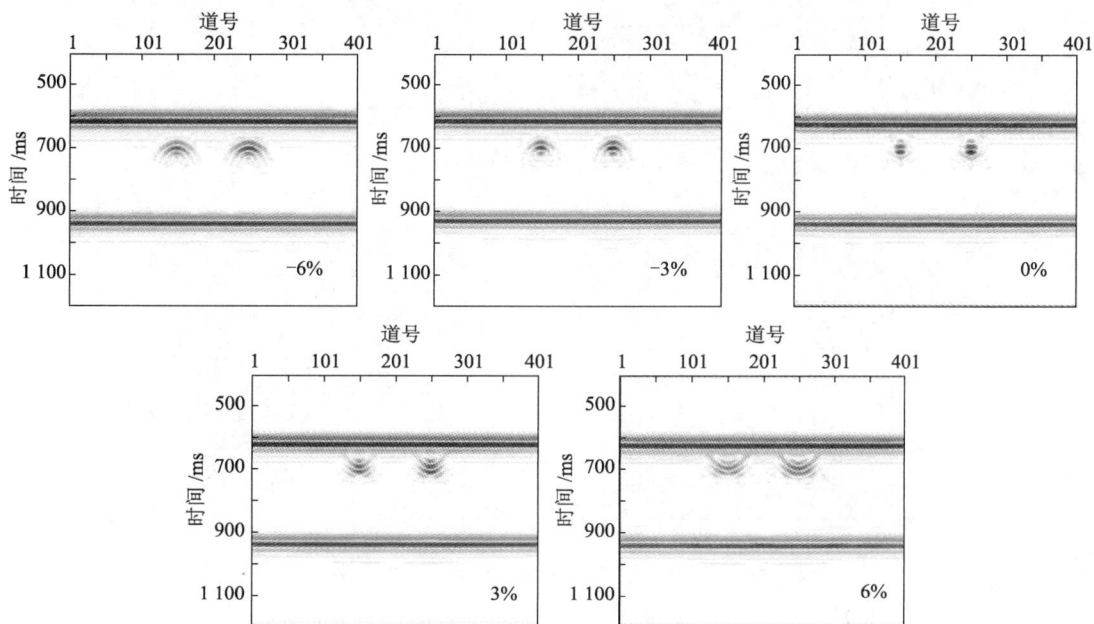

图 2-9　不同速度的成像结果

从图 2-9 中还可发现,速度变化时串珠仅在横向尺度上发生变化,而纵向基本不变。速度正负误差的百分比相同,成像的横向误差相同,只是串珠边缘出现上翘或下拉现象,较小的速度误差即会造成严重的成像误差,3%的速度误差成像横向误差会达到 2 倍,6%速度误差达 2.7 倍。由此可见,速度是影响溶洞体成像的重要因素,速度误差的存在,很容易使储集体不能成像真实大小并归位其真实位置,使钻井出现偏差。

2.2.1.5 偏移方法选取对成像结果的影响

偏移方法多种多样,经过几十年的发展,各种方法已相对成熟。对于溶洞的成像,关键在于绕射波、散射波的收敛(黄建平等,2013;朱生旺等,2013)。就成像分辨率来说,由于地震勘探本身分辨率的问题,对于较小的溶洞,偏移后串珠的横向及纵向尺度总是大于溶洞的实际大小,这也是目前小尺度溶洞偏移成像的一个症结,需要从野外激发到室内处理方方面面加以提高。就抗噪性而言,对于较高信噪比的资料,不同偏移方法对溶洞的成像效果差别不大。

图 2-10 给出的是 PROMAX 系统 FD 方法和 Kirchhoff 方法的比较。当信噪比较低时,用 SU 系统提供的 FD 和 FFD 则有很大的差别,原因是 FFD 是频率域方法,它在随机噪声去除上较时域 FD 方法更有效(图 2-11)。由此看来,根据地质问题和资料特点,合理选取偏移方法有时也是必要的。

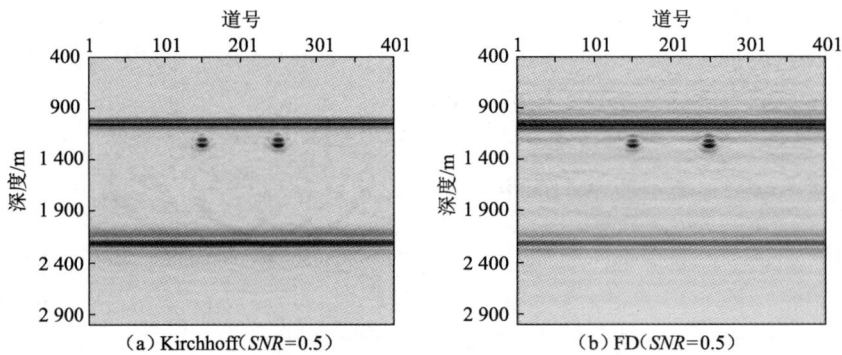

(a) Kirchhoff($SNR=0.5$)　　　　(b) FD($SNR=0.5$)

图 2-10　双洞模型信噪比 0.5 时偏移方法比较(PROMAX)

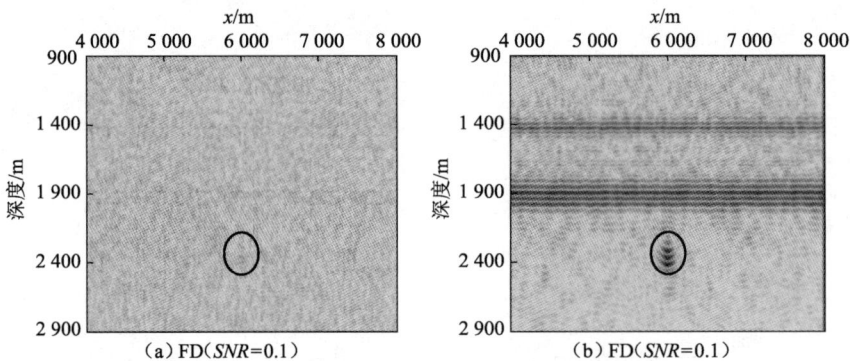

(a) FD($SNR=0.1$)　　　　(b) FD($SNR=0.1$)

图 2-11　单洞模型信噪比 0.1 时偏移方法比较(SU)

通过以上研究,可以初步得到如下结论与认识:

(1) 覆盖次数变小,串珠相对能量变小,面元大小主要影响横向分辨率,过大的面元会使串珠无法成像,开展高密度勘探具有客观的必要性。

(2) 静校正量较小时,溶洞仍能成像,只是略有形变;静校正量较大时,串珠发生变形,影响串珠能量及分辨率。

（3）噪声的存在也会使串珠变形、能量降低，但覆盖次数较高时随机噪声对溶洞成像不会产生太大影响。

（4）速度精度直接影响溶洞绕射波的收敛，主要使串珠在横向尺度上产生误差：速度偏小，串珠边缘下拉；速度偏大，串珠边缘上翘。溶洞成像精度与速度分析精度有很大关系。

（5）不同偏移方法适用性条件有一定的差别，如时域的叠前偏移与频域的叠前偏移在抗噪性上有较大区别。

2.2.2　溶洞型储层地震属性描述方法

描述岩溶、溶洞型储层的地震属性多为体属性和沿层、层间的地震属性，这样可以更清楚地展现每一个岩溶、溶洞在平面上的分布，利于勘探和开发方案的部署。这里主要介绍，基于均方根振幅、反射强度交流分量、相干数据体属性的溶洞型储层描述。

2.2.2.1　溶洞型储层地震振幅属性的提取及描述

地震波穿越溶洞型和裂缝型储层时，由于缝洞内充填的岩石或油、气、水与围岩速度差异大，地震波会产生较强的反射振幅，所以缝洞系统的地震响应为强振幅，利用振幅变化特征可以预测孔、缝、洞较发育的地带。

对于叠后地震资料，振幅异常的原因可能有以下几个方面：① 有含油气的储层；② 岩性、岩相发生了变化；③ 有含少量气的水层；④ 有裂缝和溶孔、溶洞存在；⑤ 有薄层发生的调谐作用；⑥ 偏移中的几何聚焦；⑦ 采集和处理的人为因素。因此在对地震资料应用之前，首先要根据已钻井的资料对地震资料的品质进行分析，排除采集、处理过程可能发生的人为因素，然后进行实际钻井资料的精细标定，确定各种岩溶、溶洞型储层的地震响应特征，为地震属性的分析做好准备。

振幅属性包括均方根振幅、平均绝对值振幅、最大波峰振幅、平均波峰振幅、最大波谷振幅、平均波谷振幅等。本节根据每种地震属性的含义，确定其适用性、敏感性，优选出针对岩溶型、溶洞型储层较为敏感、效果较好的均方根振幅属性。均方根振幅（RMS amplitude）是将振幅平方和的平均值开平方。由于振幅在平均前平方，所以它对特别大的振幅非常敏感。均方根振幅的计算方法如下：

$$RMS = \sqrt{\frac{1}{N}\sum_{i=1}^{N}a_i^2} \tag{2-1}$$

式中，N 为点的个数，a_i 为振幅。

图 2-12 为轮古西下渗流带均方根振幅平面图，图中信息空白区为下渗流岩溶、溶洞缺失区域，即轮古潜山古侵蚀沟发育区。有若干条北东-南西向或南北向古河道，所有的古河道表现为强振幅响应，LG15，LG15-1，LG42 井在奥陶系分别钻遇了 20～70 m 大小不等的溶洞，钻井揭示了暗河和溶洞的存在。

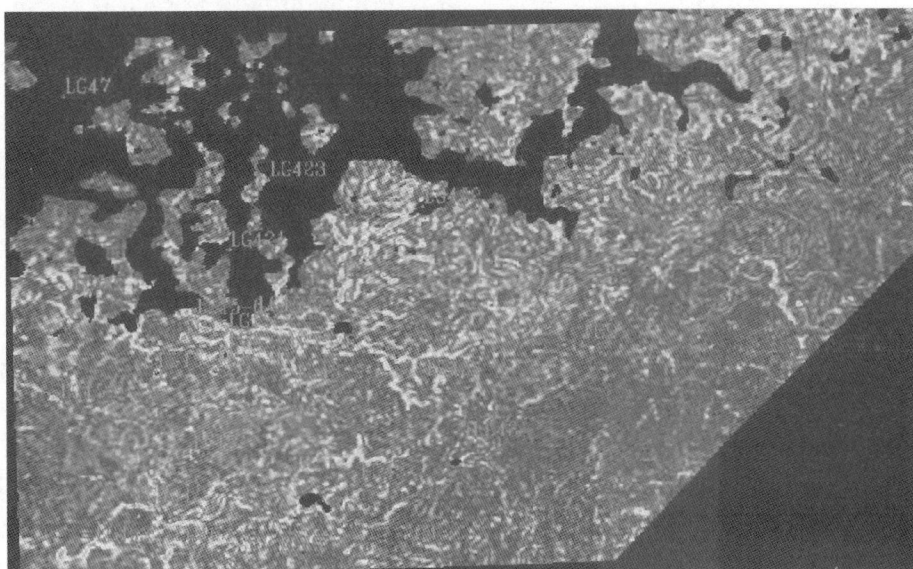

图 2-12　轮古西下渗流带均方根振幅平面图(据陈广坡等,2009)

　　图 2-13 为轮古西表层岩溶、溶洞沿层均方根振幅信息平面图,整个轮古西反射振幅较弱,表明表层岩溶、溶洞在该区广泛分布,只是在 LG154 井西部和 LG41 井东北部分布着两小块强反射、储层相对不发育的区域。

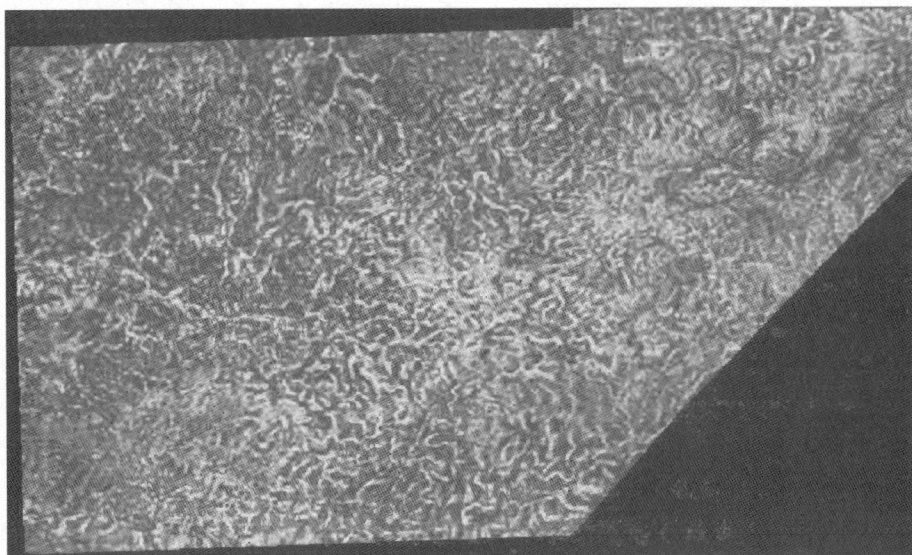

图 2-13　轮古西表层岩溶、溶洞沿层均方根振幅平面图(据陈广坡等,2009)

　　综合岩溶、溶洞预测的结果,说明整个轮古西岩溶、溶洞储层比较发育。由于明河水源充裕且发育断裂体系,所以岩溶和溶洞储层纵、横向连通性较好,并且沿明河展布。LG9-41 井区处于缓丘阶地的高部位,在下渗流带该位置溶蚀作用较弱,但该位置古断裂、裂缝发育,故表层岩溶、溶洞仍有一定程度的分布,储层展布规律与古构造应力方向一致。

2.2.2.2 溶洞型储层地震能量属性的提取及描述

从正演结果的分析来看,能量属性也是对岩溶、溶洞型储层比较敏感的属性之一。它的含义与振幅属性的含义相似,能够反映波阻抗差、地层厚度、岩石成分、孔隙度及含流体成分的变化。这里主要介绍对岩溶储集体较为敏感的能量属性之一——反射强度交流分量。反射强度交流分量是消除了反射强度中的均值(直流分量)部分后的偏差。它主要用于振幅异常的品质分析,与反射强度的应用相同,但更适合于分析和处理,因为它有正负。它的优点是能使能量最大值的定位比在地震剖面上更明显、更清晰。

为了进一步突出强反射能量,更有利于分析平面展布情况,将普通地震数据体处理成反射强度交流分量数据体,然后提取、分析不同时窗的信息,便可了解溶洞在全三维研究区的平面分布情况(图 2-14)。

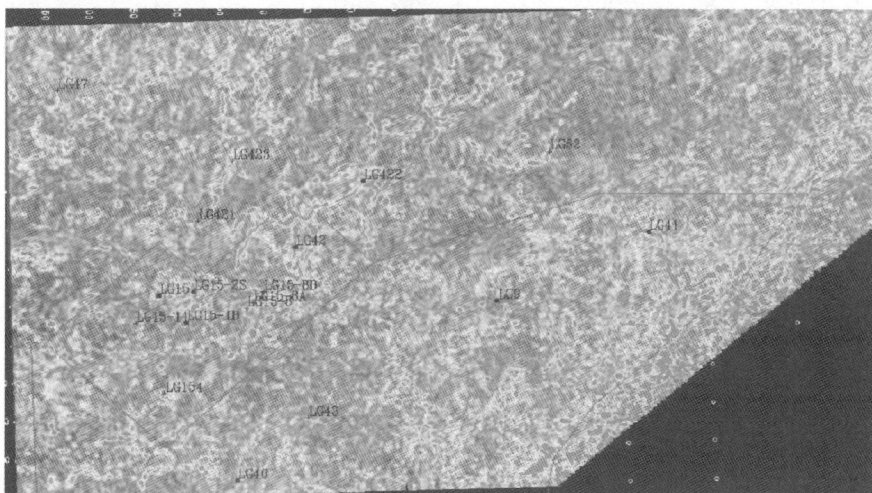

图 2-14 奥陶系内幕反射强度交流分量均方根振幅平面图(据陈广坡等,2009)

2.2.2.3 溶洞型储层地震相干属性的提取及描述

1) 常规相干算法

不同地质信息对应的地震响应不同之处表现在振幅、频率、相位有不同的变化,这种变化的产生依赖于界面的产状、地层厚度及波阻抗的差异。界面的产状能够反映地下构造情况,地层厚度能够反映沉积体系的发育,波阻抗则能够反映地层的岩性和流体信息。相干体属性主要就是利用地震道之间的相似性,这种相似性也包含着波阻抗、界面产状及厚度等信息是否相似,能够识别出地震同相轴相似性较差的区域,利于识别断层等特殊地质体。从相干体技术被提出以来,经过几十年的发展,已由第一代互相关算法、第二代多道相似算法发展到第三代多道特征值相干算法。但目前的相干算法对噪声较为敏感,要求数据具有较高的信噪比,而很多实际地震资料并不能满足其要求。

(1) C1 相干算法。

C1 相干算法以经典归一化互相关为基础,使用时用互相关估测纵、横测线方向的视倾角,而后结合互相关系数来计算数据点相干值,完成三维数据所有点的计算就得到了相干体数据。

具体来说,C1 相干算法计算某点相干值时,需要以该点为中心选取时窗提取对应的地震道数据,同样也要提取其在 inline 和 crossline 方向的相邻地震道数据,然后分析这 3 道地震数据之间的相关性。如图 2-15 所示,展示了 3 道地震数据在空间中的位置关系。A 是中心地震道,以其上的点 (x_i, y_j, t) 为目标计算点,相关时窗以其为中心,长度为 $2w+1$。B 和 C 是其分别在 crossline 和 inline 方向相邻道数据,B 道的分析时窗大小为 $2L+1=2(w+m)+1$,其中 m 代表相对于 A 道的最大延时参数。以相关时窗的长度在分析时窗内从上到下依次扫描选取数据与 A 地震道进行互相关计算,就可得到 $2m+1$ 个相关系数,这些相关系数中的最大值就是 A 与 B 的相干系数,同样的也可得到 A 与 C 之间的相干系数。

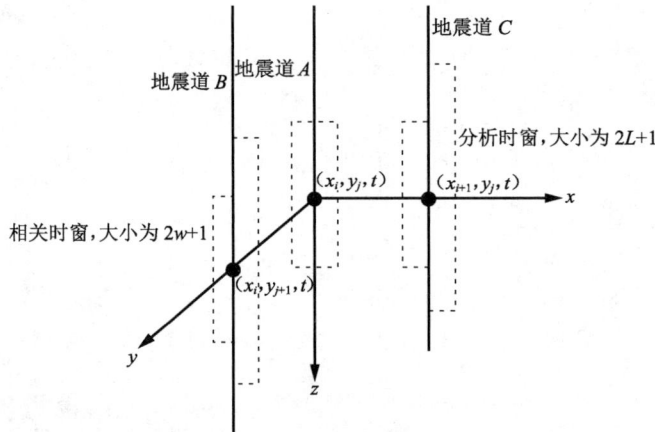

图 2-15 C1 相干算法原理示意图

假设 $u(x, y, t)$ 代表地震体数据,根据上面的陈述,数据体中一点 (x_i, y_j, t) 与沿 inline 方向的互相关系数 C_x 的表达式为:

$$C_x(x_i, y_j, t, m) = \frac{\sum_{\tau=-w}^{w} u(x_i, y_j, t-\tau) u(x_{i+1}, y_j, t-\tau-m)}{\sqrt{\sum_{\tau=-w}^{w} u^2(x_i, y_j, t-\tau) \sum_{\tau=-w}^{w} u^2(x_{i+1}, y_j, t-\tau-m)}} \quad (2-2)$$

同样的,也可得到任意一点 (x_i, y_j, t) 与沿 crossline 方向的互相关系数 C_y 的表达式:

$$C_y(x_i, y_j, t, l) = \frac{\sum_{\tau=-w}^{w} u(x_i, y_j, t-\tau) u(x_i, y_{j+1}, t-\tau-l)}{\sqrt{\sum_{\tau=-w}^{w} u^2(x_i, y_j, t-\tau) \sum_{\tau=-w}^{w} u^2(x_i, y_{j+1}, t-\tau-l)}} \quad (2-3)$$

式中,l 代表沿 crossline 方向相邻道与中心道的最大延时参数。

最后,可以得到任意一点的相干系数 C_{xy}:

$$C_{xy} = \sqrt{\left[\max_m C_x(x_i, y_j, t, m)\right]\left[\max_l C_y(x_i, y_j, t, l)\right]} \quad (2-4)$$

式中,$\left[\max_m C_x(x_i, y_j, t, m)\right]$ 表示延时在 $(-m, m)$ 范围计算得到的共 $2m+1$ 个相关系数中最大的值,而 $\left[\max_l C_x(x_i, y_j, t, l)\right]$ 表示延时在 $(-l, l)$ 范围计算得到的共 $2l+1$ 个相关

系数中最大的值。

对于 C1 相干算法,其在同相轴连续性好或岩性变化小区域相关性好,相关系数较大,而在断层或者岩性边界处,相关系数较小。C1 相干算法可以用来识别断层、河道等地质特征,但该算法也存在局限性,对于信噪比高、保真度高的资料,其应用效果较好,而当地震资料信噪比低时,识别效果较差,易受干扰。

(2) C2 相干算法。

C2 相干算法以多道相似性为基础,相比于 C1 相干算法,可靠性与识别精度更高。C2 相干算法中,首先需要建立一个一般为矩形或者椭圆的、包含了 J 道数据的分析窗口,然后对这 J 道数据做相关分析,如图 2-16 所示,p 和 q 是点 (x_j, y_j, t) 在 x 和 y 方向的视倾角,则分析时窗内平均道的能量与该时窗内所有道的能量和的均值之间的比值为相似系数 $\rho(t, p, q)$,有:

$$\rho(t, p, q) = \frac{\left[\frac{1}{J} \sum\limits_{j=1}^{J} u(x_j, y_j, t - px_j - qy_j) \right]^2 + \left[\frac{1}{J} \sum\limits_{j=1}^{J} u^H(x_j, y_j, t - px_j - qy_j) \right]^2}{\frac{1}{J} \sum\limits_{j=1}^{J} \left[u(x_j, y_j, t - px_j - qy_j) \right]^2 + \frac{1}{J} \sum\limits_{j=1}^{J} \left[u^H(x_j, y_j, t - px_j - qy_j) \right]^2}$$

(2-5)

式中,j 为 J 道数据的排号,x_j 和 y_j 分别为该道与计算点所在中心道在 x 与 y 方向的距离,$u^H(x_j, y_j, t - px_j - qy_j)$ 为第 j 道数据的希尔伯特变换。

式 (2-5) 只是在一个平面上的计算,为了提高算法的稳定性和抗噪性,可以中心点上下共 $2K+1$ 个采样点的相似系数的均值作为点 (x_j, y_j, t) 的相似系数,有:

$$C_2 = \frac{\sum\limits_{k=-K}^{K} \left\{ \left[\sum\limits_{j=1}^{J} u(x_j, y_j, t - px_j - qy_j) \right]^2 + \left[\sum\limits_{j=1}^{J} u^H(x_j, y_j, t - px_j - qy_j) \right]^2 \right\}}{\sum\limits_{k=-K}^{K} J \left\{ \sum\limits_{j=1}^{J} \left[u(x_j, y_j, t - px_j - qy_j) \right]^2 + \sum\limits_{j=1}^{J} \left[u^H(x_j, y_j, t - px_j - qy_j) \right]^2 \right\}}$$

(2-6)

C2 相干算法的计算结果比较稳定,同时也能得到较为准确的倾角和方向角信息。

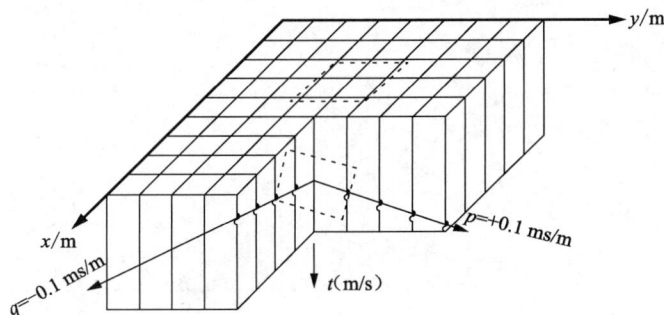

图 2-16 倾角(p,q)为(0.1 ms/m,-0.1 ms/m)的矩形窗口模型图

(3) C3 相干算法。

C3 相干算法由 C2 相干算法发展而来,该方法利用协方差矩阵的最大特征值信息,从另一个角度表示数据局部区域的相似性。从整个数据体中横向上使用某一窗口选取 J 道数据,纵向上选取时窗大小为 N 个采样点组成一个 $N \times J$ 子数据体,构成矩阵 $\boldsymbol{D}_{N \times J}$,由 $\boldsymbol{D}$

的转置与 $\boldsymbol{D}$ 相乘得到 $\boldsymbol{C}_{J \times J}$:

$$\boldsymbol{C}_{J \times J} = \boldsymbol{D}_{N \times J}^{\mathrm{T}} \times \boldsymbol{D}_{N \times J} = \begin{bmatrix} d_{11} & d_{21} & \cdots & d_{N1} \\ d_{12} & d_{22} & \cdots & d_{N2} \\ \vdots & \vdots & & \vdots \\ d_{1J} & d_{2J} & \cdots & d_{NJ} \end{bmatrix} \times \begin{bmatrix} d_{11} & d_{12} & \cdots & d_{1J} \\ d_{21} & d_{22} & \cdots & d_{2J} \\ \vdots & \vdots & & \vdots \\ d_{N1} & d_{N2} & \cdots & d_{NJ} \end{bmatrix}$$

$$= \begin{bmatrix} \sum_{n=1}^{N} d_{n1}^2 & \sum_{n=1}^{N} d_{n1}d_{n2} & \cdots & \sum_{n=1}^{N} d_{n1}d_{nJ} \\ \sum_{n=1}^{N} d_{n1}d_{n2} & \sum_{n=1}^{N} d_{n2}^2 & \cdots & \sum_{n=1}^{N} d_{n2}d_{nJ} \\ \vdots & \vdots & & \vdots \\ \sum_{n=1}^{N} d_{n1}d_{nJ} & \sum_{n=1}^{N} d_{n2}d_{nJ} & \cdots & \sum_{n=1}^{N} d_{nJ}^2 \end{bmatrix} \tag{2-7}$$

假设矩阵 $\boldsymbol{C}_{J \times J}$ 是满秩的,则该矩阵有 J 个非零特征值 λ_j。定义矩阵 $\boldsymbol{C}_{J \times J}$ 的迹 $\mathrm{tr}\,\boldsymbol{C}$ 为:

$$\mathrm{tr}\,\boldsymbol{C} = \sum_{j=1}^{J} C_{jj} = \sum_{j=1}^{J} \lambda_j \tag{2-8}$$

最后,C3 相干值被定义为协方差矩阵 $\boldsymbol{C}_{J \times J}$ 的最大特征值 $\lambda_{\max}$ 与该矩阵的迹 $\mathrm{tr}\,\boldsymbol{C}$ 的比值:

$$C_3(x_i, y_i, t) = \frac{\lambda_{\max}}{\mathrm{tr}\,\boldsymbol{C}} \tag{2-9}$$

从图 2-17 的相干平面图可以看出,研究区主要发育北东和北西方向的两组剪切断裂,延续长度较长且数量较多。在相干切片上有大量的"小圆圈"组成带状的大断层,说明在大断裂附近发育缝洞。除此之外全区内广泛发育"小圆圈",即缝洞发育。

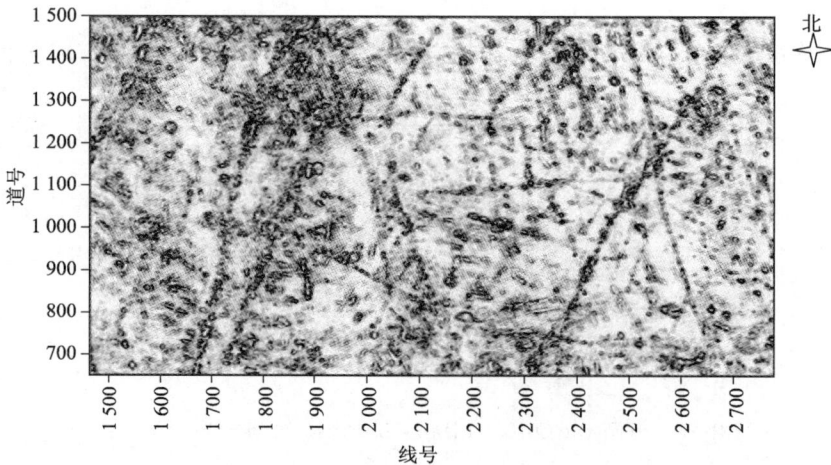

图 2-17 T76 层相干平面图(据蔡紫薇,2018)

2）分频相干属性

全频带相干只能检测出大断层和大尺度缝洞,难以分辨地震响应很弱的中小尺度断层信号,因此可以利用分频相干属性来检测全频带相干体不易看到的微小断层和裂缝特征,从而得到更为丰富的地下缝洞信息。图 2-18 是某层的相干平面图。图 2-18(a)为全频带相干结果,可以看出在研究区中部(箭头处)发育 3 条北北西向平行断层,且断层北部(矩形处)的边界和形态刻画较为模糊。图 2-18(b)为 5 Hz 相干平面图,相比于全频带相干,能够清晰刻画出主断层北部的平面展布(矩形处),进一步完善了几条主断裂的形态特征。此外,低频相干能够检测出弱信号缝洞,如在主断裂附近的次生断裂和小尺度缝洞系统。图 2-18(c)为30 Hz 相干平面图,在此频率下对河道特征反映明显,能够刻画出更完整的河道形态(椭圆处)。图 2-18(d)为 50 Hz 相干平面图,断层检测效果整体较好,对 3 条主断裂的刻画更为清晰。在细节方面,50 Hz 相干对研究区河道的分支有所反映(椭圆处),且在矩形框内检测出一条明显的断层。

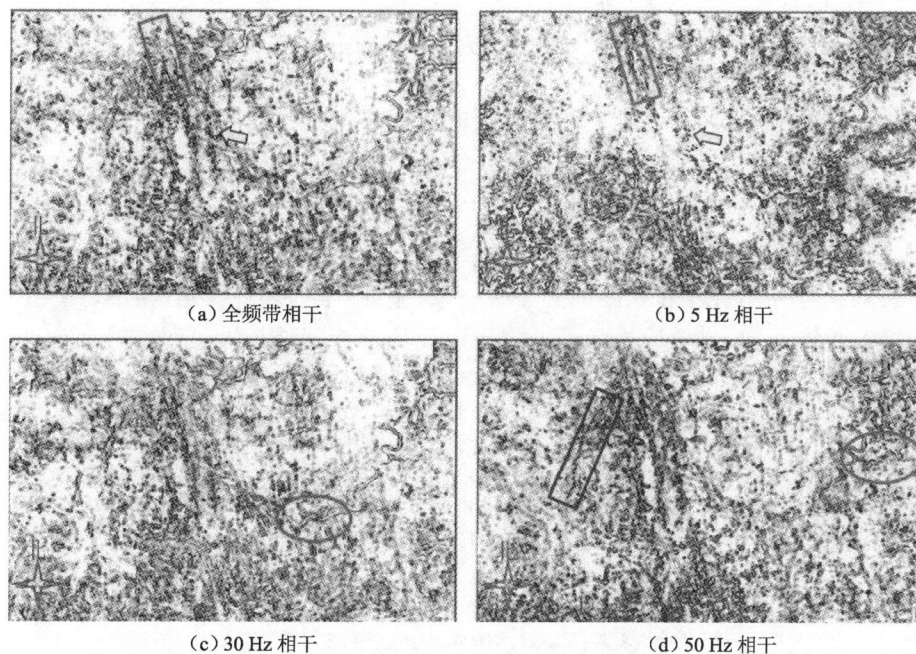

(a) 全频带相干　　　　　　　　　　　　(b) 5 Hz 相干

(c) 30 Hz 相干　　　　　　　　　　　　(d) 50 Hz 相干

图 2-18　某层的相干平面图(据蔡紫薇,2018)

2.2.3　溶洞型储层波阻抗反演

2.2.3.1　叠后波阻抗反演

对于储层预测而言,叠后波阻抗反演的利用十分常见,且反演方法较多,常采用的是基于模型的反演方法。宽带约束反演的基本思想是寻找一个最佳的地球物理模型,使得该模型的响应与观测数据(地震道)的残差在最小二乘意义下达到最小。过去的广义线性方法(GLI)和宽带约束反演方法之间存在显著的差异性:一方面,宽带约束反演方法为严格意义上的非线性反演;另一方面,进行反演的时候,宽带约束反演方法受到地质以及测井先验知识的约束(蔡紫薇,2018)。

定义目标函数:

$$o(m) = \parallel D - F \parallel_P + W_I \parallel M_I - M_I^{pri} \parallel + W_C \parallel \nabla_x M_I - \nabla_x M_I^{pri} \parallel_P \qquad (2\text{-}10)$$

式中，D 和 F 分别为实际地震记录和合成记录，M_I 为波阻抗模型指标，M_I^{pri} 为波阻抗模型指标的先验值，∇_x 为横向梯度，W_C 和 W_I 分别为波阻抗横向连续性的约束权系数和波阻抗模型先验值，$\parallel \quad \parallel_P$ 为 L_P 模。

同时，可以将约束反演问题描述为：获取 $M^{OPT} = (M_I / M_r)^{OPT}$，保证目标函数 $o(m) = \min$，M_r 为反射时间模型指标，$(\cdot)^{OPT}$ 为最优值，将 M 定义为 M_I / M_r，意味着求解时借助于延迟脉冲模型来实现。

而且，式(2-10)第一项表示记录残差，也就是说，反演结果的模型响应 F 应尽可能逼近实际记录 D；第二项指的是先验约束，也就是说，反演解不能偏离先验值太远；第三项使得反演结果存在相应的横向连续性，使解更合理。以建立的地质模型为基础，充分利用高频信息，提高反演的精度和分辨率，借助于全局寻优的快速反演算法进行迭代修正，获得高分辨率的声波阻抗体。由 Garder 公式转换得到速度及密度：

$$v_P = \frac{1}{a} Z_P^{\frac{1}{1+b}} \qquad (2\text{-}11)$$

式中，v_P 为纵波速度，m/s；Z_P 为反演的纵波阻抗，$(\text{g/cm}^3) \cdot (\text{m/s})$；$a,b$ 为 Garder 公式的系数。

叠后波阻抗反演实现的具体步骤如下：

（1）获取参与井的密度和纵波测井曲线，进行去除野值、环境校正等处理；

（2）提取地震子波，在提取地震子波中可以使用雷克子波，并进行井震标定；

（3）密度以及声波测井曲线借助于目的层位加以内插外推得到波阻抗初始模型；

（4）具体测井曲线和层位发挥约束作用，实施迭代反演，保证褶积形成的地震记录与实际地震记录更加接近。

图 2-19 是在已知井资料的控制下，结合地震资料进行波阻抗反演得到的波阻抗连井剖面图。有缝洞表现的地方为低波阻抗异常区，但由于大部分井只打到 T74 层下 50 m 的范围，所以在进行建模的时候，对地震资料的依赖性较大，井的约束较小。

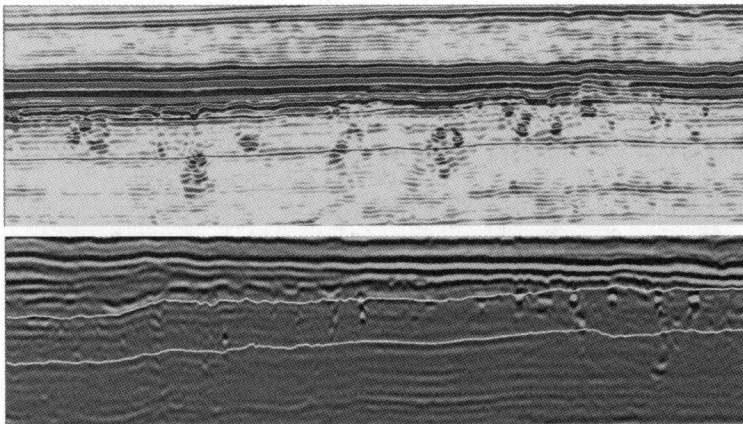

图 2-19　波阻抗油水干井与连井剖面对比图(据蔡紫薇，2018)

2.2.3.2　多波反演预测溶洞型储层

当入射波到达弹性分界面时,无论是入射横波还是入射纵波,都将产生反射横波、反射纵波、透射横波、透射纵波。以纵波入射时,透射和反射之后波形改变的(如 SV 波等)称之为转换波。转换波勘探主要是利用三分量检波器接收 P 波激发后所产生的 P-P,P-SV,P-SH 3 个分量的地震波。相比于单独的 PP 波反演,纵、横波联合反演方法具有明显的优势。由于转换波勘探可以同时获得纵波和横波的信息,有利于岩石物理参数的反演和计算,有利于对储层各向异性进行分析,而且也能够综合纵波和横波的信息来解决储层预测、岩性识别、裂缝检测和含气性识别等勘探问题。纵、横波联合反演会降低单独用纵波反演的多解性,从而提高了反演的精度。

纵、横波叠后联合反演方法的具体实现过程是按照常规的叠后反演方法,分别利用 PP 波和 PS 波进行反演,然后联合起来进行分析,其基本原理与常规的纵波阻抗反演过程一样,也称为转换波分步叠后联合反演方法。采用基于模型的反演方法,提取单独的子波,在波测井约束下,分别建立 PP,PS 波阻抗初始模型,再单独反演得到 PP 波阻抗和 PS 波阻抗,然后计算 v_P/v_S、泊松比等储层参数,用于储层的预测。图 2-20 为纵、横波叠后联合反演流程图。该反演方法的特点是在初始模型的控制下,将测井资料的纵向高分辨率与地震资料的横向可靠性结合起来,反演得到的波阻抗体较基于地震资料的约束稀疏脉冲反演结果的分辨率高,同时对于基础资料的质量要求也更高。

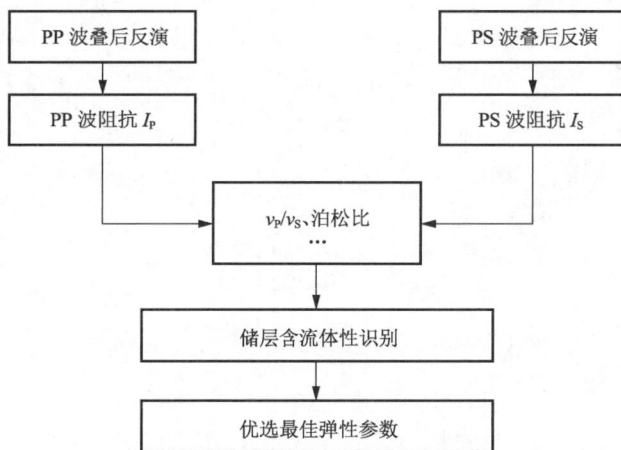

图 2-20　纵、横波叠后联合反演流程图(据陈华,2015)

以塔河油田为例。由于塔河油田碳酸盐岩埋藏较深,岩性普遍致密,所以具有高波阻抗的特征;而当发育规模较大的溶洞,尤其是溶洞充填流体时,纵波阻抗会显著下降,呈明显的低波阻抗响应特征。图 2-21 为纵、横波联合反演后得到的纵波阻抗连井剖面与纵波地震连井剖面对比图,从图中可以看出反演剖面上的低波阻抗响应特征与地震剖面上的串珠状反射特征有很好的对应关系。图 2-22 为纵、横波联合反演后得到的横波阻抗连井剖面与横波地震连井剖面对比图,从图中未发现串珠状反射特征。

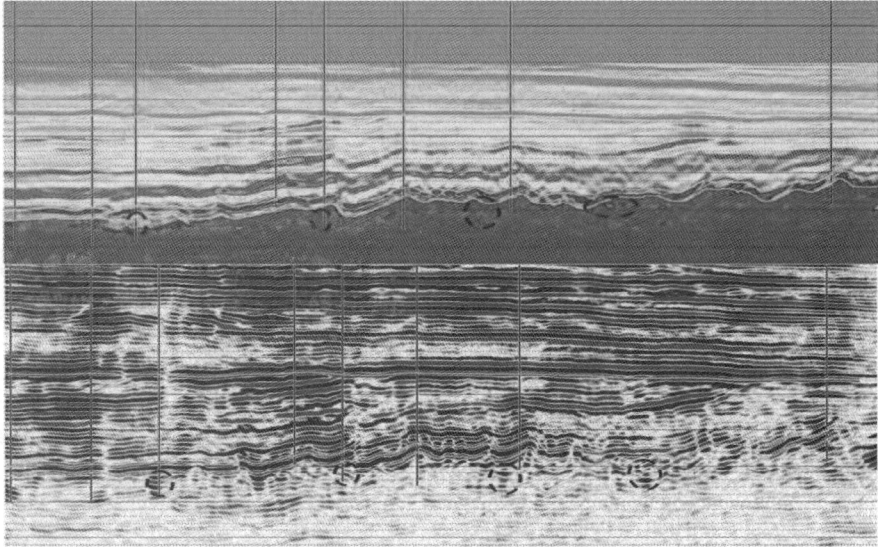

图 2-21　纵波阻抗剖面与地震剖面对比图(据陈华,2015)

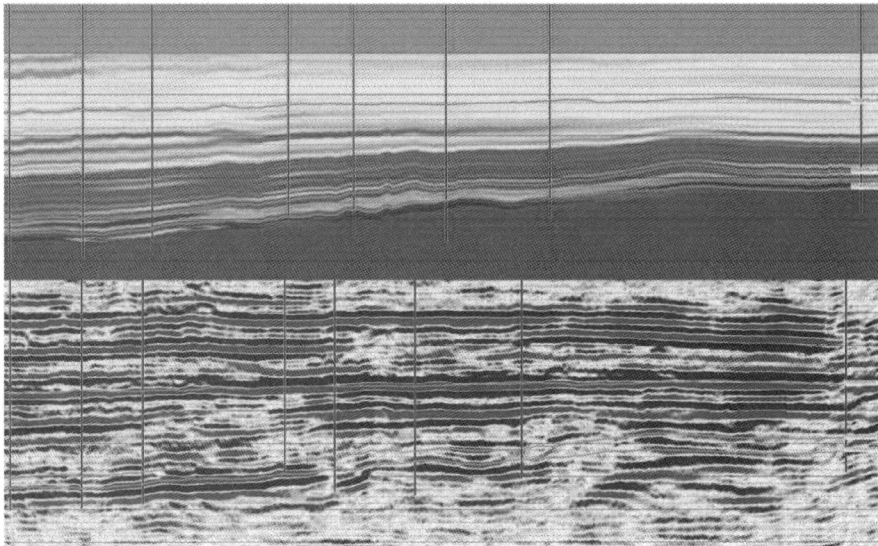

图 2-22　横波阻抗剖面与地震剖面对比图(据陈华,2015)

2.2.3.3　地质统计学反演

通过以上分析认为,识别隐蔽储集体必须开展地震反演,其中地质统计学反演将地震反演方法与随机模拟理论结合,将地质、测井和地震信息融合为地下波阻抗信息,能够提供大量地震数据频带以外的细节信息,在充分发挥地震资料横向分辨率优势的同时,具有更高的纵向辨识能力。通过定性波形解释,能识别常规阻抗方法难以识别的小尺度缝洞体,满足精细描述缝洞体的需求。地质统计学反演在确定性反演基础上统计、分析储层参数,利用统计结果随机模拟储集体,地震数据对模拟结果具有约束作用,反演流程如图 2-23 所示。地质统计学反演涉及较多的参数选取,如岩性划分、概率密度分布函数统计、变差函数分析等。

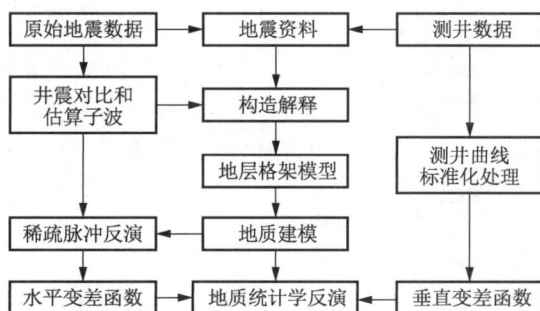

图 2-23　地质统计学反演流程(据刘坤岩和许杰,2019)

对比某井区地质统计学反演剖面与叠加地震剖面(图 2-24)可知,二者整体趋势一致,地震剖面上强"串珠"发育位置(图 2-24b)对应地质统计学反演剖面中的大尺度缝洞体(图 2-24a)。与确定性反演结果(图 2-25b)相比,地质统计学反演结果更精细,细节信息更丰富,明显提高了隐蔽小尺度缝洞体辨识能力(图 2-25c)。测井解释结果统计分析表明,测井解释与地质统计学反演得到的缝洞体类型符合率达到 83%,证实地质统计学反演可靠性较高。图 2-26 为该井区 T74 层下 0~40 ms 波阻抗确定性反演结果与地质统计学反演结果平面对比图。由图可见,与确定性反演结果(图 2-26a)相比,地质统计学反演结果中平面信息更丰富,预测的储集体(图 2-26b)明显增多,表明增加随机模拟信息后,增强了小尺度储集体信息。

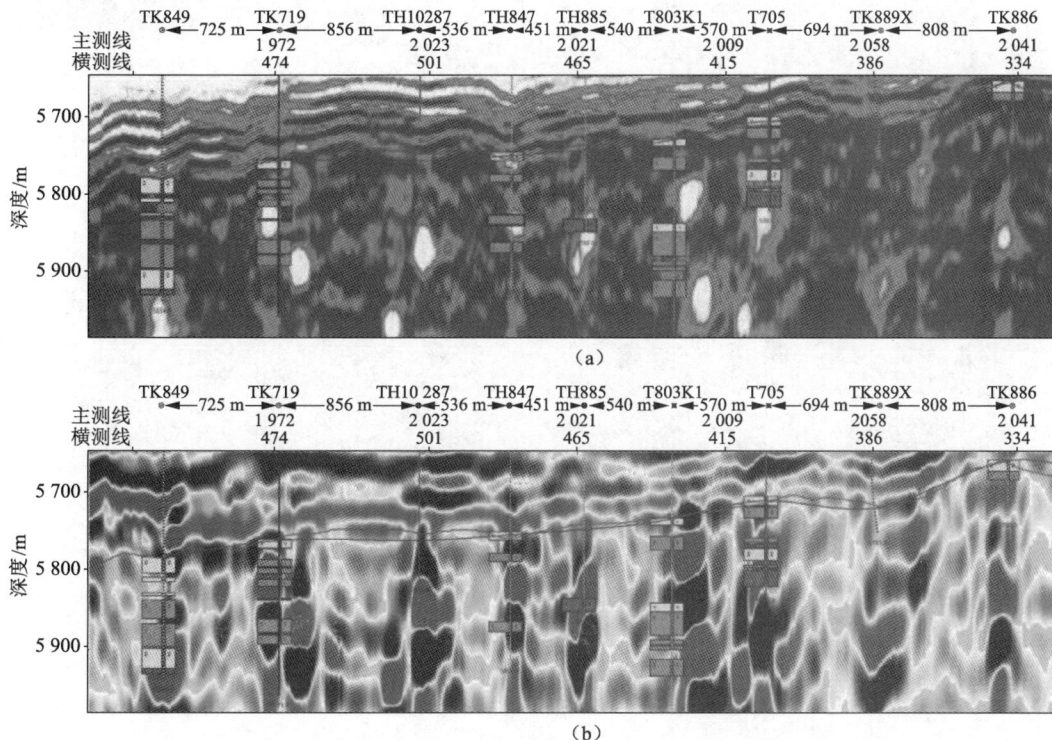

(a)

(b)

图 2-24　某井区地质统计学反演剖面(a)与叠加地震剖面(b)(据刘坤岩和许杰,2019)

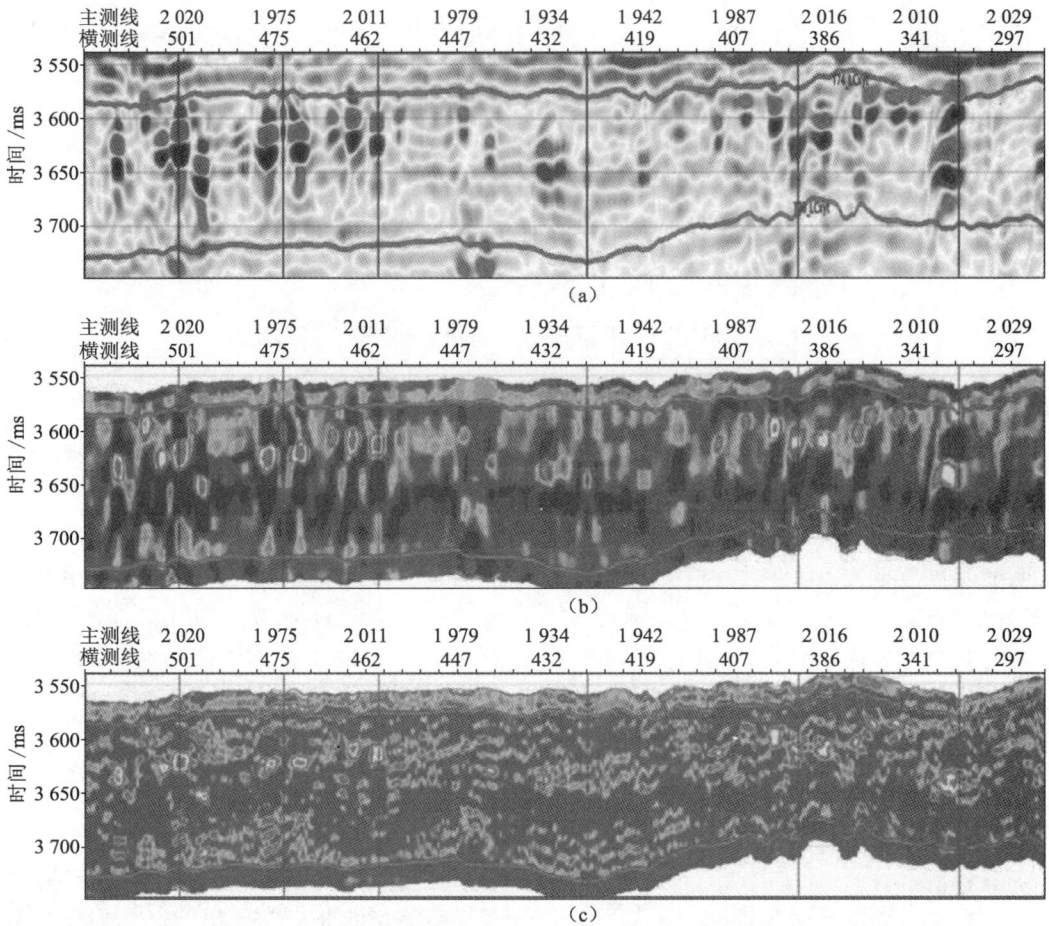

图 2-25　某井区叠加地震剖面(a)、确定性反演剖面(b)和地质统计学反演剖面(c)(据刘坤岩和许杰,2019)

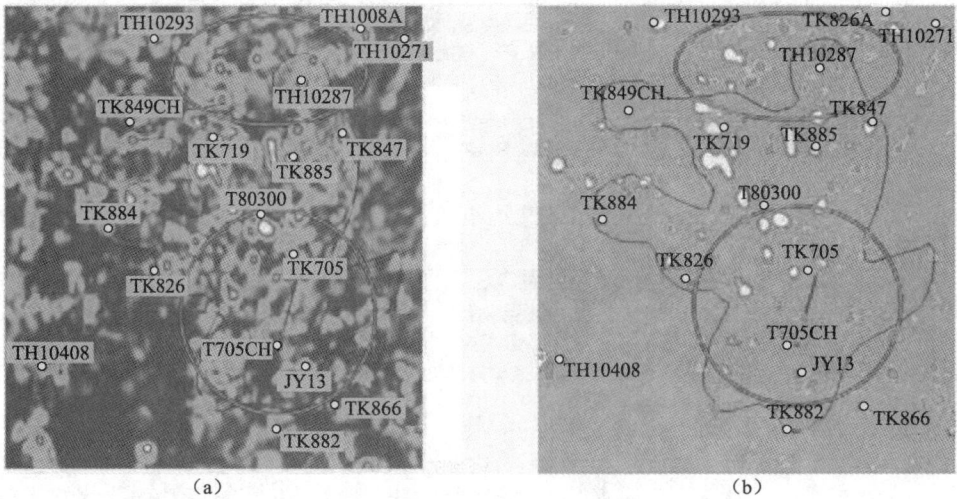

图 2-26　某井区 T74 层下 0~40 ms 波阻抗确定性反演结果(a)与地质统计学反演结果(b)
平面对比图(据刘坤岩和许杰,2019)

2.3　裂缝型储层精细描述方法

2.3.1　裂缝型储层地质特征

裂缝既是油气运移的通道，又是油气聚集的空间，裂缝的研究对于碳酸盐岩类储层的预测有着重要的意义。

广义上讲，严格按照岩石力学观点看，所谓裂缝是指岩石中失去结合力的一种地质界面。因为岩石的破裂是导致其失去结合力的原因，于是裂缝被视为破裂作用的结果。构造地质学中有一种特殊的破裂面，即断层，按照上述定义，断层也视为裂缝的一种。狭义上的裂缝就是指沉积岩中存在的节理面，并且把地质界中时常见到的名词裂纹（微观术语）、裂隙（岩石力学术语）等统一称为裂缝，断层一般不在此类范畴之内。

裂缝型储层的地质特征取决于该储层内部裂缝发育的特征。裂缝发育的基本特征是分布普遍，发育不均匀，同时又具有方向性和组系性。单个裂缝的形态是多样的，有平直的或弯曲的，也有锯齿状的，裂缝的形态是成因的一种表现形式。裂缝的大小是指它在平面上延伸的长度和张开的宽度，其大小可以相差十几倍，但 80% 以上属于小裂缝。除单个裂缝的差异外，裂缝发育的不均匀性还表现在发育程度的不均一性。大量生产资料表明，平面与剖面上裂缝的发育程度都可以有很大差别。岩性特征及构造发育部位的不同是两个主要的影响因素。

裂缝型储层主要发育在基岩孔隙度较低的碳酸盐岩剖面中（如泥灰岩、含燧石灰岩、灰岩），裂缝主要为构造缝，并具有明显的组系性。这类储层一般发育在褶皱剧烈部位或断裂、断层附近，基岩孔隙度低于 1%，孔径极小，一般小于 0.01 mm。储层的储集与渗滤空间主要靠裂缝，这种类型的储层只有当储层厚度较大、裂缝很发育且延伸较远时，才能形成工业储层。

由于储层裂缝主要是因构造应力作用而形成的，所以裂缝常具有明显的组系性与产状特征。因此，常将裂缝型储层分为高角度裂缝型储层、低角度裂缝型储层和网状裂缝型储层。高角度裂缝型储层发育在厚层块状灰岩中，常见的有单组系高角度裂缝储层和多组系高角度裂缝储层。低角度裂缝型储层一般发育在薄层且岩性在纵向上变化较大的层段，是由于岩性突然变化产生的。网状裂缝型储层，高角度裂缝、低角度裂缝同时并存，是裂缝型储层中最好的一种。

2.3.2　裂缝型储层叠前预测原理

随着油气勘探开发的日益精细化，叠前信息的利用越来越受到人们的重视。叠前信息保存的是未经叠加等处理的原始信息，能最直接反映储层的特征。当前叠前资料信噪比较低、处理方法有的还不是很成熟，处理成本也比较大，所以叠前信息的利用还没有全面推广。但是从叠后转向叠前终究代表地球物理的发展方向，随着地震技术的进步和计算机技术的发展,相信叠前信息的利用会越来越多、越来越普及。

　　裂缝介质中地震波的各向异性传播性质是应用叠前地震数据进行裂缝检测的理论基础。裂缝型储层叠前预测方法有横波勘探、纵横转换波、多分量地震、多方位 VSP、纵波方位各向异性等技术,这些技术利用纵、横波对于介质各向异性的敏感性特征来预测裂缝的信息,也可以通过对叠前道集资料的分析,利用不规则异常切除、叠前各向异性旅行时差校正、地震道异常值消除、叠后体曲率属性二次运算等方法提高小尺度缝洞型储层的预测精度。

　　横波分裂技术是依靠横波对裂缝各向异性介质的敏感性,当横波进入裂缝各向异性介质时会发生横波分裂现象,会分裂成偏振方向相互垂直的两个横波,它们以不同的速度传播。横波分裂这一现象不但可以来勘探裂缝的角度,还可以用来探测裂缝的发育密度。

　　根据地震波的传播理论,横波比纵波对各向异性更为灵敏。如果介质中的各向异性是由一组定向垂直的裂缝引起的,那么当横波平行或垂直裂缝方向传播时,具有不同的旅行速度,导致旅行时的差异或横波水平分量的分裂。入射横波分裂出沿裂缝面偏振的快横波和垂直裂缝面偏振的慢横波,快横波和慢横波的振幅与时差是检测裂缝的方位和密度的直接参数。与横波相比,尽管纵波在各向异性介质中平行或垂直裂缝方向有不同的旅行速度,但它是一个标量波,不能像横波那样可以分裂,因此纵波对裂缝的敏感度不如横波。

　　但横波勘探也存在一些问题:首先,它受地表浅层激发、接收条件的影响较大,反射信号能量弱、频率低、信噪比低。其次,因为流体的剪切模量为零,横波速度对流体不敏感,所以横波分裂不能识别出裂缝中所含的流体类型。最后,横波资料需要特殊的处理技术,目前还没有完全发展起来;另外,横波勘探的成本要比纵波高很多。

　　目前,国外在利用纵波资料检测定向垂直裂缝方面也已经取得了成功的经验。RVA(reflection amplitude variation with azimuth)和 VVA(velocity variation with azimuth)方法的应用都得到了可靠的结果。纵波资料裂缝检测就是利用不同共中心点叠前纵波数据的振幅、速度随炮检距变化或振幅、速度随方位角变化(RVA,VVA)规律来识别裂缝。

　　图 2-27 总结了利用纵波振幅和速度进行裂缝检测的方法原理。该方法利用纵波振幅和速度随方位角的变化估算裂缝的方向和密度。

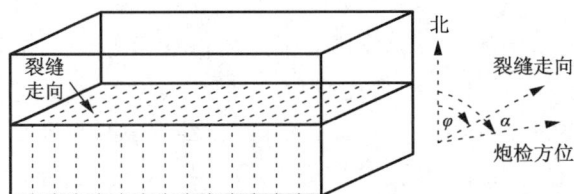

图 2-27　属性变化方位图

　　反射波通过裂缝介质时,在固定炮检距的情况下,反射振幅(R)及速度(v)随方位角的变化是炮检方位与裂缝走向的夹角 θ($\theta=\varphi-\alpha$,其中 φ 为裂缝走向与正北方向的夹角,α 为炮检方位与正北方向的夹角)的余弦函数,可表示为:

$$R=A_R+B_R\cos 2\theta \tag{2-12}$$
$$v=A_v+B_v\cos 2\theta \tag{2-13}$$

式中,A_R 和 A_v 分别为振幅和速度的偏置因子,B_R 和 B_v 分别为振幅和速度的调制因子,R 和 v 都是裂缝发育密度的函数。两式可以近似用图 2-28 所示的椭圆状图形来表示。

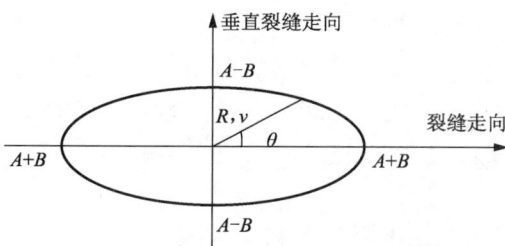

图 2-28　振幅或速度随方位角变化示意图(据曲寿利等,2001)

对于每个 CMP 点,如果有 3 个以上的方位角数据,这便是一个超定问题,同时又可看作许多正定问题的集合。对求出的许多确切解进行拟合,则可得到 A, B 和 θ 的唯一解,从而可得到任一点裂缝发育的方位和密度。

以上两种方法各有利弊:VVA 方法比较稳定,但只能识别大套的储层,对于识别薄层的分辨率不够高;RVA 方法能够反映薄储层的特征,但受噪声的影响比较大,有时不稳定。方位纵波裂缝检测方法是对某一给定位置点的若干炮检方位角的道集进行分析,识别不同方位角上的振幅、速度、频率、AVO 梯度等地震属性的变化特征,而后利用这些信息拟合方位地震属性"椭圆",这时定义椭圆的扁率为长轴与短轴之比,该值的大小反映了地震反射波穿过裂缝介质储层后的地震属性的各向异性强度。各向异性强度与裂缝密度有关,裂缝密度越大,振幅的各向异性强度就越大。通过各向异性强度分析,可定量地检测储层裂缝的相对发育程度(密度)。同时,分析每个 CDP 点的拟合椭圆方位,则可以检测储层裂缝的发育方向。

利用纵波信号所携带的与方位相关的变化特征不仅可用于解决裂缝的方位、密度问题,而且对了解裂缝充填状况有所帮助。与之相关的技术有动校正(NMO)速度方位变化裂缝预测、正交地震测线纵波时差裂缝预测、纵波方位 AVO(AVOZ/AVAZ)和纵波阻抗随方位角变化(IPVA)裂缝预测 4 种,它们均利用纵波方位各向异性进行裂缝预测。

2.3.3　裂缝型储层叠前属性分析方法

叠前地震属性分析充分利用了叠前地震数据中丰富的信息,并结合各种测井资料,可提供更多、更敏感有效的数据体成果,能更好地指示溶洞、断块、裂缝等的发育区域。叠前属性分析主要有以下几种:叠前地震振幅属性随方位角变化的分析及裂缝定向解释、叠前地震衰减属性随方位角变化的分析及裂缝密度解释、动校正(NMO)速度方位变化的裂缝预测方法、正交地震测线纵波时差的裂缝预测方法、方位 AVO 裂缝预测的方法、纵波阻抗随方位角变化(IPVA)的裂缝预测方法。

2.3.3.1　叠前地震振幅属性随方位角变化的分析及裂缝定向解释

储层中裂缝的存在造成地震波反射振幅随方位角变化而变化。裂缝越发育,反射振幅随方位角变化就越明显,表现在各向异性上,则地震波场的各向异性特征越发育。所以,地震振幅的各向异性特征在空间的分布可以通过分析振幅随方位角的变化得到。

纵波的振幅和密度随方位角变化呈椭圆特征,椭圆的长轴指示裂缝发育主方位,定义振幅椭圆的扁率为长轴与短轴之比,则振幅椭圆的扁率的大小就代表了地震反射振幅的各向异性强度。椭圆扁率越大,振幅各向异性越强,不同方向裂缝密度差异越大。

根据振幅方位椭圆的扁率在地震三维数据体中确定发育裂缝后,在解释层段内取一定长度的时窗,在该时窗内统计累加裂缝发育点数,再乘以采样率和层速度即可得到该时窗内发育裂缝性储层的厚度。

影响振幅随方位角变化的强度因素不只有储层岩性的差异,还包括饱和流体的成分。通过振幅随方位角的变化就确定了地震波振幅各向异性的强度和裂缝在空间中的方向。尽管如此,要准确地描述在储层范围内的裂缝密度分布,还需要在裂缝解释的约束下进行综合地震属性分析。

2.3.3.2 叠前地震衰减属性随方位角变化的分析及裂缝密度解释

垂直裂缝和高角度裂缝会导致地震反射振幅随方位角的变化,造成地震波速度的各向异性。因此,检测裂缝的工具中很重要的一项就是振幅随方位角的变化分析。区域上储层的非均质性也是导致各向异性的振幅反射特征的因素,为了降低储层非均质性对裂缝分析的影响,在缺少井资料约束的条件下准确地预测对储集油气有影响的裂缝的方向,充分利用除了反射振幅以外的其他地震属性,有助于提高对裂缝解释的认识。

衰减是流体流动和波场散射共同作用的结果,流体可渗透的区域与明显的波的衰减特征有关。储层中裂缝的存在不仅导致了流体分布的各向异性和储层弹性性质的各向异性,还造成了储层渗透率的各向异性。储层中的裂缝越发育,含油气的饱和度就越大,从而使衰减作用造成的地震波能量减弱和频率降低更明显。

与方位角有关的频率属性分析中,沿裂缝走向方向,尤其是高频部分被吸收衰减得要慢,而沿裂缝垂直方向,高频部分被吸收衰减得要快。裂缝的存在会造成地震波的频率随方位角的变化,在裂缝的法向方向,地震波的频率随方位角的衰减特征与裂缝的走向方向不同。研究证实,在裂缝法向方向,地震波的衰减强度与裂缝的密度成正比,反映裂缝越发育则地震波的频率随方位角的变化就越明显。需要指出的是,裂缝含油气后,油气对地震波的高频能量的衰减作用也使地震波频率降低。由于裂缝中充填的矿物的弹性模量较流体的弹性模量要大得多,所以被矿物质充填的裂缝所产生的衰减比流体的小。因此,分析由裂缝的发育以及内部所含流体引起的地震衰减属性随方位角的变化,就能间接地描述储层中开启的有效裂缝的空间分布。所以,与方位角有关的振幅属性可以作为裂缝定向分析的依据,与方位角有关的频率属性分析可以作为裂缝密度尤其是开启裂缝密度分析的依据。

由于方位角振幅分析结果与方位角频率分析结果的物理意义是不同的,所以其对裂缝的解释也存在区别。一般来说,裂缝引起的地震波速度的各向异性是导致地震反射振幅的各向异性特征的主要原因,所以这就是方位角振幅分析检测裂缝的主要依据。地震振幅与地下反射系数密切相关,反射界面两侧地层的地震波速度和岩石的密度是影响反射系数十分重要的因素。岩性在空间的变化及其储层的非均质性对裂缝的影响会表现得尤为突出。

方位角频率分析的主要依据是由裂缝引起的地震波高频衰减的各向异性所导致的地震反射频率的各向异性,此特征可用于检测裂缝。因此,储层内所含流体和裂缝的分布对地震波的衰减是影响频率随方位角变化的异常重要的两个因素。尤其当储层含有油气时,储层所含流体和物性会使各向异性的地震波衰减特征变得更加明显,使得各向异性频率变化更加强烈。由此得出结论,由含油气的开启裂缝造成的地震波衰减特征,在利用与方位角有关的各向异性频率分析来检测裂缝的过程中尤为有用。

综合应用地震衰减各向异性、地震频率各向异性、地震振幅各向异性等可以实现对裂缝方向、裂缝密度等参数的描述。图 2-29 和图 2-30 分别为川中隆起磨溪地区震旦系灯影组灯四段的裂缝走向平面图和裂缝密度平面图,从图中可以看出裂缝的走向和发育区域。

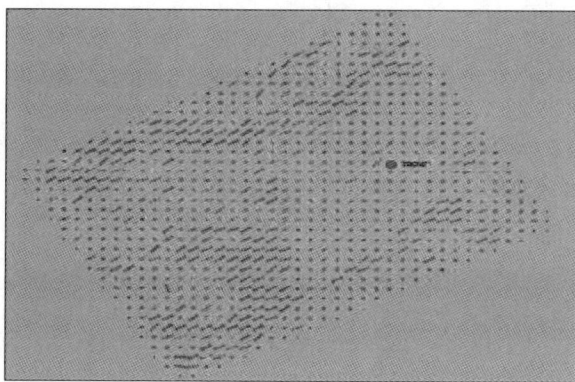

图 2-29　震旦系灯影组灯四段裂缝走向平面图(据徐春梅,2011)

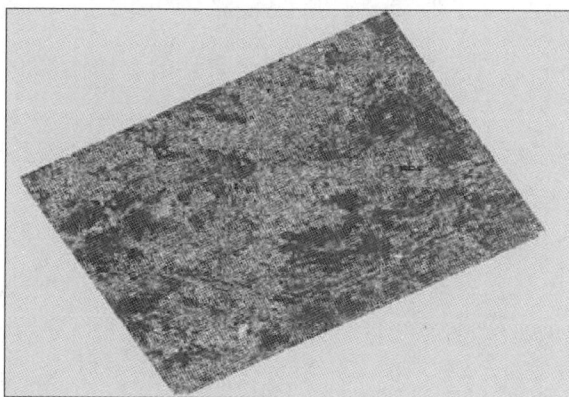

图 2-30　震旦系灯影组灯四段裂缝密度平面图(据徐春梅,2011)

2.3.3.3　动校正(NMO)速度方位变化裂缝预测方法

在裂缝诱导的 EDA(extensive dilatancy anisotropy)介质中,由于各向异性的存在,不同方向的 NMO 速度随 EDA 介质对称轴和地震测线之间的夹角不同而改变。此时,NMO 速度在水平面内的轨迹是一个椭圆[HTI(horizontal transverse isotropy)介质情况下],椭圆的长轴平行于裂缝的走向,短轴平行于 HTI 介质的对称轴(即垂直于裂缝走向)。据此对三维地震数据沿不同方向的 CMP 道集进行精细速度分析,求取 NMO 速度(即叠加速度),并在平面上模拟 NMO 速度的椭圆轨迹,椭圆的长轴指向即裂缝发育方向。

2.3.3.4　正交地震测线纵波时差裂缝预测方法

正交地震测线纵波时差裂缝检测的原理和动校正(NMO)速度方位变化裂缝检测方法

类似,也是依据速度的各向异性变化特征,但着眼点是因方位速度差异引起的纵波方位时差响应。对于固定的炮检距而言,垂直排列裂缝发育目的层(HTI)的层间纵波方位时差是地震测线和裂缝走向之间 2 倍夹角、偏移距以及各向异性系数的函数。通过对几组正交测线的层间 AMR(azimuthal moveout response)进行计算分析,可以推断裂缝走向,进而反演出各向异性参数。

2.3.3.5　方位 AVO 裂缝预测方法

Riger 给出了各向异性 HTI 介质 Zoeppritz 方程精确的近似公式:

$$R_{\mathrm{P}}^{\mathrm{HTI}}(i,\varphi)=\frac{1}{2}\frac{\Delta Z}{\bar{Z}}+0.5\left\{\frac{\Delta\alpha}{\bar{\alpha}}-\left(\frac{2\bar{\beta}}{\bar{\alpha}}\right)^{2}\frac{\Delta G}{\bar{G}}+\left[\Delta\delta^{(\mathrm{V})}+2\left(\frac{2\bar{\beta}}{\bar{\alpha}}\right)^{2}\Delta\gamma\right]\cos^{2}\varphi\right\}\sin^{2}i+$$

$$0.5\left[\frac{\Delta\alpha}{\bar{\alpha}}+\Delta\varepsilon^{(\mathrm{V})}\cos^{4}\varphi+\Delta\delta^{(\mathrm{V})}\sin^{2}\varphi\cos^{2}\varphi\right]\sin^{2}i\tan^{2}i \tag{2-14}$$

式中,$R_{\mathrm{P}}^{\mathrm{HTI}}(i,\varphi)$ 为由入射角 i、观测方位 φ 决定的纵波反射系数;$\dfrac{\Delta Z}{\bar{Z}}$ 为纵波阻抗差与平均波阻抗之比;$G=\rho\beta^{2}$ 为横波能量;Δ 符号表示该值是界面上、下参数值的差;$\gamma,\delta,\varepsilon$ 为 Thomsen 各向异性系数,上标表示波垂直传播的值(对应 VTI 介质);字符上的横线表示该值是界面上、下值的平均值。

在上式的推导过程中,假设在 HTI 介质上覆盖着均匀各向同性介质,则前面所说的界面上、下的参数值是指均匀层和 HTI 介质的参数值。该式包含了穿过一个界面时各向异性参数差异的影响,并利用近似公式讨论了方位 AVO 及裂隙检测等问题,从而奠定了方位 AVO 的实用性。

在入射角比较小时,AVO 的梯度项系数可以分解为各向同性项和各向异性项系数之和。设随方位角变化的梯度项为 $B(\varphi_{\mathrm{k}})$,各向同性项系数为 B^{ani},各向异性项系数为 B^{iso},则

$$B(\varphi_{\mathrm{k}})=B^{\mathrm{iso}}+B^{\mathrm{ani}}\cos^{2}(\varphi_{\mathrm{k}}-\varphi_{\mathrm{sym}}) \tag{2-15}$$

其中,

$$B^{\mathrm{iso}}=\frac{1}{2}\left[\frac{\Delta\alpha}{\bar{\alpha}}-\left(\frac{2\bar{\beta}}{\bar{\alpha}}\right)^{2}\frac{\Delta G}{\bar{G}}\right] \tag{2-16}$$

$$B^{\mathrm{ani}}=\frac{1}{2}\left[\Delta\delta^{(\mathrm{V})}+2\left(\frac{2\bar{\beta}}{\bar{\alpha}}\right)^{2}\Delta\gamma\right] \tag{2-17}$$

式(2-15)中,φ_{sym} 为沿裂缝带对称轴方向的方位角,由于 φ_{sym} 一般是未知的,所以用观测方位与它的差值表示。当 φ_{sym} 为已知时,式(2-15)为线性方程,否则为非线性的。式(2-15)是振幅随方位变化(AVA)分析的基本公式,它有 3 个变量,即 B^{iso},B^{ani},φ_{sym}。在进行多方位观测时,其形态图如图 2-31 所示,并存在以下关系:$A_{\min}=B^{\mathrm{iso}}$,$A_{\max}=B^{\mathrm{iso}}+B^{\mathrm{ani}}$。据此,在实际工作中可以按照多方位地震观测结果,拟合出相应的椭

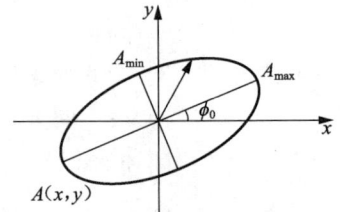

图 2-31　AVO 梯度项振幅随
方位变化的形态

圆。裂缝的方位可由椭圆的长、短轴方位确定。当地层的速度与密度的变化在较小范围内时，可以将各向异性参数及岩性参数设置为概率密度分布函数，然后采用 MonteCarlo 随机方法进行叠前 AVAZ 正演模拟。

2.3.3.6　纵波阻抗随方位角变化(IPVA)裂缝预测方法

IPVA 方法的提出改进了上述 VVA 和 RVA 两种方法的分辨率和不稳定问题。

波阻抗(IP)是速度和密度的乘积，即

$$IP = \rho v \tag{2-18}$$

式中，ρ 为密度，v 为层速度。

在各向异性介质中，速度是方位角的余弦函数，波阻抗也必然是方位角的余弦函数，即

$$IP = A_{IP} + B_{IP} \cos 2\theta \tag{2-19}$$

波阻抗可以通过方位速度和方位振幅反演求取。同理，如果有 3 个以上的方位角数据，这便是一个超定问题，而又可看作是许多正定问题的集合。对求出的许多确切解进行拟合得到 A_{IP}，B_{IP} 及 θ 的唯一解，就可得到任一点高分辨率裂缝发育的方位和密度属性。

图 2-32 是根据地震相对波阻抗随方位角变化得到的海拉尔盆地乌东地区基岩风化壳裂缝储层裂缝预测结果，(a)图为该属性方位椭圆的扁率。裂缝密度高值区发育在北北西向断层的左侧。(b)图为该属性的椭圆空间定向玫瑰统计结果图，代表裂缝方向，裂缝方向主要呈北北西向和北东东向两组。(c)图为裂缝密度和裂缝方向放大后的叠合图，从裂缝密度高值区的裂缝方向来看主要为北北西向。

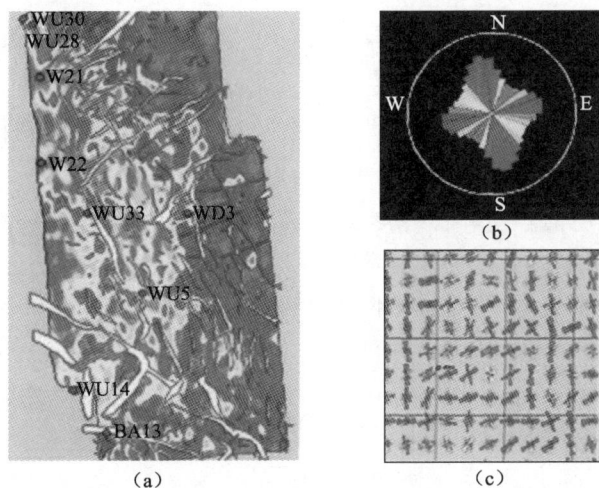

图 2-32　乌东地区基岩风化壳顶面相对波阻抗各向异性裂缝分布图(据刘俊峰等,2010)

综合分析可知，使用纵波地震属性定量识别裂缝方向和密度是可能的，且多方位纵波资料的采集和处理比多分量地震资料的采集和处理成本低得多。从图 2-32 中可以看出，改进的 IPVA 方法与 RVA 和 VVA 方法相比，得到解的稳定性和分辨率都高。利用纵波地震属性识别裂缝的关键是：① 合理的采集设计；② 精细保真的预处理；③ 可靠的方位速度分析与方位 AVO 叠加；④ 方位的地震反演；⑤ 精确的裂缝属性拟合。当然，方位各向异性属性的处理和裂缝检测的应用还有很多细节的技术问题，需要结合地质目标进行研究。

2.3.4 裂缝型储层叠前反演方法

常规叠后地震资料全角度多次叠加,损失了很多构造、储层及油气信息,削弱了地震资料反映储层变化特征的敏感性。在对叠前地震道进行保幅处理和偏移归位的基础上,叠前地震反演充分利用叠前地震数据中丰富的信息,并结合各种测井资料,可提供更多、更敏感有效的数据体成果,可进行储层岩性和物性反演,较叠后地震反演具有明显的优越性,但数据运算量比较大。

弹性参数反演是常规 P 波阻抗反演算法的进一步扩展,即将常规波阻抗反演(AI)方法进一步推广到 AVO 属性反射率数据,以描述平面波反射和透射的 Zoeppritz 方程为基础,利用叠前地震反射振幅随入射角的变化与地层弹性参数间的关系,使用不同的方法对 AVO 属性反射率数据反演得到纵波速度 v_P、横波速度 v_S 和密度 ρ,也可以直接得到其他弹性参数,或通过岩石物理计算得到泊松比 σ、体积模量 K 等弹性参数。进而利用这些弹性参数进行岩性分析和油气预测。通过弹性参数反演可以得到包括纵、横波速度比(v_P/v_S)、泊松比 σ、$\lambda\rho$、$\mu\rho$ 等一系列弹性参数。

2.3.4.1 弹性参数、各向异性参数和裂隙特征参数的关系

多数的裂隙型储层发育的裂隙系统都是定向排列的垂直裂隙,这可能与地壳的运动主要是水平运动有关。从理论上看,含垂直裂隙的介质是一种具有水平对称轴的横向各向同性(HTI)介质。

通常用弹性参数来描述弹性介质,但是这些弹性参数并没有明确具体的物理含义。为了方便,Thomsen(1986)和 Ruger(1997)在弱各向异性前提下用了 5 个新的参数取代以前的 5 个弹性参数(c_{11},c_{33},c_{13},c_{44},c_{66})来描述横向各向同性介质。描述 HTI 介质的这 5 个参数分别是垂向纵波速度 α,垂向横波速度 β,以及 3 个各向异性参数 $\varepsilon^{(V)}$,$\delta^{(V)}$ 和 γ。各向异性参数 $\varepsilon^{(V)}$ 表示纵波的各向异性程度,$\delta^{(V)}$ 表示纵波在横向和垂向之间各向异性变化的快慢程度,γ 表示快慢横波速度的差异程度。Thomsen 原来定义的 5 个各向异性参数是相对于 VTI 介质的,为了在 HTI 介质中使用这 5 个参数,并表示与在 VTI 介质中定义的意义不同,Ruger 在 2 个参数上加了上标"(V)"以示区别。实际上 $\varepsilon^{(V)}$ 和 $\delta^{(V)}$ 这两个参数是由 Tsvankin(1996)首先引入的。

弹性参数和 Thomsen 参数之间的关系为:

$$\alpha = \sqrt{c_{33}/\rho} \tag{2-20}$$

$$\beta = \sqrt{c_{44}/\rho} \tag{2-21}$$

$$\varepsilon^{(V)} = \frac{c_{11} - c_{33}}{2c_{33}} \tag{2-22}$$

$$\delta^{(V)} = \frac{c_{11}(c_{13} + c_{55})^2 - (c_{33} - c_{55})^2}{2c_{33}(c_{33} - c_{55})} \tag{2-23}$$

$$\gamma = \frac{c_{44} - c_{66}}{2c_{66}} \tag{2-24}$$

式中,弹性参数 $c_{55} = c_{66}$,ρ 为介质密度。

此处定义的 $\delta^{(V)}$ 是在弱各向异性条件下的一个近似公式。经过统计,实际裂隙各向异性参数的变化范围为 $0<\gamma\leqslant1,-1<\delta^{(V)}\leqslant1,-1<\varepsilon^{(V)}\leqslant0$。当裂隙较小时,$\varepsilon^{(V)}\approx0$。这些参数的变化范围给反演裂隙各向异性参数提供了很好的约束条件。

表示裂隙储层的 2 个基本特征参数是裂隙走向的方位和裂隙的密度。这 2 个特征参数同裂隙介质的各向异性参数有密切的关系。裂隙密度的原始定义是 $e=N\cdot a/V$,它表示单位体积 V 内裂隙条数 N 与裂隙的平均半径 a 的乘积。Schoenberg 和 Douma(1988)在 Morland(1974)的基础上,通过理论分析,在岩石内部的裂隙面应力为零(包括法向应力和切向应力)和过裂隙的位移不连续的假设条件下,给出了等效裂隙介质的裂隙密度、裂隙扁率与弹性参数之间的关系。以 Schoenberg 和 Douma 的结果为基础,再根据 Schoenberg 和 Sayers(1995)的结果得到下列公式:

$$\begin{cases} c_{11}=(\lambda_b+2\mu_b)/(1+E_N) \\ c_{13}=\lambda_b/(1+E_N) \\ c_{33}=(\lambda_b+2\mu_b)-\lambda_b^2E_N/[(\lambda_b+2\mu_b)(1+E_N)] \\ c_{44}=\mu_b \\ c_{55}=\mu_b/(1+E_r) \end{cases} \qquad (2\text{-}25)$$

式中,λ_b 和 μ_b 表示介质的背景 Lame 常数,E_N 和 E_r 称为 Schoenberg 屈服系数。

所以,只要能够从地震记录上提取出描述介质的 5 个 Thomsen 参数和密度参数,就可以定量确定出裂隙、裂缝的密度参数。

2.3.4.2　叠前弹性参数反演方法及其应用

弹性参数反演是在 AVO 技术的基础上发展起来的,包括岩石物理分析、AVO 处理、AVO 属性反演、弹性参数反演等,是一项系统的工作。叠前弹性参数反演包括使用叠前道集数据或使用部分叠加数据来实现。通过 Zoeppritz 方程或近似式,根据部分叠加数据(角度叠加数据)及井资料进行叠前反演得到各种弹性参数。它又可以分为不同角度弹性波阻抗反演和同步弹性参数反演两种。

不同角度弹性波阻抗反演,就是使用不同的角度叠加数据(近角度、中角度、远角度)分别进行反演,得到不同角度的弹性参数,再利用弹性波阻抗公式联立方程,解这个方程组得到如纵波速度 v_P、横波速度 v_S 和密度 ρ 等弹性参数。但这种方法反演的结果存在与井吻合不好以及分辨率较低等缺点。

叠前弹性参数反演的一般实现步骤如下:

(1) 对原始地震资料进行预处理和叠前时间偏移,得到共反射点(CRP)道集。

(2) 利用拾取的叠加速度和射线追踪算法获得角道集。

(3) 基于角道集,选取合适的 Zoeppritz 近似方程,进行叠前弹性参数反演。反演结果可以是拟纵波剖面、拟横波剖面,也可以得到横波阻抗、密度、泊松比和拉梅系数等弹性参数。

叠前弹性参数反演的结果有较高的分辨率和信噪比,根据叠前弹性参数反演的结果建立合适的地质模型,进行进一步的波阻抗反演,可以获得品质较高的波阻抗剖面。

以图 2-33 所示塔里木盆地塔中某研究区为例,对该研究区的 6 个分方位角扇区叠加的近、中、远数据开展叠前同时反演,获得 6 个方位角扇区的弹性参数体。提取 6 个方位角反演数据相同类型弹性参数,开展各向异性反演。由于叠前反演是基于各向同性的,所以,需要在第一轮各向异性反演结果上,提取反映各向异性的低频模型,迭代进行第二轮各向异性反演,使得反演结果更精确,然后在此基础上估算各向异性因子等。图中,b_0 代表各向同性背景;b_1 代表各向异性强度;b_2 代表各向异性强度的高阶项,通常难以准确估算,剖面也表现得相对无规律。

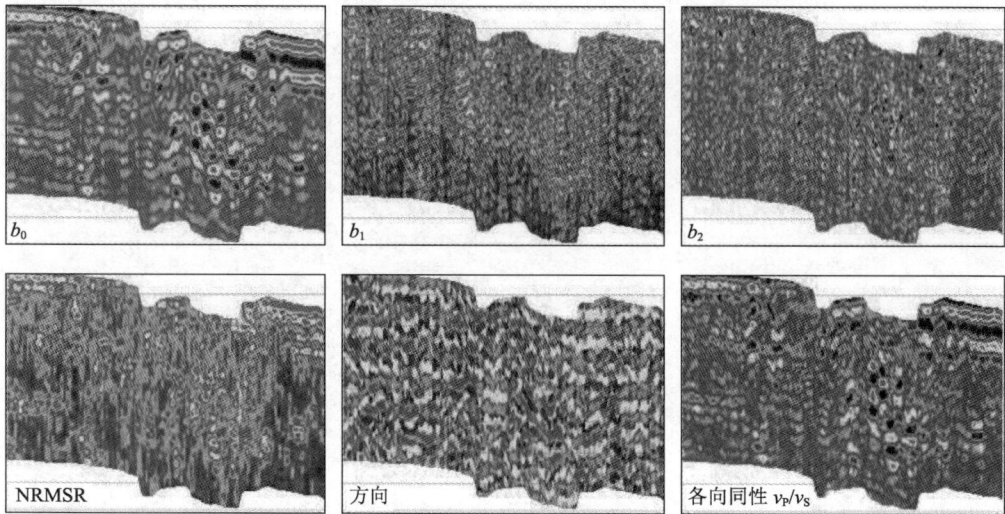

图 2-33　研究区各向异性参数估算剖面(据郑多明等,2020)

对估算的各向异性参数方位角提取目的层段的属性平面图,可以看出该区块奥陶系表层的方位角平面图上各向异性反演出来的方位角平面规律比椭圆拟合更精细,椭圆拟合结果连续性差,规律性也不明显。与该区域断裂发育特征对比看,各向异性反演出的裂缝大多集中在Ⅰ和Ⅱ级断裂附近,同一条断裂上发育的裂缝方位角信息基本一致,而椭圆拟合结果的平面规律性差,预测裂缝与断裂发育规律匹配程度较差(图 2-34)。

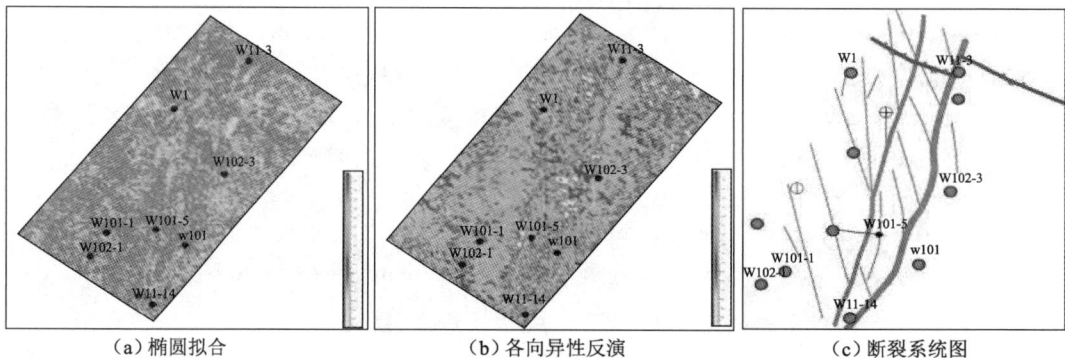

（a）椭圆拟合　　　　　　　　（b）各向异性反演　　　　　　　　（c）断裂系统图

图 2-34　目的层段裂缝方位角预测平面图与断裂对比(据郑多明等,2020)

叠前弹性参数反演的主要优势表现在：

（1）基于 CRP 道集的叠前弹性参数反演得到的拟纵波和拟横波剖面的分辨率要比常规处理方法和叠前偏移剖面的分辨率高。

（2）与常规反演相比,叠前弹性参数反演算法基于 CRP 道集计算 AVA 响应,保证了反射点不分散。

（3）角道集的信噪比要比 CRP 道集高，叠前弹性参数反演算法的计算误差小。

（4）叠前弹性参数反演通过采用不同的 Zoeppritz 方程近似式，可求取不同的弹性参数，同时还应用了所有偏移距的地震数据，这是其优于叠后波阻抗反演的重要因素之一。

（5）叠前弹性参数反演方法计算效率较高，能同时反演多个弹性参数，实用性强。

为了克服单独反演存在的不足，发展了一种新的反演方法——同步弹性参数反演。该方法利用不同角道集的地震数据、层位数据、测井数据，采用不同的反演方法，联立一组方程直接求解得到弹性参数（通常为 Z_S/v_S、Z_P/v_P 和密度等）。叠前纵波、横波联合反演方法同时利用多个角叠加道集，在反演处理过程中通过迭代算法，同时反演得到纵、横波阻抗及密度等数据，可有效降低单纯纵波弹性阻抗反演的非唯一性，具有算法稳定、质量控制手段多、抗噪能力强、不要求叠前道集必须做均衡处理等优点，因此目前使用更为广泛。

2.4　断溶体储层精细描述方法

2.4.1　断溶体的基本概念及特征

鲁新便等（2015）提出了碳酸盐岩"断溶体"的概念，自此，断溶体理论有效地指导了塔河外围地区、顺北地区、哈拉哈塘地区、塔中地区的勘探开发，打开了碳酸盐岩油藏开发的新天地。

2.4.1.1　断溶体的基本概念

断溶体广义上是指大气水或埋藏流体沿断裂对围岩发生溶蚀作用所形成的储集体。断裂作为重要的流体通道，在表生期和埋藏期均发挥着重要的作用。流体在流经断裂的过程中会发生一系列的溶蚀-充填作用，局部的溶蚀作用会导致新储集空间的形成或对先前存在的裂缝和孔隙的溶蚀扩大，而最终形成的储集体的发育分布则表现出与断裂关系密切的特点，故称之为断溶体。断溶体可以形成于表生期，大气水沿断裂发生溶蚀作用，如塔河油田、英买 2 油田、哈拉哈塘油田等，也可以形成于埋藏期，地下流体沿断裂向上运移，在上覆遮挡层发育的情况下发生溶蚀作用。

断溶体储层是近年在塔里木盆地发现的一种新类型储层。断溶体储层是指碳酸盐岩受到走滑断裂带的挤压、拉张、撕裂等多期构造破裂作用，同时经历沿断裂带运动的流体对早期层序界面控制的储集空间进一步改造，从而形成的宏观上受走滑断裂带控制、纵向深度大、内部非均质性极强的缝洞型储集体。

走滑断裂带的结构、规模、发育规律与储层性质、油气运聚成藏、油气分布有着密切的关系，走滑断裂的花状构造顶部严重破碎时，其分布范围大，岩溶作用强，是优质断溶体储层形成的重要地质基础之一。覆盖区碳酸盐岩受多期次构造挤压作用后，沿深断裂带发育一定规模的破碎带，经多期岩溶水沿断裂下渗或局部热液上涌，致使破碎带内断裂、裂缝被溶蚀改造而形成的柱状溶蚀孔、洞储集体，在上覆泥灰岩、泥岩等盖层封堵以及侧向致密灰岩遮挡下，形成一种由不规则状的断控岩溶缝洞体构成的圈闭类型，简称断溶体圈闭。这类圈闭在后期油气沿深大断裂垂向运移、充注成藏后可形成一类特殊的断溶体油气藏，所以对这类圈闭的刻画和描述就显得尤为重要,这将在后面进行讨论。

2.4.1.2 断溶体的基本特征

断溶体储层从核部到边部整体呈现出溶蚀程度逐渐变弱、裂缝密度逐渐降低、物性逐渐变差的趋势。断溶体油气藏与风化壳岩溶缝洞油气藏存在明显差异,主要表现在储层储集空间类型、地震响应特征、测井特征、受断裂带控制影响程度等方面。

断溶体油气藏的地质特征:断溶体油气藏的空间展布不受局部构造高低或风化壳不整合面的控制,宏观上属于岩性油气藏范畴,与走滑断裂体系息息相关。即使是同一条主干断裂带内,在构造演化过程中曾多次变换扭动方向,其宽度时窄时宽,变形强度亦是有强有弱,拉张、挤压、压扭现象共存,常伴生近乎直立的次级断裂,其倾向与主干断裂走向差别较大。在主干断裂带上伴生一系列的次级断裂,这些次级断裂与主干断裂带呈现出平行、不连续的斜交,受岩溶作用后,在剖面上呈漏斗形、V字形、梯形或线形等,在平面上表现出延伸不连续、宽窄不相等、边界不规则的分布特征。

断溶体内部的结构及其测井特征:断溶体储层的形成主要得益于多级次、多方位断裂的发育,断裂引发岩溶作用形成孔、洞、缝等多类型储集空间,极大地改善了致密碳酸盐岩储层的储集性能。根据不同储集空间的组合和结构特征,可将其内部储集体分为洞穴型、溶蚀孔洞型、裂缝-孔洞型及裂缝型4种,各类型储集体间受岩溶发育过程控制,存在着一定的成因联系,且非均质性极强。

(1)洞穴型储集体:洞穴型储集体通常形成于溶蚀过程末期,地表水或深部热液沿断裂溶蚀致密灰岩,溶蚀作用时间越长,形成大型洞穴的可能性越大。洞穴型储集体在后期改造过程中会发生充填,依据充填程度的差异,又可进一步细分为未充填洞穴型和充填洞穴型。未充填洞穴型,储集空间保存好,具备良好的储集和生产能力。地震上主要为中—强振幅,采用中、低值区的波阻抗数据体来描述。常规测井曲线中的井径曲线通常会有明显的扩径现象,自然伽马曲线值较上下围岩略有增大或保持不变(一般小于25 API),三孔隙度曲线与上下围岩地层相比变化更剧烈,深浅双侧向电阻率测井值一般较低,通常小于150 Ω·m(图2-35a)。对于充填洞穴型,在流水和重力作用下,洞穴常被沉积物充填,充填物的成分通常较为复杂,以砂泥为主,通常会具有流水冲刷或重力分异作用形成的层理以及分选结构等特征,主要储集空间为粒间孔。常规测井曲线上,一般在泥质含量较高时会出现井径曲线的扩径现象,自然伽马曲线值较上下围岩增大,最高可达95 API,三孔隙度曲线与上覆、下伏地层相比有明显变化,深浅双侧向电阻率测井值较低,一般小于180 Ω·m(图2-35b)。

(2)溶蚀孔洞型储集体:大型洞穴周围通常存在溶蚀程度中等、规模大小不一、类似于碎屑岩储层的溶蚀孔洞。溶蚀孔洞型储集体就是溶蚀孔洞集中发育的部位。溶蚀孔洞的存在增大了地表水与碳酸盐岩的接触面积,扩大了溶蚀范围。因此,溶蚀孔洞型储集体与洞穴型储集体在空间分布上具有一定的相关性,洞穴型储集体往往发育在溶蚀孔洞发育程度较高的部位。常规测井曲线上,溶蚀孔洞型储集体自然伽马曲线值较上下围岩略有增大,声波时差和中子测井值与围岩相比有较小幅度增大,密度测井值为低值,深浅双侧向电阻率测井值较低,一般小于160 Ω·m(图2-35c)。

(3)裂缝-孔洞型储集体:裂缝-孔洞型储集体通常发育在溶蚀孔洞带的外围,属于溶蚀程度偏弱阶段的产物,裂缝与小型溶孔共生,裂缝-孔洞型储层既是有效的储集空间又是有效的连通通道。在常规测井曲线上，裂缝-孔洞型储集体测井响应总体比裂缝测井响应幅度大，具体表现在自然伽马曲线值与围岩近似，一般为 5～13 API；声波时差和中子测井值与围岩相比略有增大，声波时差为 50～55 $\mu s/ft$(1 ft＝0.304 8 m)，中子一般为 0.8%～4%；密度测井值相对较高，一般在 2.58～2.67 g/cm³ 之间；深浅双侧向电阻率测井值较低，一般小于400 Ω·m(图 2-35d)。

（4）裂缝型储集体：裂缝型储集体往往发育在断溶体油藏的最外围，裂缝的形成与构造运动及断裂带的分布关系密切，裂缝的分布特征对岩溶储层发育有较强的控制作用。裂缝本身的孔隙空间较小，但却是大气淡水渗滤以及后期油藏开发的重要流动通道。在常规测井响应中，裂缝型储集体自然伽马曲线值与围岩近似，一般为 5.7～15.1 API；声波时差和中子测井值与围岩相比略有增大，声波时差为 48.5～58.6 $\mu s/ft$，中子一般为 0%～1%；密度测井值相对较高，在 2.67～2.71 g/cm³ 之间；深浅双侧向电阻率测井值一般小于 400 Ω·m(图 2-35e)。

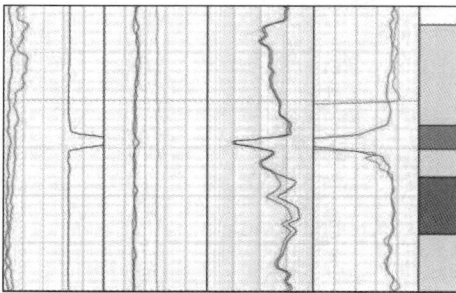

（a）未充填洞穴型储层测井响应特征　　　　（b）砂泥充填洞穴型储层测井响应特征

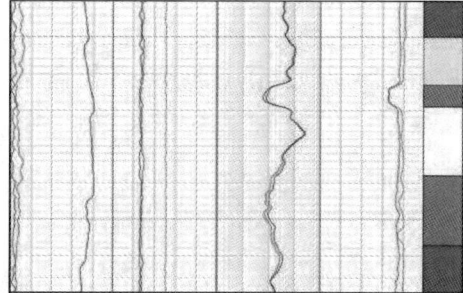

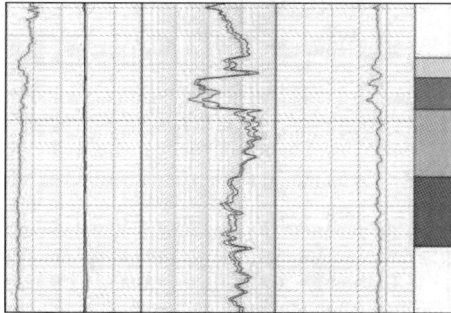

（c）溶蚀孔洞型储层测井响应特征　　　　（d）裂缝－孔洞型储层测井响应特征

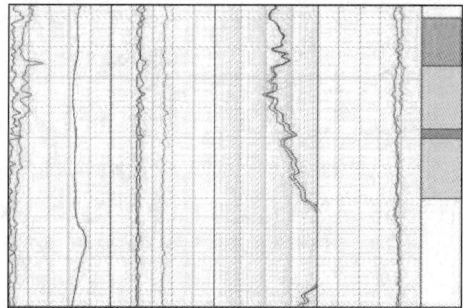

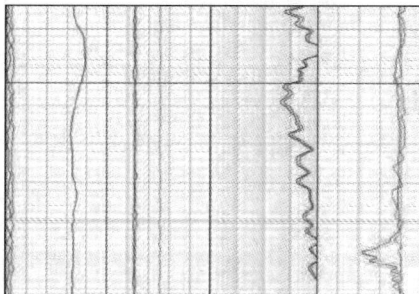

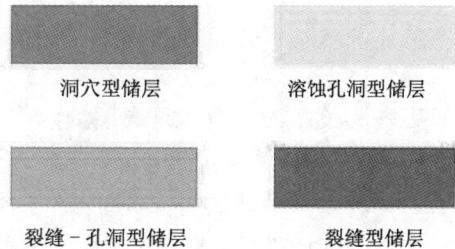

（e）裂缝型储层测井响应特征　　　　（f）储层表征颜色说明

图 2-35　不同储集体类型的测井响应特征(据程洪和张杰,2020)

断溶体基质普遍物性较差,孔隙欠发育,主要储集空间为裂缝和洞穴,储层类型为裂缝-孔洞型。断溶体表现为同时具有断控性和层控性,相应地可划分为两种类型:Ⅰ型断溶体和Ⅱ型断溶体。

Ⅰ型断溶体储层表现出与走滑断裂及伴生次级断裂具有密切的关系,主要发育于构造变形相对较弱区。以 F5 断裂西侧的 G441 井区(图 2-36)为典型案例,如 G441-2H,G441-1H 和 G441-7H 井,断溶体多发育在第二套(良四段—良三段),有的断溶体甚至可贯穿良三段—良五段,并表现出与鹰山组缝洞体为同一系统。

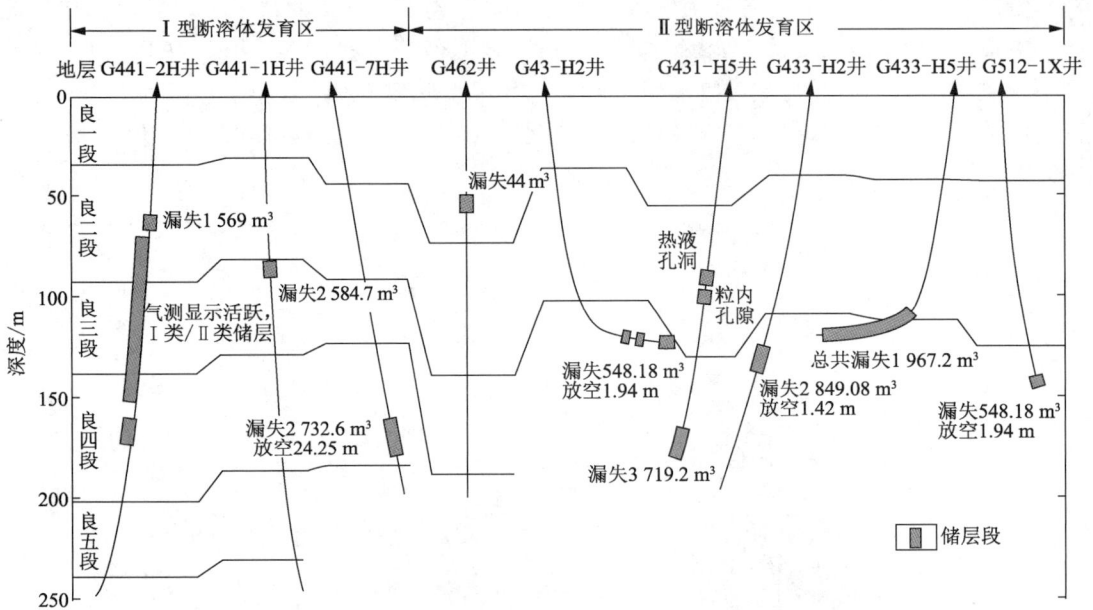

图 2-36 塔中十号带断溶体相关漏失放空段连井对比(据邓兴梁等,2018)

而Ⅱ型断溶体具有较强的层控性。在研究区内,Ⅱ型断溶体集中发育于良三段,如 F1 断裂东侧、F2 断裂与 F4 断裂夹持部位的 G43-H2,G431-H5,G433-H2,G433-H5 等井,在强构造变形区内储层发育更为明显。总体上,断裂对该类断溶体储层具有重要的控制作用,断溶体发育段的钻井漏失量和油气显示厚度均表现出距断裂越远,油气显示厚度和钻井液漏失量越小的密切关系。

2.4.1.3 断溶体的发育模式

断溶体油藏 4 种类型储集体之间的发育部位存在一定联系,呈现洞穴型储集体、溶蚀孔洞型储集体、裂缝-孔洞型储集体及裂缝型储集体由内及外依次发育的模式(图 2-37),这同其成因是相关联的。断裂是表层淡水或深部热液流通通道,溶蚀作用首先发生在地层破裂程度高、裂缝分布密集的区域,形成规模较大、储渗能力好的洞穴型储集体。随着应力减弱,裂缝密度降低,溶蚀作用减弱,以密集分布的溶蚀孔洞发育为主,其储渗能力较好,分布在洞穴型储集体的外围,成为溶蚀孔洞型储集体。随着应力依次减弱,裂缝分布密度降低,溶蚀能力也越来越弱,形成最外围分布的裂缝-孔洞型储集体,其储集能力中等,连通性较好。最后是分布于整个致密灰岩背景下大量的构造裂缝,具有较高的渗透能力,主要起沟通通道的作用。

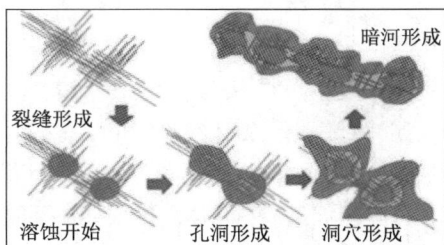

图 2-37　缝洞发育演化过程示意图(据程洪和张杰,2020)

由于断溶体内部的非均质性极强,储层的空间展布十分复杂,严重影响该类油气藏的评价及井位部署,所以,对断溶体储层的空间雕刻及量化描述的进一步开展工作显得尤为重要。

2.4.2　断溶体储层的描述方法

2.4.2.1　断溶体储层的一般描述方法

对于断溶体储集体目标勘探来说,断裂带的精细解释与描述至关重要,可以按照以下步骤进行断溶体储层的精细解释与描述。

(1) 确定地质模式:从走滑断裂带形成机制出发,结合野外剖面研究,明确研究区走滑断裂带平面上、剖面上可能存在的样式,同时解析研究区域的应力演化背景,明确不同区域应力差异和断裂带的应力场特征,针对不同的区域建立符合该区域应力背景的地质解释模式,从而解决断裂样式及成因。

(2) 确定地震响应:通过建立不同情况下的断裂带模型,开展物理和数值模拟分析研究,明确不同构造样式断裂带的地震平面、剖面响应特征,建立研究区断裂带识别模式,开展断裂检测、解释方法研究,从而明确目标及物性。

(3) 确定活动期次:在解释的同时,通过断裂带断穿的层位、深浅层地震同相轴变形的差异(断距、褶曲幅度等)、沉积响应特征(不整合面、火成岩、膏盐岩等的变形)等,再结合不同时期应力的特征及断裂叠加、切割关系,明确断裂带的活动期次。

(4) 确定强度的级别:在分期基础上,从断裂带规模、是否断穿基底、断距以及延伸等方面考虑将断裂带划分为主、次级别。其中主断裂带主要表现为断穿基底、延伸长度大、变形幅度大、多期活动等特征,次级断裂带主要表现为不断穿基底(或断穿基底特征不明显)、延伸长度较大、宽度小、活动强度较弱、样式较单一、单期或多期活动等特征。主次关系可通过平面属性分析并结合剖面特征研究来进一步明确。

(5) 确定组合的类型:在断裂带解释组合的基础上,描述出断裂带细节特征以及不同部位断裂带的类型差异,主要利用趋势面、曲率等反映断裂带变形幅度、宽度、性质、分段性等细节,利用断裂带样式结合缝洞发育特征明确不同断裂类型差异。

(6) 确定储集体的规模:断裂带规模包含边界刻画、内幕结构刻画以及断裂与储层关系研究等方面,确定储集体的规模就是指如何去描述这些内容(李宗杰等,2020)。

2.4.2.2 洞穴型和孔洞型储层的特殊描述方法

对于断溶体的边界,其可以作为三维可视化雕刻的约束条件,同时也可以作为储量估算时的边界依据。通过属性优选分析,可以认为结构张量属性对断溶体的边界描述效果最佳。结构张量属性通过识别地震图像中的杂乱纹理,可以有效地刻画断溶体边界。利用结构张量属性再结合波阻抗反演可以对洞穴型和孔洞型储层进行描述,具体如下:

在储层定量描述中,常用到波阻抗反演技术。然而,常规波阻抗反演只能反映溶洞型储层,不能有效反映纵向展布的断溶体储层。对此,利用一种基于断溶体相控的反演技术,即利用对断溶体边界描述较好的结构张量属性来约束地震反演。具体方法为:将结构张量属性与已知井的波阻抗进行交会分析,建立结构张量属性与波阻抗体的关系式,利用该关系式把结构张量体转换成波阻抗体,作为波阻抗反演的低频模型,再将该低频模型作为约束条件,应用到反演流程中。如图 2-38 所示,(b)图为常规反演得到的波阻抗剖面,(c)图为结构张量约束得到的相控反演波阻抗剖面。通过对比可以看出,两种反演结果的地层趋势都符合地震展布特征,但结构张量约束的反演结果更能体现断溶体储层纵向展布的地质特征。

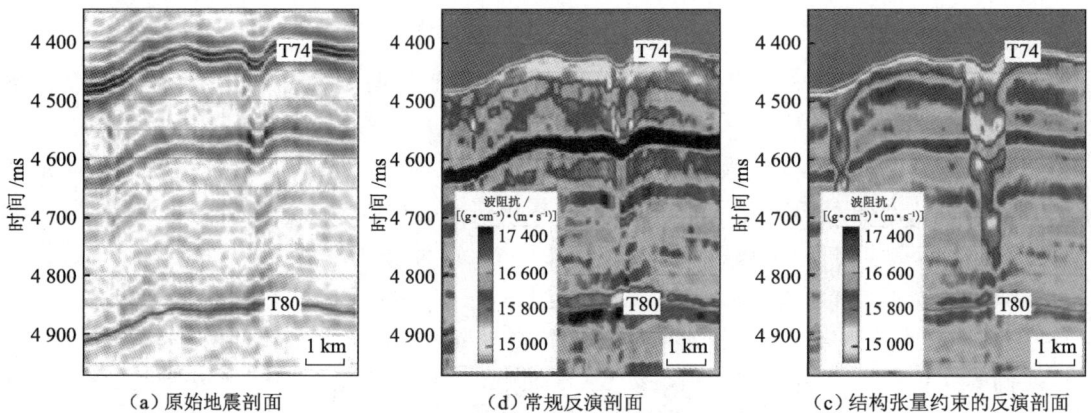

图 2-38　结构张量约束的反演剖面与常规反演剖面对比(据刘宝增等,2020)

在断溶体相控反演的基础上,通过实钻井精细标定,可得到洞穴型和孔洞型储层的波阻抗范围,来分别描述洞穴型和孔洞型储层。

2.4.2.3 断溶体圈闭的描述方法

1) 断溶体圈闭边界刻画

断溶体圈闭的边界刻画主要基于不同类型储层所对应的敏感属性,结合张量属性刻画断溶体的纵向轮廓,圈闭平面边界刻画则要考虑一定的勘探层系,选择特定的目的层段。首先,利用趋势面、相干、剖面断裂特征进行断裂带分段,断裂带的不同段之间具有储层、油气藏富集等方面的差异,可作为圈闭沿断裂走向的边界;然后,利用振幅变化率、相干等属性划分储层的横向边界;最后,平面、纵向结合刻画出整个断溶体圈闭的边界(图 2-39)。

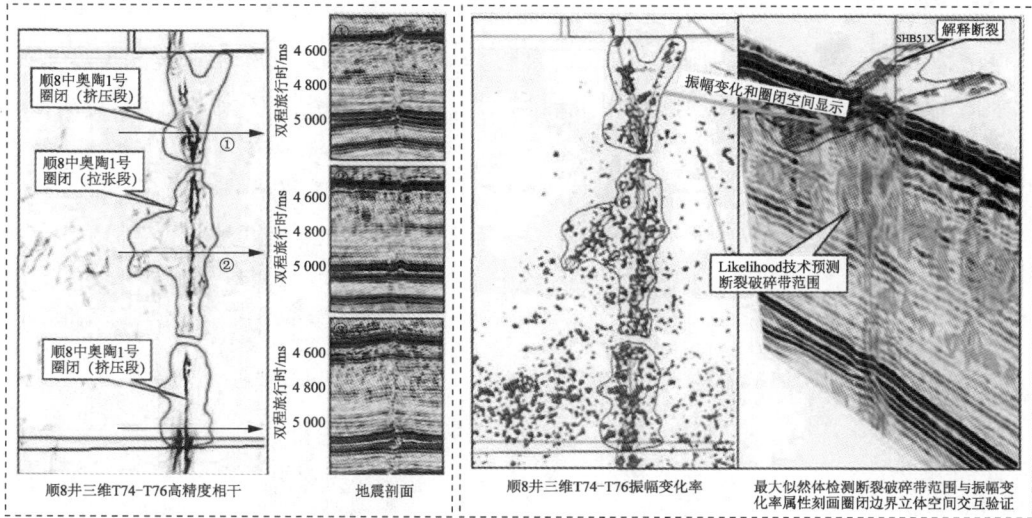

图 2-39　断溶体圈闭平面边界刻画方法(据李海英等,2020)

2) 断溶体圈闭体积的估算及其资源量的计算

在不同类型储层预测门槛值的约束下,对洞穴(串珠、主干断裂带)、裂缝(小断裂、细小裂缝)等不同类型储层分别进行雕刻,估算不同类型储层的视体积,赋予相应的孔隙度,得到不同类型储层的有效体积,最终结合含油饱和度、体积系数、原油密度等的地质参数,计算出圈闭的资源量。

断溶体的划分就是将受控于同一走滑断裂、可能相互连通、在地震上相对连续的杂乱及串珠状反射提取出来划分为一个断溶体。具体方法是在相干、曲率等技术识别断裂的基础上,以断裂为中心,通过振幅异常、断层自动追踪、裂缝预测及地震相提取等多技术方法融合来划分断溶体边界。

2.4.2.4　运用 GeoEast 系统的断溶体精细解释

走滑断裂带作为岩溶作用的通道直接影响不规则断溶体的形成及规模,由于断溶体以断裂为中心分布,所以断裂的精细解释是描述和刻画断溶体的关键。运用 GeoEast 系统对地震资料由深至浅分别提取不同层系的相干属性,以描述断裂在平面上不同时期的展布特征以及在纵向上断裂发育的起止位置。但是相干属性在刻画断点时不干脆,在剖面上表现为挠曲反射特征或刻画同相轴微小变化断裂的能力较弱,而曲率属性能够敏感地反映地震同相轴的微小变化特征,可以将曲率属性作为相干属性的辅助手段对断裂进行精细刻画,将曲率属性结合相干等其他常规属性以及地震资料进行综合研究分析。最后,在 GeoEast系统常规解释模块中平剖结合,按照断裂样式手动解释每条断裂,可以达到精细解释的目的。

对于断溶体剖面边界的刻画,基于 GeoEast 系统的地震属性融合技术,将 AFE(automatic fault extraction,断层自动拾取)、裂缝预测体属性、蚂蚁体属性与原始地震数据体或高亮体融合,以断层为中心,根据融合体规模可解释出断溶体在剖面上的边界。蚂蚁体的连续分布可以为断溶体的形成提供溶蚀通道,AFE 体的横向展布大致可以反映断裂破碎带的规模,基于以上特性再结合地震资料,可以解释刻画断溶体在剖面上的边界(李鹏飞等,2017)。

　　断溶体的划分是一个不断验证、修正的过程,即通过平剖结合,利用地震剖面特征来验证平面断溶体的划分结果,同时再利用平面划分结果修正断溶体在剖面上的边界划分效果,最后便可以达到对断溶体的刻画及描述。

第 3 章
低序级断层及断层破碎带精细描述方法及应用

3.1 概　述

随着石油行业勘探开发的深入,常规构造圈闭型油藏已得到了较好的开发,进一步挖掘这些油藏的潜力,对于那些已经进入开发后期的油田来说难度非常大。为了保持油田的产量平稳,勘探目标已经转向了岩性油藏及隐蔽型油藏。对于断块型油藏,断层对其形成及开发起着关键作用,对于油田部署井位及提高采收率非常重要。

断层是一种构造形迹,是由于地下岩体或者岩层受到构造应力作用而发生显著移动,从而失去连续性及完整性而形成的(张军华等,2012)。断层对反映地下地质特征的空间展布(胡国泽等,2014)、开展沉积相研究、分析油气疏导过程及预测储层等都起着重要作用。断层既可以起到使油气资源富集的遮挡作用,也会具有破坏作用,使得前期聚集起来的油气逸散(尹继先,1980;柳广弟等,2012;蒋有录等,2015)。

图 3-1 展示了断层解释及断层破碎带准确识别的重要性。图 3-1(a)给出了低序级断层识别的一个例子,以此说明它对正确部署油田开发方案有重要价值。按照未解释五级断层之前制订的注采方案,注水后应能够到达永 3-146 井,从而提高该井的油气采收率,但现实并未达到目的。后来重新修订了断层解释方案,发现注水井永 3-53 井与永 3-146 井之间有一条低序级断层起到了封闭作用,使注入的水不能到达永 3-146 井位置处,即原始开发方案并不合理。图 3-1(b)示意解释了断层破碎带对油气疏导、运移到聚集的作用。通过野外露头考察和实际工程钻探,地质家已注意到实际断层面并不是简单的一个面,而是一个条带。它伴随有裂缝发育、泥岩充填涂抹、压力排泄变化等现象,对储层预测、油气井钻探与油气开发都很重要。

由于地震分辨率的限制和地质认识的不足,低序级断层的识别技术还不能满足实际生产的需要,断层破碎带的地震预测基本上还是空白,地球物理工作者肩负着职责和使命,需要不断地在实践中研究出更新、更有效的方法(张军华,2012)。

（a）原顶面构造　　　　　　　　　　　　　（b）现顶面构造

二级断层　　三级断层　　四级断层　　五级断层　　-2 060 构造等值线（单位 m）　　注水井　　采油井

（a）低序级断层及其对油田开发的重要性

（b）断层破碎带与油源层系关系

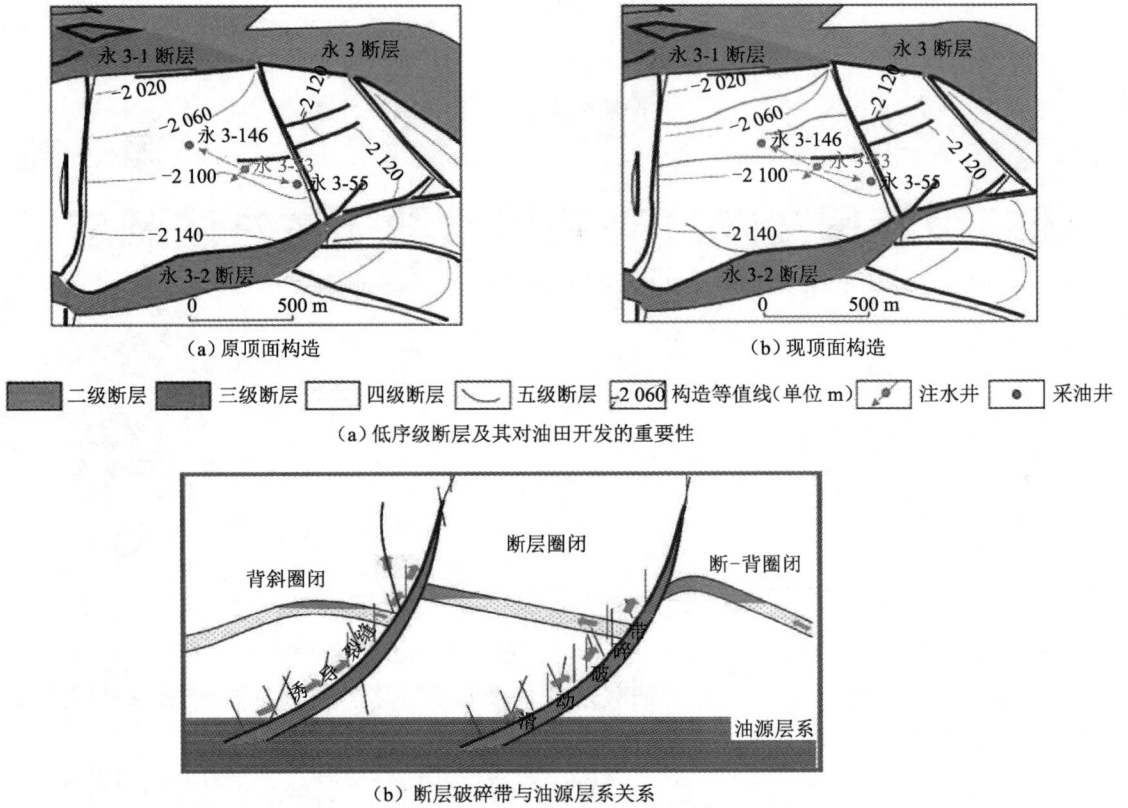

图 3-1　典型断块油藏断层作用示意图

3.2　低序级断层的分辨率评价

低序级断层是由局部区域的构造力形成的，局部构造力由区域性的剪切力产生。它可通过岩层的弯曲变形或高序级断层连续断裂产生，因此根据力学性质将其划分为挤压逆断层、拉张正断层、走滑断层、拉张-走滑断层、挤压-走滑断层等。如图 3-2 所示，挤压和拉张形成的低序级断层基本上位于高序级断层的上盘，以阶梯形、反入形、Y 形、地垒形及地堑形存在；走滑低序级断层基本上位于高序级断层的两侧，以羽状、斜列形存在（罗群等，2007）。

低序级断层是随机分布的，主要分布于断陷盆地的陡坡、中央隆起和缓坡的褶皱处。断陷盆地背斜构造中的低序级断层组合模式为放射状；缓坡断层带中的低序级断层组合以阶梯形、Y 形和地堑形存在；断陷盆地深陷位置的低序级断层组合以反入形、Y 形和地堑形存在（严高云，2007）。

如图 3-3 所示，任何具有较低序级的断层相对序级高的断层都可被当成低序级断层。地震勘探过程中低序级断层具体指的是四级、五级断层（张荣强，2005）。低序级断层对沉积模式和油气聚集没有影响，但一些低序级断层可以控制剩余油的聚集。综合分析四级及

断层类型	应力类型	组合样式	剖面示意	平面示意	特征描述	主控局部构造
拉张正断层	拉张	Y 形 多级 Y 形	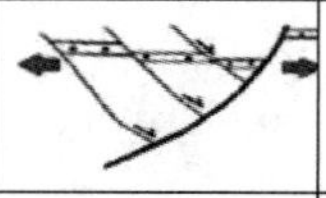		剖面上与主断裂相交成 Y 形,平面上平行或交叉状	滚动背斜(逆牵引)
		反入形	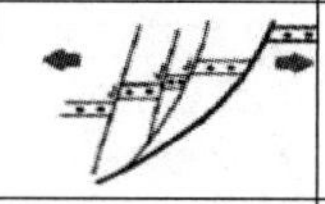		剖面上与主断裂倾向相同,向下相交成反入型	水平伸展断裂、带状隆起
		阶梯形	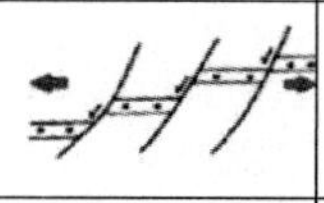		剖面上断层节节下掉,平面上平行、斜列或交叉状排列	
		地垒形 地堑形	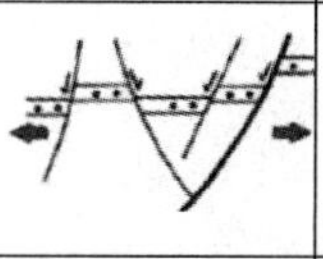	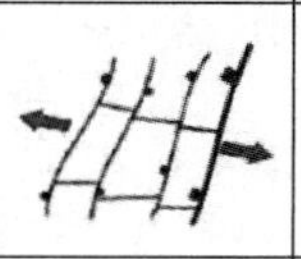	剖面上断层多方向下掉形成地垒或地堑,平面上呈平行、放射状或格子状	带状隆升、柱状隆升、多方向伸展
挤压逆断层	挤压	Y 形 地垒形	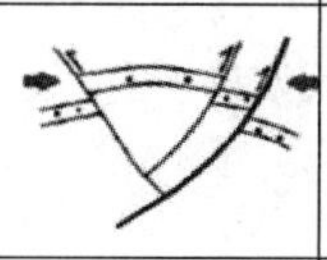	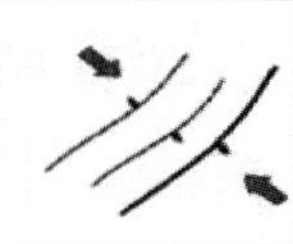	剖面上主断裂和次断裂形成 Y 形、反入形或地垒形,平面上近平行延伸	逆冲-褶皱-断裂
走滑断层	剪切	花状	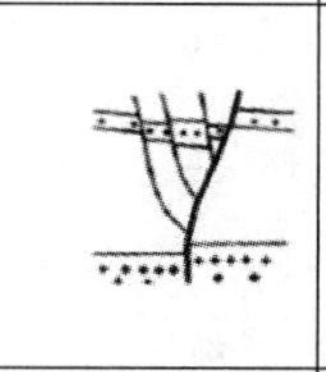		剖面上主次断裂产状陡,近于直立断入基底,断层上下盘厚度不协调,平面上主次断裂成锐角相交,切构造线	扭动断裂
拉张-走滑断层	拉张剪切	负花状 带状(平面)	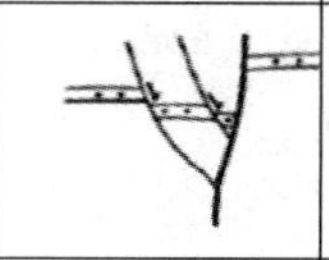	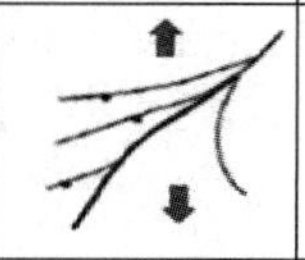	剖面上主断裂和次断裂形成负花状构造,平面上次断裂合并到主断裂,呈扫帚状分布	
挤压-走滑断层	挤压剪切	正花状 S 形(平面)	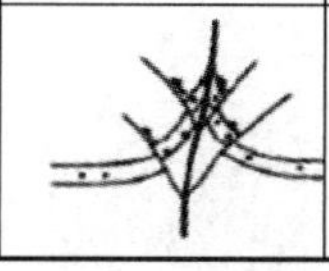	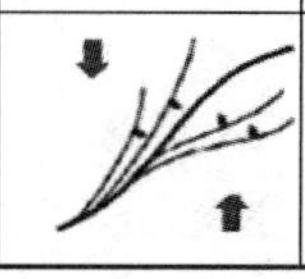	剖面上主断裂和次断裂形成正花状构造,平面上呈扫帚状或 S 形	

高序级断层　低序级断层　局部应力方向　基底

图 3-2　低序级断层的成因分类和切面的几何特征

其以上断层对于寻找剩余油富集区及增采具有重要作用(夏冰,2007)。常规的断层解释方法主要是解释人员肉眼判断地震资料中反射层位的同相轴是否中断及在拟定为断层的两侧反射振幅有明显差异等特征来对断层进行手动解释(吴莹莹,2013)。这种粗略的方法已经远远不能满足当今石油物探需求了,因此需要通过其他手段来增加说服性。

低序级断层的识别与准确解释存在不确定性,迫切需要正演模拟加以验证,并得出相应的规律性认识,以解决在低序级断层解释工作中对断层的准确识别问题,从而为新技术的提出、可行性分析和应用试验提供高质量的模拟数据(张伟,2016)。本节对低序级断层的分辨率评价包括两部分,即纵向分辨率评价和横向分辨率评价,用于评价的断层模型主要为四级以上的低序级断层,其断距一般在 200 m 以下,主要控制断块中油气的二次运移。

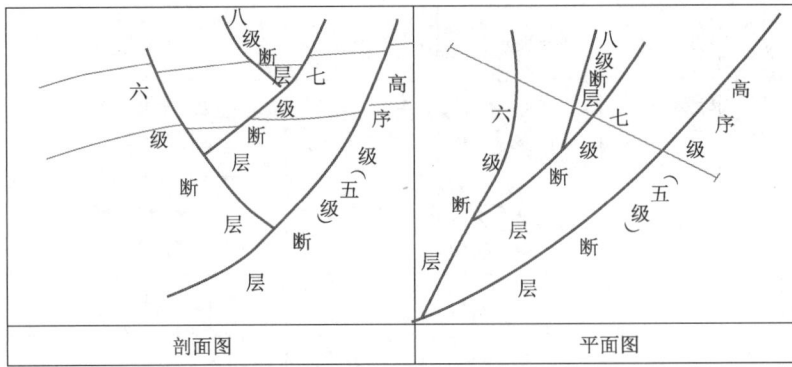

图 3-3　高序级断层与低序级断层关系示意图

而对于低序级断层的成像研究主要考虑地质和地球物理两方面的参数,这些参数大致包含断层落差、断层横向间距、岩石物性差异(油、气、水等)、埋藏深度、地层倾角、断面倾角、速度、密度、子波类型和主频、空间和时间网格间距、信噪比、背景介质等。

3.2.1　纵向分辨率评价

3.2.1.1　低序级断层落差与地震波主频、埋深以及信噪比之间的关系

由于地震资料分辨率的限制,一些小断距断层在地震记录上不能被准确识别,有必要对不同品质的地震资料在不同的深度、不同的速度结构条件下能分辨的断层规模进行定量研究和分析。如图 3-4 所示,从胜利油田东辛地区的实际资料出发,设计了浅层、中深层和深层 3 个断层的地质模型,3 种埋深的速度模型的速度和密度参数如图所示。

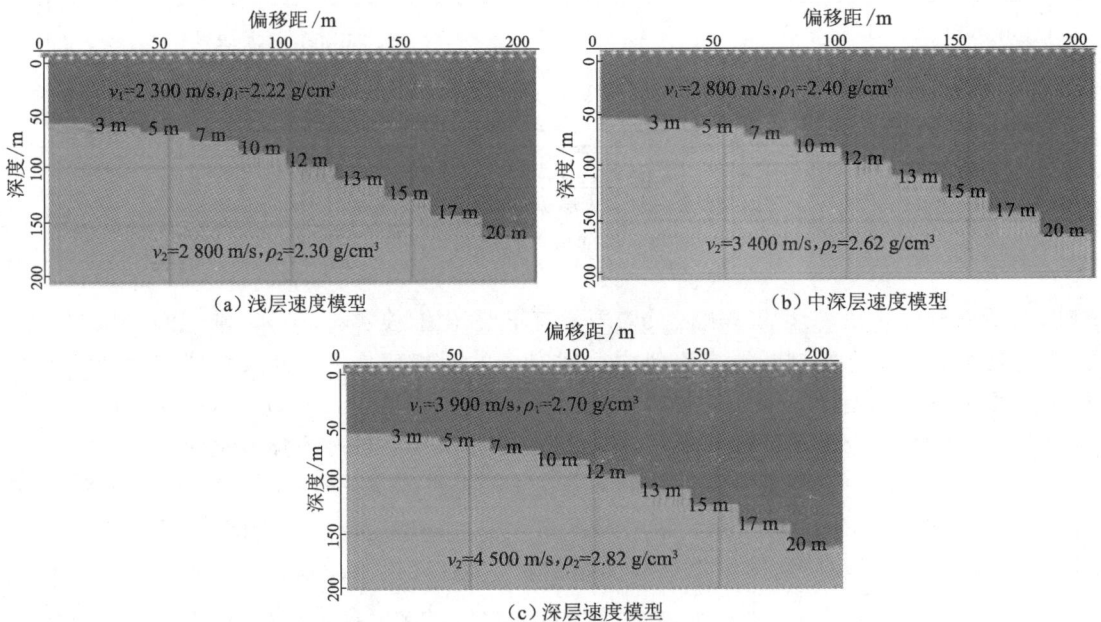

（a）浅层速度模型

（b）中深层速度模型

（c）深层速度模型

图 3-4　不同埋深的速度模型

　　图 3-4 所示速度模型由浅到深的断距分别为 3 m,5 m,7 m,10 m,12 m,13 m,15 m,17 m,20 m,子波主频由低到高分别为 15 Hz,20 Hz,25 Hz,30 Hz,35 Hz,40 Hz,45 Hz,另外考虑不同的信噪比对断层识别的影响,选用无噪声、信噪比分别为 1,3,4,6,9 和 12 七种情况。3 种埋深的速度模型,其炮点距和检波点距均为 6.25 m,时间采样间隔为 1 ms。

　　图 3-5 为浅层速度模型在无噪声情形下不同主频的时间偏移结果,从图中可以看出,震源主频为 35 Hz 时能分辨的断层断距为 7 m(箭头所示),当主频增大到 45 Hz 时,可以分辨 5 m 断距的断层(箭头所示),考虑到实际生产中所用频率一般为 35 Hz,所以浅层断层的最大识别极限为 7 m。

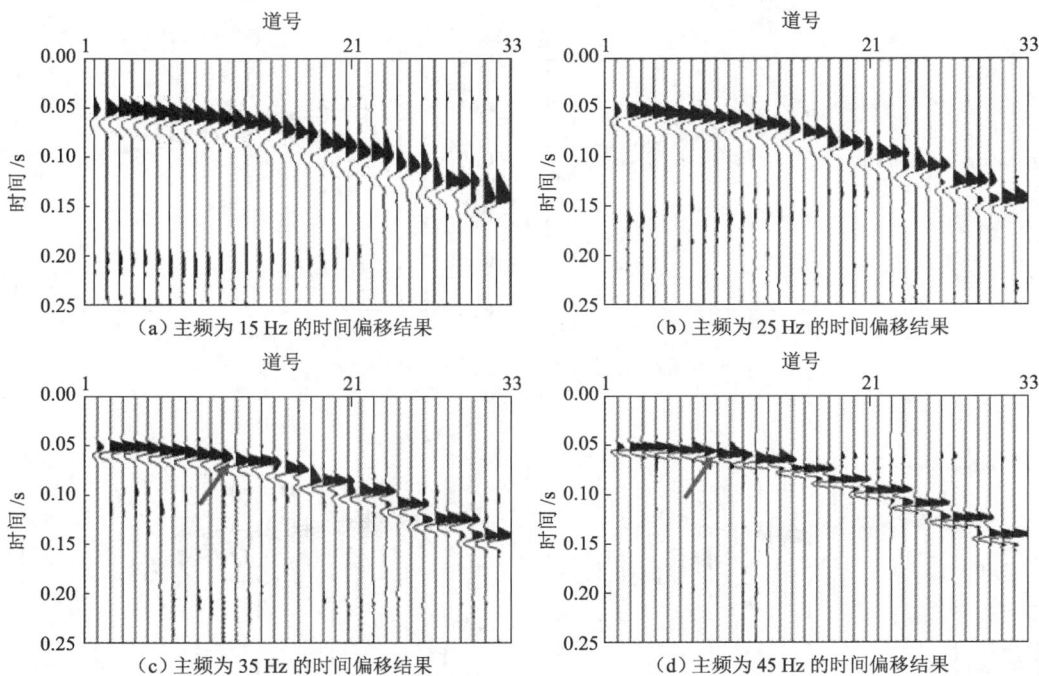

图 3-5　浅层速度模型及不同主频的时间偏移结果

　　图 3-6 为中深层速度模型在无噪声情形下不同主频的时间偏移结果,从图中可以看出,震源主频为 35 Hz 时能分辨的断层断距为 10 m(箭头所示),当主频增大到 45 Hz 时,可以分辨 7 m 断距的断层(箭头所示),考虑到实际生产中所用频率一般为 35 Hz,所以中深层断层的最大识别极限为 10 m。

　　图 3-7 为深层速度模型在无噪声情形下不同主频的时间偏移结果,从图中可以看出,震源主频为 35 Hz 时能分辨的断层断距为 12 m(箭头所示),当主频增大到 45 Hz 时,可以分辨 10 m 断距的断层(箭头所示),考虑到实际生产中所用频率一般为 35 Hz,所以中深层断层的最大识别极限为 12 m。

　　分别对 3 种埋深速度模型的时间偏移结果加入不同信噪比的随机噪声进行分析,以中深层速度模型为例,如图 3-8 所示,其震源主频为 30 Hz。从图中可以看出,当 S/N 为 6 时,可以分辨断距为 12 m 的断层;当 S/N 为 9 时,可以分辨断距为 10 m 的断层。

（a）主频为 15 Hz 的时间偏移结果

（b）主频为 25 Hz 的时间偏移结果

（c）主频为 35 Hz 的时间偏移结果

（d）主频为 45 Hz 的时间偏移结果

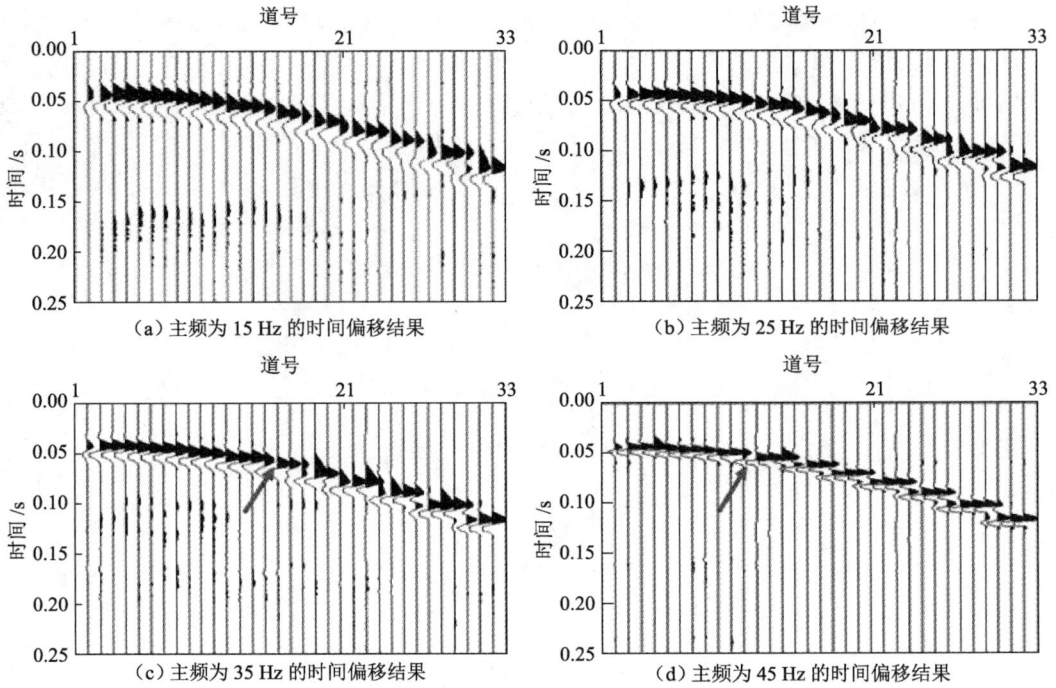

图 3-6　中深层速度模型及不同主频的时间偏移结果

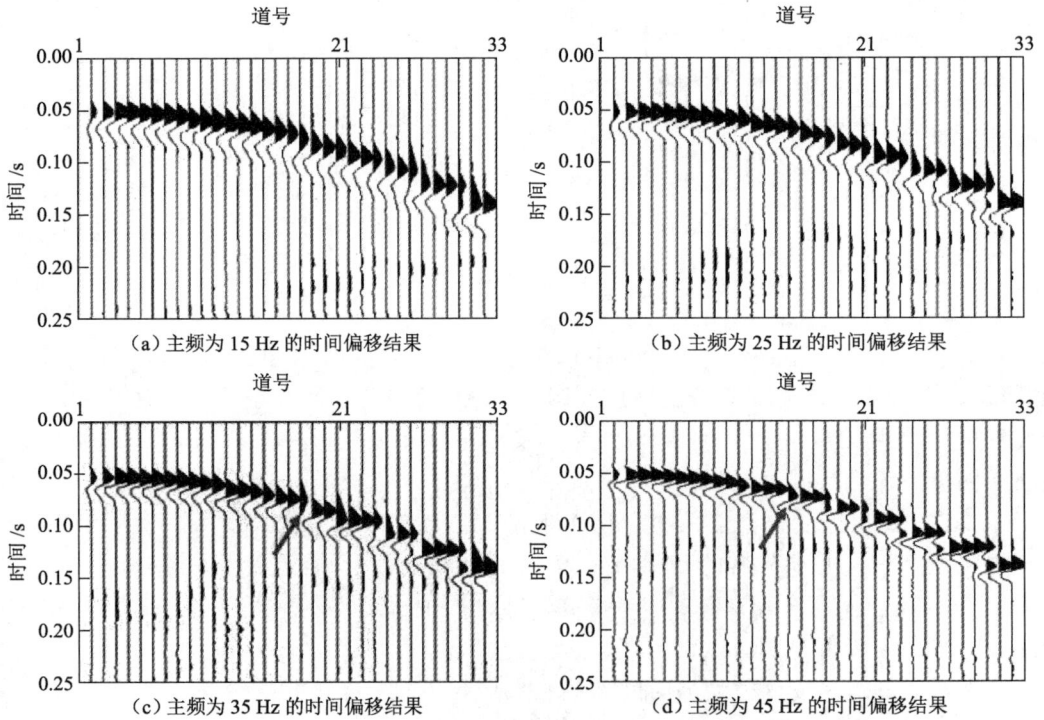

（a）主频为 15 Hz 的时间偏移结果

（b）主频为 25 Hz 的时间偏移结果

（c）主频为 35 Hz 的时间偏移结果

（d）主频为 45 Hz 的时间偏移结果

图 3-7　深层速度模型及不同主频的时间偏移结果

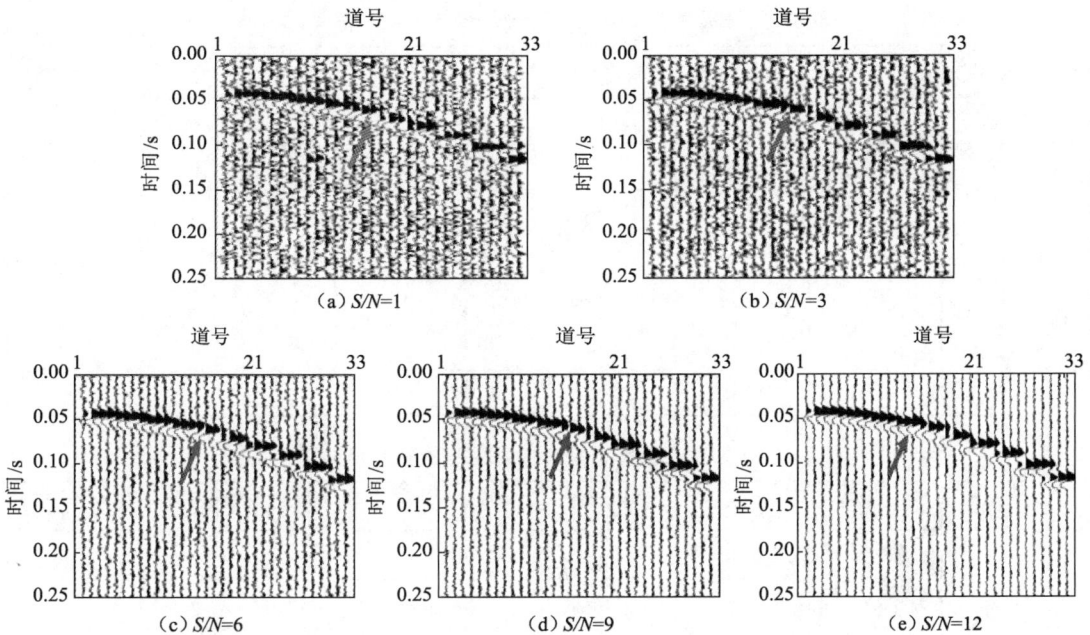

图 3-8　中深层速度模型主频为 30 Hz 时不同信噪比的时间偏移结果

表 3-1～表 3-3 分别为 3 种埋深的速度模型在不同震源主频和不同信噪比条件下所能分辨的断层断距分析统计结果,可以看出浅层模型中随着信噪比的降低,断距分辨率由 5 m 增到 13 m 左右,而实际的浅层地震数据中信噪比约为 9,因此可分辨的最小断裂距离约为 7 m;中深层模型中随信噪比降低,断距的分辨率由 7 m 增到 25 m 左右,实际中深层地震资料信噪比在 6 左右,因此能分辨的最小断距在 12 m 左右;深层模型中随着信噪比降低,断距的分辨率由 10 m 增到 30 m 左右,实际深层地震资料信噪比在 4～5 之间,因此能分辨的最小断距一般在 15 m 左右。综上所述,层位所在深度越浅,识别断层尺度越小,识别断层能力越强。

表 3-1　浅层速度模型可识别断层断距与主频和信噪比关系

主　频	$S/N=1$	$S/N=3$	$S/N=4$	$S/N=6$	$S/N=9$	$S/N=12$	无噪声
15 Hz	20 m	20 m	15 m	15 m	13 m	13 m	13 m
20 Hz	17 m	15 m	15 m	13 m	13 m	12 m	12 m
25 Hz	15 m	13 m	12 m	12 m	10 m	10 m	10 m
30 Hz	13 m	12 m	12 m	10 m	7 m	7 m	7 m
35 Hz	13 m	12 m	10 m	7 m	7 m	7 m	7 m
40 Hz	12 m	10 m	10 m	7 m	5 m	5 m	5 m
45 Hz	12 m	10 m	7 m	5 m	5 m	5 m	5 m

表 3-2　中深层速度模型识别断层断距与主频和信噪比关系

主　频	$S/N=1$	$S/N=3$	$S/N=4$	$S/N=6$	$S/N=9$	$S/N=12$	无噪声
15 Hz	25 m	20 m	17 m	17 m	15 m	15 m	15 m
20 Hz	20 m	17 m	15 m	15 m	13 m	13 m	13 m
25 Hz	17 m	15 m	13 m	13 m	12 m	12 m	12 m
30 Hz	15 m	13 m	12 m	12 m	10 m	10 m	10 m
35 Hz	15 m	13 m	12 m	10 m	10 m	10 m	10 m
40 Hz	13 m	13 m	10 m	10 m	7 m	7 m	7 m
45 Hz	13 m	13 m	12 m	10 m	7 m	7 m	7 m

表 3-3　深层速度模型识别断层断距与主频和信噪比关系

主　频	$S/N=1$	$S/N=3$	$S/N=4$	$S/N=6$	$S/N=9$	$S/N=12$	无噪声
15 Hz	30 m	25 m	20 m	17 m	17 m	17 m	17 m
20 Hz	25 m	20 m	17 m	17 m	15 m	15 m	15 m
25 Hz	20 m	17 m	15 m	15 m	13 m	13 m	13 m
30 Hz	17 m	15 m	15 m	13 m	12 m	12 m	12 m
35 Hz	17 m	15 m	13 m	13 m	12 m	12 m	12 m
40 Hz	15 m	13 m	13 m	12 m	10 m	10 m	10 m
45 Hz	15 m	13 m	12 m	12 m	10 m	10 m	10 m

3.2.1.2　物性差异产生的假断层问题

在水平地层中,由于储层物性的差异,设置了泥层速度 $v_泥=3\ 420$ m/s、密度 $\rho_泥=2.22$ g/cm³,干层速度 $v_干=3\ 600$ m/s;密度 $\rho_干=2.63$ g/cm³,气层速度 $v_气=3\ 350$ m/s、密度 $\rho_气=2.60$ g/cm³,中间层的厚度分别设置为 $h_1=40$ m,$h_2=60$ m,$h_3=80$ m,选取震源子波主频为 30 Hz,采样间隔为 1 ms,检波点距为 6.25 m,建立地震正演模型(图 3-9a)。

从图 3-9 的正演结果来看,当储层厚度分别为 40 m,60 m 和 80 m 时,时间偏移剖面上的同相轴分别产生了 2 ms,2 ms 和 3 ms 的时间落差,而且振幅能量也有明显差别,但同相轴特征基本不变,不可解释为低序级断层。由此可知,岩性变化会导致地震剖面上产生细微的时间落差,因此可通过观测波组振幅整体变化来避免当成假小断层。

3.2.1.3　大断层衍生出小断层的正演问题

为了研究大断层衍生出小断层时纵向上的分辨率,采用图 3-10(a)所示速度模型的速度、密度参数建立正演模型,选取数值模拟子波主频为 35 Hz,模型深度为 240 m,最大偏移距为 180 m,炮点距为 6.25 m,检波点距为 6.25 m,道间距为 6.25 m。大断层和小断层的横向间隔均设为 10 m,大断层落差均为 30 m,小断层纵向落差分别为 5 m,7 m 和 10 m,正演结果如图 3-10(b)～(d)所示。

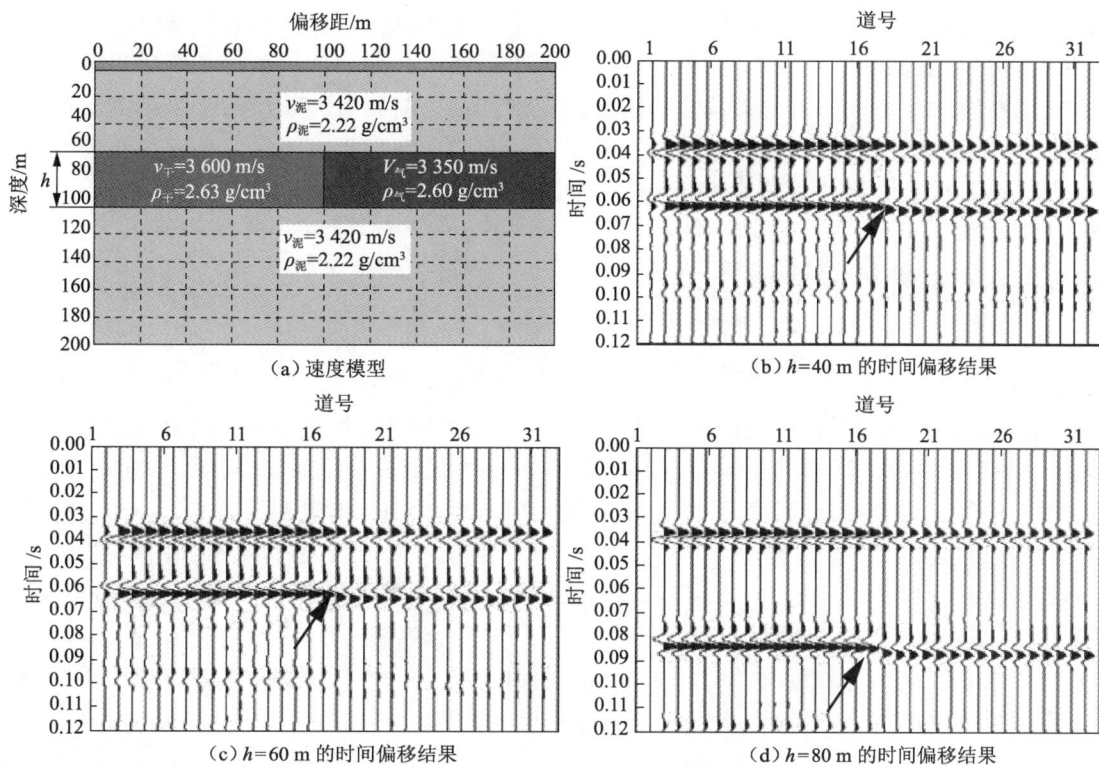

图 3-9　不同厚度的储层物性带来的落差问题

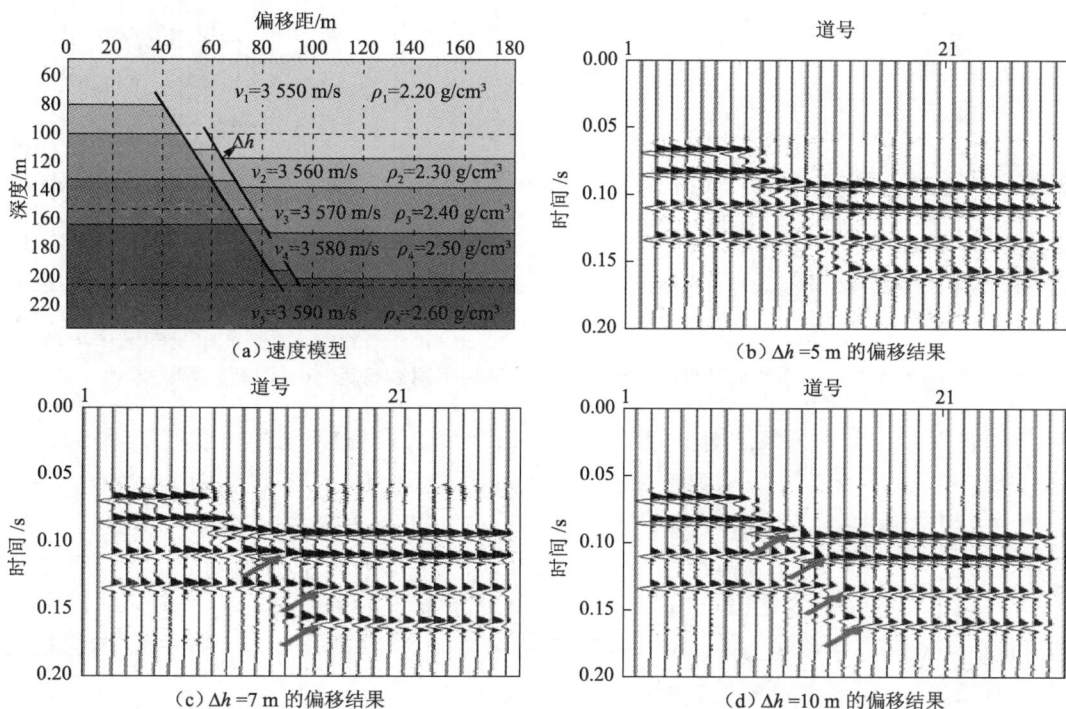

图 3-10　大断层衍生出小断层的正演模型纵向分辨率测试结果

从图 3-10(b)~(d)可以看出，当 $\Delta h = 5$ m 时，小断层基本无法识别；当 $\Delta h = 7$ m 时，小断层处可以看出有时差的存在，但不是很明显；当 $\Delta h = 10$ m 时，小断层都可以很明显地分辨。由此可知，小断层的落差越大越容易被识别。结合前面对大断层衍生出小断层的横向分辨率的测试可以得出，当大断层与小断层在一起时大断层的成像很容易误导小断层的成像精度，且两个断层的横向间隔越大，小断层的落差越大越容易被识别。

3.2.2 横向分辨率评价

3.2.2.1 观测系统对断层识别影响

地震采集的观测系统中道间距直接关系到横向分辨极限，本次偏移成像中检波点数与道数一一对应，所以检波点距即道间距。图 3-11(a)为设计的不同横向延伸长度的速度模型，最大偏移距为 200 m，深度为 300 m，子波主频选为 35 Hz，炮点距设为 6.25 m，分别采用检波点距(道间距)6.25 m，12.5 m 和 25 m 进行正演模拟，时间偏移结果如图 3-11(b)~(d)所示。从图中可以看出，当道间距为 6.25 m 时，可以识别横向延伸长度为 7 m 的断层；当道间距为 12.5 m 时，断距小于 12 m 的断层断点不太清晰，不易识别；当道间距为 25 m 时，可以识别横向延伸长度为 20 m 的断层，且断距小于 20 m 的断层断点不清晰。由此可知，随着道间距的减小，纵向和横向成像精度均得到提高。

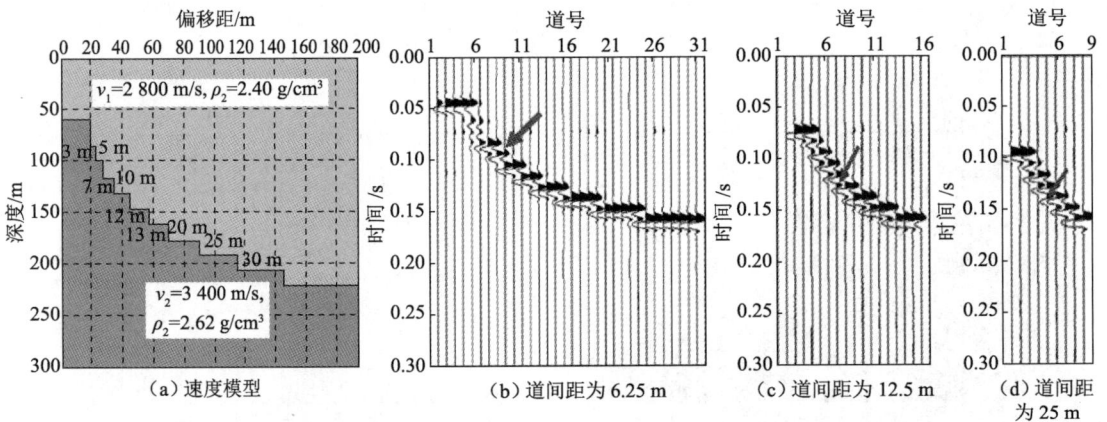

图 3-11 不同横向延伸长度的速度模型采用不同道间距的时间偏移结果

为了进一步验证观测系统对成像的影响，设计了图 3-12(a)所示的速度模型，最大偏移距为 3 000 m，深度为 1 500 m，速度和密度参数如图所示。图 3-12(b)为图 3-12(a)局部放大，子波主频选为 35 Hz，分别采用 6.25 m，12.5 m 和 25 m 的检波点距进行正演模拟，图 3-12(c)~(e)为时间域的偏移结果。从正演得到的地震剖面上可以看出，当道间距为 6.25 m 时，小断层断点清晰，可以识别横向延伸长度为 7 m 的断层；当道间距为 12.5 m 时，可以识别横向延伸长度为 10 m 的断层，但断点不清晰；当道间距为 25 m 时，可以识别横向延伸长度为 20 m 的断层，与前面得出的结论基本一致。

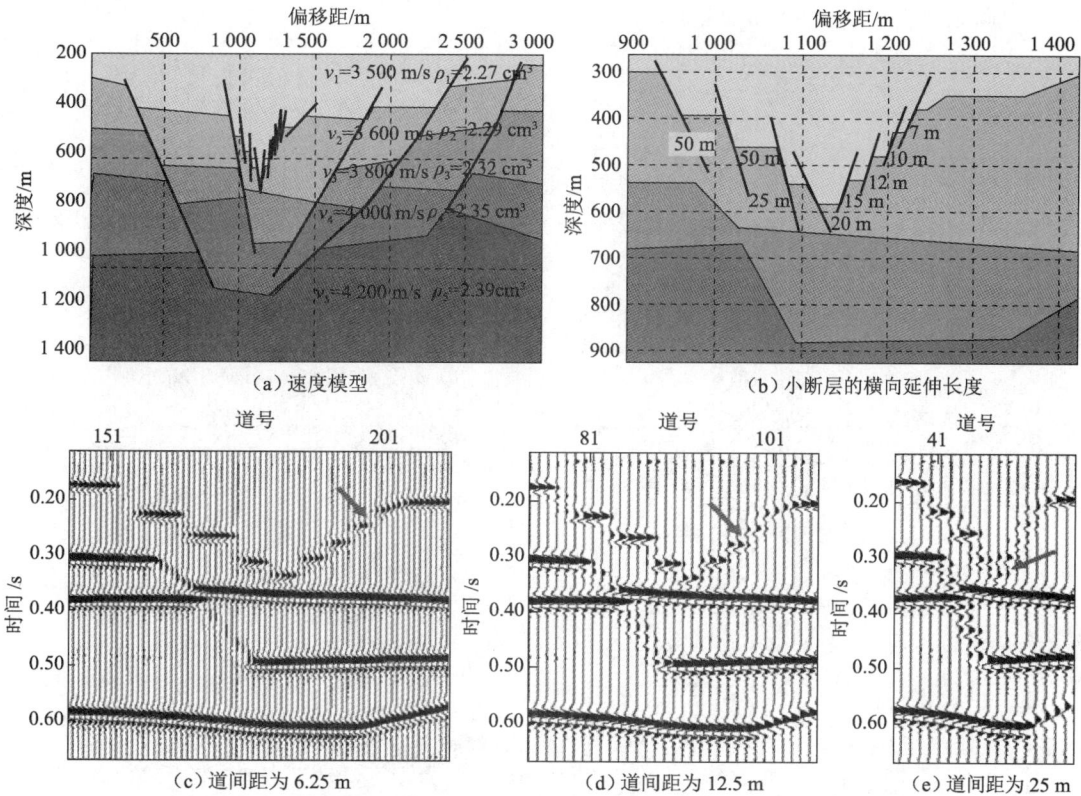

(a) 速度模型　　　　　　　　　　　(b) 小断层的横向延伸长度

(c) 道间距为 6.25 m　　　　(d) 道间距为 12.5 m　　　　(e) 道间距为 25 m

图 3-12　不同横向延伸长度的速度模型采用不同道间距的时间偏移结果

3.2.2.2　大断层衍生出小断层的正演问题

图 3-13(a) 为速度模型,各层速度和密度参数如图所示,选取数值模拟子波主频为 35 Hz,模型深度为 240 m,最大偏移距为 180 m,炮点距为 6.25 m,检波点距为 6.25 m,道间距为 6.25 m。大断层和小断层之间的横向间隔距离 Δx 不同,大断层落差为 30 m,小断层的落差均为 7 m,建立地震正演模型,讨论横向上的分辨极限。

图 3-13(b)～(d) 分别为 Δx 取 7 m,10 m 和 15 m 的正演结果,从图中可以看出:当 $\Delta x=7$ m 时,小断层基本无法识别;当 $\Delta x=10$ m 时,小断层处可以看出有时差的存在,但不是很明显;当 $\Delta x=15$ m 时,4 个小断层都可以很明显地分辨。由此可知,两个断层的横向间隔距离越大,小断层越容易被识别。

3.2.3　不同组合模式的低序级断层正演研究

胜利油田济阳凹陷经多期构造运动叠合改造,断裂系统复杂,组合样式多样,发育四级以上的低序级断层众多,剖面和平面上都是相当复杂的组合模式。下面以该区域常见的几个构造带为例进行低序级断层的组合样式分析。

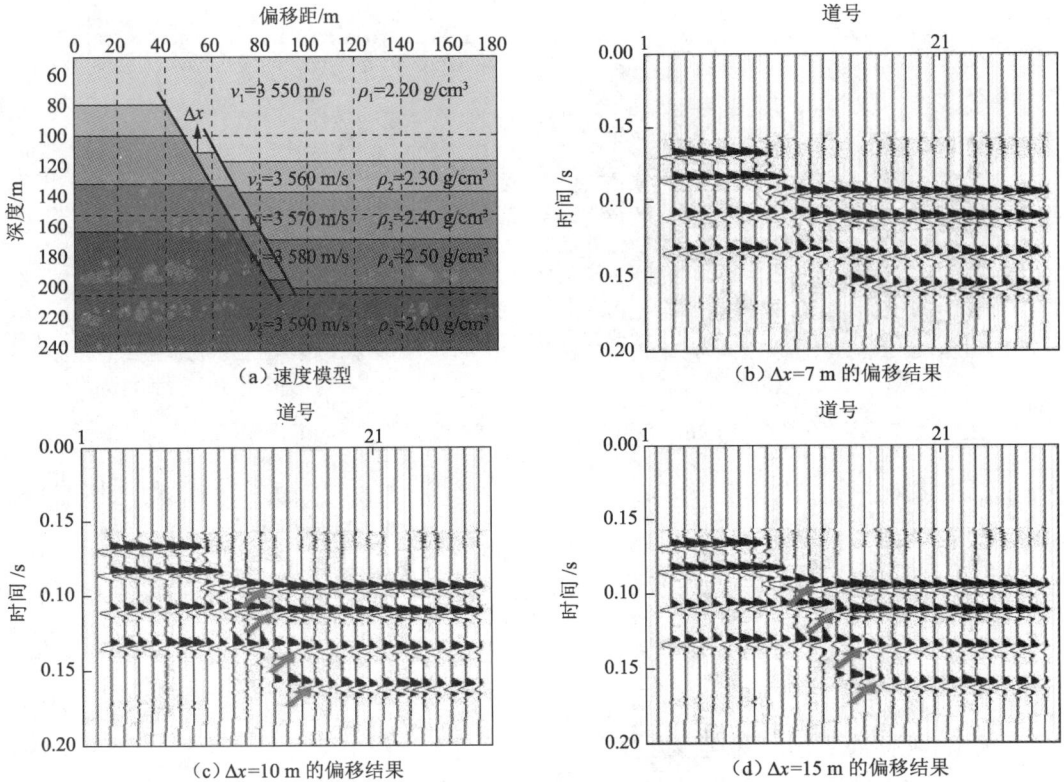

图 3-13 大断层衍生出小断层的正演模型横向分辨率测试结果

图 3-14(a)、(c)、(e)、(g)分别为胜利油田东营构造带、辛镇构造带、永安镇构造带和新立村构造带的典型地震剖面,图 3-14(b)、(d)、(f)、(h)分别为与之相对应的速度模型。各构造带的主要特征为:① 东营构造带断层表现形式多样,发育堑式断层,如树枝状、似花状、莲花状、耙式、包心菜状和阶梯式等,以及数量较少的由剪切力形成的 X 形断层组合,使得断层的平面、剖面组合样式繁乱、复杂;② 辛镇构造带主要发育伸展构造样式,如反向翘倾断块、反向 Y 形组合以及由塑性的盐泥拱张形成的底辟构造;③ 永安镇构造带的断层以伸展构造样式为主,如 Y 形和多级 Y 形组合、顺向翘倾断块(浅部)和反向翘倾断块(深部)、交于主干断层的滑动断阶等构造样式,近断层处发育有滚动背斜;④ 新立村构造带的断层以伸展构造样式为主,如顺向翘倾断块、反向翘倾断块、堑垒断块、Y 形和多级 Y 形组合等。

采用波动方程有限差分方法对各个构造带模型进行正演模拟(道间距分别设置为 6.25 m、12.5 m 和 25 m),得到时间偏移结果(表 3-4),分析不同组合模式的低序级断层正演结果,得出以下认识:① 对于 X 形和 λ 形的花状断层,采用 25 m 道间距基本可以识别,断距在 10 m 以内的断层,道间距减小到 6.25 m 才可以识别(箭头所示);② 对于 Y 形断层,采用 12.5 m 的道间距可以识别断距在 10 m 以内的小断层(箭头所示);③ 对于多级 Y 形断层,基本无法识别,反射较乱,断点不能区分;④ 对于 Y 形、地垒形的断层,采用 25 m 道间距时,断层基本可以识别,某些断层断点不够清晰,当减小断距后,断层的分辨率得到了明显提高,小断层更易区分(箭头所示)。

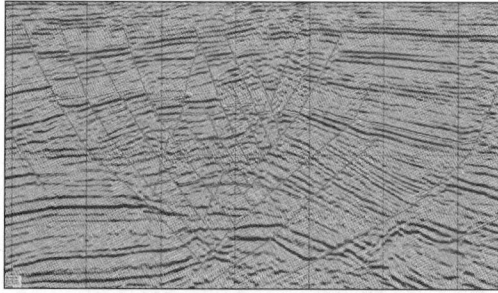

（a）东营构造带实际地震剖面

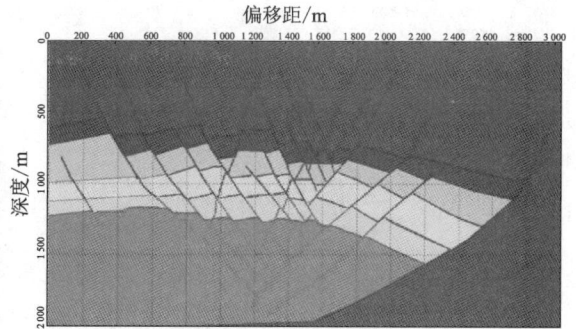

（b）东营构造带速度模型

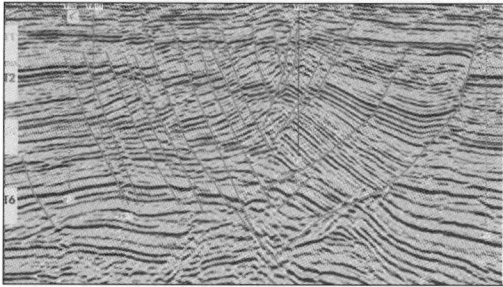

（c）辛镇构造带实际地震剖面

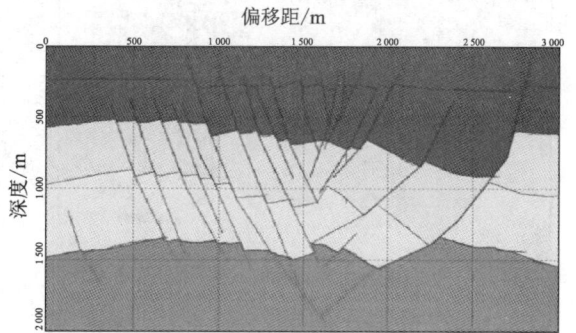

（d）辛镇构造带速度模型

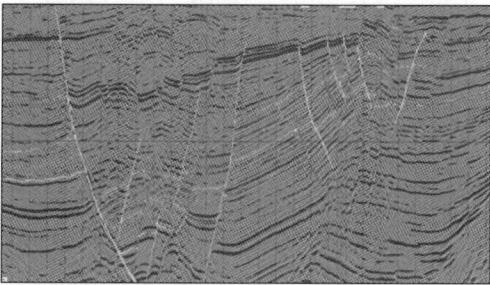

（e）永安镇构造带实际地震剖面

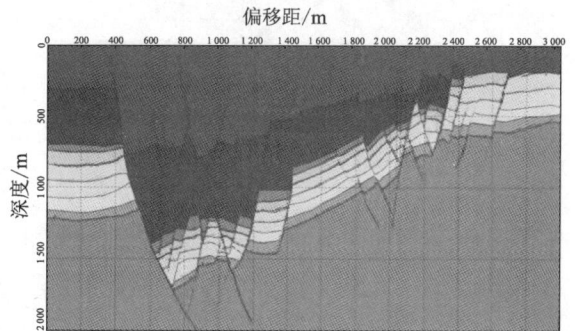

（f）永安镇构造带速度模型

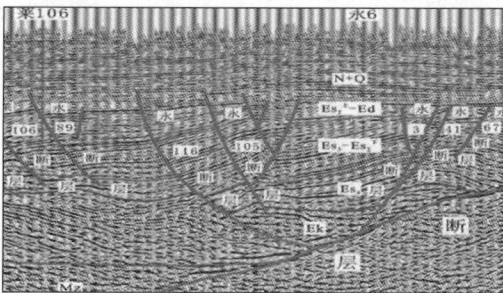

（g）新立村构造带实际地震剖面

（h）新立村构造带速度模型

图 3-14　胜利油田典型构造带地震剖面及地质模型

表 3-4　不同组合模式的低序级断层正演结果

断层组合模式			不同道间距的正演结果		
组合样式	实际剖面	速度模型	道间距＝6.25 m	道间距＝12.5 m	道间距＝25 m
花状断层 X 形					
花状断层 λ 形					
λ 形					
Y 形					
多级 Y 形					
Y 形 地垒形					

依据研究区建立速度模型并进行正演模拟可以得知，在断层较大时，能够轻松识别；当遇到 X 形、Y 形或 λ 形排列等不同组合样式的断层时，利用常规地震采集数据（道间距较大）难以识别，需要提高地震资料的采集密度（减小道间距）才可实现断层的精细解释。

3.3　低序级断层地震识别有效方法

常规断层解释方案的制订需要解释人员手动解释，对于那些断层较为发育的区块，一般解释人员会沿着纵向上与断层走向垂直的剖面方向进行断层解释，而后在水平或沿层切片上追踪来控制断层的空间分布及延伸情况。这种方法费时费力，主观性强，很依赖解释人员的经验与地质知识，局限性较大。因此，能够提高断层识别精度及效率的各种地震方法开始得到应用与发展,如相干体技术、曲率属性技术、蚁群算法等。借助这些方法,地震解释工作人员可以方便地解释断层,识别地层变化。

3.3.1　相干体分析方法

不同地质信息对应的地震响应不同之处表现在振幅、频率、相位有不同的变化,这种变化的产生依赖于界面的产状、地层厚度及波阻抗的差异。界面的产状能反映地下构造情况,地层厚度能反映沉积体系的发育,波阻抗能反映地层的岩性和流体信息。相干体属性主要利用地震道之间的相似性,这种相似性也包含着波阻抗、界面产状及厚度等信息是否相似,能够识别出地震同相轴相似性较差的区域,利于识别断层等特殊地质体。自从相干体技术提出以来,经过几十年的发展,已由第一代互相关算法、第二代多道相似算法发展到第三代多道特征值相干算法。但目前的相干算法对噪声较为敏感,要求数据具有较高的信噪比,而很多实际地震资料并不能满足其要求。针对此问题,有许多学者提出了相干体的改进算法。

3.3.1.1　特征值相干算法诠释及应用

1999 年,C3 基础算法最早由 Gersztenkorn 和 Marfurt 提出,用第一特征值占比来表征相干。

$$C_{31} = \frac{\lambda_1}{\mathrm{tr}\,\boldsymbol{C}} = \frac{\lambda_1}{\lambda_1 + \lambda_2 + \lambda_3} \tag{3-1}$$

在倾角扫描的基础上,借用速度分析方法,当多道同相性最好,即能量比最大时,得到的倾角就是地质体的倾角,得到的能量比就是单次扫描的相干属性,进而可以得到高精度的倾角扫描相干体。

图 3-15 为胜利油田 X25 研究区原始切片与相干切片对比,可以看出,常规相干切片上,大断层不清晰,中等断层的分辨率较高,基于倾角扫描计算得到的相干切片上,小断层细节更为丰富,更有助于识别低序级断层。

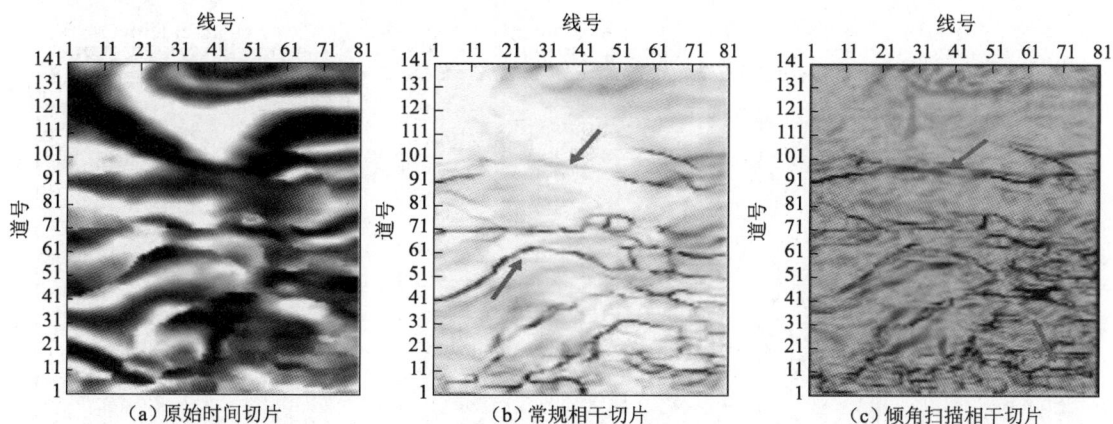

图 3-15　X25 研究区原始切片与相干切片对比(1 800 ms)

C3 相干算法提出后,多名学者在结构张量体的研究基础上又提出了多种不同的相干表征形式。Randen 等(2000)定义了一个叫"混沌"(chaos)的相干属性,用于古河道的识别。Bakker(2002)根据特征值与构造的关系,构建了一个可描述断层的新相干属性。Donias 等(2007)与 Randen 等(2000)类似,定义一个"凌乱"(disorder)属性,认其为可以更好地刻画断层边缘(Donias et al.,2007)。Wu(2017)提出了在梯度矢量域定义一个更简单的相干属性,在实际河道和断层检测中取得了很好的应用效果。表 3-5 为特征值相干的不同表征公式(王静等,2019)。

表 3-5　特征值相干不同表征公式

作　者	表征公式	物理含义
Gersztenkorn 和 Marfurt(1999)	$C_{31} = \dfrac{\lambda_1}{\sum\limits_{j=1}^{J} \lambda_j}$	用最大特征值在所有特征值中的占比来表示相干
Randen 等(2000)	$C_{32} = \dfrac{2\lambda_2}{\lambda_1 + \lambda_3} - 1 = \dfrac{\lambda_2 - \lambda_3 - (\lambda_1 - \lambda_2)}{\lambda_1 + \lambda_3}$	被称为"chaos"的相干属性
Bakker(2002)	$C_{33} = \dfrac{2\lambda_2(\lambda_2 - \lambda_3)}{(\lambda_1 + \lambda_2)(\lambda_2 + \lambda_3)}$	重点考虑第 2 特征值和第 3 特征值的差异
Donias 等(2007)	$C_{34} = 1 - \dfrac{3}{2} \dfrac{\lambda_2 + \lambda_3}{\lambda_1 + \lambda_2 + \lambda_3} = \dfrac{\lambda_1 - \lambda_2 + \lambda_1 - \lambda_3}{2(\lambda_1 + \lambda_2 + \lambda_3)}$	"disorder"相干属性
Wu(2017)	$C_{35} = \dfrac{\lambda_1 - \lambda_2}{\lambda_1}$	利用第 1 特征值和第 2 特征值的差异

按表 3-5 中的公式,计算 Qdome 模型的相干属性,结果如图 3-16 所示。可以看出:① C_{32} 效果不好,检查程序还发现,数据体中相干并不都是负值,本身这种方法表征效果就是不好,因为它是两组特征值的差值再求差,而方法 C_{33} 和 C_{35} 是一组特征值的差值,方法 C_{34} 是两组差值的和,性质不变;② C_{33} 分母是两组特征值相乘,分子既要考虑第 2、第 3 特征值的差异,还要看第 2 特征值的变化,比较复杂,基本上代表不相干,图中多处色标与 C_{31},C_{34},C_{35} 相反;③ C_{31} 和 C_{34} 效果非常一致,C_{35} 视觉分辨率稍高,但信噪比比 C_{31} 和 C_{34} 略低。

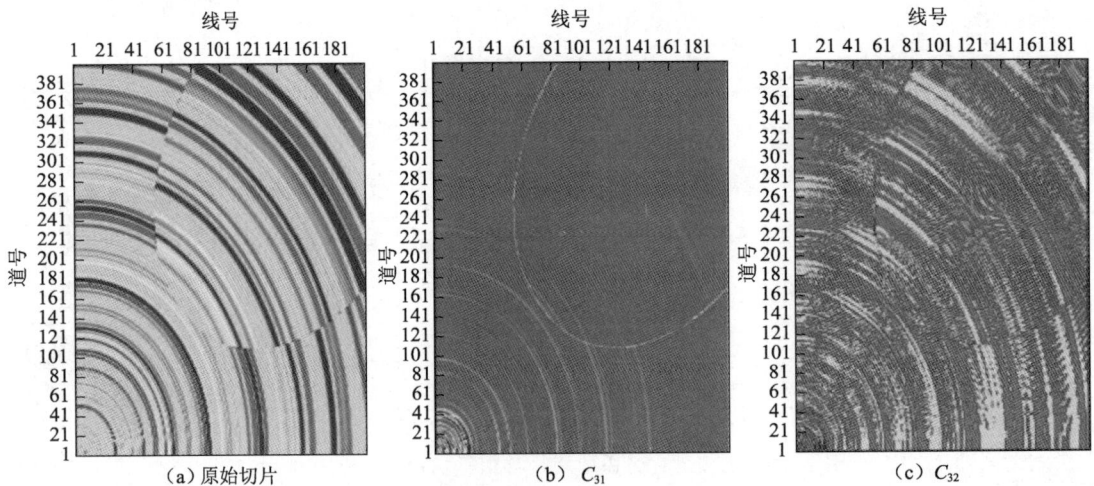

（a）原始切片　　　　（b）C_{31}　　　　（c）C_{32}

图 3-16　Qdome 模型不同相干公式计算比较

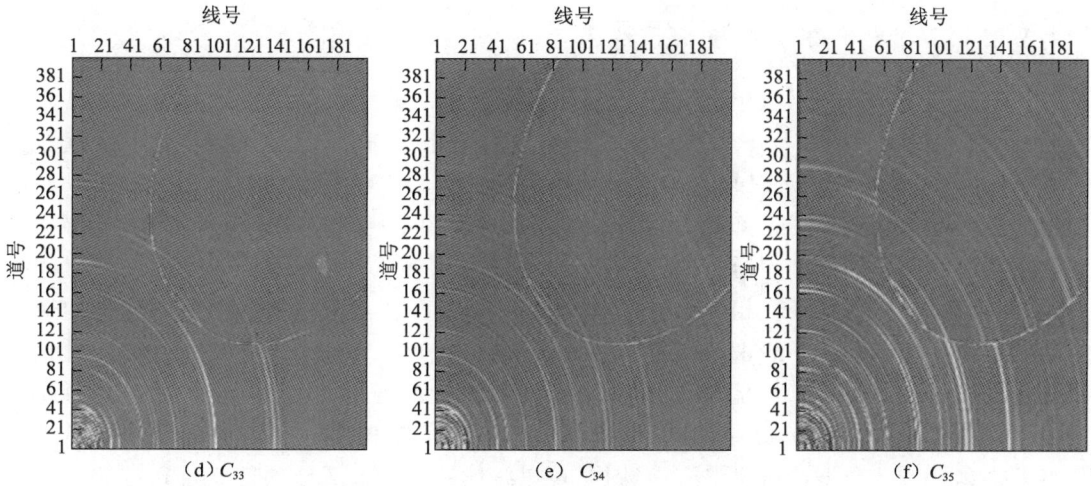

图 3-16(续)　Qdome 模型不同相干公式计算比较

将以上表征方法应用于胜利油田东辛油田 X25 断裂异常发育区(计算时窗用 40 ms)，提取同一水平切片，结果如图 3-17 所示。从实际资料效果来看：① 总体来看，相干体描述断层相对原始数据体效果要好很多；② C_{31} 和 C_{34} 振幅上有一定的差异，但总体效果差不多；③ C_{33} 和 C_{35} 背景噪声都较大，小断层识别效果不好；④ C_{32} 应用效果最差，无论是大断层还是小断层效果均不好。

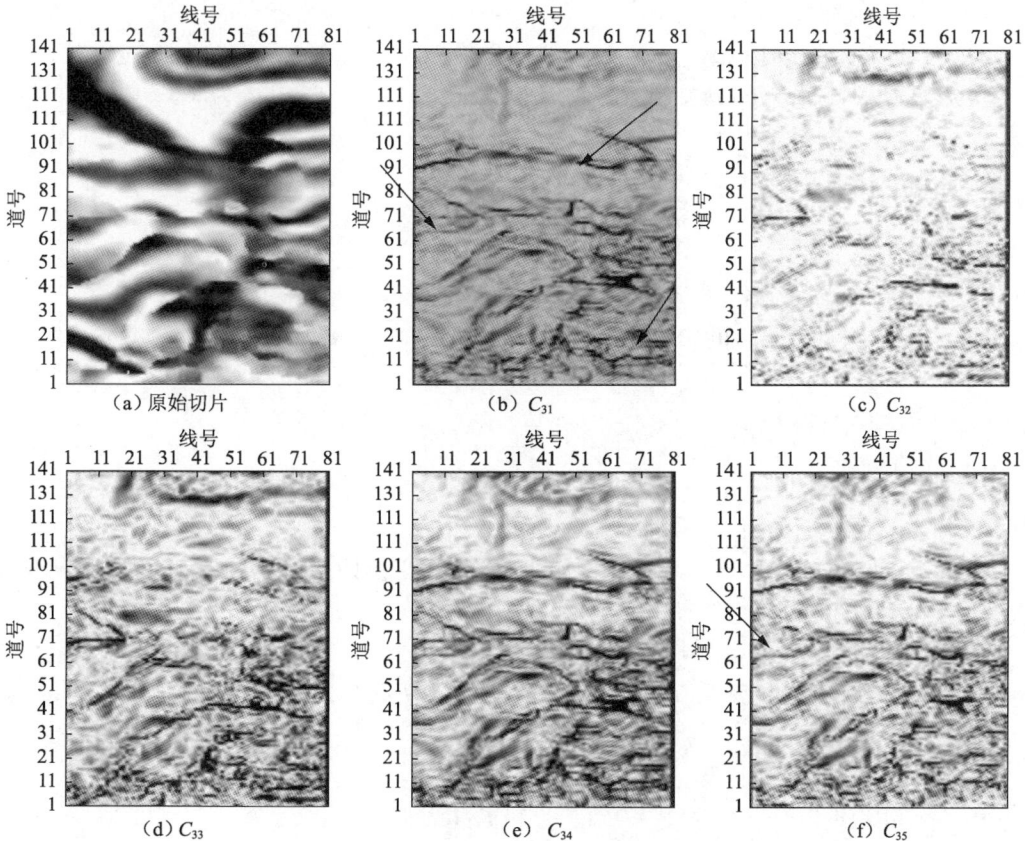

图 3-17　实际应用与效果比较

3.3.1.2 基于谱方差的相干技术

一般来说,频率、振幅与相位信息是地震解释工作中常用的基础信息。相位信息对于构造倾角很敏感,假如在相干值的计算过程中使用了相位信息,就会对相干值的准确计算造成影响,而常规计算相干时输入的都是地震原始数据,其内包含着相位信息,故可以经常在相干属性的识别效果图上见到由倾斜地层因素造成的干扰。相对来说,频率与振幅信息受到构造倾角的影响较小。通过 FFT、小波变换等频谱分析方法将地震数据转变到时间频率域,得到时频谱,则已经把相位信息影响剥离开来,不会受对应于邻近地震道倾斜构造的时间延迟信息的影响。一般来说,在同一深度下,低频分量(一般 10 Hz 以下)的能量比高频分量(一般 50 Hz 以上)的能量更强,而方差可以测量频谱的变化,平衡低频与高频信息,相当于间接提高了高频分量的能量,更有利于小断层等的识别,故可以通过计算频谱信息的方差得到谱方差数据。对于谱方差数据,可以继续按照方差属性的定义进行方差属性的计算,也可以再次对谱方差进行振幅谱的求取,将计算结果作为计算相干属性的输入信息,这样可以更好地计算相干信息。

1) 方法原理

(1) 从三维地震数据体中选择一个包含 J 道的地震数据子体,第 j 道数据的 inline 方向的编号设为 x,crossline 方向的编号设为 y,采样时间为 t,采样间隔为 $\mathrm{d}t$。因此,第 j 道数据的每个采样点可以定义为 $s_j(x,y,t)$:

$$s_j(x,y,t)=(s_{1j},\cdots,s_{nj},\cdots,s_{Nj})^\mathrm{T}, \quad n=1,2,\cdots,N \tag{3-2}$$

式中,n 为时间方向的采样点坐标,N 为每道的采样点总数,上标 T 代表矩阵的转置。

(2) 通过时频分析方法(选用 FFT)计算得到的 $\mathbf{Z}_j(x,y,t,\omega)$ 作为 $s_j(x,y,t)$ 的振幅谱:

$$\mathbf{Z}_j(x,y,t,\omega)=(z_{1\omega},\cdots,z_{n\omega},\cdots,z_{N\omega})^\mathrm{T}, \quad n=1,2,\cdots,N \tag{3-3}$$

$$\omega=\frac{m-1}{NFT\cdot \mathrm{d}t}, \quad m=1,2,\cdots,\frac{NFT}{2}+1 \tag{3-4}$$

式中,NFT 为频率点的个数。

(3) 定义 $\mathbf{Z}_j(x,y,t,\omega)$ 的谱方差为 $\mathbf{v}_j(x,y,t)$:

$$\mathbf{v}_j(x,y,t)=(v_{1j},\cdots v_{nj},\cdots,v_{Nj})^\mathrm{T} \tag{3-5}$$

$$v_{nj}=\frac{2}{2+NFT}\sum_{m=1}^{\frac{NFT}{2}+1}\left[z_{n,\omega}-\bar{z}_n\right]^2 \tag{3-6}$$

式中,$\bar{z}_n$ 为第 n 个分析点的平均振幅谱。

(4) 计算式(3-6)得到 $\mathbf{v}_j(x,y,t)$,再次进行 FFT 变换处理,计算其振幅谱 $\mathbf{a}_j(x,y,t,\omega)$:

$$\mathbf{a}_j(x,y,t,\omega)=(a_{1\omega},\cdots,a_{n\omega},\cdots,a_{N\omega})^\mathrm{T}, \quad n=1,2,\cdots,N \tag{3-7}$$

(5) 将谱方差的振幅谱作为输入数据,利用 C3 算法来估算相干值。相应的,使用谱方差的振幅谱来定义矩阵 $\mathbf{A}$:

$$\mathbf{A}(x,y,t)=[a_1,\cdots,a_j,\cdots,a_J] \tag{3-8}$$

协方差矩阵 $C(x,y,t)$ 为：

$$C(x,y,t)=A^{\mathrm{T}}A \tag{3-9}$$

分析点 $s_j(x,y,t)$ 的相干估计值 E_c 可以按照表 3-5 中特征值相干属性表征公式来计算。

2）理论模型测试

选用 Marmousi2 速度模型进行基于谱方差的相干算法测试。图 3-18（a）为原始的 Marmousi2 速度模型，图 3-18（b）为按照常规 C3 相干算法计算得到的相干属性，图 3-18（c）为基于谱方差的 C3 相干属性。从图中可以看出，基于谱方差的相干计算得到的结果对模型上细微构造的轮廓描述得更为清晰准确，识别出的信息更为丰富。

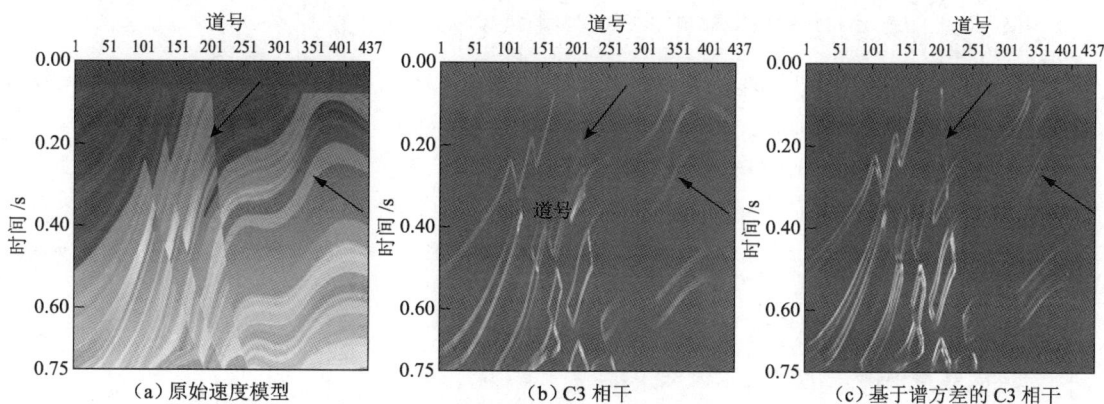

（a）原始速度模型　　　　　（b）C3 相干　　　　　（c）基于谱方差的 C3 相干

图 3-18　Marmousi2 模型相干计算

3）实际资料应用

选用 X25 研究区的实际数据进行算法测试。图 3-19（a）为原始的地震剖面，图 3-19（b）为经过各向异性扩散滤波处理后提取的 C3 属性剖面，图 3-19（c）为经过基于谱方差的相干算法计算（输入滤波后数据）后，得到的基于谱方差的 C3 相干剖面。

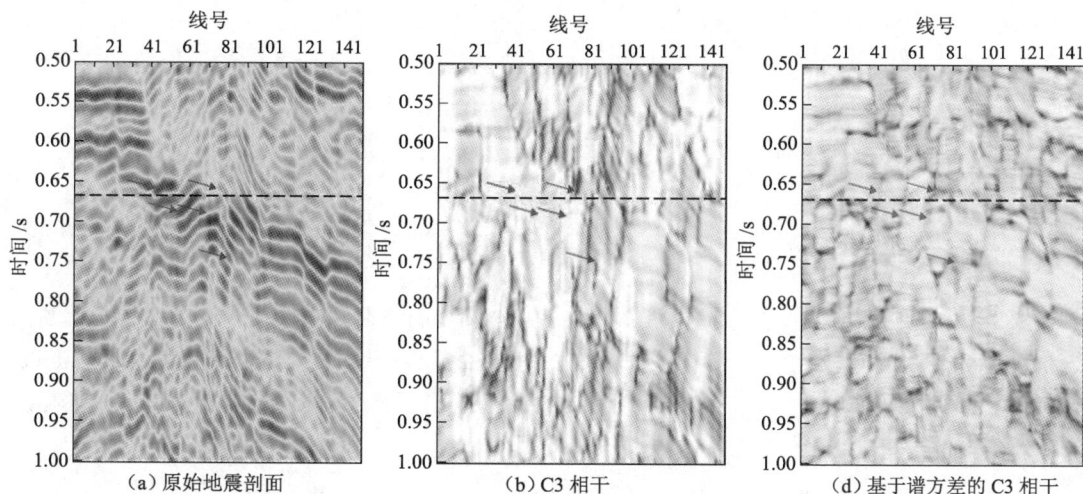

（a）原始地震剖面　　　　　（b）C3 相干　　　　　（d）基于谱方差的 C3 相干

图 3-19　地震剖面相干结果对比

对比分析图 3-19 可知：基于谱方差的相干技术能识别出一些在常规 C3 相干算法识别结果中未被识别的断层，如图 3-19 中箭头所指断层，箭头所指位置处的断点较常规 C3 相干更清晰，基于谱方差的相干技术在高倾角区域压制了那些在常规 C3 相干上较明显的倾斜地层的影响。基于谱方差的相干技术得到的信息量比较多，造成了相干剖面分辨率较常规相干有所下降，故实际应用时，常规相干和基于谱方差的相干结合起来识别断层，可以达到更好的效果。

综合来说，基于谱方差的相干技术虽然会造成分辨率的下降，但其能识别出一些常规相干不能识别的微小断层，且能压制由倾斜地层造成的干扰，对复杂断块油藏断层的识别是一种行之有效的识别方法。

3.3.1.3 基于 Hessian 矩阵的相干增强方法

相干属性是检测地震数据中诸如断层、河道等各种地质特征的有用工具，但该方法的解释存在一个问题，即肉眼无法辨别与低地震振幅、较小的不连续地质结构以及噪声有关的相干值变化。除此之外，不连续性结构较多的区域在相干属性上经常会模糊不清，从而造成解释上的困难。利用 Hessian 矩阵的特征分解来增强低相干值区域，可以刻画无法直观看到的微地震结构信息。此外，地质结构较复杂区域中的不连续性结构也会得到更好的识别，因此可以为解释人员提供地质信息更为丰富的地震数据。

该方法的计算流程如下：

（1）计算得到第三代相干体数据。

（2）将第三代相干得到的相干数据与高斯核函数做卷积得到新的数据：

$$g_\sigma = \Phi_\sigma(x) - \Phi_\sigma(x-1), \quad \Phi_\sigma(x) = \int_{-\infty}^{x} e^{-\frac{t^2}{2\sigma^2}} dt \tag{3-10}$$

（3）对新得到的数据做二阶偏导，得到一个矩阵（Hessian 矩阵）：

$$\boldsymbol{H}_c = \begin{bmatrix} \dfrac{\partial^2 C_\sigma}{\partial x^2} & \dfrac{\partial^2 C_\sigma}{\partial x \partial y} & \dfrac{\partial^2 C_\sigma}{\partial x \partial z} \\[2mm] \dfrac{\partial^2 C_\sigma}{\partial y \partial x} & \dfrac{\partial^2 C_\sigma}{\partial y^2} & \dfrac{\partial^2 C_\sigma}{\partial y \partial z} \\[2mm] \dfrac{\partial^2 C_\sigma}{\partial z \partial x} & \dfrac{\partial^2 C_\sigma}{\partial z \partial y} & \dfrac{\partial^2 C_\sigma}{\partial z^2} \end{bmatrix} \tag{3-11}$$

（4）求该矩阵最大特征值，该最大特征值就是新的相干值：

$$\boldsymbol{H}_c = \begin{bmatrix} e_1 & e_2 & e_3 \end{bmatrix} \begin{bmatrix} \lambda_1 & & \\ & \lambda_2 & \\ & & \lambda_3 \end{bmatrix} \begin{bmatrix} e_1 & e_2 & e_3 \end{bmatrix}^T, \quad \lambda_1 > \lambda_{12} > \lambda_3 \tag{3-12}$$

图 3-20 为 F3 数据体（由 dGB earth sciences 提供）的实际应用效果，图 3-20(a)为断层较为丰富的原始时间切片（$T_0 = 1\,692\,\text{ms}$），相比于图 3-20(b)的相干时间切片，基于 Hessian 矩阵的相干增强切片（图 3-20c）上，断层的展布范围更清晰，识别结果更丰富和准确。

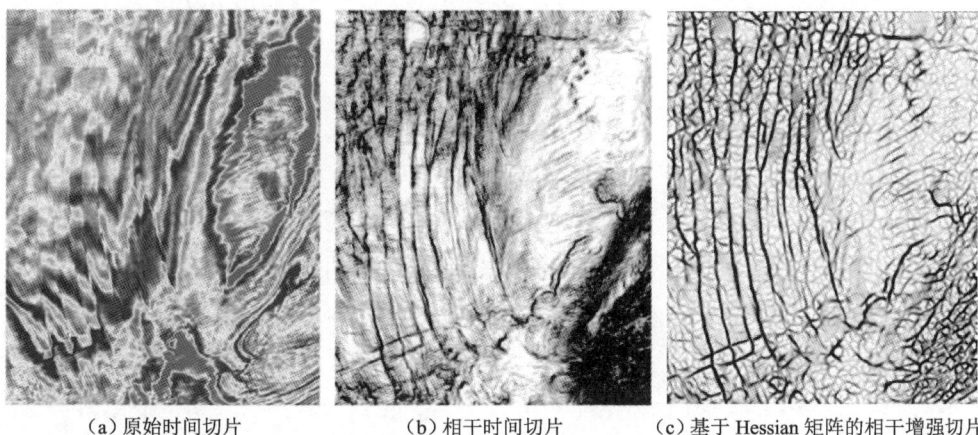

(a) 原始时间切片　　　　(b) 相干时间切片　　　(c) 基于 Hessian 矩阵的相干增强切片

图 3-20　F3 数据相干切片对比(1 692 ms)(据 Abbas et al.,2015)

3.3.2　曲率属性分析方法

曲率属性是近年来在国内外地球物理界得到较多关注的一种地震属性,对于识别断层是比较有效的。很多专家、学者都对其进行了研究,也得到了很多研究成果。前期的曲率属性主要是一维曲率属性,它主要用来描述曲线,用于识别背斜与向斜,但是如果是一些复杂的地质构造,一维曲率就显得缺乏检测能力了。而曲面曲率属性的物理意义则更加清晰,因为它以二元偏导数为基础。Roberts(2001)把曲面曲率属性进行了全面分类,对每种曲率的定义及计算公式都进行了详细介绍,将曲率属性应用于具体实例解释中,并进行讨论分析。Al-Dossary 和 Marfurt(2006)则进一步将曲率属性进行推广,可以沿层提取曲率属性,且详细介绍了分波数曲率属性提取方法的原理并将其应用于实际资料中。由于曲率属性方法在断层、裂缝等构造的刻画识别方面具有非常好的效果,所以很快得到了大力的推广。

3.3.2.1　曲率属性的定义

高等数学中已有曲线曲率的具体定义,而简单的地震曲率属性就是根据数学中的曲率进行定义的,并且它的计算方法也参考借鉴了高等数学中曲线曲率的具体计算方法。

将曲率概念引入地震属性分析技术中,首先必须赋予曲率明确的地质意义,在绝对曲率前面加上正负号,用来区分有地质意义的地层弯曲方向;其次,需要定义三维曲率来表征地震属性,这是因为地下界面是定义为三维空间曲面上的二维展布。

这里首先要给出曲率符号的定义,因为符号不同代表的地质构造形态也不同。如图 3-21 所示,通常把背斜曲率的符号定义为正号,地层为隆起时,也同样定义为正号;把水平层及斜平层的曲率赋为零;由于向斜和凹陷正好与背斜和隆起的构造特征相反,所以将其曲率符号定义为负的。可见,只要正确认识了解曲率属性符号所代表的意义,就不难实现对断层及构造几何形态的界定。

这样,曲线曲率的计算公式可以改为:

$$K = \frac{\dfrac{d^2 y}{d^2 x}}{\left[1 + \left(\dfrac{dy}{dx}\right)^2\right]^{3/2}} \tag{3-13}$$

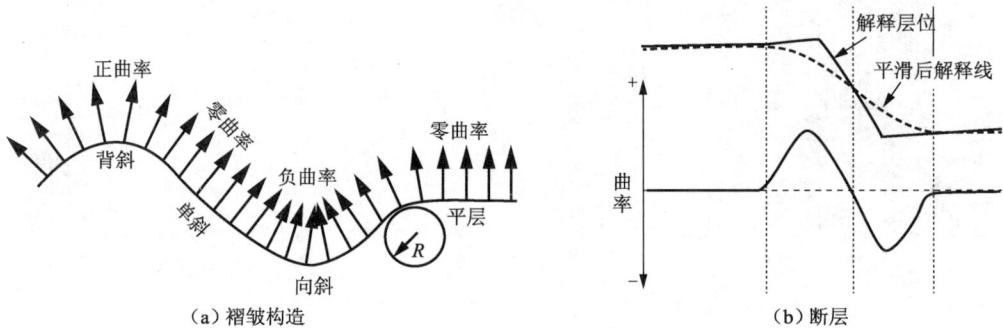

图 3-21 基本构造及其曲率

3.3.2.2 三维地震体曲率属性提取方法

计算曲率离不开求导，因此求导的方法决定了曲率的计算方法，常用的方法有差分法、常规的傅氏变换法和分波数的傅氏分析法。针对体曲率属性的求解，一般是先获得地震同相轴的倾角信息，然后利用求取离散导数的算法，针对倾角结果（同相轴的一阶导数）进行一次一阶导数的求取，便可求得所定义的各种曲率属性体。

体曲率属性的求取过程是以体倾角属性为输入的，首先要定义倾角、走向等相关的概念。假设 x, y, z 为任意直角坐标系的坐标轴，某一界面 θ 为倾角，φ 为方位角，ψ 为界面三维走向。一般 z 轴是时间轴，实际倾角应该由深度定义，这里引入两个参数 p 和 q，分别表征 x 轴和 y 轴方向的倾角大小。

$$p = \frac{2\tan \theta_x}{v}, \quad q = \frac{2\tan \theta_y}{v} \tag{3-14}$$

以扫描数据体倾角求取方法为例，视倾角 p 和 q 的计算也可以采用三维扫描的方式：在空间方向上，以计算道位置为中心给定道窗范围，在时间方向上，以计算采样点处为中心开一时窗。这样就在整个数据体中选定了一个三维的数据子体，在子体中按一定的扫描步长对视倾角 p 和 q 进行扫描并计算相应的相干系数。对于计算采样点时间 t 处，任意一个给定的 (p, q) 值对所对应的相干系数采用下述公式进行计算：

$$c(t, p, q) = \frac{\sum\limits_{k=-K}^{K} \left\{ \left[\dfrac{1}{J}\sum\limits_{j=1}^{J} u_j(t + k\Delta t - px_j - qy_j)\right]^2 + \left[\dfrac{1}{J}\sum\limits_{j=1}^{J} u_j^{H}(t + k\Delta t - px_j - qy_j)\right]^2 \right\}}{\sum\limits_{k=-K}^{K} \dfrac{1}{J}\sum\limits_{j=1}^{J} \left\{ [u_j(t + k\Delta t - px_j - qy_j)]^2 + [u_j^{H}(t + k\Delta t - px_j - qy_j)]^2 \right\}}$$

$$\tag{3-15}$$

式中，K 为半时窗长度，J 为道窗范围内的总道数，t 为计算采样点处时间，p 为 inline 方向扫描的视倾角，q 为 crossline 方向扫描的视倾角，x_j 和 y_j 为道窗内的第 j 道相对中心点处的坐标值，u_j 为第 j 道地震数据，u_j^{H} 为第 j 道地震数据的希尔伯特变换。

对于给定的采样点时间，在扫描范围内对所有的 (p, q) 值对进行逐点扫描完成之后，将扫描出的离散相干系数按照二次曲面进行拟合,然后利用二次曲面求极值点方法,找出最大相干系数所对应的 p 和 q 值,即该计算道位置、采样点 t 时刻处沿 inline 方向和 crossline 方向的视倾角。

要求得各种曲率,需要对局部的曲面做二次拟合,即用下面的式子进行近似表示:

$$z(x,y) \approx ax^2 + by^2 + cxy + dx + ey + f \tag{3-16}$$

若求得上式中的各项系数,一切问题就可以解决了。体曲率求解的输入为三维的倾角数据体,即倾角参数 p 和 q 的数据体,采用如下公式进行:

$$\begin{cases} 2a = D_x p \\ 2b = D_y q \\ 2c = D_x q + D_y p \\ d = p \\ e = q \end{cases} \tag{3-17}$$

式中,D_x 和 D_y 是一阶导数近似求解方法,可以利用有限差分或者傅里叶变换得到。

如果要进行分波数求解,可以按下列式子进行:

$$D_x p = F^{-1}\{-\mathrm{i}(k_x)^\alpha F[p(x)]T(k_x)\} \tag{3-18a}$$

$$D_y p = F^{-1}\{-\mathrm{i}(k_y)^\alpha F[p(y)]T(k_y)\} \tag{3-18b}$$

式中,F 和 F^{-1} 分别为傅里叶变换和逆变换,D_x 和 D_y 分别为沿 x 方向和 y 方向计算的分波数,T 为窗函数,α 为辅助参数。

这样数据体中每一数据点都得到了 a,b,c,d,e 五个系数,各点的曲率属性可以根据式(3-19)得到。

(1) 平均曲率:

$$K_{\mathrm{mean}} = [a(1+e^2) + b(1+d^2) - cde]/(1+d^2+e^2)^{1/2} \tag{3-19a}$$

(2) 高斯(Guassian)曲率:

$$K_{\mathrm{Gauss}} = (4ab-c^2)/(1+d^2+e^2)^2 \tag{3-19b}$$

(3) 最大曲率:

$$K_{\mathrm{max}} = K_{\mathrm{mean}} + (K_{\mathrm{mean}}^2 - K_{\mathrm{Gauss}})^{1/2} \tag{3-19c}$$

(4) 最小曲率:

$$K_{\mathrm{min}} = K_{\mathrm{mean}} - (K_{\mathrm{mean}}^2 - K_{\mathrm{Gauss}})^{1/2} \tag{3-19d}$$

(5) 最大正曲率:

$$K_{\mathrm{pos}} = (a+b) + [(a-b)^2 + c^2]^{1/2} \tag{3-19e}$$

(6) 最大负曲率:

$$K_{\mathrm{neg}} = (a+b) - [(a-b)^2 + c^2]^{1/2} \tag{3-19f}$$

(7) 倾向曲率:

$$K_{\mathrm{dip}} = 2(ad^2 + be^2 + cde)/[(d^2+e^2)(d^2+e^2+1)^{3/2}] \tag{3-19g}$$

(8) 走向曲率:

$$K_{\mathrm{srike}} = 2(ad^2 + be^2 + cde)/[(d^2+e^2)(d^2+e^2+1)^{1/2}] \tag{3-19h}$$

(9) 均方根曲率:

$$C = [(K_{\mathrm{max}}^2 + K_{\mathrm{min}}^2)/2]^{1/2} \tag{3-19i}$$

（10）形态指数：

$$s = \frac{2}{\pi} \arctan \frac{K_{max} + K_{min}}{K_{max} - K_{min}} \tag{3-19j}$$

（11）最大曲率的方位：

$$\varphi = \begin{cases} \arctan[c/(a-b)], & a \neq b \\ \pi/4, & a = b \end{cases} \tag{3-19k}$$

3.3.2.3 曲率属性的实际应用

图 3-22 为某研究区沿 T2 反射层（或称 T2 层）提取的 2D 极大曲率和 3D 极大曲率切片，从图中可以看出，3D 极大曲率属性相较于 2D 极大曲率属性，对于断层的识别效果更好。图 3-23 为三维曲率属性的立体显示，通过该技术可以清晰展示地质体的断层以及裂缝信息。

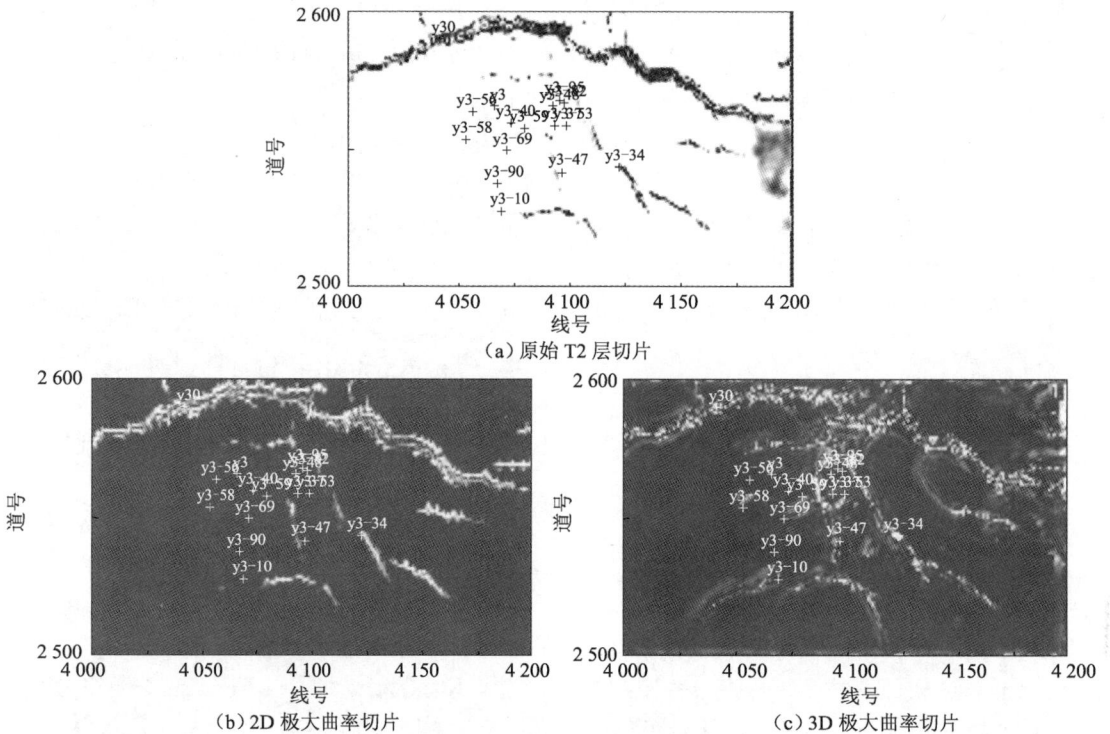

（a）原始 T2 层切片

（b）2D 极大曲率切片

（c）3D 极大曲率切片

图 3-22 2D 曲率属性和 3D 曲率属性对比

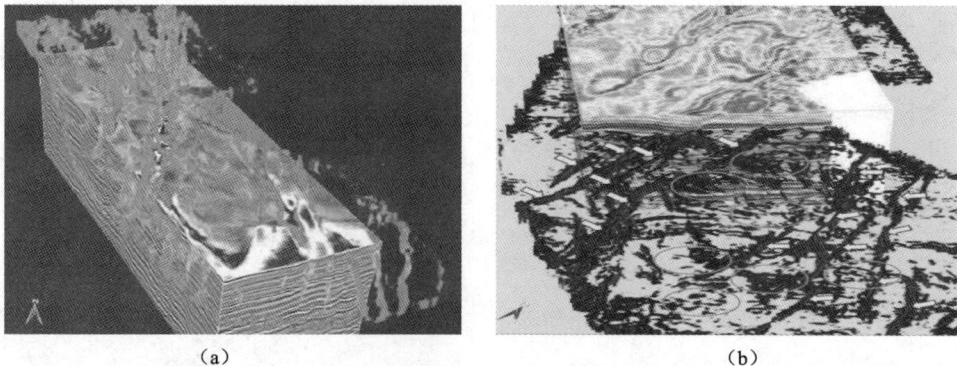

（a）

（b）

图 3-23 体曲率属性的立体显示(据 Chopra et al.,2009)

3.3.3　蚂蚁体分析方法

断层解释是一项需要耗费大量时间与精力的任务,特别是对于现在的三维地震资料来说。而随着人工智能在油气行业的深入发展,基于蚁群算法等人工智能技术的地震解释,将大大缩短数据的处理时间,在断层自动化解释、储层参数预测等领域的应用潜力巨大。蚁群算法作为其中一种代表性的智能优化算法,在已经计算得到的属性数据体基础上,能够智能化地识别描述断层等构造,且识别结果较输入的信息识别效果更佳。本小节将最优阈值选取方法、数据梯度方向计算与蚁群算法相结合,形成了基于最优选择的蚁群方法,能更为快速、有效地识别描述断层等构造。

3.3.3.1　基本原理

蚂蚁觅食时会沿寻找食物的路上留下信息素,以此为后续蚂蚁指路,使它们快速找到并搬运食物。蚁群算法即是这样一种高效的仿生优化算法,该算法采用了正反馈的自我催化机制,具有较强的鲁棒性、易于和其他算法相结合等特点。断层或裂缝可以当作食物,由"蚂蚁"根据旅行商问题(traveling saleman problem),快速准确查找并识别。近来已有以灰度值差异为基础的断层线识别、以局部极值为基础的断层识别等应用报道。

基于最优选择的蚁群算法的具体实现步骤如下:

1) 确定蚂蚁数量

将地震剖面或者切片数据分成若干个大小为 $x \times x$ 的数据块,每个数据块里都放置一只蚂蚁。假设数据大小为 inline × time 或者 inline × CDP,inline 代表纵向测线大小,CDP 代表横向测线大小,time 代表时间方向的采样点数。x 越大,剖面或切片被分成的数据块数量越少,说明蚂蚁的数量越少,此时蚁群算法完成断层追踪消耗的时间越短,但可能会导致断层局部细节信息被忽略;反之,数据被分割的数据块数量越多,需要放置的蚂蚁数量也同步变多,此时蚁群算法的工作耗时会变长,但对断层细节信息的追踪更完整。

2) 确定每只蚂蚁的初始位置

首先将使用的属性数据归一化处理,使得断层信息对应小值,趋近于 0,背景信息对应大值,趋近于 1。对于任意一只蚂蚁所在的数据块,其内的候选点点数为 $x \times x$,蚂蚁初始位置由式(3-20)决定。

$$P_i = \frac{1 - C_i}{\displaystyle\sum_{j=1}^{m}(1 - C_j)} \tag{3-20}$$

式中,P_i 为概率;C_i,C_j 分别为使用的数据小块中第 i 和第 j 个点的归一化相干属性值。

根据式(3-20)可知,C_i 越小,越趋近于 0(代表着断层等),被选中的概率越大;反之,C_i 越大,预示背景信息,被选中的概率越小。

3) 蚂蚁移动方向的确定

对于垂直剖面来说,识别出来的断层都是按照一定的方向性延伸的。为了能正确引导蚂蚁不受背景干扰且在断层线上进行追踪,需要对蚂蚁的追踪方向进行求取,可采用基于主成分分析(PCA)的梯度方向估计方法。

4)断层线追踪

确定好蚂蚁的追踪方向、一致性阈值、角度阈值及权重系数矩阵后,就可以按照公式(3-21)进行断层追踪。在追踪过程中,需要设置一些参数来控制蚂蚁的追踪。这些参数有相干阈值、追踪步长、异常步数、终止标准。

$$p_{(i,j)}^{(r,s)} = \frac{\left[\tau_{(i,j)}^{(r,s)}\right]^{\alpha}\left[\eta_{(i,j)}^{(r,s)}\right]^{\beta}}{\sum\limits_{(u,v)\in R}\left[\tau_{(u,v)}^{(r,s)}\right]^{\alpha}\left[\eta_{(u,v)}^{(r,s)}\right]^{\beta}} \tag{3-21}$$

式中,η 为启发信息,τ 为信息素。

5)更新信息素

当所有蚂蚁均已进行完一次追踪后,数据点(r,s)与数据点(i,j)之间信息素需要进行更新。更新公式为:

$$\tau_{(i,j)}^{(r,s)} = \begin{cases} \tau_{(i,j)}^{(r,s)} + \Delta\tau_{(i,j)}^{(r,s)}, & \tau_{(i,j)}^{(r,s)} + \Delta\tau_{(i,j)}^{(r,s)} < \tau_{max} \\ \tau_{max}, & \text{其他} \end{cases} \tag{3-22}$$

6)循环迭代追踪

完成上面的一次追踪过程后,将记录的蚂蚁的最后位置作为下一次蚂蚁追踪的初始位置,然后按照第3到第5步开始新的追踪。

7)输出追踪结果

当追踪次数达到给定的迭代数值后,就可输出信息素剖面了。

基于最优选择的蚁群算法的实现流程如图 3-24 所示。

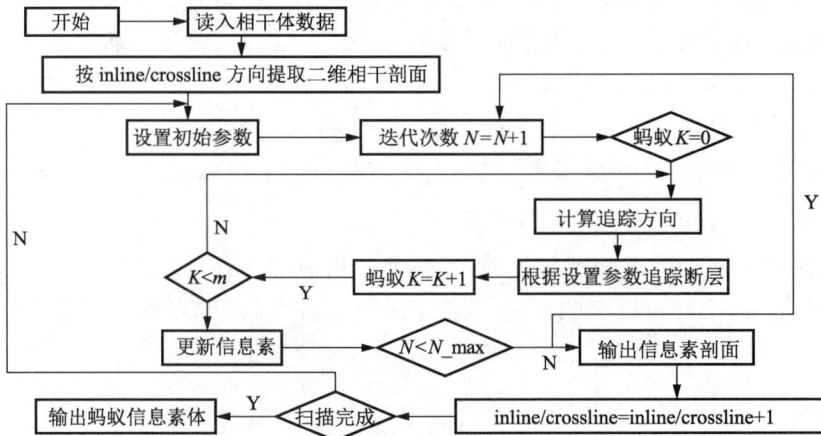

图 3-24　基于最优选择的蚁群算法实现流程图

3.3.3.2　实际资料应用

将基于最优选择的蚁群算法应用到胜利油田高 89-1 区块断层识别中,高 89-1 区块位于正理庄油田的北部,区域构造上处于东营凹陷博兴洼陷金家-正理庄-樊家鼻状构造带的中部,断层较为发育。选取高 89-1 区块的 inline1480 线地震剖面进行基于最优选择的蚁群算法断层识别。图 3-25(a)为 inline1480 地震剖面,图 3-25(b)为经过基于图像"熵"的各向异性扩散滤波处理后计算 C3 相干属性得到属性图,图 3-25(c)和 3-25(d)为以滤波后 C3 相干属性作为输入数据进行蚁群算法的断层识别结果,均按模型参数调试得到的最佳参数大小作为实际应用的参数设置。对比分析图 3-25(c)和图 3-25(d)可知,经过蚁群算法追踪后,能识别出在相干剖面上比较模糊的断层与断点(图中箭头所指位置),迭代次数越多,追踪出的断层越连续,但识别出的虚假信息也越多。

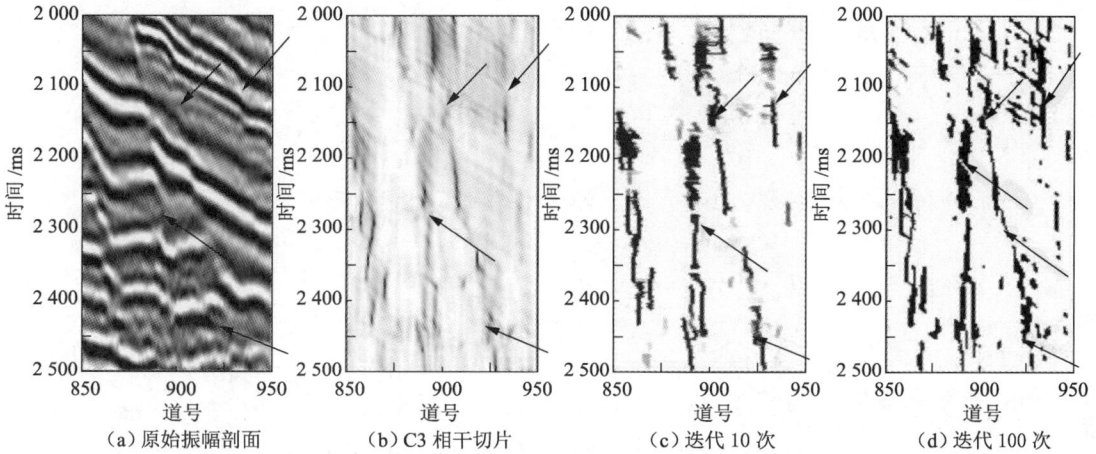

图 3-25　基于最优选择的蚁群算法追踪结果

对永 3 断块的 T2 沿层切片进行断层追踪识别,结果如图 3-26 所示。图 3-26(a)为经过滤波处理后计算得到的 C3 相干时间切片,图 3-26(b)为基于最优选择的蚁群算法得到的断层识别效果图,对比可以看出:在箭头所指位置基于最优选择的蚁群算法效果更好,识别出了小断层,说明了基于最优选择的蚁群算法可更为快速准确地识别描述断层。

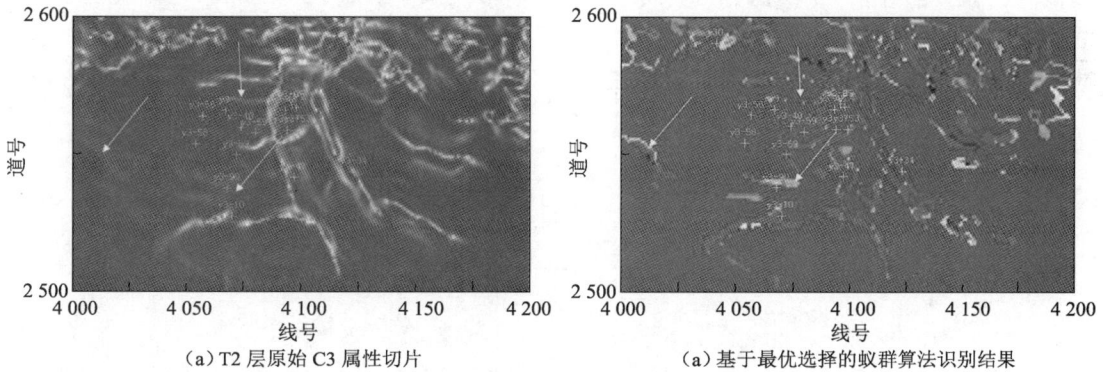

图 3-26　永 3 断块蚁群算法识别效果对比

3.3.4　基于魔方矩阵的断层检测方法

魔方矩阵又称幻方,是有相同的行数和列数,矩阵中每个元素均不同,并在每行、每列、对角线上的和都相等的矩阵。该矩阵的特征值中最大的特征值一般被称为魔方值,剩下的特征值要么为 0,要么呈正负、共轭成对出现,已被研究人员应用于信息隐藏及加密、图像处理等领域。本小节对魔方矩阵进行一系列的运算,并结合相干算法,实现了一种基于魔方矩阵的相干增强算法(李军等,2018)。

该算法的实现流程如下:

$N \times N \times N (N = 3, 4, 5, \cdots)$ 阶魔方矩阵的具体意义是一样的,N 不同导致检测效果及计算效率不同。下面以 $3 \times 3 \times 3$ 阶魔方矩阵为例,具体说明基于魔方矩阵的断层增强算法的实现方法。

(1)给定魔方矩阵。使用数字 $0 \sim 26$ 作为元素构成 $3 \times 3 \times 3$ 阶三维魔方矩阵:

$$
\begin{bmatrix} 25 & 3 & 11 \\ 12 & 20 & 7 \\ 2 & 16 & 21 \end{bmatrix}, \begin{bmatrix} 9 & 26 & 4 \\ 8 & 13 & 18 \\ 22 & 0 & 17 \end{bmatrix}, \begin{bmatrix} 5 & 10 & 24 \\ 19 & 6 & 14 \\ 15 & 23 & 1 \end{bmatrix} \tag{3-23}
$$

(2)将矩阵所有元素减去矩阵元素集的中心值13,得到新矩阵:

$$
\begin{bmatrix} 12 & -10 & -2 \\ -1 & 7 & -6 \\ -11 & 3 & 8 \end{bmatrix}, \begin{bmatrix} -4 & 13 & -9 \\ -5 & 0 & 5 \\ 9 & -13 & 4 \end{bmatrix}, \begin{bmatrix} -8 & -3 & 11 \\ 6 & -7 & 1 \\ 2 & 10 & -12 \end{bmatrix} \tag{3-24}
$$

(3)类似于二维魔方矩阵算子构成方法,将新矩阵中非零元素中绝对值最大、最小以外的其他元素赋值为 0,得到断层检测算子模板:

$$
\boldsymbol{k}_1 = \begin{bmatrix} 0 & 0 & 0 \\ -1 & 0 & 0 \\ 0 & 0 & 0 \end{bmatrix}, \begin{bmatrix} 0 & 13 & 0 \\ 0 & 0 & 0 \\ 0 & -13 & 0 \end{bmatrix}, \begin{bmatrix} 0 & 0 & 0 \\ 0 & 0 & 1 \\ 0 & 0 & 0 \end{bmatrix} \tag{3-25}
$$

由以上分析可知,当元素绝对值最大对应方向为断层延伸方向时,元素绝对值最小所在方向正好与其垂直,代表断层形态,这与实际断层相符合,具有实际物理意义。

(4)按照顺时针方向将式(3-25)以间隔 45°顺时针旋转,得到其他 7 个方向的检测算子 $\boldsymbol{k}_2, \boldsymbol{k}_3, \cdots, \boldsymbol{k}_8$(图 3-27)。顺时针旋转 45°后的方向检测算子为:

$$
\boldsymbol{k}_2 = \begin{bmatrix} -1 & 0 & 0 \\ 0 & 0 & 0 \\ 0 & 0 & 0 \end{bmatrix}, \begin{bmatrix} 0 & 0 & 13 \\ 0 & 0 & 0 \\ -13 & 0 & 0 \end{bmatrix}, \begin{bmatrix} 0 & 0 & 0 \\ 0 & 0 & 0 \\ 0 & 0 & 1 \end{bmatrix}, \cdots \tag{3-26}
$$

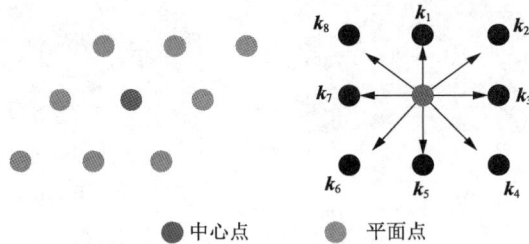

● 中心点 ● 平面点

● 垂直面上绝对值最大且为正的点(代表检测算子方向)

图 3-27 不同方向检测算子示意图

左侧为中心点在横向的位置,右侧为各个算子的方向

(5)以地震数据的某点为中心选取一个 $3 \times 3 \times 3$ 阶数据子体,利用

$$
D_x * f(x, y, z) = \sum D_x(a, b, c) f(x - a, y - b, z - c) \tag{3-27}
$$

将选取的数据子体与步骤(4)得到的 8 个方向的魔方矩阵检测算子分别进行褶积运算,得

到 8 个方向的褶积运算数据体。式（3-27）中，D_x 为各个方向的检测算子，$f(x,y,z)$ 为选取的以求取点为中心构造的三维地震数据子体，(a,b,c) 为算子中非零元素集合。

（6）将求取的各个方向褶积运算数据体中绝对值最大的值作为该方向边缘检测结果。

（7）选择 8 个方向的断层检测结果中的最大值 $E = \max_{i=1}^{8} \mathrm{abs}(f * D_i)$ 作为该计算点的边缘检测结果，其对应的方向为该点的倾向。

为了得到更为精确的识别方向，可以将 $3 \times 3 \times 3$ 阶魔方矩阵拓展到 $5 \times 5 \times 5$ 阶，根据上述算法实现流程得到 $5 \times 5 \times 5$ 阶的 16 个方向的魔方矩阵算子，按照类似流程得到断层检测结果。由数字 1～125 作为元素构成的 $5 \times 5 \times 5$ 阶魔方矩阵为：

$$
\begin{bmatrix}
3 & 34 & 65 & 91 & 122 \\
66 & 97 & 103 & 9 & 40 \\
109 & 15 & 41 & 72 & 78 \\
47 & 53 & 84 & 115 & 16 \\
90 & 116 & 22 & 28 & 59
\end{bmatrix},
\begin{bmatrix}
89 & 120 & 21 & 27 & 58 \\
2 & 33 & 64 & 95 & 121 \\
70 & 96 & 102 & 8 & 39 \\
108 & 14 & 45 & 71 & 77 \\
46 & 52 & 83 & 114 & 20
\end{bmatrix},
\begin{bmatrix}
50 & 51 & 82 & 113 & 19 \\
88 & 119 & 25 & 26 & 57 \\
1 & 32 & 63 & 94 & 125 \\
69 & 100 & 101 & 7 & 38 \\
107 & 13 & 44 & 75 & 76
\end{bmatrix},
$$

$$
\begin{bmatrix}
106 & 12 & 43 & 74 & 80 \\
49 & 55 & 81 & 112 & 18 \\
87 & 118 & 24 & 30 & 56 \\
5 & 31 & 62 & 93 & 124 \\
68 & 99 & 105 & 6 & 37
\end{bmatrix},
\begin{bmatrix}
67 & 98 & 104 & 10 & 36 \\
110 & 11 & 42 & 73 & 79 \\
48 & 54 & 85 & 111 & 17 \\
86 & 117 & 23 & 29 & 60 \\
4 & 35 & 61 & 92 & 123
\end{bmatrix}
\tag{3-28}
$$

类似地，也可得到其他阶数的魔方矩阵检测算子，但魔方矩阵的阶数越大，计算效率越低，因此，需要根据实际情况，综合考虑选定三维魔方矩阵的阶数。

以胜利油田永 3 区块为例，该区块位于东营凹陷东北部的永安镇油田南部，是胜利探区最复杂断块油藏区块之一。该区块目标层断裂众多、结构复杂，大大增加了复杂断块油藏的勘探开发难度。因此，若能够较好地检测识别出的断裂结构，对其勘探开发具有指导意义。图 3-28 为沿 T4 层抽取的原始数据的沿层切片，选定 P 数据点进行断层方位信息检测结果分析。图 3-29 为 P 点所在空间位置，箭头为其所在断层倾向。根据魔方矩阵算子具体数值可知，当算子方向旋转到 k_4 方向，即图 3-29 中算子上标识点所近似的方向时，由于该方向与断层倾向最接近，属性值最大，所以识别效果最好。识别方向如图 3-30 所示，检测结果比较如图 3-31 所示。

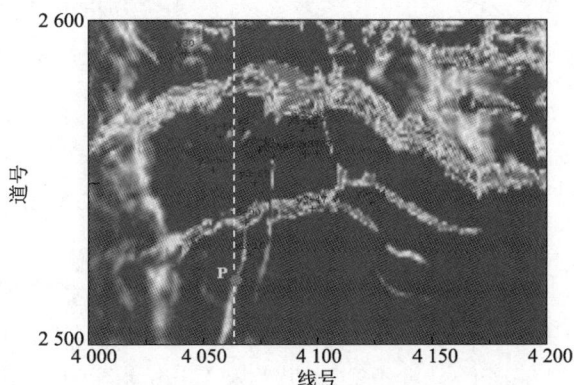

图 3-28　T4 层原始沿层切片

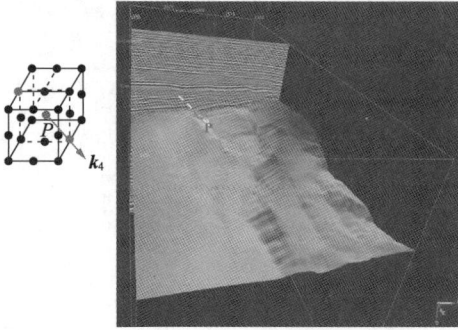

图 3-29　P 点空间位置

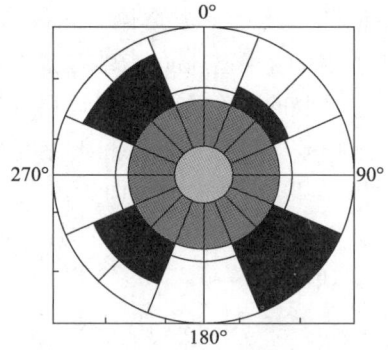

图 3-30　P 点各个方向检测结果

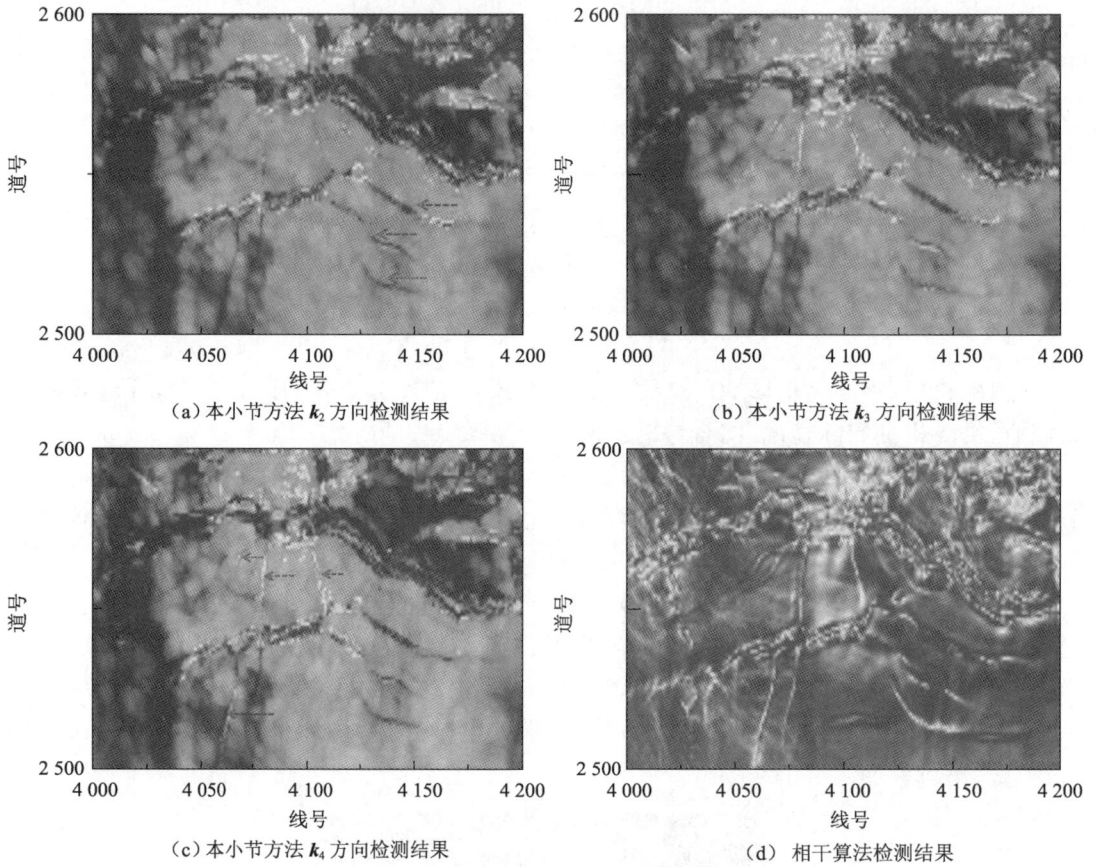

（a）本小节方法 k_2 方向检测结果

（b）本小节方法 k_3 方向检测结果

（c）本小节方法 k_4 方向检测结果

（d）相干算法检测结果

图 3-31　实际资料检测结果(据李军等,2018)

3.3.5　基于平面波解构的 Sobel 算子边缘检测方法

起源于图像处理领域的边缘检测技术,可检测图像中的边缘信息,识别断层裂缝等异常地质体信息。该类方法包含的算子众多,包括 Roberts 算子(Roberts,1963)、Prewitt 算子(Prewitt,1970)、Sobel 算子(Sobel et al.,1973)和 Canny 算子(Canny,1986)等,其中 Sobel 算子边缘检测及其改进方法目前应用较多。1973 年,Sobel 和 Feldman 首次提出了将

Sobel 算子应用到图像处理领域,以增强图像的边缘信息,弱化非边缘信息。Sobel 算子可看作一种边缘滤波器,它通过零相位离散微分算子和垂直三角平滑滤波器对数据进行卷积,进而计算每个采样点处图像强度函数的梯度近似值。之后很多专家、学者对传统的 Sobel 算子进行了改进,使其能应用到地震资料的处理和解释中。Luo 等(1996)首次将 Sobel 算子应用到地震数据的处理中,AI-Dossary(2015)利用三维 Sobel 算子检测断层、裂缝等异常地质体,Chopra 等(2014)提出倾角导向的 Sobel 滤波器可直接计算原始地震异常地质体的边缘信息或者用于相干体数据以增强边缘信息。

平面波解构方法由 Claebout(1992)首次提出,其主要思想来源于描述地震数据的局部平面波模型,并由描述局部平面波方程的隐式有限差分形式衍生而成。该方法简单快速、计算精度高,目前广泛应用于地震数据处理、解释、成像等多个方面。Fomel(2002)首次提出利用线性平面波解构和平面波整形代替 Sobel 滤波器中的离散微分算子和三角形平滑,从而达到对异常地质体进行边缘检测的目的。Phillips 等(2014)进一步验证了基于构造导向的平面波 Sobel 滤波器在地震异常体检测中的有效性。在 Fomel 等(2002)的研究基础上,将传统的 Sobel 算子进行改进,并沿断层、河道等异常地质体的构造方向应用平面波解构和平面波整形进行滤波。理论模型测试和实际地震资料的应用证明了该方法的有效性和可靠性,与常规 Sobel 滤波和 C3 相干体的对比也表明该方法在断层等地质异常体的检测和识别方面更具优势,而且平面波解构 Sobel 滤波方法不需要计算协方差矩阵或结构张量的特征向量,计算效率较高。

3.3.5.1　基本原理

1) 平面波解构

平面波解构的概念由 Clarebout 在 1992 年提出,根据局部平面波基础方程,定义局部平面波微分方程为:

$$\frac{\partial U}{\partial x} + p \frac{\partial U}{\partial t} = 0 \tag{3-29}$$

式中,t 和 x 分别为时间和偏移距,$U = U(t,x)$ 为地震波场,$p = p(t,x)$ 为平面波同相轴局部斜率。

若斜率 p 为常数,式(3-29)的通解可以表示为:

$$U(t,x) = f(t - px) \tag{3-30}$$

式中,$f(t)$ 代表任意波场。

若斜率 p 与时间无关,仅是距离 x 的函数,则式(3-29)的通解表示为:

$$U(t,x) = f(t - P(x)) \tag{3-31}$$

式中,$P(x) = \int_0^x p(y)\mathrm{d}y$,当 p 为连续函数时,由公式(3-31)可得到如式(3-30)所示实际的平面波场。将式(3-30)变换到频率域,可得到局部平面波的微分方程:

$$\frac{\mathrm{d}\hat{U}}{\mathrm{d}x} + \mathrm{i}\omega p \hat{U} = 0 \tag{3-32}$$

对上式进行求解可以得到:

$$\hat{U}(x)=\hat{U}(0)e^{i\omega px} \tag{3-33}$$

式(3-32)和式(3-33)中的 $\hat{U}$ 代表波场 U 的傅里叶变换，$e^{i\omega px}$ 为地震道随斜率 p 和偏移距 x 的时移。考虑到 $\hat{U}$ 在 x 位置处及其两侧邻近位置 $x+1$ 或 $x-1$ 处的关系，由式(3-33)可以得到：

$$\hat{U}(x-1)=e^{-i\omega p}*\hat{U}(0)e^{i\omega px} \tag{3-34}$$

由此可见，$e^{i\omega px}$ 代表由斜率 p 和偏移距 x 所确定的移位算子，将式(3-33)代入式(3-34)中可以得到：

$$\hat{U}(x)-\hat{U}(x-1)e^{i\omega p}=0 \tag{3-35}$$

平面波场相邻道之间的一个重要特性是平面波场在不同位置之间的传播过程中，其总能量不会损耗。在频率域中，$e^{i\omega p}$ 的模为 1，即能量不变。在时间域中，为了体现该特性，引入全通数字滤波器，并代入式(3-33)，再对其进行 Z 变换，可得到相邻波场之间的关系方程：

$$\hat{U}_{x+1}(Z_t)=\hat{U}_x(Z_t)\frac{B(Z_t)}{B\left(\dfrac{1}{Z_t}\right)} \tag{3-36}$$

式中，$\hat{U}_x(Z_t)$ 表示波场 $\hat{U}$ 在 x 位置处的 Z 变换，$\dfrac{B(Z_t)}{B\left(\dfrac{1}{Z_t}\right)}$ 表示 Z 变换域的全通滤波器，其时移算子为 $e^{i\omega p}$。

调整计算参数使低频下的滤波器频率响应与相移算子响应结果一致，从而滤波器 $B(Z_t)$ 的系数就可被确定，再代入式(3-35)可以得到求解公式(3-29)的隐式有限差分形式：

$$\left[1-Z_x\frac{B(Z_t)}{B\left(\dfrac{1}{Z_t}\right)}\right]\hat{U}_{x+1}(Z_t)=A(Z_t,Z_x)\hat{U}_{x+1}(Z_t)=0 \tag{3-37}$$

式(3-37)中的 $A(Z_t,Z_x)$ 称为平面波解构算子。Fomel(2002)指出，为避免多项式除法运算，Z 变换域的平面波解构算子可表示为：

$$C(Z_t,Z_x)=A(Z_t,Z_x)B(1/Z_t)=B(1/Z_t)-Z_xB(Z_t) \tag{3-38}$$

目前常用的是对 $B(Z_t)$ 进行三点泰勒级数展开，即

$$B_3(Z_t)=b_{-1}Z_t^{-1}+b_0+b_1Z_t \tag{3-39}$$

式中的系数 b_{-1}，b_0 和 b_1 与斜率 p 的关系可以表示为：

$$b_{-1}=\frac{(1-p)(2-p)}{12},\quad b_0=\frac{(2+p)(2-p)}{6},\quad b_1=\frac{(1+p)(2+p)}{12} \tag{3-40}$$

在平面波解构滤波器的应用中，斜率的估算是至关重要的一步。用 $C(p)$ 表示式(3-38)求得的滤波器 $C(Z_t,Z_x)$ 在时间域与地震数据 $U(t,x)$ 进行二维褶积的算子，则最小平方意义下局部斜率 p 的估算即求解下式所示的最小二乘目标函数：

$$C(p)U\approx0 \tag{3-41}$$

由式(3-39)和式(3-40)可知，式(3-41)的最优化问题是斜率 p 的非线性优化问题，对式(3-41)进行高斯-牛顿迭代可以得到：

$$C'(p_0)\Delta pU+C(p_0)U\approx0 \tag{3-42}$$

式中，Δp 为斜率增量，p_0 为初始斜率，$C'(p_0)$ 为 $C(p_0)$ 对斜率 p 求的偏导数。

求解式(3-42)后，初始斜率 p_0 通过加上斜率增量 Δp 进行更新，然后循环迭代求解式(3-42)。为了避免斜率估算结果的不连续性，可引入预条件算子和正则化方法：

$$\varepsilon D \Delta p \approx 0 \tag{3-43}$$

式中，D 为正则化算子(通常选用梯度算子)，ε 为常系数扰动算子。

利用式(3-43)计算得到的局部斜率更为光滑稳定。

为验证平面波解构滤波器估算倾角的性能，利用经典的 Sigmoid 二维模型进行测试(图 3-32)。图 3-32(a)为 Sigmoid 二维模型剖面，道数和采样点数均为 200，采样间隔为 4 ms，该模型具有不整合面以及断层构造；图 3-32(b)为利用平面波解构滤波器计算得到的倾角剖面；图 3-32(c)为预测残差[公式(3-41)的等号左边计算得到]剖面。从图中可以看出，倾角剖面和残差剖面可以很清晰地识别出断层和不整合面构造，且残差剖面上断层和不整合面以外的其他位置处残差近似为 0，因此，可以把平面波解构滤波器计算得到的残差作为断层检测的一种方法。

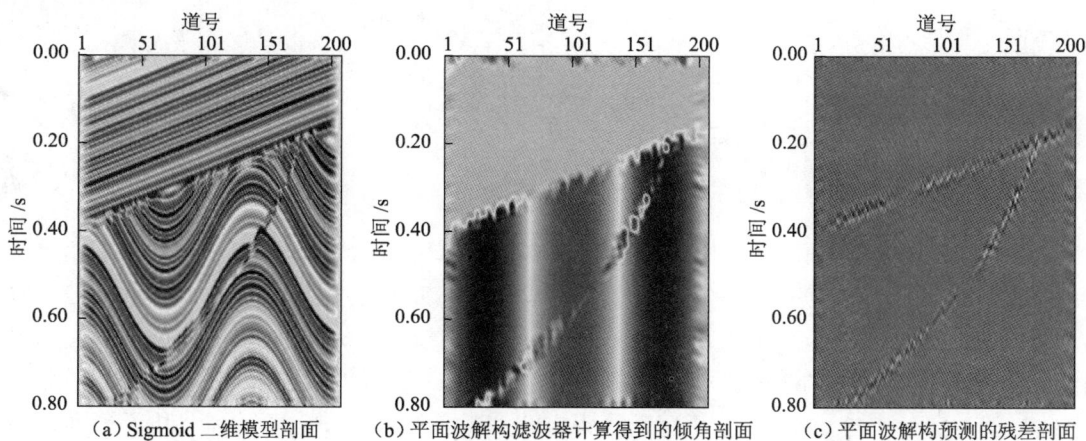

(a) Sigmoid 二维模型剖面　　(b) 平面波解构滤波器计算得到的倾角剖面　　(c) 平面波解构预测的残差剖面

图 3-32　Sigmoid 二维模型及利用平面波解构滤波器计算得到的倾角剖面和残差剖面

2) 平面波解构 Sobel 滤波器计算方法

在边缘检测中，一般定义垂直边缘延伸的方向为边缘方向。Sobel 算子是一个离散微分算子，近似表示为图像强度的梯度。在地震数据实际处理中，传统 Sobel 算子分别通过纵测线和横测线两个方向进行偏导数的求取，然后综合两者信息进行边缘检测，即某个位置处的地震数据分别同两个方向的卷积模板进行卷积运算。式(3-44)分别表示 x 和 y 方向的卷积模板。

$$S_x = \begin{bmatrix} -1 & 0 & 1 \\ -2 & 0 & 2 \\ -1 & 0 & 1 \end{bmatrix} = \begin{bmatrix} 1 \\ 2 \\ 1 \end{bmatrix} \begin{bmatrix} -1 & 0 & 1 \end{bmatrix}, \quad S_y = \begin{bmatrix} -1 & -2 & -1 \\ 0 & 0 & 0 \\ 1 & 2 & 1 \end{bmatrix} \tag{3-44}$$

在 Z 变换域，Sobel 算子的两个卷积模板 S_x 和 S_y 可以表示为：

$$S_x(Z_x, Z_y) = \left(Z_y + 2 + \frac{1}{Z_y}\right)\left(Z_x - \frac{1}{Z_x}\right), \quad S_y(Z_x, Z_y) = \left(Z_y - \frac{1}{Z_y}\right)\left(Z_x + 2 + \frac{1}{Z_x}\right)$$

$$\tag{3-45}$$

式中，Z_x 和 Z_y 分别为 x 和 y 方向的相移算子。

传统 Sobel 滤波器综合纵测线和横测线两个方向的信息进行某个地震数据位置处的图像梯度的计算，即

$$\|\nabla d\| \approx \sqrt{(C_x d)^2 + (C_y d)^2}, \quad C_x = S_x * d, \quad C_y = S_y * d \tag{3-46}$$

式中，d 代表数据，C_x 和 C_y 分别为 S_x 和 S_y 同卷积模板卷积后的结果。

由前面可知平面波解构滤波器可以估算倾角信息，若用 σ_x 和 σ_y 分别表示纵测线和横测线方向的局部倾角，通过式(3-47)可以推导出这两个方向在 Z 变换域的平面波解构算子 C_x 和 C_y。

$$C_x(\sigma_x) = B\left(\sigma_x, \frac{1}{Z_t}\right) - Z_x B(\sigma_x, Z_t), \quad C_y(\sigma_y) = B\left(\sigma_y, \frac{1}{Z_t}\right) - Z_y B(\sigma_y, Z_t) \tag{3-47}$$

利用平面波解构滤波器估算出纵测线和横测线的倾角信息后，由式(3-47)计算得到两个方向的平面波解构数据，然后将式(3-48)和式(3-49)代入式(3-45)中替换 Z_x 和 Z_y，完成两个方向的平面波整形滤波，进而达到改进传统 Sobel 滤波器的目的。

$$Z_x \frac{B(p_x, Z_t)}{B(p_x, Z_t^{-1})} \tag{3-48}$$

$$Z_y \frac{B(p_y, Z_t)}{B(p_y, Z_t^{-1})} \tag{3-49}$$

3.3.5.2 理论模型测试与实际资料应用

为验证基于平面波解构 Sobel 滤波器的应用效果，选用 Claerbout 在 1997 年提出的三维 Qdome 模型进行验证，该模型(图 3-33)采样间隔为 2 ms，采样点数为 400，纵测线和横测线方向道数分别为 200 和 400(图 3-33)。分别应用传统 Sobel 滤波器、C3 相干算法以及平面波解构 Sobel 滤波器对该理论模型进行处理，选取 $T=800$ ms 的时间切片进行效果对比(图 3-34)。从图中可以看出，传统 Sobel 滤波器的处理结果分辨率最低，基于平面波解构 Sobel 滤波器计算得到的时间切片分辨率明显提高，且信噪比要优于 C3 相干切片。

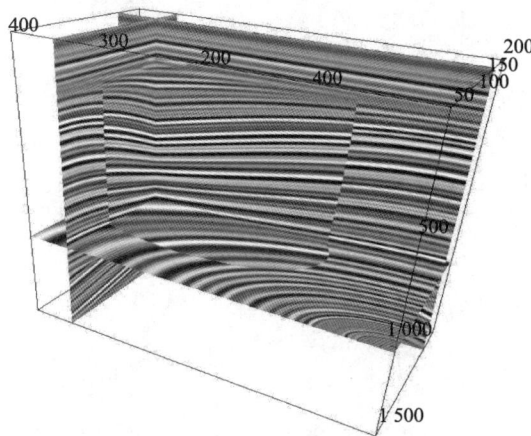

图 3-33 Qdome 模型立体显示

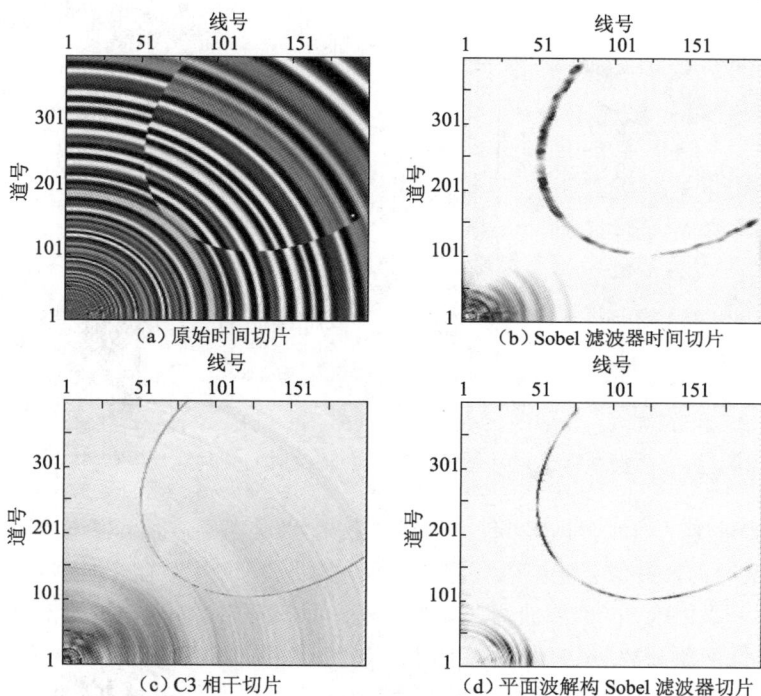

图 3-34　三维 Qdome 模型原始时间切片及 Sobel 滤波器、
C3 相干和平面波解构 Sobel 滤波器结果($T=800$ ms)

　　为了说明平面波解构 Sobel 滤波器的断层识别效果，将该方法应用到实际地震资料的处理中。首先选取胜利油田某区块的三维地震数据，该数据包含较丰富的断层构造，图 3-35(a)为地震数据在 1 750 ms 的时间切片，分别采用传统 Sobel 滤波器、C3 相干和平面波解构 Sobel 滤波器对其进行处理并对切片效果进行对比(图 3-36)。从图 3-36(a)可以看出，传统 Sobel 滤波器处理后得到的时间切片上，断层分辨率较低；图 3-36(b)所示的 C3 相干时间切片分辨率较图 3-36(a)有了较大提高，但相对于图 3-36(c)来看背景噪声较多；平面波解构 Sobel 滤波器可以分别沿纵测线和横测线方向计算倾角(图 3-35b 和 c)，用于后续边缘检测，所以时间切片上(图 3-36c)的断层分辨率较高，且某些小断层更为清晰(图 3-36c箭头)，这也证明了该方法在断层识别中的有效性。

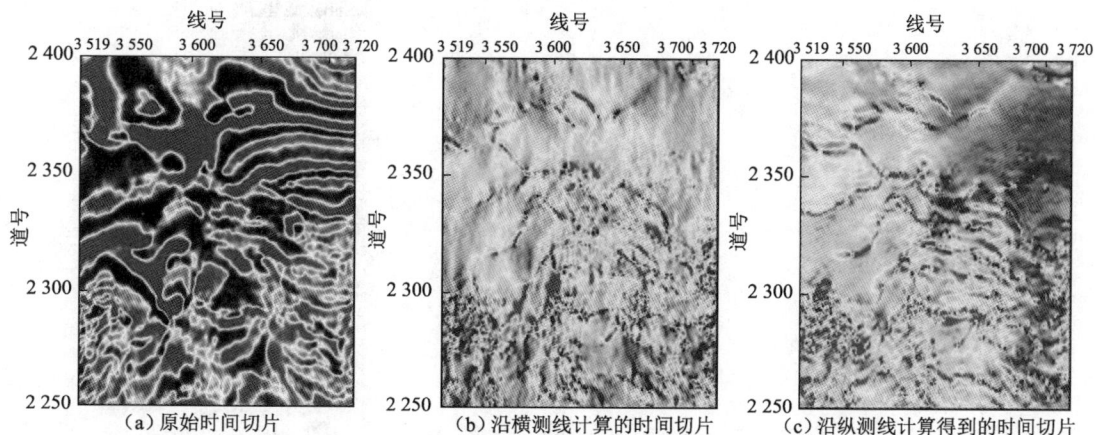

图 3-35　实际地震数据及采用平面波解构方法沿纵、横测线计算得到的倾角时间切片($T=1$ 750 ms)

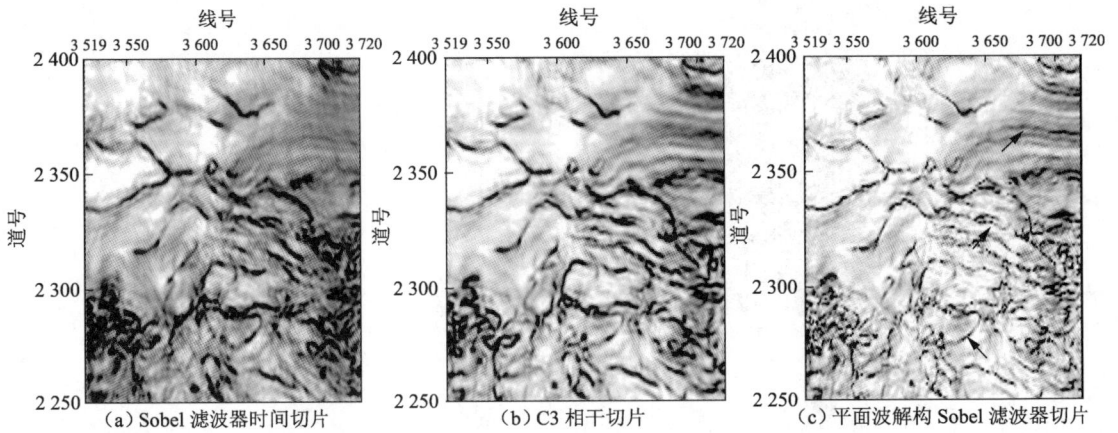

图 3-36　实际地震数据分别采用三种方法处理的时间切片对比($T=1\,750$ ms)

　　为进一步验证本平面波解构 Sobel 滤波器方法在河道识别方面是否同样有效果，选取胜利油田河道构造较为发育的某研究区资料进行处理，图 3-37(a)为所选地震数据在 900 ms 的时间切片，分别采用传统 Sobel 滤波器、C3 相干和平面波解构 Sobel 滤波器对其进行处理并对切片效果进行对比(图 3-37b~d)。从图中可以看出，传统 Sobel 滤波器处理后的时间切片上河道分辨率最低(图 3-37b)；采用 C3 相干处理后，分辨率有了明显提高(图 3-37c)；经平面波解构 Sobel 滤波器方法处理后，背景噪声明显变少，主河道和小河道的分辨率都有了很大改善(图 3-37d 箭头)，河道显示更为清晰，验证了该方法在河道识别方面的有效性。

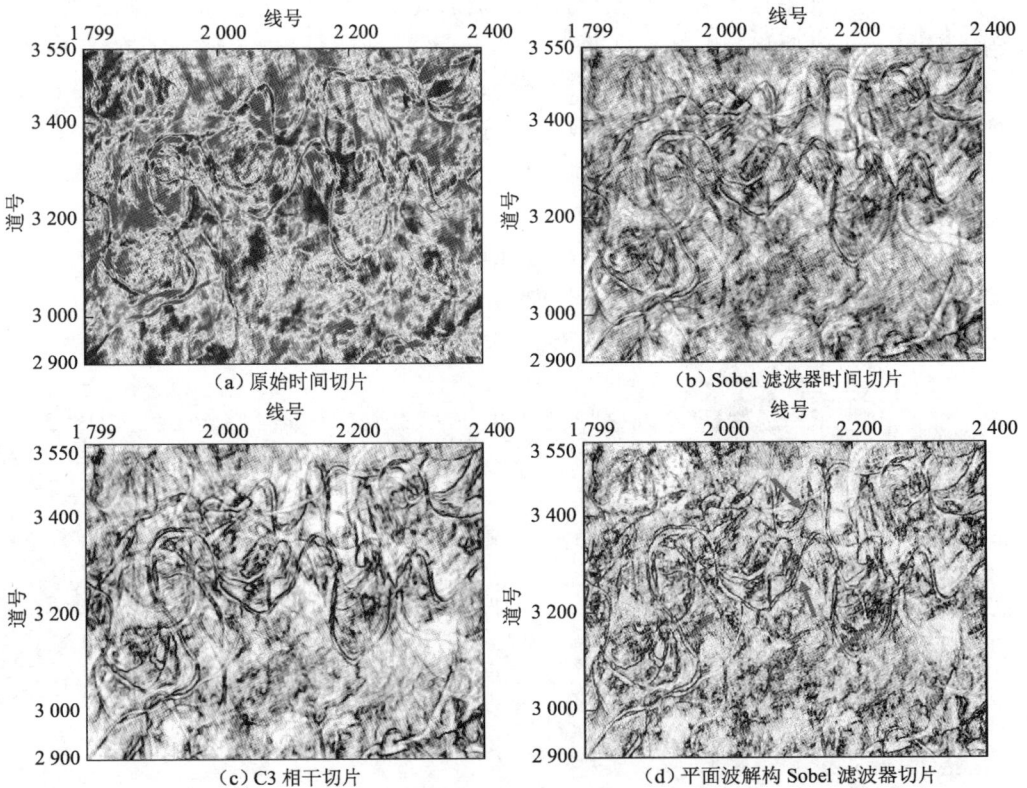

图 3-37　实际地震数据分别采用三种方法处理的时间切片对比($T=900$ ms)

在实际地震资料的应用中,传统 Sobel 滤波器的计算时间最短,但效果较差,基于平面波解构 Sobel 滤波器方法的计算时间要远远小于 C3 相干算法,且断层和河道等异常地质体的识别效果更好,分辨率更高,因而基于平面波解构 Sobel 滤波器方法在实际应用中的优势较大。

3.4　断层破碎带地震精细描述

3.4.1　断层破碎带的概念

断层是岩层或岩体顺破裂面发生明显位移的断裂构造。断层在地壳中分布十分广泛,规模可大可小。断层切割地壳的深度也有很大不同,小规模的断层仅切穿地壳浅层,而一些大断层可以延伸到下地壳乃至上地幔。断层与褶皱是密切伴生的地质构造,一些具有区域性规模的断层不但控制着区域地质构造的发生和发展,而且常常控制着区域的成矿作用。特别是某些中、小型断层,经常控制油气藏的形态及分布,对石油、天然气及地下水的运移和积聚也有重要的影响。

断层的几何要素包括断层的基本组成部分以及与阐明断层空间位置和运动性质有关的具有几何意义的要素,如断层面、断盘、断层线、断距(位移)。图 3-38 以正断层为例,给出了断层几何要素示意图。断层面是指断层两侧的岩块沿之滑动的破裂面。断层面可以是一个平面,也可以是许多破裂面构成的断裂带,宽几米到数百米。断裂带中常有断层角砾岩、糜棱岩等。断层线是断层面与地面的交线,即断层在地面的出露线。断盘是指断层面两侧并沿断层面发生明显位移的岩块。从叠置关系看,上盘是位于断层面之上的岩块,下盘是位于断层面之下的岩块;从相对位移看,上升盘是相对上升的岩块,下降盘是相对下降的岩块。描述断距有几个概念:① 断距,是指断层两盘相对位移的距离;② 相当点,是未断开前的一个点在断层移动以后分成两个相邻的点;③ 总断距,是断层两盘相当点沿断层面移动的距离;④ 走向断距,是总断距在断层面走向线上的分量;⑤ 倾向断距(倾斜断距),是总断距,在断层面倾向上的投影;⑥ 水平滑距,是总断距的水平投影。

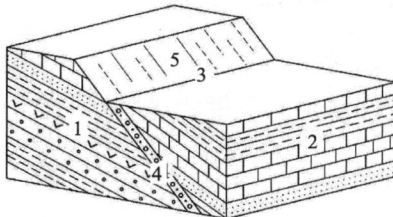

1—下盘;2—上盘;3—断层线;4—断层破碎带;5—断层面。

图 3-38　断层几何要素示意图

断裂带大多是具有强烈变形的断层核及其周缘以裂缝作用为主的破碎带。断层破碎带可以分为内带与外带。内带邻近断层核,与断层核突变接触或渐变接触;发育多组方向的裂缝,形成裂缝密集分布区域;局部构造变形强烈,形成角砾岩、碎裂岩发育区,地层原始层面不连续。外带以裂缝发育为特征,通常以单一的1~2组裂缝为主,裂缝发育程度较内带明显降低,地层连续性好,缺少角砾岩与碎裂岩。

3.4.2 断层破碎带的地质特征

构造活动造成地层发生拉张性或挤压性破碎,主应力带就是主断层面分布区,两盘破碎产生的各种岩块等物质充填在发生断裂的两个断层面之间的空隙中,后期发生胶结,形成断面充填物。另外,由于应力带的不均匀分布,在断层面附近也可能产生派生裂缝。根据露头观测结果,金强等(2012)提出断层破碎带由断面充填物和派生裂缝组成,断面充填物和派生裂缝可以沿断面对称分布或不对称分布。然而,在不同性质的地层中,断层破碎带的发育结构、规模不同,断层破碎带的宽度也不同。断层面附近的断面充填物和派生裂缝呈对称或不对称状态分布,其内部结构类型如图3-39所示(李少华等,2014)。其中,(a)图是对称的完整断层破碎带结构,在断层面之间是断面充填物,两边有呈对称分布的派生裂缝;(b)图是不对称的完整断层破碎带结构;(c)图和(d)图都是不完整的破碎带结构,(c)图中只含派生裂缝,(d)图中两个断层面之间只有断面充填物。断面充填物的边界是主要的断裂面,而破碎带边界则视研究区的具体情况而定。断层性质不同,断面充填物和派生裂缝的发育程度也不同。图3-40为断层破碎带组合形式的典型实例(周进峰,2015)。

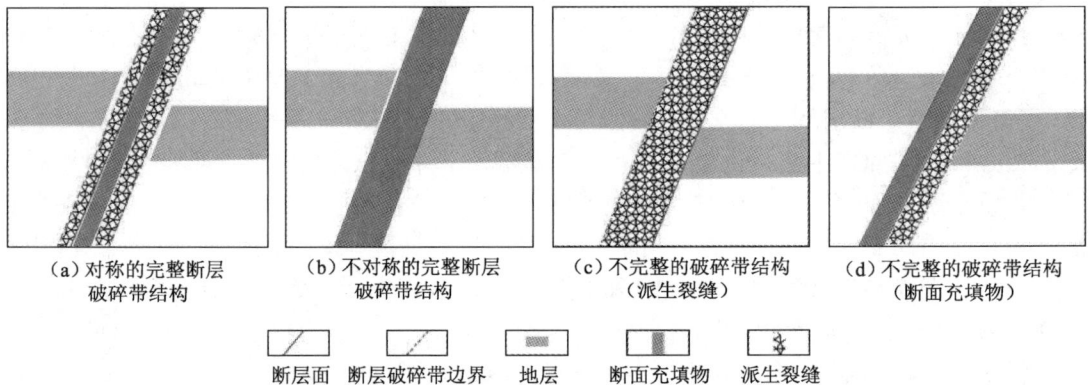

(a) 对称的完整断层　　(b) 不对称的完整断层　　(c) 不完整的破碎带结构　　(d) 不完整的破碎带结构
　　破碎带结构　　　　　　破碎带结构　　　　　　　（派生裂缝）　　　　　　　（断面充填物）

断层面　　断层破碎带边界　　地层　　断面充填物　　派生裂缝

图3-39　断层破碎带结构组合形式(据李少华等,2014)

根据断层露头观察,断层破碎带的这4种组合形式的地层岩性以及破碎带宽度与断距的比例也各不相同:① 不完整的破碎带结构(断面充填物),仅发育断面充填物,主要在塑性地层中,断层岩性为泥岩、膏岩等,断距较小,破碎带与断距存在1:12的关系;② 不完整的破碎带结构(派生裂缝),只有派生裂缝,断层岩性主要为砂岩、碳酸盐岩、变质岩等,断距不大,破碎带与断距存在1:5的关系;③ 不对称的完整断层破碎带结构,由派生裂缝带-断面充填物组成,主要发育在脆性地层中,岩性为砂岩、碳酸盐岩、变质岩等,断距较大,存在1:15的关系;④ 对称的完整断层破碎带结构,由断面附近派生裂缝-断面充填物-派生裂缝组成,发育比较广泛,主要发育在脆性地层中,断距大,破碎带与断距存在1:22的关系(周进峰,2015)。

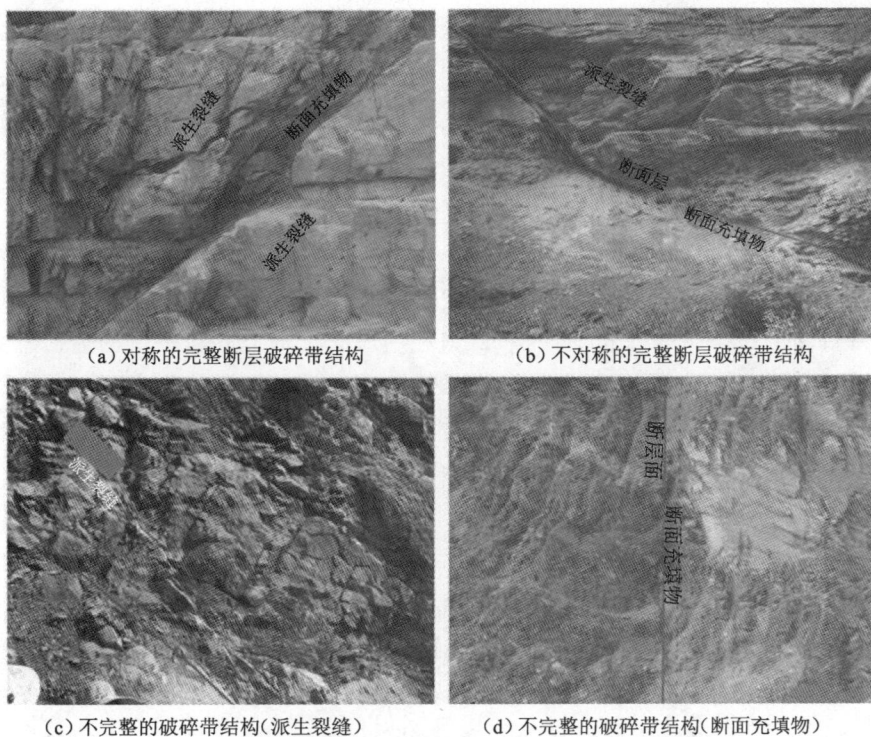

（a）对称的完整断层破碎带结构　　　　　　（b）不对称的完整断层破碎带结构

（c）不完整的破碎带结构（派生裂缝）　　　　（d）不完整的破碎带结构（断面充填物）

图 3-40　断层破碎带结构组合形式典型实例(据周进峰,2015)

根据前面分析可知,不同断层破碎带具有不同的内部结构,其组成结构单元的岩性、物性存在差异,这导致不同结构类型断层破碎带在油气运移、聚集过程中所起的作用不同,且各类型断层破碎带对油气封堵的原理也存在差异(赵坤,2015;陈伟等,2010)。

1）不对称结构的断层破碎带

不对称结构的断层破碎带主要发育有上盘诱导裂缝和断面充填物。上盘诱导裂缝孔隙度大、渗透率高,有利于油气垂向输导,但是能否长距离运移受裂缝发育程度和连通程度等因素的影响。断面充填物由于发育大量断层泥、断层岩等细粒物质,孔隙度、渗透率大大降低,对油气起封堵作用,因此断块油田的油藏多分布在断层下盘。

2）对称结构的断层破碎带

对称结构的断层破碎带主要发育有上盘诱导裂缝和断面充填物。诱导裂缝对油气有一定的垂向输导作用,但是还受到诱导裂缝发育程度和连通程度等因素的影响。上盘诱导裂缝段裂缝发育密度大,为高渗透带;下盘诱导裂缝带裂缝发育密度小,为低渗透带。断面充填物由于发育大量断层泥、断层岩等细粒物质,孔隙度、渗透率大大降低,为非渗透带,对油气起封堵作用,因此这也是断块油田的油藏多分布在断层下盘的原因。

3）诱导裂缝的断层破碎带

这种结构的断层破碎带由于只发育大量交错裂缝,这些裂缝为油气侧向、垂向输导提供了良好的通道,能否侧向封堵取决于断点处裂缝发育程度和两盘岩性匹配排替压力差。

4）断面充填的断层破碎带

这种结构的断层破碎带只发育断面充填物,断面充填物的孔隙度、渗透率差,对油气的垂向多起到封堵作用,而油气的侧向封堵能力主要受到两盘岩性配置等因素的影响。

3.4.3 地质模式约束的断层破碎带内部结构地震识别

在利用地震资料识别断层破碎带的过程中,Kolyukhin 等(2017)基于经验数据的三维断层带模型对断层破碎带进行正演模拟,认为利用地震资料提取断层带构造信息的方法是可行的。Botter 等(2017)同样通过正演模拟的方法,证明了在高频情况下(30 Hz 或更高),地震属性(如振幅、张量等)与断层破碎带结构存在相关性。万效国等(2016)利用地震资料对塔里木哈塘地区断层破碎带进行了解释。

3.4.3.1 识别方法

基于地质模式约束的断层破碎带内部结构识别流程如下:

(1) 根据岩芯资料统计裂缝参数,建立断层破碎带地质模式。

(2) 在地质模式的指导下,依据测井资料研究垂向断层破碎带变化范围以及相应速度变化趋势,通过正演模拟分析断层核部与诱导裂缝带的地震响应特征,确定合适的层位追踪方法。

(3) 选取对断层和裂缝敏感的地震属性识别断层破碎带内部结构。在地质模式的指导下对属性平面、剖面图进行解释,分析不同的属性对断层破碎带内部结构的识别效果。

(4) 总结有效识别方法,确定断层破碎带内部结构。

3.4.3.2 研究实例

1）断层破碎带地质模式

樊 162 井区位于东营凹陷博兴洼陷大芦湖油田东南部,区域应力以近南北向伸展为主,同时右旋张扭。在控洼断层作用下,发育一系列北东东向和近东西向的向盆内倾的正断层。

断层破碎带主要分为断层核部、诱导裂缝带和原状地层带。断层核部位于断层破碎带中心,承担着主要的断层活动,是在一定岩石体积内复杂的、成组交叉排列的断层滑动面和相应地质体的组合。它是断层的主要滑动部位,是应力最大、最集中的部位。据樊 162 井区岩芯资料可知:断层核部发育大量棱角状断层角砾岩和细粒碎屑岩,广泛发育微裂缝且裂缝规模大,裂缝被白云石全充填且白云岩化。诱导裂缝带位于断层核部与原状地层带之间,带宽变化较大,通常几米至几百米,内部发育大规模裂缝,充填类型为半充填,充填物质为白云石。诱导裂缝带可见白云岩化,向两侧断裂作用、白云岩化作用逐步减弱。断层附近的原状地层带无明显构造变化,未见断层角砾岩,无明显裂缝发育,弱白云岩化或无白云岩化(表 3-5)。因此,从构造和成岩的角度建立断层破碎带地质模式,如图 3-41 所示。

表 3-5　樊 162 井区断层破碎带特征(据杜凯等,2020)

分　区	断层核部	诱导裂缝带	原状地层带
位　置	中心 —————————————————→		远端
构造特征	发育大量裂缝	发育与断层相关的高角度裂缝	无明显构造变化
岩芯照片			
岩性特征	发育大量棱角状断层角砾岩、细粒碎屑岩。微裂隙广泛发育,裂缝规模大,充填类型为全充填,充填物质为白云石,基本白云岩化	可见少量断层角砾岩、细粒碎屑岩。发育大规模裂缝,充填类型为半充填,充填物质为白云石。可见白云岩化,向两侧断裂作用、白云岩化作用逐步减弱	未见断层角砾岩,无明显裂缝发育,无明显构造变化,弱白云岩化或无白云岩化

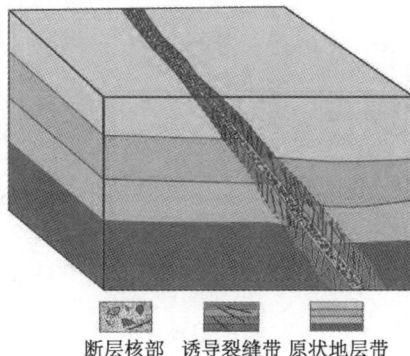

断层核部　诱导裂缝带　原状地层带

图 3-41　樊 162 井区断层破碎带地质模式(据杜凯等,2020)

2）断层破碎带地震正演模拟

地震正演模拟有助于描述地震资料无法分辨的地质体。根据樊 162 井区断层破碎带地质模型进行正演模拟,并与无断层破碎带的模型正演结果、实际地震资料进行对比(图 3-42)。断层破碎带模型中不同条带的速度变化趋势由声波测井资料确定,由断层核部向原状地层带速度依次减小,在诱导裂缝带至原状地层带的过渡中,裂缝密度以及围岩速度逐渐接近原状地层带,在交接处相同。断层核部宽度设计为 5 m,两侧裂缝带范围为 15～20 m。利用有限差分法模拟地震波在断层带中传播,采用与实际地震资料相同的 30 Hz 频、25 m 道间距。与实际地震资料(图 3-42c)对比表明,在上、下盘地层稳定波形之间有两个道间距范围的波形较杂乱(图 3-42c 所示范围),这与具有破碎带断层模型的正演结果(图 3-42b)相似,即研究区目标断层具有断层破碎带。

为了进一步研究断层破碎带的地震响应特征,选取不同的主频、道间距参数进行正演模拟,结果如图 3-43 所示。由此可得以下几点认识:

（1）道间距越小,断层破碎带的细节越清晰(图 3-43a,d,g)。随着道间距的增大,断层破碎带地震反射特征向无破碎带断层接近(图 3-42a 和图 3-43g)。

（a）无破碎带断层模型（左）及正演结果（右）

（b）具破碎带断层模型（左）及正演结果（右）

（c）实际地震剖面

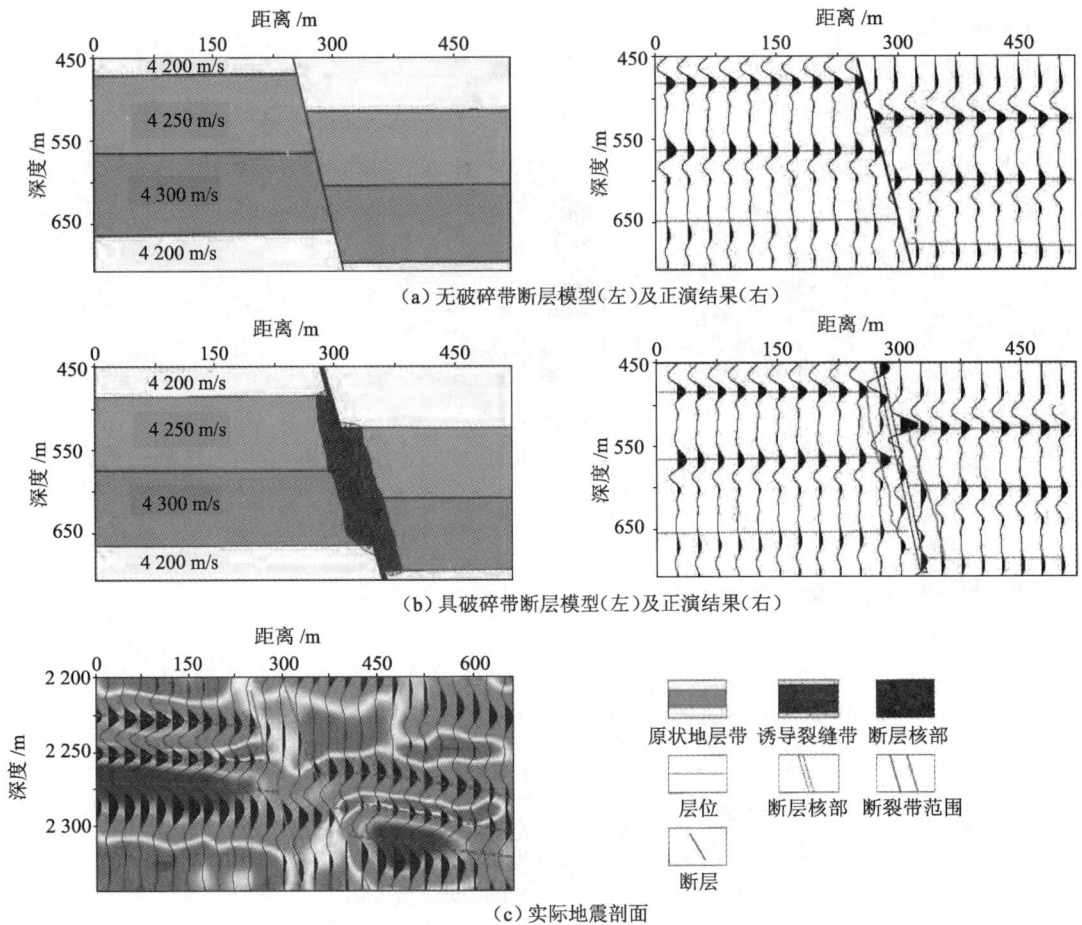

图 3-42　正演模拟结果对比（据杜凯等，2020）

（2）随着频率的增高，断层破碎带的细节越来越清晰（图 3-43a～c）。在低频情况下，由于地震子波波长较长（相位宽），断层破碎带的波形囊括了断层核部及诱导裂缝带的信息，因而难以对两者进行区分（图 3-43a）。此时，断层破碎带的波形中相位主要受断层倾角的影响，振幅受断层核部和诱导裂缝带两者内部岩性的共同影响。随着频率的增高（图 3-43b 和 c），断层核部与诱导裂缝带的波形得到一定程度的分离，其中断层核部波形中相位主要受断层倾角影响，振幅受核部内部岩性影响，诱导裂缝带波形中相位受内部裂缝的影响，振幅受裂缝带内部岩性的影响。

（3）在不同频率地震剖面上断层地震响应特征不同。在主频 20 Hz 和 30 Hz 地震剖面上，断层处的波形变化主要表现为由上、下盘地层滑动造成的相位变化，诱导裂缝带波形变化特征不明显（图 3-43d 和 e）。在 50 Hz 地震剖面上，除由地层滑动造成的相位变化外，断层核部振幅减弱，诱导裂缝带振幅变强，相位略有变化（图 3-43f）。

如上所述，断层破碎带地震响应特征在不同频率地震资料上不同，振幅、相位会出现变化，因此采用以分频相干属性为主，结合其他地震属性相互验证、补充的方法，对断层破碎带内部结构进行刻画。

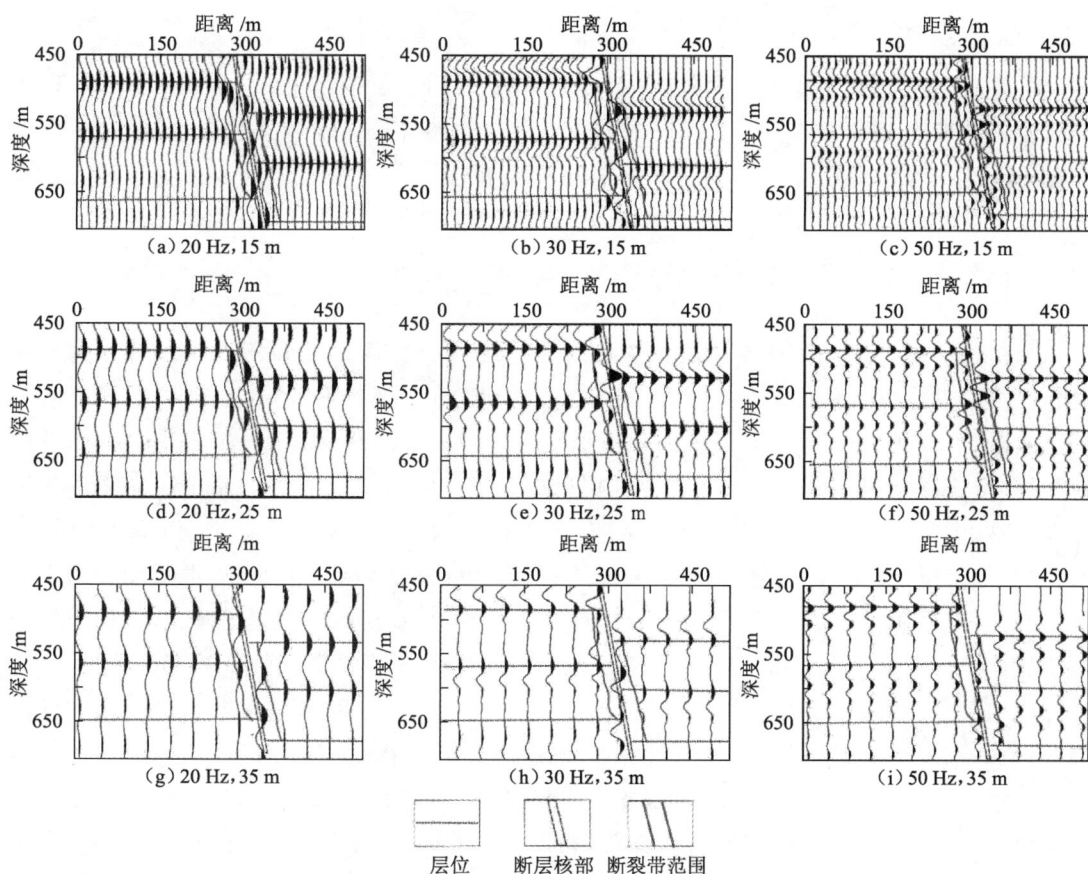

图 3-43　断层破碎带不同主频、道间距正演模拟结果(据杜凯等,2020)

3) 断层破碎带层位追踪方法

在常规断层解释时,通常以线条代表断层所在位置,层位追踪至该线条所在的位置作为断点。而根据断层破碎带模式,考虑断层破碎带具有一定的宽度,因此需要建立相应的层位追踪方法。根据正演模拟地震剖面,断层破碎带上、下盘的第一个稳定的波形为断层破碎带的边界(图 3-44b 中 A、B 点),即以上、下盘稳定波形的点作为断层破碎带的边界,其内部层位采用插值连接(图 3-44a 中 AB 连线)。该方法所追踪的层位穿过断层核部与诱导裂缝带,有助于确定断层破碎带的分布范围。

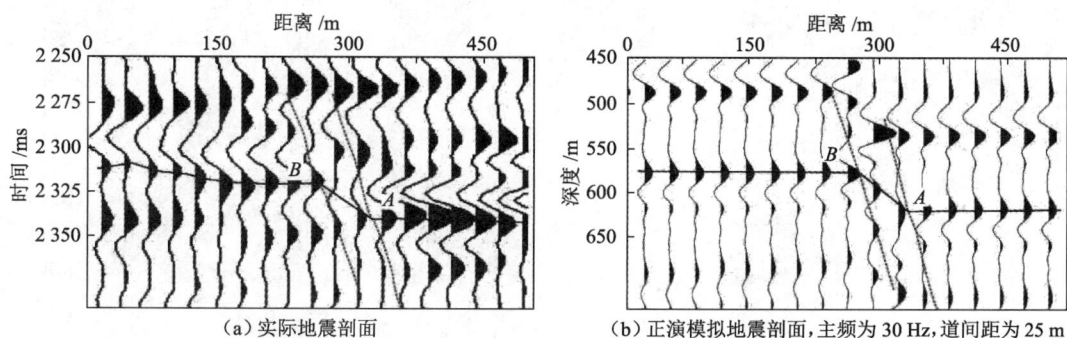

图 3-44　断层破碎带层位追踪方法(据杜凯等,2020)

4）断层破碎带内部结构多属性综合识别

首先对地震资料进行构造导向滤波处理以降低噪声。由前述可知,分频相干属性可用于断层破碎带内部结构的识别。断层核部由于散射作用导致振幅能量减弱,所以这里以瞬时振幅属性作为识别断层破碎带内部结构的辅助属性。曲率属性对于裂缝发育区的识别效果优于分频相干属性和瞬时振幅属性,因此综合利用分频相干属性、曲率属性及瞬时振幅属性对断层破碎带内部结构进行识别。

（1）剖面识别。

分频相干体可用于刻画不同尺度的断层,分别选取 20 Hz,30 Hz,50 Hz 的相干体属性对断层破碎带进行分析(图 3-45)。由图可以看出,随着频率的升高,断层破碎带附近的相干性减弱,由一条线逐渐变为具有一定宽度的面。根据地质模式,低频相干属性主要反映断层核部,而高频相干属性可用于识别断层破碎带的分布范围。因而利用不同频率的相干属性,辅以 RGB 融合技术用于刻画断层破碎带内部结构。如图 3-46(a)所示,黄色条带为低、中频相干属性融合,主要反映大尺度断层;品红色为低、高频相干融合,主要反映较大断距断层,以及断距较小的断层、裂缝;青色部分为中、高频相干融合,主要反映断距较小的断层或裂缝。青色区域和呈面状(非条带状)分布的品红色区域主要为诱导裂缝带,而呈条带状分布的黄色和红色区域主要为断层核部。断层核部由于散射作用其振幅能量减弱。由图 3-46(b)可见,振幅能量较弱的条带状区域为断层核部所在位置。

曲率属性可对断层破碎带边界和裂缝发育区进行识别。由图 3-46(c)可见,黑色区域为断层破碎带位置,但是断层破碎带内部的曲率差异较小,因而仅利用曲率属性难以划分断层核部与诱导裂缝带。图 3-46(a)～(c)灰色圆圈处具有较高的曲率和较低的相干值,瞬时振幅属性也存在变化,推测为诱导裂缝带发育的区域;黑色圆圈处与此相反,推测为诱导裂缝带范围较小或者不发育。

（2）平面识别。

仅利用地震剖面难以准确识别断层破碎带及内部结构,因此需要参考、结合平面地震属性。如图 3-47 所示,断层破碎带的宽度随着频率的增高而增大,可由 20 Hz,30 Hz,50 Hz 的相干属性 RGB 融合及瞬时振幅、曲率属性识别断层破碎带范围及内部结构。

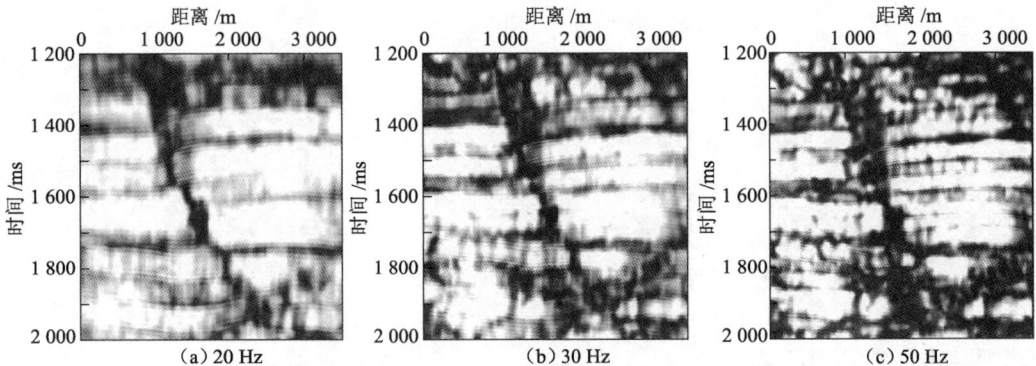

图 3-45　断层破碎带分频相干属性剖面(据杜凯等,2020)

（a）分频相干 RGB 融合

（b）瞬时振幅

（c）曲率

诱导裂缝带　　　诱导裂缝带　　　断层破碎带　　　断层核部
发育区　　　　　欠发育区　　　　边界

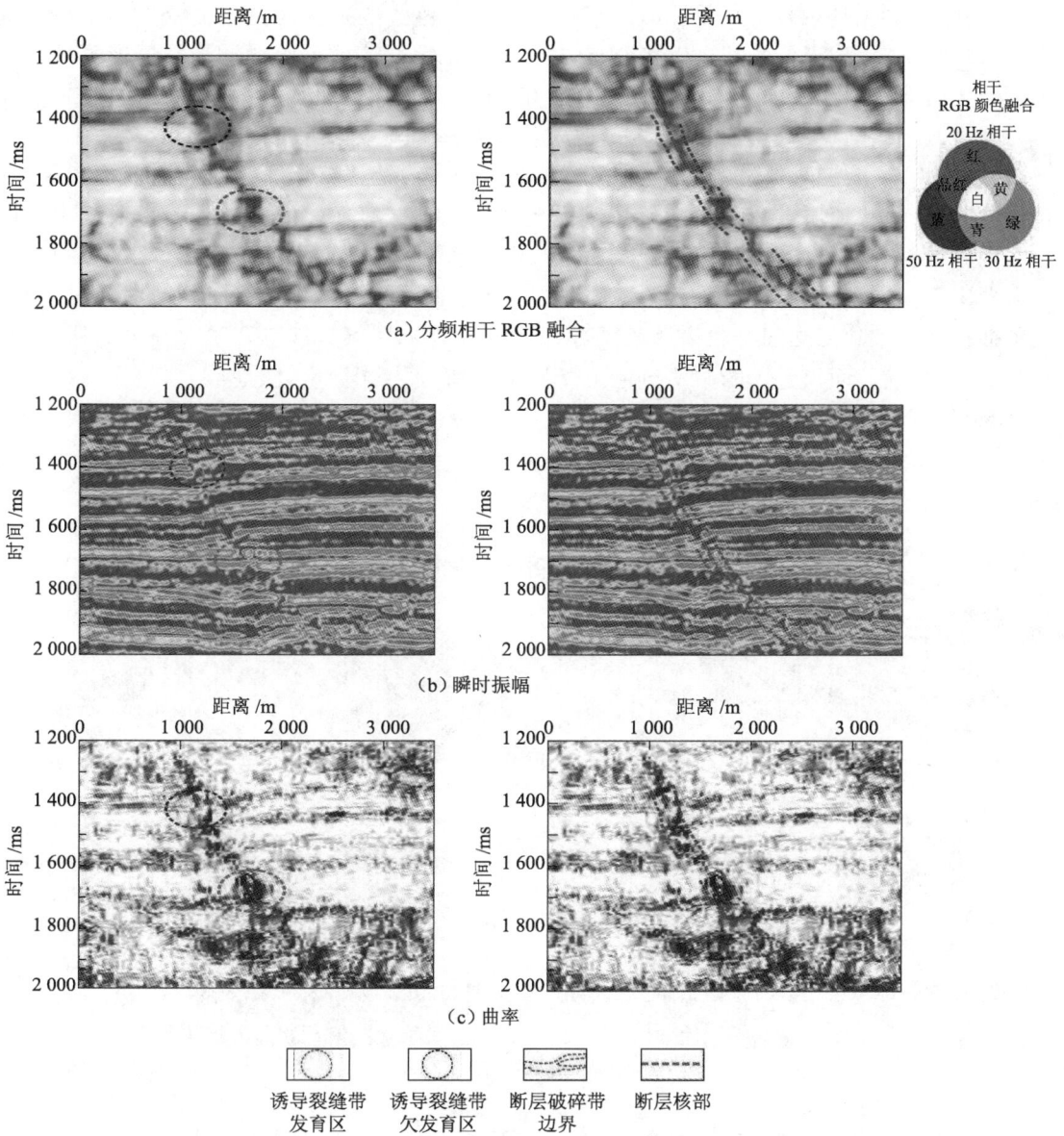

图 3-46　断层破碎带属性剖面(左)及解释结果(右)(据杜凯等,2020)

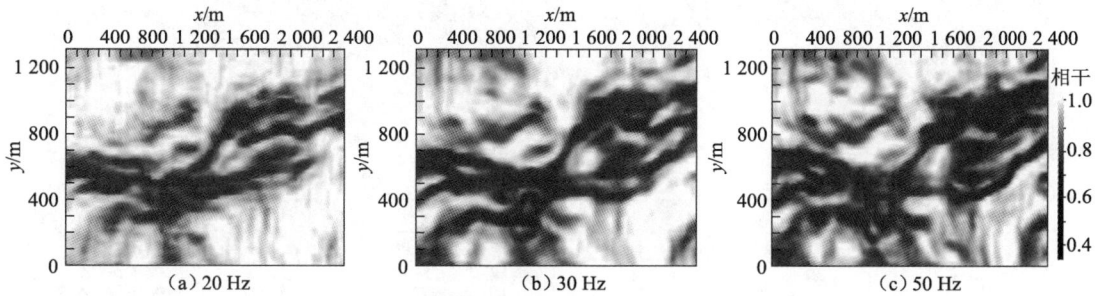

图 3-47　断层破碎带分频相干属性平面特征(据杜凯等,2020)

分频相干 RGB 融合平面属性图(图 3-48a)上,红色及线条状的黄色区域为低、中频相干反映的断层核部,青色及其呈面状分布的黄色区域为中、高频反映的诱导裂缝带区域,白色区域代表原状地层带的范围。据此对分频相干 RGB 融合的平面属性进行解释。

瞬时振幅属性中断层核部主要为由散射作用导致的低振幅区域,即图 3-48(b)中红色区域,整体呈一个道间距宽度的线条状分布;诱导裂缝带为围绕断层核部相对低振幅的绿色面状区域;原状地层带为外侧蓝色高振幅区域。瞬时振幅平面属性与分频相干 RGB 融合平面属性对内部结构的解释结果基本吻合,略为不同的地方可互为补充。

曲率平面属性(图 3-48c)中高曲率区域为断层破碎带发育的区域(呈面状,非条带状),与低曲率的原状地层之间有较为明显的界面。图 3-48(a)~(c)红色圆圈中推测为诱导裂缝带发育的位置,而黑色圆圈中的黄色条带状为中、低频相干融合(图 3-48a);图 3-48(b)中也为条带状弱振幅;图 3-48(c)中曲率相对较小,推测该区域为诱导裂缝带区域较窄或不发育区。

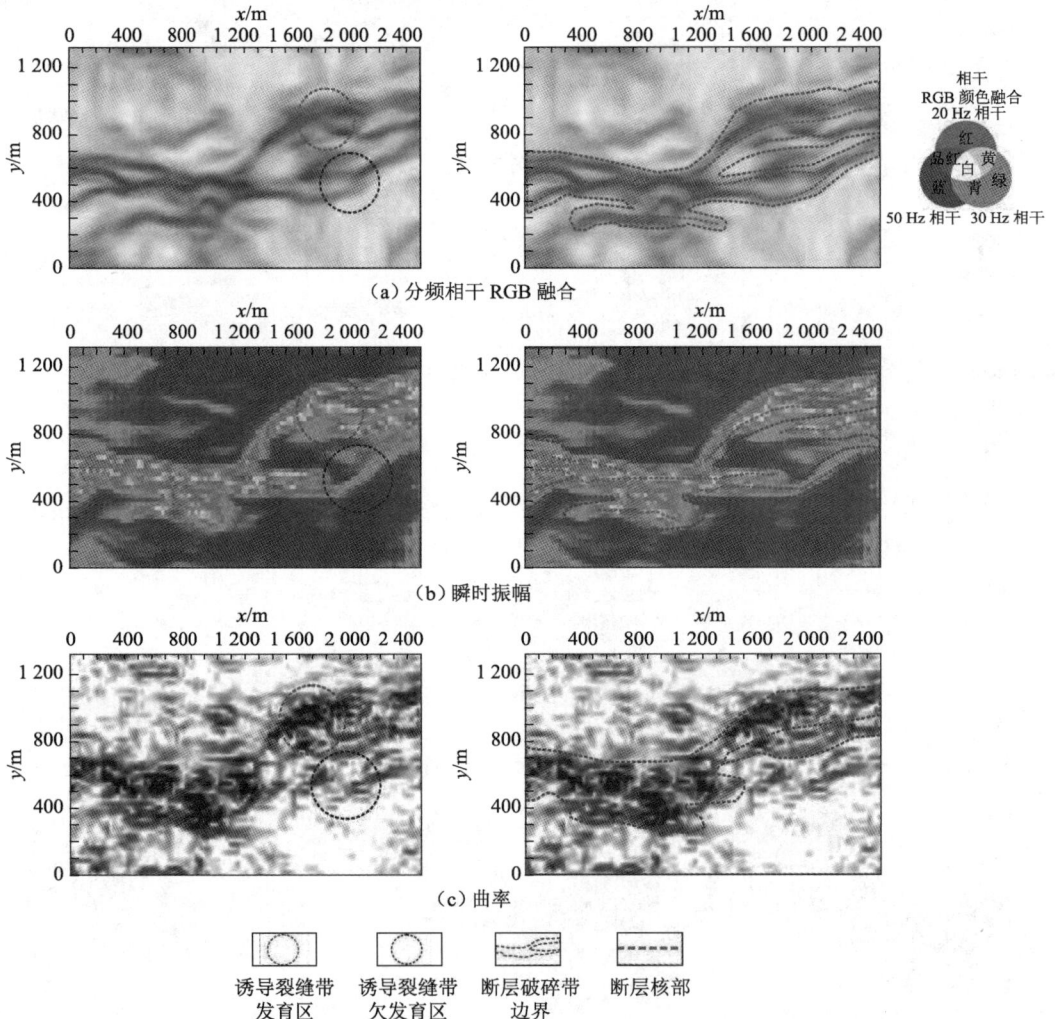

(a) 分频相干 RGB 融合

(b) 瞬时振幅

(c) 曲率

图 3-48　断层破碎带属性剖面(左)及解释结果(右)(据杜凯等,2020)

综上所述,可以总结出断层破碎带内部结构识别方法如下:

(1) 基于断层破碎带地质模式的正演模拟结果表明,以往认为的断层实际包括核部及诱导裂缝带两部分。实际地震资料中断层处的波形变化是由诱导裂缝带和断层核部共同影响所致。小道间距地震资料对断层破碎带内部结构的识别效果更好,大道间距断层破碎带波形逐渐向无断层破碎带接近。断层核部在多个频带范围内地震响应明显。诱导裂缝带的波形受频率的影响较大,在低频情况下由于波长较长(相位变宽),易被断层核部影响,在高频情况下诱导裂缝带的波形不受断层核部波形的影响。

(2) 断层核部的地震反射能量弱,在地震频带范围内相干性较差,呈细条带状延伸。诱导裂缝带内由于裂缝密集,地震反射能量较弱,在高频时相干性较差,主要围绕断层核部分布。断层破碎带的边界位置主要通过高频相干与曲率属性进行界定,在断层解释时可以以波形第一个变化的点作为该界限。原状地层带由于不存在裂缝或者存在少量裂缝,地震反射能量的大小主要与地层波阻抗差有关,相干性较好。

(3) 利用曲率、高频相干属性可对断层破碎带边界进行识别,利用低频相干、瞬时振幅的低值区可对断层核部进行识别,利用曲率高值区、高频相干与低频相干的差异区以及瞬时振幅的相对低值区可对诱导裂缝带进行识别。

3.4.4　基于旋转菱形体的检测方法

3.4.4.1　基本原理

目前大部分地震属性提取方式实际上都是一种规则的计算方式,对于均匀地质体都是满足要求的,但对于较为复杂的地质体,理论上都会存在方法的局限性。而基于旋转菱形体的地震属性提取方法主要利用菱形对角线所具有的方向性来判断特殊地质体的方向、范围等特征,克服了常规属性提取方式存在的局限性。如图 3-49 所示,有一异常体,可以是断层、矿脉、裂缝,呈一定的方向性。常规属性计算无论是按测线还是时间轴,都是按规则时窗来计算的,如按一定大小的时窗计算振幅、频谱属性,按规则的空间组合计算相干属性,据此来判断油气储层、断层、裂缝或其他异常体的存在。以上做法,都不能很好地刻画异常体的方向特性。现在为了得到某一点(图 3-49 中原点)的地震属性,让菱形以原点为中心,做 360° 的转动,每转动一个角度,计算一个属性值。而后依次扫描整个地震数据,当遇到特殊地质体时,旋转不同角度菱形范围内的数据点也会有变化,造成计算的地震属性值发生相应的变化,这样最大或最小属性就最佳地反映了地质体的一些特性(如断层、裂缝发育方向及丰度等)。具体计算时,应考虑菱形体面元内数据点如何选取以及提取何种属性。

图 3-50 为一个菱形在 $x\text{-}y$ 坐标系下的形状,A,B,C,D 4 点的坐标分别为 $(a\cos\theta, a\sin\theta)$,$(b\cos(\theta+90°), b\sin(\theta+90°))$,$(-a\cos\theta, -a\sin\theta)$,$(b\cos(\theta-90°), b\sin(\theta-90°))$,其中 a 为菱形的半长轴长度,b 为菱形的半短轴长度,θ 为旋转的角度。这样可以通过调整长短半轴的大小及旋转角度得到不同角度及大小的菱形。

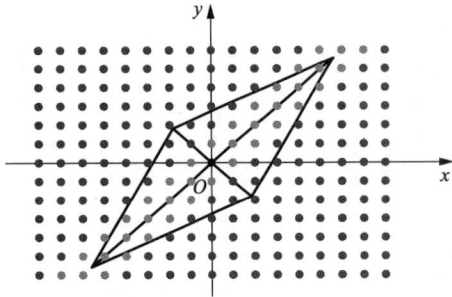

图 3-49　旋转菱形体提取数据示意图

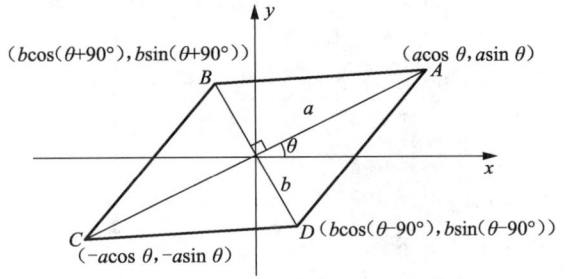

图 3-50　菱形面积的确定

根据菱形 4 个顶点的坐标,得到菱形的 4 条边的点斜式方程为:

直线 AB:

$$y = a\sin\theta + \frac{b\cos\theta - a\sin\theta}{-b\sin\theta - a\cos\theta}(x - a\cos\theta) \tag{3-50}$$

直线 BC:

$$y = -a\sin\theta + \frac{b\cos\theta + a\sin\theta}{-b\sin\theta + a\cos\theta}(x + a\cos\theta) \tag{3-51}$$

直线 CD:

$$y = -a\sin\theta + \frac{-b\cos\theta + a\sin\theta}{b\sin\theta + a\cos\theta}(x + a\cos\theta) \tag{3-52}$$

直线 DA:

$$y = a\sin\theta + \frac{-b\cos\theta - a\sin\theta}{b\sin\theta - a\cos\theta}(x - a\cos\theta) \tag{3-53}$$

输入初始地震数据,以数据中任意一点作为原点,inline 代表线号方向的大小,time 代表时间方向的大小。设定扫描角度间隔,随后旋转角度进行扫描,对应于该角度下,计算落在式(3-50)到式(3-53)所求取 4 条线内所有点的属性值,将该点的各个旋转角度所对应的属性值用玫瑰图或直方图来直观显示,即可用来判断此点的属性特征。

3.4.4.2　模型试算

断层破碎带是复杂断块油藏中经常遇到的一种构造形态,断层发育的地带,断层破碎带也存在。断层破碎带数据比较复杂,振幅等信息比较杂乱,其在各个方向上的振幅大小应是变动大小的表现方式。

基于旋转棱形体的地震属性提取方法可以给出不同扫描方向的属性值,可以据此来定性判断断层破碎带的发育区域。

首先建立一个包含断层破碎带的模型来验证该方法的应用,图 3-51 是一个典型的断层及伴生的断层破碎的发育模式,图中间为一条生长断层断裂带,其中的灰色颗粒区域代表诱导裂缝带,黑色线段代表滑动破碎带,一般为断层角砾岩、碎裂岩、断层泥填充。

根据图 3-51 所示断层破碎带模式,建立一个包含断层破碎带的模型。图 3-52(a)为该模型的速度模型,其分为 a,b,c,d 4 套地层,相同颜色代表同一地层,设置地层速度分别为 2 666 m/s、3 044 m/s、3 742 m/s、4 092 m/s,模型中间深色条带代表断层破碎带,其传播速度设定为 2 200 m/s,条带宽度从浅至深由 30 m 逐渐增加至 190 m,黑色长线代表滑动破碎带,传播速度设定为 5 400 m/s。

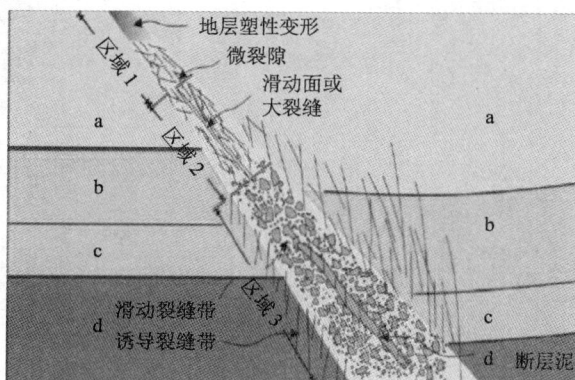

图 3-51　断裂带内部结构模式

　　随后使用褶积方法进行正演模拟,子波采用的是 25 Hz 雷克子波,采样间隔为 2 ms,并添加了信噪比为 5 的噪声,得到的效果图如图 3-52(b)所示。正演模型大小为 601 道地震道,801 个时间采样点。从图 3-52(b)上可以观察到断层破碎带的理论波形特征。

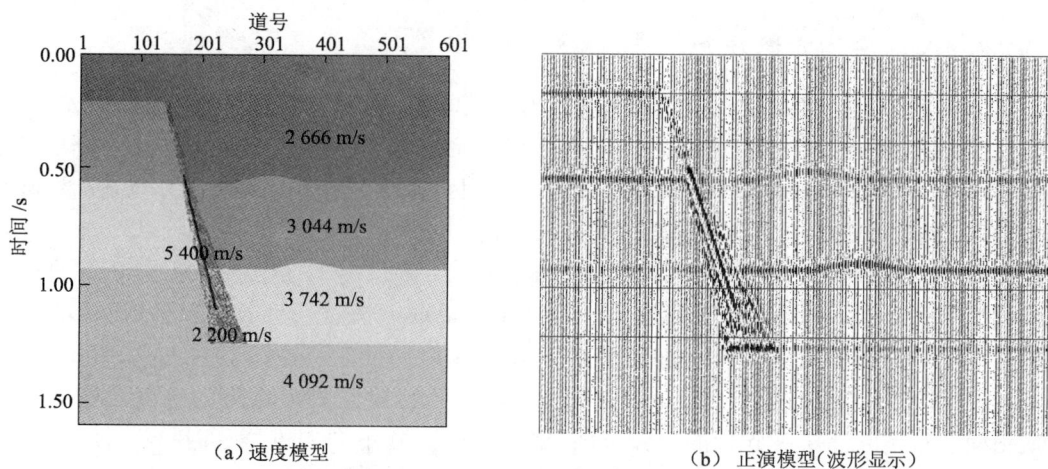

（a）速度模型　　　　　　　　　　　　　　（b）正演模型（波形显示）

图 3-52　模型正演

　　为验证二维旋转菱形体的地震属性提取方法的有效性,在模型上不同深度 A 和 B 两个窗口内选取数据点(图 3-53a),A_3 点位于断层破碎带内,A_2 与 A_4 点位于断层破碎带的两侧边界位置处,A_1,A_5 与 A_6 点处于远离断层破碎带的其他区域,同样的,B 窗口内的点 B_3 位于断层破碎带内,B_2 与 B_4 点位于断层破碎带的两侧边界位置处,B_1,B_5 与 B_6 点处于远离断层破碎带的其他区域。对这些点进行旋转菱形体属性提取计算,得到其属性直方图如图 3-53(b)所示(横轴代表旋转的度数,纵轴代表属性值)。分析图 3-53(b)的所有属性直方图可以看出:远离断层破碎带区域范围内的 A 与 B 窗口内的数据点,其不同角度的属性值变化比较平缓;处于断层破碎带内部及边界上的数据点,其各个角度属性值变化比较剧烈,尤其是滑动破碎带附近点 A_3 和 B_3 尤为明显。模型验证结果表明,基于二维旋转菱形体的属性提取方法可以有效地定性判断断层破碎带的发育范围。

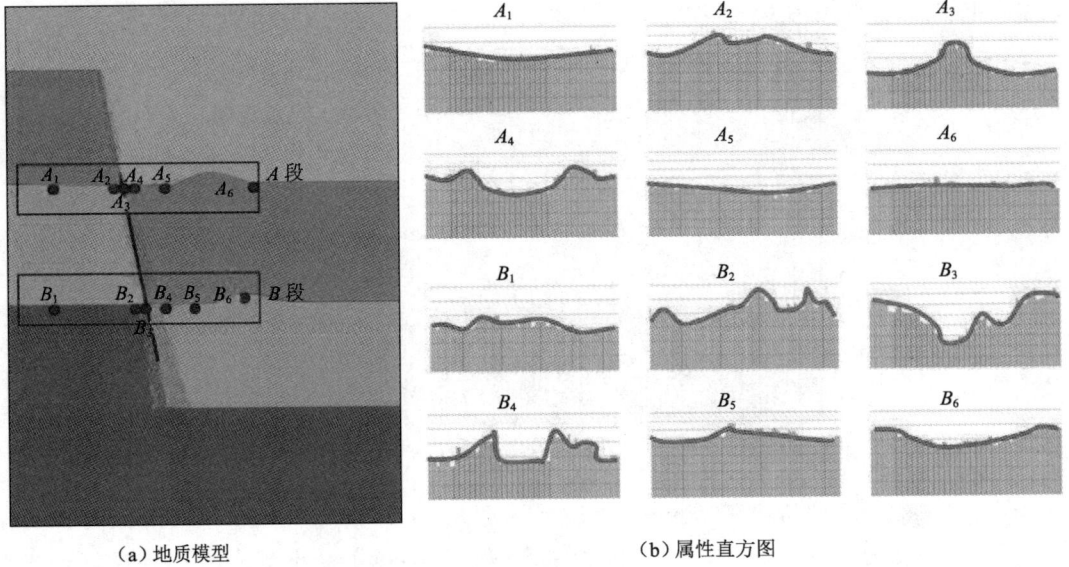

(a) 地质模型　　　　　　　　　　　　　　(b) 属性直方图

图 3-53　旋转菱形计算结果

3.4.4.3　实际资料应用

应用基于旋转菱形体的地震属性提取方法对珠江口 HZ 区块实际剖面进行处理。HZ 区块发育一条近东西走向、性质为张性或张扭性生长断层断裂带，到目前为止已经发现多种断层封堵油藏，断层上下盘均见油层，断层圈闭具有成藏条件。因此，研究断层的构造特征，描述断层破碎带在空间的展布规律，可为研究区域的油气勘探及剩余油挖潜提供详细的断裂信息。

如图 3-54(a)所示，在过井剖面不同深度段 $A \sim E$ 窗口内横向上按照距离断裂的远近选取数据点，使用基于二维旋转菱形体的地震属性提取方法进行计算，菱形范围内的点选用平均绝对振幅属性来计算属性值，最终得到不同角度属性值所做的直方图，如图 3-54(b)所示，顺序按照从左至右依次排列。根据模型检测结论，按照数据点不同角度对应的属性值变化程度来判断断层破碎带的边界范围，据此可以得到不同深度段($A \sim E$)断层破碎带的横向空间边界点位置，图 3-54(b)中箭头指示范围就是用该方法刻画的断层破碎带空间范围。知道不同深度段断层破碎带横向边界点的位置后，可以根据道间距的大小来计算去横向分布宽度，最终计算的宽度为：A 段为 60 m，B 段为 112.5 m，C 段为 125 m，D 段为 125 m，E 段为 250 m。根据计算的宽度，可知断层破碎带宽度由浅至深逐渐变宽，正好符合图 3-54 所示的断层破碎带内部结构模式。

接着，沿着井轨迹，在穿过断裂的断层破碎带纵向区间内选取数据点，按照该方法计算不同旋转角度对应的属性值来进行过井验证，$H_1 \sim H_7$ 点处于区间上部，位于断裂右侧的井轨迹上，$O_1 \sim O_4$ 是断点附近的井轨迹上 4 个数据点，$L_1 \sim L_7$ 点处于区间下部，位于断裂左侧的井轨迹上。随后使用基于二维旋转菱形体的地震属性提取方法计算这些点的不同旋转角度对应的属性值，使用直方图进行显示，结果如图 3-55(b)所示。对比分析可以看出：根据不同角度对应的属性值的变化剧烈程度来判断，得到断层破碎带的上端边界位于 1 378~1 388 ms 之间，下端边界位于 1 648~1 658 ms 之间，而断点位于 1 510~1 550 ms 之间。

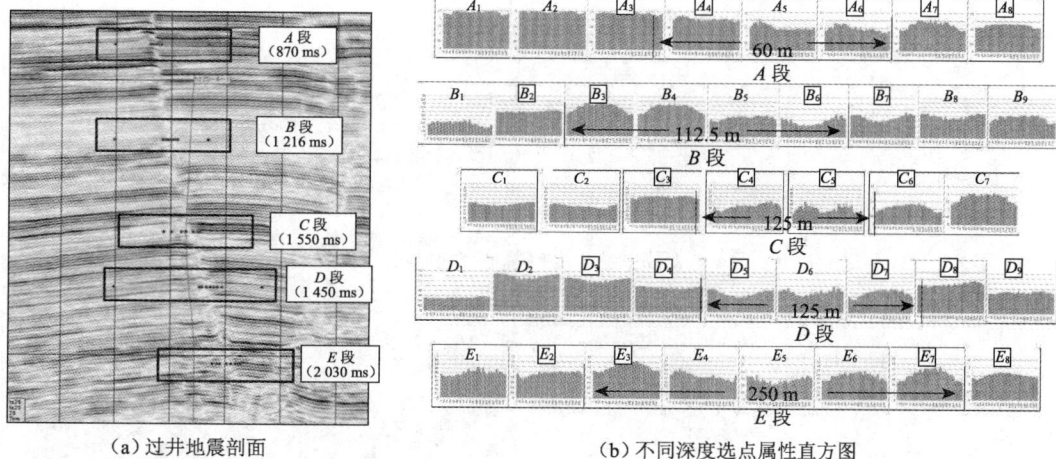

（a）过井地震剖面　　　　　　　（b）不同深度选点属性直方图

图 3-54　不同深度选点检验成果

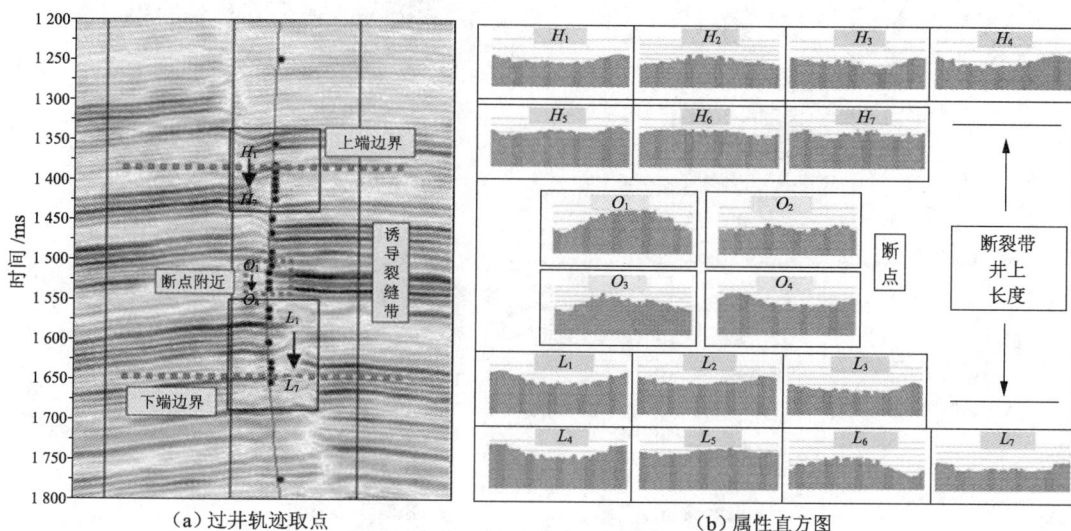

（a）过井轨迹取点　　　　　　　（b）属性直方图

图 3-55　过井轨迹选点检验结果

图 3-56 为断层破碎带测井、地震解释结果对比图，图 3-56（a）为断裂带测井解释结果，断层破碎带的深度范围为 1 696～1 932 m，共 236 m，断点位于 1 816 m 处，经过标定确定的时深关系，时深转换后，其与基于二维旋转菱形体解释的断层破碎带的时间深度基本吻合，说明该方法检测结果得到了测井认识的验证。

最后，结合相干体识别结果，刻画了断层破碎带分布范围，如图 3-57 所示。图 3-57（a）中线段包含的区域为结合基于二维旋转菱形体的地震属性提取方法与 C3 相干算法识别结果刻画的断层破碎带范围，两者结果较为吻合。图 3-57（b）为结合结果的三维空间显示，清晰展示了断裂带的内部结构，已达到精细刻画断裂带特征的目的，再次验证了基于旋转菱形体的地震属性提取方法解释结果的正确性。

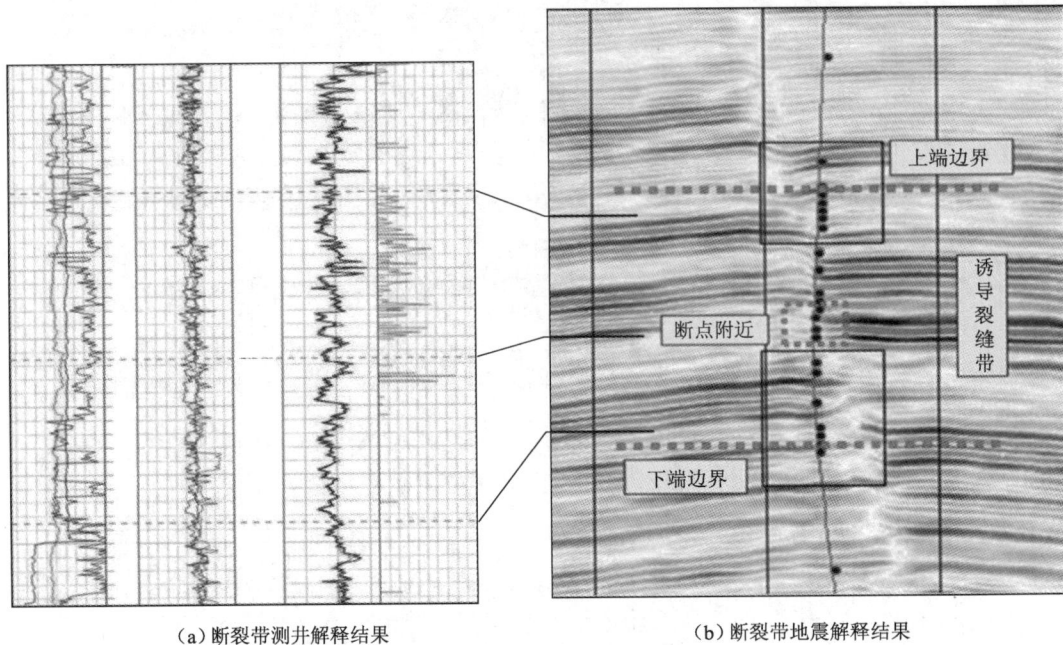

（a）断裂带测井解释结果　　　　　　　　　　　（b）断裂带地震解释结果

图 3-56　断层破碎带测井、地震解释结果对比图

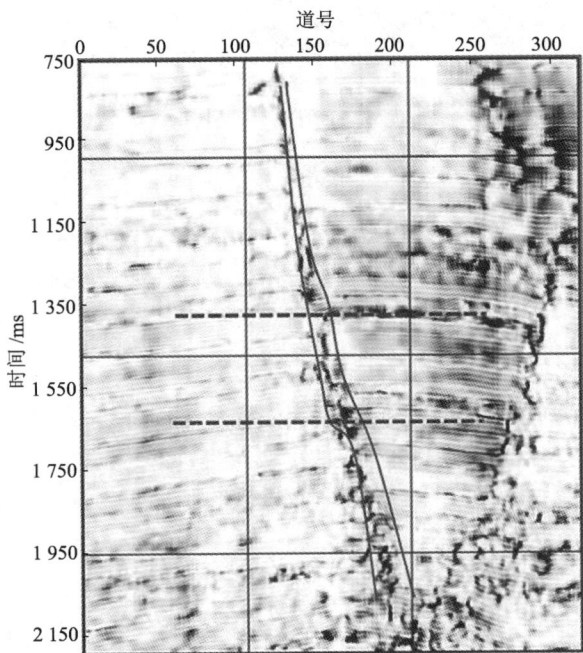

（a）2D 结合效果图　　　　　　　　　　　（b）3D 结合效果图

图 3-57　旋转菱形体方法解释结果与相干体的结合

第4章
滩坝砂储层精细描述方法及应用

4.1 概　述

　　滩坝砂油藏是一类很特殊但又很重要的油藏。以胜利探区为例,其特殊性主要表现在:埋藏较深,多在3 000 m以下;单层厚度薄,一般小于2 m;储层物性较差,属于低孔、低渗储层;砂体横向连续性差,规律难以掌握。此类油气藏虽然勘探开发难度很大,但由于单井产量较高、储量比较丰富,目前在老油田增储上产中发挥着重要的作用。

　　滩坝砂地质目标自身具有"埋藏较深、储层薄、横向变化大"的特殊性以及三维勘探"主频低、频带窄、成像精度低"的局限性,这给滩坝砂储层的精细描述与解释带来很大困难,即使是在其他文献中提到的一些应用效果较好的地震属性,如振幅、频率类、弧长等,在某些滩坝砂井区也不一定完全适用,达不到预期的效果。

　　针对胜利探区滩坝砂地质目标及地震资料特点,本章先分析滩坝砂的地质和测井响应特征,然后正演模拟分析坝砂和滩砂的地震响应,并在此基础上开展基于HHT-MWT滩坝砂薄互层检测技术和小波分频成像技术研究,分析能量半时属性机理并提取该优势属性。由于滩坝砂发育于滨浅湖,与古地貌有很大关系,本章还进行了属性融合应用。以上描述方法与预测手段取得了较好的应用效果(张军华等,2014)。

4.2　滩坝砂储层的地质特征

　　湖相滩坝砂体主要出现于滨浅湖区,滨浅湖区的湖湾、湖中局部隆起、湖泊的边缘等处都是滩坝砂较为发育的地方,是湖岸地带的碎屑物质经湖浪、湖流长期搬运、淘洗再沉积形成的,其沉积相分为坝砂亚相和滩砂亚相。滩坝砂体一般形成于湖进或湖退阶段,形成于湖进阶段的剖面呈正旋回层序,而形成于湖退阶段的剖面呈反旋回层序,现今保存的以湖退居多。

　　图4-1为滩坝砂的沉积模式图,滩砂形成于滨浅湖环境,主要动力为波浪作用。古地貌、浪基面、物源供应控制了滩坝砂的发育与分布,物源的多少控制了滩坝砂的发育规模,滩坝砂的横向展布由浪基面和古地貌共同控制,同时也影响了储层发育条带。坝砂沿岸线的分布规律受浪基面位置影响较大。

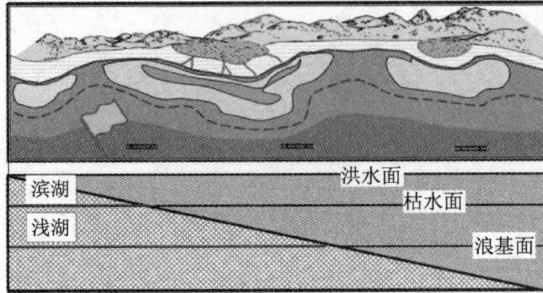

图 4-1　湖相滩坝沉积模式

　　"滩坝"是滩砂与坝砂的总称,是在风浪改造和搬运作用后,三角洲或扇三角洲前缘砂体再沉积形成的水下堆积砂体,也可称为砂质滩坝。在演化过程中,滩坝砂体常常叠覆相伴而生,最终形成滩坝间互的砂体。由于滩坝砂体本身的特点,加上地震资料分辨率、钻井、测井等的限制,通常难于区分滩砂和坝砂。但从两者的形成机理上来讲,还是有较大的区别,不同的水动力条件影响着其沉积特征和分布规律。表 4-1 总结了滩砂和坝砂不同的地质特征。

表 4-1　滩砂与坝砂的地质特征

滩坝砂亚相	滩砂特征	坝砂特征
成　　因	波浪冲刷回流	碎浪冲击或波浪与沿岸流的共同产物
水动力条件、沉积环境	水动力条件相对较弱,沉积环境多为滨湖	滩坝沉积主体部分,沉积水动力能量强,环境多为浅湖
沉积物特征	沉积物粒度不明显,粒序为不明显反韵律,岩性为粉砂、粉细砂、泥岩	反韵律特征,沉积物粒度粗,岩性以粉砂岩到中砂岩为主,结构、成分成熟度高
沉积构造	沙纹交错层理、波状层理、亚平行层理、脉状及透镜状层理,生物扰动发育,常发育炭屑层,有完整植物形态,生物潜穴基本垂直,偶见倾斜,层面上有浪成和干涉波痕	交错层理、亚平行层理、爬升沙纹层理、浪成沙纹层理及波状层理等,生物化石发育较差,生物潜穴多垂直、倾斜,层面上有浪成波痕和剥离线理等构造
平面分布形态	一般平行于岸线,分布面积大,为宽缓的条带状或席状	与岸平行或斜交或相连的条带状砂体,可成排出现
垂向分布形态	砂泥岩频繁互层,层数多且单砂体厚度小	一个沉积旋回中砂岩层数少,单砂体厚度大
成藏特点	含油性较差	含油性较好

　　滩坝砂油藏主要受储层构造特征、压力场分布和有效储层分布的影响。其中,滩坝砂成藏最关键的因素莫过于压力场分布和有效储层分布的影响:① 物性较好、单层厚度较厚的坝砂最易富集油气成藏,灰质含量较低、单层厚度薄的滩砂的储集性能也较好。② 地层压力决定油藏类型和油气充满程度,构造背景和断裂控制含油富集区带。高压区一般在洼陷附近,油气的充满度高,岩性油藏是主要类型;在靠近构造高部位的盆地边缘,油气充满度就比较低了,主要存在构造油藏,易出现油水间互现象;在处于洼陷和高部位的中间位置,主要油藏类型为构造-岩性油藏,是地层压力过渡区,油气充满度也较高。

4.3　滩坝砂储层的测井响应特征

目前已发现油气存在的滩坝砂油藏主要是滨浅湖相沉积,岩性主要为泥质粉砂岩、灰质粉砂岩和粉砂岩,储层可能含油、水,也可能是干层。在研究多个区块实际测井资料和总结前人研究成果的基础上,对滩坝砂储层的测井响应进行了初步归纳和总结(表 4-2)。

表 4-2　滩坝砂储层测井响应特点

不同岩性			不同流体		
砂　岩	灰质砂岩	泥质砂岩	油　层	水　层	干　层
自然电位显示负异常,自然伽马值低,微电极正差异显示为中低值,三孔隙度曲线重合性好,储层孔隙内流体性质的不同导致感应电阻率曲线有不同的响应特征	自然电位曲线上没有明显异常,自然伽马值低,中子、声波、密度测井曲线显示储层含有灰质,微电极曲线为较小的正幅度差,电阻率测井值高,感应电阻率偏高,孔隙度偏小,FMI 微电阻率成像测井静态图为亮黄色	自然伽马值增大,自然电位曲线无异常,三孔隙度曲线差异较大,微电极曲线为负的幅度差,为中低值,较粉砂岩的声波时差、补偿中子值增大,FMI 微电阻率成像测井静态图呈棕黄色明暗相间的条带	微电极曲线一般会出现正幅度差,也可能无差异或负差异,侵入影响小,测井曲线难以区分,电阻率大小受地层水矿化度影响较大	高侵情况下浅探测电阻率明显高于深探测电阻率	自然伽马值增大,微电极曲线为负的幅度差且值较高,三孔隙度曲线重合性差,表明明显含灰、泥的特性

测井曲线种类众多,对于滩坝砂储层,比较有效的是 SP、GR 和电阻率,三孔隙度曲线(声波、中子、密度)有时也用于岩性的识别。电阻率测井中经常用的是微电极测井,它实际上是微电位和微梯度电阻率的差值,前者大于后者,为正差异。在低渗透油藏中,此类测井分辨率较高,适合于划分薄层。

测井曲线的形态与沉积环境及水动力条件密切相关。以自然电位曲线为例:自然电位曲线较平直,为水流停滞的低能环境;自然电位曲线呈中幅微齿化的箱状,电阻率曲线为尖刀状正异常,表明水动力条件相对稳定;在自然电位曲线上,滩坝砂特征表现为低幅指状或齿形特征,在电阻率曲线上表现为低阻特征,局部可能为低幅尖刀状,反映积过程中能量发生快速变化。

4.4　滩坝砂储层目标处理研究

4.4.1　滩坝砂正演模拟及特征分析

1) 滩坝砂正演模拟的理论基础

在了解研究区块地质情况的基础上,结合以往地震解释的成果,设计典型滩坝砂地质模型,开展正演模拟,并进行研究方法的理论效果测试。模型研究既要考虑岩性的变化

（滩、坝），又要考虑储层厚度的变化以及各种地层的叠合关系。

地震记录的形成采用褶积模型，褶积公式为：

$$s(t) = w(t) * r(t) = \int w(\tau)r(t-\tau)d\tau \tag{4-1}$$

式中，$w(t)$ 为地震子波，$r(t)$ 为反射系数函数，符号"$*$"表示褶积运算。

下面的正演就是采用这种简单的褶积模型，通过给定地震子波和反射系数序列来生成合成记录。

2）坝砂正演模拟

根据研究区沙四上亚段特点，对坝砂进行理论模拟（图 4-2）。设计总厚度 50 m，砂岩厚度 5~20 m，选用雷克子波的主频为 35 Hz，由纯下段井资料分析设定砂体速度 3 700 m/s，泥岩速度 3 000 m/s。该模型中，深灰色为砂体，浅灰色为泥岩。由正演模型及其响应知，滩坝砂组合地震反射整体表现为中强反射，坝砂越集中，地震反射越强。

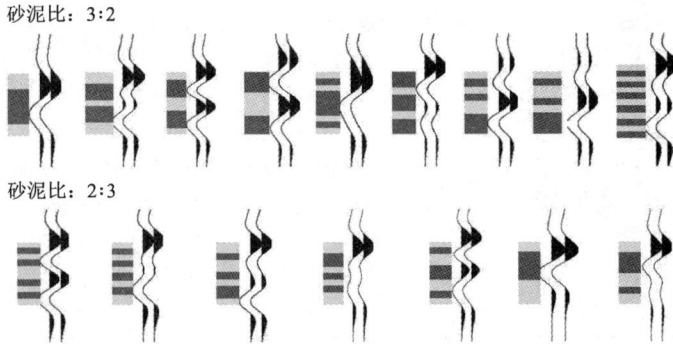

图 4-2　坝砂正演模型及地震响应

图 4-3 是坝砂正演模型对应的频谱。由图可知，坝砂组合地震反射整体表现为频率变高，但不同的坝砂组合，频谱变化很大。

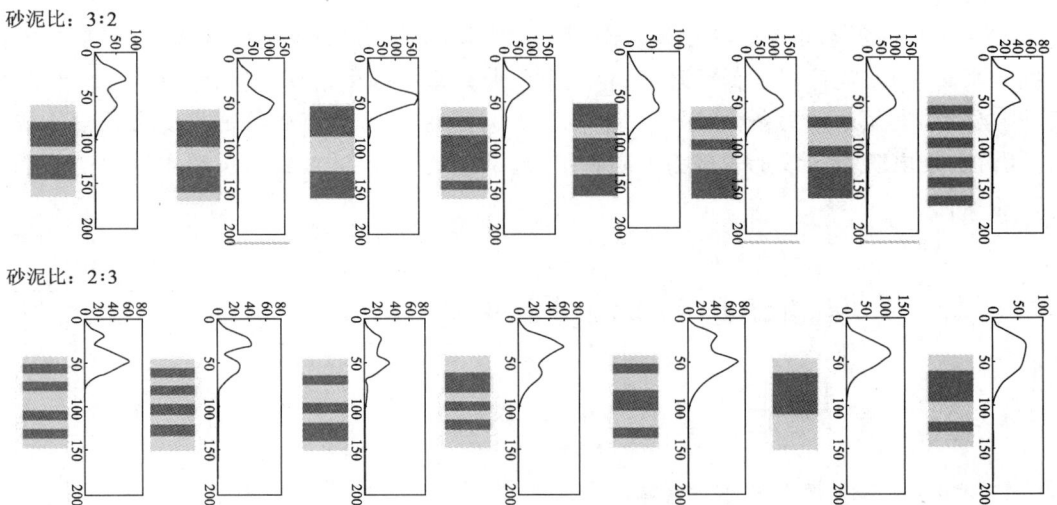

图 4-3　坝砂正演频谱

横坐标代表振幅；纵坐标代表时间，单位 ms

3）滩砂正演模拟

根据研究区沙四上亚段特点，对滩砂进行理论模拟（图 4-4）。设计地层总厚度 40 m，滩砂单层厚度 2 m，其他参数同上。由图可知，滩砂组合地震反射整体表现为中弱反射，当滩砂比较集中时，反射振幅加强。

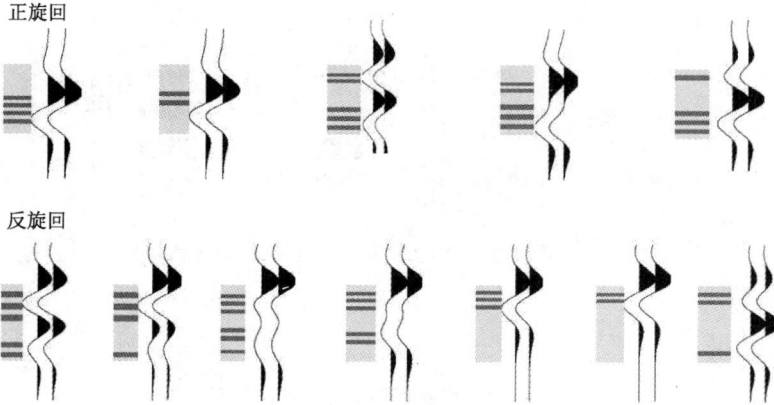

图 4-4　滩砂正演模型及地震响应

图 4-5 是滩砂正演模型对应的频谱。由图可知，滩砂组合地震反射整体表现为频率变高，但不同的滩砂组合，频谱变化很大。

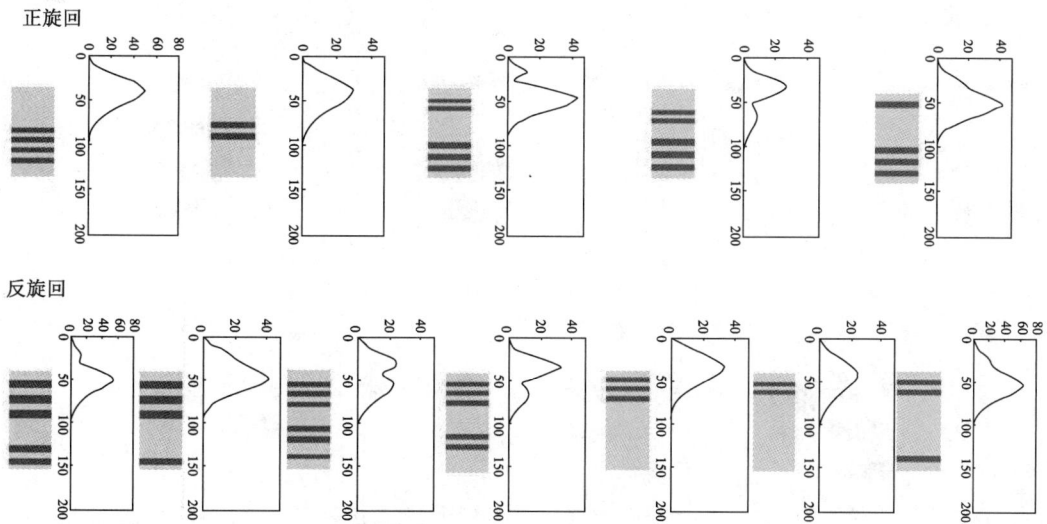

图 4-5　滩砂正演频谱

横坐标代表振幅；纵坐标代表时间，单位 ms

4）滩坝组合正演模拟

设计滩坝砂组合地震识别模式（图 4-6～图 4-9）。设计地层总厚度 40 m，坝砂单层厚度 5 m，其他参数同上。

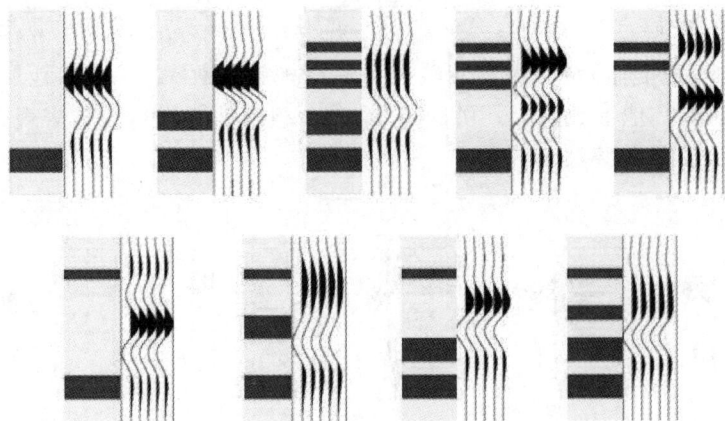

图 4-6　滩坝砂组合正演模型及地震响应(正旋回)

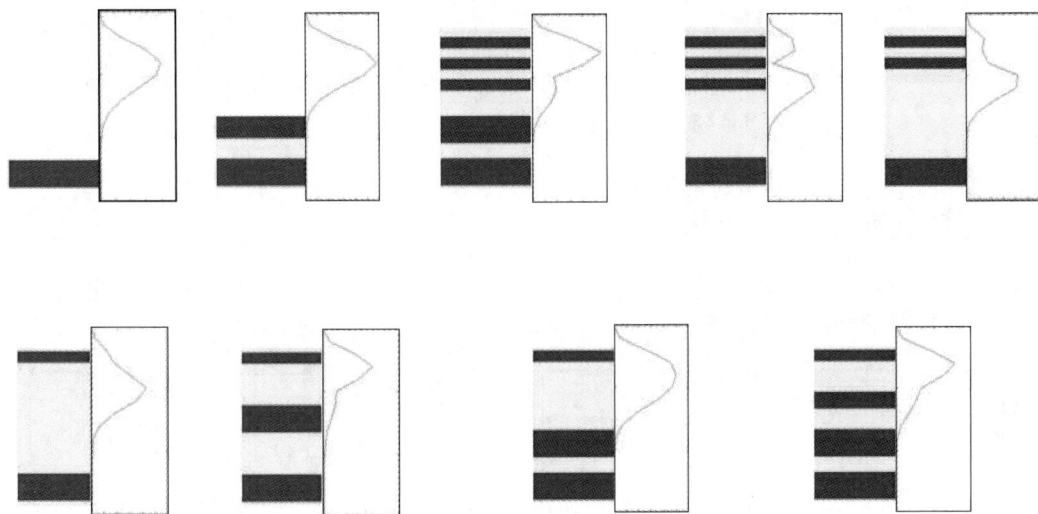

图 4-7　滩坝砂组合正演频谱(正旋回)

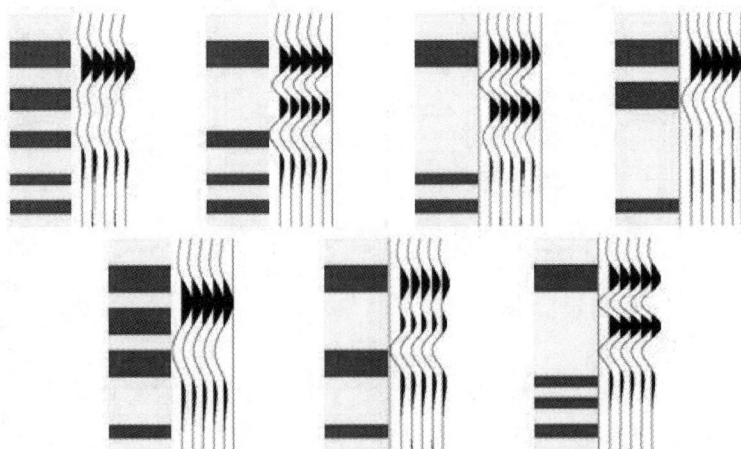

图 4-8　滩坝砂组合正演模型及地震响应(反旋回)

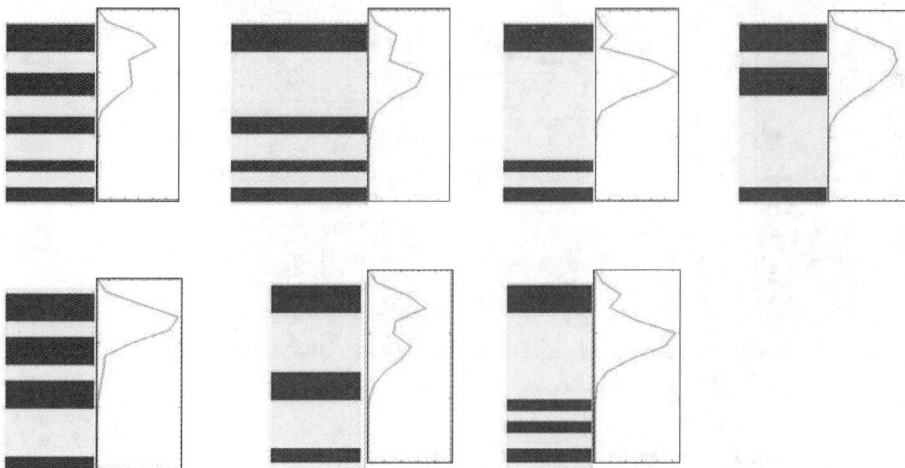

图 4-9　滩坝砂组合正演频谱(反旋回)

由图 4-6 可知,滩坝砂组合越集中,砂体厚度越厚,地震反射能量就越强。当分层比较分散时,地震反射也较弱,但是地震剖面上波形的个数有所增加,这对识别薄层是有利的。图 4-8 是滩坝砂组合反旋回的正演响应,其特征基本同正旋回,但反旋回强波峰在上面,而正旋回主要在下面。图 4-7 和图 4-9 分别是正旋回和反旋回对应的频谱,由图可见,不同组合的频率变化还是比较大的。

通过上述不同滩坝砂的地质模型正演模拟,经分析可得:滩坝砂的振幅变化规律比较明显,频谱信息不如波形信息,无规律性可循。

从正演结果可以看出:① 滩坝砂表现为中强反射,坝砂越集中,地震反射越强;② 频率变化较大,规律性不易掌握。为此进行井资料正演进一步了解滩坝砂储层的信息。

5) 实际井资料滩坝砂储层的正演模拟

对 L751 井进行正演模拟,如图 4-10 所示,由对比可知,目标层上面有一强轴屏蔽层,它是沙四段薄互层良好的盖层。对 B408 井和 B427 井进行正演模拟,分别如图 4-11 和图 4-12 所示,由对比可知,目标层上面有一强轴屏蔽层,它是沙四段薄互层良好的盖层。

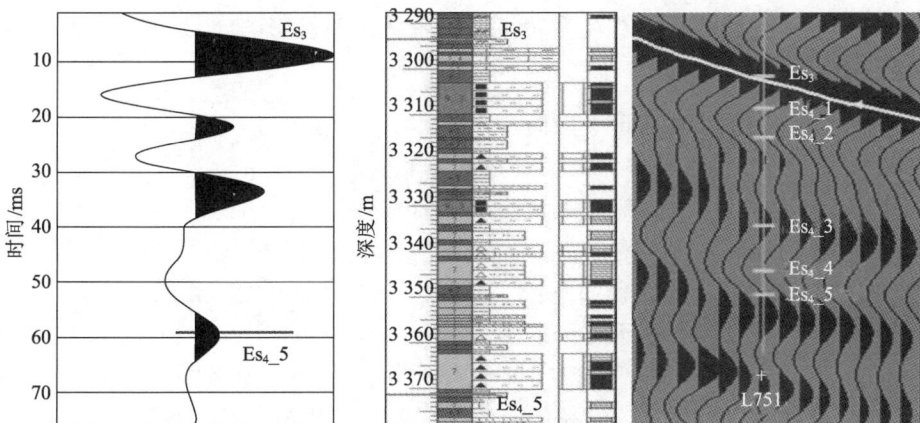

图 4-10　L751 井正演模拟分析

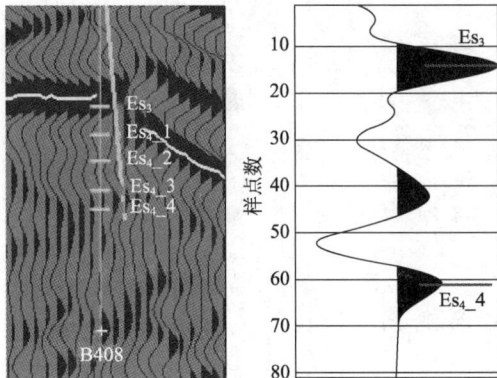

图 4-11　B408 井旁道正演模拟

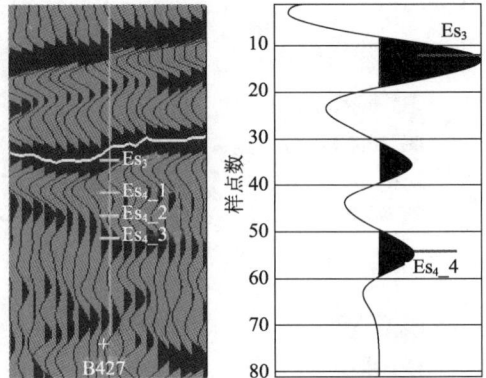

图 4-12　B427 井旁道正演模拟

4.4.2　基于 HHT-MWT 滩坝砂薄互层检测技术

针对滩坝砂薄互层油藏埋藏深、单层厚度薄、地震分辨率低、强反射层屏蔽目的层反射能量，造成薄互层反射信息弱的难点，先采用 HHT（Hilbert-Huang transform，希尔伯特-黄变换）进行目标处理，使滩坝砂弱反射能量得到增强，提高弱反射的识别能力；然后在此基础上，采用 MWT（multi-wavelet transform）技术对薄互层进行检测，对多子波检测数据体进行后续的属性提取研究分析。通过对比分析，较原始数据而言，经过 HHT-MWT 处理的数据体能更好地反映砂体分布，取得较好的应用效果。

4.4.2.1　HHT 谱白化技术

希尔伯特-黄变换是美国科学家 N. E. Huang 等人于 1998 年提出的一种分析非线性、非平稳信号的方法。该方法能够对非线性、非平稳信号进行线性化和平稳化处理，处理后的信号仍能够保留其主要特性。HHT 处理方法是通过经验模态分解（empirical mode decomposition，EMD），把复杂数据自适应地分解成有限个本征模式函数（intrinsic mode function，IMF），随后使用 HT（Hilbert transform）得出瞬时的频率和振幅，进而得到边际谱。与傅里叶方法相比，它是一种无须任何先验知识的时频分析方法，其分解基本依赖于信号本身，数据的分解有真实的物理意义。在国内，HHT 方法已经成功应用于地震信号分析等领域，并作为一种新的工具被越来越多的学者认识和使用。

1）经验模态分解

定义一个信号是 IMF 需满足下面两个条件：

（1）整个信号中过零点数目与极值点数目最多相差一个；

（2）信号上任何一点，由局部极大值点和局部极小值点分别确定的上、下包络线均值为零，即信号关于时间轴局部对称。

EMD 方法的思想及主要流程如下：

（1）找出原始信号 $x(t)$ 的所有极大值点和极小值点，并用三次样条曲线分别拟合为 $x(t)$ 的上、下包络线 $U(t)$ 和 $L(t)$，记上、下包络线均值为平均包络线 $m_{11}(t)$，用原始数据 $x(t)$ 减去 $m_{11}(t)$ 可得到一个去掉低频的新数据列 $h_{11}(t)$，其式为：

$$h_{11}(t) = x(t) - m_{11}(t) \tag{4-2}$$

将 $h_{11}(t)$ 看作 $x(t)$，重复以上过程 m 次，直到满足以下两个条件：

① 对于一列数据，极值点和过零点数目必须相等或最多相差一点；

② 在任意时刻，由极大值点定义的上包络线和极小值点定义的下包络线的平均值为零，此时 $h_{1m}(t)$ 就是第一个 IMF，记为 $c_1(t)$，它表示信号中的最高频部分。

（2）从 $x(t)$ 中减去 $c_1(t)$，得到去掉高频成分的新数据列 $r_1(t)$，将 $r_1(t)$ 看作 $x(t)$，重复过程（1），依次得到频率由高到低的第二个 IMF、第三个 IMF、……。当 $r_n(t)$ 足够小或成为单调函数时筛选终止。由此，原始数据列 $x(t)$ 可以表示为一组 IMF 和残余项 $r_n(t)$ 的和：

$$x(t) = \sum_{j=1}^{n} c_j(t) + r_n(t) \tag{4-3}$$

2）Hilbert-Huang 幅度谱

利用 EMD 从原始信号中获得所有 IMF 后，再分别对每一个 IMF 分量做 Hilbert 变换：

$$y_j(t) = \frac{1}{\pi} \int_{-\infty}^{+\infty} \frac{c_j(\tau)}{t - \tau} d\tau \tag{4-4}$$

以 $c_j(t)$ 为实部、$y_j(t)$ 为虚部构成解析信号

$$z_j(t) = c_j(t) + \mathrm{i} y_j(t) = a_j(t) \mathrm{e}^{\mathrm{i}\theta_j(t)} \tag{4-5}$$

解析信号的极坐标形式明确地表达了信号的瞬时振幅 $a_j(t) = \sqrt{c_j^2(t) + y_j^2(t)}$ 和瞬时相位 $\theta_j(t) = \arctan[y_j(t)/c_j(t)]$，这反映了 Hilbert 变换的物理含义：通过一正弦曲线的频率和振幅调制获得信号局部的最佳逼近。根据瞬时频率的定义以及各 IMF 的瞬时频率 $\omega(t) = \mathrm{d}\theta_j(t)/\mathrm{d}t$，从而得到原始数据序列表达式为：

$$x(t) = \mathrm{Re}[a_j(t) \mathrm{e}^{\mathrm{i}\int \omega_j(t)\mathrm{d}t}] \tag{4-6}$$

在此略去了残余项 $r_n(t)$，因为它是一个单调函数（表示数据的总趋势）或一个常数，$\mathrm{Re}[\cdot]$ 表示取实部。

式（4-6）反映了信号振幅、瞬时频率和时间之间的关系。若将信号的振幅表示为时间和瞬时频率的函数 $H(\omega, t)$，则可获得信号的时间-频率分布-Hilbert 谱。由于能量可用振幅的平方来描述，所以 $H(\omega, t)$ 也在一定程度上反映了信号能量在空间（或时间）各种尺度上的分布规律。

由瞬时频率的物理意义可知，并不是任意的信号都能用瞬时频率来讨论，当信号满足只含一种振动模态、没有复杂叠加波的情况才可行。也就是说对于含有复杂波系的信号，直接 Hilbert 变换在一定程度上失去了方法上的有效性。为此，要采用一种新型的信号处理技术——EMD，其本质就是对采集到的信号进行分模态处理，得到一系列平稳的本征态函数 IMF 分量，再对每一个分量进行 Hilbert 变换得到 HH 谱，进而得到边际谱。

以一具体的模拟信号（图 4-14）为例说明 EMD 分解以及 IMF 的求取：

$$y(t) = \sin(20\pi t) + \sin(50\pi t) + \sin(100\pi t) + \sin(120\pi t) + \mathrm{e}^{2t} \tag{4-7}$$

原始信号及其上包络线和下包络线如图 4-13 所示，经 EMD 分解得到 IMF 图（图 4-14）。图 4-15 是一个合成地震记录的各 IMF 图，图 4-16 是其瞬时频率图。

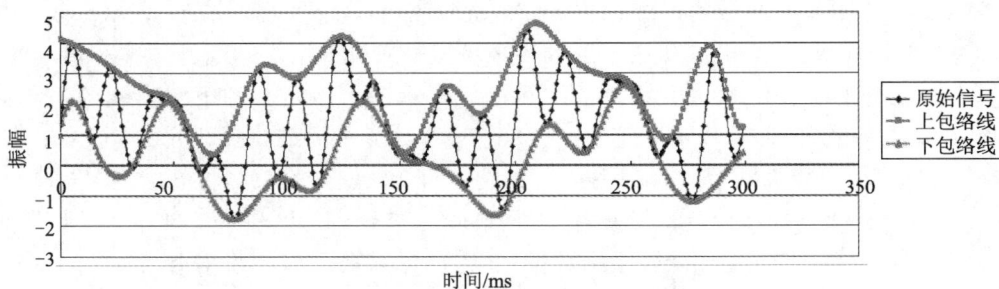

图 4-13 原始信号及其上包络线和下包络线

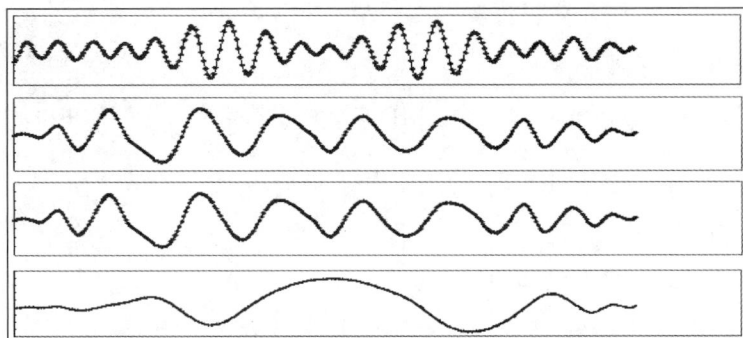

图 4-14 IMF 的归一化过程

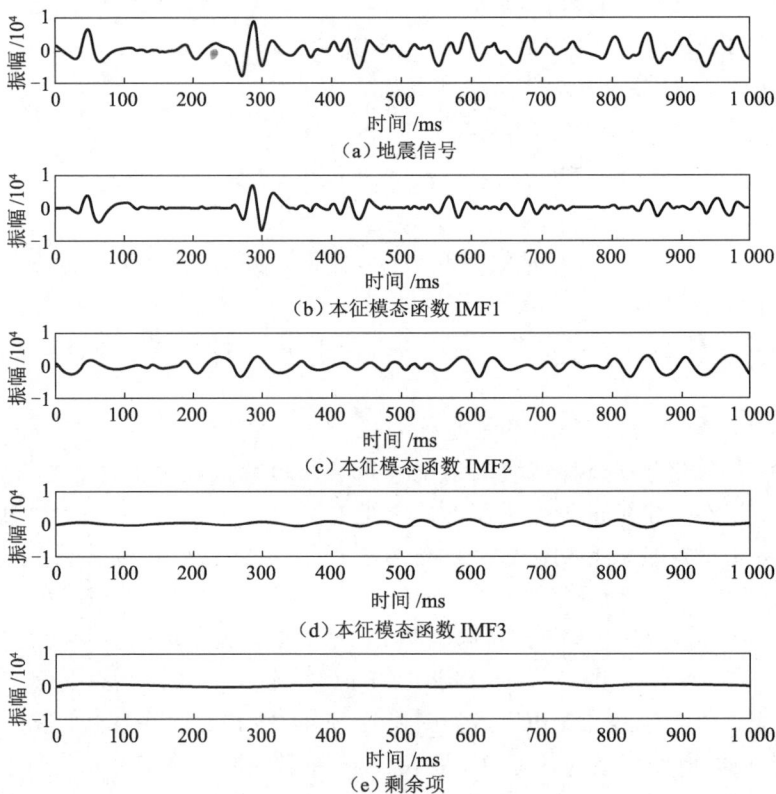

（a）地震信号

（b）本征模态函数 IMF1

（c）本征模态函数 IMF2

（d）本征模态函数 IMF3

（e）剩余项

图 4-15 信号的经验模态分解

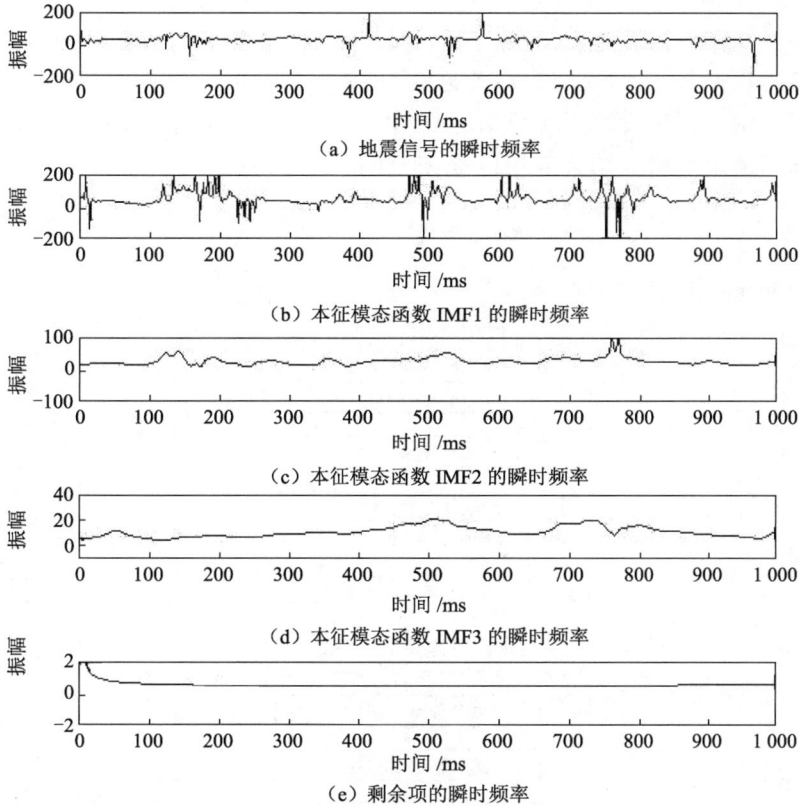

图 4-16　地震信号瞬时频率

通过对仿真信号和合成地震记录的分析,可以看出 EMD 能较准确地把复杂信号分解成从高频到低频的固有模态函数。由于 Hilbert 变换只能近似应用于窄带信号,所以实际存在的各种非平稳信号可以利用 EMD 的这个优点对其进行分析,把非平稳信号分解成从高频到低频的几个平稳的 IMF 和残余信号的叠加,然后再利用 Hilbert 变换对分解出来的 IMF 进行谱图分析。

3) 基于 HHT 的目标处理技术

基于 HHT 点谱的目标处理技术流程如下:首先对整个数据序列进行频谱分析,估计出需要扩展的频带;然后在 Hilbert 谱上对数据实现谱白化。对于一道地震数据,做法是设计统一的白化滤波器 $f(\omega)$,并在每个时间点上利用此白化滤波器增强各 IMF 分量在该时间点上的瞬时振幅,增强的振幅由此 IMF 在该时间点上的瞬时频率决定。拟采用的白化滤波器由信号频谱的倒数求出,对于一道地震信号 $x(t)$,由傅里叶变换求出其频谱 $X(\omega)$,对振幅谱 $X(\omega)$ 求包络 $e(\omega)$,则白化滤波器为:

$$f(\omega) = \frac{\nu}{e(\omega) + \varepsilon \cdot \nu} \tag{4-8}$$

式中,ν 为包络的最大值,即 $\nu = \max[e(\omega)]$;ε 为白噪声因子。

$x(t)$ 通过 EMD 分解变为 n 个 IMF 的和。对于其中一个 $\text{IMF}c_i(t)$,其瞬时振幅和瞬时频率分别为 $a_i(t)$ 和 $\omega_i(t)$,每个时间点上的 $a_i(t)$ 与白化滤波器相乘,从而得到白化后

的瞬时振幅 $\tilde{a}_i(t)$，即

$$\tilde{a}_i(t) = a_i(t)f[\omega_i(t)] \tag{4-9}$$

在对某道地震信号 $x(t)$ 完成谱白化之后，需要由白化时频谱重构信号，从而得到白化后的地震信号。由于白化过程中相位信息保持不变，所以可利用 Hilbert 变换法得到的瞬时相位与白化后的瞬时振幅结合重构信号，即

$$\tilde{a}(t) = \mathrm{Re}\sum_{j=1}^{n}\tilde{a}_j(t)\mathrm{e}^{i\theta_j(t)} \tag{4-10}$$

具体流程如图 4-17 所示。

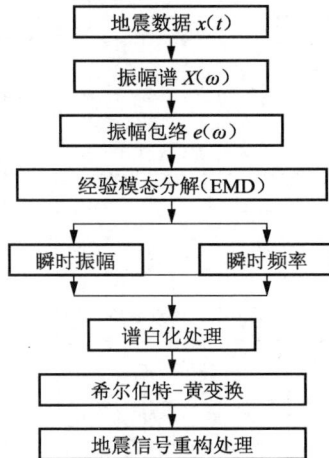

图 4-17 基于 HHT 地震谱白化流程图

为了试验方法的有效性，设计了一个简单的薄互层模型，如图 4-18 所示。

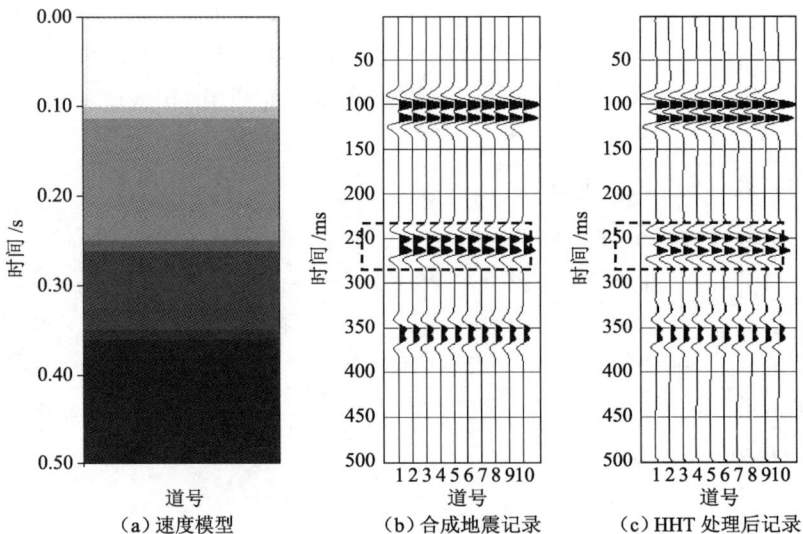

图 4-18 HHT 目标处理模型试验结果

由图 4-18 可知，HHT 目标处理有效地削弱了薄互层之间的子波叠加作用，叠合的子波能较好地分开，薄层分辨能力明显增强（如图中矩形框所示），其可以作为一种目标处理

技术应用于滩坝砂薄互层识别中。

下面用该技术处理三维数据体,从数据体中抽取了 L751 井区过井剖面,如图 4-19 所示。

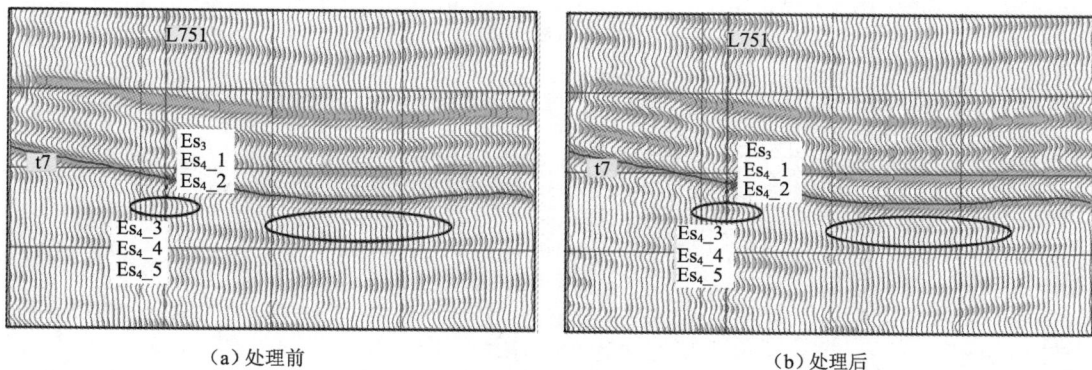

| （a）处理前 | （b）处理后 |

图 4-19 HHT 目标处理效果图

图 4-19 中标出了 T7 层、L751 井及其分层情况。由前后对比可知,经过 HHT 处理以后,井点位置同相轴反射能力增强(左边椭圆形框),分辨率得到明显提高;在右边椭圆形框中,HHT 处理使得原本微弱、断断续续的同相轴连续性变好。本研究区和其他几个研究区块的应用表明,HHT 目标处理技术的使用使得滩坝砂储层段地震反射能量增强,分辨率得到有效提高。

对点谱处理前后的数据进行了频谱分析,结果如图 4-20 所示。

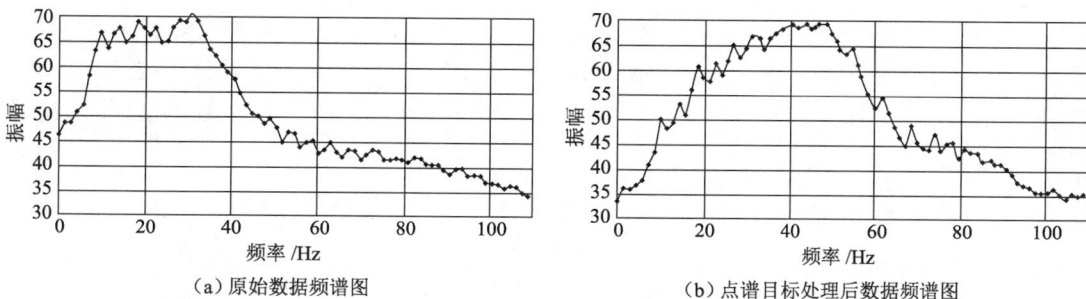

| （a）原始数据频谱图 | （b）点谱目标处理后数据频谱图 |

图 4-20 HHT 处理频谱对比图

4.4.2.2 基于 MWT 的薄互层储层检测技术

薄互层储层子波与非储层子波在子波特征方面有所不同,MWT 技术突破了使用单一子波研究滩坝砂薄互层储层的局限,通过采用频带限制比较严格的特征子波对滩坝砂薄互层进行检测,这样就能更好地突出储层信息,提高储层预测精度。

MWT 检测的基本过程如下:首先对井旁道地震记录进行分析,确定目标地质体对应地震信号的频率范围,由此求解频谱限定在一定范围内的子波,并将其作为检测用的子波,然后对每一道与所求得的子波进行相关检测,以突出某些在剖面中难以直接识别的目标。

假设滩坝砂薄互层储层对应地震道的子波频带范围已经估计出为 $[f_{min}, f_{max}]$,则可求出中心频率 f_c 和频带宽度 f_w:

$$f_c = \frac{f_{min} + f_{max}}{2}, \quad f_w = f_{max} - f_{min} \tag{4-11}$$

设 λ^2 是子波在该频带内的能量占总能量的比值,则有:

$$\lambda^2 = \frac{\int_{-f_{\max}}^{f_{\max}} |W(f)|^2 df - \int_{-f_{\min}}^{f_{\min}} |W(f)|^2 df}{\int_{-f_{N/2}}^{f_{N/2}} |W(f)|^2 df} \tag{4-12}$$

据 Lilly 和 Park(1995)以及 Greene(2007)的讨论,上式可以转化为矩阵特征值和特征向量的求解问题,求解公式为 $Aw = \lambda w$。其中,$A = (a_{m,n})_{N \times N}$,则有:

$$a_{m,n} = \frac{\sin[2\pi(f_e + f_w/2)\Delta t(m-n)]}{\pi(m-n)} - \frac{\sin[2\pi(f_e - f_w/2)\Delta t(m-n)]}{\pi(m-n)} \tag{4-13}$$

式中,N 为子波采样点数。

取 λ 接近于 1 所对应的特征向量 w,一般可以得到多个,记为 $\{w\}$,$\{w\}$ 的频域能量限制在频带 $[f_{\min}, f_{\max}]$ 以内,$\{w\}$ 为所要求取的多子波。

4.4.2.3　基于 HHT-MWT 滩坝砂薄互层检测技术的应用

下面应用多子波检测技术对 L75 井区滩坝砂储层进行薄互层检测。这里使用了原始数据和 HHT 目标处理两套数据,以方便对比效果。

在 L75 井区中,通过时频分析技术发现目标层频率集中在 5~45 Hz 之间,根据这一频率范围,设定矩阵 A 并提取对应特征值较大的特征向量作为检测子波。选择 $f_{\min}$ 和 $f_{\max}$ 分别是 5 Hz 和 45 Hz,采样率 Δt 与实际资料相同为 2 ms,子波采样点数 N 选择为 61,并由此得到几个标准子波(图 4-21a)。可以看出这些子波在波形上存在较大差异,子波 1 呈现典型的零相位特征,子波 2 基本上呈 90°相位特征,而子波 3 具有对称的双峰特征,类似于解释中经常用到的复合子波。它们的振幅谱如图 4-21(b)所示,主要能量分布在 5~45 Hz 之间,子波 3 由于相位谱叠合效应中间有一缺口,与复合子波频谱特征相似,可以展示储层某些特殊特征。

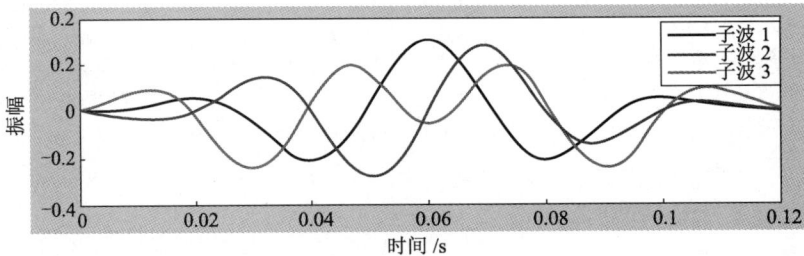

(a)求取的多子波

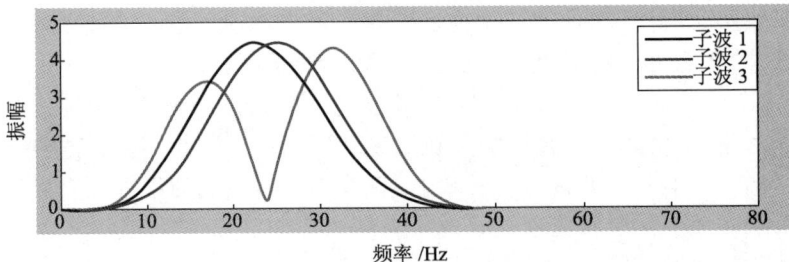

(b)多子波对应的振幅谱

图 4-21　用于梁 75 井区 T7 层的分析子波

值得注意的是,不是求取的每一种子波都会取得好的检测效果,应根据测录井信息选用能较好地反映薄互层特征的子波来进行薄互层检测。本井区中,子波 2 的检测效果较好,所以下面以子波 2 为例说明。

提取 T7 层瞬时频率属性,经过 HHT-MWT 处理的瞬时频率能较好地反映砂体分布,与井点位置比较符合,具有良好的效果(图 4-22)。

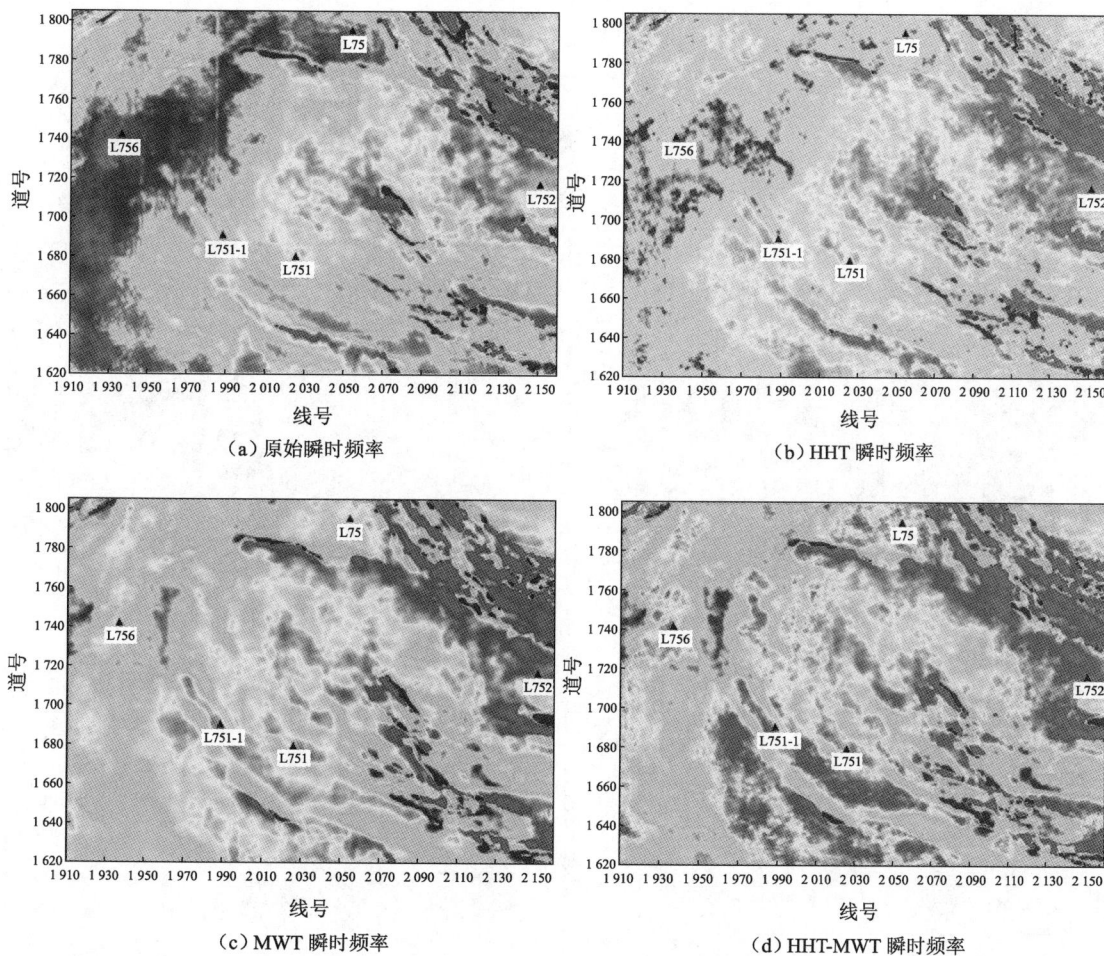

（a）原始瞬时频率　　　　　　　　　（b）HHT 瞬时频率

（c）MWT 瞬时频率　　　　　　　　　（d）HHT-MWT 瞬时频率

图 4-22　HHT-MWT 瞬时频率效果比较

又提取 T7 层下 20 ms 的均方根振幅属性,属性基本上反映的是 1＋2 砂组砂体分布及含油气性(图 4-23)。图 4-24(a)为原始均方根振幅切片,图 4-24(b)为 HHT 数据体均方根振幅切片,图 4-24(c)为原始数据经 MWT 检测后的均方根振幅切片,图 4-24(d)为 HHT数据体经 MWT 检测后的均方根振幅切片。由图可知,HHT 数据体增强了弱反射,更好地反映了砂体分布。与 HHT 和 MWT 均方根振幅切片相比,HHT-MWT 检测结果能更好地反映储层特征,比较精细地划分了目标层段砂体分布和含油气有利区,通过录井资料的检验,与井点位置吻合度很高,应用效果良好。

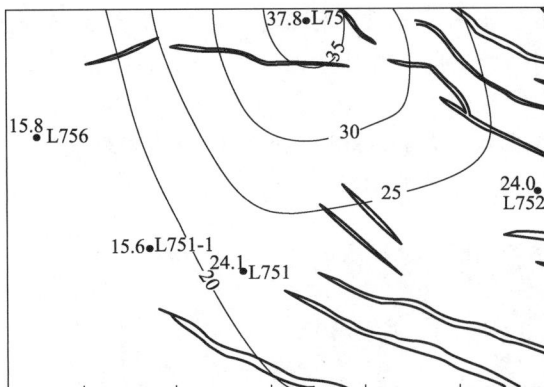

图 4-23　1+2 砂层砂体等厚图(单位 m)

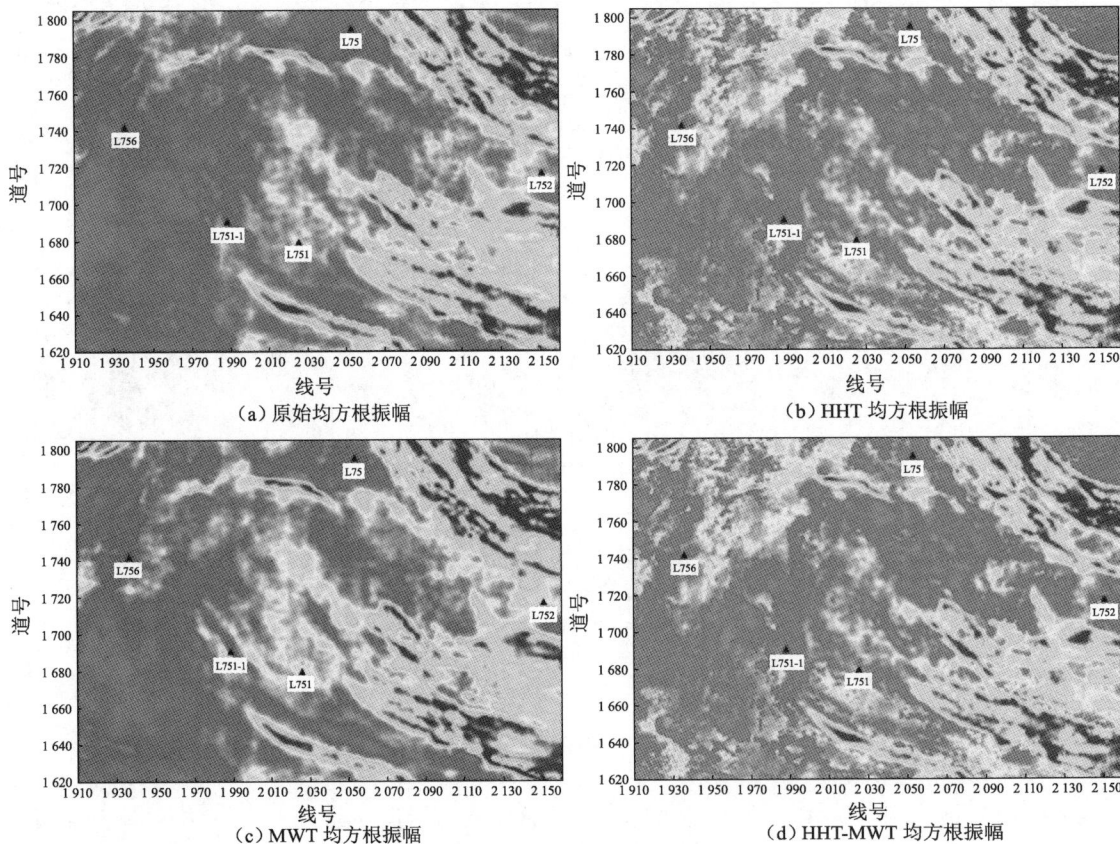

(a)原始均方根振幅

(b)HHT 均方根振幅

(c)MWT 均方根振幅

(d)HHT-MWT 均方根振幅

图 4-24　HHT-MWT 均方根属性检测效果比较

4.4.3　小波分频成像技术

地震信号是一种由一系列不同相位、不同频率的信号组合成的非平稳信号。用于构造解释和储层预测的常规地震解释方法是直接对地震信号进行研究。但是当研究目标层相对复杂时,利用地震信号直接进行解释比较困难。如果有一种方法可以将原始的地震信号在不同频率范围内进行分解,就可以得到更加丰富的信息,分频成像技术正是这样的方法。该方法的优点是具有较高的分辨率,充分利用地震数据中相对高、低频成分,克服了常规方法依赖层位的不足。

分频成像技术不同于常规谱分解技术。分频成像利用小波变换技术寻找对薄层成像最有利的一条窄带地震体,而谱分解技术通过短时傅里叶变换得到能显示薄层特性的单一频率体。用小波变换进行分频成像时,通常选取和 Ricker 子波频谱最接近的小波作为小波基,这样研究的分频剖面就有一定的物理意义。换句话说,小波变换分频成像就是把一个常规剖面分解到不同主频的子波剖面上。

4.4.3.1 小波分频成像技术研究

分频成像技术理论上主要依据薄层反射系统可产生复杂的谐振反射。实际的地震波常常是地下多个薄层的综合响应,但是由这些薄层组成的层组所产生的复杂的调谐反射在频率域是唯一的,每个薄层产生的地震反射在频率域都有一个与之相对应的特定频率成分,所以该频率成分可以指示薄层的时间厚度。对于厚度小于 1/4 波长的薄层而言,在时间域,随着薄层厚度的增加,地震反射振幅逐渐增加。当薄层厚度增加至 1/4 波长的调谐厚度时,反射振幅达到最大。时间域的最大反射振幅对应着频率域的最大振幅能量值。由薄层调谐引起的振幅谱的干涉特征取决于薄层的声学特征及其厚度。通常情况下,地震波 $s(t)$ 被看成子波 $w(t)$ 与反射系数序列 $R(t)$ 的褶积与噪声序列 $n(t)$ 之和,即 $S(t) = w(t) * R(t) + n(t)$。频率的横向变化是指示油气可能存在的另一重要信息,当地震波通过含油气地层时,主频向低频方向移动,在浅层频移范围较大,由于反射频率随层深的增加高频衰减,深层频移范围小。频率的横向变化代表了岩性的横向变化,如果频率横向变化小,说明地层稳定,往往出现在低能环境中;如果频率横向变化大,说明岩性迅速变化,出现在高能沉积环境中。频谱成像主要生成两种类型的数据体:单一频率体和调谐体。

1) 单一频率体

对三维地震资料进行特殊处理,可以产生具有单一频率的一系列的振幅能量体——单频体。单频体在垂向上与常规数据体相同,均为时间,每个数据体中只含单一的频率成分。在某一给定频率的三维地震能量体上,具有相似的声学特征和厚度的储层,其调谐频率上表现出相似的薄层调谐特征。此外,分频成像处理技术还可产生单一频率的一系列的相位数据体,通过相位在空间的变化指示薄层的声学特征及其厚度的横向不连续。分频成像技术的应用改变了过去以地震子波主频定义调谐厚度的概念,因为分频成像技术允许在任意频率下分析地震反射的变化,可以把给定储层的调谐频率作为解决问题的出发点,而不是用给定地震资料的调谐厚度。分频成像技术提供了利用三维地震资料的多尺度信息对储层进行高分辨率成像并刻画储层时间厚度变化的工具。该技术可应用于描述沉积相和沉积环境,如检测河道砂体的空间分布,对侵蚀充填的砂体空间分布进行成像等。

2) 调谐体

调谐体是沿目的层面进行处理而得到的研究区内各个点的能量数据体和相位数据体。

如果对三维地震资料进行特殊处理,就会产生具有一系列($f_{低} \rightarrow f_{高}$)振幅能量数据体。利用"高频段"地震能量数据体,可根据振幅干涉特征分辨出薄砂体发育区(图 4-25)。

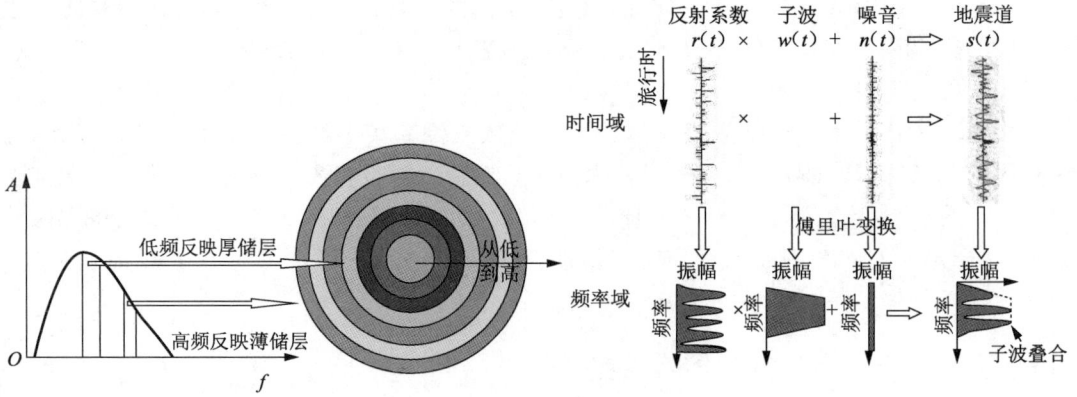

图 4-25　频谱成像示意图

4.4.3.2　三参数小波及其频谱成像技术

由于常用的 Morlet 小波仅有两个可调参数,所以它不能很好地匹配地震子波或给定的有效信号,从而限制了其应用。因此,一种具有 4 个可调参数的新的分析小波被构造出来,它能够最佳地匹配地震子波。模拟地震子波的公式为:

$$w(t) = A\exp[-\tau(t-\beta)^2]\exp(\mathrm{i}\sigma t) \tag{4-14}$$

式中,$\mathrm{i} = \sqrt{-1}$,A 为地震子波的振幅,τ 为能量衰减因子,β 为能量延迟因子,σ 为地震子波的调制频率,函数 $w(t)$ 不满足容许条件。

为了使式(4-14)满足容许条件,将其改写为:

$$\phi(t,\sigma,\tau,\beta) = \mathrm{e}^{-\tau(t-\beta)}\{p(\sigma,\tau,\beta)[\cos(\sigma t) - k(\sigma,\tau,\beta)] + \mathrm{i}q(\sigma,\tau,\beta)\sin(\sigma t)\} \tag{4-15a}$$

式中,σ 表示小波函数的调制频率;$\sigma,\tau,\beta \in \mathbf{R},\sigma,\tau \geqslant 0$。

简单起见,记向量 $\mathbf{\Lambda} = (\sigma,\tau,\beta)$ 为参数 σ,τ,β 集合,则 $\phi(t,\sigma,\tau,\beta)$ 可记为 $\phi(t,\mathbf{\Lambda})$,其他量类似。式(4-15a)可简写为:

$$\phi(t,\mathbf{\Lambda}) = \mathrm{e}^{-\tau(t-\beta)}\{p(\mathbf{\Lambda})[\cos(\sigma t) - k(\mathbf{\Lambda})] + \mathrm{i}q(\mathbf{\Lambda})\sin(\sigma t)\} \tag{4-15b}$$

对公式(4-15b)做傅里叶变换可得到其频域形式 $\hat{\phi}(\omega,\mathbf{\Lambda})$:

$$
\begin{aligned}
\hat{\phi}(\omega,\mathbf{\Lambda}) &= \int_{-\infty}^{+\infty} \phi(t,\mathbf{\Lambda})\mathrm{e}^{\mathrm{i}\omega t}\,\mathrm{d}t \\
&= \sqrt{\frac{\pi}{\tau}}\frac{p(\mathbf{\Lambda}) + q(\mathbf{\Lambda})}{2}\mathrm{e}^{-\mathrm{i}\beta(\omega-\sigma)} - \frac{(\omega-\sigma)^2}{4\tau} + \\
&\quad \sqrt{\frac{\pi}{\tau}}\frac{p(\mathbf{\Lambda}) - q(\mathbf{\Lambda})}{2}\mathrm{e}^{-\mathrm{i}\beta(\omega+\sigma) - \frac{(\omega+\sigma)}{4\tau}} - \\
&\quad p(\mathbf{\Lambda}) - k(\mathbf{\Lambda})\sqrt{\frac{\pi}{\tau}}\mathrm{e}^{-\mathrm{i}\beta\omega - \frac{\omega^2}{4\tau}}
\end{aligned}
\tag{4-16}
$$

利用容许条件和分析小波的归一化条件可以解得 $p(\mathbf{\Lambda}),q(\mathbf{\Lambda})$ 和 $k(\mathbf{\Lambda})$:

$$k(\mathbf{\Lambda}) = \mathrm{e}^{-\frac{\sigma^2}{4\tau}}\left|\cos(\beta\sigma) + \frac{\mathrm{i}q(\mathbf{\Lambda})}{p(\mathbf{\Lambda})}\sin(\beta\sigma)\right| \tag{4-17}$$

$$p(\mathbf{\Lambda}) = \left|\frac{2\tau}{\pi}\right|^{\frac{1}{4}}\left|4\left|\mathrm{e}^{-\frac{\sigma^2}{2\tau}} - \mathrm{e}^{-\frac{3\sigma^2}{8\tau}}\right|\cos^2(\beta\sigma) + 1 - \mathrm{e}^{-\frac{\sigma^2}{2\tau}}\right|^{-\frac{1}{2}} \tag{4-18}$$

$$q(\boldsymbol{\Lambda})=\left|\frac{2\tau}{\pi}\right|^{\frac{1}{4}}\left|4\left|e^{-\frac{\sigma^2}{2\tau}}-e^{\frac{3\sigma^2}{8\tau}}\right|\sin^2(\beta\sigma)+1-e^{-\frac{\sigma^2}{2\tau}}\right|^{-\frac{1}{2}} \tag{4-19}$$

式(4-15b)[或其 Fourier 形式,即式(4-16)]就是三参数小波(TP wavelet)。下面研究了 $\boldsymbol{\Lambda}=(\sigma,\tau,\beta)$ 取不同值时三参数小波的表达式。

当 $\tau=0.5,\beta=0,\boldsymbol{\Lambda}_1=(\sigma,0.5,0)$,由式(4-17)、式(4-18)及式(4-19)得:

$$p(\boldsymbol{\Lambda}_1)=\pi^{-\frac{1}{4}}\left|1+3e^{-\sigma^2}-4e^{-\frac{3\sigma^2}{4}}\right|^{-\frac{1}{2}} \tag{4-20}$$

$$q(\boldsymbol{\Lambda}_1)=\pi^{-\frac{1}{4}}\left|1-e^{-\sigma^2}\right|^{-\frac{1}{2}} \tag{4-21}$$

$$k(\boldsymbol{\Lambda})=e^{-\frac{\sigma^2}{2}} \tag{4-22}$$

把上面 3 式代入式(4-15b),得:

$$\phi(t,\boldsymbol{\Lambda}_1)=\pi^{-\frac{1}{4}}e^{-\frac{t^2}{2}}\{p(\boldsymbol{\Lambda}_1)[\cos(\sigma t)-e^{-\frac{\sigma^2}{2}}]+iq(\boldsymbol{\Lambda}_i)\sin(\sigma t)\} \tag{4-23}$$

此时,三参数小波转化为改进的 Morlet 小波。当 $\sigma>5.33$,令 $\boldsymbol{\Lambda}_2=(\sigma>5.33,0.5,0)$, $p(\boldsymbol{\Lambda}_2)$ 和 $q(\boldsymbol{\Lambda}_2)$ 都近似等于 $\pi^{-\frac{1}{4}}$,得:

$$\phi(t,\boldsymbol{\Lambda}_2)\approx\pi^{-\frac{1}{4}}e^{-\frac{t^2}{2}}[\cos(\sigma t)+i\sin(\sigma t)] \tag{4-24}$$

式(4-24)即 Morlet 小波。因此,Morlet 小波和改进的 Morlet 小波包含于三参数小波中。

当 $\sigma=1,\beta=0$ 时,分别使 τ 等于 0.5,2,4,得到不同参数的三参数小波函数,如图 4-26 所示。

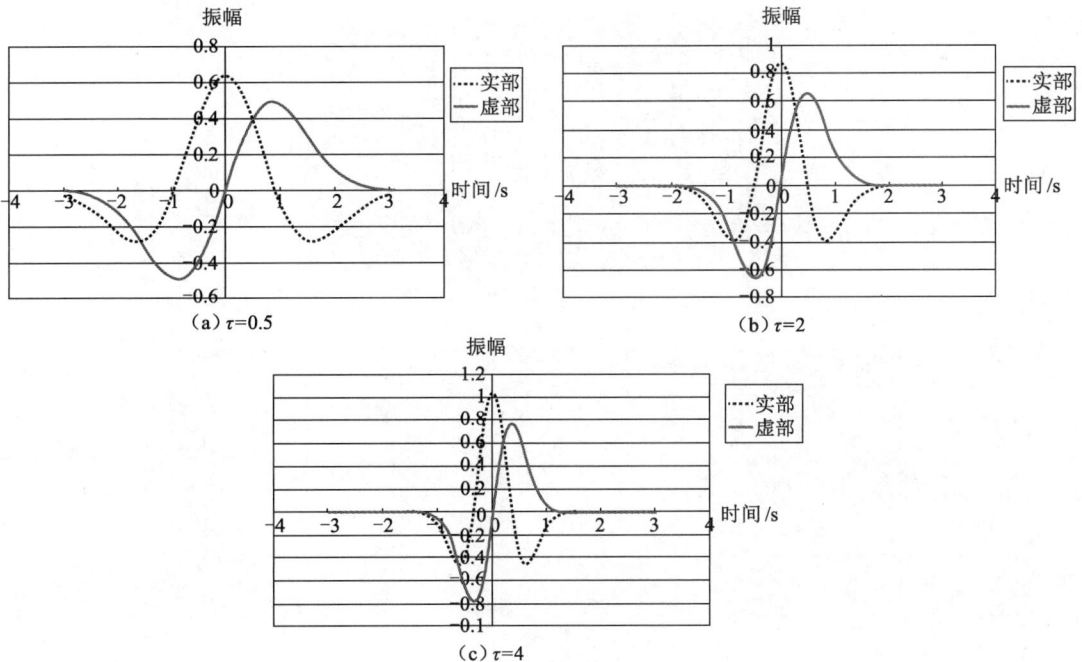

图 4-26　不同参数的三参数小波函数图

4.4.3.3 小波多尺度分频属性计算及提取

对 L75 井区进行分频属性提取,实际资料剖面效果比较如图 4-27 所示。

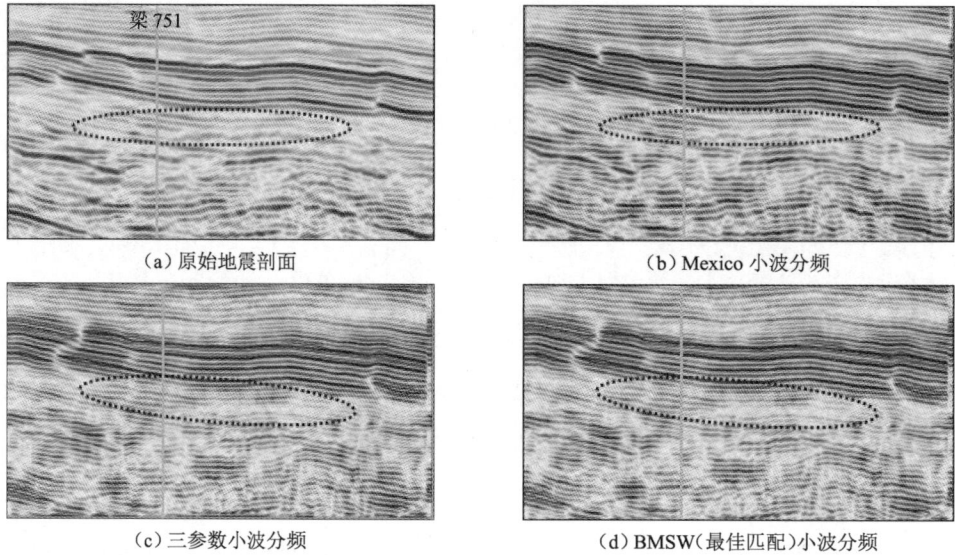

（a）原始地震剖面   （b）Mexico 小波分频

（c）三参数小波分频   （d）BMSW（最佳匹配）小波分频

图 4-27　实际资料剖面效果比较图

对于 L75 井区,在目的层下方解释了一个新层位 T7d,利用地层切片技术,在目的层插值出了 3 个层,如图 4-28 所示,从上到下记为 T71,T72,T73,分别对应 1+2 砂组、3 砂组、4 砂组的底面,再提取低、高频率数据体的沿层数据(图 4-29～图 4-32)。

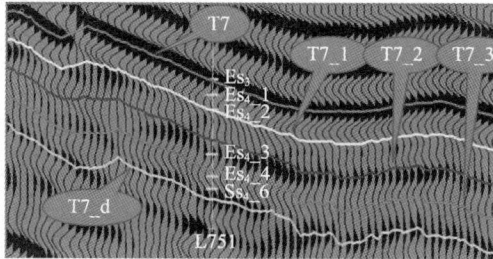

图 4-28　地层切片示意图

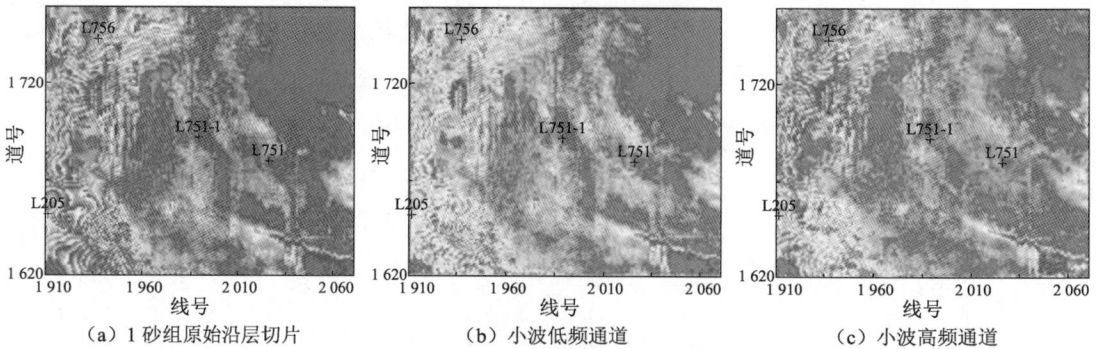

（a）1 砂组原始沿层切片   （b）小波低频通道   （c）小波高频通道

图 4-29　L75 井区 1 砂组小波多尺度分析

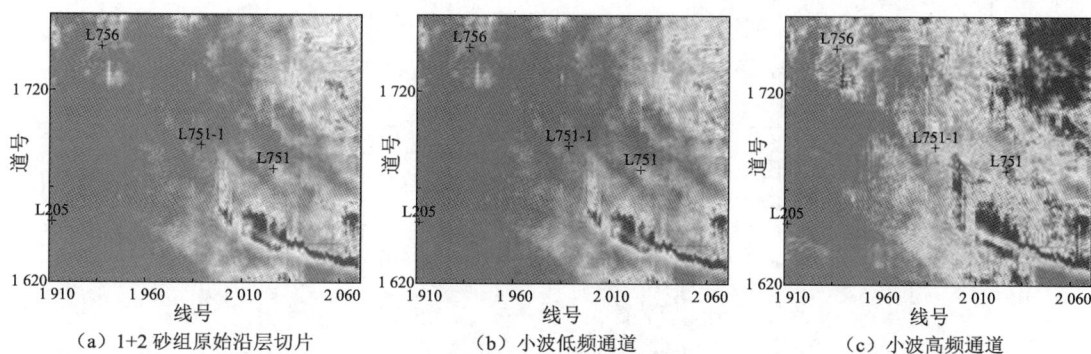

（a）1+2 砂组原始沿层切片　　　（b）小波低频通道　　　（c）小波高频通道

图 4-30　L75 井区 1+2 砂组小波多尺度分析

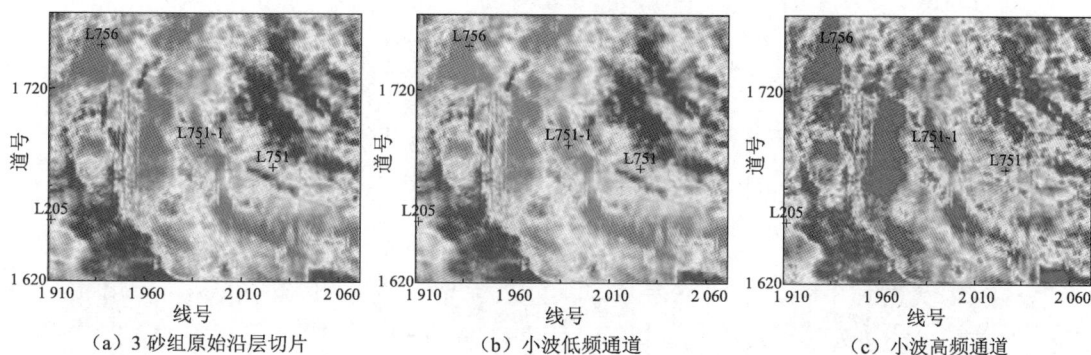

（a）3 砂组原始沿层切片　　　（b）小波低频通道　　　（c）小波高频通道

图 4-31　L75 井区 3 砂组小波多尺度分析

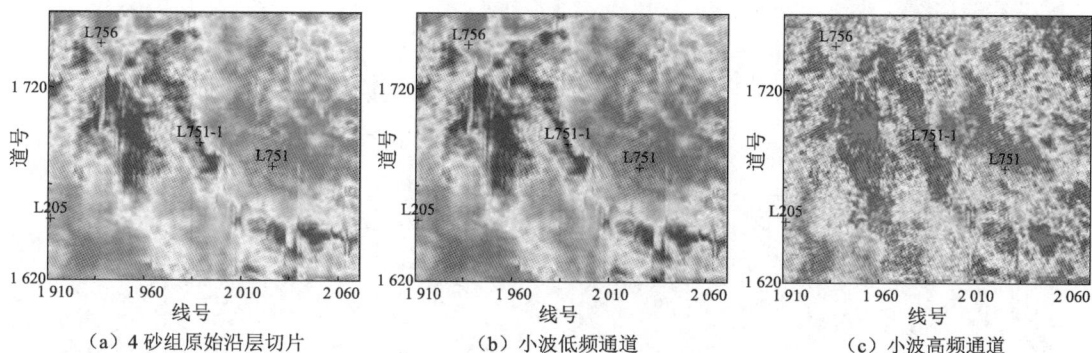

（a）4 砂组原始沿层切片　　　（b）小波低频通道　　　（c）小波高频通道

图 4-32　L75 井区 4 砂组小波多尺度分析

由图 4-29 和图 4-30 可以看出，在沿层切片上很难区分井与井之间的含油气差异，在低频通道切片上能较好区分井点含油气性，符合度较高。由图 4-31 可以看出，低频通道切片区分井点含油气性较好。由图 4-32 可以看出，低、高频剖面都比较好地区分了井点含油气性情况，吻合程度较好。

由研究可知，低频通道切片能较好地反映井点含油气情况，中、高频能较好地反映薄互层发育条带，与构造信息及录井信息吻合较好。

HHT＋小波成像应用如图 4-33～图 4-35 所示。由图 4-33 可以看出，在拓频后的沿层切片上能够区分井与井之间的砂体厚度差异，在低频通道切片上能较好地区分砂体分布情况,符合度较高。由图 4-34 可以看出,低频通道切片区分砂体分布情况较好。由图 4-35 可以看出,低、高频剖面都比较好地区分了砂体分布情况,吻合程度较好。

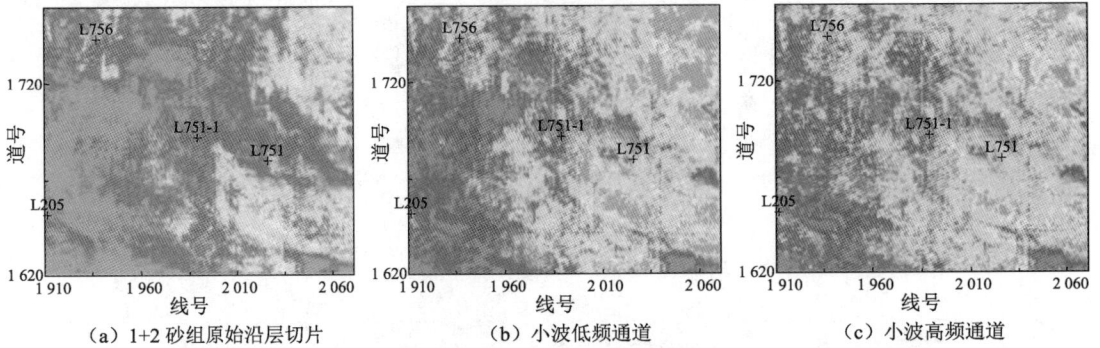

(a) 1+2 砂组原始沿层切片　　　(b) 小波低频通道　　　(c) 小波高频通道

图 4-33　1+2 砂组 HHT+小波成像结果图

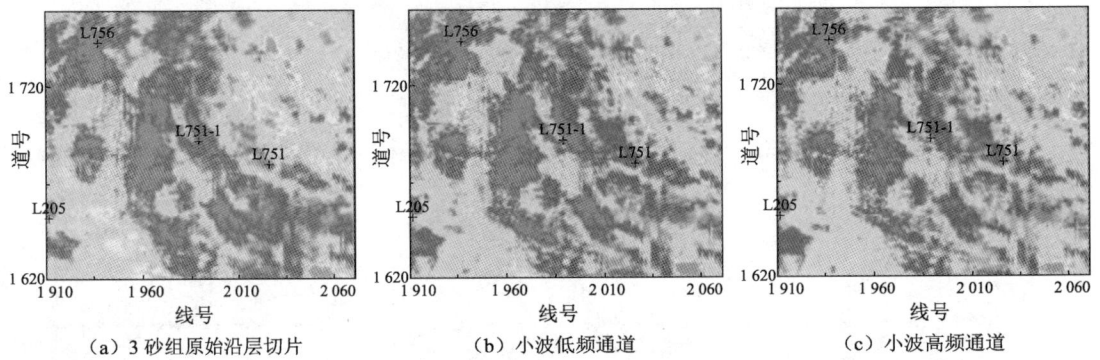

(a) 3 砂组原始沿层切片　　　(b) 小波低频通道　　　(c) 小波高频通道

图 4-34　3 砂组 HHT+小波成像结果图

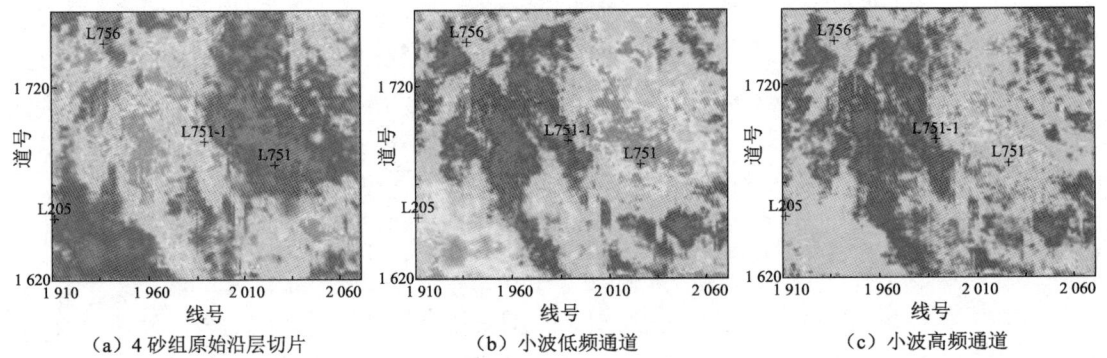

(a) 4 砂组原始沿层切片　　　(b) 小波低频通道　　　(c) 小波高频通道

图 4-35　4 砂组 HHT+小波成像结果图

　　L75 井区小波分频＋后续属性分析成像结果如图 4-36 和图 4-37 所示。对原始数据进行小波分频后,再提取低频通道和高频通道的相关属性,在属性的对比选择中,选取弧长、能量半时、瞬时频率和瞬时相位 4 种属性进行应用。由图 4-36 和图 4-37 可知,能量半时和瞬时相位属性较好地反映了厚砂体的特征,应用效果比较好。

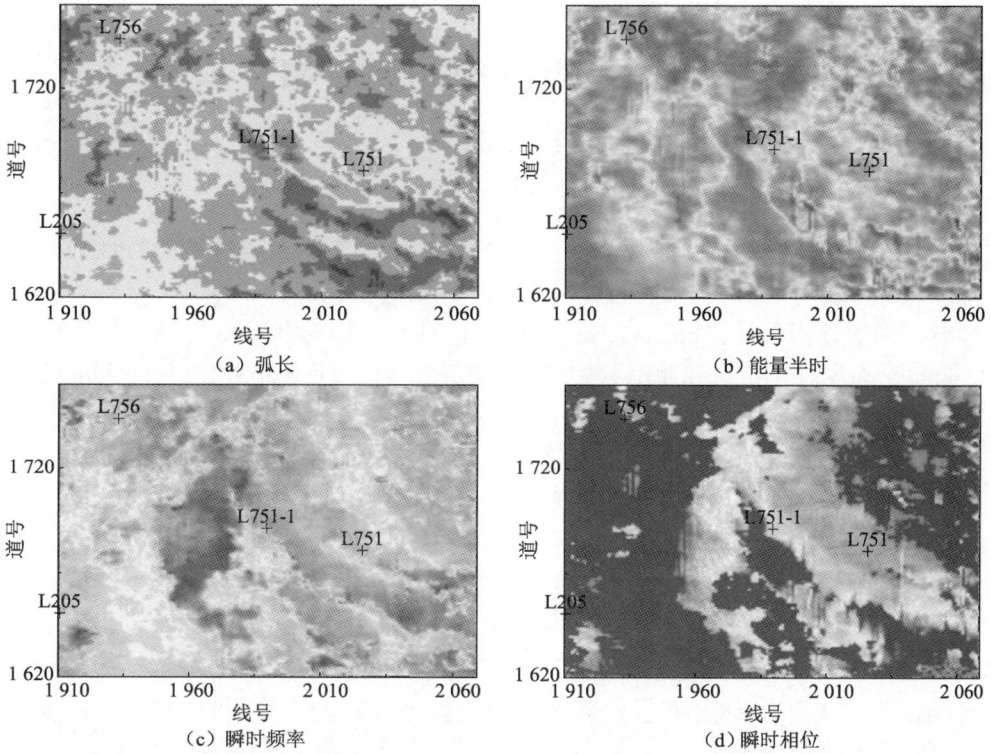

图 4-36　小波分频低频通道+后续属性分析成像结果图

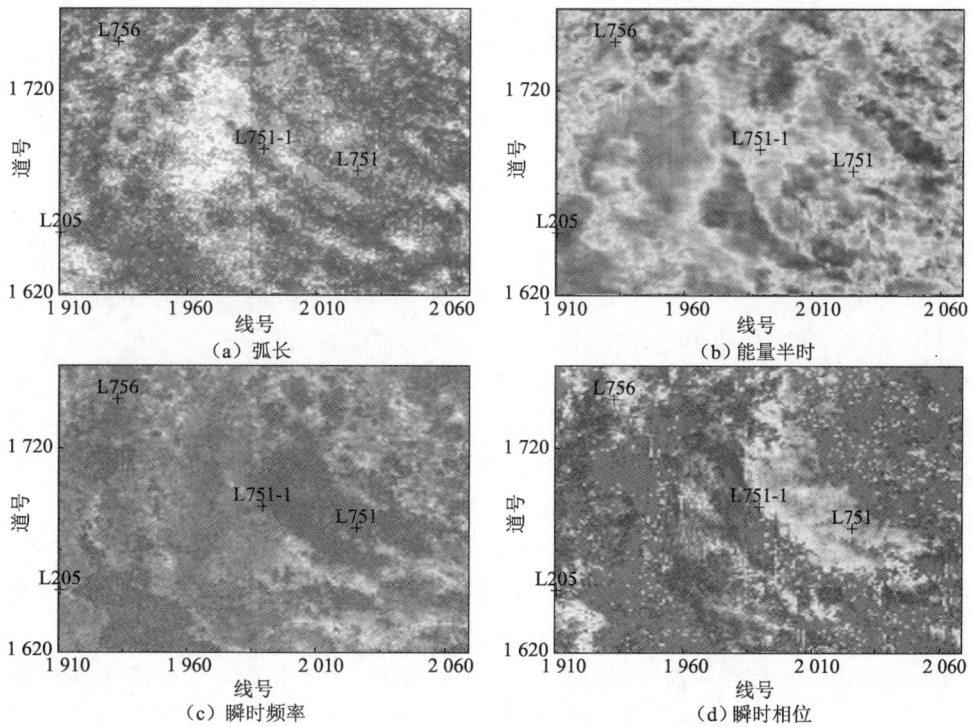

图 4-37　小波分频高频通道+后续属性分析成像结果图

4.5 滩坝砂储层的地震精细描述与储层预测

4.5.1 滩坝砂优势属性提取

地震属性是指从地震数据中导出的与运动学、动力学有关及具有统计特性的特殊度量值。地震属性众多,需根据不同的目标提取出可利用的信息。

针对不同的地震属性,其提取方式也存在着不同,下面对几种常用提取方法做简要介绍:① 一般剖面属性可以采用瞬时提取方法、复地震道分析方法提取,另外也可以利用道积分或一些不同的反演方法;② 层位属性的提取方法较多,对于瞬时层位属性而言,复地震道分析方法最为常见,对于常规层位属性提取,可采取单道或多道时窗提取、瞬时提取等;③ 沿着一个可变的时窗范围也可提取单道时窗层位属性。

通常情况下,沿层属性不单单指沿层提取得到的属性,层间提取方式得到的属性也是重要的一块内容。前者通过已经解释层位就能完成属性提取,得到的结果也是对该层位或该层附近的反映,每个属性坐标值一一对应于原始资料中的值;后者通过控制上下两个已经解释的层位来实现属性的提取。由此可见,沿层属性提取都需要获取解释的层位。精确的解释层位是属性提取过程的关键,极大地影响属性提取的质量,应引起足够的重视。为此对不同地震属性的物理意义及其在滩坝砂薄互层储层识别中的作用进行了归纳总结,其中包括常规三瞬属性、弧长属性、能量半时属性等。

图 4-38 为属性提取分析图,经过对比发现能量半时属性能够较好地反映滩坝砂的发育。

1) 能量半时的定义

能量半时可定义为:在给定的分析时窗内,计算能量达到 1/2 时的相对时间位置。详细定义及公式见 1.3.2(张军华等,2015)。

2) 能量半时的物理含义及诠释

给定一子波(主频 35 Hz),设计 3 个波组(图 4-39),每个波组包含两个反射波:① 第一个波组强能量在下方,两个界面时间分别在 100 ms 和 140 ms 处;② 第二个波组两个反射波能量大小一致且对称,界面时间分别在 200 ms 和 240 ms 处;③ 第三个波组强能量在上方,界面时间分别在 300 ms 和 340 ms 处。按式(1-12)、式(1-13),取时窗长度 100 ms(解释工作站缺省值),计算 3 个波组的能量半时。第一个波组主要能量在后面,因此能量达到一半的时间比较大,两种方法计算出来的值都比较大(67 和 60);第二个波组具有严格的对称性,值居中;第三个波组能量集中在上部,值较小。

能量半时除了按图 4-39 所示沿某一储层计算以外,还可以滑动时窗对整个剖面计算。图 4-40 浅色线表示的是时窗取 100 ms、采用方法 1 得到的属性曲线。从能量半时变化曲线可以看到两个现象:① 3 个波组在能量半时曲线上呈 3 个锯齿波,波组特征很明显;② 界面分界点正好对应锯齿波下降沿的中值(50),精确吻合本模型。这是非常有意思的现象,若这一结论成立,将是一种非常好的储层顶、底界面的识别方法。我们将在后面对这一问题,从方法对比、时窗的选取、薄互层的分辨能力等方面展开讨论。

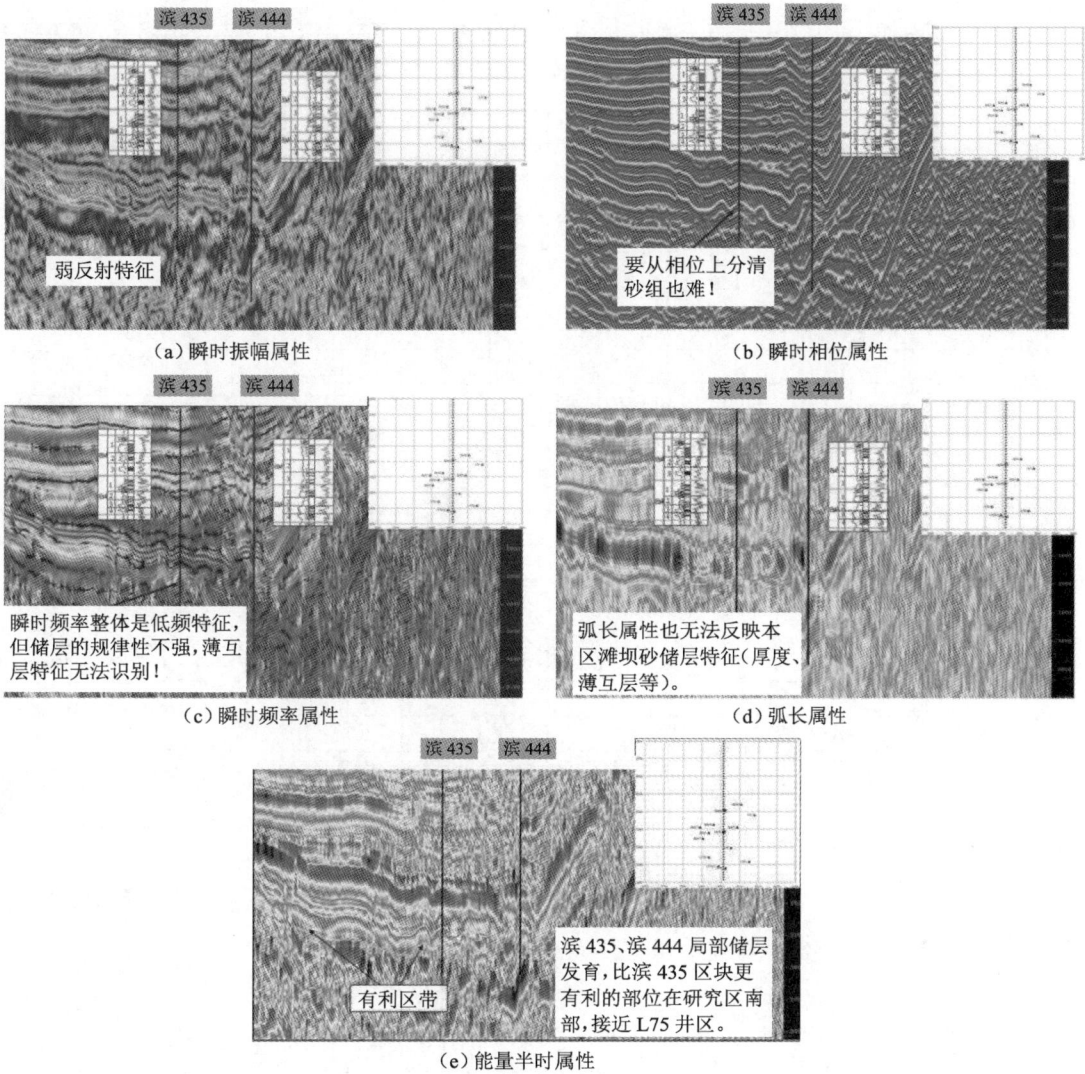

（a）瞬时振幅属性

弱反射特征

（b）瞬时相位属性

要从相位上分清砂组也难！

（c）瞬时频率属性

瞬时频率整体是低频特征，但储层的规律性不强，薄互层特征无法识别！

（d）弧长属性

弧长属性也无法反映本区滩坝砂储层特征（厚度、薄互层等）。

（e）能量半时属性

滨 435、滨 444 局部储层发育，比滨 435 区块更有利的部位在研究区南部，接近 L75 井区。

有利区带

图 4-38　属性提取分析图

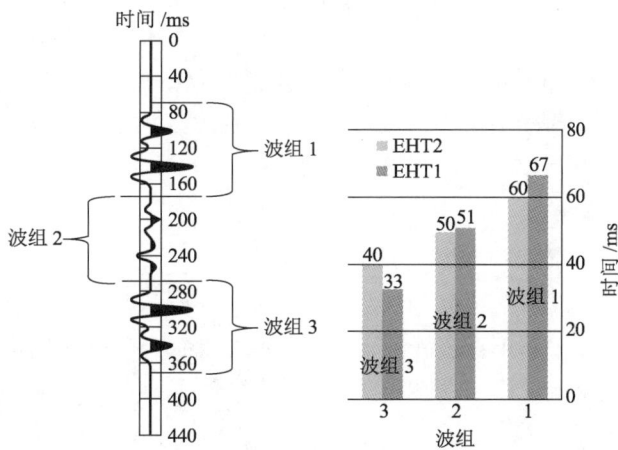

图 4-39　能量半时的基本物理含义

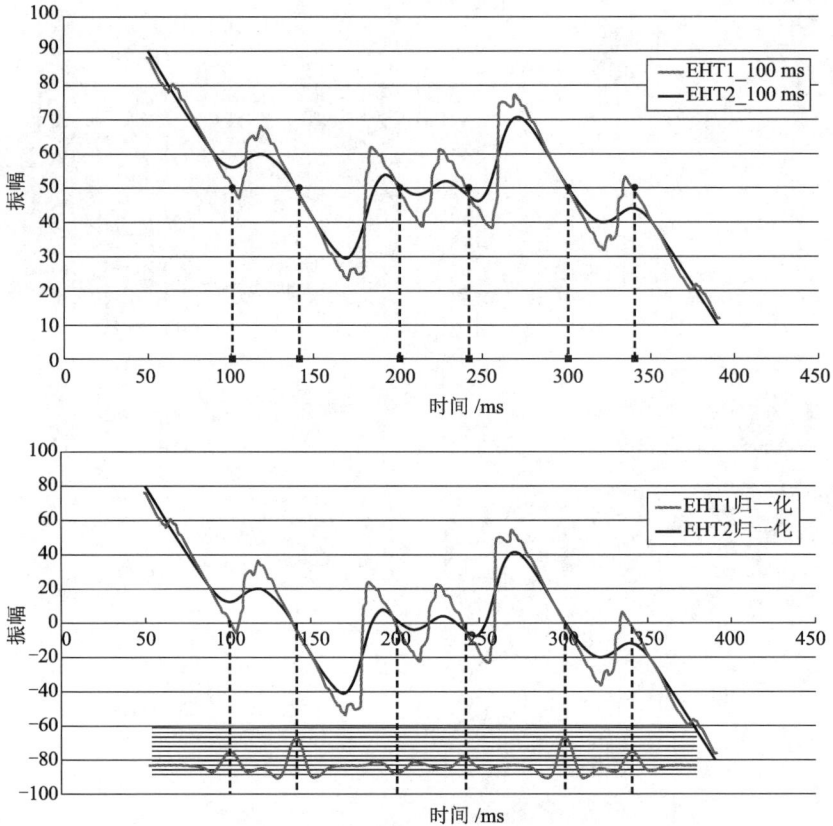

图 4-40　能量半时属性所含的界面信息

3）能量半时计算方法及时窗选取比较

对于图 4-40 所示的合成地震记录，分别用两种方法，按 100 ms，50 ms，25 ms，15 ms 四种时窗长度计算能量半时，结果如图 4-41 所示。分析两图可以得出两点认识：① 两种方法基本都能反映能量半时的一般物理意义，对于界面的识别，如果储层较厚、信噪比较高，则可用方法 1 计算，精确度较高（图 4-41a）；如果储层较薄、信噪比较低，方法 1 在锯齿波的端部会出现毛刺，此时用方法 2 能取得比较好的效果。② 时窗过大，曲线两端计算值误差较大，如图 4-41(a) 所示，非常明显；时窗过小，如图 4-41(d) 所示，会在反射界面中间再出现假的反射界面，实际上它是将子波的旁瓣信息误识别为界面信息，理想的时窗应取子波长度为好。对于本模型 35 Hz 的雷克子波，子波长度在 40～50 ms 之间，基本对应图 4-41(b) 所示的结果。

4）能量半时薄层检测能力分析与讨论

下面以 L75 井数据为研究对象，如图 4-42(a) 和 (b) 所示，已知 Es$_3$ 组存在强屏蔽的 T7 油页岩层，在其下有 Es$_4$-1 和 Es$_4$-2 砂组，但是从地震剖面上难以识别出来。应用能量半时识别界面信息，如图 4-42(d) 所示，可以有效地将 1 砂组和 2 砂组分辨出来，且结果与单井正演（图 4-42c）结果基本一致。

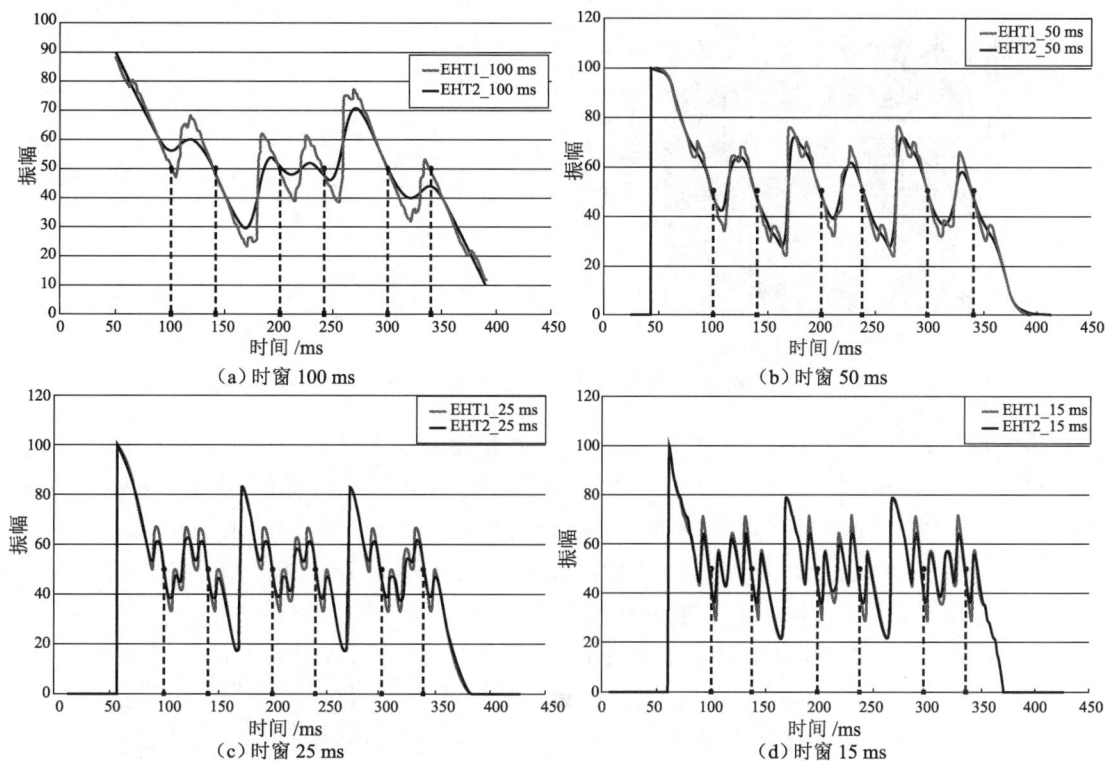

（a）时窗 100 ms

（b）时窗 50 ms

（c）时窗 25 ms

（d）时窗 15 ms

图 4-41 能量半时计算方法及时窗选取比较

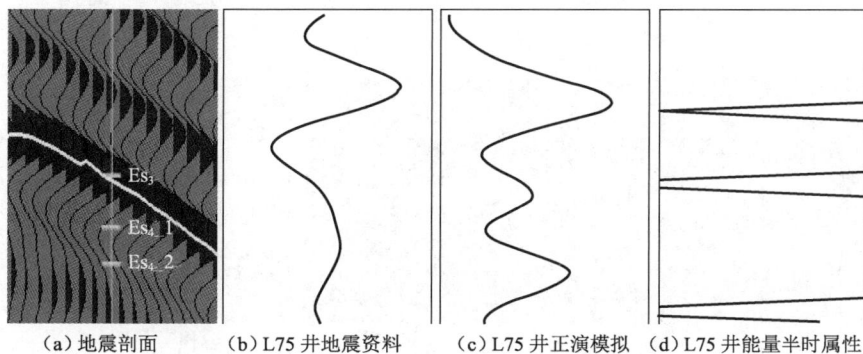

（a）地震剖面 （b）L75 井地震资料 （c）L75 井正演模拟 （d）L75 井能量半时属性

图 4-42 能量半时识别薄层界面信息的实际应用图

5）能量半时属性储层刻画能力讨论

当储层含有油气时，反射波波形发生变化，此时能量半时的取值随之发生变化，因此可以利用能量半时属性进行储层预测。图 4-43（a）给出一个存在横向速度变化的模型，用来说明能量半时属性对不同储层的反映。第一层为一个指示层，第二层不同颜色代表不同速度，从左向右依次增大。能量半时汇总曲线如图 4-43（b）所示，从图中可以看出能量半时曲线上升沿反映地层的速度变化，并且随着速度增大上升沿整体有向前移动的趋势。上升沿的最低值逐渐变大，最大值逐渐增大，其斜率基本保持不变。因此，可以利用能量半时的上升沿曲线进行储层识别。

（a）速度横向变化模型 　　　　　　（b）4条曲线汇总

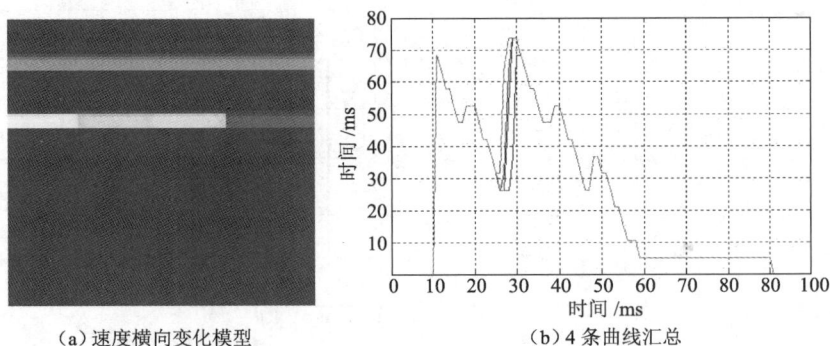

图 4-43　储层横向速度变换能量半时模型图

　　为了更好地说明能量半时上升沿与储层厚度和波速的关系，制作如图 4-44 所示的模型，第一层为指示层，第二层为厚度不同但波速相同的层，其中（a）图的厚度变化是上部逐渐增厚，下部齐平；（b）图是上部齐平，下部逐渐增厚；（c）图是上下同时增厚。分别计算能量半时得到如图 4-44（d），（e）和（f）所示的能量半时曲线汇总图。由图 4-44（b）可知，当横向速度发生变化时，能量半时上升沿的最小值和最大值均发生变化；由图 4-44（d）～（f）可知，当横向厚度发生变化时，上升沿的最小值位置大小不变，只有最大值的位置发生改变。对比这两点不难发现，影响能量半时上升沿最小值大小和位置的因素是地层波速，因此可以通过这点来确定不同的储层。此外，通过图 4-44（d）～（f）可以验证下降沿中值确定分界面的问题。如图 4-44（d）所示，可以看出当储层仅上部增厚时，能量半时第二层的第一个下降沿的中值依次增大，且它的第二下降沿的中值均一样，即第二层的下界面位置一致，图 4-44（e）和（f）也有此类现象。

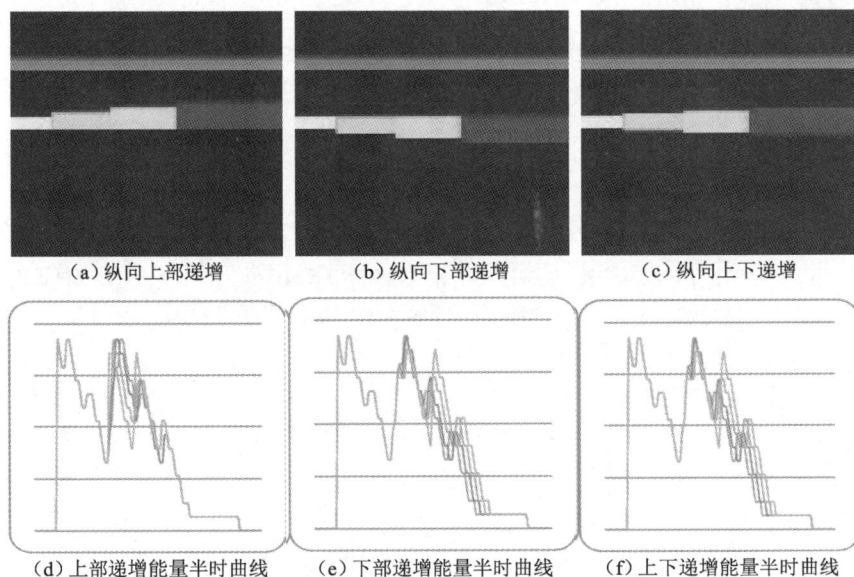

（a）纵向上部递增 　　　　　（b）纵向下部递增 　　　　　（c）纵向上下递增

（d）上部递增能量半时曲线 　　　（e）下部递增能量半时曲线 　　　（f）上下递增能量半时曲线

图 4-44　储层横向厚度变化与能量半时分析图

　　因此以能量半时上升沿最小值的大小和位置划分不同储层的理论为依据，通过确立合适的映射关系，在确定好储层界面前提下，以不同的映射值来反映不同的储层，可以达到预测储层的目的。

通过研究能量半时属性,总结出以下几点认识:

(1) 能量半时下降沿含有分界面信息,时窗大小的选择比较重要,时窗过大,曲线两端计算值误差较大;时窗过小,会在反射界面中间出现假的反射界面,实际上它是将子波的旁瓣信息误识别为界面信息;理想的时窗以取子波长度为好。

(2) 能量半时属性可以有效地识别弱信号反射。

(3) 能量半时上升沿最小值可以反映储层的横向变化,通过合理的映射关系将不同的储层识别出来。

4.5.2　属性融合技术

地震属性能凸显地震数据内的微弱信息,而属性融合技术则能更好地挖掘数据内隐藏的信息,比单属性的效果更好。在融合时尽量选择彼此不相关的属性,会取得较好的效果。属性融合的基本原理可参考第 1 章 1.3.2.4 小节内容,此处不再进行阐述。

下面将分频属性比较有利的小波低频通道沿层切片和与构造相关的古地貌联系起来,进行属性的融合显示。通过与古地貌的融合,可以比较好地区分井点位置的砂体分布情况,与井点对应较好。使用古地貌融合属性进行有利井位预测,结果如图 4-45 所示,由属性融合结果可知,滨浅湖相滩坝砂厚砂体沉积特征比较明显。

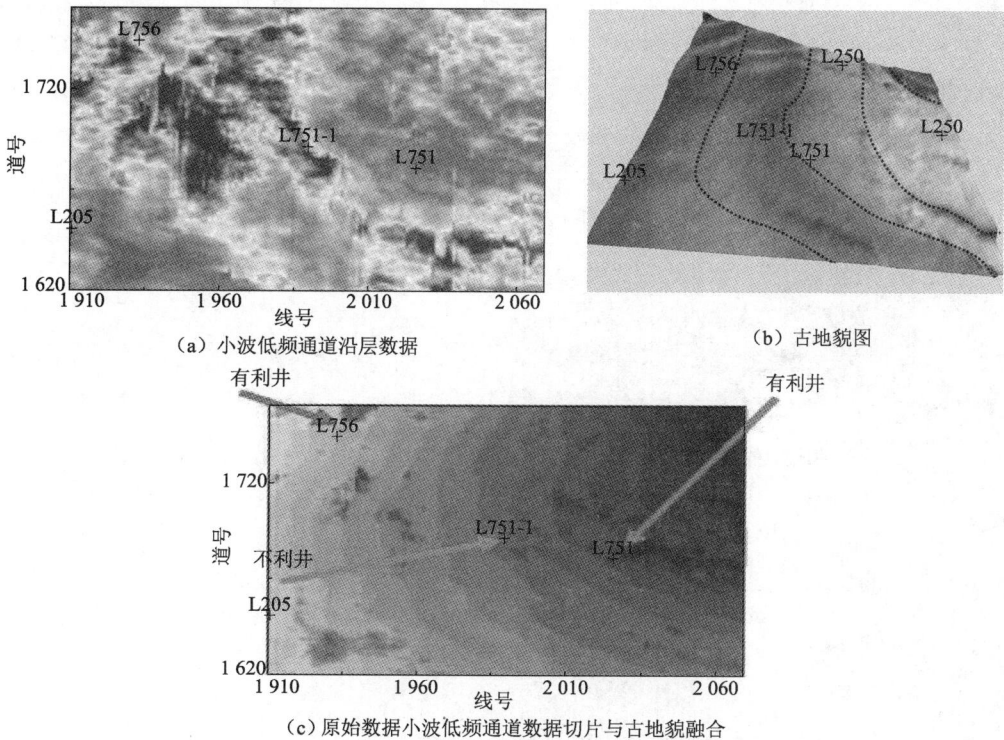

(a) 小波低频通道沿层数据

(b) 古地貌图

(c) 原始数据小波低频通道数据切片与古地貌融合

图 4-45　古地貌属性融合图

将上面得到的分频属性与古地貌进行属性融合,对砂体特征进行描述,低频属性切片应用如图 4-46 所示。从图中可以看出,能量半时与古地貌的融合较好地反映了厚砂体的特征。

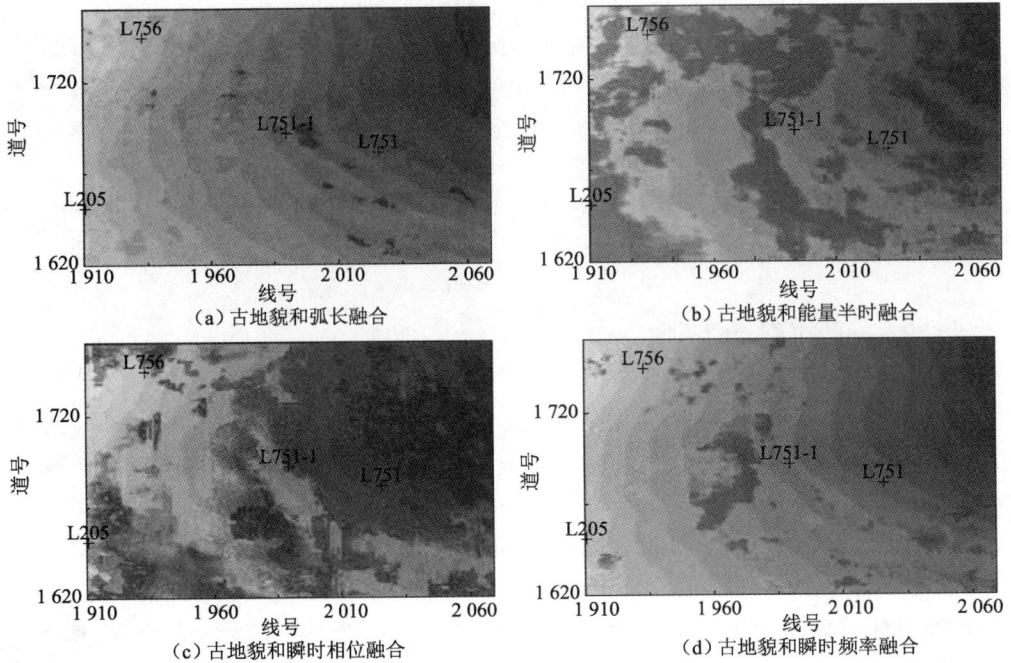

（a）古地貌和弧长融合

（b）古地貌和能量半时融合

（c）古地貌和瞬时相位融合

（d）古地貌和瞬时频率融合

图 4-46　低频属性切片融合

除了二属性的融合之外，又进行了三属性的 RGB 显示，选取应用效果较好的能量半时和瞬时相位与古地貌进行 RGB 显示，应用效果如图 4-47 所示。

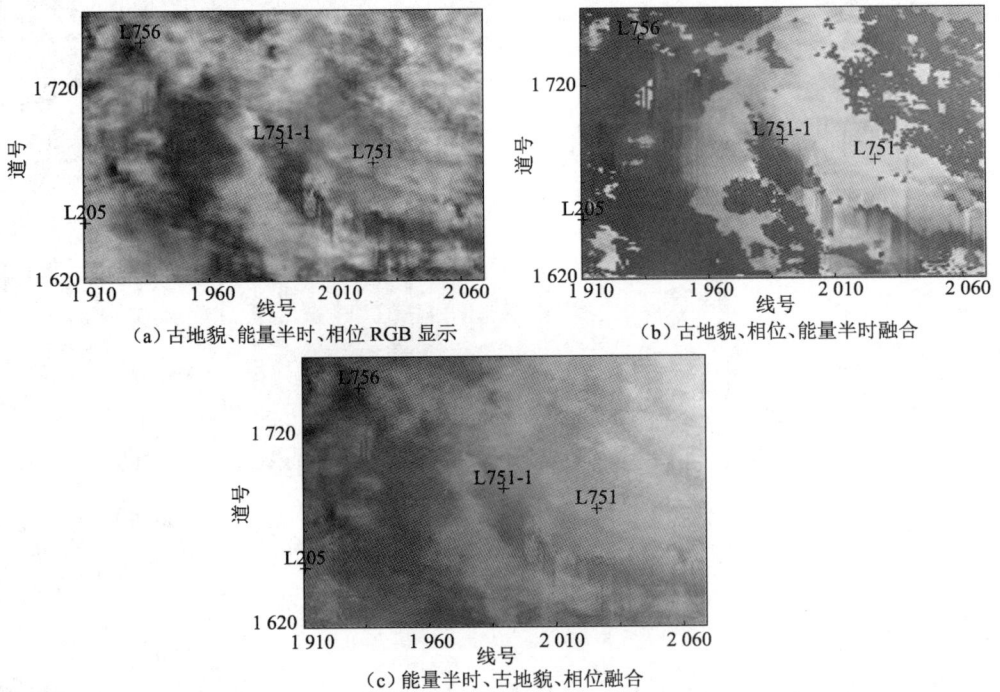

（a）古地貌、能量半时、相位 RGB 显示

（b）古地貌、相位、能量半时融合

（c）能量半时、古地貌、相位融合

图 4-47　低频属性切片三属性 RGB 融合

三种属性、不同顺序的 RGB 融合的整体效果不如二属性融合,预计不同频率的同一属性效果会更好。下面利用高频属性和古地貌进行融合显示,选取弧长、能量半时和瞬时相位与古地貌进行融合,如图 4-48 所示。

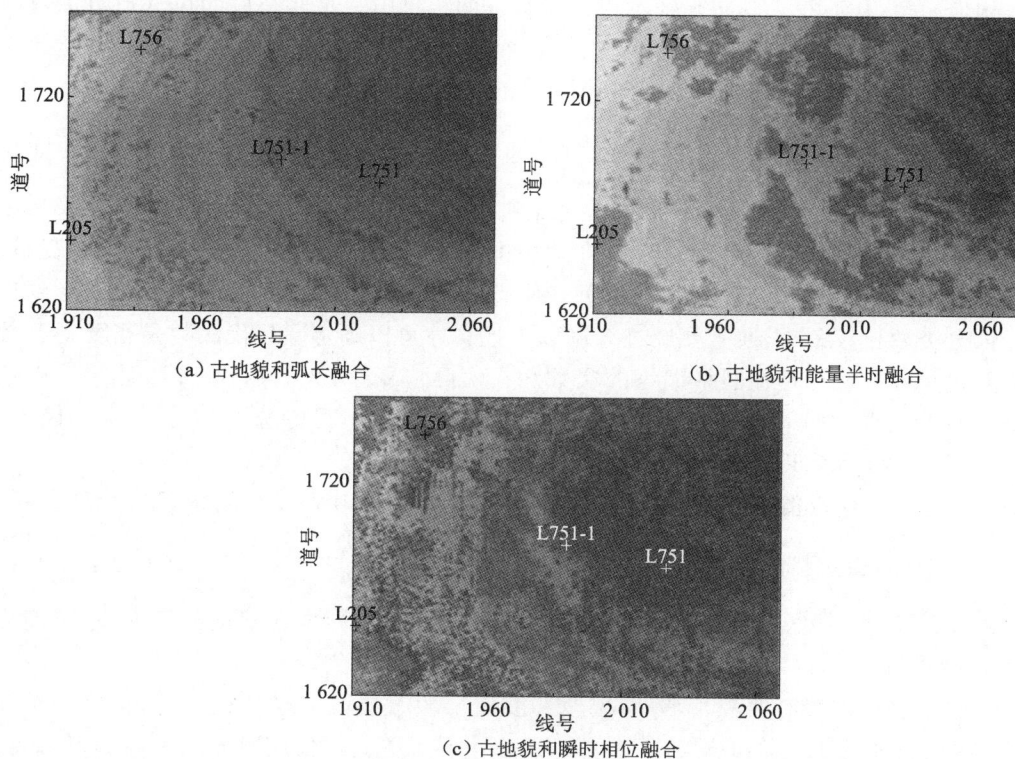

（a）古地貌和弧长融合　　　　　　（b）古地貌和能量半时融合

（c）古地貌和瞬时相位融合

图 4-48　高频属性切片融合

可以看到,在高频属性切片上,古地貌和能量半时融合效果更好。

4.5.3　基于波形分类的滩坝砂储层预测

目前,波形分类是地震储层预测中比较常用的方法之一。对于地质信息来说,它在空间上的变化可以通过地震信息来描述,其做法就是提取其空间的相似性。在特定层段内,提取地震数据道的波形和地震属性,对比其特征,然后根据横向的变化,将地震数据相同的部分凸显出来,这样就可以研究地震异常,并得出其在平面上的分布。

地震波形的变化可以反映某些地质信息(包括沉积相和岩相)的变化。一般情况下,地震相能反映地震波形变化的规律。通过分析地震波形的变化来对地震波形进行分类,进一步研究目标层岩相和沉积相的变化规律。经过地震波形分类技术处理,可以得到离散的"地震相",然后对其做平面归类处理得到平面的地震相图。为了得到有效的地质相位,而且其必须与地震异常体平面分布相对应,首先对已有的钻井地质信息进行标定,然后对地震波形分类的结果进行综合解释。这种方法实现了地震相半定量化研究,克服了常规方法的主观随意性。

地震波形分类是对地震道的波形形状分类,它基于神经网络技术。首先,将地震道形状划分为几种典型的类型,把每一种基于相似性的典型形状赋予每一实际地震道。然后,在目标层段内,利用神经网络技术对实际地震道进行多次训练,训练结束后重新构建合成地震道,同时将实际地震道与其相比较。最后,用自适应实验及误差处理等一系列方法修改重构地震道,从而得到与实际地震道比较接近的模型道。这些合成的模型道可以反映出整个区域的目标层段多种形状的地震道。地震波形分类是通过建立地震信号的整体变化来研究其与储层的沉积相和油藏岩性特征之间的对应关系。

地震波形分类计算需考虑时窗的选择,通常所用的最佳时窗为 $\frac{\lambda}{2}\sim 2\lambda$ 之间。如果所选时窗太短,波形分类结果就不能有效地反映由相变引起的地震波形的变化;如果选取的时窗太长,其中就可能包含多个相序,将无法进行解释。除此之外,还需考虑地震资料、波形分类数和迭代次数。将目标层段内所有地震道的种类数称为分类数。一般要得到比较理想的分类数比较困难,通常要经过 3 次以上计算才可以确定。迭代次数是指要得到较好的分类结果需要进行神经网络训练的次数。在实际应用中,大约迭代 10 次后就可以达到较好的收敛效果。如果要保证神经网络收敛效果达到最佳,最好选用 20~40 次迭代。

波形分类技术实现步骤如下(流程图如图 4-49 所示):

(1)地震波形分类首先要选择目标层段,即在两个参考界面之间构建一个地震子体。对于同一沉积段,选择的层段最好厚度均匀。通常情况, $\frac{\theta}{2}<t<150$ ms(θ 为子波相位)。若层段太厚会包含多个模型,增加解释的难度;相反,若太薄,所含地震信息太少,不能充分地反映地质信息。

可供选择的层段有两种,即等厚层段和变厚层段。层段的厚度相等时,将公共反射层作为参考来分析层段内的波形特征,与其顶、底边界无关;反之,层段厚度不相等时,它的上边界和下边界分别包含于不同的反射层。

需要注意,对层段属性进行计算前,要对目标层段有一个大概的了解。常用的层段选择方法是每隔一段时间新建一个层位切片。

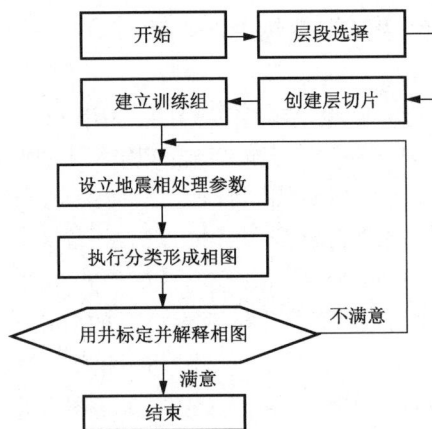

图 4-49　地震波形分类流程图

(2)通常情况,将平行于参考层段的一系列振幅图称为层切片。它投影于地震剖面,呈现彩色条带,在跟踪层位切片和剖面之间的地质异常体时比较容易识别。因此第二步要创建层切片。

（3）神经网络训练的第一步就是选择数据，该过程即建立训练组。针对所选取的地震数据体的大小不同，其选取的方式也不同。对于较小的三维数据体，需对每一道进行选择；对于较大的三维数据体，通过道抽稀来选择，从而可以减少计算时间。通常情况下，每 4 道抽取 1 道，间隔太大会忽略一些重要的特征。

（4）设置相关的地震相参数。通过多次实验来确定模型道的分类数和神经网络训练的次数，即迭代次数。

（5）利用分类结果进行平面成图。通过观察平面图上不同颜色的分布来估计目标层段内不同地震波形的分布，从而对地震信号的变化趋势进行研究。此外，进一步分析该变化分布规律及其与油藏储层特征之间的关系。

（6）利用测井、钻井资料进行标定，对地震波形的变化做出进一步的地质解释。除此之外，还应与研究区块的沉积相带相结合，对全局地震相图做出一个比较合理的解释，从而得到目标地质体在平面图上的分布规律，便于油气勘探和开发部署。

第 5 章
二氧化碳驱储层精细描述方法及应用

5.1 概　述

CO_2 驱油是通过在油层中注入二氧化碳来驱替原油,从而显著提高原油采收率的一种技术方法(图 5-1)。CO_2 驱油与传统的水驱、蒸汽驱等相比,具有效果好、成本低的特点,CO_2 驱油还可将原先直接排放到大气中的 CO_2 封存到地层中。从 Whorton 于 1952 年取得第一个 CO_2 驱油专利以来,CO_2 驱油提高油气采收率的工作在不断发展。英国 BP 公司、加拿大 Pann 西部公司、法国道达尔公司等有许多成功的应用实例。我国的大庆油田、吉林油田、中原油田、江苏油田、胜利油田也进行了工业试验(李军,2016;Zhang et al.,2016)。

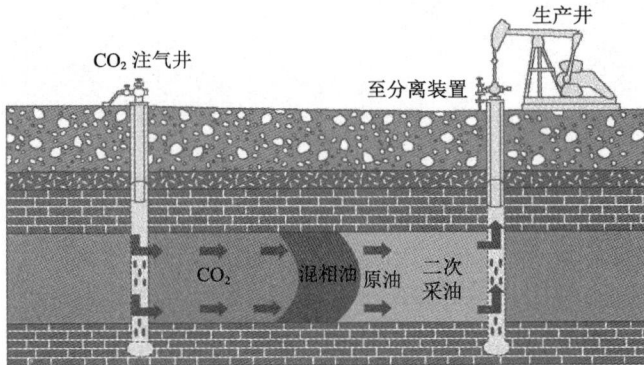

图 5-1　CO_2 驱油原理示意图

CO_2 驱作为提高原油采收率的一种技术手段,正被世界各国广泛应用,在低渗透油藏和水驱开发效果不好的油田取得了较好的应用效果。但油藏的非均质性、较高的含水率和导致气窜的地层存在会使 CO_2 驱失败,所以有必要对采用 CO_2 驱的油藏进行精细描述。CO_2 驱油藏动态监测地震解释方法越来越受到重视,而 CO_2 驱油藏动态监测是在时移地震模式下开展的,时移地震响应变化可以表征储层流体的变化,追踪注入流体的前缘,确定 CO_2 的分布及可能发生的气窜与泄漏。在油气田开发中,利用四维地震可以认识油藏内油气水的分布,寻找剩余油气带。Pawar 等(2006)在 CO_2 注入矿场试验中,监测到了注入至 1.4 km 深处的 CO_2 分布,验证了四维地震监测 CO_2 驱的有效性。Monea 等(2009)展示了在 Sleipner 油田的时移地震监测过程中,超临界 CO_2 的各种聚集体在盐水层中的运移和分布状态,为 CO_2 驱的动态监测提供了有力的证据。Davis 等(2010)展示了 Weybern 油田四维地震监测中出现的 S 波振幅衰减现象,并且指出这是由注入 CO_2 后流体压力增大造成的。目前,我国 CO_2 驱油主要围绕注采工艺等进行,随着国家节能减排政策的推进,针对 CO_2 驱油的地震油藏动态监测方法必将得到更加广泛的重视。

本章以胜利油田东营凹陷的高 89 井区为例,阐述 CO_2 驱储层精细描述及案例分析。胜利油田高 89-4 井区 CO_2 驱先导试验是我国最大的 CO_2 驱工业应用实例,该区位于胜利油田正理庄油田的北部,区域构造上处于博兴洼陷金家-正理庄-樊家鼻状构造带的中部。由于该区开展过 CO_2 混相驱先导试验且效果显著,因此对其进行 CO_2 驱储层精细描述具有一定的代表性和指导意义。下面主要围绕 CO_2 驱储层描述展开,对时移地震资料一致性处理、CO_2 驱地震响应特征差异分析和 CO_2 气藏波及面预测 3 方面进行讨论。

5.2　两次地震监测资料的一致性处理技术

地震监测资料一致性处理技术对于复杂地表条件下两期不同震源、不同检波器、不同采集方式地震资料的连接对比,以及以区域构造特征和油气分布总体动态运移研究为目的的大连片处理至关重要。特别是对于应用 CO_2 驱油技术的区块,其驱油前后地震响应特征、地震属性等会发生显著变化,且 CO_2 驱油藏动态监测前后数据采集必然存在差异。

5.2.1　一致性处理技术

众所周知,时移地震资料的可重复性是时移地震技术顺利实现的关键之一。因此,时移地震技术的应用对不同时间地震采集资料的一致性提出了更高的要求。也正因为如此,一致性处理技术已成为时移地震处理的关键技术。

1)能量一致性处理技术

利用能量统计匹配处理与剩余振幅补偿方法可以使地震资料能量在时间域、空间域达到均衡一致,避免由能量差异引起偏移划弧,其实现流程如图 5-2 所示。

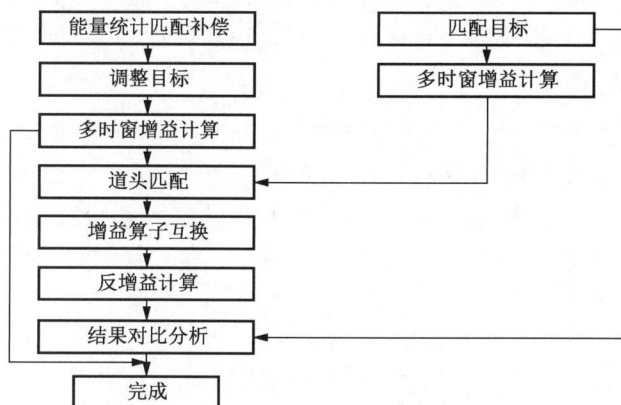

图 5-2　能量一致性处理流程图

2）保幅去噪

保幅条件下提高信噪比的去噪方法主要包括小波压制面波、反演预测去噪、波动方程压制多次波、频率空间域预测滤波等。对两期资料进行去噪处理，处理后两期资料的差异性得到了减弱。

下面简要介绍双向预测法压制线性干扰波的方法原理（武克奋，2005）。双向预测法对信噪分离、干扰波压制和避免产生人工噪声 3 方面进行了综合考虑。使用适于时变和空变的拉东变换进行信噪分离，由拉东变换的性质可知，时空域的一条线性干扰对应拉东域的一个点，在域中压制范围越小，反变换后引起有效波的失真和波形畸变就越小。为了解决拉东变换带来的人工噪声，采用同时预测有效波和干扰波的模型，共同确定压制函数，在单道数据上压制干扰波，其结果避开了多道处理产生的人工噪声问题，并且不直接使用拉东变换的结果，降低了计算精度要求，大大节约了运算成本。

3）叠前互约束静校正

在 CMP 道集上进行动校正和高程静校正之后与标准双曲线之间存在的差值就是剩余静校正量。剩余静校正包含以下 3 个步骤：

（1）拾取层位时间。

（2）分解出震源和接收点静校正量、构造时差和动校正时差。

（3）得到最佳剩余静校正量后，在进行 NMO 之前把得到的震源和接收点静校正量加到道集中去。这些静校正量应用于反褶积和抽道集之后的数据上，然后重新进行速度分析。得到的新速度可用于获得一致性最好的叠加剖面。李强等（2011）则针对野外采集观测系统差异、能量信噪比差异、频率相位差异 3 方面进行了叠前互约束处理。

4）观测系统退化

受各种客观条件的限制，以及对地下地质特征认识的不足，在确定三维采集参数时，有部分参数并不能完全达到资料处理和解释的要求，这些参数对资料的后续处理、最终结果的质量产生一定的影响，这就是观测系统退化。当实际采集参数相对于理想采集参数存在一定"退化"时，在什么程度上不影响振幅信息用于地质构造解释和油藏描述呢？对此，Wloszczowski 等（1998）曾进行过一些研究，他们利用北海地区的一块三维地震资料进行了覆盖次数、最大炮检距、横向接收间距等方面的退化性处理试验，考察观测系统参数的改变对地震资料的信噪比、地震子波的一致性、目的层的地震属性和深层反射成像的影响。

5）叠后 Q 补偿技术

地震波在地下介质中传播会出现吸收衰减现象，从而降低地震资料的信噪比和分辨率。补偿这种吸收衰减最常用的方法是反 Q 滤波。最早的反 Q 滤波方法是由 Hale 在 1982 年依据 Futterman 数学模型提出的用级数展开做近似高频补偿的反 Q 滤波。根据 Futterman 模型，大地滤波因子为：

$$S(f) = \exp\left\{ -\frac{\pi t}{Q} \left[f + iH(f) \right] \right\} \qquad (5\text{-}1)$$

式中，f 为频率；t 为旅行时；Q 为介质的品质因子，假设是常数且与频率无关；H 为希尔伯特变换。

令 $G(f) = f + iH(f)$，则：

$$S(f) = \exp\left[-\frac{\pi t}{Q}G(f)\right] \tag{5-2}$$

大地滤波的正过程如下：

$$X(f) = Y(f)S(f) \tag{5-3}$$

式中，$Y(f)$ 为无衰减或经过补偿的地震波场，$X(f)$ 为有衰减的地震波场或实际的地震波场。

反 Q 滤波的过程如下：

$$Y(f) = X(f)S(f)^{-1} \tag{5-4}$$

对 $Y(f)$ 进行傅里叶逆变换，得到时间域地震记录 $y(t)$，即

$$y(t) = \int e^{i2\pi ft}Y(f)df = \int e^{i2\pi ft}X(f)S(f)^{-1}df \tag{5-5}$$

设 $g(t)$ 和 $x(t)$ 分别为 $G(f)$ 和 $X(f)$ 的傅里叶逆变换，则：

$$y(t) = x(t) + \frac{\pi t}{Q}[g(t) * x(t)] + y_1(t)$$

$$y_1(t) = \frac{1}{2!}\left(\frac{\pi t}{Q}\right)^2[g(t) * g(t) * x(t)] + \cdots$$

$$y(t) = \sum_{n=0}^{+\infty}\frac{1}{n!}\left(\frac{\pi t}{Q}\right)^n g^{*n}(t) * x(t) \tag{5-6}$$

式中，$g^{*n}(t)$ 为 $g(t)$ 的 $n-1$ 次自褶积。

5.2.2　实例分析

以位于东营凹陷西部的金家-樊家鼻状构造带上的高 89 井区为例。该区于 1992 年进行第一次资料采集，由于油田滚动勘探的需要，2012 年进行了重新采集。该区开展 CO_2 混相驱先导试验，将试验区驱油前后两次采集地震资料进行一致性处理。

5.2.2.1　两期资料未处理前的差异性分析

通过对比该地区的两期资料，不难发现其差异性较大，若想做好两期资料的一致性处理，首先需要对资料的观测系统、能量、频率等进行差异比较，得到相应的差异认识后，再根据认识进行一致性处理。

1）观测系统比较

表 5-1 展示了樊家、高 94 两期资料的观测系统设计参数，可以看出，两期资料的观测系统、放炮方式、道距、道数等均不同。图 5-3 展示了两期资料的观测系统设计图，可见差异很大。

表 5-1　两期资料观测系统设计参数

区　块	施工年度	观测系统	放炮方式	道距/线距/m	炮点/线距/m	最大偏移距/m	道　数	覆盖次数	网　格
樊　家	1992	4L6S	单　边	50/200	150/200	3 150 m	240	20	25 * 100
高 94	2012	18L12S	双　边	25/200	25/25	5 500 m	3 600	225	25 * 25

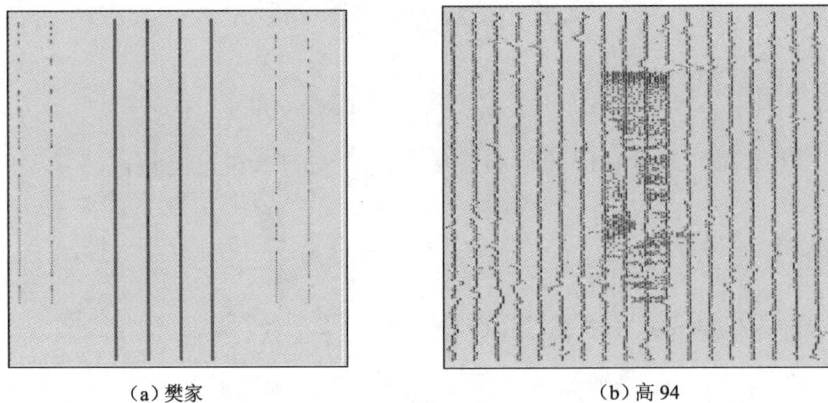

(a) 樊家   (b) 高 94

图 5-3 观测系统设计对比

2）能量比较

图 5-4 展示了两期资料单炮记录的剖面能量，可以看出，高 94 的单炮能量稍高于樊家，但覆盖次数的不同给叠加能量造成巨大差异。

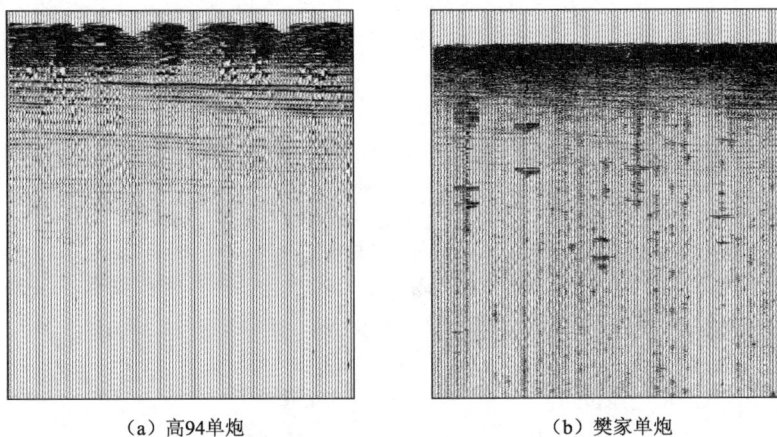

(a) 高94单炮   (b) 樊家单炮

图 5-4 单炮记录能量分析

5.2.2.2 一致性评价

经过对两次采集得到的资料进行一致性处理，在得到相应的地震资料后，使用过产油井 G89-S1 的纵横测线的剖面，从剖面的频谱、T7 层的时差与振幅差方面对高 94、樊家进行评价对比。

1）频谱评价分析

在所提供的樊家_1992、高 94_2011、樊家_新处理、高 94_新处理 4 套地震资料中，使用过产油井 G89-S1 的纵测线（即 inline1410）、时窗范围为 2 000～2 500 ms 进行频谱分析，结果如图 5-5～图 5-8 所示。

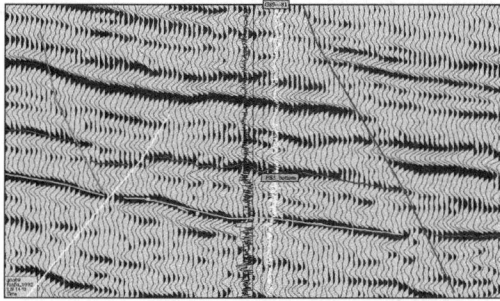

（a）inline1410 剖面　　　　　　　　　　（b）频谱图

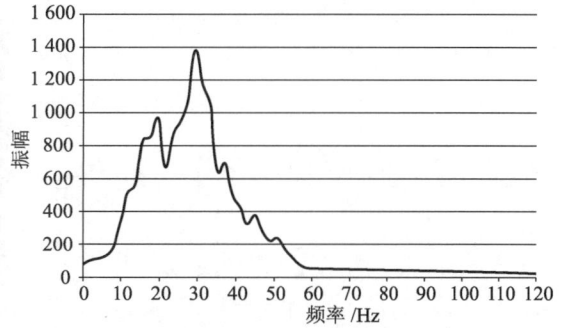

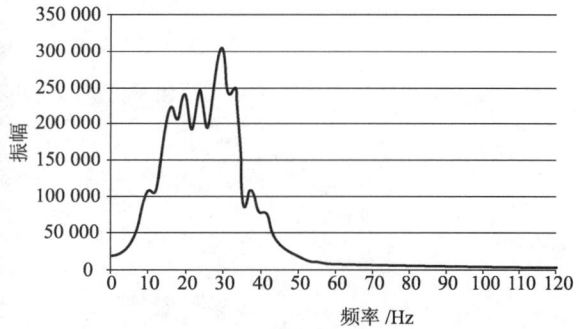

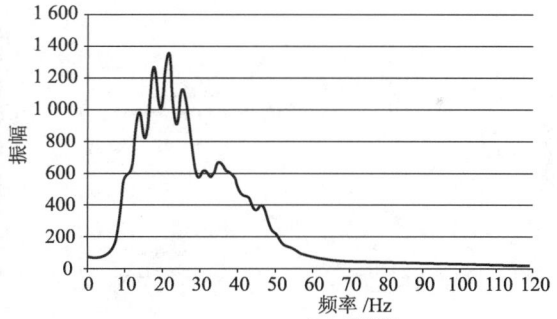

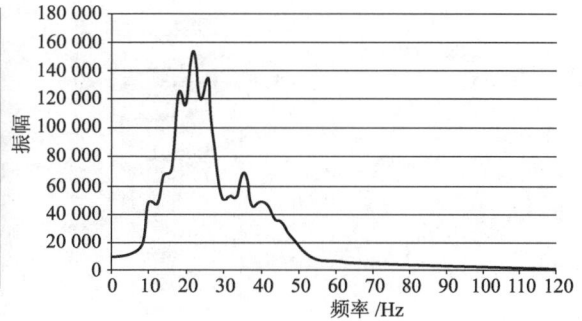

图 5-5　樊家_1992 inline1410 剖面频谱分析

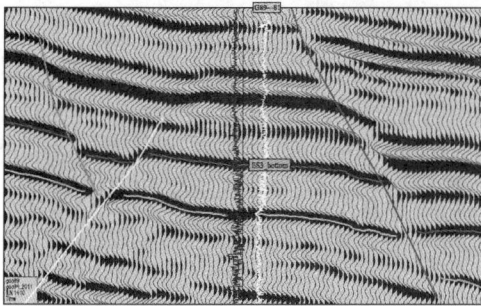

（a）inline1410 剖面　　　　　　　　　　（b）频谱图

图 5-6　高 94_2011 inline1410 剖面频谱分析

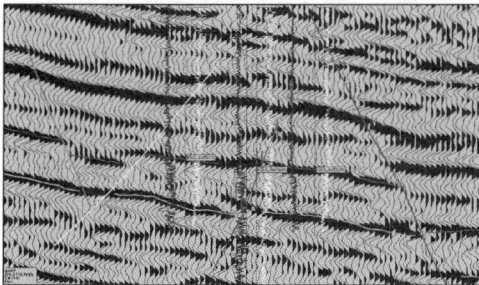

（a）inline1410 剖面　　　　　　　　　　（b）频谱图

图 5-7　樊家_新处理 inline1410 剖面频谱分析

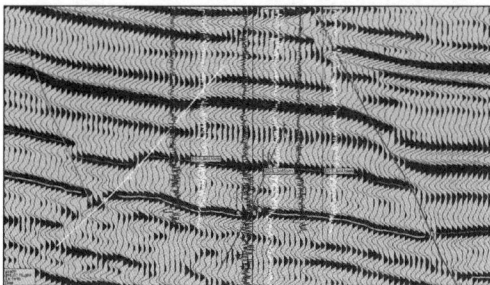

（a）inline1410 剖面　　　　　　　　　　（b）频谱图

图 5-8　高 94_新处理 inline1410 剖面频谱分析

　　而后,又在所提供的樊家_1992、高 94_2011、樊家_新处理、高 94_新处理 4 套地震资料中,使用过产油井 G89-S1 的横测线(即 crossline902)、时窗范围为 2 000～2 500 ms 进行频谱分析,结果如图 5-9～图 5-12 所示。

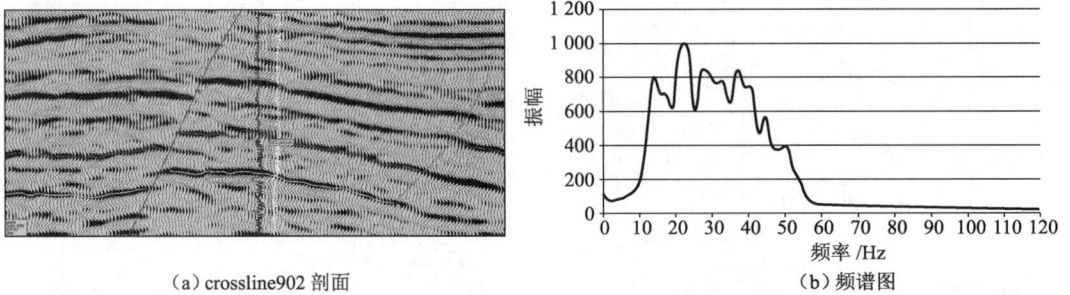

(a) crossline902 剖面　　　　　　　　(b) 频谱图

图 5-9　樊家_1992 crossline902 剖面频谱分析

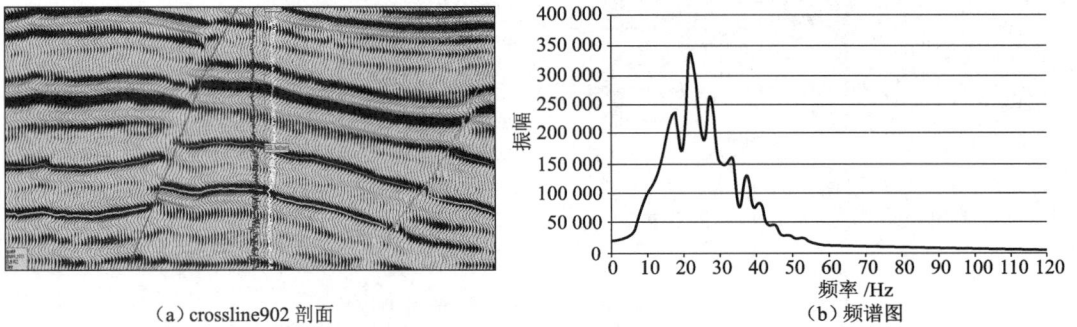

(a) crossline902 剖面　　　　　　　　(b) 频谱图

图 5-10　高 94_2011 crossline902 剖面频谱分析

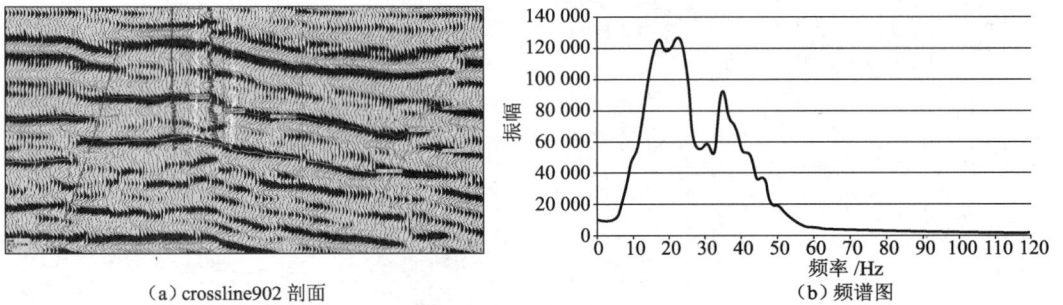

(a) crossline902 剖面　　　　　　　　(b) 频谱图

图 5-11　樊家_新处理 crossline902 剖面频谱分析

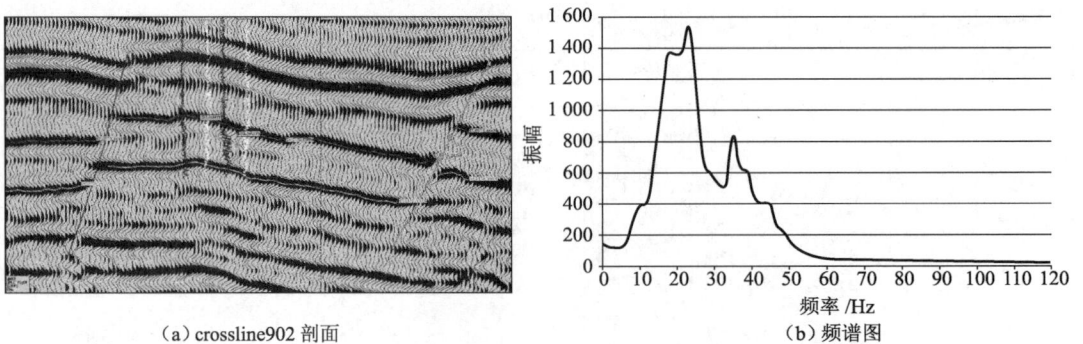

(a) crossline902 剖面　　　　　　　　(b) 频谱图

图 5-12　高 94_新处理 crossline902 剖面频谱分析

综合分析得出,所给的 4 套资料中,樊家_1992、樊家_新处理的频带范围与主频要比高94_2011、高 94_新处理的频带范围与主频大一些。

2) 剖面的 T7 层时差比较

在所提供的樊家_1992、高 94_2011、樊家_新处理、高 94_新处理 4 套地震资料中,使用过产油井 G89-S1 的纵、横测线(即 inline1410 和 crossline902),将剖面上解释 T7 层的时间提取出来,进行时间差值比较,得到的结果如图 5-13 和图 5-14 所示。

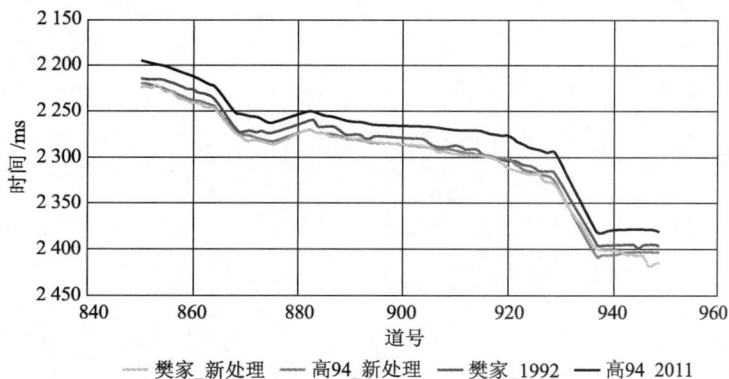

图 5-13　4 套资料 inline1410 剖面 T7 层时差对比

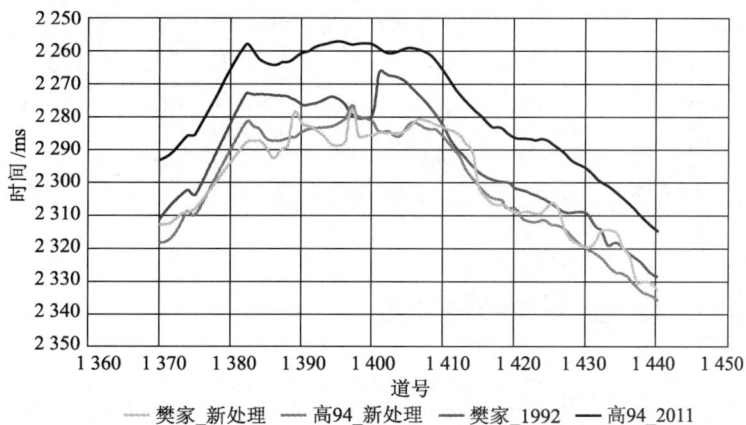

图 5-14　4 套资料 crossline902 剖面 T7 层时差对比

分析 G89-S1 井所在位置的时差可以看出,4 套资料存在时差,其中樊家_1992、樊家_新处理、高 94_新处理 3 套资料的时差较小,而高 94_2011 资料较另外 3 套资料时差要大些。

3) 剖面的 T7 层归一化振幅比较

在所提供的樊家_1992、高 94_2011、樊家_新处理、高 94_新处理 4 套地震资料中,使用过产油井 G89-S1 的纵、横测线(即 inline1410 和 crossline902),将剖面上解释 T7 层的沿层归一化振幅提取出来,得到的结果如图 5-15 和图 5-16 所示。通过比较可知,几套资料的归一化振幅还是存着差别的。

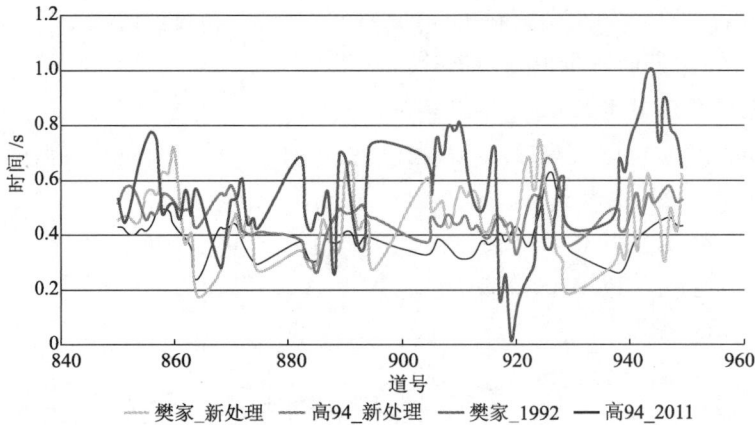

图 5-15　4 套资料 inline1 410 剖面 T7 层归一化振幅对比

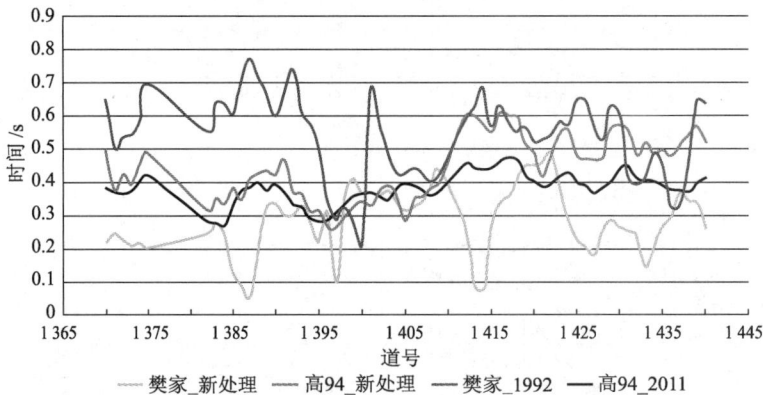

图 5-16　4 套资料 crossline902 剖面 T7 层归一化振幅对比

5.3　CO_2 驱地震响应特征差异分析

CO_2 驱的正演模拟研究对于认识 CO_2 驱的地球物理响应有着重要的作用。为了更好地监测地下油藏在注气后的变化,本节对 CO_2 驱油过程岩石物理参数变化进行了正演模拟,并通过正演模拟研究了地震响应特征变化规律和驱油前后的差异,为 CO_2 驱储层描述以及预测奠定理论基础。

5.3.1　时间域特征差异分析

5.3.1.1　时差分析

前人认为 CO_2 注入后会引起地层速度降低,驱油后穿越目的层的旅行时增大,导致目的层底反射轴走时的变化,在地震剖面上表现为同相轴下拉现象。为验证这一结论,笔者利用高 89 井区实际测井曲线与构造建模相结合(图 5-17),建立了一个只对储层部分进行设计的连井精细储层正演模型。设计的模型大小为 1 001×401,空间网格大小为 1 m×

1 m,时间采样间隔为 2 ms,子波采用雷克子波,主频 25 Hz,放 151 炮,炮间隔 20 m,每炮 401 道双边接收。采用波动方程法对其进行正演模拟,得到地震响应结果。

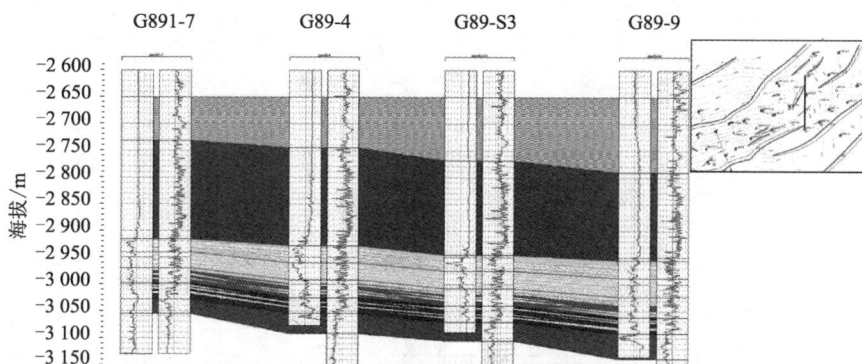

图 5-17 原始油藏剖面

图 5-18、图 5-19 分别为原始地层模型和加气后地层模型,表 5-2、表 5-3 为从上到下地层所对应的速度、密度,这是正演过程中使用的参数。

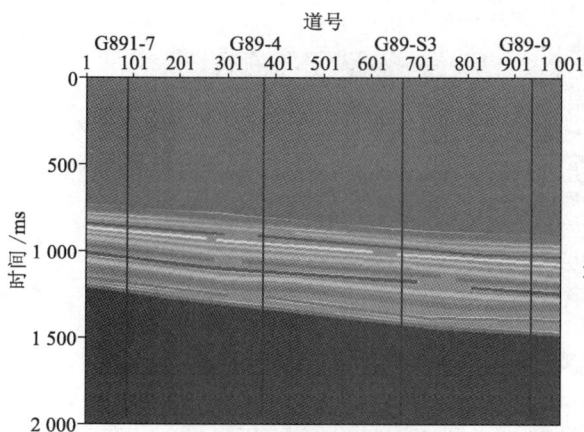

图 5-18 原始地层模型

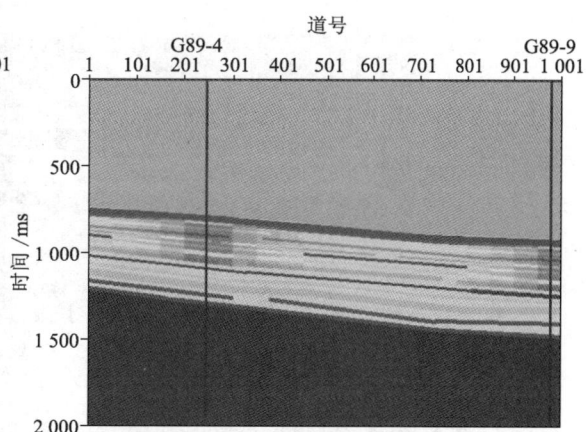

图 5-19 加气后地层模型

表 5-2 原始地层对应速度、密度表

层 位	速度/(m·s⁻¹)	密度/(g·cm⁻³)	层 位	速度/(m·s⁻¹)	密度/(g·cm⁻³)
s_1 上	3 278	2.35	s_3_1	3 324	2.35
s_1_1	4 113	2.48	s_3_4	4 213	2.49
s_1_2	4 038	2.47	s_3_7	3 622	2.40
s_1_7	3 594	2.40	s_4_1	3 362	2.36
s_2_2	3 142	2.32	s_4_2	4 091	2.47
s_2_4	3 732	2.42	s_4_3	4 405	2.52
s_2_6	3 629	2.40	s_4 下	4 128	2.48
s_2_9	3 607	2.40			

表 5-3　加气后地层对应速度、密度表

层　位	速度/(m·s⁻¹)	密度/(g·cm⁻³)	层　位	速度/(m·s⁻¹)	密度/(g·cm⁻³)
s_1 上	3 278	2.35	s_3_1	3 324	2.35
s_1_1	4 113	2.48	s_3_4	4 213	2.49
s_1_2	4 038	2.47	s_3_7	3 622	2.40
s_1_7	3 594	2.40	s_4_1	3 362	2.36
s_2_2	3 142	2.32	s_4_2	4 091	2.47
s_2_4	3 732	2.42	s_4_3	4 405	2.52
s_2_6	3 629	2.40	s_4 下	4 128	2.48
s_2_9	3 607	2.40			

加气部位的速度从中间到两边依次减小 400 m/s,200 m/s,100 m/s,50 m/s。进行正演模拟,跑出炮集、切去直达波、进行动校正、叠加、偏移,最终得到叠后时间偏移剖面(图5-20和图5-21)。比较注气前后有无时间下拉现象以及不同速度变化处时间下拉现象的程度。

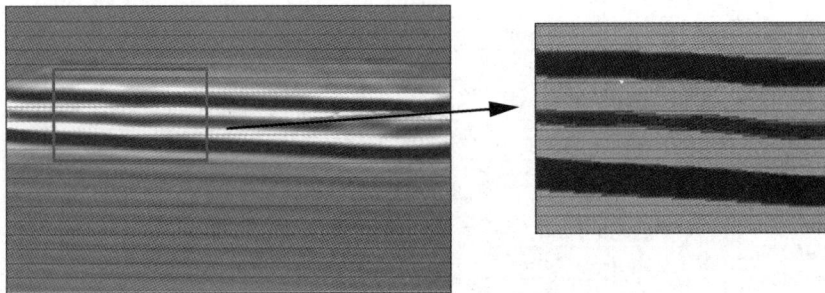

图 5-20　注气前模型偏移剖面及局部放大图

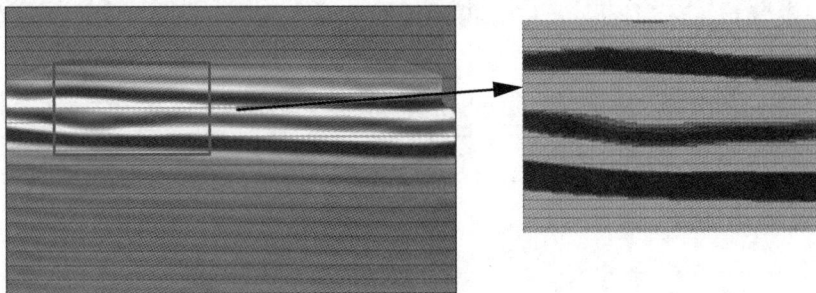

图 5-21　注气后模型偏移剖面及局部放大图

可以观察到,在注入 CO_2 地层及以下出现了明显的同相轴下拉现象,并且同相轴能量相较于注气前有所增强。下面统计在速度变化不同的部位同相轴下拉现象的程度。抽取加气前后偏移剖面的第 250,175,125,75,25 道(即 CO_2 含量由高到低,注气部分速度变化由高到低)进行对比分析,观察时差现象(图5-22),精确统计时差情况(表5-4)。

（a）250 道　　　　　　　　　　　（b）175 道

（c）125 道　　　　　　（d）75 道　　　　　　（e）25 道

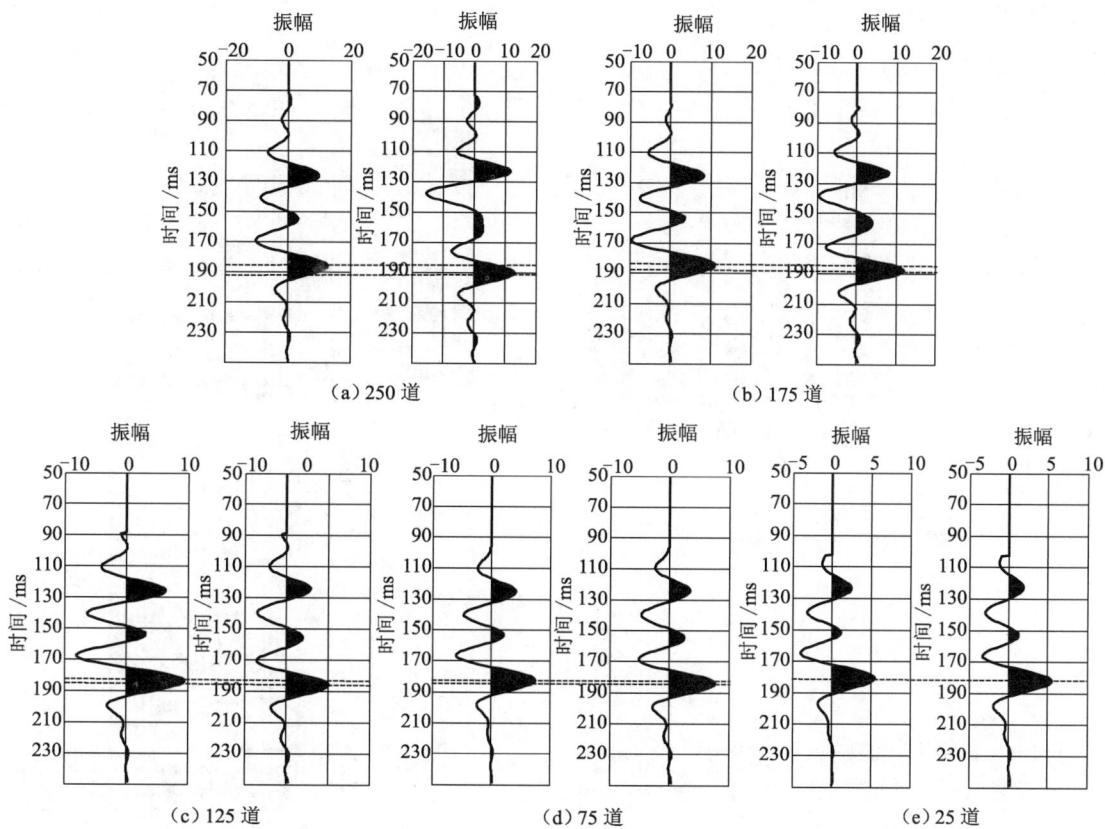

图 5-22　抽取注气前后各道对比图

表 5-4　注气前后时差表

注气前后速度差/(m·s⁻¹)	400	200	100	50	0
注气前后时差/ms	5	3	2	1	0

对照表 5-4 不难发现驱油后穿越目的层旅行时增大，即目的层底出现下拉现象，下拉幅度集中在 1~5 ms 之间，且旅行时差随正演速度变化而变化。李继光（2017）的正演模拟结果也表明速度和层厚会对时间剖面造成一定的下拉现象，在层比较薄时，速度变化对时间剖面造成的下拉现象比较轻微，在相同速度差异下，厚度变化对时间剖面下拉现象影响比较大。

5.3.1.2　反射振幅分析

为研究 CO_2 驱油前后目的层顶、底反射轴振幅和波形变化，Lei 等（2016）将实际测井曲线与构造建模相结合建立一个从地面开始的连井精细储层正演模型（图 5-23）。然后对测井曲线重构，以替代实测曲线，建立驱油后的模型，通过将目的层砂岩发育段的纵波速度降为 95%，90% 和 85% 来进行曲线重构，分别代表注气的不同过程。

分别提取各正演结果的目的层顶、目的层砂岩及目的层底反射轴的振幅信息，分析 CO_2 驱油前后振幅属性变化规律，如图 5-24 所示。

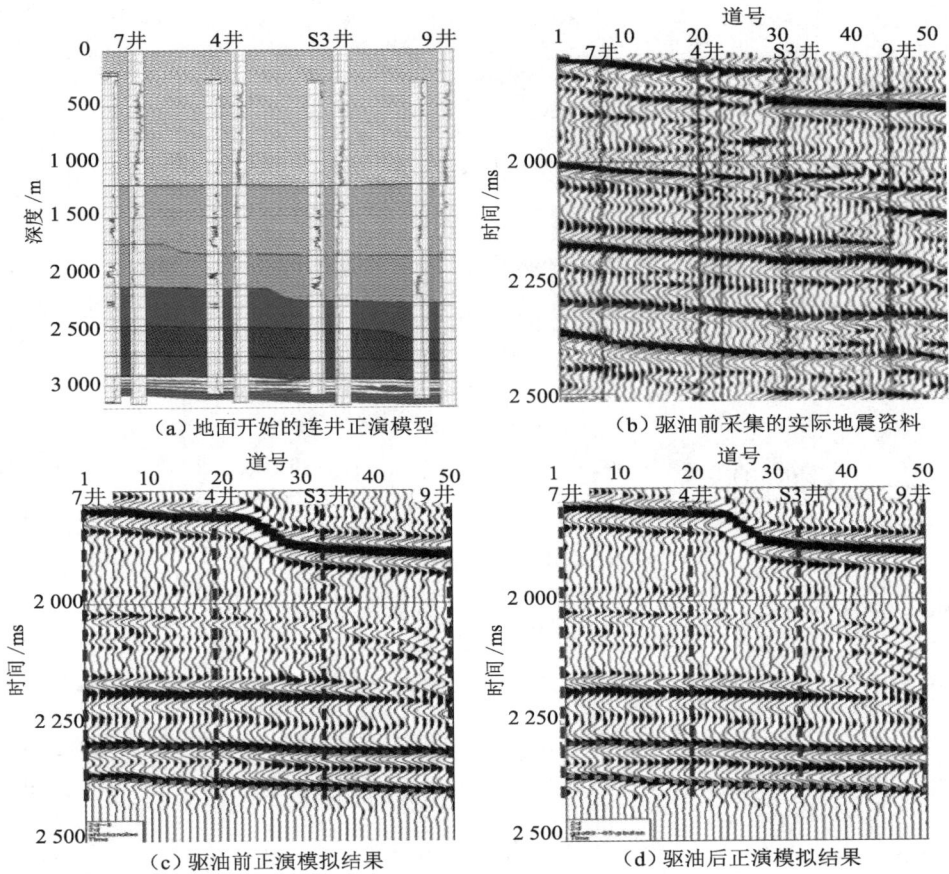

（a）地面开始的连井正演模型

（b）驱油前采集的实际地震资料

（c）驱油前正演模拟结果

（d）驱油后正演模拟结果

图 5-23　连井精细储层正演模拟

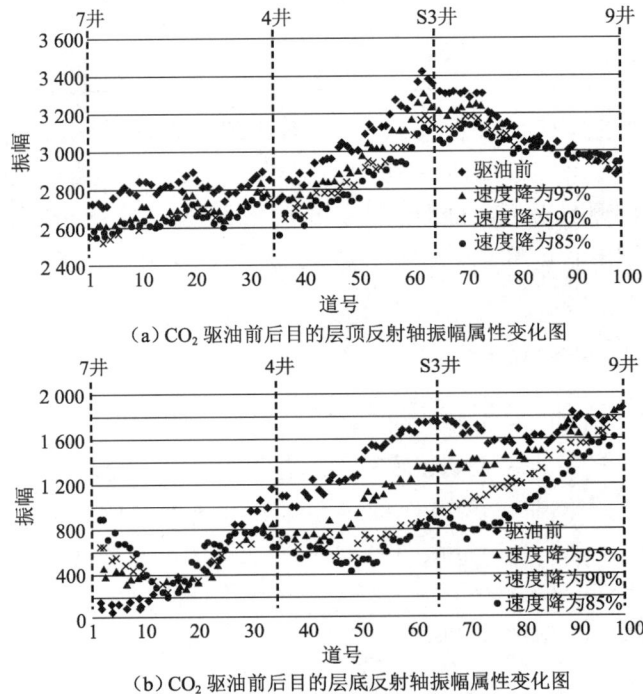

（a）CO_2 驱油前后目的层顶反射轴振幅属性变化图

（b）CO_2 驱油前后目的层底反射轴振幅属性变化图

图 5-24　正演模型 CO_2 前后振幅属性变化图(据 Lei et al.,2016)

从振幅属性提取结果中可看到,CO_2 驱油后,目的层顶反射轴振幅明显减小,目的层砂岩反射振幅则出现增加现象。分析认为,目的层上部砂岩被注 CO_2 后速度减小,导致与围岩波阻抗差变小,目的层顶反射轴振幅减小。上部砂岩本身的反射振幅也得到压制,而底部砂岩的反射振幅并没有变化,目的层砂岩总体反射波由于波的干涉作用反而出现振幅增强的现象。

5.3.1.3　波形分析

将驱油前后的正演模拟结果叠合,可以观察到 CO_2 驱油导致目的层顶、底及目的层反射波形组合出现"上弱、中强、下凹"的特征,如图 5-25 所示。

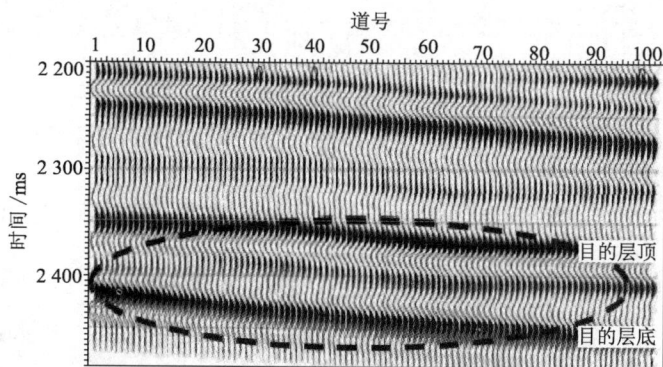

图 5-25　CO_2 驱油前后连井正演模拟结果叠合显示图(据 Lei et al.,2016)

5.3.2　频率域特征差异分析

5.3.2.1　频谱分析

CO_2 驱油会导致储层介质相态和密度发生变化,地震波传播过程中会产生频率衰减和能量的吸收,下面以高 89 井区 G891-7—G89-4—G89-S3—G89-9 连井剖面两期资料为例进行分析。首先分析该连井线的岩性及油藏特征。如图 5-26 和图 5-27 所示,可以看出储层上方有一个强盖层,储层主要是沙四段的 1 砂组与 2 砂组,而注气井 G89-4 的注气层段就位于沙四段的 1 砂组与 2 砂组。

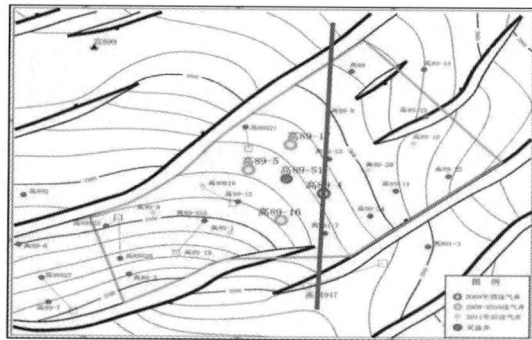

图 5-26　G891-7—G89-4—G89-S3—G89-9 连井线

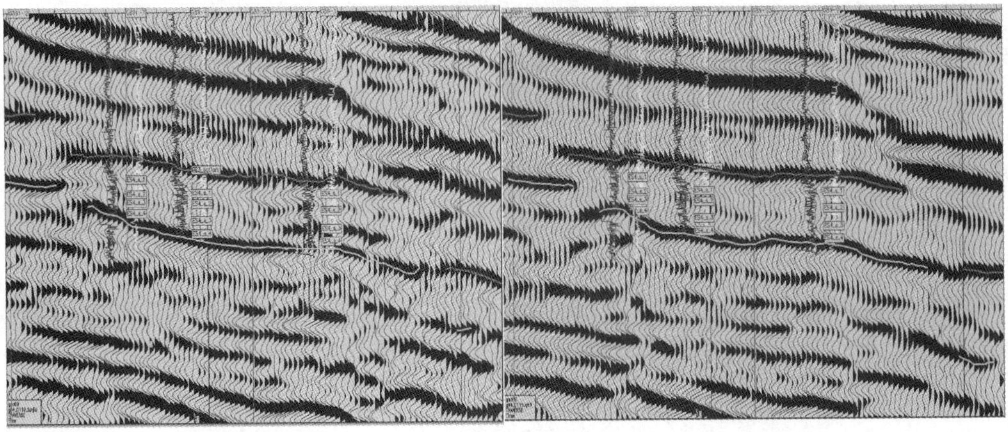

樊家_新处理　　　　　　　　　高94_新处理

图 5-27　G891-7—G89-4—G89-S3—G89-9 连井剖面

分析新老资料的频谱,如图 5-28 所示,可知:新老资料频带范围基本一致,在 8～50 Hz 之间,老资料在个别频段上能量稍强于新资料,新老资料主频在 25 Hz 左右。

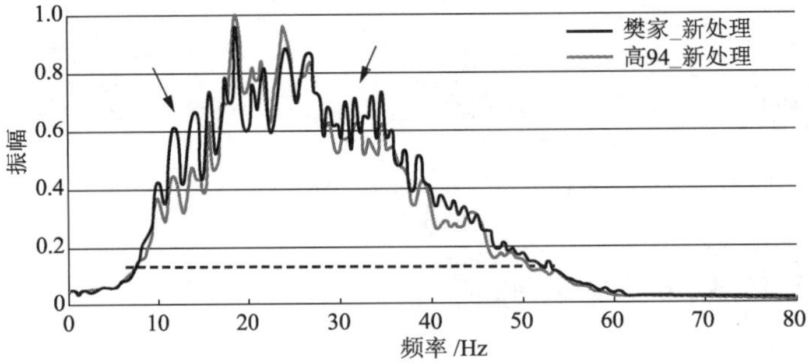

图 5-28　连井剖面频谱特征对比

分析对比了储层处的频谱特征,如图 5-29 所示,可知:新资料频带范围稍窄,在 8～43 Hz 之间,老资料在 8～50 Hz 之间,老资料在低频段和高频段局部能量强于新资料,新老资料主频基本一致,在 23.4 Hz 左右。而后将新老资料储层处的频谱进行相减,结果如图 5-30 所示,30～50 Hz 高频段衰减比较明显,值得关注。

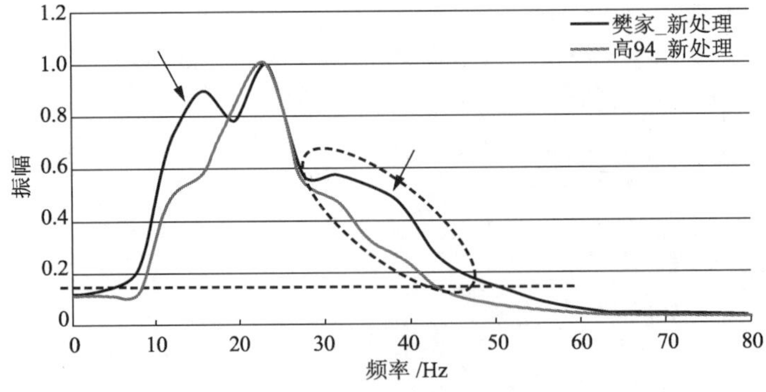

图 5-29　储层频谱特征对比

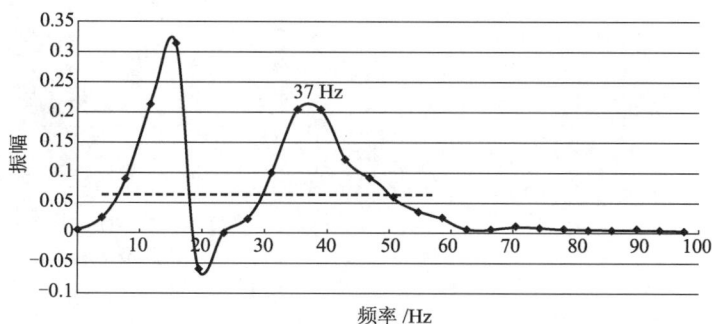

图 5-30　樊家和高 94 新老资料储层频谱差

5.3.2.2　瞬时频率与瞬时振幅

利用瞬时频率、瞬时振幅属性对过 G95 井、H18 井的连井剖面进行分析(图 5-31)。如图 5-32 所示,G95 井区附近有低频伴影现象,这是由于该井区附近地下存在 CO_2,含气衰减导致的。如图 5-33 所示,根据振幅的衰减情况,可以发现图中标注断层封堵作用良好,对 CO_2 的运移起着遮挡作用,并且沙三段底面盖层好,能有效减少 CO_2 的逸散。

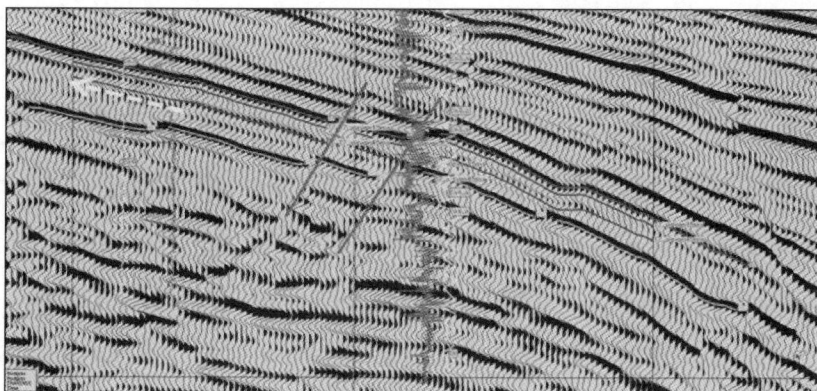

图 5-31　花沟连井剖面

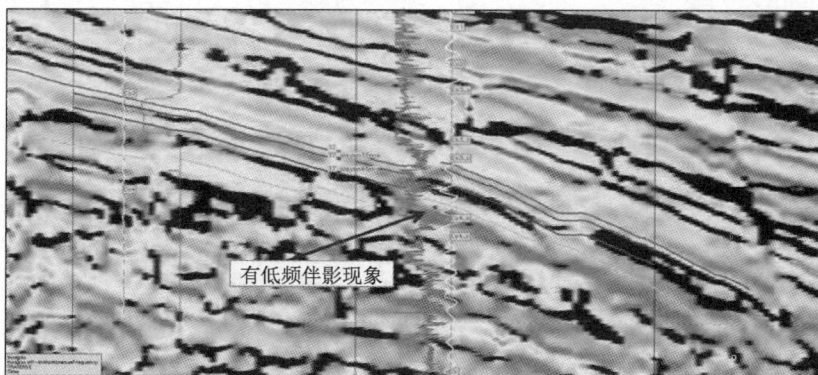

图 5-32　花沟连井剖面(瞬时频率)

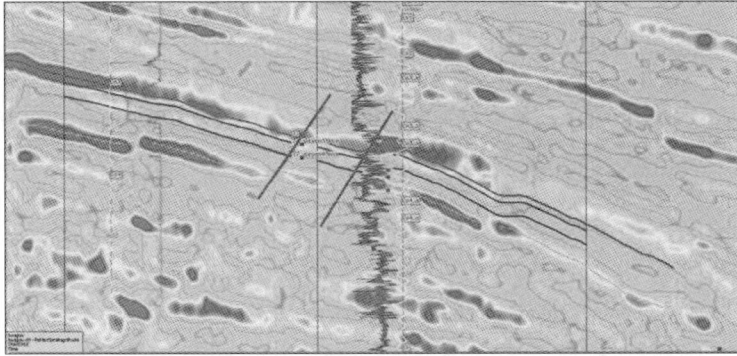

图 5-33　花沟连井剖面(瞬时振幅)

5.3.2.3　常规属性和单频属性切片

为了更好地比较地层含气后的衰减特征,可以通过提取单频属性和常规属性的切片来描述气藏动态变化。以花沟研究区为例,选取 T7 层下 5～45 ms 的时窗,分别提取20 Hz,30 Hz,35 Hz,40 Hz,45 Hz 及 50 Hz 的单频属性进行分析(图 5-34)。由分析可知,40 Hz 分频属性可以较好地反映花沟研究区含气后的衰减特征。

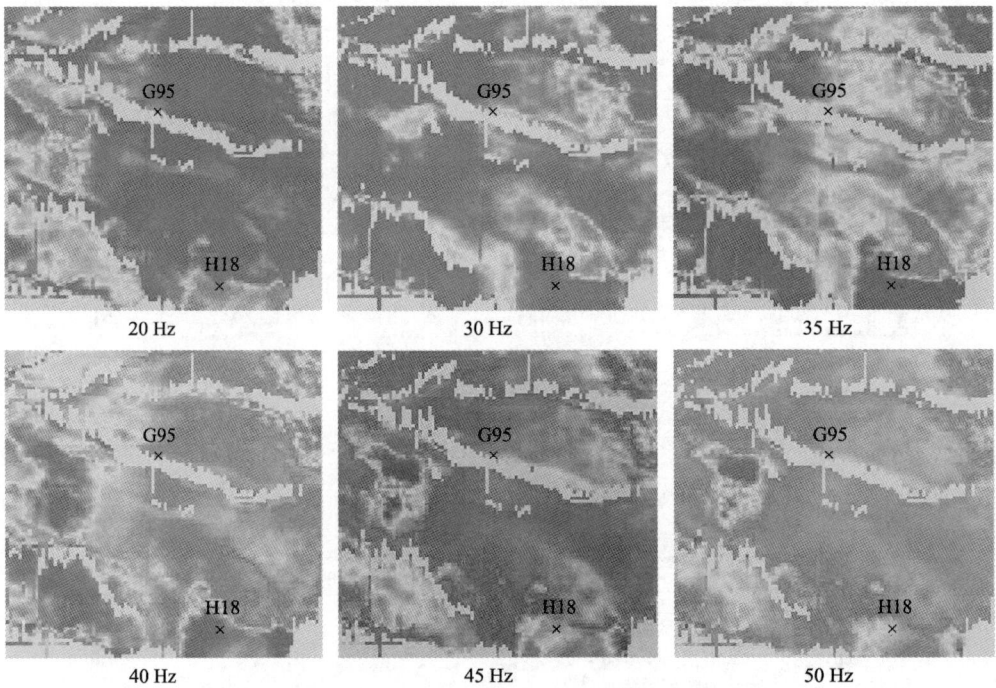

图 5-34　沿 T7 层单频属性切片

选取相同的时窗,提取沿 T7 层的瞬时频率、均方根振幅、弧长、能量半时等属性切片,对提取的这些属性进行比较可知:瞬时频率属性最好,弧长属性次之,其他属性不好分辨(图 5-35)。储层含气后,瞬时频率变低,单频属性 45 Hz 对含气与不含气的辨识度最好。

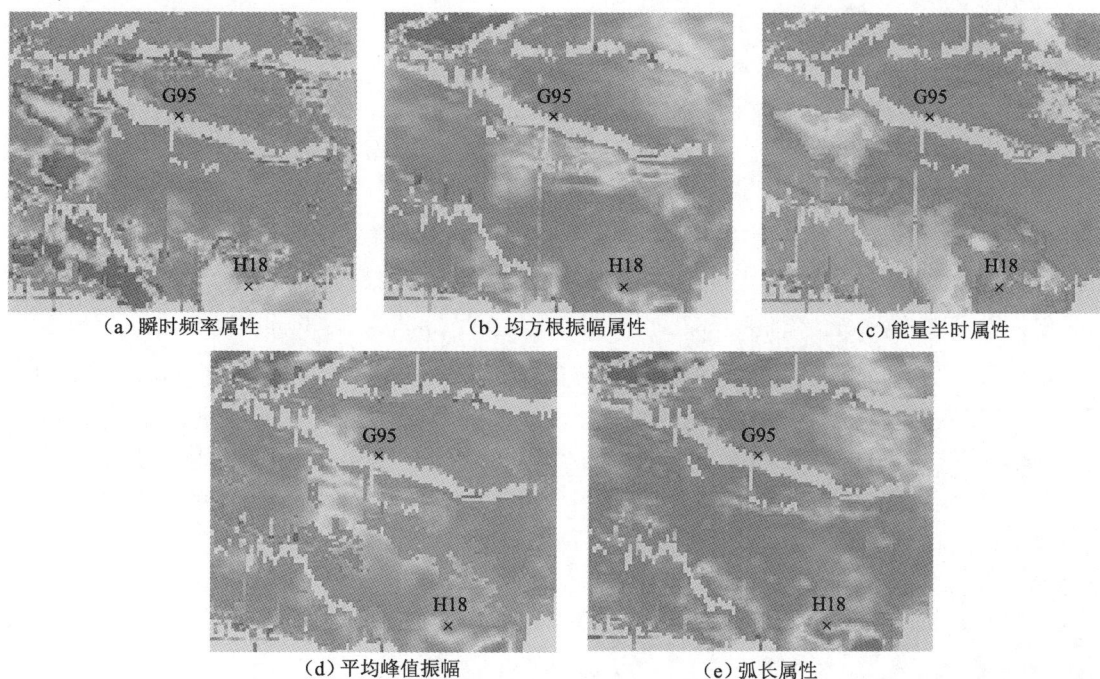

（a）瞬时频率属性　　　　（b）均方根振幅属性　　　　（c）能量半时属性

（d）平均峰值振幅　　　　（e）弧长属性

图 5-35　沿 T7 层常规属性切片

5.4　CO_2 驱敏感属性提取及波及面监测

根据正演取得的认识,在对驱油前后采集的实际地震资料进行一致性处理的基础上,应用衰减类属性及频散属性两类较为敏感的属性对注气前后的两种资料(樊家老资料与高94新资料)进行属性的提取与分析,通过对两种资料的差异范围进行分析,确定注气后 CO_2 在储层内流动的波及范围。

5.4.1　常规吸收衰减属性

引起地震波衰减的因素有很多,从广义上来说可分为两类:一类是与地震波传播特性有关的衰减,如球面扩散、与地震波波长有关的介质非均匀性引起的散射以及由层状结构地层引起的地震波衰减;另一类是反映介质内在属性的地层本征衰减,称为地层固有品质因子。地层固有品质因子具有重要意义,它反映了地层的岩性、含流体类型、流体饱和度、压力及渗透率等信息。理论研究和实际应用表明,在地质体中,如果孔隙发育,充填油、气、水时,地震反射吸收加大,高频吸收衰减加剧,含油气地层吸收系数可比相同岩性不含油气地层高几倍甚至一个数量级。地层含有非饱和的油气时,能量衰减更明显地表现出异常衰减,这部分异常衰减值得关注。

5.4.1.1　属性提取

在黏滞弹性理论的指导下,有这样的定义:在均匀非完全弹性介质中,随着传播距离的

增大,地震波振幅的衰减呈指数衰减形式,即

$$A = A_0 e^{-\alpha x} \tag{5-7}$$

式中,x 为传播距离,α 为吸收系数,A_0 为地震波的原始振幅,A 为地震波传播后的振幅。

又因在频带宽度内,吸收系数和频率呈正比关系,即 $\alpha = \alpha_0 f$,式(5-7)转化为:

$$A = A_0 e^{-\alpha_0 f x} \tag{5-8}$$

当储层含油气(尤其含气)时,地震波高频成分会出现衰减,衰减系数相对增加,所以吸收系数也是重要的储层预测参数之一,对储层含气性比较敏感。

1) 衰减梯度因子法

该方法主要通过计算地震信号高频部分能量的衰减梯度来分析含油气储层局部特性,含油气区表现出较强的高频异常衰减,该方法假设背景衰减变化平稳,只关注需要的异常衰减即可。首先利用 GST 计算时频点谱,然后在时频点谱上求取最大能量值 $P(f_{max}, A_{max})$,在最大能量值右侧搜寻能量衰减的拐点值 $P(f_{high}, A_{high})$,利用求取的两个点计算斜率,得到衰减梯度 AG[式(5-9)],如图 5-36 所示。可见,较高的衰减梯度值指示油气或孔洞缝的存在。

$$AG = \frac{|A_{max} - A_{high}|}{|f_{max} - f_{high}|} = \frac{\Delta A}{\Delta f} \tag{5-9}$$

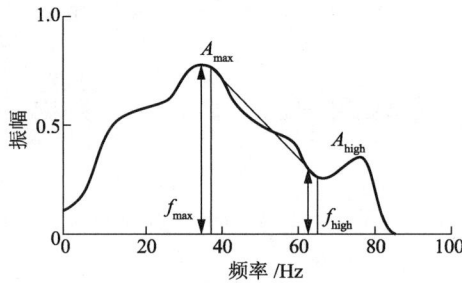

图 5-36 衰减梯度因子法示意图

2) 有效频带宽度法

有效频带宽度法油气储层识别原理为:在时频点谱上求取最大振幅(峰值振幅 A_{max})以及最大振幅对应峰值频率 f_{max},求取 αA_{max} 处的高截频 f_{high} 和低截频 f_{low}($0 < \alpha < 1$),最终得到有效频带宽度 $f_{band\ width} = |f_{high} - f_{low}|$。基本原理如图 5-37 所示。

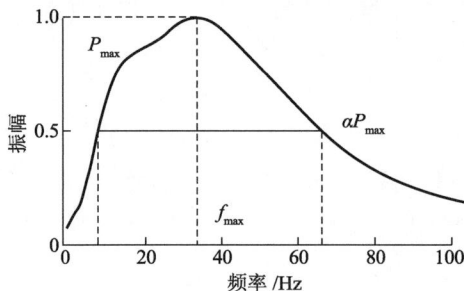

图 5-37 有效频带宽度法示意图

3) 有效带宽能量法

有效带宽能量法油气储层识别原理为:在时频点谱上求取最大振幅(峰值振幅 A_{max})以及最大振幅对应峰值频率 f_{max},求取 αA_{max} 处的高截频 f_{high} 和低截频 f_{low}($0<\alpha<1$),然后求取有效频带宽度 $f_{band\ width}=|f_{high}-f_{low}|$ 内的能量值 E_{all},通过能量有效频带内能量的变化确定含油气情况。基本原理如图 5-38 所示。

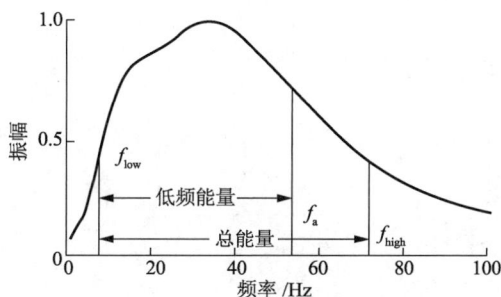

图 5-38 有效频带宽度法示意图

4) 振幅斜率法

振幅斜率法油气储层识别原理为:在 GST 时频点谱上求取最大振幅(峰值振幅 A_{max})以及最大振幅对应峰值频率 f_{max},求取 αA_{max} 处的高截频 f_{high}($0<\alpha<1$),然后求取振幅点谱的斜率[式(5-10)]。根据振幅斜率分析"高频衰减"的大小,斜率小说明高频成分损失较小,含油气可能性较小,斜率较大说明高频衰减较多,含油气可能性大。同时,可以利用平均频率代替峰值频率,使算法稳定性更好。基本原理如图 5-39 所示。

$$AG=\frac{A_{max}-\alpha A_{max}}{f_{high}-f_{max}}=\frac{\Delta A}{\Delta f} \tag{5-10}$$

5) 峰值属性差异法

峰值属性差异法油气储层识别原理为:在 GST 时频点谱上求取最大振幅(峰值振幅 A_{max})以及平均振幅 A_{ave},两个值相减得到一个时频属性体。该方法得到的属性异常值为去除背景振幅下的真正振幅异常,能很好地反映储层的变化以及流体性质的变化,从而识别油气。基本原理如图 5-40 所示。

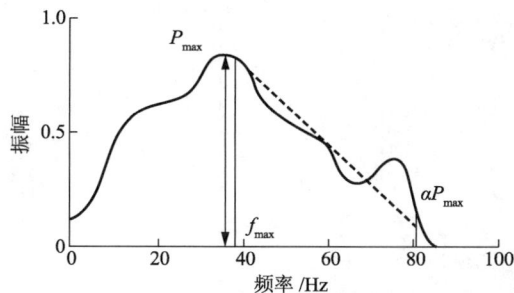

图 5-39 振幅斜率法示意图

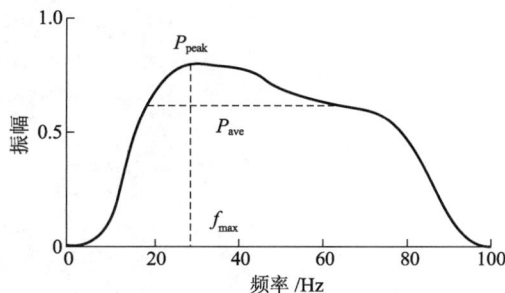

图 5-40 峰值属性差异法示意图

6) 吸收参数拟合法(EAA)

Mitchell 于 1996 年首次提出 EAA(energy absorption attenuation)方法。该方法就是

通过计算地震波能量的衰减来研究储层局部含油气性的,其核心思想是求取信号频率谱高频衰减指数。利用数值算法对高频端频率谱进行指数拟合,得到衰减值,通过变时窗计算地震道一系列衰减值,重复此过程,得到高频系数衰减剖面,利用此剖面进行 EAA 分析,指示高频衰减异常,进而识别油气。为了有效地计算吸收衰减系数,利用非线性高斯-牛顿算法对高频端频谱进行拟合。非线性高斯-牛顿算法是一种基于最小二乘的方法,在求取时具有较高的精度。基本原理如图 5-41 所示。

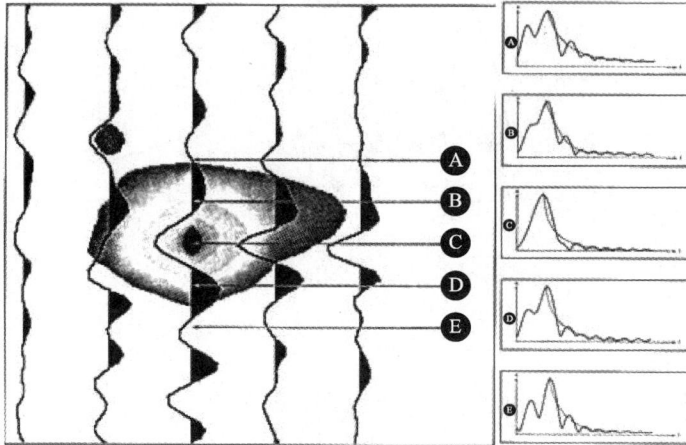

图 5-41 吸收参数拟合法示意图

7) 面积差值法

面积差值法(刁瑞等,2011)实现步骤为:计算每道的 GST 谱,在要计算的点谱处开一合适的窗口,在时窗内计算各点谱的平均值,将该平均值作为不含油气时的点谱,用原始点谱减去对应时刻的平均值点谱,分别计算低频增加面积异常以及高频衰减面积异常,对所有地震道进行计算,得到整体衰减数据体,进行含油气预测。通常情况下,油气造成的衰减会在含油气下方显示出来,所以面积差值法得到的低频和高频异常会存在一定的下移现象。基本原理如图 5-42 所示。

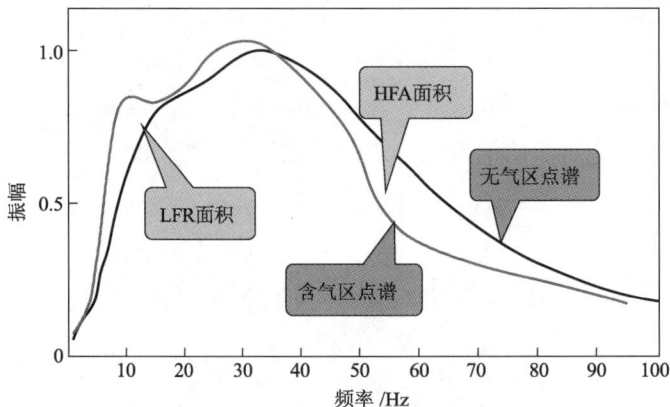

图 5-42 面积差值法示意图

5.4.1.2　基于吸收衰减属性的波及面预测

以樊家和高 94 两期资料为例,使用这些衰减类属性计算注气前后对应的衰减类属性数据体后,沿 T7 层下 $10\sim75$ ms,即时窗范围为沙四段注气位置深度范围,提取有效带宽能量、EAA、高频衰减面积等沿层属性切片(图 5-43～图 5-45)。分析对比这些提取的注气前后属性切片,类似于前面的结论,也可以得到一块注气前后衰减类属性差异性较大的区域,预示着注气后波及面的范围就是该区域。

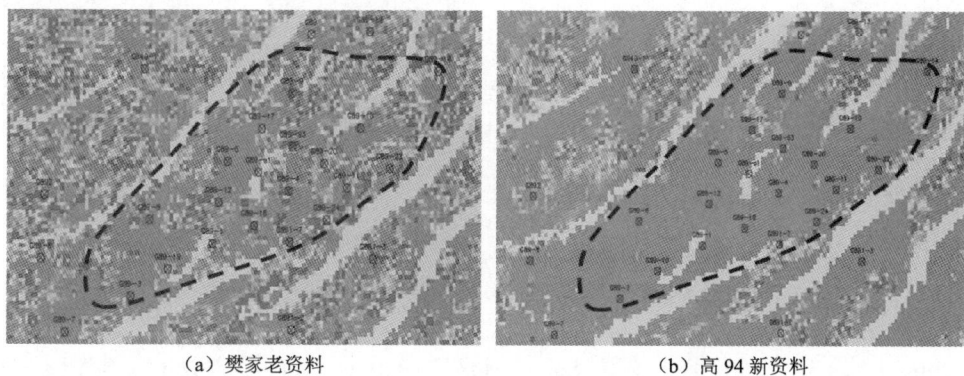

（a）樊家老资料　　　　　　　　　　（b）高 94 新资料

图 5-43　有效带宽能量

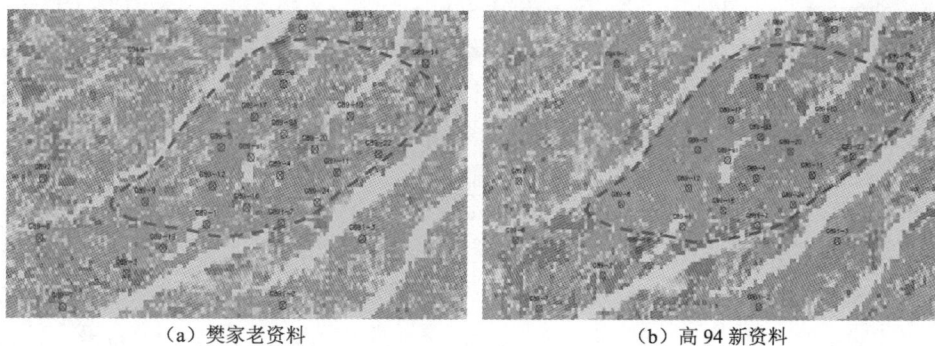

（a）樊家老资料　　　　　　　　　　（b）高 94 新资料

图 5-44　EAA

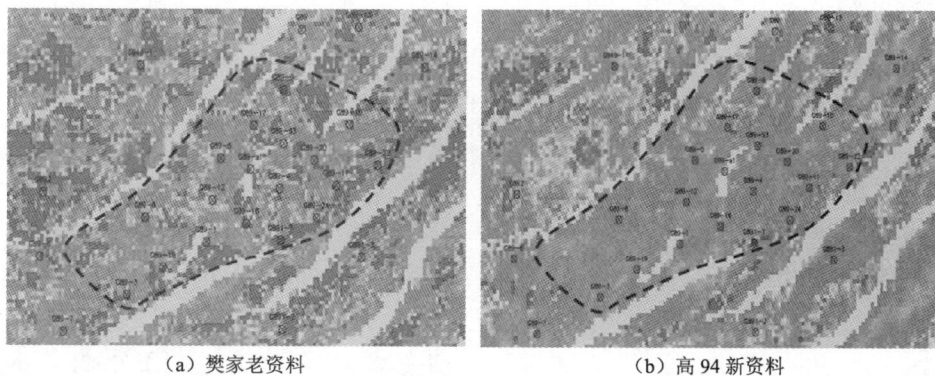

（a）樊家老资料　　　　　　　　　　（b）高 94 新资料

图 5-45　高频衰减

5.4.2 速度频散属性

利用与频散有关的属性进行储层特征描述一直是地球物理学家研究的热点,由于注入 CO_2 后会造成地震波的衰减和速度频散,所以速度频散属性在一定程度上可以指示含气类储层。

5.4.2.1 属性提取

速度频散属性是提取一种对 CO_2 驱油过程比较敏感的属性,从而分析 CO_2 驱油产生的效应,进行差异性检测。考虑 CO_2 在注入地层驱油过程中会发生纵波速度的频散现象,因此纵波速度 v_P 可以表征为频率的函数 $v_P(f)$,进而纵波反射系数可以写成:

$$r(f) = \frac{v_{P2}(f)\rho_2 - v_{P1}(f)\rho_1}{v_{P2}(f)\rho_2 + v_{P1}(f)\rho_1} = \frac{1}{2}\left(\frac{\Delta v_P}{v_P}(f) + \frac{\Delta \rho}{\rho}\right) \tag{5-11}$$

式中,$r(f)$ 为反射系数,v_P 为纵波速度,v_{P2} 为上层纵波速度,v_{P1} 为下层纵波速度,ρ_2 为上层密度,ρ_1 为下层密度,Δv_P 为上下层速度差,$\Delta\rho$ 为上下层密度差,$v_P = (v_{P1} + v_{P2})/2$,$\rho = (\rho_1 + \rho_2)/2$,$\Delta v_P = v_{P1} - v_{P2}$,$\Delta\rho = \rho_1 - \rho_2$。

Robinson(1953,1956)提出了平稳地震记录褶积模型,即自激自收的地震记录等价于地震子波和反射系数的褶积,其在频率域相当于反射系数谱和子波谱的乘积,即

$$r(t,f) * w(t,f) = s(t,f) \tag{5-12}$$

由于地震子波模糊了地层反射系数的信息,所以有必要将地震记录频谱展宽,即去除"子波叠影"的影响,恢复仅由复杂地下介质引起的声波反射信息。假设地层反射系数符合高斯白噪分布(地层滤波作用视为线性时不变系统),则谱均衡具体过程可以阐述为:

$$r(t,f) = \frac{s(t,f)}{w(t,f) + \varepsilon} \tag{5-13}$$

式中,ε 为无穷小量,主要用来提高谱均衡过程的稳定性。

将 $r(f)$ 在 f_0 处泰勒展开,忽略掉二阶以及二阶以上高阶项,得到:

$$r(t,f) \approx r(t,f_0) + \frac{\partial[r(t,f)]}{\partial f}df \tag{5-14}$$

由于密度不会随着频率的变化而发生变化,所以密度对频率的偏导数可以忽略不计,将式(5-11)代入,得:

$$r(t,f) - r(t,f_0) = \frac{1}{2}\frac{\partial\frac{\Delta v_P}{v_P}}{\partial f}(f - f_0) \tag{5-15}$$

进而有:

$$\begin{cases} r(t,f_1) - r(t,f_0) = \frac{1}{2}\frac{\partial\frac{\Delta v_P}{v_P}}{\partial f}(f_1 - f_0) \\ \quad\vdots \\ r(t,f_J) - r(t,f_0) = \frac{1}{2}\frac{\partial\frac{\Delta v_P}{v_P}}{\partial f}(f_J - f_0) \end{cases} \tag{5-16}$$

令 $U_{f_0} = \dfrac{\partial \frac{\Delta v_P}{v_P}}{\partial f}$ 为速度反射系数随频率的变化梯度，则针对上述超定方程求解，采用阻尼最小二乘的方法进行求取。

结合图 5-46，一种 CO_2 驱油地震频散属性提取方法主要包括以下步骤：

（1）通过广义 S 变换谱分解提取注 CO_2 前后两期资料的若干单频剖面。

（2）注气前后地震道集时频分析，综合测井曲线和井旁道提取地震子波。

（3）两期地震资料谱均衡处理，去除"子波叠影"的影响，恢复地层反射系数频散效应。

（4）根据构建的频散属性提取方程，基于阻尼最小二乘提取纵波速度频散属性剖面。

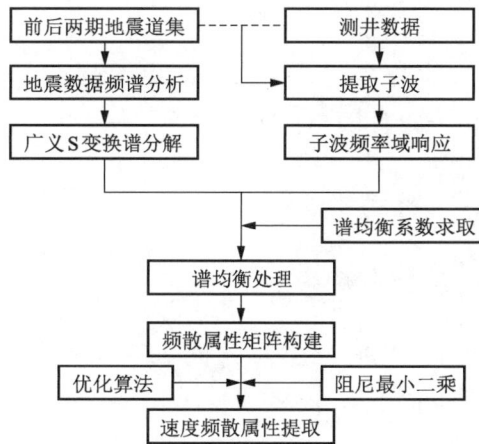

图 5-46　处理流程图

5.4.2.2　基于频散属性的波及面预测

用该方法对选用的注气前后两期地震资料的过 G891-7，G89-4，G89-S3，G89-9 井的连井剖面（图 5-47）进行注气后波及面范围的预测。

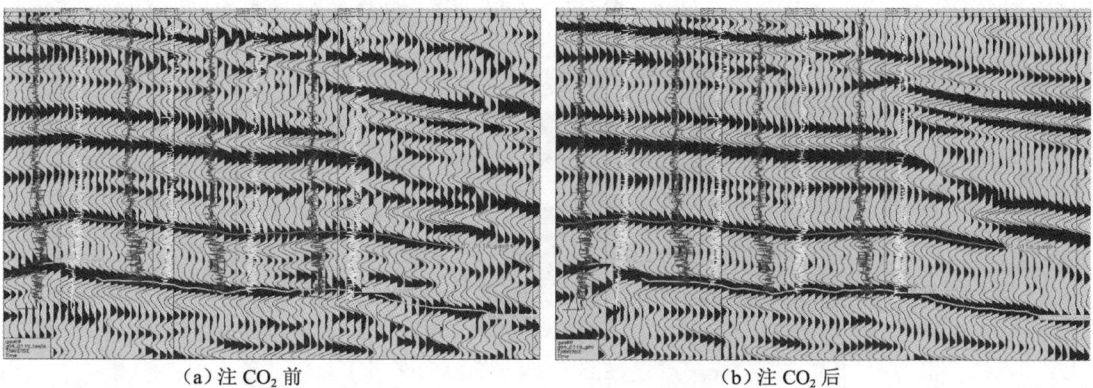

（a）注 CO_2 前　　　　　　　　　　　　　　（b）注 CO_2 后

图 5-47　注 CO_2 前后两期连井地震剖面

图 5-47 为过 G89-4（注气井）和 G89-S3 井旁道地震数据注气前后时频分析结果。分析可得，G89-4 注气井位置（图 5-48a 中矩形框指示区域）在注气后，其高频段信息相比低频段

反射衰减较明显,频带宽度明显变窄;G89-S3 井(图 5-48b 中矩形框指示区域)为生产井,注气后相比注气前频带宽度变窄,这为纵波速度频散属性提取奠定数据基础。

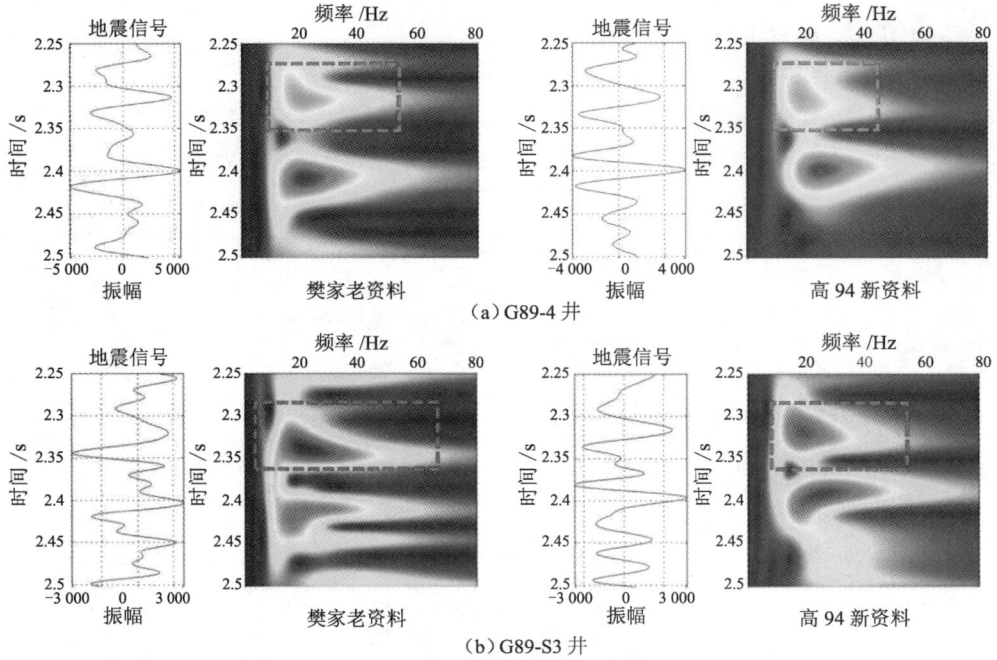

（a）G89-4 井

（b）G89-S3 井

图 5-48　井旁道注气前后时频分析

图 5-49 为提取的频散属性剖面,储层注气后,其频散属性剖面有明显变化,储层处的频散属性值明显变大,表明实钻井位在 CO_2 注入以后会引起明显的振幅衰减和频散现象。因此,可以利用本属性对 CO_2 驱波及范围进行预测。

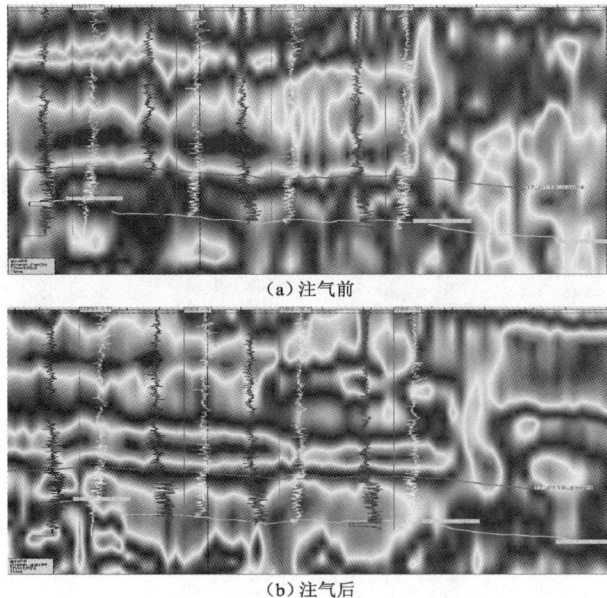

（a）注气前

（b）注气后

图 5-49　提取的频散属性剖面

最后利用该方法对注气前后的樊家老资料与高 94 新资料两个地震数据体进行频散属性体的提取,而后沿 T7 层下 10~75 ms 开时窗,提取沿层频散属性切片进行对比分析,如图 5-50 所示。通过对比可以看出,在注气井区,速度频散属性值明显变高,进而落实注 CO_2 后目标油藏的动态波及范围。

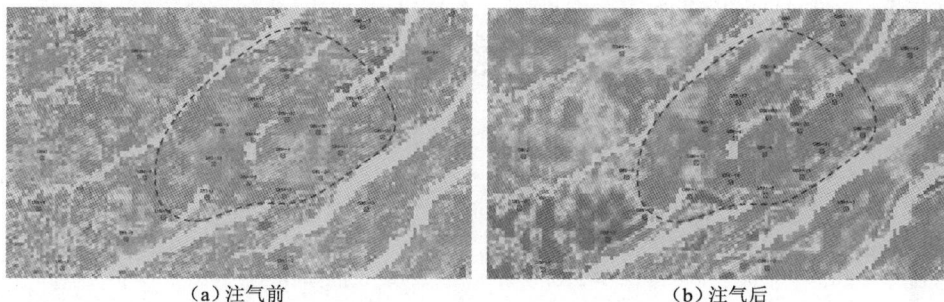

(a)注气前　　　　　　　　　　　　　　(b)注气后

图 5-50　注气层顶部下延 10~75 ms 频散属性沿层切片

综上,利用 45 Hz 单频切片、优势频带能量、EAA、高频衰减面积及频散属性综合预测得到的注气后波及范围结果如图 5-51 所示。

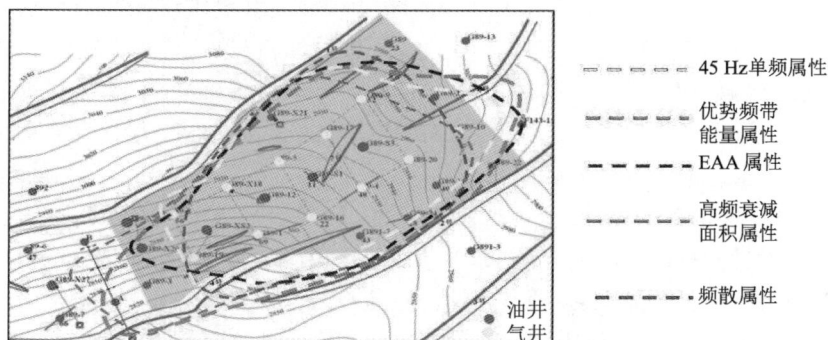

图 5-51　注气波及面主要范围综合预测结果

第6章
强屏蔽、弱反射储层精细描述方法及应用

6.1 概　述

在隐蔽油气藏勘探中,常见一类特殊的储层,它的附近有地震强反射,使得它的地震信号显得很弱,这类储层简称为"强屏蔽、弱反射储层"。此类储层的地质成因主要有两个方面:一是油页岩、生物灰岩、低速泥岩或煤系地层等特殊岩性层或由地质沉积间断面引起的不整合面的出现,在地震剖面上呈现出强反射特征,并对相邻目的层造成影响,掩盖有效信息,导致储层精细描述与预测难度加大;二是由于研究的目标层本身埋藏较深、厚度较薄、物性较差、横向非均质性较强,进一步加大了弱反射储层的研究难度。国内很多地区存在着此类地震反射现象,如鄂尔多斯盆地下古生界碳酸盐岩储层,受上古生界多套煤层或煤线屏蔽的影响,其地震反射普遍具有能量弱、多次波干扰严重等问题;东营凹陷纯梁、利津、博兴、沾化等探区,由于上层覆盖了大套油页岩或存在生物灰岩夹层,下部砂体储层弱信号被压制;松辽盆地扶余油层,由于上层泥岩引起强反射,薄砂体信息被淹没等。

从地震勘探原理上来说,地震记录上看到的一个反射波并不是单纯一个界面的反映,而是界面周围多层界面或者一套界面的地震反射子波叠加的结果。地震记录上的一个反射波组并不严格地对应于地层柱状图上的某一地层。当然,在这样一组靠得很近的界面中会有起主要作用的界面。只要这些薄层厚度和岩性在一定的区段内相对是稳定的,则来自这组界面的许多地震反射子波的相互关系(振幅的差别、到达时间的差别等)也应当是相对稳定的,其叠加的地震反射波组特征(相位、强度)也具有某些相对稳定的性质。可以认为,由大套上覆盖层产生的强屏蔽反射在研究范围内具有相对稳定的特征,对区域内强反射轴进行剥离,压制强屏蔽反射,增强储层弱反射,对储层精细描述显然是有益的。

本章介绍多子波变换、匹配追踪、模态分解和压缩感知等方法技术及其典型应用,供从业人员借鉴、推广、进一步发展。

6.2 基于多子波变换的去强凸弱方法

一般而言,地震标定、建模、储层预测等都基于单一子波假设。但这种假设存在局限性,地下不同物理特性的地层,如含油气储层、干层和非储层,它们的地震响应不同,子波在

穿过不同地层时(如强屏蔽层和弱信号层)所受到的改造也不同,其形状也会伴随地层深度、介质、含油气性的变化而变化,也就是说单一子波假设不能满足储层精细描述的需求。多子波分解与重构技术突破了常规单一子波的假设,将地震道分解成多个不同形状、不同主频的地震子波,再根据具体研究问题有选择地进行筛选和重构,最大限度地反映储层的目标信息,为储层及其含油气性预测提供有效的依据(张军华等,2012)。

6.2.1　多子波变换的方法原理

多子波变换(multi-wavelet transform)是指在地震道多主频子波叠加假设的理论基础上,将目标地震道进行分解,得到主频不同、位置不同、振幅不同的多个子波,再选定一个子波集进行重新构建的过程。表现为多子波模型的地震道可写作:

$$s(t) = \sum_{i=1}^{M} W_i(t) * R_i(t) + N(t) \tag{6-1}$$

式中,$s(t)$为地震道信号,$W_i(t)$为不同地震子波,$R_i(t)$为地层反射系数序列,$N(t)$为噪声项,M为地震子波个数。

多子波变换的发展与多锥形谱估算法有关。地震信号的特征可以用时间和频率来表征。对于地震信号$s(t)$,利用窗口傅里叶变换,可得:

$$F[s](f,t) = \int_{t-T/2}^{t+T/2} s(\xi)g(\xi-t)\cos[2\pi f(\xi-t)]d\xi +$$

$$i \int_{t-T/2}^{t+T/2} s(\xi)g(\xi-t)\sin[2\pi f(\xi-t)]d\xi \tag{6-2}$$

$$= \int_{t-T/2}^{t+T/2} s(\xi)g_{f,e}(\xi-t)d\xi + i \int_{t-T/2}^{t+T/2} s(\xi)g_{f,o}(\xi-t)d\xi$$

式中,$g(t)$是长度为T的锥形窗口,$g_f(t) = g(t)\cos(2\pi ft) + ig(t)\sin(2\pi ft)$。

由 Heisenberg 不确定原理可知,有限时间函数在频率域是无限的,所以只能在它的优势频带范围内进行研究。经过 Lilly 和 Park(1995)的发展,子波是个数为M、采样率为Δt的不连续有限时间序列w_m,它的能量集中在中心频率为f_c、带宽为$2f_w(f_w \leqslant f_c)$的频带内。所有优势频带范围定义为$|f \pm f_c| \leqslant f_w$。这个频带范围的总能量表示为:

$$\lambda = \frac{\displaystyle\int_{-f_c-f_w}^{f_c+f_w} |W(f)|^2 df - \int_{-f_c+f_w}^{f_c-f_w} |W(f)|^2 df}{\displaystyle\int_{-1/2\Delta t}^{1/2\Delta t} |W(f)|^2 df} \tag{6-3}$$

其中:

$$W(f) = \Delta t \sum_{m=-P+1}^{R} w_m e^{-i2\pi fm\Delta t} \tag{6-4}$$

式中,P是大于或等于$M/2$的整数,R是小于或等于$M/2$的整数。

Lilly 和 Park(1995)对方程(6-4)进行了改写,可计算出一系列子波,这些子波构成了特征值方程$Aw = \lambda w$,其中:

$$A_{mn} = \frac{\sin[2\pi(f_c + f_w)\Delta t(m-n)]}{\pi(m-n)} - \frac{\sin[2\pi(f_c - f_w)\Delta t(m-n)]}{\pi(m-n)} \tag{6-5}$$

这个方程里包含有 M 个正交特征向量 $w^{(k)}$ 和 M 个与之相关的特征值 λ_k，且 $\lambda_1 > \lambda_2 > \lambda_3 > \cdots > \lambda_M$。此外，子波还满足 $\sum\limits_{m=1}^{M}(w_m^{(k)})^2 = 1$。这里只使用 λ_k 的值接近于 1 的特征向量 $w^{(k)}$。

多子波变换常采用复数变换法，将子波分为偶数子波和奇数子波。定义 $w_f^{(j)} = \{w_{f,e}^{(j)} + iw_{f,o}^{(j)}\}$，这里 f 是中心频率，$w_{f,e}^{(j)}$ 是第 j 个偶数子波，$w_{f,o}^{(j)}$ 是第 j 个奇数子波。每个多子波变换可以写成：

$$W^{(j)}[s](f,t) = \int_{t-T/2}^{t+T/2} s(\xi)w_{f,e}^{(j)}(\xi-t)d\xi + i\int_{t-T/2}^{t+T/2} s(\xi)w_{f,o}^{(j)}(\xi-t)d\xi \tag{6-6}$$

即多子波变换数据 $W^{(j)}[s](f,t)$ 由与复基函数对 $w_f^{(j)}$ 的卷积产生。通过用多子波变换代替傅里叶变换，对第 j 个子波，协方差矩阵的元素可定义为：

$$R_{mn}^{(j)}(f,t,p) = W^{(j)}[s_n][f,t+t(p,n)] \times W^{(j)}[s_m][f,t+\tau(p,m)] \tag{6-7}$$

求解协方差矩阵，可以得到不同特征能量的子波库。因此，对于给定的频带，按照所要求的时间和频率分辨率进行不同数目的多子波变换，选取合适的子波即可进行有针对性的储层预测。

6.2.2 理论模型测试

1) 分解与重构测试

如图 6-1(a)所示的第 1 道合成记录，它由 5 个不同频率的子波叠后而成，其中 10 Hz 和 40 Hz 两个波有叠合，时间上难以分开。经过多子波技术分解后，不同频率的子波得到有效分离。图 6-1(b)给出了重构结果，可以看到结果与原始合成记录一致。

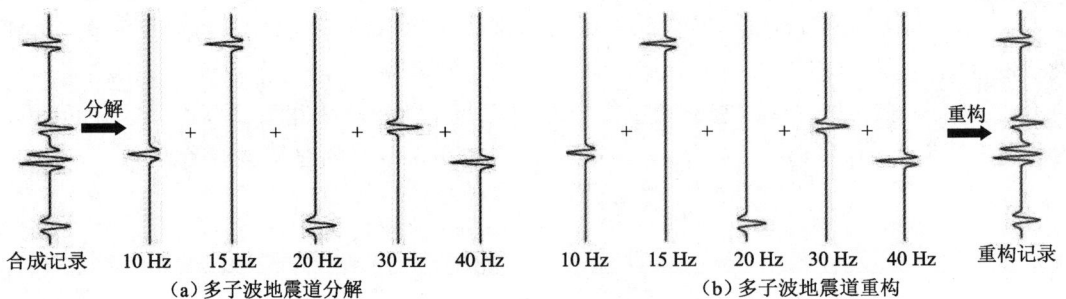

图 6-1 多子波技术分解与重构示意图

2) 单一子波选频试验

选取主频不同、振幅不同的子波进行试验，如图 6-2 所示。由图可以看出，进行多子波分解并对目标频率子波的重构可以达到只显示单子波的效果，有利于目标解释，而带通滤波不能消除其他频段子波的影响。

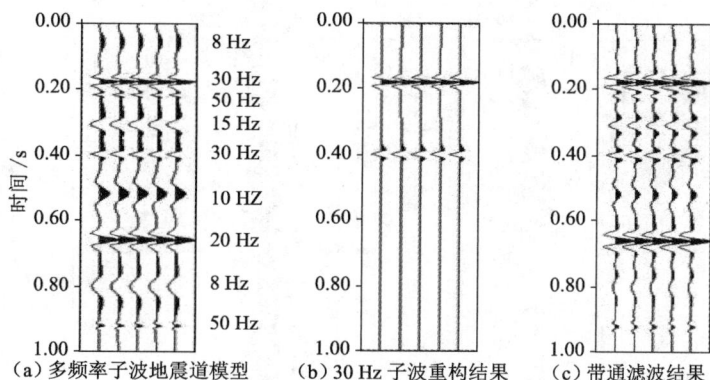

（a）多频率子波地震道模型　（b）30 Hz 子波重构结果　（c）带通滤波结果

图 6-2　多子波模型分解重构结果与带通滤波的对比

6.2.3　典型案例应用与分析

选取胜利探区五号桩油田沙二段隐蔽油气藏进行典型应用与分析。研究区位于沾化凹陷的东北部，西与埕东凸起相邻，南与孤岛凸起相接，东为五号桩凹陷，北为桩西潜山，是在中生代区域构造背景上经燕山运动和喜马拉雅运动而发育的新生代断陷湖盆，为典型的"西断东超""北断南超"的箕状洼陷。洼陷面积约 300 km²，周边发育埕东、孤北、长堤及桩南 4 条边界正断层，控制了洼陷内次级断层演化及各类砂砾岩储集层的发育和分布。沙二段储层在 T2 反射层以下，厚度在 100 m 左右，南部相对较厚，北部较薄，发育情况不均。储层特征不容易识别的主要问题是 T2 反射层是一套强屏蔽层，产生的原因是沙一段底部存在一层厚 0.9～3.5 m 生物灰岩，且又是一个不整合面。它的存在屏蔽了下伏地层的有效反射信号，给地震资料的处理及解释都带来了很大困难。

从图 6-3 的剖面显示可以看出，沙二段顶部 T2 反射层是一个标准反射层，能量较强，反射较为连续。根据标定结果可知，沙二段埋深为 3 100 m，储层厚度在 200 m 以下，对应 T2 层下的 1～2 个相位。从图 6-3 中可观察到 T2 层下反射同相轴明显，储层连续性较好。但实际钻井表明，连井剖面的井与井之间存在较大差异。其中，Z62 储层厚度为 35 m，Z72 储层厚度为 60 m，Z63 储层厚度为 13 m，而 Z23 以泥岩为主，地层不含砂岩（图 6-4）。通过图 6-3 和图 6-4 的对比能发现，该区地震和钻井资料存在较大分歧，地震上储层具有较好的连续性，而实际钻井显示储层又具有较强的非均质性。

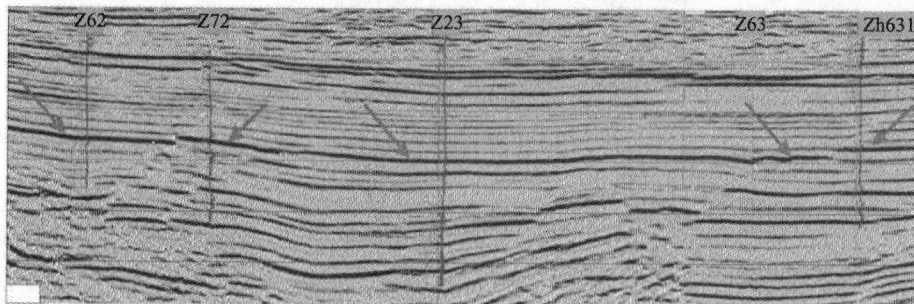

图 6-3　五号桩油田沙二段连井剖面

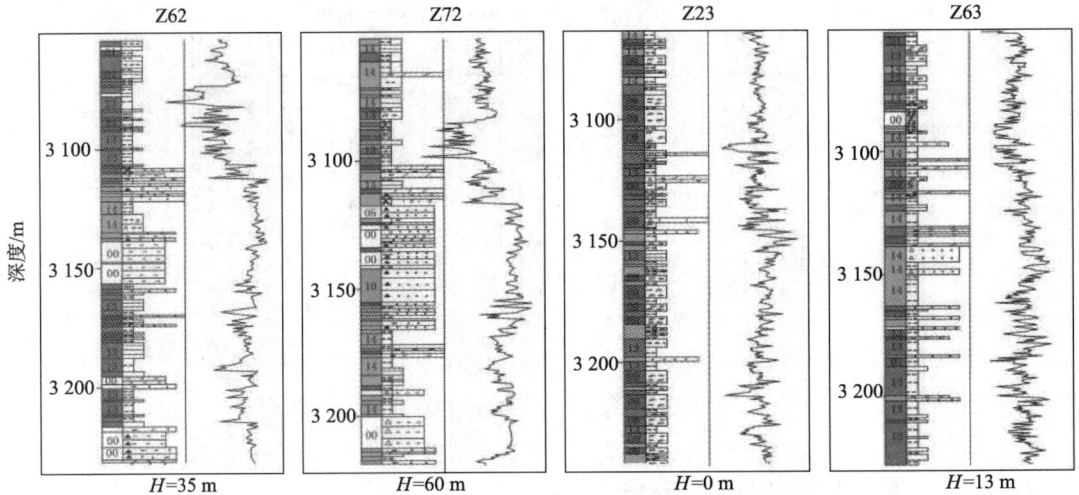

图 6-4　五号桩油田沙二段连井剖面储层厚度对比

　　为了验证以上地震剖面的特征,根据实际井的测井资料制作合成地震记录来阐明其屏蔽的地球物理机制。根据 Z72 井正演模拟结果(图 6-5),该井 3 050~3 220 m 的模型道划分为 18 套地层,总厚度为 170 m。根据标定结果,子波取为 18 Hz 的 Ricker 子波,各层速度由声波时差测井获取。可以看出,沙二段顶部为一强相位,而下伏储层由于屏蔽作用振幅很弱,用常规方法难以识别。因此,基于研究区的地质成因和地球物理机制,通过多子波分解和重构理论,笔者开发了相应程序,进行了理论记录检验和实际资料应用。

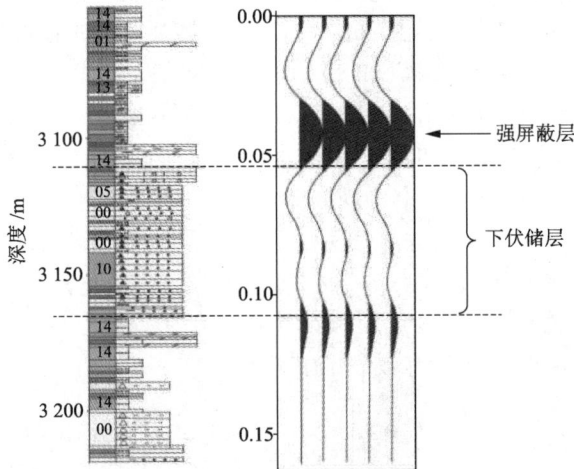

图 6-5　Z72 井正演模拟结果

　　选取研究区的一个实际剖面(图 6-6a),图中虚线对应强屏蔽层 T2 层,实线是 T2 层下延 40 ms 处的位置,大致对应储层的位置。通过 T2 标准层的多子波频带,可以确定中心频率为 19 Hz、带宽为 12 Hz 的子波为最佳子波,调整振幅以匹配 T2 层的振幅,可以得到采用多子波分解重构技术提取的模拟强屏蔽层(图 6-6b),再将提取出的 T2 层进行剥离(图 6-6c)。从图 6-6(c)可以看出,处理后目的层的弱反射信息得到加强,有利于后续属性研究和储层预测。

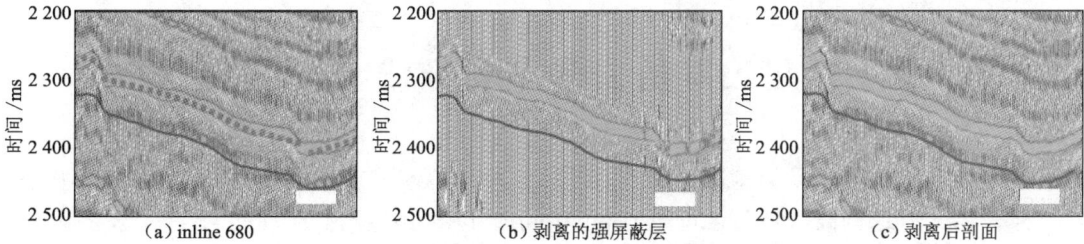

图 6-6　用多子波分解重构技术剥离强屏蔽层

　　根据上述方法,对该三维研究区所有线进行处理,并提取沿层振幅切片和均方根振幅属性切片进行分析比较(图 6-7)。经过多子波方法处理后,消除了强屏蔽层提取后的能量属性,使切片特征与目的层含油气性对应较好,范围也可以清楚地确定。由此可见,利用多子波分解与重构技术将强屏蔽层剥除后,再进行属性分析时所提取的下部目标层的属性受上覆地层的干扰大大减弱,使储层的预测能力得到明显提高。

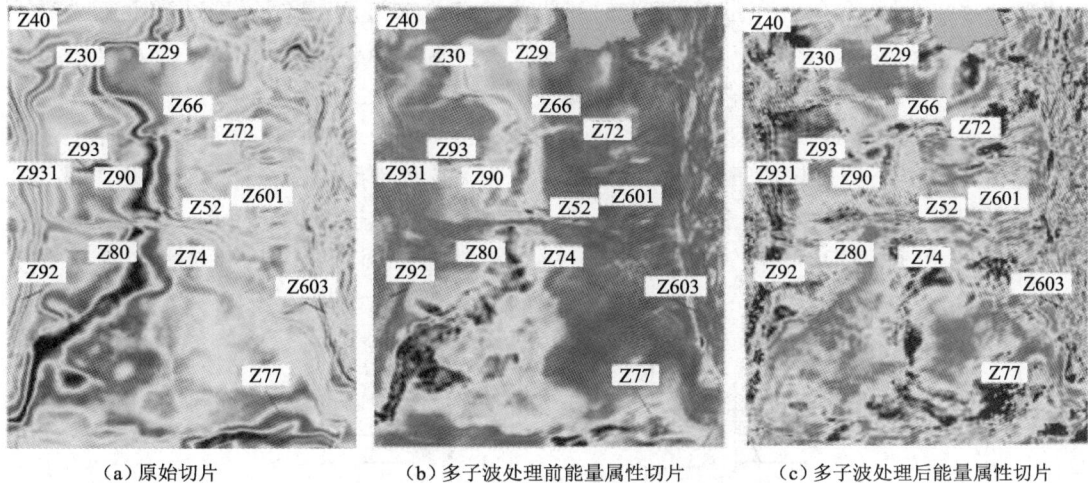

图 6-7　多子波处理前后沿层切片及属性比较

6.2.4　小　结

　　多子波分解与重构是一种基于特征值分解的非线性滤波,通过选取某一中心频率和一定带宽的最佳子波进行振幅的匹配处理,可以提取强屏蔽层的波场信息并消除其对下伏弱储层的影响。研究区五号桩油田沙二段隐蔽油气藏发育,T2 反射层起强屏蔽作用。该类屏蔽类型的产生主要是由于沙一段底部存在一生物灰岩,构造上又是一不整合面,致使上覆地层反射同相轴呈现强振幅。由于储层紧挨着盖层,加上储层较薄,地震波复合、耦合作用后使储层信息屏蔽起来,呈现出不易识别的弱反射特征。将多子波技术应用到该研究区沙二段储层预测工作中,将 T2 强屏蔽层剥离后的地震属性能较好地反映储层的含油气分布,提高下伏目标层的解释精度,为此类隐蔽油气藏的勘探找到一种有效途径。但该方法还存在一定的局限:一是要求使用的理论子波为零相位,只能作为实际子波的最佳模拟;二是对原始资料品质有一定要求,信噪比低、连续性差的储层预测效果受限。

6.3 基于匹配追踪的去强凸弱方法

强屏蔽地层比较常见的剥离方法有两种：一种是基于多子波分解与重构的剥离方法，另一种是匹配追踪剥离方法。匹配追踪(matching pursuit)算法于 1995 年首次被提出，选用与原始信号波形最佳匹配的基函数来分解原始信号，从而在原始信号中提取有效信息。Chakraborty 等(1995)首次将该方法应用到地震信号分析中；Liu 等(2004)论述了基于雷克子波时频原子库的匹配追踪算法，且首次提出了利用地震信号的三瞬属性预先估计原子参数的方法；Wang(2007)提出了自由尺度的匹配追踪分解方法，并利用该方法进行了强屏蔽层剥离。

匹配追踪分解方法是一种基于投影追踪、逐步递推的小波算法，每一次迭代都从字典中选取与当前残差最为匹配的一个原子，将其加入信号的支撑集中，用新的支撑集对信号做稀疏分解，再计算新的残差量，一直迭代到残差符合要求为止，这时信号可以由所选择的原子进行线性表示。匹配原子子波的选取是由子波控制参数(相对于多子波技术只包含振幅、频率，还引入了相位)共同决定的，一旦确定了一组子波控制参数，就得到了对应的、也是唯一的子波波形。匹配追踪分解方法基本原理如图 6-8 所示。常用的原子库包括 Gabor 原子、Morlet 原子、Ricker 原子、Chirplet 原子等。原子之间存在着特性方面的差异，一般可根据实际需要，有针对性地建立原子库。目前常用的地震道分解与重构中，因为 Ricker 子波或 Morlet 子波同实际情况符合度较高，在时间分辨率和频率分辨率等方面都具有明显的优势，故经常采用这两种子波来建立原子库(张在金等，2016)。

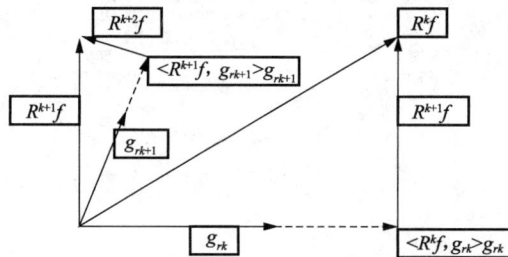

图 6-8 匹配追踪分解方法基本原理图

6.3.1 匹配追踪方法原理

6.3.1.1 算法基本原理

匹配追踪方法是一种非常有效的信号稀疏分解表示方法，其基本原理是利用常见子波构建一个过完备的时频原子库，然后根据信号特征将信号投影到原子库中，将一已知信号拆解成许多被称为原子信号的加权总和，而且企图找到与原来信号最接近的解的过程。

该方法的基本公式见式(6-8)。该公式表示一次迭代结果：

$$f = <f, g_{\gamma_0}> g_{\gamma_0} + R^1 f \tag{6-8}$$

式中，f 为希尔伯特空间中的任意信号，可以看作第 0 次匹配迭代后的残差值；$<f,g_{\gamma_0}>$ 为原始信号和第 1 次迭代时所选取的基函数的内积；$<f,g_{\gamma_0}>g_{\gamma_0}$ 为 f 的第一次逼近；R^1f 为第 1 次迭代所产生的残差，同时 R^1f 也是 f 在 g_{γ_0} 上近似后的残差，且 R^1f 和 g_{γ_0} 是正交的，满足：

$$\|f\|^2=|<f,g_{\gamma_0}>|^2+\|R^1f\|^2 \tag{6-9}$$

设第 0 次迭代残差为原始信号 $R^0f=f$，则第 n 次迭代剩余残差为 R^nf，然后利用内积最大的方式从原子库中优选原子 g_{γ_n} 与上一步残差 R^nf 进行最佳匹配，表示如下：

$$R^nf=<R^nf,g_{\gamma_n}>g_{\gamma_n}+R^{n+1}f \tag{6-10}$$

式中，$R^{n+1}f$ 为 $n+1$ 次迭代处理后的残差。

R^nf 和 g_{γ_n} 正交，即有：

$$\|R^nf\|^2=|<R^nf,g_{\gamma_0}>|^2+\|R^{n+1}f\|^2 \tag{6-11}$$

假设进行 m 次迭代后满足实际信号分解要求，则通过 m 次迭代后可得：

$$f=\sum_{n=0}^{m-1}<R^nf,g_{\gamma_n}>g_{\gamma_n}+R^mf \tag{6-12}$$

同样有：

$$\|f\|^2=\sum_{n=0}^{m-1}|<R^nf,g_{\gamma_0}>|^2+\|R^mf\|^2 \tag{6-13}$$

式中，R^mf 为最后的残差项。

经 m 次迭代后，可以把信号分解成 m 个原子的组合和第 m 次迭代后的剩余残差。在每次迭代过程中，都是首先找出与原始信号最相关的原子，再进行下一步分解，之后重复进行以上步骤。上述迭代过程的停止原则分两种：一种是分解迭代次数满足设定的极大值，另一种是剩余残差符合设定的截止阈值。评判准则是利用内积 $|<f,g_{\gamma_n}>|$ 尽可能大以及使信号残差尽可能小的原子作为最佳原子。子波 g_{γ_n} 可由 $\gamma_n=\{u_n,w_n,\varphi_n\}$ 来刻画，其中 u_n,w_n 和 φ_n 称为子波控制参数，分别表示所求子波 g_{γ_n} 的中心时间、主频和相位。

在总结前人研究的基础上，下面介绍利用冗余小波库进行匹配追踪分解重构地震信号的步骤：

（1）输入地震信号，确定初始参数：利用时频分析方法计算出地震信号瞬时振幅，求取瞬时最大振幅的时间作为初始时移时间 u_n，然后计算 u_n 对应的瞬时频率和瞬时相位，分别提供原子初始频率 w_n 和初始相移 φ_n。

（2）计算尺度因子 σ_n，根据步骤（1）中设定的初始原子参数，利用公式（6-14）计算尺度因子 σ_n。

$$\sigma_n(t)=\arg\max_{m_n\in D}\frac{|\langle R^{(n)}f,m_n\rangle|}{\|m_n\|} \tag{6-14}$$

式中，$\|m_n\|=\sqrt{\langle m_n,m_n\rangle}$ 是对小波函数的归一化。

（3）根据上面确定的一组参数，针对 4 个参数给定一范围进行匹配搜索 $\gamma_{\Delta n}=\{u_0\pm n\Delta u,\sigma_0\pm n\Delta\sigma,w_0\pm n\Delta w,\varphi_0\pm n\Delta\varphi\}$，最终求得使残差最小的子波参数：

$$\{a_n,\gamma_n\}=\arg\min_{a_n,\gamma_n\in D}|R^{(n+1)}f(t)|^2 \tag{6-15}$$

（4）将步骤（3）中求取的小波参数代入选择的小波函数中，求取对应的振幅 a_n，与小波函数相乘得到分解出的子波。

（5）从输入信号中减去分解出的子波，得到残差。判断残差是否满足给定的条件或者迭代次数是否满足要求，若满足则结束，否则把上一步残差当作输入信号继续计算。

6.3.1.2　常用小波函数

1) Ricker 子波

$$r(t) = A \cdot \left\{1 - 2\left[\pi f(t-u)\right]^2\right\} e^{-\left(\frac{\pi f(t-u)}{k}\right)^2} \qquad (6-16)$$

式中，A 为子波信号振幅，t 为时间序列，f 为频率，u 为时间延迟，k 为尺度因子。

相位的变化同样值得关注，因为它也会改变子波形状与时间偏移。相位旋转可在时域得到实现，故可在原始子波公式上再加入相位因子调配，将子波函数改造为：

$$R(t) = r(t)\cos\varphi - H\left[r(t)\right]\sin\varphi \qquad (6-17)$$

式中，φ 为相位因子，$H\left[r(t)\right]$ 为原始子波 Hilbert 变换后的虚部。

图 6-9(a)为相对简单的 35 Hz 零相位零时移 Ricker 子波，包含一个主峰和两个旁瓣，延续时间也较短。旁瓣幅度绝对值为波峰绝对值的 44.63%。图 6-9(b)为子波的瞬时频率，可见 Ricker 子波的主频并不等于瞬时频率的极大值，而是小于瞬时频率的极大值，两者存在如下关系：$f_m \approx \dfrac{\sqrt{\pi}}{2} \cdot f_{inst}$，其中 f_{inst} 为瞬时频率，f_m 为子波主频。

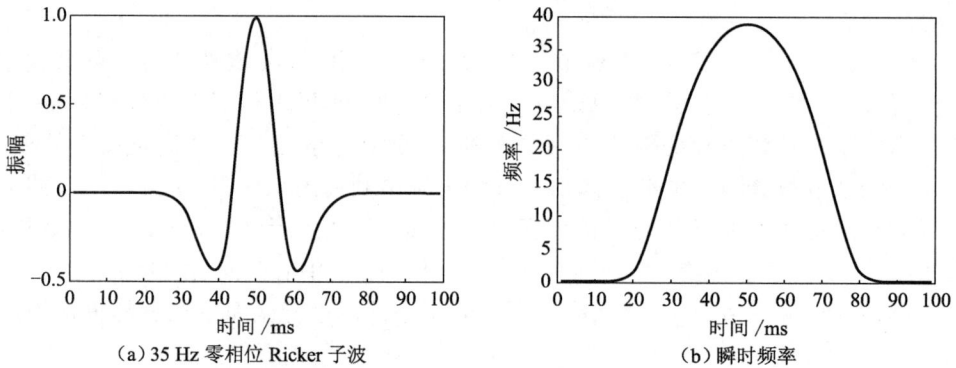

（a）35 Hz 零相位 Ricker 子波　　　　（b）瞬时频率

图 6-9　Ricker 子波与瞬时频率

对零相位子波进行相位旋转，结果如图 6-10 所示。可以观察到在相同的振幅谱情况下，不同相位的旋转会使子波主峰位置产生变换，从而改变波形。

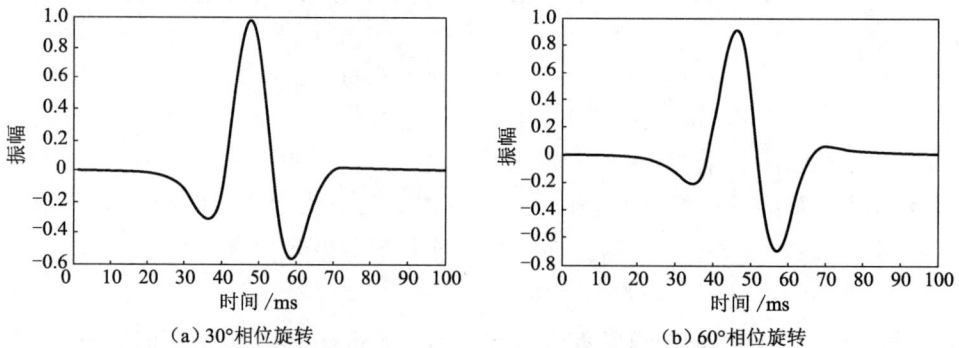

（a）30°相位旋转　　　　（b）60°相位旋转

图 6-10　Ricker 子波相位旋转图

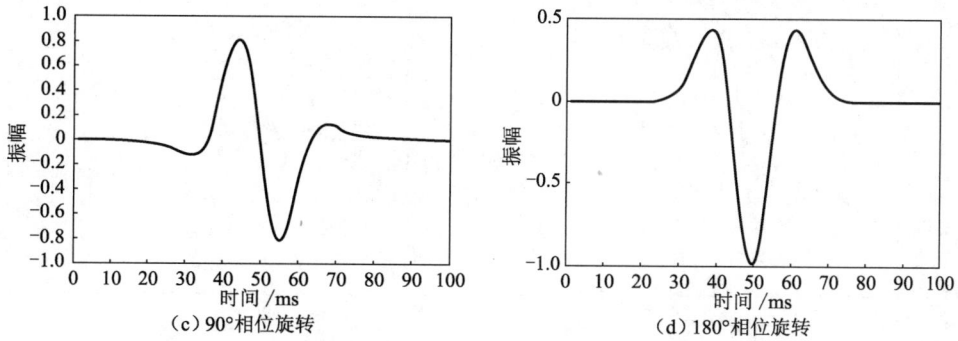

图 6-10(续) Ricker 子波相位旋转图

2) Morlet 小波

$$m(t) = \exp\left[-\frac{\ln 2}{\pi^2}\frac{f_{\mathrm m}^2(t-u)^2}{k^2}\right]\exp\{\mathrm i[f_{\mathrm m}(t-u)+\varphi]\} \tag{6-18}$$

式中，$f_{\mathrm m}$ 为子波峰值频率，u 为中心时间，k 为尺度因子，φ 为相位。

Morlet 小波的瞬时频率和峰值频率相等，即 $f_{\mathrm m} = f_{\mathrm{inst}}$。

图 6-11(b) 为图 6-11(a) 所示的 Morlet 小波的瞬时频率，可见 Morlet 小波的峰值频率和瞬时频率是相等的。图 6-12 为对零相位 Morlet 小波分别进行不同程度的相位旋转后的时域图。

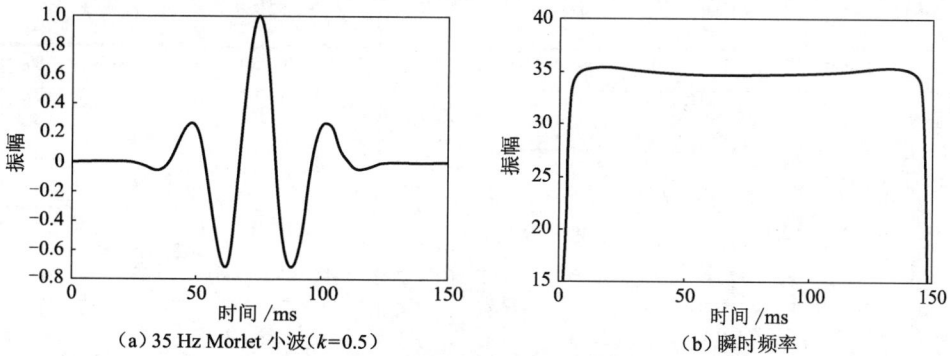

（a）35 Hz Morlet 小波（$k=0.5$） （b）瞬时频率

图 6-11 Morlet 小波与瞬时频率

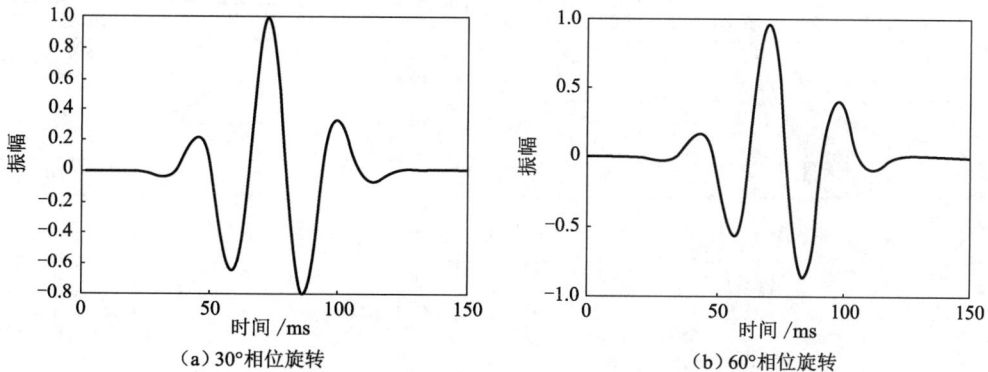

（a）30°相位旋转 （b）60°相位旋转

图 6-12 Morlet 小波相位旋转图

（c）90°相位旋转   （d）180°相位旋转

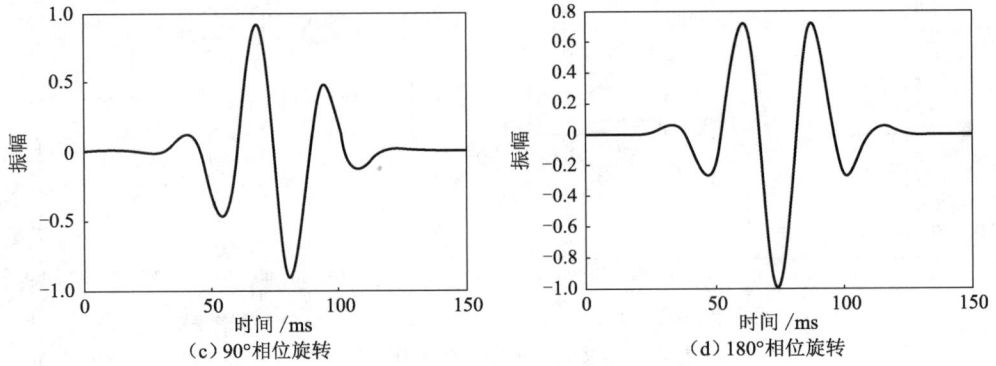

图 6-12（续）　Morlet 小波相位旋转图

因 Morlet 小波与实际地震子波具有良好的近似性，所以下面将从时移、主频、相位、尺度因子等方面对 Morlet 小波进行讨论（图 6-13）。

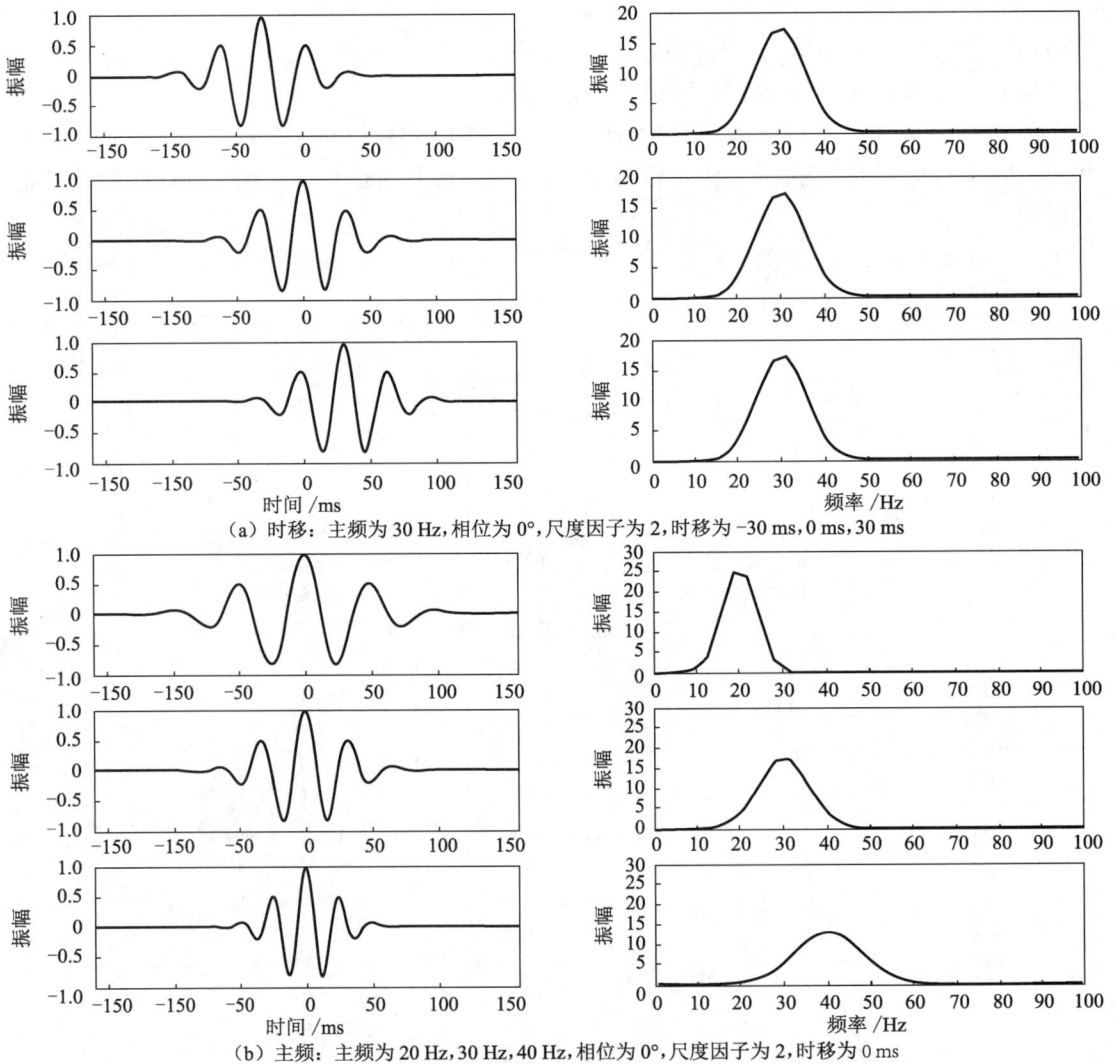

（a）时移：主频为 30 Hz，相位为 0°，尺度因子为 2，时移为 −30 ms，0 ms，30 ms

（b）主频：主频为 20 Hz，30 Hz，40 Hz，相位为 0°，尺度因子为 2，时移为 0 ms

图 6-13　Morlet 小波时移、主频、相位、尺度因子讨论

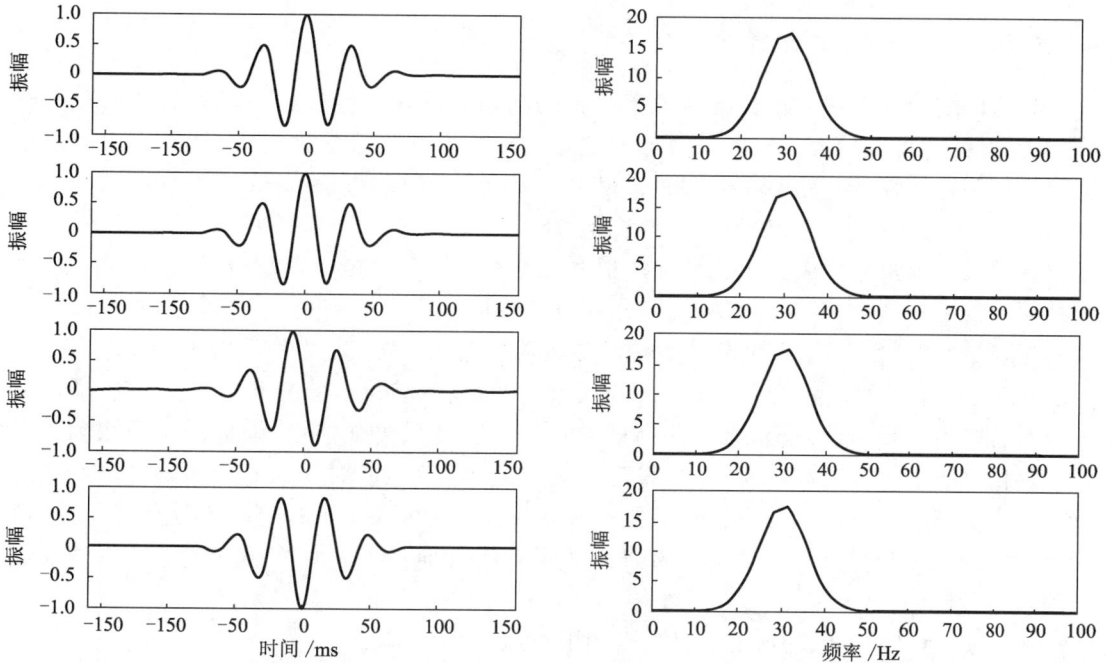

（c）相位：主频为 30 Hz，相位为 0°，30°，90°，180°，尺度因子为 2，时移为 0 ms

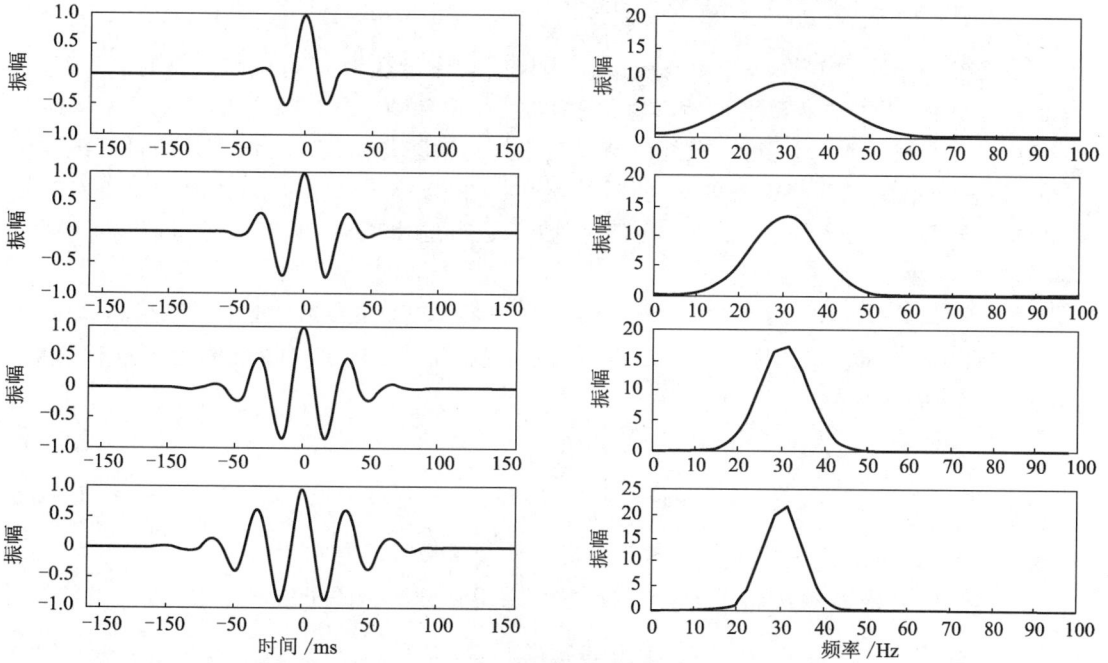

（d）尺度因子：主频为 30 Hz，相位为 0°，尺度因子为 1，1.5，2，2.5，时移为 0 ms

图 6-13（续）　Morlet 小波时移、主频、相位、尺度因子讨论

由讨论可知，尺度因子控制子波时域宽度和频域宽度，随着尺度因子的增大，Morlet 小波出现更多旁瓣，造成子波延续时间变长，频带宽度变小。

6.3.1.3 多道匹配追踪方法

单道匹配追踪方法存在分解结果不唯一的问题,且容易受噪音干扰影响,造成分解时横向连续性差,误差较大。针对单道匹配追踪过程中存在的多解性、抗噪性差和地震道之间缺乏空间连续性等问题,Wang(2010)提出了多道匹配追踪方法(multi-channel matching pursuit)。多道匹配追踪方法是单道匹配追踪的延伸,其求解步骤和单道匹配追踪类似,只不过在参数求取过程中引入了相邻地震道共同参与计算子波控制参数,这样的计算方法能有效提高剖面连续性,压制随机噪音。该计算方法的步骤大体有 3 步:① 单道匹配追踪生成初始参数数组;② 利用多道算法对初始参数数组进行更新;③ 求取子波振幅。

因为该方法主要是针对强屏蔽层,若从整个波形相关程度考虑,地震记录中能量最大的波形就是最大相关度波形,所以面向的处理目标也是该类强能量、强屏蔽层同相轴。强屏蔽层信息可通过人工解释得到,且得到的信息还可作为初始时间延迟值参加计算。从运算角度来讲,如果要剥离强反射层,只要在库内找到最大相关子波进行一次迭代即可,这就大幅度降低了计算量级。在总结前人研究的基础上,下面介绍利用多道匹配追踪方法最优去除强屏蔽层的方法步骤。

第一步,计算 L 道数据的平均值,得到平均地震道:

$$R^{(n)}y = \frac{1}{L}\sum_{i=1}^{L}R^{(n)}f_i \tag{6-19}$$

式中,L 为参与计算的道数,一般为 3 道或 5 道。平均道可视为 L 道地震数据的中间道。

选用时频分析方法获得平均地震道关于振幅、相位和频率的三瞬信息。瞬时振幅最大处的时间作为时移初始值 u_n,该点处的瞬时频率作为频率初始值 f_n,该点处的瞬时相位作为相位初始值 φ_n。然后将得到的平均地震道 $R^{(n)}y$ 代入公式(6-14),取代原来 $R^{(n)}f$ 的位置,利用初始确定的三个参数,在公式内对参数 k 进行遍历搜索,求出最优值,初步计算出子波的控制参数。

第二步,最优化子波控制参数。与单道不同,多道方法在参数求取时,把相邻 L 道地震道信息都加入求取公式中,同时在已得子波四参数值附近加上一个搜索范围进行约束,以避免优化失控。建立求解公式如下:

$$g_{\gamma_n}(t) = \arg\max_{g_{\gamma_n}\in D}\frac{\sum_{i=1}^{L}|<R^{(n)}y,g_{\gamma_n}>|}{\|g_{\gamma_n}\|} \tag{6-20}$$

由该式得到的是相邻 L 道内最优的子波。

第三步,估算振幅参数值 a_n,与子波参数相乘得到分解出的子波。

$$a_n = \frac{|<R^{(n)}f,g_{\gamma_n}>|}{\|g_{\gamma_n}\|^2} \tag{6-21}$$

第四步,从输入信号中减去分解出的子波,得到剩余信号,从而将强信号反射从原始信号中分离出来。

6.3.2 理论模型测试

下面利用模型来验证匹配追踪方法的有效性。为了进行对比,选用多个不同主频和相位的 Morlet 子波,组成如图 6-14 所示的合成信号,分别由 1 个主频为 30 Hz 的 45°相位旋转的 Morlet 子波、2 个主频为 10 Hz 的零相位 Morlet 子波、2 个主频为 50 Hz 的 90°相位旋转的 Morlet 子波和 4 个主频为 30 Hz 的零相位 Morlet 子波组成,设定的子波振幅相同,均为 1。

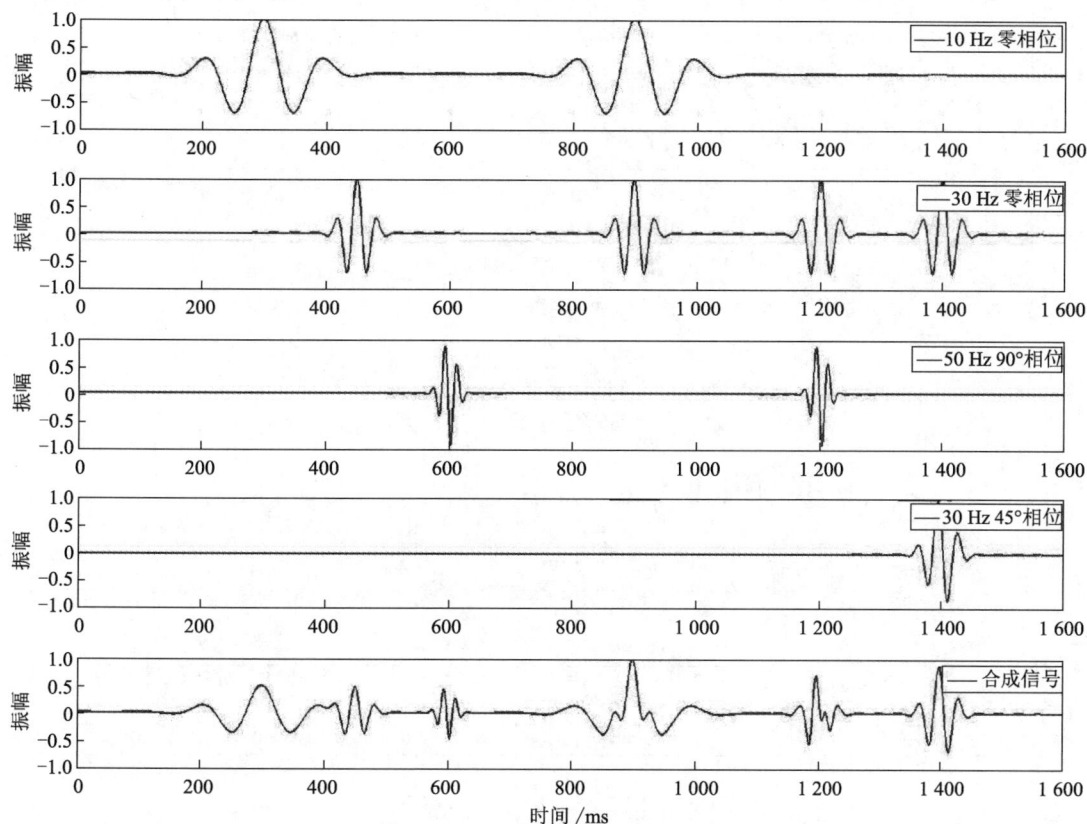

图 6-14　合成信号示意图

　　利用匹配追踪方法对该合成地震记录进行分解重构,效果如图 6-15 所示。对模拟信号加载噪音,检验其抗噪性。对其加入 5％的噪音,再进行匹配分解,则重构信号如图 6-16 所示。经模拟发现,原始信号得到了很好的重构,误差也较小,达到了预期的分解效果,加噪后信号也能较好地被重构出来,剩余残差基本为高斯噪音。通过对比分析,说明匹配追踪方法的抗噪性较好,对于信号的分解精度也较高。

　　分解之后就时频谱效果同短时傅里叶变换也进行了对比,二者的时频谱比较如图 6-17 所示。短时傅里叶变换受窗口长度的限制,不能获得理想的时频分布,能量聚焦性比较差,分辨率较低。匹配追踪时频谱克服了上述缺点,具有最佳的能量聚焦性和较高的时频分辨率,尤其是纵向分辨率明显高于短时傅里叶变换。利用实际地震数据进行匹配追踪时频谱分析,得到如图 6-18 所示的结果。作为对照,可见匹配追踪方法的时频分辨率较高,特别是在纵向分辨率上有很大的优势。

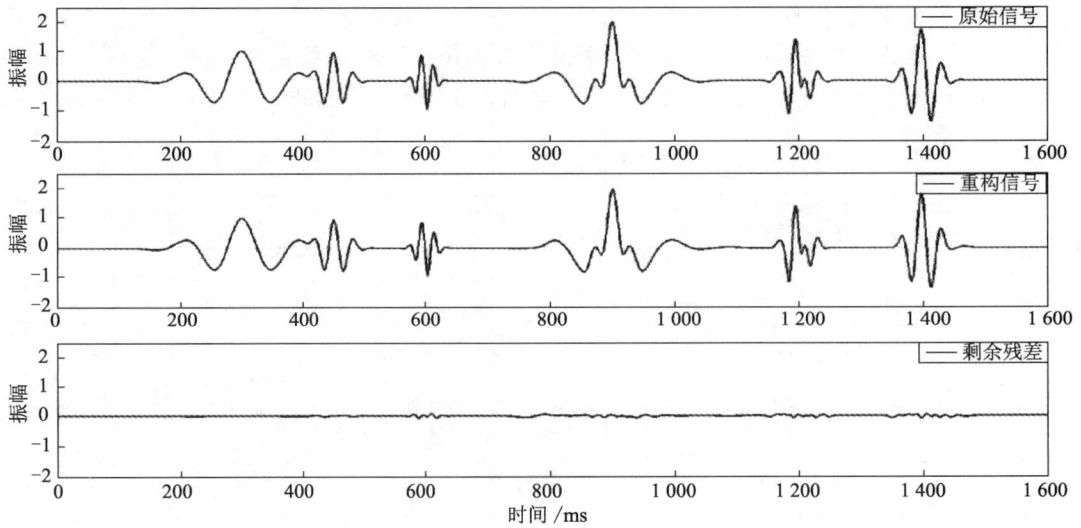

图 6-15　匹配追踪效果图(无噪)

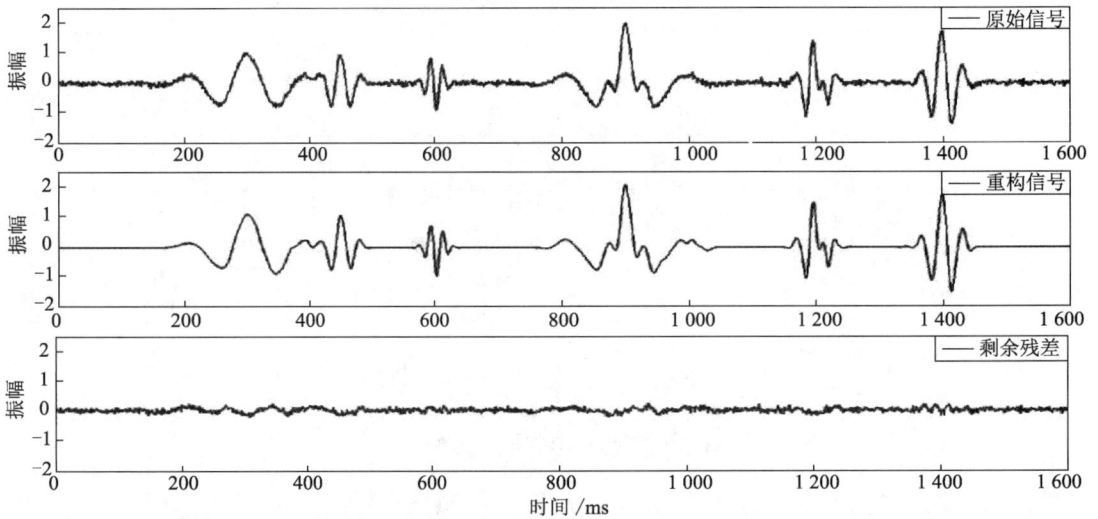

图 6-16　匹配追踪效果图(含噪)

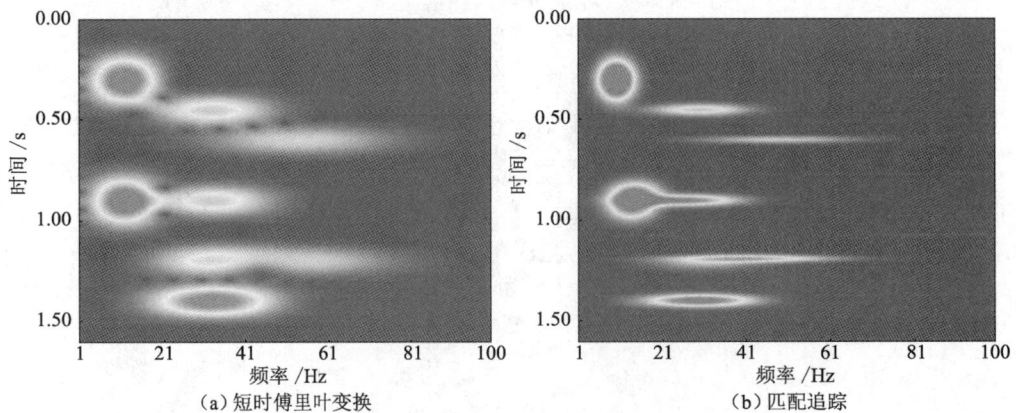

（a）短时傅里叶变换　　　　　　　　（b）匹配追踪

图 6-17　模拟信号时频分析对比图

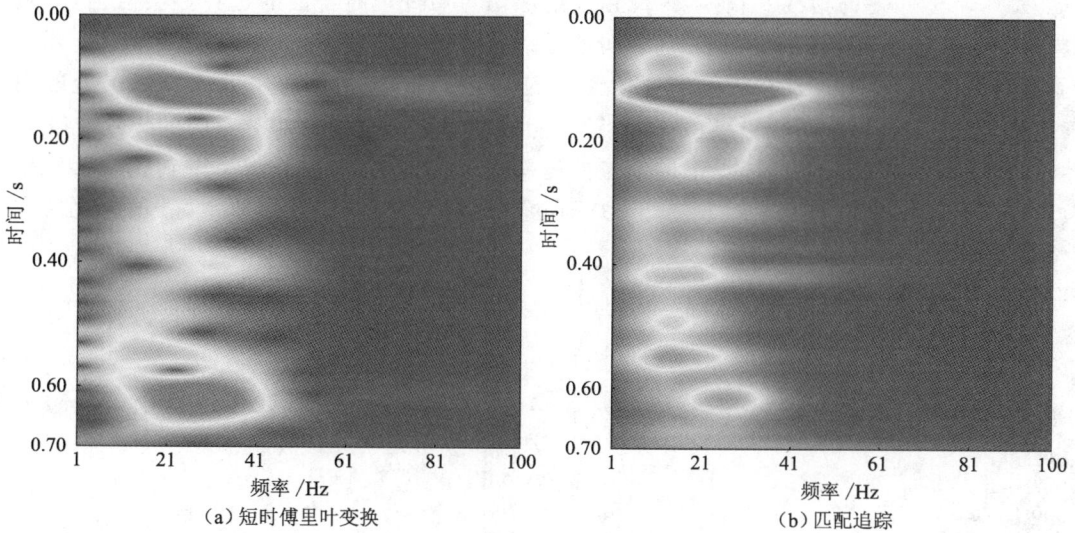

图 6-18　实际信号时频分析对比图

为了验证匹配追踪分离强轴的效果,设置如图 6-19 所示模型,利用 30 Hz 的子波作为强反射,25 Hz 子波作为目的层反射,叠合形成图 6-19(a)所示的叠合信号,然后利用层位、子波约束匹配追踪进行分解重构,结果如图 6-19(b)所示。该方法较好地将强反射从叠合信号中分离出来,并对叠合部分影响较小。从模型验证可以看出,层位、子波约束匹配追踪具有较好的适用性,可以精确定位强轴位置,并将其分离出来。

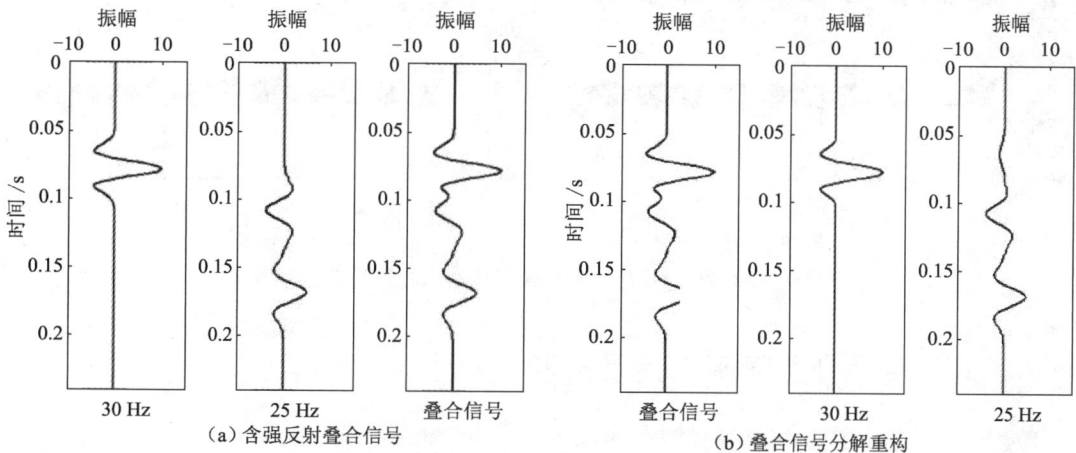

图 6-19　层位子波约束匹配追踪剥离强反射模型验证

为了证明多道匹配追踪方法关于去强屏蔽和连续性保持效果的有效性,建立了一个含强背景反射层的弱信号地震模型。图 6-20(a)和(b)为反射系数与多频率值褶积所得到的模型数据,200 个采样点,1 ms 采样。其中在 70 ms 处设有一强反射层,在 85 ms 处设有一弱反射层,在 140 ms 处设为对照层。为符合地震记录中一个反射波是多套地震子波相关结果的反映,分别选用 20 Hz,25 Hz,30 Hz 子波褶积后叠加得到模型记录。可以看到,在合成信号中,弱反射已经完全被上部信号淹没,同相轴信息不可见。图 6-20(c)和(d)分别为用单道匹配追踪和时频框架下的多道匹配追踪对模型地震记录进行处理的结果,可以明显地看到,单道匹配的精准度较差,定位强反射层信息后处理时子波的选择不甚恰当,导致剥离结果存在异常,强信号去除不彻底,弱信号信息也没有出现,而多道匹配结果对于强轴的剥离效果更好,虽然还存在微弱的其他频率的残留能量,但强反射层下部 85 ms 处的弱信号得到了突出显示,并且与反射系数的设置能够准确地对应。底部对照层的显示也变强了,这是因为在剥离强能量层后,下层信号按比例显示变得更强,视分辨率得到提高。由模型可以直观看到,多道匹配追踪方法能够取到更优小波,模型应用结果非常好,这为之后实际资料处理提供了有力佐证。

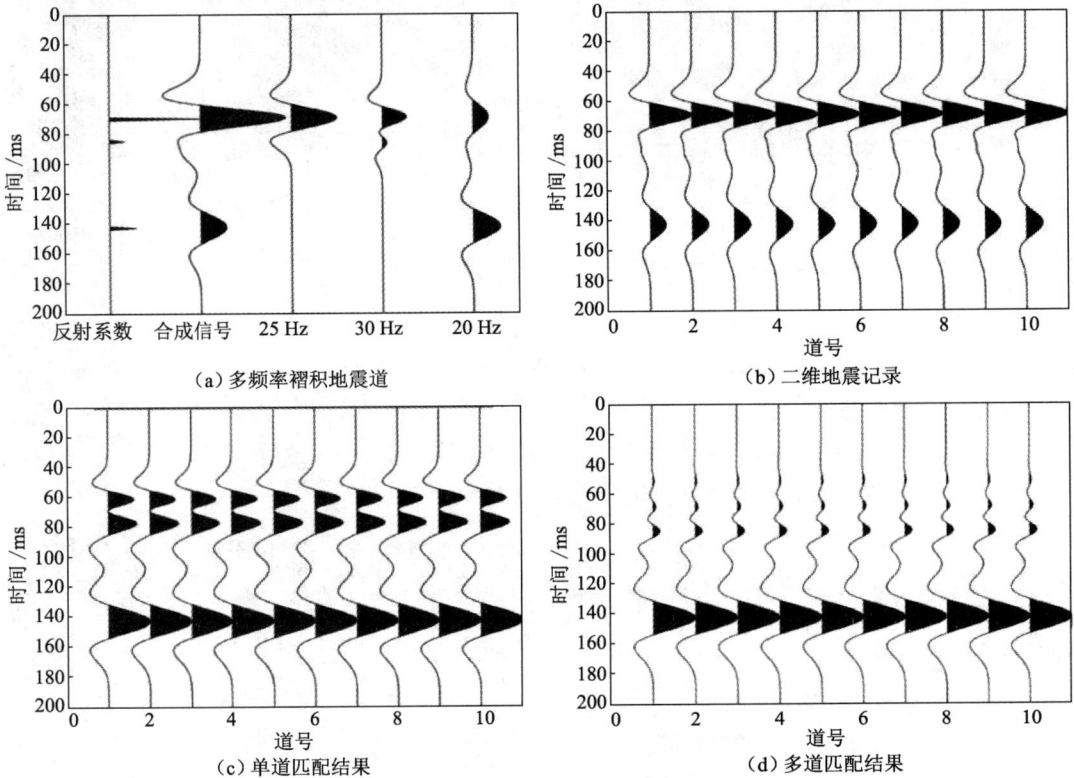

图 6-20　分离强轴模型测试及效果比较

6.3.3　实际典型案例应用及分析

1) 油页岩盖层下的滩坝砂储层

以利津洼陷的梁 75 井区作为研究区,井区东邻中央背斜构造带,西为滨县凸起和平方王构造带,南与小营构造、纯化构造相隔,北接陈家庄凸起。沙四上亚段纯下次亚段有利于滩坝砂体沉积,是主要储集层段,加之上层覆盖的大套油页岩,油源条件很好,有利于油藏的生成和保存,但同时造成了强屏蔽层的干扰。由图 6-21 可以看到,梁 75 井区储层段反射弱,找不到稳定底界面,识别困难。

对该研究区域 L2025 线进行了一次匹配追踪对比试验,将一次追踪得出的子波提取出来,如图 6-22 所示。从图中可以清楚地看到,单道匹配横向连续性较差,3 道匹配方法在局部有所改善,在同相轴连续性方面有很大的改善。

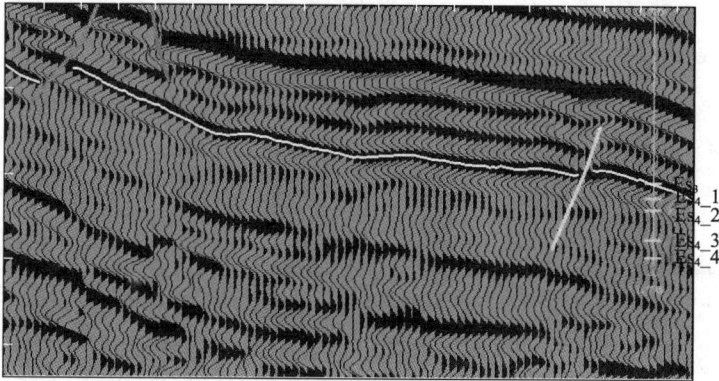

图 6-21　梁 75 井区剖面特征

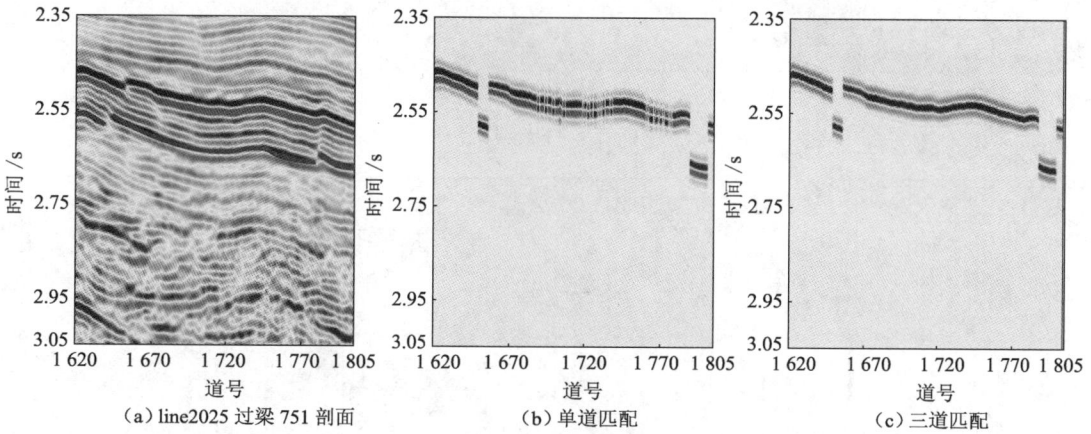

（a）line2025 过梁 751 剖面　　　（b）单道匹配　　　（c）三道匹配

图 6-22　多道匹配追踪分解效果对比

对于强反射层，又加入了层位控制，进行了强反射层提取，设定子波零相位、频率范围 25～27 Hz（资料主频 25 Hz 左右），提取结果如图 6-23 所示。

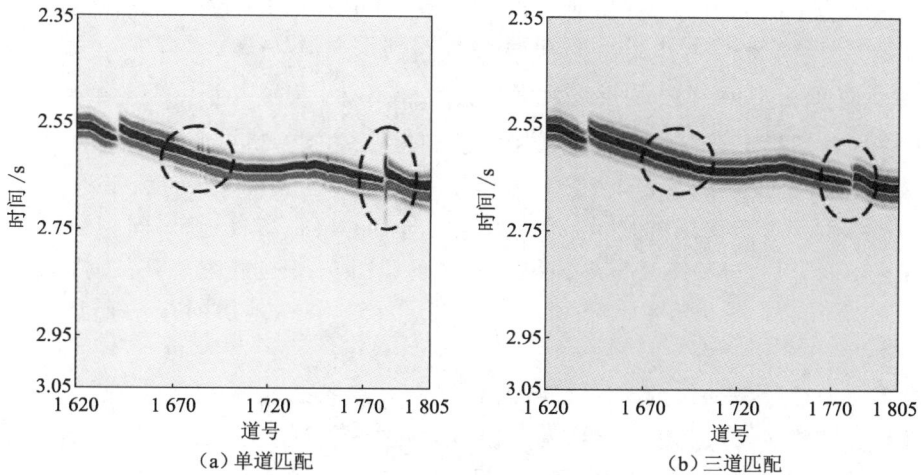

（a）单道匹配　　　　　　　　　　（b）三道匹配

图 6-23　多道匹配追踪分解效果对比

通过以上试验可知,通过层位控制的多道匹配方法既能很好地进行强反射定位,又能提高同相轴的连续性。通过对整个数据体进行处理,去除强反射层。去除强反射层之后的数据能较好地突出薄互层弱反射能量,为滩坝砂薄互层的识别提供了基础数据。

利用地震属性分析对处理后的数据进行研究,提取多种属性进行对比分析。为了能更好地反映目的层的储层特征,时窗选取为 T7 强屏蔽层下 50 ms,提取应用效果较好的振幅类属性进行分析,如图 6-24 和图 6-25 所示。

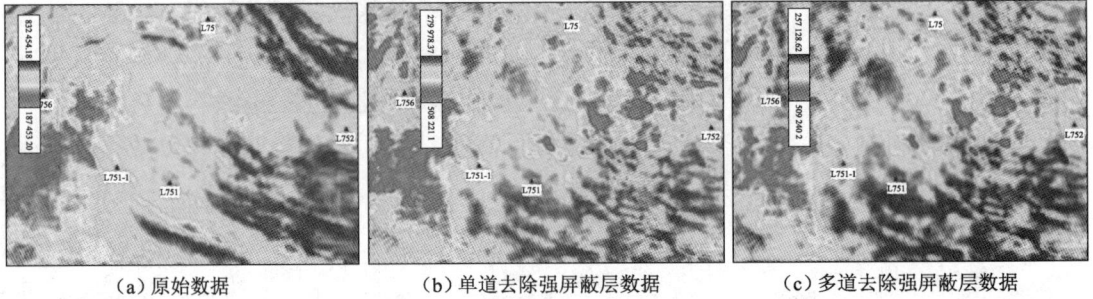

（a）原始数据　　　　　　（b）单道去除强屏蔽层数据　　　　　　（c）多道去除强屏蔽层数据

图 6-24　总能量(T7 层下 50 ms)

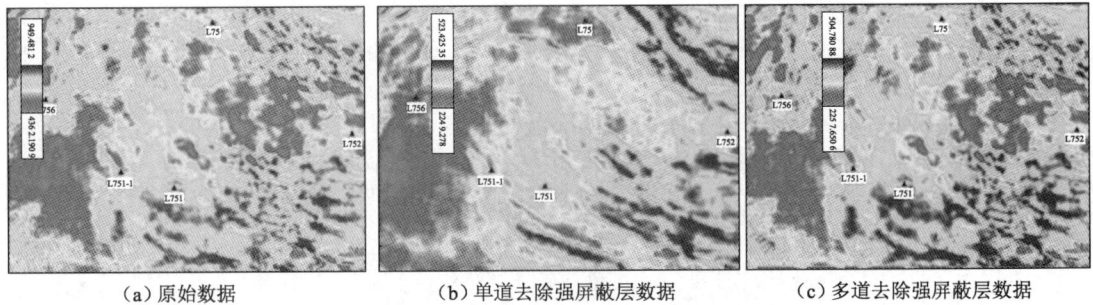

（a）原始数据　　　　　　（b）单道去除强屏蔽层数据　　　　　　（c）多道去除强屏蔽层数据

图 6-25　均方根能量(T7 层下 50 ms)

通过上述属性提取和分析发现,去除强反射层后,属性反映的信息更加准确。能量属性在滩坝砂储层中的应用已有不少成功案例,在本章中通过去除强反射层后,将原本淹没在强反射层下的微弱信息展示了出来,识别精度得到很大提高。

2）煤系烃源岩地层下碳酸盐岩储层

鄂尔多斯盆地伊陕斜坡构造北部东段塔巴庙区小壕兔奥陶系顶部马家沟储层以碳酸盐岩为主,并且夹杂少量蒸发岩,储层上部存在一套煤系烃源岩,低密度、低速度煤层的存在掩盖了地震剖面上目的层的显示,并且当煤层与目的层距离较近时,同相轴的叠合也造成有效信号难以识别,时频特征得不到很好的体现。图 6-26 是研究区某井的标定图,地震剖面如图 6-27 所示。图 6-27 中箭头所指为强煤层反射,煤系地层的存在掩盖了信号原本的时频性质。

对含有典型煤层强反射的过井剖面利用广义 S 变换进行单频体分析。已知 D92 和 D93 井目的层发现油气,D4 井没有油气,对该剖面进行单频显示,分别取低频段 24 Hz 和 26 Hz,高频段 44 Hz 和 46 Hz。如图 6-28 所示,由于煤层强反射的影响,储层下方没有出现低频伴影现象。

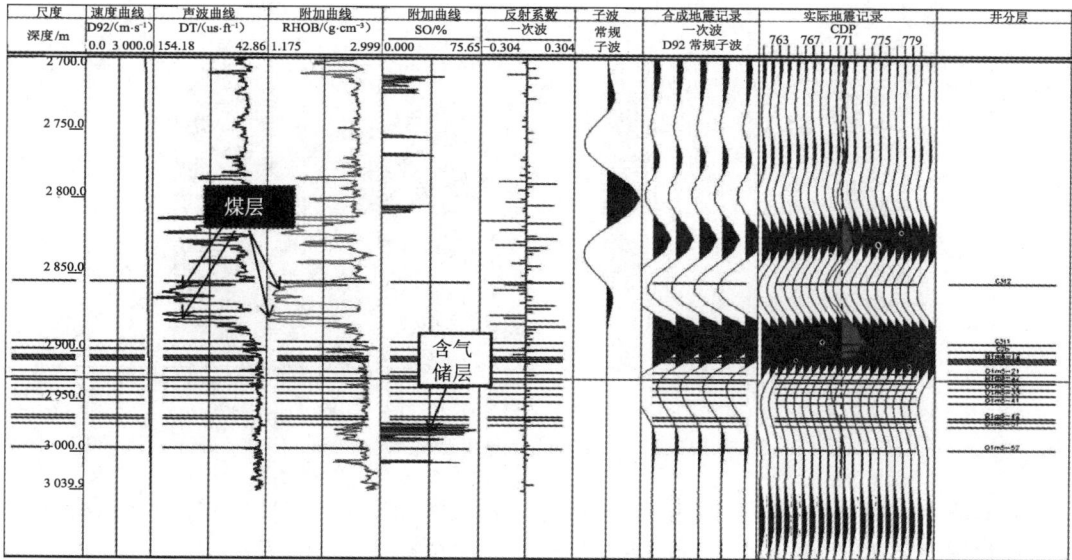

图 6-26　研究区井震标定图

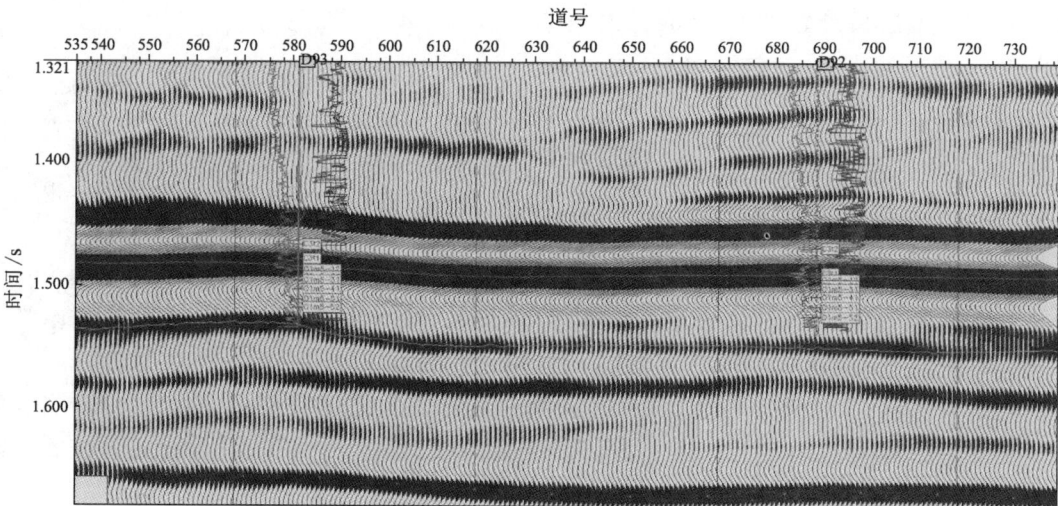

图 6-27　含强反射煤层地震剖面图

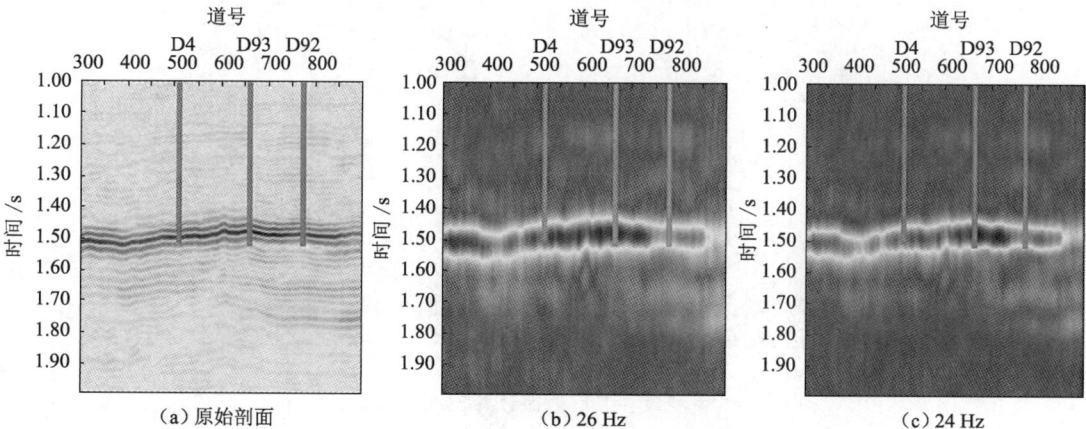

图 6-28　原始过井剖面及其单频显示

（d）44 Hz　　　　　　　　（e）46 Hz

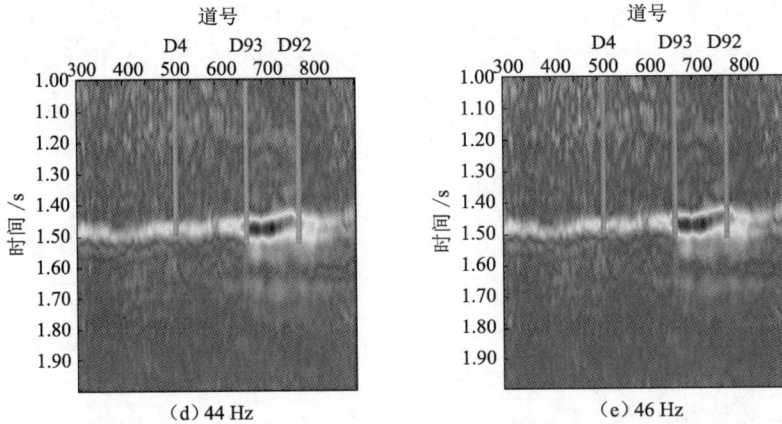

图 6-28（续）　原始过井剖面及其单频显示

　　为了消除煤层对时频特征的影响，利用层位、子波约束匹配追踪对煤层进行剥离，剥离后的过井剖面如图 6-29（a）所示。从图 6-29（b）～（e）单频显示可以看出，在 24 Hz 和 26 Hz 频段储层下方出现低频伴影现象，说明煤层剥离后资料的时频特性显示出来，有利于储层的预测，以上储层预测结果得到了钻井的证实。

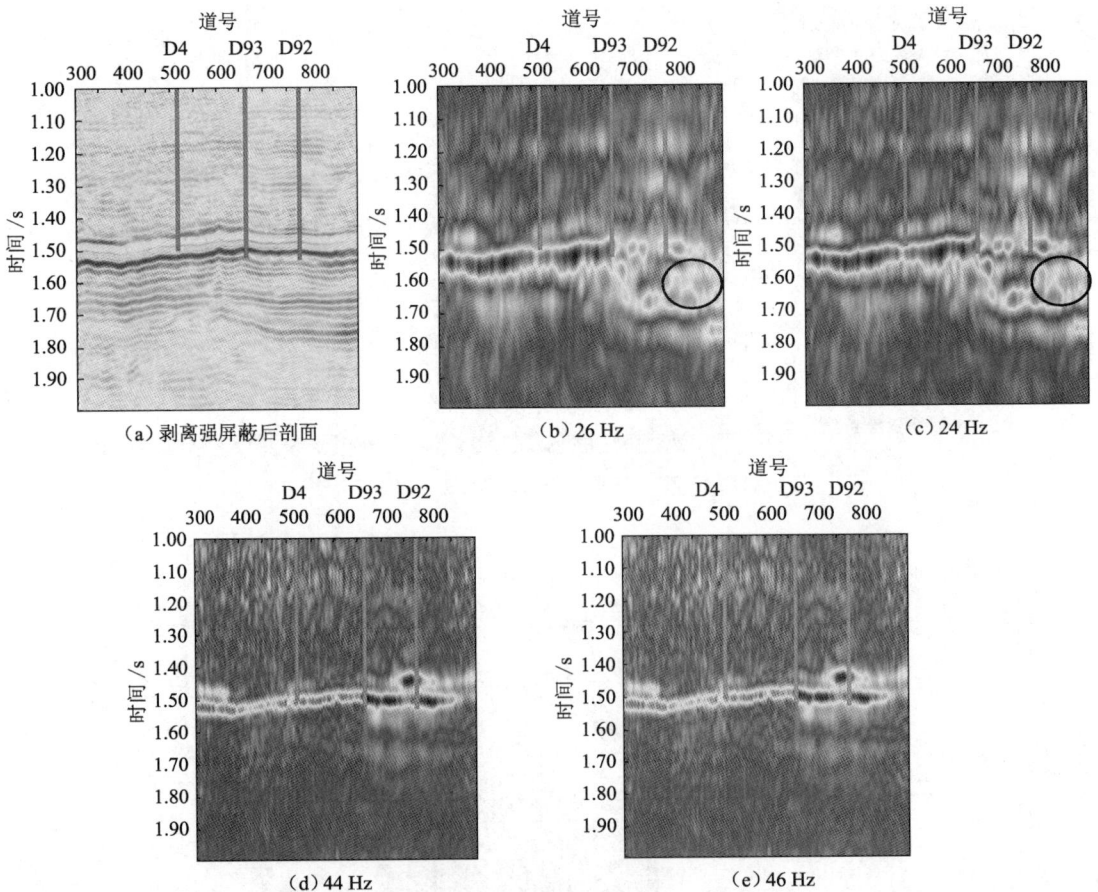

（a）剥离强屏蔽后剖面　　　　　　　（b）26 Hz　　　　　　　　（c）24 Hz

（d）44 Hz　　　　　　　　（e）46 Hz

图 6-29　剥离煤层强反射后过井剖面及其单频显示

将经过处理后的地震数据进行显示,如图 6-30 所示。强屏蔽层剥离后利用地震属性分析对处理后的数据进行研究,提取多种能量属性进行对比分析。为了能更好地反映目的层的储层特征,时窗选取为强屏蔽层 T9b 层下 25～40 ms,提取能量半时属性(图 6-31)和均方根属性(图 6-32)进行研究,应用效果较好。

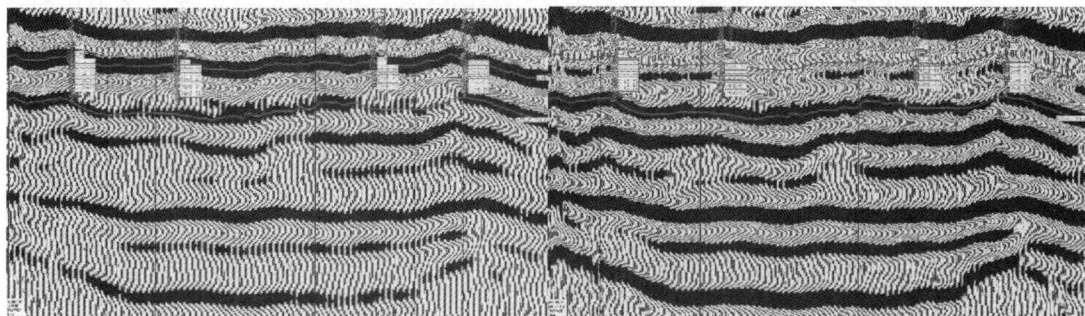

（a）去强屏蔽层前连井剖面　　　　　　　　　（b）去强屏蔽层后连井剖面

图 6-30　去强屏蔽层前后连井剖面对比

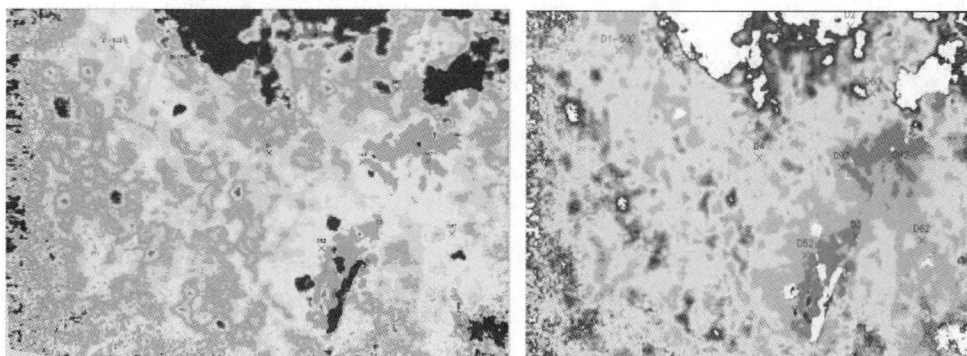

（a）原始数据　　　　　　　　　　　　（b）去除强反射数据

图 6-31　能量半时(T9b 层下 25~40 ms)

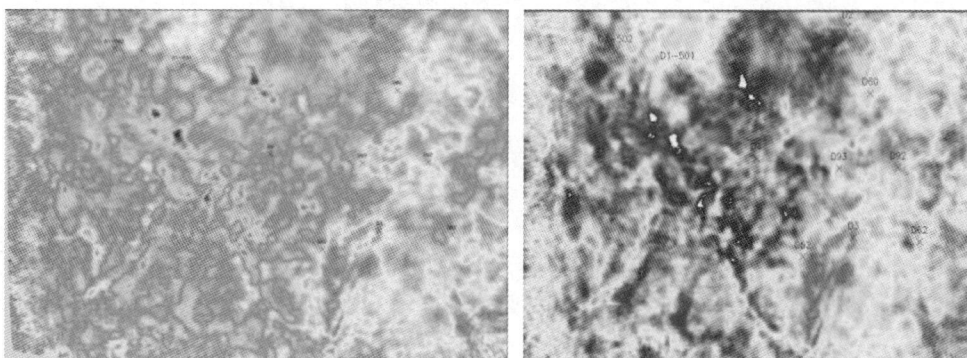

（a）原始数据　　　　　　　　　　　　（b）去除强反射数据

图 6-32　均方根振幅(T9b 层下 25~40 ms)

经过对比试验发现,能量半时属性能较好地反映储层,与井点对应较好。去除强反射层后,属性反映的储层信息基本不变,但储层边界相对变清晰,将原本淹没在强反射层下的微弱信息显示了出来。

6.3.4　匹配追踪方法小结

利用匹配追踪技术对地震数据体采取层位及子波约束,用解释的层位直接作为初始时间延迟 u_n,用时频技术提取到的实际地震子波的主频以及相位作为原子的初始频率 w_n 和初始相位 φ_n,对强屏蔽层进行剥离,同时对剥离后的数据体进行后续处理。强屏蔽层剥离后,能较好地突出储层信息,更有利于储层地质体的预测,为储层预测提供了一种新的途径。相对于多子波分解技术,匹配追踪方法引入元素更多,能够更加准确地定位强反射层,且采用多道匹配追踪后,剥离的强反射更加稳定。

6.4　基于模态分解的去强凸弱方法

模态分解技术也是一种稀疏化时频表征方法。经验模态分解(EMD,empirical mode decomposition)由 Huang 等(1998)提出,是一种基于自身信号特性的自适应时频处理与特征提取算法;Wu 和 Huang(2009)为解决模态混杂叠加问题提出了集合经验模态分解(EEMD,ensemble empirical mode decomposition);Yeh 等(2010)提出了基于 EEMD 添加正负成对高斯白噪后的完备集合经验模态分解(CEEMD,complete ensemble empirical mode decomposition);Smith 等(2005)提出了局部均值分解方法(LMD,local mean decomposition);Dragomiretskiy 和 Zosso(2014)合作提出了变分模态分解技术(VMD,variational mode decomposition);Yu 等(2016)依据于先验变换提出了几何模态分解(GMD,geometry mode decomposition),用于地震事件分离与数据分解。

模态分解方法是一种自适应信号时频处理方法,能依据数据自身尺度特征进行分解,适用于非线性非平稳信号(如地震信号)的分析处理。分解后的数据集合体有以下用途:①区分不同的地质体。不同模态的波形、频率和振幅表现对应于不同的地质岩性或结构特征,可以实现区别研究。② 进行去噪声处理,防止地震信息污染。通过分解去除尾部异常模态,保留稳定模态重构或对各模态分别滤波,这样能够保持较高的信噪比与较低的失真性。③ 进行平面地震相和地震属性的分析。不同的模态分量对地震相和属性的敏感程度不同,各自反映不同的地质信息。根据实际需求沿目的层进行归类处理,可以优化资料的平面展布能力。④ 消除强反射的影响。强反射背景层能量强、分布广、波形一致,而弱信号储层和相邻地层能量弱、分布窄、波形常常被叠加进强反射中或被强反射所掩盖。因此,在经分解之后的结果中,通过筛选找到同屏蔽一致的模态分量并去掉,之后较弱的地层信息就会自然地被揭示出来。

6.4.1　经验模态分解方法

经验模态分解是一种信号的自适应时频分析方法,可以进行非线性、非平稳信号的分析。它依据数据本身的时间尺度特性,将信号分解为一系列的本征模函数(IMF,intrinsic mode function)。每个 IMF 分量可按瞬时频率由高到低分解得到,本质上是对数据序列或信号的平稳化处理。

6.4.1.1　EMD 方法原理

经验模态分解方法的关键是经验模式分解,它能使复杂信号分解为有限个本征模函数,所分解出来的各 IMF 分量包含了原信号不同时间尺度的局部特征信号。Huang 等(1998)认为任何信号都是由若干本征模函数组成的,如果本征模函数之间相互重叠,便可形成复合信号。该方法是依据数据自身的时间尺度特征来进行信号分解的,无须预先设定任何基函数。

EMD 方法的思想及主要流程已在 4.4.2.1 小结阐述,在此不做赘述。

基于 EMD 方法消除强屏蔽层原理可描述为:对于强弱信号地层共存的情况,某一个 IMF 剖面上突出显示的仍然是强屏蔽地层特征,弱反射地层信号得不到很好的体现。这里,结合测井信息及最大相关法,优选出强屏蔽主要体现的 IMF 成分,对优选出的对应的 IMF 成分进行能量压制,然后对该地震道处理后的 IMF 信号及保留的 IMF 信号相加,获得处理后的该地震道信号。对各地震道逐道进行以上处理,实现对原始地震剖面强屏蔽进行压制的同时增强共存情况下弱信号的分量。

6.4.1.2　实际典型案例应用与分析

利用 EMD 方法对鄂尔多斯盆地古生界煤系强屏蔽进行剥离试验,通过 EMD 最大能量法消除强振幅后,剖面整体形态和层序未发生变化,砂体反射特征更清楚,部分弱反射得到明显加强。对消除强屏蔽前后地震资料进行波阻抗反演后,砂体边界清楚,与实际钻井资料吻合,砂体厚度预测结果可靠,如图 6-33 所示。

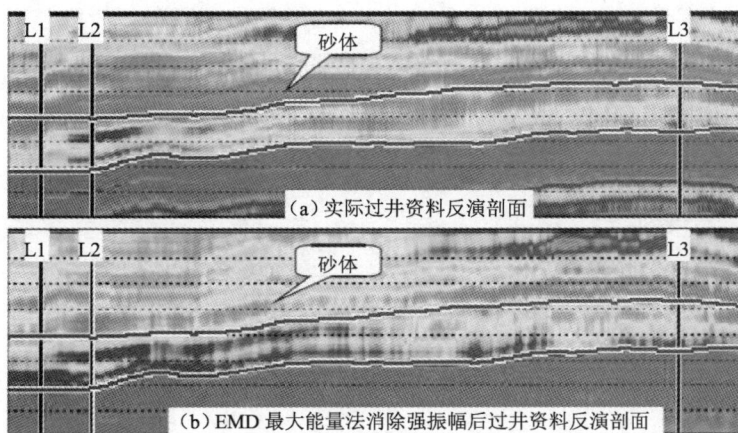

图 6-33　消除强振幅前后反演剖面对比(据王大兴等,2016)

6.4.2　变分模态分解方法

变分模态分解(VMD, variational mode decomposition)方法是将信号分解过程由循环判定过程转移到变分泛函优化框架中,由输入信号数据进行自适应驱动,动态迭代求解预先构建的变分问题的最优解来确定每个子模态信号的频率中心以及频带宽度,从而完成稀疏表示。相比于经验模态分解方法和局部均值分解方法的经验式递归筛分模式,变分模态分解方法是将信号分解过程转化为变分式非递归求解模式,各模态分量在计算时是被同时提取的,所以在频域上具有最佳性,在时域上具有整体性,在原理上可以解释为多个经典维纳滤波器的设计与求解,是维纳滤波自适应阶数的推广。目前,VMD 方法在地震勘探领域已被成功应用于面波压制、噪声去除、裂缝检测等方面(江馀等,2020)。

6.4.2.1 VMD 方法原理

经 VMD 方法得到的一系列具有不同中心频率的有限带宽信号被命名为带限本征模态函数(BIMF,band-limited intrinsic mode function)。与 EMD 对于 IMF 的定义不同,BIMF 在条件上被定义为一个严格的调幅-调频信号,在短时间范围内其振幅和频率可认为是不变的。构建的变分问题可描述为在各 BIMF 分量之和为原始输入信号的前提下,寻求得到 K 个估计带宽之和最小的 BIMF。具体实现步骤如下:

(1)将待寻求的模态函数 u_k 进行希尔伯特变换,计算相关联的解析信号;使用一个带预估中心频率的指数函数 $e^{-j\omega_k t}$ 进行解调处理,目的是将模态频谱搬移到相应的基频带上;对上述解调信号梯度值求取范数平方,估计各模态信号频带宽度。

(2)构建约束变分数学问题可表示为:

$$\min_{\{u_k\}\{\omega_k\}} \left\{ \left\| \partial_t \left[\left(\delta(t) + \frac{i}{\pi t} \right) * u_k(t) \right] e^{-i\omega_k t} \right\|^2 \right\} \quad \text{s. t.} \sum_k u_k = f \tag{6-22}$$

式中,$\delta(t)$ 为狄拉克(Dirac)函数,ω_k 为预估中心频率,f 为原始地震信号,$*$ 为褶积运算。

(3)利用惩罚项系数 α 和拉格朗日乘法算子 $\lambda(t)$,将约束变分数学问题转变为非约束性变分问题

$$L(\{u_k\}, \{\omega_k\}, \lambda(t)) = \alpha \sum_k \left\| \partial_t \left[\left(\delta(t) + \frac{i}{\pi t} \right) * u_k(t) \right] e^{-i\omega_k t} \right\|^2 + \\ \left\| f(t) - \sum_k u_k(t) \right\|^2 + \langle \lambda(t), f(t) - \sum_k u_k(t) \rangle \tag{6-23}$$

式中,$\{u_k\}$ 为分解得到的各本征模态函数的集合,$\{\omega_k\}$ 为各模态对应的中心频率集合,$f(t)$ 为待分解信号,L 为增广拉格朗日函数,$<\cdot>$ 为内积运算符。

(4)采用乘法算子交替方向法(ADMM,alternate direction method of multipliers)更迭上述变分问题的最优解。模态分量的求取迭代式可以表示为:

$$\hat{u}_k^{n+1}(\omega) = \frac{f(\omega) - \sum_{i \neq k} \hat{u_i}(\omega) + \frac{\lambda \hat{u}(\omega)}{2}}{1 + 2\alpha_k |\omega - \omega_k|^2} \tag{6-24}$$

同理,中心频率的更新方法可表示为:

$$\omega_k^{n+1} = \int_0^\infty \omega |\hat{u_k}(\omega)|^2 \, d\omega \Big/ \int_0^\infty |\hat{u_k}(\omega)|^2 \, d\omega \tag{6-25}$$

拉格朗日算子更新式为:

$$\lambda \hat{u}^{n+1}(\omega) = \lambda \hat{u}^n(\omega) + \tau \left[\hat{fu}(\omega) - \sum_k \hat{u_k u}^{n+1}(\omega) \right] \tag{6-26}$$

式中,$\hat{u_k u}(\omega)$,$\hat{fu}(\omega)$,$\lambda \hat{u}(\omega)$ 分别为对应的傅里叶变换结果;τ 为优化过程中引入的对偶变

量；$u\hat{u}_k^{n+1}(\omega)$ 等同于剩余量的维纳滤波结果；ω_k^{n+1} 为模态功率谱的重心。

(5) 在频域内不断更新各模态与中心频率，当余量达到最初给定的判定精度后结束计算。对已分解得到的各模态信号进行傅里叶反变换转换到时间域，最终得到各模态在时域的表示，完成 VMD 分解流程。

实际资料分解时需要加窗获取目标段地震信号。截取长度应根据标定确保能包括强弱信号的完整波形。为减少端点效应引起的畸变，对时窗长度为 T_0 的原信号 $x(t_1)$ 采用镜像延拓映射成 $2T_0$ 的闭合环形信号 $y(t_2)$，这样能避免大程度的频谱失真。延拓公式为：

$$y(t_2)=\begin{cases} x(t_1):0\leqslant t_1<\dfrac{T_0}{2}, & 0\leqslant t_2<\dfrac{T_0}{2} \\[2mm] x(t_1):0\leqslant t_1\leqslant T_0, & \dfrac{T_0}{2}\leqslant t_2\leqslant\dfrac{3T_0}{2} \\[2mm] x(t_1):\dfrac{T_0}{2}<t_1<T_0, & \dfrac{3T_0}{2}<t_2<2T_0 \end{cases} \tag{6-27}$$

VMD 方法需要预设分解数，取值较大会造成过分解现象，取值较小会导致分解不够。由于各地震道相互独立，单道分析难免导致之后分解参数选择得不准确，所以需要通过空间约束分析目标层段多道信号。因为砂体在空间横向上是非均匀分布的，连续性较差，在进行多道计算时都采用统一权重进行平均将会导致数据模糊，丢失有用信息，所以对于不同道数据应该分配不同的权重。

这里以典型井所在道作为中心道，采用高斯加权算法求取地震平均道，完成地震频谱分析试验，利用频谱高值数确定分解个数。加权公式为：

$$G=\sum_{i}^{N}D_i\cdot\frac{1}{\sqrt{2\pi}\sigma_i}e^{-\frac{(D_i-\mu)^2}{2\sigma_i^2}}/N \tag{6-28}$$

式中，D_i 为原始输入的第 i 道数据；N 为参与道数；σ_i 为中心道与第 i 道数据的相关系数，作为尺度参数；μ 为所有参与道数据的均值，作为位置参数；G 为加权之后的平均道数据。

该方法的具体实现步骤如下：

(1) 通过井震标定与层位追踪明确强反射层及其下部储层位置，确定时窗长度。

(2) 输入加窗截取后的实际地震信号，对其进行镜像延拓，减少分解误差，之后进行加权高斯谱分析，确定适合分解的模态频带范围及分解个数。

(3) 利用变分模态分解技术分解三维地震数据，舍弃高能量模态，组合优先模态，重构出有效信号。

(4) 对重构后的数据体进行多属性提取，在此基础上完成储层预测与描述，最终得到强反射层压制、弱层凸显的储层预测结果。

6.4.2.2　理论模型测试

为了验证该方法的可行性，根据研究区实际地质情况设计了如图 6-34(a)所示的模型。灰色层段设定为围岩，速度为 3 200 m/s；黑色段为油页岩，速度为 2 400 m/s；浅灰橙色段为砂体，速度为 3 400 m/s；深灰色段为砂泥岩，速度为 3 500 m/s。强反射信号层主要体现在模型的上部与下部，其中采样间隔为 1 ms，横向上共 10 道，纵向上共 200 个采样点。计算出各层之间的反射系数并选用 20 Hz，25 Hz，30 Hz 雷克子波分别与之褶积叠加，得到图

6-34(b)所示的合成地震记录,可以看出地震记录中部的同相轴范围很窄,能量相比上下部分的强信号会很低。

对于惩罚项系数 α,将针对模型进行试验。图 6-34(c)是将惩罚项系数设为较大值4 000后进行 VMD 处理得到的最大分量图,可以看到分解效果不理想,存在一定程度的弱信号混叠,不能将强弱信号两者明显分离。当惩罚项系数设为 2 000,即将惩罚项系数设为采样频率的两倍时,结果如图 6-34(d)所示,可以看出分解之后的强反射层分量在时域内能准确呈现,同时弱信号的能量留存非常小。上述两个试验的对比表明,将惩罚项系数设为采样频率的两倍时具有较好的效果,此时混叠效应较弱。

分解个数与频率是相互联系的,所以在该模型处理中利用设计主频数来确定分解个数,定为 3。利用该方法对模型地震记录分解后,将强反射层分量(图 6-34e)去除,得到如图 6-34(f)所示的重构结果,图中矩形框内的弱反射信号较处理前的变强,且原有层序结构维持不变。

应用经验模态分解方法进行同模型的比对试验。图 6-34(g)为经 EMD 处理之后得到的最大分量,图 6-34(h)为利用 EMD 方法去除强信号分量后的模型剖面。可以看到,经过 EMD 处理后的强反射层分量大体上符合模型中设置的强反射层位置,但是波形数据存在冗余;相对于 VMD 处理结果,该方法得到的强反射层分量范围较宽,出现了振幅畸变。去除强反射层后,弱信号虽然得到了加强,但是波形记录中出现了不相干的微弱反射轴,如图 6-34(h)中矩形框内所示。这说明基于 EMD 方法处理虽然能体现一定的效果,但是相比于 VMD,各模态间存在混杂,重构时可能产生干涉成分,这对于实际资料处理存在一定的弊端。

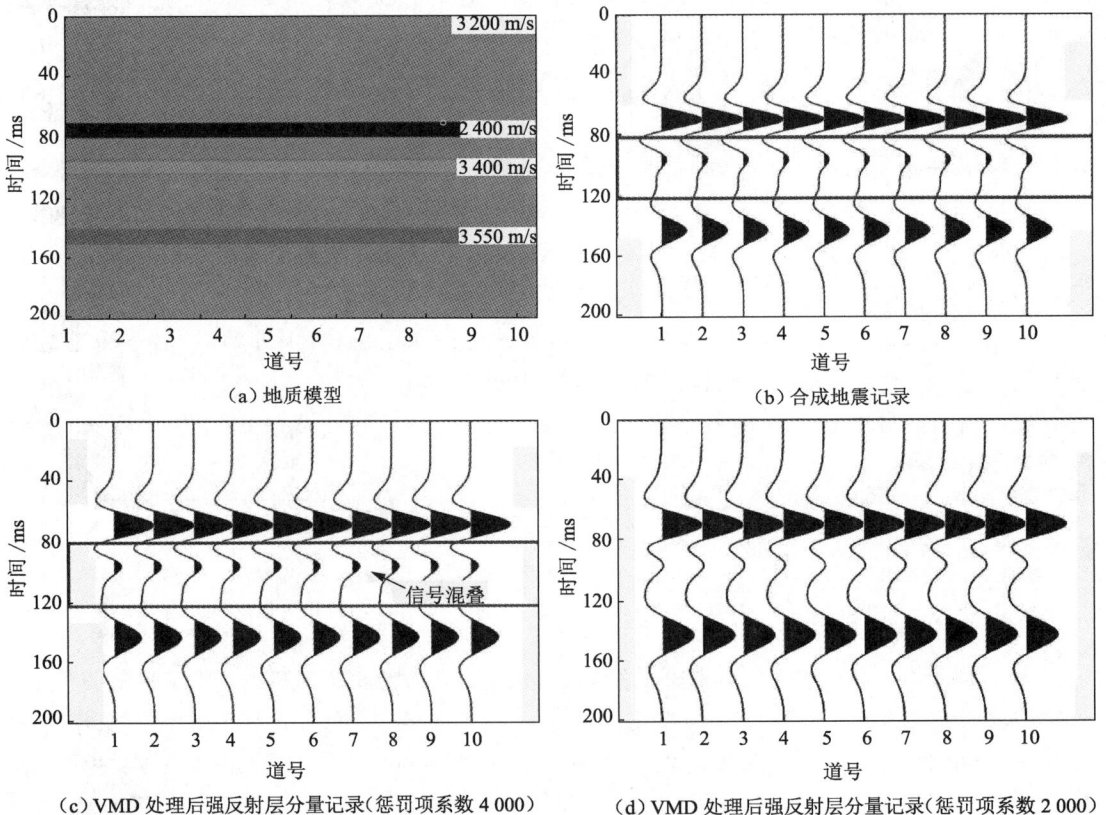

(a)地质模型

(b)合成地震记录

(c)VMD 处理后强反射层分量记录(惩罚项系数4 000)

(d)VMD 处理后强反射层分量记录(惩罚项系数2 000)

图 6-34　理论模型测试及效果对比

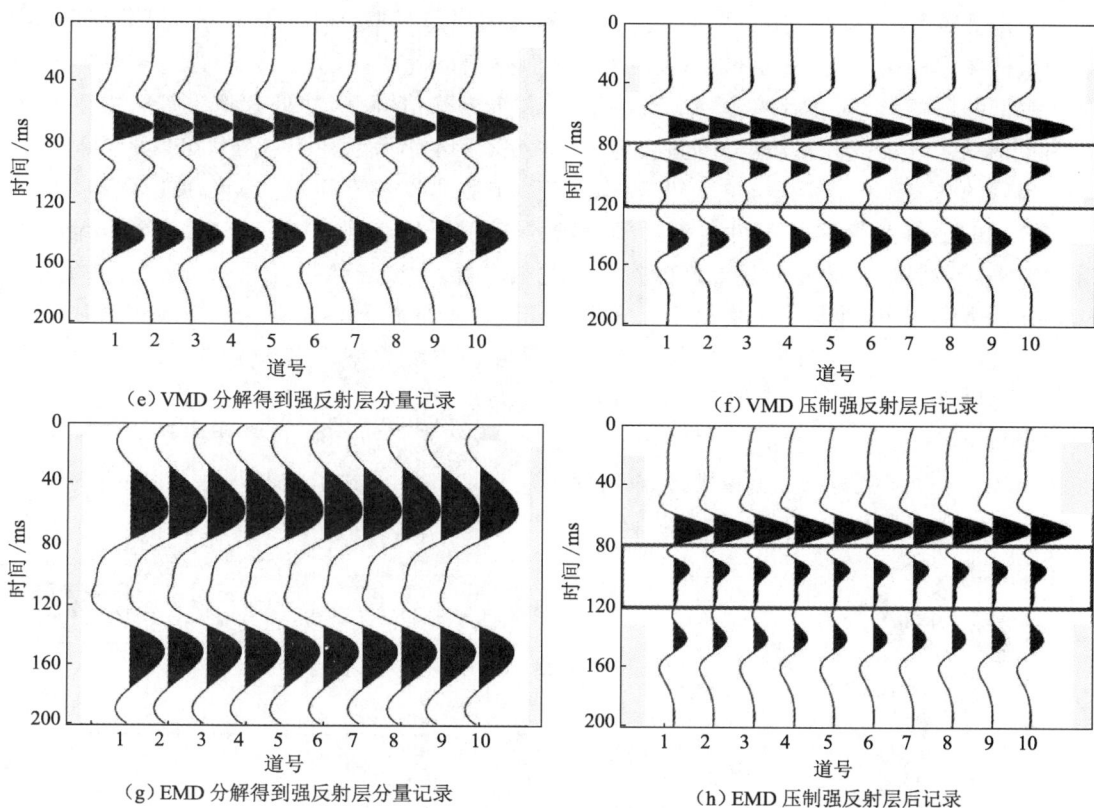

（e）VMD 分解得到强反射层分量记录

（f）VMD 压制强反射层后记录

（g）EMD 分解得到强反射层分量记录

（h）EMD 压制强反射层后记录

图 6-34（续）　理论模型测试及效果对比

6.4.2.3　实际典型案例应用与分析

将该方法应用至东营凹陷博兴洼陷，由于该处 T7 层泥岩与油页岩发育，上下的大波阻抗差形成了强反射，具体表现为一稳定强振幅波峰，连续性好，使得下部滩坝砂岩体的地震波能量传播受到阻挠，对识别具有一定的干扰作用，同时底部也存在一个较强的地震反射界面 T7x，纯下段储层就在这两界面之间，加上其本身埋藏较深、反射能量较弱，存在着小断层的分割作用，多种因素叠加使得其特征多被压制，表现为能量很小的弱反射，部分地区呈现出空白反射，地震解释难以直接追踪砂体同相轴。地震剖面如图 6-35 所示，T7 为强屏蔽反射层。

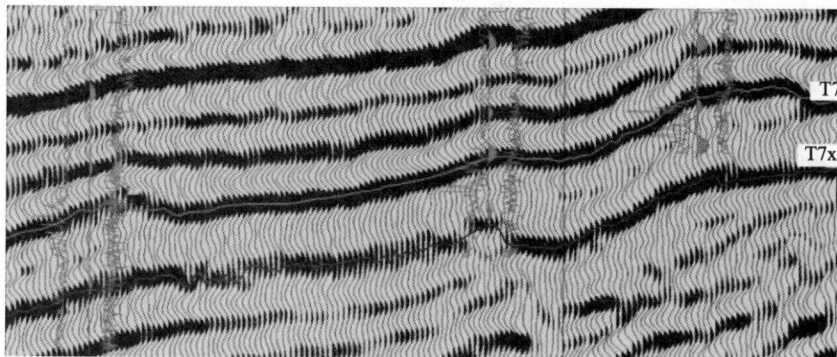

图 6-35　强反射、弱信号储层地震反射特征

　　利用 T7 反射层向上 10 ms、向下 60 ms 时窗内地震数据进行变分模态分解,惩罚系数设为采样频率的两倍,分解数量通过多道高斯加权频谱确定。图 6-36(a)为地震资料高斯加权频谱,其中相对振幅比在 0.2 以上的存在 3 个高峰值频率,即处理地震资料中主要能量的集中频段,故处理时设定分解数目为 3。图 6-36(b)展示了基于三分量分解的 VMD 方法处理后的各模态中心频率,在达到迭代稳定后,它们彼此没有重叠,有较好的区分度。但更多分量的分解会产生模态纠缠现象,不利于强反射层的表征。图 6-36(c)为五分量时的分解结果,不难看出,此时分量 3 和分量 4 彼此很靠近,这会导致主频为 25 Hz 左右的分量出现在多个模态中,并且分量 2 出现了异常下降。以上现象会导致本应准确表现为强弱反射层的模态分量变得不准确,还会损失部分能量在模态混叠中。基于上述分析,确定了研究区地震数据采用三模态量进行分解,其中第一模态分量对应强反射背景,进行压制,剩余模态分量进行全选重构,这样可以避免有效信息的遗失。图 6-36(d)是经方法处理前后的频谱对比,明显可见对弱反射有积极作用的高频信息部分得到了相对增强,而强反射层主要体现的强能低频区段得到减弱。

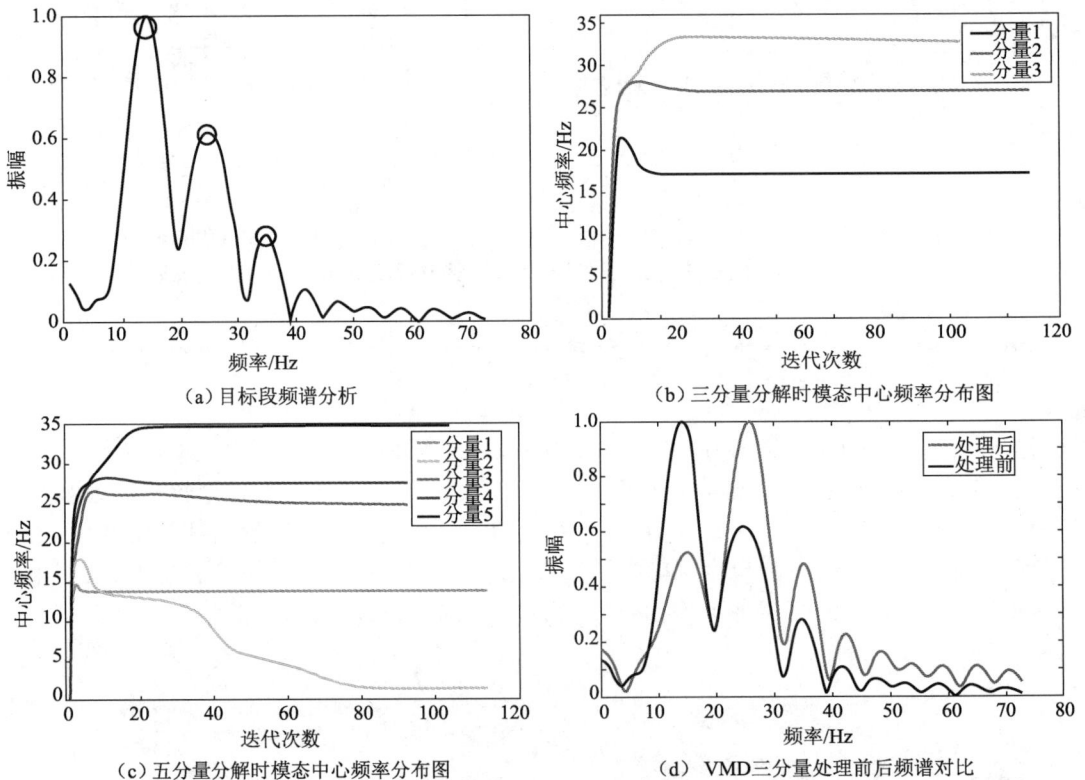

（a）目标段频谱分析

（b）三分量分解时模态中心频率分布图

（c）五分量分解时模态中心频率分布图

（d）VMD 三分量处理前后频谱对比

图 6-36　实际资料 VMD 方法模态个数的确定

　　图 6-37 为实际过井地震剖面和应用 VMD 方法处理后的地震剖面对比。可以看到,地震剖面的构造框架没有改变,在强反射背景层振幅削弱的同时滩坝砂弱反射得到了有效增强(矩形线框内),且与井旁左侧滩坝砂的自然电位敏感测井曲线特征对应关系良好。

（a）方法处理前剖面

（b）方法处理后剖面

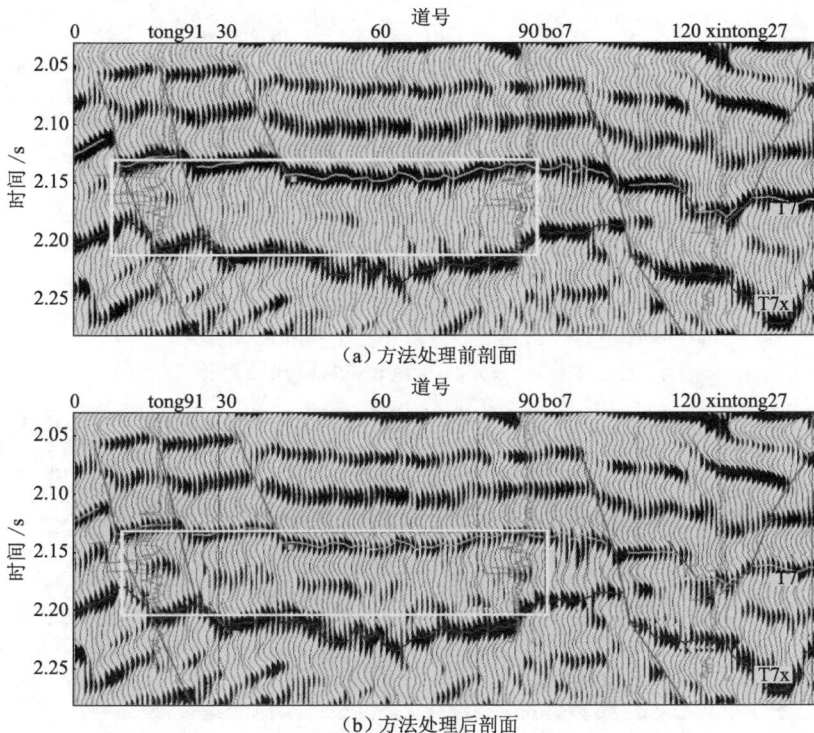

图 6-37　研究区连井地震剖面 VMD 处理前后对比

　　用 VMD 方法处理前后强反射层能量沿层属性（图 6-38）对比表明，处理后的高值范围缩小，证明强反射层能量确实得到了有效压制。从剖面效果上看，夹在 T7 与 T7x 层之间的砂体同相轴显示更加明显；从平面效果上看，由 T7 层下部至 17 ms 时窗内滩坝砂发育段的均方根振幅属性（图 6-39）可见，强反射层分量剥离后，滩坝砂能量得到增强。由统计可以发现，砂岩较厚井的均方根振幅多处于高值区，较薄井处于高值和中值区结合处，砂体不发育井多落在低值区域，且前后变化幅度不大。同时再对同一范围内的数据提取瞬时频率属性（图 6-40）进行验证，可以看到，在处理之前井与瞬时频率属性对应程度不高，难以直接区分出有利区域与非利区域，而经 VMD 处理之后，响应敏感的区域变得直观，多数能与井点对应。可见，经过处理之后的多属性联合可以有效地划分油气范围。

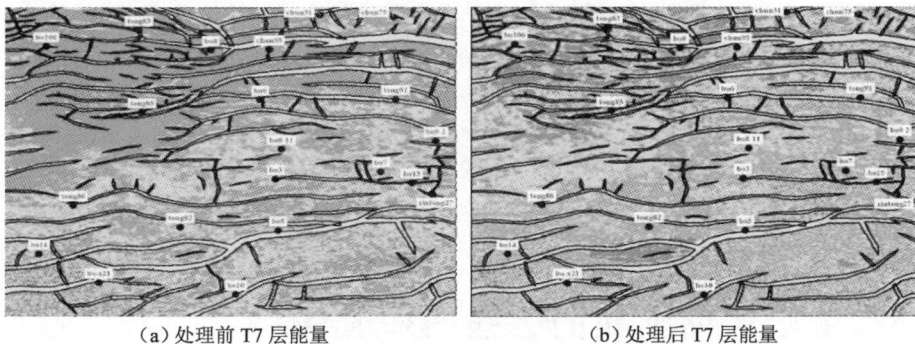

（a）处理前 T7 层能量

（b）处理后 T7 层能量

图 6-38　处理前后强反射层能量沿层属性对比

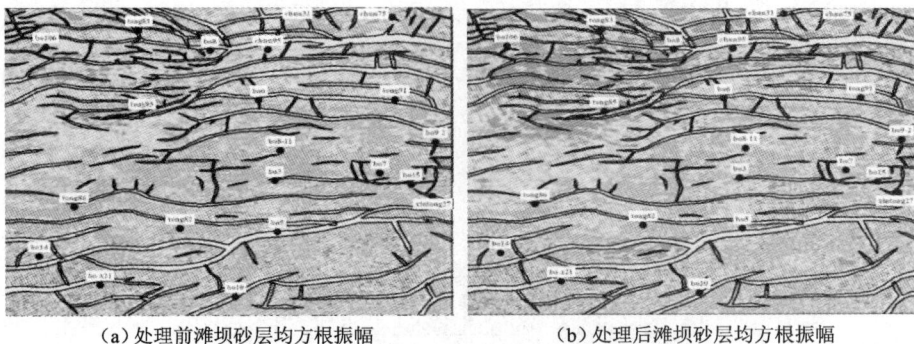

（a）处理前滩坝砂层均方根振幅　　　　　　　（b）处理后滩坝砂层均方根振幅

图 6-39　处理前后滩坝砂层振幅属性对比

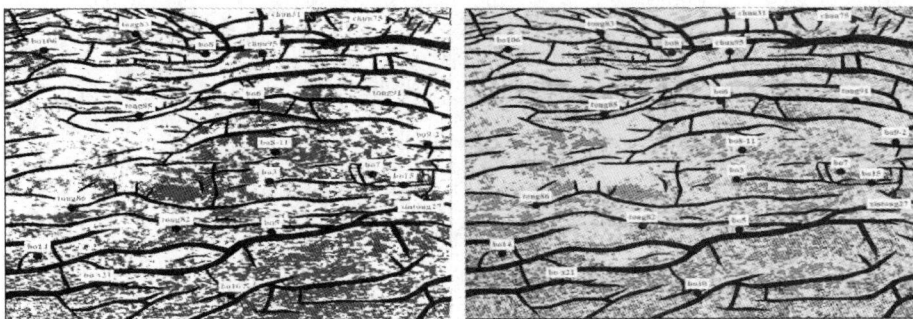

（a）处理前滩坝砂层瞬时频率　　　　　　　（b）处理后滩坝砂层瞬时频率

图 6-40　处理前后滩坝砂层瞬时频率属性对比

变分模态分解方法是一种频率域上自适应、空间域上全局化的方法，通过前期优化后再进行分解，得到的携带不同信息的模态分量能够多尺度、多角度地体现地下地质情况，对不同数据进行识别后，对有关模态分量进行处理，然后利用其中一个或者多个分量进行重构分析。采用如此类似于分频处理的变分模态分解方法思路能够突出异常地质体，有利于进一步储层描述和解释。

6.4.3　VMD 方法小结

变分模态分解方法具有分辨率高、分解完备、避免模态混叠效应等优点，适于强屏蔽下滩坝砂弱反射的增强。VMD 处理的核心是确定惩罚项系数与分解个数。研究表明，采样频率的两倍可作为比较理想的惩罚参数，分解个数可以通过加权频谱的高值数确定。对于强屏蔽背景下弱信号砂层的识别问题，减弱强反射干扰效应，增强下伏储层弱反射，再进行识别判定是可行的方法。这里研究的滩坝砂强反射盖层去除能量主要是针对第一模态分量，如果地质体对应某个特殊模态，则可以拓展该方法，直接进行类似于分频处理的分模态方法。另外，加权变模态重构也值得进一步研究。

6.5　基于压缩感知的去强凸弱方法

作为一个新兴的采样思想，压缩感知（CS，compressed sensing）又名压缩采样、压缩传感等,兴起于 2004 年,其基于稀疏特性,在远小于 Nyquist 条件下非直接、非均匀采样得到离散结果,再用非线性最小化方法来恢复原信号,现已被广泛应用到信号与图形处理、地球科学等领域。

传统的 Nyquist 采样定理必须要满足两倍的频带宽,这样才能完全准确地恢复信号。然而,由于数据量的扩大,信号存储和传输更加困难,受限于采样定理。2006 年,由 Donoho 和 Candes 等提出了压缩感知理论。该理论的主要思想是:若一个高维 $N \times 1$ 信号 $x \in \mathbf{R}^N$ 是可压缩的或稀疏的(大部分信息为 0 或很小的值,含 k 个不为零值且 $k \leqslant N$),而大多数实际信号往往并不稀疏,仅是在某个正交基 ψ 上可压缩或在某变换域 ψ 上具有稀疏性,即 $x = \Psi\alpha$(如果 x 本身是稀疏的,则 ψ 可以表示单位矩阵)。再使用与同变换基底 ψ 不相关条件下的一个满足有限等距条件(RIP)的观测矩阵 Φ,把该信号从高维($N \times 1$)的空间上投影到一个低维($M \times 1$)的空间上,获得低维 $M \times 1$ 的测量值 $y \in \mathbf{R}^M$,即 $y = \Phi x = \Phi\psi\alpha = A\alpha$($A = \Phi\psi$ 表示感知矩阵)。因为把高维空间的信号投影到低维空间上($M \ll N$),所以 $y = A\alpha$ 方程的求解是一欠定问题,具有无穷多个解。但可利用 L_0 范数求取该问题的一个最优化解,能够以较高的概率从投影下比较少的观测向量中重新构建出原始稀疏信号序列,并能够验证这些投影数据中具有足够的重新构建信号所需的信息,其公式见式(6-29)。最后,由重构结果 α 与正交基或变换域 ψ 获得原信号序列 x,即 $x = \Psi\alpha$。

$$\min \|\alpha\|_0 \text{ s.t. } y = A\alpha \tag{6-29}$$

式中,$\| * \|$ 表示 L_0 范数,即绝对值的个数,这里 $\|\alpha\|_0 = k$。

压缩感知理论同常规 Nyquist 采样原理的不同之处在于:① 采样过程(图 6-41)从常规的直接、均匀处理变成了非直接、非均匀处理;② 采样间隔大小由原始信号的最高频率决定变成了由稀疏性控制;③ 信号重构从所采即所得变成了需要由稀疏的信号经正交基或稀疏基的逆变换才能得到原始信号。然而压缩感知也有缺陷,它并不一定能完全精准地重构信号,只是高概率重构信号,重构信号可能存在失真。压缩感知实现的流程框架如图 6-42 所示,主要涉及三大关键因素:稀疏表示信号、设计高效测量矩阵和重构恢复信号。

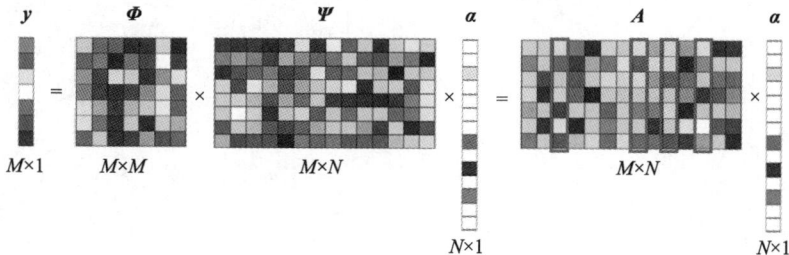

图 6-41　压缩感知采样过程

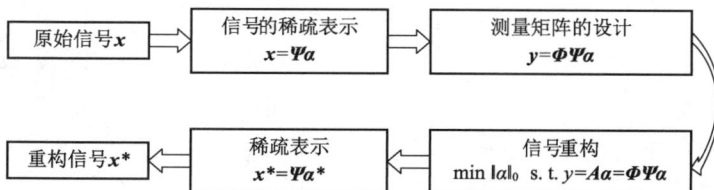

图 6-42　压缩感知流程框架图

6.5.1　压缩感知去强屏蔽层的基本原理

假设 $N\times1$ 维反射系数可以分解为振幅 α_n 和延时 τ_n 的线性和,公式为:

$$r(t) = \sum_{n=1}^{N} \alpha_n \cdot \delta(t-\tau_n) \tag{6-30}$$

引入强屏蔽沿层信息,则反射系数可以分解为:

$$r(t) = \sum_{\substack{n=1 \\ n\neq k}}^{N} \alpha_n \cdot \delta(t-\tau_n) + \alpha_k \cdot \delta(t-\tau_k) \tag{6-31}$$

式中,k 指示沿层位置,一般强屏蔽沿层信息通过人工拾取轴的位置。

设子波为 $w(t)$,噪声为 $n(t)$,则合成记录可表示为:

$$s(t) = w(t)*r(t)+n(t) = \sum_{\substack{n=1 \\ n\neq k}}^{N} \alpha_n w(t-\tau_n) + \alpha_k w(t-\tau_k)+n(t) \tag{6-32}$$

对式(6-32)进行傅里叶变换,可得:

$$S(f) = \sum_{\substack{n=1 \\ n\neq k}}^{N} \alpha_n \cdot W(f)\mathrm{e}^{-i2\pi f\tau_n} + \alpha_k \cdot W(f)\mathrm{e}^{-i2\pi f\tau_k} + N(f) \tag{6-33}$$

对不同的频率分量($f_m, m=1,2,\cdots,M$),将式(6-33)离散化,可写成:

$$S(f_m) = \sum_{\substack{n=1 \\ n\neq k}}^{N} \alpha_n \cdot W(f_m)\mathrm{e}^{-i2\pi f_m\tau_n} + \alpha_k \cdot W(f_m)\mathrm{e}^{-i2\pi f_m\tau_k} + N(f_m) \tag{6-34}$$

记 $A_{mn}=W(f_m)\mathrm{e}^{-i2\pi f_m\tau_k}$,其中 $\mathrm{e}^{-i2\pi f_m\tau_k}$ 是部分傅里叶矩阵,A 是子波对角矩阵与部分傅里叶矩阵的乘积组合且满足 RIP 条件,则可以利用压缩感知进行稀疏重构信号。将式(6-34)写成矩阵形式:

$$\begin{bmatrix} s_{f_1} \\ s_{f_2} \\ \vdots \\ s_{f_M} \end{bmatrix}_{M\times1} = \begin{bmatrix} A_{11} & A_{12} & \cdots & A_{1N} \\ A_{21} & A_{22} & \cdots & A_{2N} \\ \vdots & \vdots & & \vdots \\ A_{M1} & A_{M2} & \cdots & A_{MN} \end{bmatrix}_{M\times N} \times \begin{bmatrix} \alpha_1 \\ \vdots \\ \alpha_k \\ \vdots \\ \alpha_M \end{bmatrix}_{N\times1} + \begin{bmatrix} A_{11} & A_{12} & \cdots & A_{1N} \\ A_{21} & A_{22} & \cdots & A_{2N} \\ \vdots & \vdots & & \vdots \\ A_{M1} & A_{M2} & \cdots & A_{MN} \end{bmatrix}_{M\times N} \times$$

$$\begin{bmatrix} 0_{11} & & & \\ & 1_{kk} & & \\ & & & \\ & & & 0_{NN} \end{bmatrix}_{N\times N} \times \begin{bmatrix} \alpha_1 \\ \vdots \\ \alpha_k \\ \vdots \\ \alpha_N \end{bmatrix}_{N\times1} + N(f_m) \tag{6-35}$$

记向量 $s_{f_m}(m=1,2,\cdots,M)$ 为 y,$\alpha_n(n=1,2,\cdots,N)$ 为 x,$\alpha_n(n=1,2,\cdots,N$ 且 $n\neq k)$ 为 x',L 表示一个沿层信息的对角矩阵,$l=\mathrm{diag}(l_i)_{N\times N}$,$l=\begin{cases} 1, i=k \\ 0, i\neq k \end{cases}$,则式(6-35)可写为:

$$y = Ax' + ALx + \widetilde{N} \tag{6-36}$$

由压缩感知理论,利用最小化策略求解方程(6-36):

$$\min_x \frac{1}{2} \left\| \mathbf{y} - \mathbf{AL}\mathbf{x} - \mathbf{A}\mathbf{x}' \right\|_2^2 + \lambda \left\| \mathbf{x}' \right\|_0 \tag{6-37}$$

式中，$\| * \|$ 为 L_2 范数；$\| * \|_0$ 为 L_0 范数；λ 为正则项，可调节 L_0 范数所占比重。

为了更好地进行沿层信息约束，进一步引进大小为 m 的窗函数改进沿层对角矩阵 $\mathbf{L}$ 为：

$$\mathbf{L} = \mathrm{diag}(l_i)_{N \times N} \tag{6-38}$$

式中，$\mathbf{L} = \begin{cases} 1, & i \in [k-m, k+m] \\ 0, & i \in 其他 \end{cases}$。

对于式(6-37)，由于 $\mathbf{x}$ 是未知的，因此引进迭代思路进行求解，构成以下目标函数，依次进行迭代求解 $\mathbf{x}$ 和 $\mathbf{x}'$。采用 FISTA 算法进行目标函数求解，正则化设为最大振幅的 10%。

$$\begin{cases} \min_x \dfrac{1}{2} \left\| \mathbf{y} - \mathbf{A}\mathbf{x} \right\|_2^2 + \lambda \left\| \mathbf{x} \right\|_0 \\ \min_{x'} \dfrac{1}{2} \left\| \mathbf{y} - \mathbf{AL}\mathbf{x} - \mathbf{A}\mathbf{x}' \right\|_2^2 + \lambda \left\| \mathbf{x}' \right\|_0 \end{cases} \tag{6-39}$$

然后根据褶积公式，与原始子波可以重构得到去强屏蔽层的处理结果：

$$s^* = \mathbf{x}' * w(t) \tag{6-40}$$

实现过程如下：

(1) 输入信号 $\mathbf{y}$、矩阵 $\mathbf{A}$、层位信息 L，设定 $t_0 = 1$ 和阈值 ε。

(2) 计算 $\mathbf{x}$ 和 $\mathbf{x}'$。采用 FISTA 算法求解 $\mathbf{x}$，再求解 $\mathbf{x}'$。

(3) 褶积重构 $s^* = \mathbf{x}' * w(t)$。

(4) 输出最优化的解 s^*。

6.5.2　理论模型测试

为了证明该方法的去强屏蔽层效果，建立一个含强屏蔽层的互层模型。图 6-43(a)是反射系数和褶积模型，201 个采样点，2 ms 采样，选用 25 Hz 雷克子波叠加后，模型弱轴信息被强轴所干扰，无法识别下部弱信号。图 6-43(b)是含 5% 噪声的地震记录，图 6-43(c)是该方法处理的反射系数结果，图 6-43(d)是去强屏蔽层地震记录结果。本例是单道地震资料，沿层信息在 100 ms 处。在反射系数域可以发现强轴和弱轴反射系数分离，更容易实现强屏蔽干扰的剥离(图 6-43c)。去强屏蔽层后，强轴下面的弱信号得到增强和凸显(图 6-43d)。图 6-44 是对应的时频分析结果，剥离前，强能量团凸显，覆盖下部弱信号信息；强屏蔽层被剥离后，下部 110 ms 处还残余弱能量团，对应了弱储层信息。

为验证该方法的横向连续性，设计一个上部含强屏蔽层的二维砂体模型。图 6-45(a)和(b)分别是反射系数和合成地震记录(25 Hz 雷克子波)，51 道，101 个采样点，2 ms 采样，沿层信息为 50 ms。图 6-45(c)是含 10% 噪声的合成地震记录，图 6-45(d)是去强反射系数结果，图 6-45(e)是去强屏蔽层地震记录，6-45(f)是对应的残差结果。上部盖层强轴和噪声会影响下部弱信号的识别(图 6-45c)，去强屏蔽层后，强轴下方的弱信号显现(图 6-45e)。

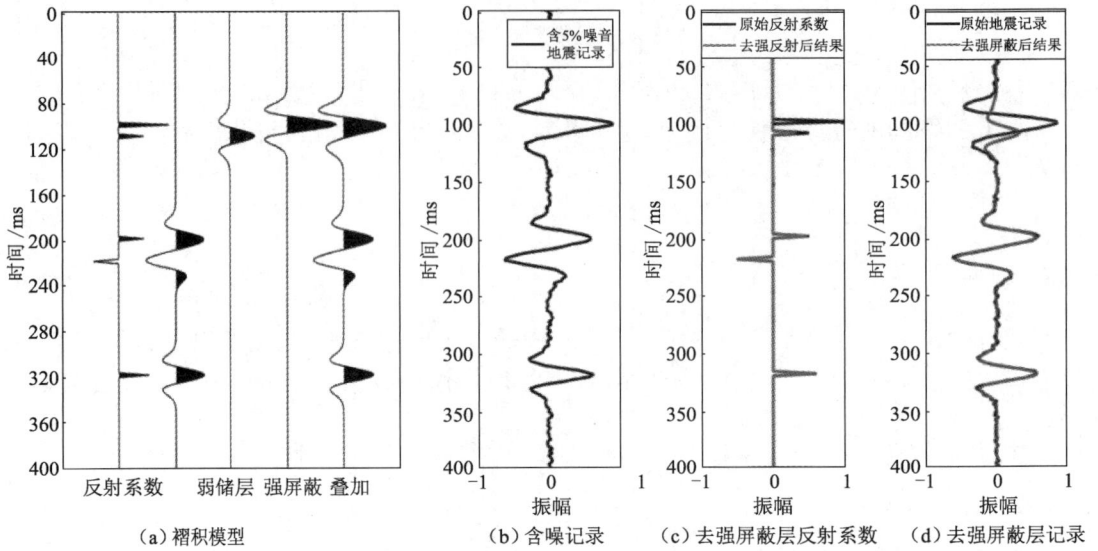

（a）褶积模型　　　（b）含噪记录　　（c）去强屏蔽层反射系数　（d）去强屏蔽层记录

图 6-43　一维模型及处理结果

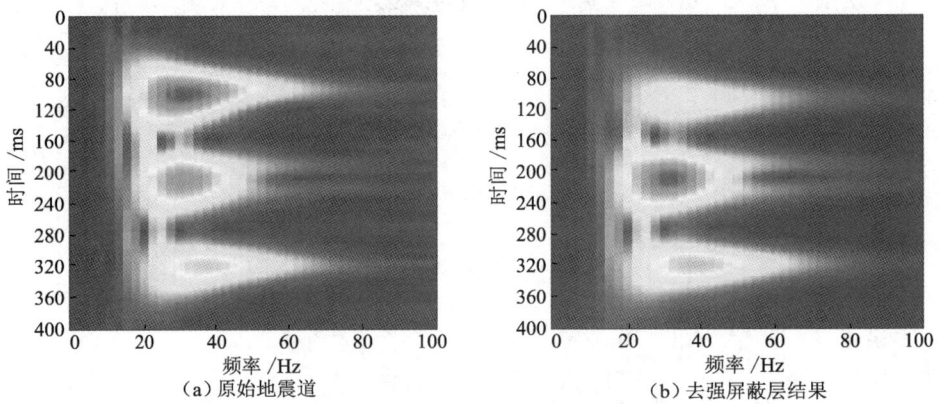

（a）原始地震道　　　　　　　　　　　　　（b）去强屏蔽层结果

图 6-44　时频分析对比

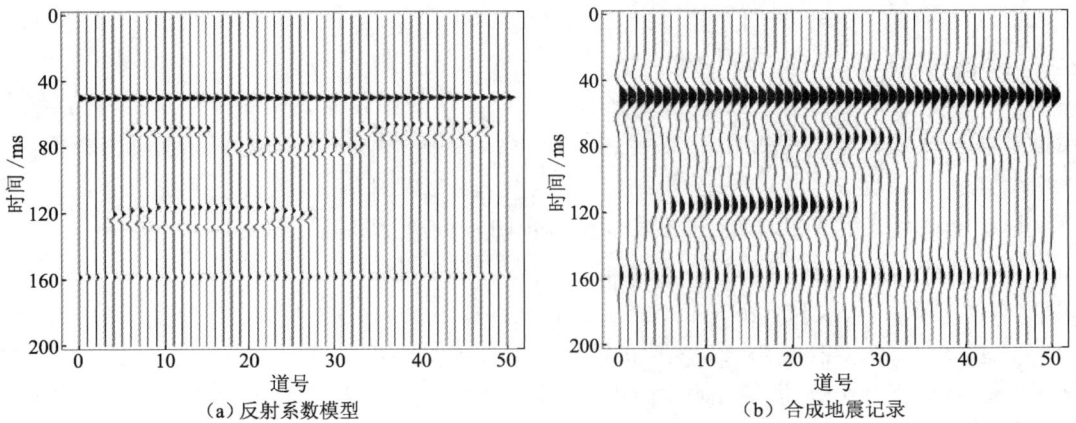

（a）反射系数模型　　　　　　　　　　　　（b）合成地震记录

图 6-45　二维模型及处理结果

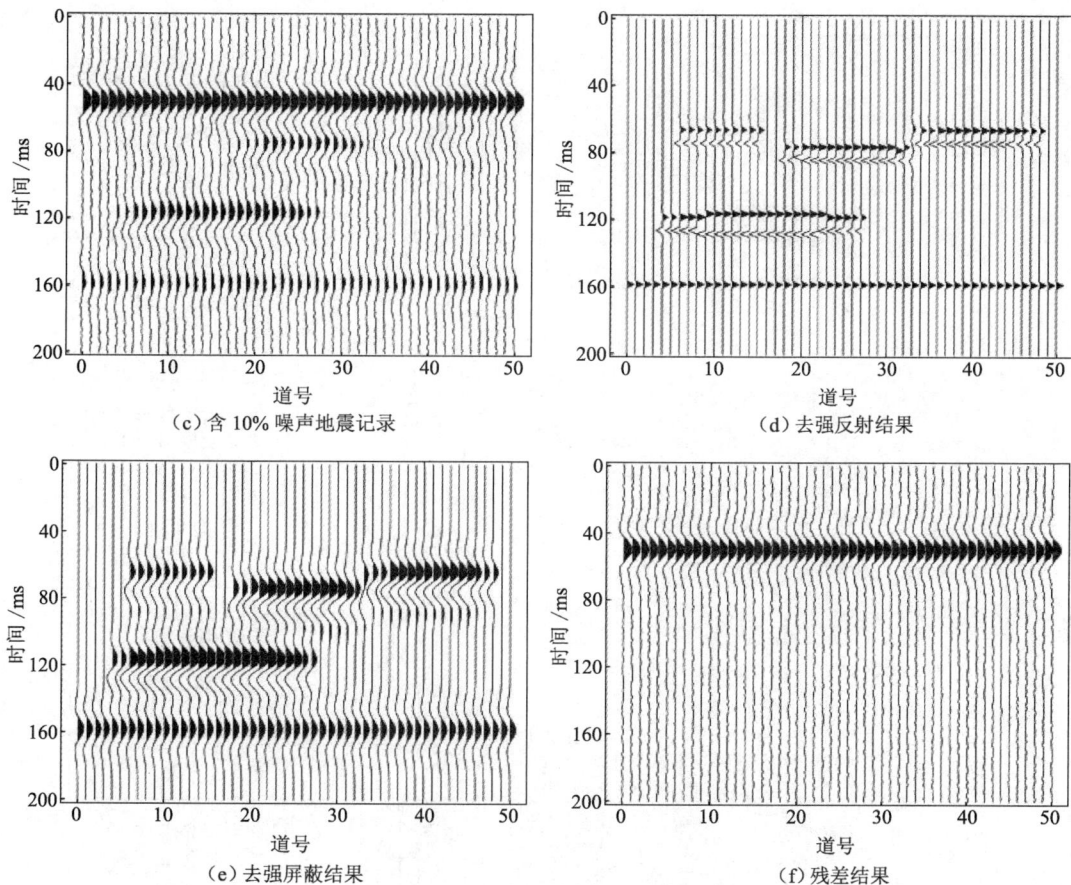

（c）含 10% 噪声地震记录　　　　　　　　（d）去强反射结果

（e）去强屏蔽结果　　　　　　　　（f）残差结果

图 6-45（续）　二维模型及处理结果

6.5.3　实际典型案例应用及分析

针对渤南地区实际资料的强反射屏蔽问题，张云银等（2019）用压缩感知技术结合"钉型"子波的方法进行研究。该方法能够有效去除强反射背景，提高砂岩的预测能力。实际资料在子波整形和压缩感知基础上处理之后的地震分辨率得到进一步提高，其中时间分辨率、地震主频和绝对带宽都有不同程度的提高，如图 6-46 所示。目的层段的砂岩地震响应特征更加明显，达到了去强屏蔽层的目的。对比分析去屏蔽前后的地震剖面，并选取研究区 2 口实钻井 A 和 B 的测井岩性资料，分别进行岩性地震标定，可以看出处理后资料能有效突出沙四上亚段 3 砂组与 4 砂组的地震反射特征，提高了储层的分辨能力，且与测井岩性标定结果吻合。

如图 6-47 所示，原始切片受膏岩层屏蔽影响，导致下伏地层的振幅切片难以反映沉积相和砂体的展布特征，去屏蔽处理后的地层切片能够有效反映砂体的展布特征，其显示出的地震地貌特征同时符合井间沉积特征。

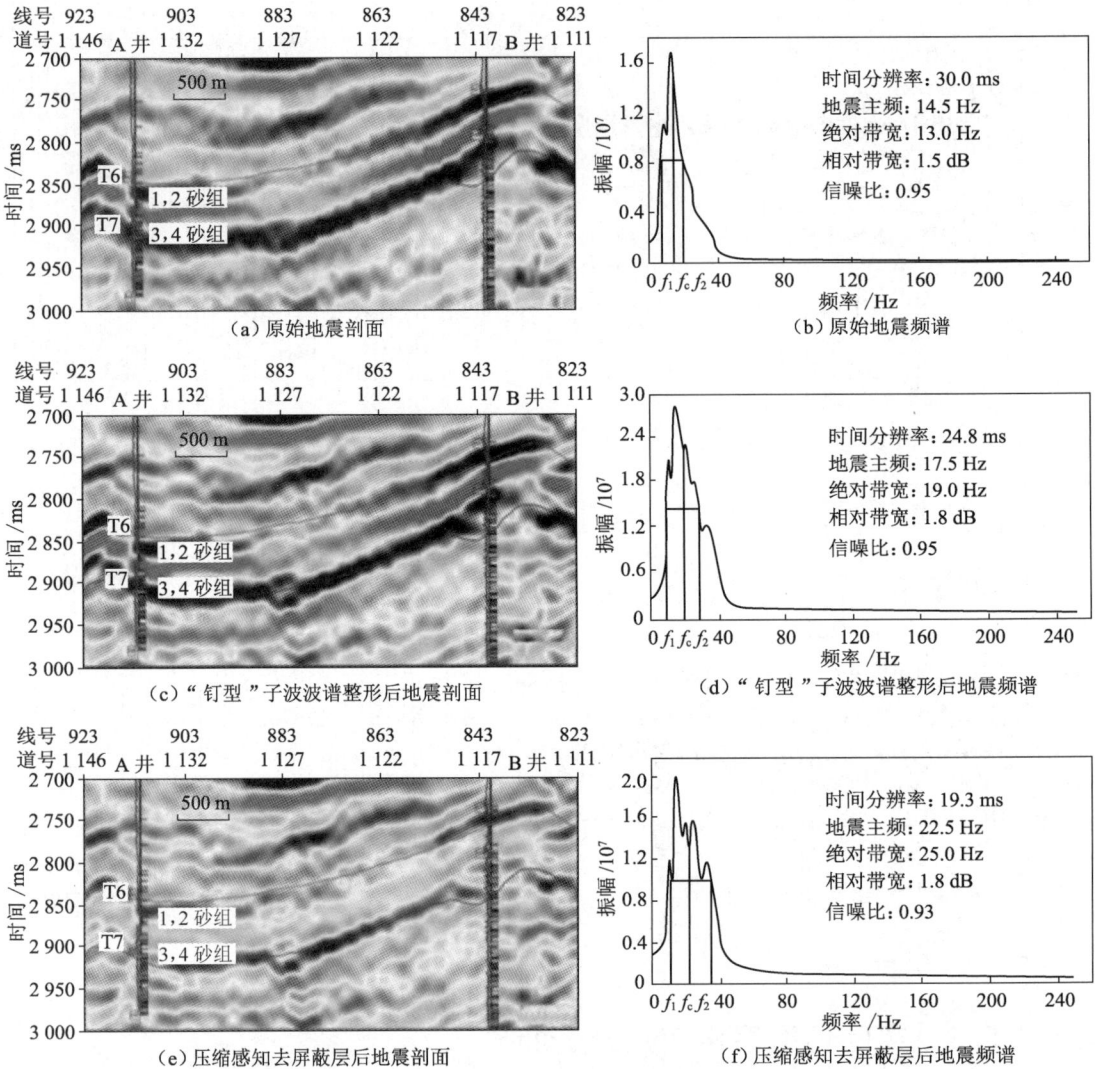

(a) 原始地震剖面

(b) 原始地震频谱

(c) "钉型" 子波波谱整形后地震剖面

(d) "钉型" 子波谱整形后地震频谱

(e) 压缩感知去屏蔽层后地震剖面

(f) 压缩感知去屏蔽层后地震频谱

图 6-46 地震资料去屏蔽层处理及其频谱特征

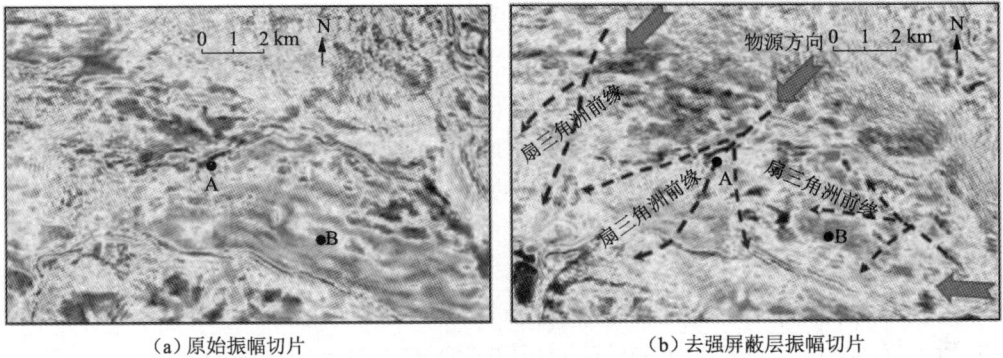

(a) 原始振幅切片

(b) 去强屏蔽层振幅切片

图 6-47 地震资料去屏蔽层处理前后振幅切片对比

A 和 B 代表井位

将沿层范数约束压缩感知去强屏蔽层方法应用到东营凹陷纯化—博兴区块。图 6-48 (a)是提取的某过井地震剖面,111 道,2 ms 采样,2 000~3 000 ms,沿层信息通过人工解释获得。图 6-48(b)是经本方法的处理结果。去强屏蔽层后,地震剖面的强屏蔽层振幅减弱,下方出现了弱轴信息(箭头),与井位信息对应关系良好(图 6-48b)。图 6-49 是 20 Hz 和 34 Hz 的时频切片结果。由 20 Hz 时频结果可知,强屏蔽层被剥离后,强轴下方能量团增强,低频伴影显现,而在 34 Hz 时频结果上可见下部也出现了弱储层能量团信息。

基于压缩感知的沿层 L_2 范数约束的去强屏蔽层算法,其优势在于高分辨的反射系数能够分离强屏蔽层与弱信号层的耦合叠加,利于强屏蔽层拾取,更容易实现强屏蔽层剥离。

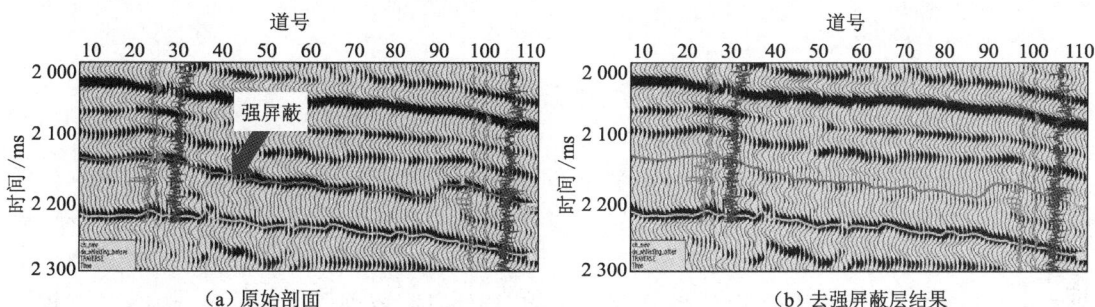

(a)原始剖面　　　　　　　　　　(b)去强屏蔽层结果

图 6-48　过井原始剖面和处理结果

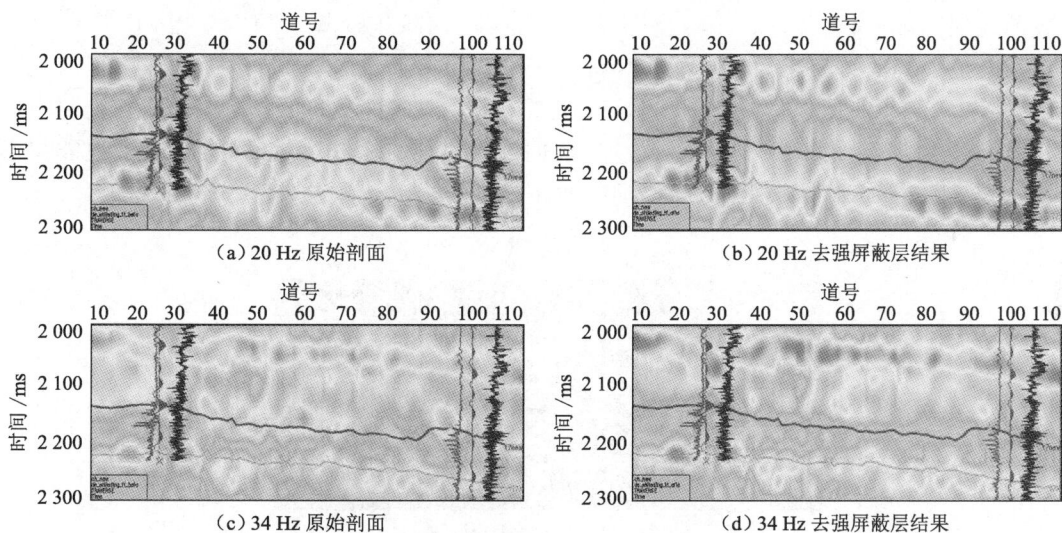

(a)20 Hz 原始剖面　　　　　　　(b)20 Hz 去强屏蔽层结果

(c)34 Hz 原始剖面　　　　　　　(d)34 Hz 去强屏蔽层结果

图 6-49　处理前后 20 Hz 和 34 Hz 时频切片比较

6.5.4　压缩感知方法小结

为了解决强屏蔽层中振幅和频率的叠加问题提出的一种基于压缩感知沿层 L_2 范数约束下的反射系数域去强屏蔽层方法,其优势在于高分辨率的反射系数域能够分离强屏蔽层与弱信号层的耦合叠加,利于强屏蔽层拾取,更利于强屏蔽层的分辨和去除。基于压缩感知理论,先根据时域反射系数域稀疏特性利用沿层信息分离强屏蔽与弱信号,再进行稀疏反演,最后与原子波进行褶积,从而获得去强屏蔽层剖面后的高分辨率结果。

6.6　基于长、短旋回波形分析的去强凸弱方法

基于地震沉积学准层状地层的波阻抗模型，其地震信号可视为长、短旋回的组合反射。长旋回具有低频、连续和相位稳定的特征，短旋回则相反。地震上的强轴屏蔽可理解为长旋回背景，被屏蔽的砂体则为短旋回信息。通过 Wheeler 正、反变换，以及子体波形主成分分解、短旋回分频显示等构成长、短旋回分析技术流程，将这两种信息进行分离，可达到去除屏蔽、识别薄砂层的目的（金成志等，2017）。

6.6.1　长、短旋回波形分析的方法原理

地震沉积学家认为，沉积盆地内相带分布与岩性组合主要由两部分地层叠加而成，即代表海（湖）平面升降的旋回性、区域性岩性组合以及代表海（湖）岸线周缘输入的局部、突发性岩性组合，具有长、短旋回的地质意义。因此，整个地震反射是由长旋回的背景和短旋回的事件组成，其中长旋回反映水深变化较大的、彼此具有成因联系的大套地层，具有较强的时间意义，利于等时地层格架的建立；短旋回反映水深变化较小，由相似岩性、岩相叠加组成的地层，其时间意义较弱，岩性意义较强，利于勘探隐蔽砂体。

实际地质剖面可简化为准层状模型（图 6-50a），可分解为背景和岩性组合，表现为长旋回（图 6-50b）和短旋回模型（图 6-50c）。正演地震记录如图 6-51（a）所示，可见长旋回模型地震波形具有低频、相位一致的反射特征，横向连续性强（图 6-51b）；短旋回模型地震波形具有高频、相位不一致的反射特征，横向发生突变（图 6-51c）。

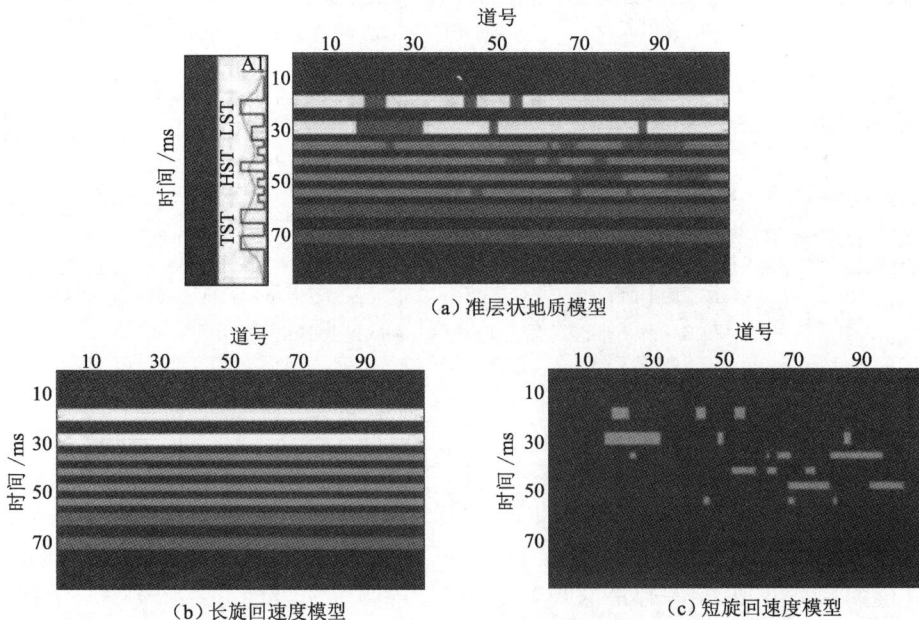

（a）准层状地质模型

（b）长旋回速度模型

（c）短旋回速度模型

图 6-50　准层状模型

（a）准层状模型记录

（b）长旋回模型记录

（c）短旋回模型记录

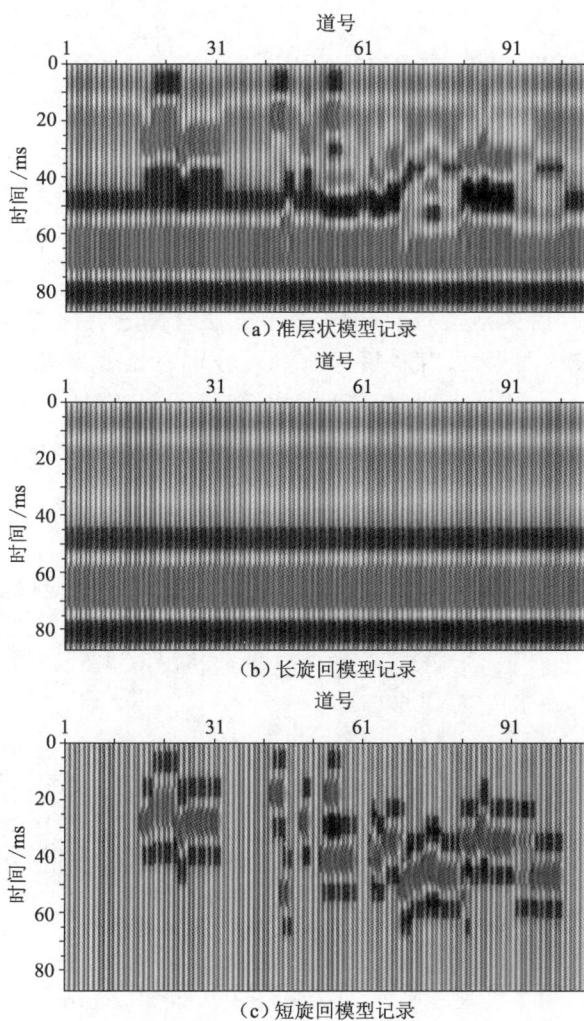

图 6-51　准层状模型的地震记录

　　长旋回体连续、稳定的同相轴有利于层位追踪，对其进行相干或曲率计算能够反映地层特征，突出断层信息；短旋回体岩性意义较强，可以得到被屏蔽的砂体信息。两者的主要区别在于相位和频率，为此，采用 PCA 提取反射波形的空间一致性相位信息将它们分离，再通过分频显示进一步提取高频短旋回信息，实现去屏蔽功能。由于"长旋回反射相位特征一致"的认识仅在相对地质年代域中成立，所以在利用 PCA 分解长、短旋回波形时，需做 Wheeler 变换。Wheeler 域地震数据体去除了区域构造因素，因此地震反射同相轴的产状、相位等信息与地层、沉积等信息的相关性较强，便于利用 PCA 分解长、短旋回波形，进行波形对比。长旋回反映了地质时期的主要沉积信息，具有空间连续、缓变特点，即空间波形具有一定的相似性，是波形横向对比的主要成分，可通过 PCA 将其作为背景提取出来，达到分离长、短旋回的目的。在完成分解后，应将长、短旋回波形做 Wheeler 反变换，转换到时间域进行下一步分析。

6.6.2 实际典型案例应用与分析

金成志等(2017)将该方法应用于松辽盆地北部扶余油层中,油层紧贴在青一段泥岩之下,在地震剖面上表现为一个强波峰(T2 界面)和一个波谷。由于距 T2 强反射界面很近,下部相互叠置的砂岩完全被 T2 屏蔽,影响了储层的有效识别和"甜点"的精细刻画。

完成分解后得到的时间域的长、短旋回地震数据体如图 6-52 所示。选取区域内某井的测井资料,对 PCA 前、后的地震资料分别进行合成地震记录标定(图 6-53)。由图 6-53 可见:T2 强背景得到有效去除,去背景后地震资料分辨率显著提高,可识别薄层。与测井解释成果的精细标定、对比结果表明,短旋回剖面细化了井、震匹配程度,提高了对储层的分辨能力,能有效分辨出 3 个砂层的波组特征,且与测井解释结果吻合,说明长、短旋回分析技术能够有效去除地震强屏蔽,提高对隐蔽砂体的识别能力。

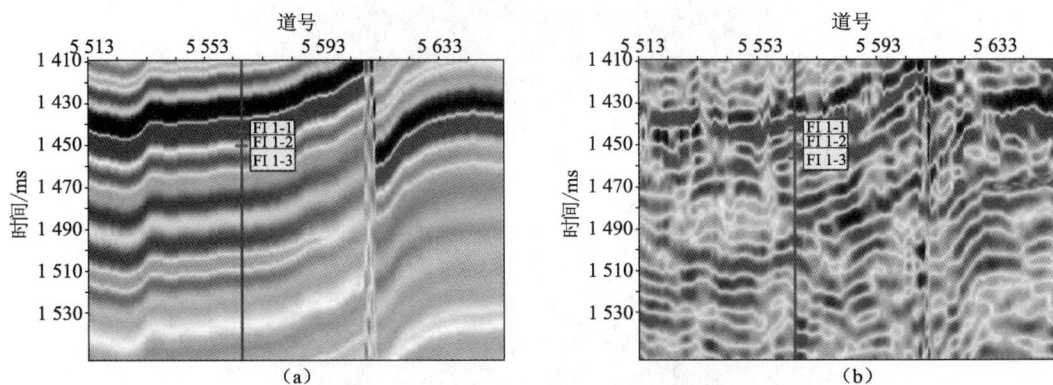

图 6-52 时间域长(a)、短(b)旋回剖面

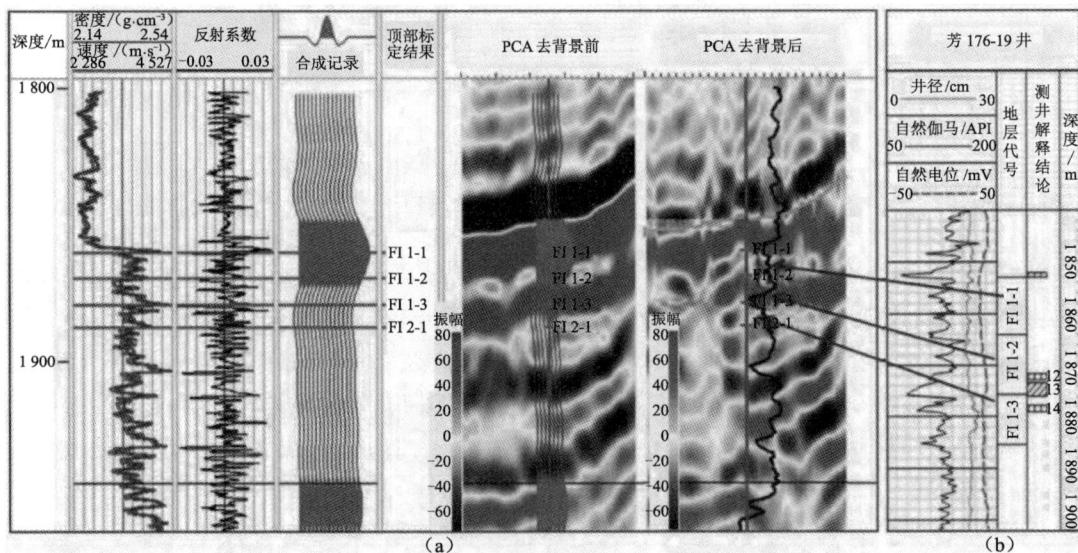

图 6-53 短旋回剖面储层单井标定(a)及测井解释成果(b)

图 6-54 为长、短旋回分解前、后振幅切片以及 RGB 分频显示和测井砂地比等值线图。

由图可见：原始振幅切片（图 6-54a）受强屏蔽影响，导致下伏地层的振幅切片难以反映沉积相和砂体展布特征，分解后的短旋回地层切片（图 6-45b）有效突出了薄层信息，其地震地貌特征彰显了井间沉积特征（浅水三角洲形态及南北向物源特征），与测井砂地比等值线图（图 6-54d）展布特征一致。

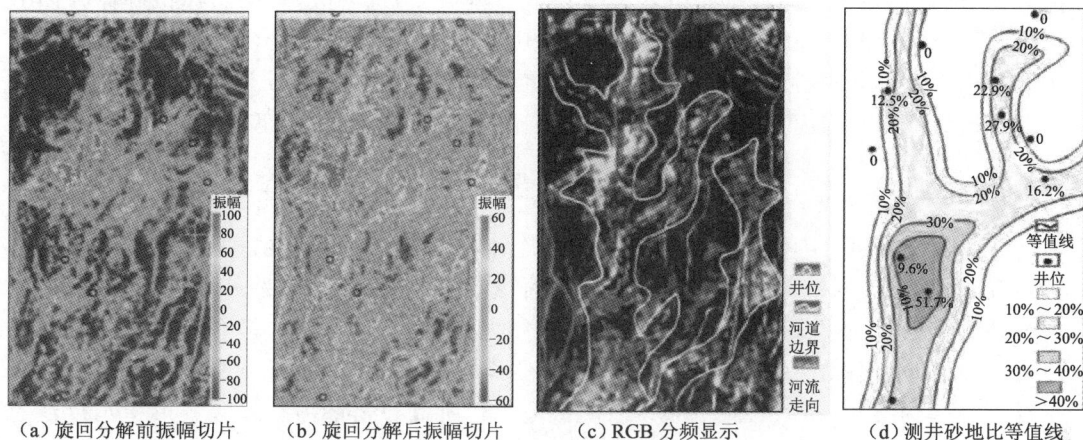

（a）旋回分解前振幅切片　　（b）旋回分解后振幅切片　　（c）RGB 分频显示　　（d）测井砂地比等值线

图 6-54　砂层长、短旋回分解前后显示及测井砂地比等值线图

6.6.3　长、短旋回方法小结

将地震记录理解为长旋回背景反射和短旋回砂体反射的组合，认为强屏蔽具备长旋回低频、相位稳定的特征，可通过 Wheeler 变换、子体波形 PCA 以及长、短旋回分解方法的一套流程来去除强背景反射。应用该方法识别了松辽盆地北部强屏蔽层 T2 之下的砂体信息，证实上述流程具有较好的去强屏蔽层效果，对其他具有屏蔽特征或相似地质条件的储层（例如煤层）描述具有借鉴价值。需要指出的是，目前 Wheeler 变换在断层位置处存在振幅畸变的弊端。

6.7　基于地震波形指示反演的去强凸弱方法

强屏蔽的成因主要是地震分辨率较低，强反射系数界面在调谐过程中掩盖了薄层弱反射系数。为克服地震数据成像分辨率不足的问题，接连提出了多种反演方法，其大体可以分为两类：一类是以地震为主的经典反演方法，例如稀疏脉冲等确定性反演方法。这类反演方法从地震资料出发，利用相关公式计算波阻抗，但不能有效突破地震分辨率的限制，无法获取薄层信息。另一类是以井模拟为主的广义反演方法，例如地质统计学随机反演。基于协克里金、序贯高斯、模拟退火等地质统计学算法的随机反演，其本质是利用储层参数的空间分布特征实现测井参数模拟，获得一组等概率的储层参数模型。地震波形指示反演可以看作广义的反演过程，是在传统地质统计学反演基础上发展起来的一种高精度模拟表征的方法。

6.7.1 地震波形指示反演的基本原理

地震波形指示反演的主要思想是在等时地层格架约束下,将地震波形的薄层干涉特征作为判别、优化反射系数结构的控制条件代替变差函数,优选有效样本井,模拟砂体纵向分布结构,将井约束地震反演与地震指示的井模拟相结合,实现井震联合反演。波形指示反演主要是根据波形相似性优选统计样本,通过将预测道地震波形与所有已知井旁道地震波形进行对比,优选出最相似的若干井样本,再对这些井进行不同频段下的曲线滤波比较,寻找共性结构特征并建立初始模型,最后在贝叶斯框架下根据样本井的分布特征进行克里金概率模拟,得到每一个采样点值的概率分布。模拟过程充分利用了空间密集分布的地震数据并体现了相控模拟的思想,其频率成分是一个由低到高逐步确定的过程,高频成分的整体确定性相比传统随机模拟得到大幅提高。与传统随机模拟不同的是,地震波形指示模拟建立初始模型的过程不是采用序贯的方式,这样做使得模拟过程更加符合地震波形相似的样本优选原则,使模拟结果的中频(地震频带)符合地震反演结果,超出地震频带的高频成分与样本井结构特征一致,得到宽频带波阻抗输出以提高分辨能力。地震波形指示反演是在空间结构化数据指导下不断寻优的过程,即参照空间分布距离和地震波形相似性两个因素对所有井按关联度排序,优选与预测点关联度高的井作为初始模型,对高频成分进行无偏最优估计,并保证最终反演的地震波形与原始地震波形达成一致。

其方法流程如下:① 按照地震波形特征对已知井进行分析,优选与待判别道的波形关联度高的井样本建立初始模型,实现地震波形与井曲线的映射关系,并统计其纵波阻抗作为先验概率分布。② 将初始模型与地震频带波阻抗进行分频匹配滤波,确定统计样本中的共性结构作为初始模型,计算得到似然函数,保留确定性频带成分。③ 在贝叶斯框架下联合似然函数分布和先验分布得到后验概率分布函数并将其作为目标函数,不断扰动模型参数,将后验概率分布函数最大时的解作为有效的随机实现,取多次有效实现的均值作为期望值输出,使反演结果同时符合中频地震信息和井曲线结构特征,最终得到高分辨率的波形指示反演结果。地震波形指示反演结果有如下特点:① 在贝叶斯框架下将地震、地质和测井信息有效结合,利用地震信息指导井参数高频模拟,较好地减少了地震噪声对反演结果的影响;② 利用地震波形特征代替变差函数分析储层空间结构变化,提高了横向分辨率,且更符合平面地质规律,具有相控意义;③ 采用全局优化算法使反演确定性增强;④ 对井位分布没有严格要求,适用性更广。

总而言之,波形指示反演技术联合了井震关系,利用地震波形的差异准确驱动测井高频信息进行反演,建立了中频地震信息和高频测井信息之间的联系,得到了高精度反演结果,用以去除强屏蔽作用对砂体显示的影响,提高了反演结果的纵、横向分辨率,同时具有较强的抗噪性,实现了强反射同相轴屏蔽下的薄砂岩储层的精细预测。

6.7.2 实际典型案例应用与分析

6.7.2.1 应用实例一:大套泥岩段下的薄砂岩储层

将该方法应用在松辽盆地三肇凹陷扶余油层(顾雯等,2017),区域存在较大波阻抗差异,在上覆 T2 界面形成了强反射,受其干涉作用,F11 油层表现为 T2 下伏横向不连续的弱波峰反射,地层内部为单一波谷反射,储层无明显地震反射特征。对数据进行井约束稀疏脉冲反演、地质统计学随机反演和地震波形指示反演,并对 3 种方法的反演结果进行对比分析。图 6-55(a)为过井约束稀疏脉冲反演剖面,可以看出剖面分辨率低,薄层砂体无法有效识别,且强波阻抗界面影响严重;图 6-55(b)为过井地质统计学反演剖面,垂向分辨率较高,但横向连续性较差,由于井少,无明显统计学规律,变差函数拟合不准确;图 6-55(c)为过井地震波形指示反演剖面,垂向分辨率较高,横向变化自然,与沉积规律相符,反演剖面纵向上大套地层速度结构合理,砂岩高速异常较为突出。

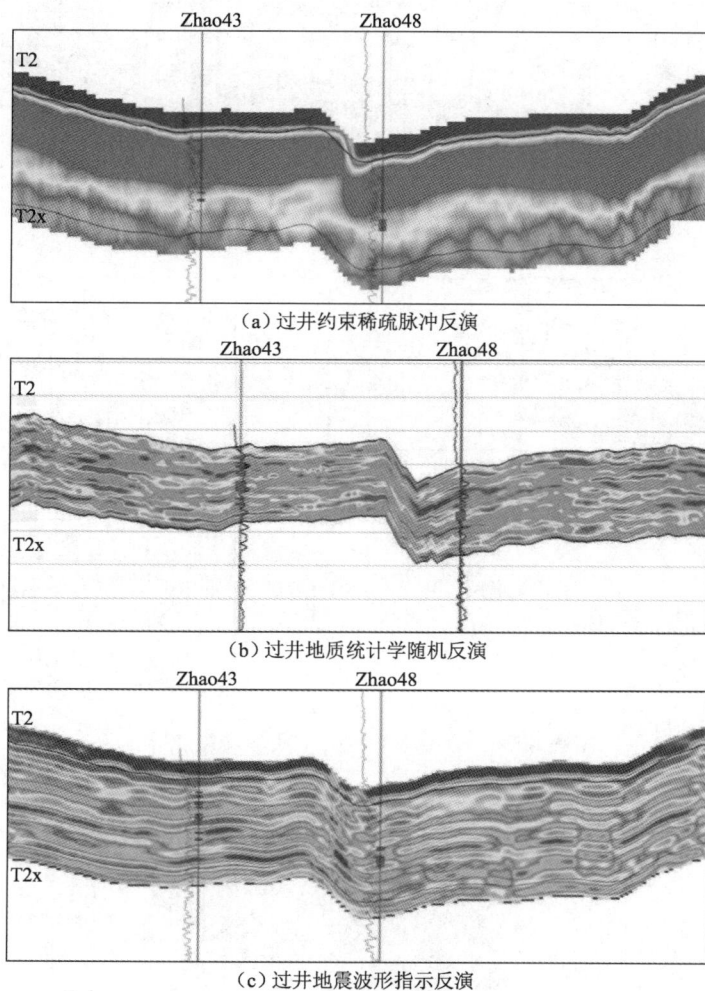

(a)过井约束稀疏脉冲反演

(b)过井地质统计学随机反演

(c)过井地震波形指示反演

图 6-55 不同反演剖面比较

6.7.2.2 应用实例二:煤层下的薄砂岩储层

将波形指示反演技术应用于准噶尔盆地侏罗系八道湾组早中期,探讨煤层强反射同相轴影响下的薄砂岩预测工作(陈彦虎等,2019)。由于八一段中后期砂岩储层薄,横向变化快,同时受上覆八一段晚期稳定分布煤层的影响,地震特征表现为连续的强反射(图

6-56a)。地震资料主频为 30 Hz,速度约为 3 800 m/s,按照地震分辨率理论,地震资料可识别的最大砂岩厚度为 1/(4λ),约 30 m,显然无法识别出薄砂岩。从常规的稀疏脉冲反演纵波阻抗剖面上(图 6-56b)可以清楚地看到,稀疏脉冲反演无法预测 2~8 m 的砂岩。而同样从过 A 井到 E 井的连井波形指示反演剖面上(图 6-56c),可以清楚地识别煤层下的薄砂岩,且波形指示反演预测砂体厚度与测井解释砂体厚度吻合程度较高,其中 A,B,C 和 D 井测井解释砂岩厚度同波形指示反演预测砂岩厚度误差很小,E 井砂体不发育(图 6-57)。以上分析结果表明,波形指示反演结果可以有效地避免煤层强同相轴的屏蔽作用,精确地识别煤层之下的薄砂岩,并且可以预测砂岩储层横向的分布范围,实现薄砂岩的预测。

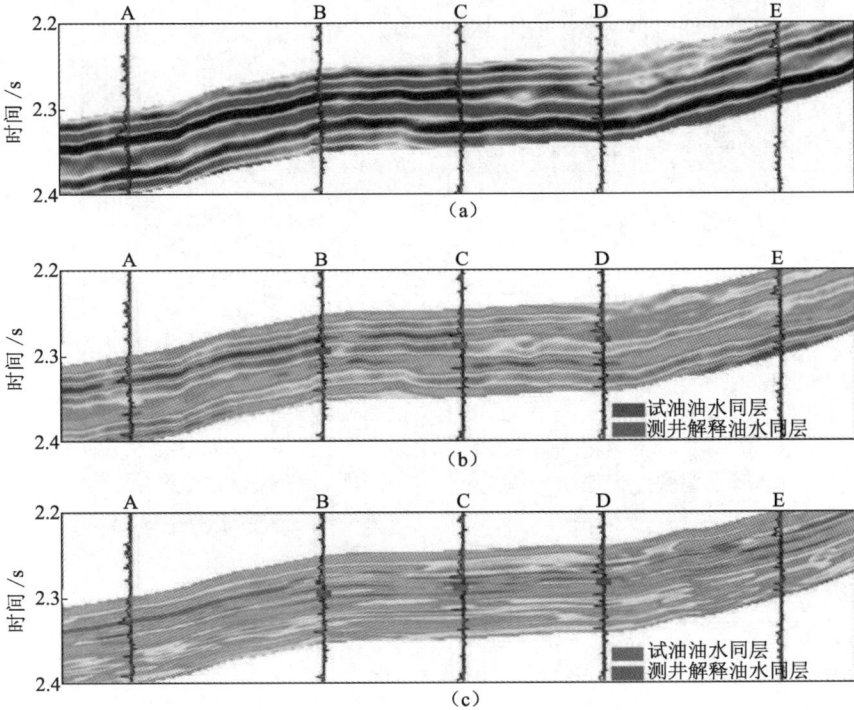

图 6-56　连井地震特征和反演效果分析

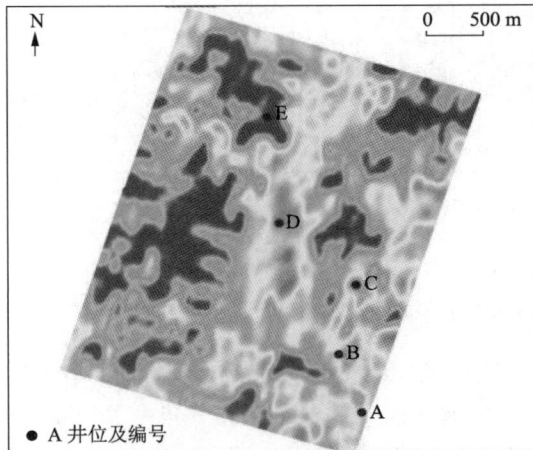

图 6-57　反演砂体厚度

6.7.3　地震波形指示反演小结

地震波形指示反演利用地震波形的横向变化优选反射结构相似的样本井建立初始模型,较好地克服了变差函数对井分布要求高、相控性差的缺点,有效提高了薄储层垂向分辨率和横向识别能力,反演结果可靠,兼具描述性与预测性。波形指示反演能够较好地预测煤层及泥岩强屏蔽影响下的薄砂岩,同时可以推广到其他类似受强反射同相轴屏蔽的薄砂岩储层地区中。

第7章
河流相储层精细描述方法及应用

7.1 概　述

河流相储层是一类比较有特点的储层,一般在垂直河道的剖面上会有典型的串珠状反射特征,切片上能看到弯曲的古河道特征。目前,描述河流相储层的方法较多,主要有模型正演及反演、属性提取及融合、地层切片、分频、相干、模式识别、基于大数据的神经网络、深度学习等方法。

不少学者对上述方法进行了卓有成效的研究。2005年,胡光义利用地震分频技术研究河流相储层分布特征,显示出河道砂岩体的走向和相互关系。2007年,张军华研究了沿层切片和地层切片在地质界面上的一致性,认为地层切片本质上是一种变时窗的属性分析技术,并利用地层切片技术识别河流相储层。2013年,梁宏伟应用相控正演模拟法对秦皇岛油田河流相砂体进行了精细描述,识别出单河道边界。2014年,田晓平用波阻抗反演刻画了渤海海域新近系河流相储层的砂体展布。2015年,许翔研究了渤海海上河流相砂体的叠置样式,并进行模式识别预测。2017年,Wu研究了以方向结构张量为基础的相干体,并进行河道检测。2018年,井涌泉基于地震属性聚类分析预测了河流相砂岩储层。2019年,崔鑫利用储层反演、均方根属性切片、甜点属性对河道进行识别。2019年,Pham利用深度学习进行河道自动检测。

目前的河道识别方法对单河道识别效果较好,但是在实际古河道资料中存在较多弯曲河道和小河道,并且当河道叠置严重、大小不一,地震资料分辨率有限、信噪比又不是很高时,其精细描述会有很大困难。本章通过介绍河流相储层的典型地震特征、基于相干体的河流相储层描述方法、河流相储层甜点描述方法、河流相储层模式识别方法、基于神经网络的河流相储层预测方法,对河流相储层进行精细描述,并对典型案例做进一步分析。

7.2　河流相储层的典型地震特征

下面以胜利老河口油田为例对河流相特征进行阐述。胜利老河口油田位于埕东潜山披覆构造带北侧的埕北坳陷斜坡带。上馆陶组是主要含油层之一,已探明储量占所有含油层总储量的91%,具有重要的勘探意义。由于河流相储层薄、河道交汇严重、信噪比和地震资料分辨率低,传统技术难以识别出弱储层信号。

7.2.1　河流相储层的剖面特征

在油田现场,解释人员通常只用黑白的波形变面积显示来追踪地震同相轴、标定层位和识别波组。但是,这种显示方式不能很好地展示河道的具体特征。笔者尝试用波形变密度彩色显示垂直河道的过井任意线(图 7-1),结果河道特殊的串珠状特征被呈现出来,这是首次发现河流相储层也具有串珠状特征。通过水平切片进一步验证河道的这种反射特性,发现在老河口油田,这种特征就是河道的反映,具有一定的代表性。

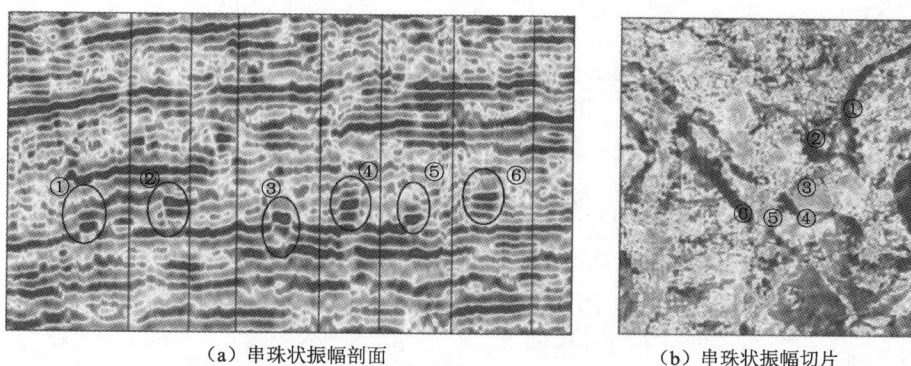

(a) 串珠状振幅剖面　　　　　　　　　　　(b) 串珠状振幅切片

图 7-1　地震剖面中的串珠状特征

通过设计模型来研究河道串珠状反射的机理。图 7-2(a)显示了 3 种河道模型的横断面,它们的宽度分别为 50 m,60 m 和 40 m,厚度分别为 30 m,30 m 和 20 m。从密度和声波时差测井得到河道砂体密度为 1.953 g/cm³,速度为 2 210 m/s,围岩密度和速度分别为 2.333 g/cm³ 和 2 771 m/s。以上参数表明河道砂体为低波阻抗,上界面为负反射系数,下界面为正反射系数。合成地震记录所用的雷克子波的主频为 20 Hz。由合成记录可以看到,串珠的宽度大致反映了河道的宽度,而振幅则体现了河道的厚度。由于河道顶部和底部的反射波叠加,河道处振幅增强。正演模拟表明,河道砂体会呈现 3~4 个串珠状的强反射,与实际剖面特征基本类似。这有助于追踪识别河道砂体,寻找有利储层。

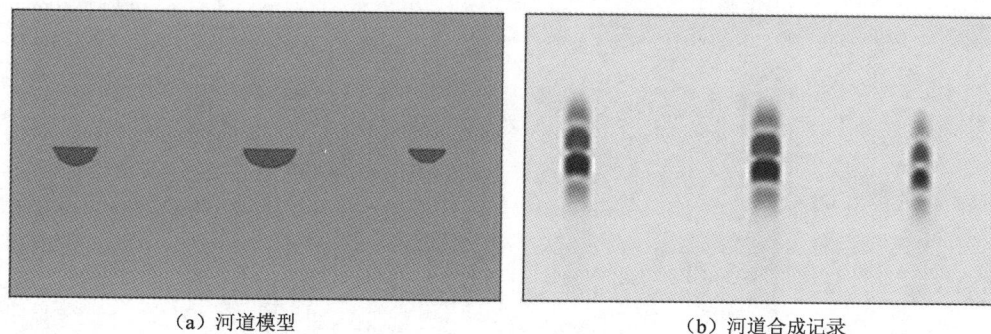

(a) 河道模型　　　　　　　　　　　(b) 河道合成记录

图 7-2　河道模型正演

7.2.2　河流相储层的切片特征

通常,在地震相解释过程中通过强振、高连及低频来识别河道砂体。如图 7-3(a)所示,在 1 260 ms 时间切片中看到一个清晰的"人"字形河道。图 7-3(b)是过河道的 inline 1 244 剖面,图中以黑色椭圆标记的地震同相轴具有较强的振幅。图 7-3(c)是图 7-3(b)的频谱,显示该河道具有低频特征(20 Hz)。当然,这些方法在很大程度上适用于大的和连续性好的河道表征,不适用于小河道的表征。

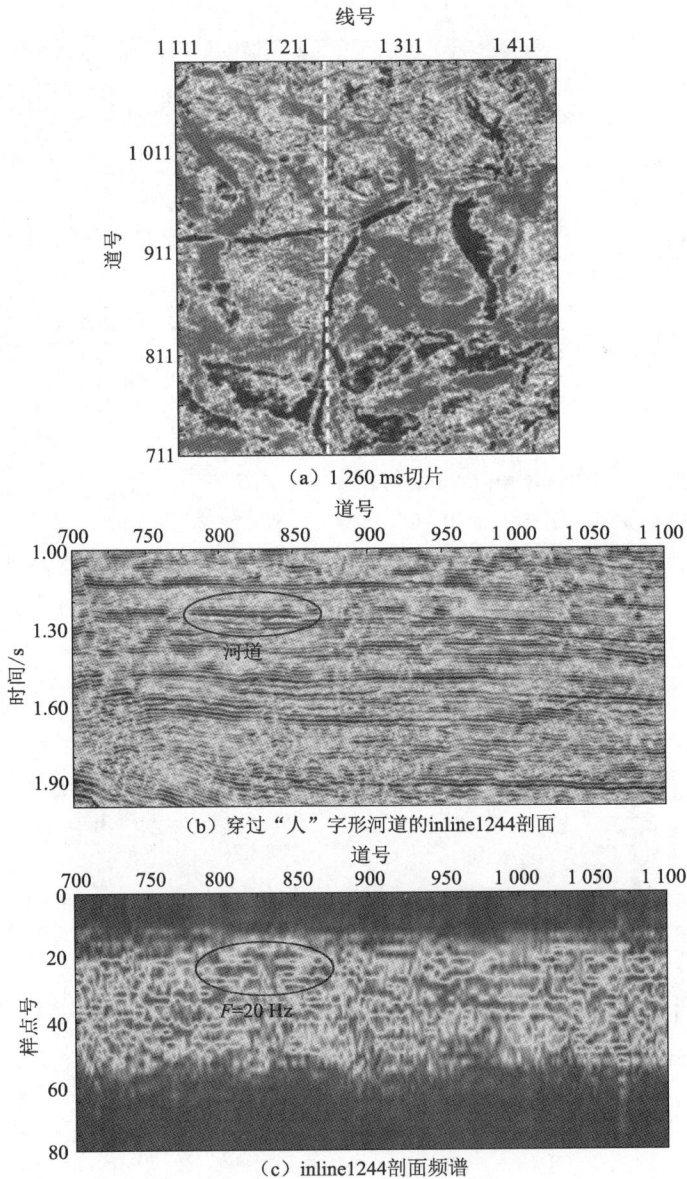

（a）1 260 ms切片

（b）穿过"人"字形河道的inline1244剖面

（c）inline1244剖面频谱

图 7-3　不同方法显示的河道地震特征

7.3　基于相干体的河流相储层描述方法

7.3.1　特征值相干体的计算公式及物理含义

本节内容可以参考第 3 章 3.3.1 节,此处对特征值相干的计算公式及物理意义不再进行阐述。

7.3.2　河道模型建立及相干计算理论诠释

7.3.2.1　河道模型建立

设计 201 线×301 道×200 ms 长的三维模型:上面有一盖层,速度为 2 500 m/s;中间为河道发育段,其中围岩速度为 2 600 m/s;下面设计一个界面,下伏地层速度为 2 700 m/s。设计 3 条河道:河道 1 较长,左半段假设含油,速度较小,为 2 400 m/s,到河道 2 相交处结束,右半段速度为 2 500 m/s,河道 1 时间范围为 100～111 ms,厚度为 11 ms;河道 2 总体在河道 1 的下面,有一定的叠置,时间范围为 108～113 ms,厚度为 5 ms,速度为 2 500 m/s;河道 3 纵向上大致介于河道 1 和 3 之间,时间范围为 105～108 ms,厚度为 3 ms,速度同河道 2。图 7-4 展示的切片时间为 108 ms。为了便于比较,下面相干计算展示的切片均采用这个时间(张军华等,2020)。

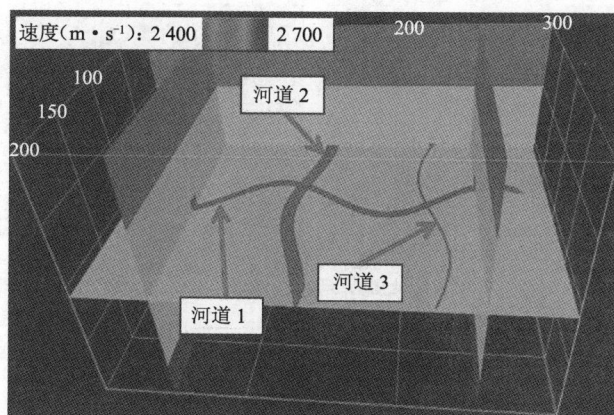

图 7-4　河道三维速度模型

对以上速度模型计算反射系数,用 30 Hz 雷克子波褶积得到如图 7-5 所示的地震模型。为了观察河道在剖面上的完整特征,显示时左边横测线上的一段切片空缺。可以看到:① 河道具有典型的串珠状特征,它是河道砂体上下界面反极性反射波复合叠加的结果(图 7-5 左下角是河道 1 截面局部放大图),这一认识对于实际资料识别河道有指导意义;② 速度剖面上河道 1 在河道 2 的两端速度差异不明显,但在地震模型上变得比较明显;③ 上述模型加了最大振幅 8% 的噪声,在一定程度上模糊了河道的特征,特别是较小的河道。

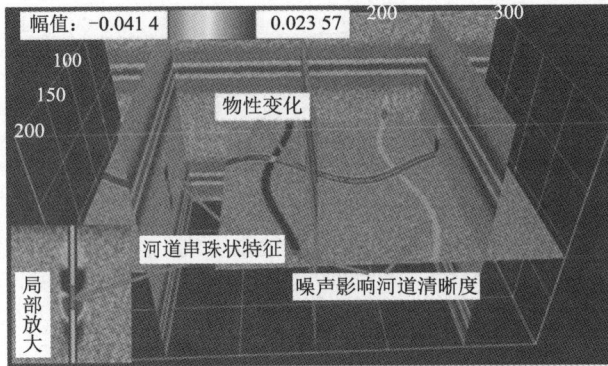

图 7-5　河道三维地震模型(加最大幅度 8% 的随机噪声)

7.3.2.2　相干计算理论诠释

1) 河道在特征值切片上的特征

对于图 7-5 所示的三维模型,先插值扩充边界,使其满足多道相干计算需要。这里采用 3 道组合,时窗长度采用 21 个采样点,按计算公式(3-1)提取特征值数据体(图 7-6)。从图 7-6 可以看出:① P1 特征值较好地反映了河道特征,河道尖灭端特征比原剖面清晰;② 河道1 的 P2 特征值还比较清楚,但其他两支河道比较模糊,上下地层的结构也与 P1 有很大的不同;③ P3 信噪比已较低,小河道已完全掩埋在噪声中;④ P1 是主特征值,其振幅比 P2 和 P3 要大很多倍,有助于进一步剖析不同相干计算公式的物理含义。

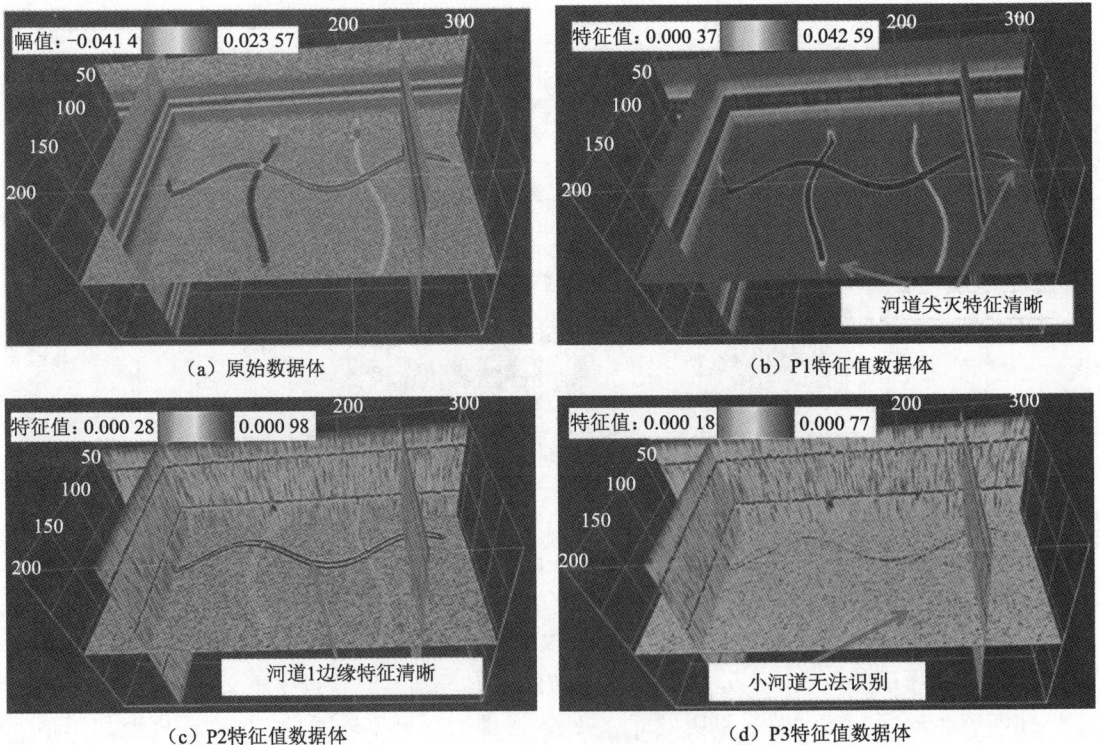

(a) 原始数据体　　　　　　　　　　　(b) P1特征值数据体

(c) P2特征值数据体　　　　　　　　　(d) P3特征值数据体

图 7-6　理论模型相干计算特征值数据体对比

2）不同相干计算公式效果比较和理论诠释

按不同方法计算相干体，结果如图 7-7 所示。从图中可以看出：① 从数值分布范围看，C31，C34，C35 基本上是同一类型的相干体。其中 C31 和 C34 差别不大，其原因从计算公式可以得到合理解释。因为由图 7-6 可以知道 λ_3 和 λ_2 的值远远小于 λ_1，所以有 $C_{34} = \dfrac{\lambda_1 - \lambda_2 + \lambda_1 - \lambda_3}{2(\lambda_1 + \lambda_2 + \lambda_3)} \approx \dfrac{\lambda_1}{\lambda_1 + \lambda_2 + \lambda_3} = C_{31}$。C35 河道也能得到有效识别，但其背景噪声比前面两个的明显变大。② C32 是以负值为异常的，河道识别效果还可以，实际解释时要注意色标与异常的关系，此识别认识与断层研究有差异。③ C33 无论是河道识别还是去背景噪声的效果都不好，这是由于其第二和第三特征值比较接近，相减后又无法去除背景噪声。

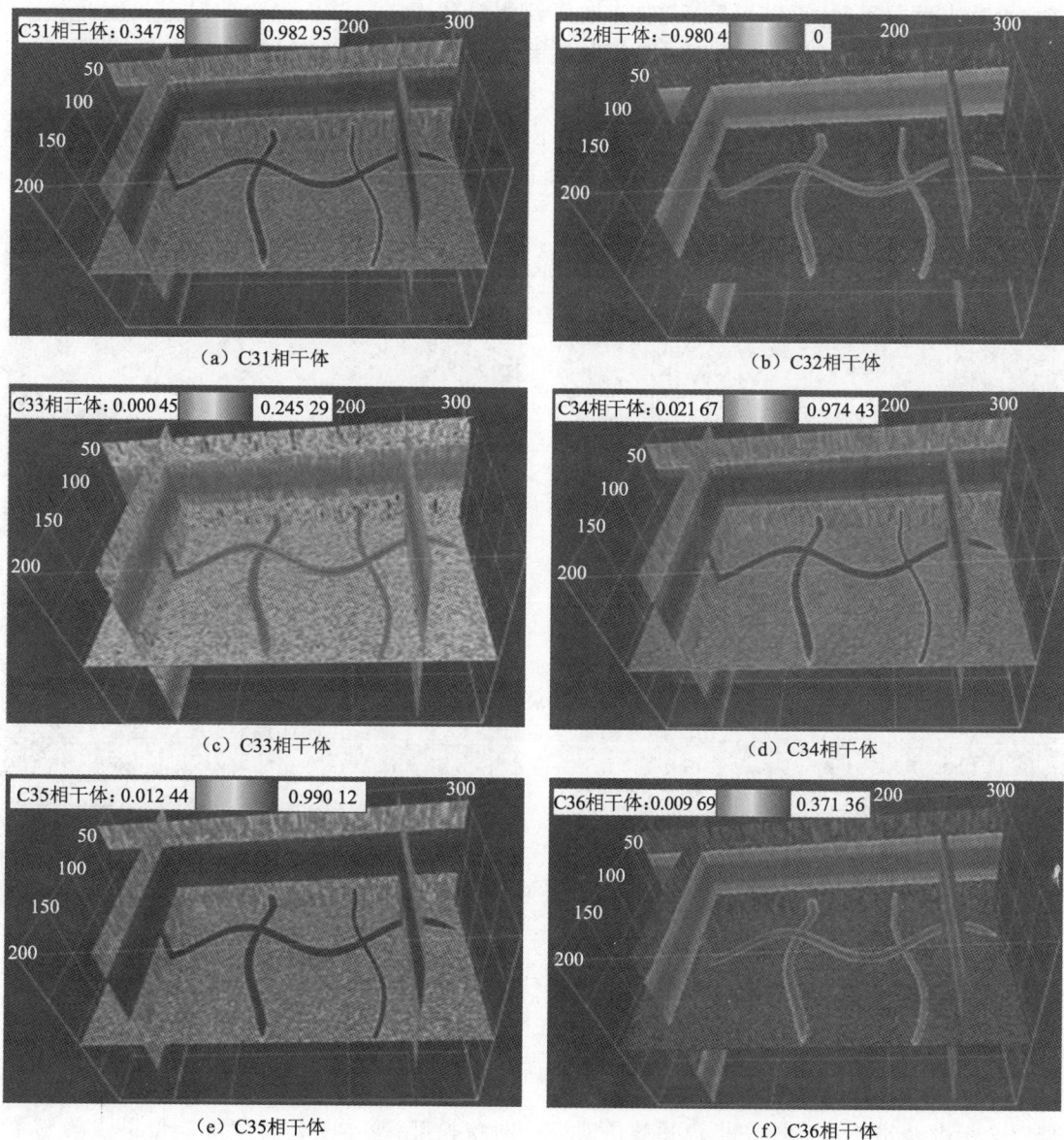

(a) C31相干体

(b) C32相干体

(c) C33相干体

(d) C34相干体

(e) C35相干体

(f) C36相干体

图 7-7 理论模型不同计算方法相干体结果比较

从图 7-7(c)可以看到,尽管 λ_2 切片的抗噪性没有 λ_1 强,但它对河道边缘的成像信息还是比较清楚的,特别是河道 1。为此,提出新的相干体表征公式:

$$C_{36}=\frac{\lambda_2}{\lambda_1+\lambda_2+\lambda_3} \tag{7-1}$$

从图 7-7(f)可以看到,C_{36} 以小值为有利异常,但数值是正的,可以在实际应用中做进一步检验与比较。

3)相干体计算时窗大小选取说明

一般认为相干体长度取一个子波波长左右为妥,笔者以前在研究断块油藏时得出的也是这个结论。但是对于河流相储层的识别,目前国内外还没有模型的检验和分析。本模型能弥补这方面的不足,可以更形象、准确地得到相关认识:① 图 7-8(b)的时窗长度为 7 个采样点相干体,由于计算时窗过小,切片和剖面的背景噪声都比较大;② 图 7-8(c)的时窗长度为 21 个采样点相干体,相干体的纵向异常基本上能反映河道的串珠包络特征;③ 图 7-8(d)的时窗长度为 61 个采样点相干体,相干体纵向异常明显变长,超过了图 7-8(a)的原始剖面串珠长度,上面水平界面的识别范围也被扩大。

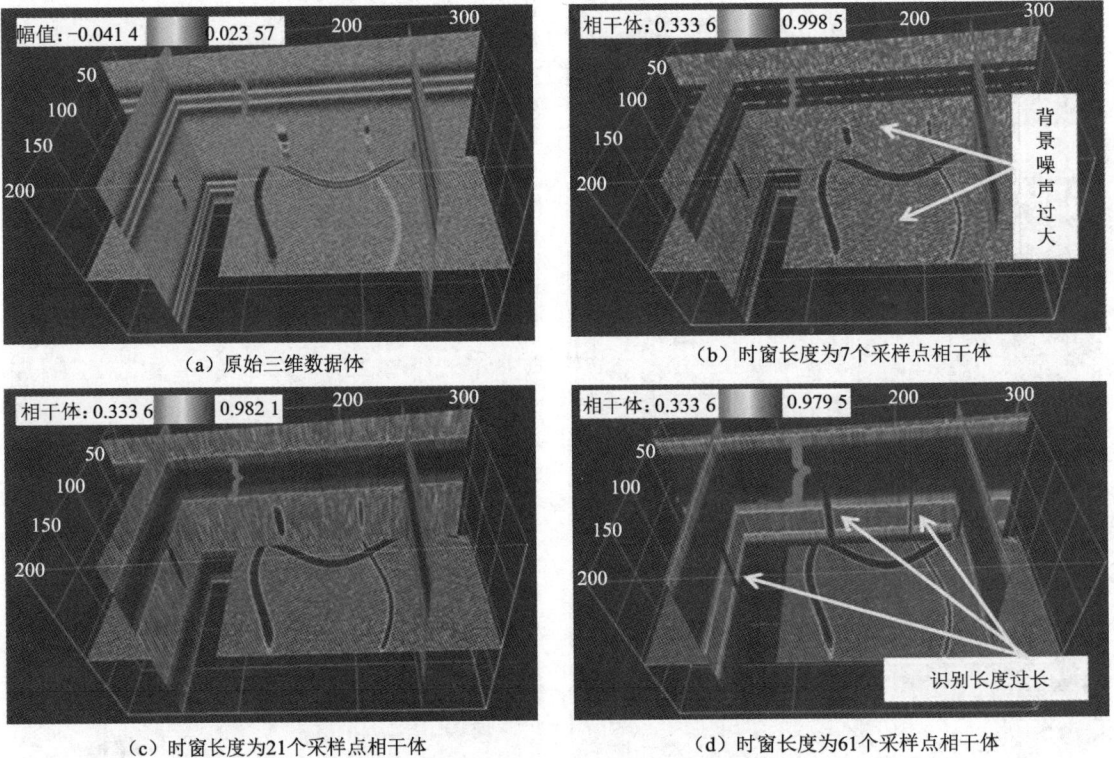

（a）原始三维数据体

（b）时窗长度为7个采样点相干体

（c）时窗长度为21个采样点相干体

（d）时窗长度为61个采样点相干体

图 7-8　相干体计算时窗与纵向分辨率讨论

相干体计算时窗大小选取的进一步诠释:图 7-9 给出了三维模型 X51 横测线,图中串珠对应河道 1 截面。图中左侧展示的是建模所用的 30 Hz 雷克子波,长度差为 60 ms,与串珠整个长度基本相仿。图中黑色短线段对应 $\frac{\lambda}{3}$ 时窗长度,基本上包含串珠能量最强的一个峰和一个谷。当时窗移动到黑色括号位置处时,时窗内地震波的能量已比较小。这样取时窗既兼顾了分辨率，又包含了地震波主要能量，是比较合理的。图中黑色长线段是一个波长，当这样的时窗移动到灰色括号位置处时，上部还包括强反射能量，分辨率不能满足要求，如果下伏地层或上覆盖层还有其他异常，则会带进计算的切片，产生假构造。太小的时窗在此不做详细讨论，主要是因为信噪比会不满足要求。综合来看，对于河流相储层，取地质异常复合波的 1/3 长度是比较理想的时窗大小。

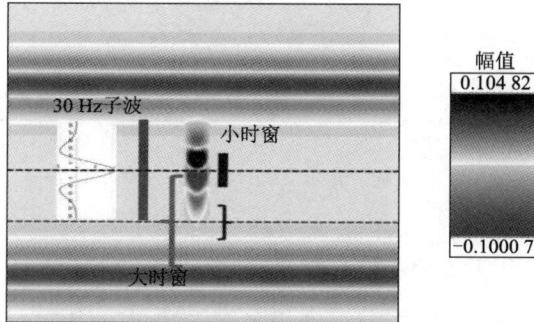

图 7-9　相干体计算时窗大小选取进一步说明

7.3.3　实际资料应用及效果评价

7.3.3.1　实际资料河道特征值的切片特征

选取胜利老河口油田，用模型研究所得的经验参数计算特征值，提取 1 260 ms 时间切片，结果如图 7-10 所示。可以看到，P1 特征值较好地反映了河道的整体特征：① 图 7-10(b)黑色箭头所指的主河道延伸更长、更合理，这是因为相干会用到河道切片上下信息，而图7-10(a)的水平切片只是固定时间的波场反映；② 图中白色箭头所指的小河道得到更清楚的反映；③ 图中椭圆内的曲流河河道清晰度增加，但它与原切片中的河道相位有变化，河道中真实位置可能不在 1 260 ms 时间处。P2 特征值与 P1 特征值有很大的不同，它展示的主要是河道的边缘信息，不过信噪比比 P1 要低很多。P3 特征值基本以背景噪声为主，有用的信息很少。

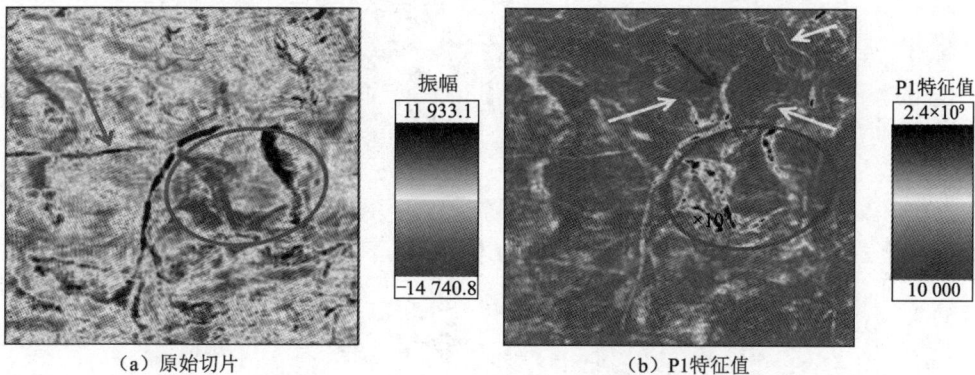

（a）原始切片　　　　　　　　　（b）P1特征值

图 7-10　实际资料河道原始切片和特征值切片(T_0 = 1 260 ms)

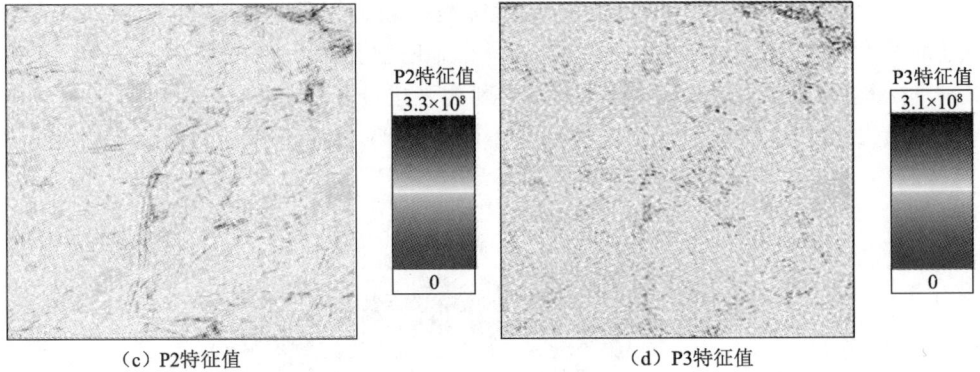

（c）P2特征值   （d）P3特征值

图 7-10（续）　实际资料河道原始切片和特征值切片（T_0 = 1 260 ms）

7.3.3.2　不同相干计算效果比较及评价

按不同方法对实际资料计算相干体，结果如图 7-11 所示。可以看出：① C31，C34，C35 的结果与模型研究结果一致，其中 C31 和 C34 的效果都比较好，"人"字形河道特征清晰，右侧一曲流河特征也比较清楚；② C32 也是以负值为异常的，"人"字形河道信息比较清晰，但效果不是太好；③ C33 认识与模型研究一致，效果不好；④ 笔者提出的 C36 相干体，河道边界特征清晰，特别是右侧上部的小河道，因此这种方法可以作为一种河流相储层描述新的地震属性，发挥其在边界刻画中特有的作用。

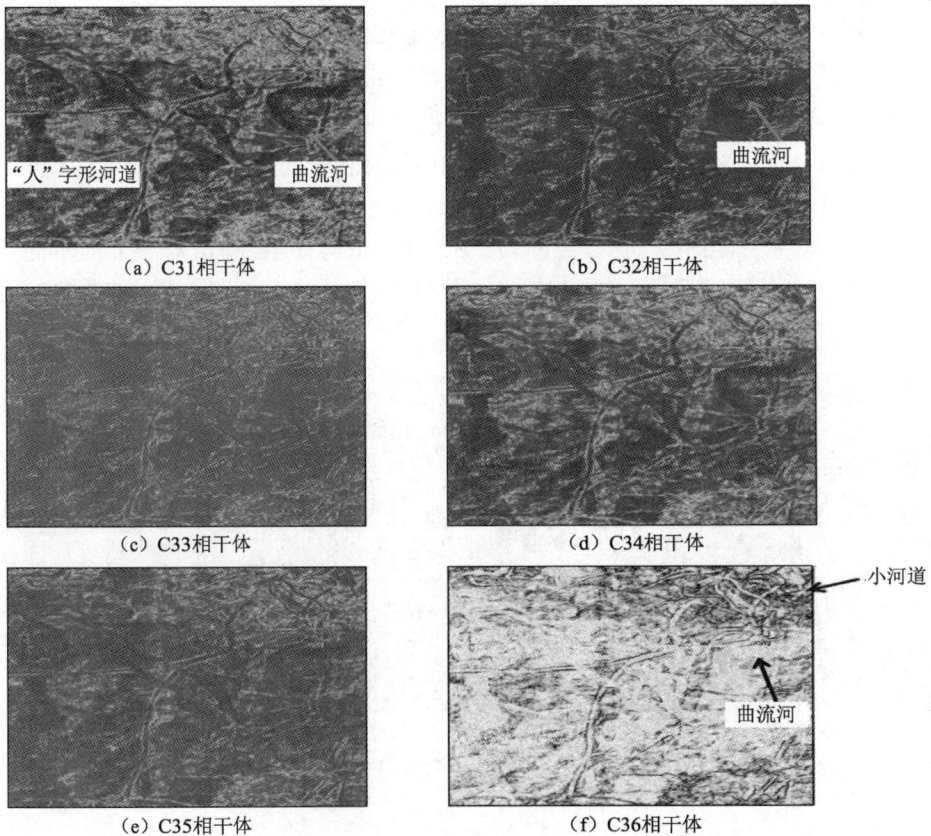

（a）C31相干体   （b）C32相干体

（c）C33相干体   （d）C34相干体

（e）C35相干体   （f）C36相干体

图 7-11　实际资料不同计算方法相干体结果比较

7.3.3.3　时窗大小及相干切片准确性的进一步诠释

对于实际资料应用,有必要关注并解释以下 3 个问题:① 相干体上"人"字形河道头部的延伸对不对? 从原始切片上看,"人"字形河道的两条"腿"是很清楚的,相干计算后"人"字形河道顶部自然延伸变长,这是正确的,因为河道不是严格水平的,原始数据不同的位置切片是能看到河道反射特征的。 相干起到浓缩时窗内信息的作用,这正好体现了相干体的长处。② 相干体上可以看到一条比较明显的曲流河(图 7-10a,d,f),原始切片上有大概的影子,但有相位变化,这是为什么? 在曲流河发育处切开一道口子(图7-12),可以看到在 X900 横测线上河道的特征是清楚的,但在深度上有高低,所以切片上的相位不一致,但相干体纵向得到的是河道的串珠包络特征,切片上它是没有相位的,加上时

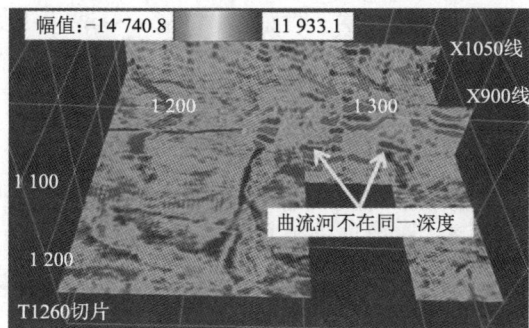

图 7-12　时窗大小及相干切片准确性的
进一步诠释

窗的作用,它能体现完整河道的特征。③ 相干体识别出来的很多小河道是不是真河道? 从图 7-12 的 X1050 线看,尽管串珠比较小,但还是可以大概看出反射特征。应该说,小河道还是存在的,相干计算特别是 C36 相干可以增加河道边缘清晰度,提高解释的分辨率。

7.4　河流相储层"甜点"描述方法

关于"甜点"的计算公式、理论诠释以及在河道砂体的应用效果方面,可以参考第 1 章 1.3.2.3 节内容,此处不再进行阐述。

7.5　河流相储层模式识别方法

模式识别是指对描述事物或者现象的数据、文字等信息进行分析,并提取其中有价值的信息,以此对事物或者现象进行描述、分类和预测的过程。它形成于 20 世纪 60 年代,以 1968 年 *Pattern Recognition* 杂志的创刊为重要标志。模式识别技术在地球物理勘探中的应用始于 20 世纪 80 年代初期,其分类器侧重于有井约束的监督学习。根据分类器的不同,现在已有很多模式识别的方法,如主因子分析、聚类分析(这两种可以无井约束)、人工神经网络、支持向量机、克里金和非参数方法等。其识别的基本原理是提取若干种地震属性,根据样本学习确定权重,进而进行储层横向预测或平面分布预测。在我国,模式识别最早应用于自动化领域,1980 年,王碧泉等逐渐将其应用于地球物理学领域,但多用于强震发生时间的预测。1983 年,Bois 指出尽管模式识别在地球物理勘探中的应用成果较少,但可以大大降低解释工作量,具有良好的应用前景。在 *Pattern Recognition* 杂志中,Fu 等 (1981)用句法模式识别进行亮点识别,Justice 等(1985)提出在利用模式识别进行地震剖面

解释中可以采用多参数分析,Kubuickek 等提出统计模式识别可以用于地层识别。1987
年,阎平凡对模式识别应用于地震道分类识别进行了讨论。2005 年,穆星通过自组织神经
网络进行永 921 井区沉积微相的模式识别。2008 年,郭淑文进行了叠前数据的模式识别
技术研究,并于 2017 年利用模式识别技术进行火山岩相的预测。

单个薄砂体储层,无论是低波阻抗薄砂体还是高波阻抗薄砂体,都具有典型的调谐特
征。而对于薄层厚度的预测,通常是先人工解释储层顶、底的反射同相轴,然后利用相对振
幅进行计算。在地震解释商业软件中,对于单个的、构造简单的地层,还具有种子点自动追
踪的功能。但不通过人工的层位解释,而是根据薄层的地震模式特征,直接自动识别三维
研究区整个目的层段的所有薄砂体,这样的技术目前还没有相关文献报道。事实上,对于
纵向不规则叠置、横向非均质性强的薄砂体储层,人工层位解释的工作量很大,甚至对于地
震资料信噪较差的研究区人工解释几乎无法完成。在开展董 7 井区河流相薄砂体地震解
释时发现,该区河流相薄砂体地震反射具有 3 个典型特征:薄砂体顶、底反射振幅基本相
等,其比值大约为—1;薄砂体顶、底时差均大于最小时差 10 ms;薄砂体顶、底反射振幅不
会太小(基本上大于峰值的一半)。在以上反射模式特征提取的基础上,笔者通过时窗滑动
及层位约束,实现了薄河道砂体的三维自动追踪,根据相对振幅进一步计算了储层厚度。
模型测试及实际资料应用均取得了较好的效果,验证了该方法的可行性。该方法为具有一
定地震相模式或特征的地质异常体的自动、高效识别提供了一种新的、可借鉴及推广的方
法(刘磊等,2018)。

7.5.1　薄砂体的特征分析及模式抽象

研究区位于准噶尔盆地准中 4 区块的东北部,2014 年打了董 701 评价井,在头屯河组
河流相储层见到了良好的油气。但储层纵向叠置关系复杂,人工解释工作量大,难以完成。
在截取沿河道任意线时发现,河流相储层有很好的特征。将这种特征或模式总结出来,似
乎可以实现自动识别。如图 1-11 所示,沿靶点切的任意线剖面上有 4 个特征点,最后一个
特征值过董 701 井。进一步分析可知,在特征点处,地震反射呈双峰特征,其中上面为波
谷,下面为波峰。读取靶区内的最大振幅和最小振幅,再计算它们的振幅比(表 7-1),发现
振幅有出乎意料的规律,它们的比值都在—1 附近。这种振幅比为—1 的双峰特征究竟代
表什么意义,下面将通过模型正演做进一步的验证和说明。

表 7-1　河道砂体正、负极性振幅对比

靶　区	正极性振幅	负极性振幅	振幅比
1	8 474	—8 558	—1.0
2	9 008	—9 845	—1.1
3	10 832	—11 119	—1.0
4	10 627	—9 125	—0.9

7.5.1.1　模型验证

对过图 1-11 中第 4 个靶区的董 701 井的测井曲线进行分析可知,靶点所在处的储层为

河流相的薄砂体,厚度为 11.6 m,速度为 4 064 m/s,围岩为泥岩,速度为 4 353 m/s。由此可知,该区砂体为低波阻抗砂体,其上界面极性为负,下界面极性为正。分析储层处频谱,主频大约为 33 Hz。根据上述参数设计简单模型,并采用对应主频的雷克子波,制作薄层的合成地震记录,其结果如图 7-13 所示。

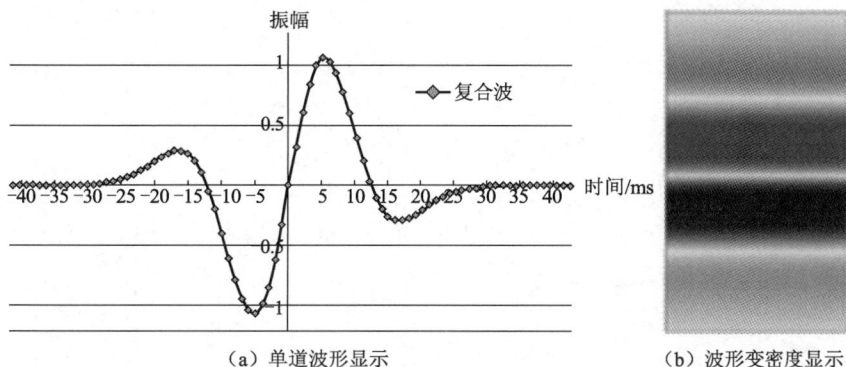

（a）单道波形显示　　　　　　（b）波形变密度显示

图 7-13　低波阻抗薄层模型正演结果

从图 7-13 中可以看出,薄砂体储层的地震反射,其顶面反射为负极性,底面反射为正极性,顶、底反射振幅比为-1,其特点与实际资料特征完全吻合。根据模型参数计算薄砂体储层真实时间厚度为 6 ms,而合成记录的结果是 10 ms,这是因为小于 1/4 波长的薄层时间已不能分辨,必须根据相对振幅才能计算厚度。实际资料也验证了薄层的时差规律。传统的顶、底时差计算厚度是不可取的,而调谐厚度法计算薄层厚度目前商用工作站还没有这样的功能。

7.5.1.2　薄砂体模式抽象及规律总结

1）振幅特征

对于低波阻抗含油气砂体,当储层厚度较小时,其地震反射呈上波谷、下波峰的双峰特征,且其振幅满足以下特征:

（1）波峰、波谷的振幅基本一致。

对于理论记录,波峰、波谷振幅比等于-1.0,而对于实际资料,需要考虑围岩和信噪比的影响,应适当放宽比值。设波峰振幅为 A_{max},波谷振幅为 A_{min},则有:

$$R_1 < \frac{A_{max}}{A_{min}} < R_2,且\ A_{min} \neq 0 \tag{7-2}$$

式中,R_1,R_2 分别为波峰、波谷振幅比的最小值和最大值,可以根据实际资料设置经验值,如 $R_1 = -1.2$,$R_2 = -0.8$。

（2）波峰、波谷的振幅不能太小。

一方面,因为砂岩速度和泥岩速度相差较大,其分界处存在较强的反射界面;另一方面,要排除由于资料信噪比影响带来的非薄层反射。因此,波峰、波谷振幅需满足:

$$|A_{min}| \geqslant Q_1, \quad |A_{max}| \geqslant Q_2 \tag{7-3}$$

式中,Q_1,Q_2 分别为波谷振幅绝对值最小值和波峰振幅最小值,可根据实际数据特点设置门槛值。

2）时差特征

一方面，波峰、波谷之间的时差不能太小，因为根据调谐原理，厚度太小的薄层用时差是不能识别的；另一方面，波峰、波谷之间的时差不能太大，需满足薄层的定义。设波峰处时间为 t_{max}，波谷处时间为 t_{min}，Δt 为采样间隔，则有：

$$N_{s1}\Delta t \leqslant t_{max} - t_{min} \leqslant N_{s2}\Delta t \tag{7-4}$$

式中，N_{s1}，N_{s2} 分别为最小和最大时间厚度处的采样点值，可取经验值，如 $N_{s1}=9$，$N_{s2}=20$。

7.5.2 算法设计及实现

砂体表征一是需要空间定位，二是需要计算厚度。特征分析可以按单道进行（图7-14），井点厚度约束可以按多道进行（图7-15）。

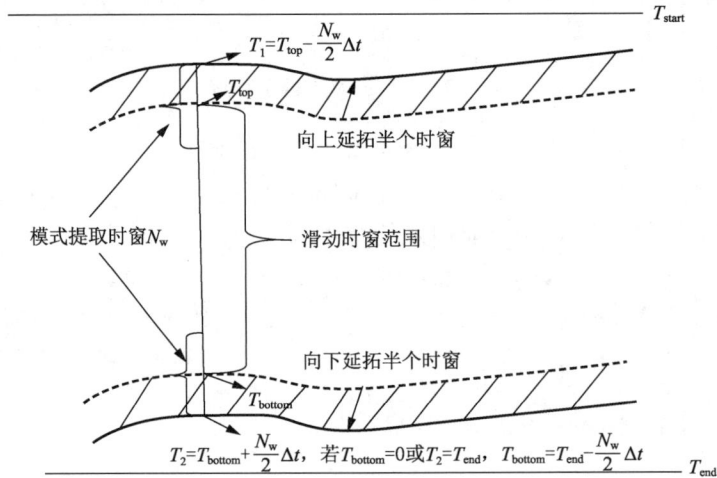

图 7-14 单道数据搜索及特征提取策略

1）单道搜索及特征提取策略

时窗大小设置：根据薄砂体特征，设置时窗大小 N_w。

时窗滑动及层位约束：按采样点数进行滑动，滑动步长为 N_k，若 $N_k=1$，则表示逐点搜索。搜索时加储层的顶、底解释层位进行约束，这样只对储层内的砂体进行预测。

特征提取：根据式（7-2）～式（7-4）提取符合薄砂体模式的振幅特征和时差特征。

2）井点厚度计算方法

根据薄层调谐原理，厚度与相对振幅呈线性关系，可分单一井、双井和多口井统计。单一控制井直接按下式求取：

$$h = h_0 \frac{x}{x_0} \tag{7-5}$$

式中，h_0 为井点厚度，x_0 为井点相对振幅。

若研究区有两口控制井，则采用线性拟合法得到厚度与相对振幅的关系：

$$h = ax + b$$

其中：

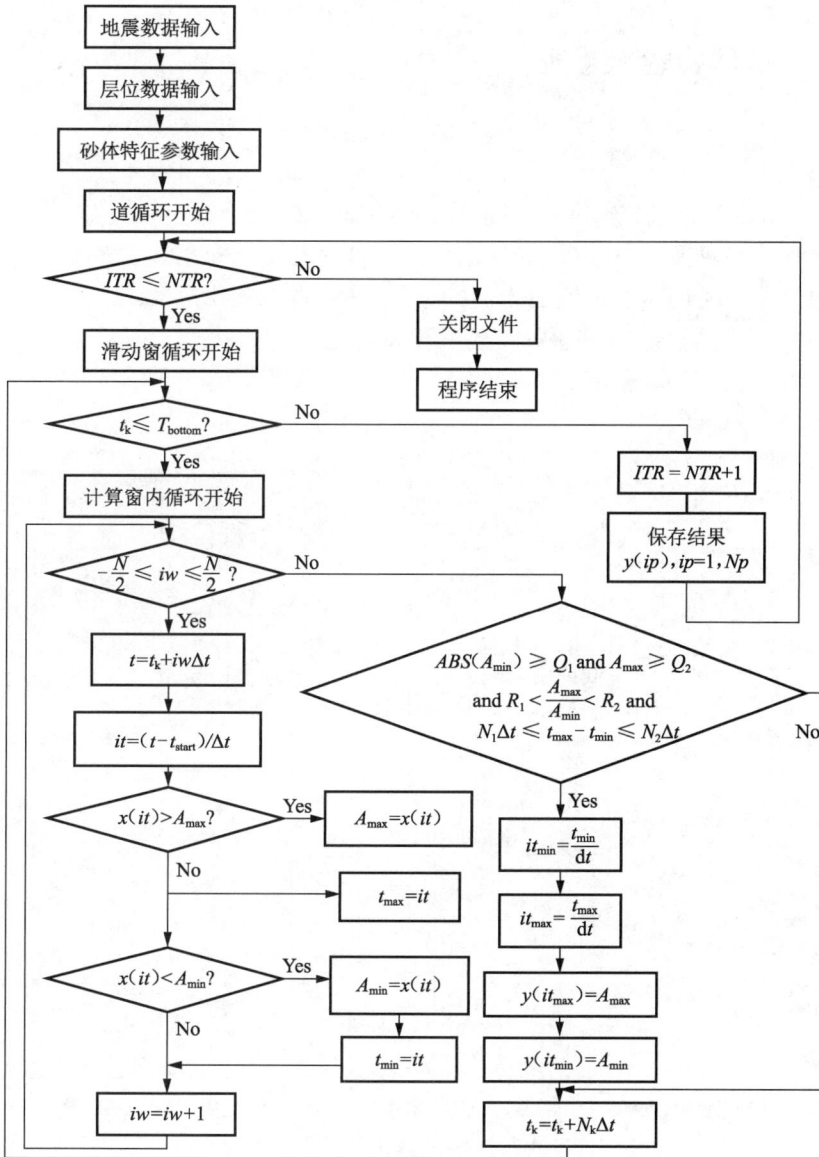

图 7-15　砂体识别算法流程图

$$a = \frac{h_2 - h_1}{x_2 - x_1}, \quad b = h_1 - a x_1 \tag{7-6}$$

式中，h_1，h_2 为井点厚度；x_1，x_2 为井点相对振幅。

对于多口控制井，可采用最小二乘法拟合得到厚度与相对振幅的关系：

$$h = ax + b$$

其中：

$$a = \frac{\sum\limits_{i=1}^{N}(x_i - \hat{x})h_i}{\sum\limits_{i=1}^{n}(x_i - \hat{x})^2}, \quad b = \hat{h} - a\,\hat{x} \tag{7-7}$$

式中，$\hat{h}$，$\hat{x}$ 分别为 h，x 的均值。

7.5.3 模型检验及参数选取讨论

7.5.3.1 方法模型验证

选取董 7 井区过董 701 井的主测线 L2 380 剖面(图 7-16a)进行研究。模拟该剖面有 3 个要点:一是顶部有较厚的块砂(该区清水河组底部大范围分布),该块砂含水,并不是目标储层;二是中部头屯河组存在沿河道走向的砂体,薄砂体特征明显;三是垂直河道截面的小砂体。图 7-16(b)为按以上特征抽象的地质模型,图 7-16(c)为合成地震记录结果,地震子波参数同前。

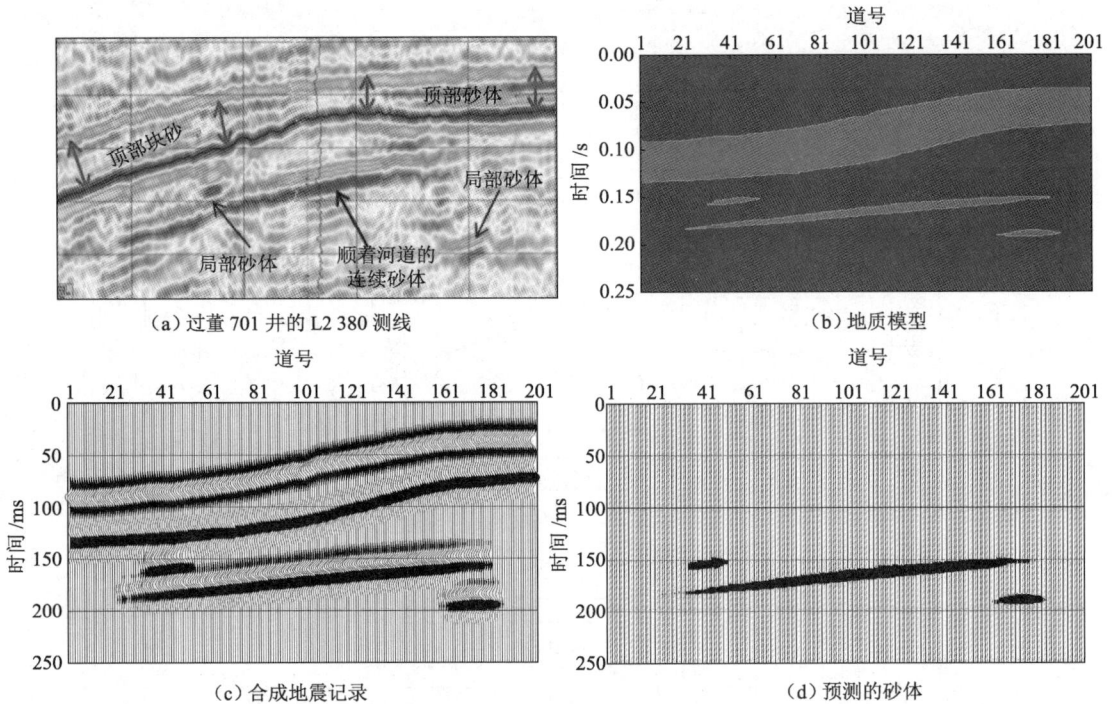

(a) 过董 701 井的 L2 380 测线   (b) 地质模型

(c) 合成地震记录   (d) 预测的砂体

图 7-16 模型制作及预测结果

基于模式识别方法,选择合适的参数,对图 7-16(c)所示的地震记录进行处理,得到图 7-16(d)的预测结果。可以看到,头屯河组 3 个目标砂体均被预测出来,而上部清水河组块砂由于不符合薄层特征被排除了。比较图 7-16(b)和图 7-16(d)不难发现二者局部存在误差,特别是上部的小砂体,这主要是因为薄层地震反射之间存在相互耦合的作用,影响了薄砂体预测精度,但总体来说影响不算很大。

7.5.3.2 参数讨论

考虑到图 7-16(b)设计的模型比较简单,下面用实际剖面进行适用性分析。对图 7-16(a)所示的剖面,结合表 7-1 的统计,取波峰、波谷振幅比的绝对值范围为 0.9~1.15,波谷振幅最小值为 −5 000,波峰振幅最小值为 6 000,波峰、波谷时间间隔范围为 10~20 ms,采用模式识别方法预测薄砂体并计算薄砂体厚度,得到的结果如图 7-17(a)所示。可以看到,沿河道走向的薄砂体得到了很好的识别,左侧上部的河道截面也得到了很好的展示,并且下部部分薄砂体亦得到了自动识别。

改变波峰和波谷的门槛值,直接将它们置成零值,其他参数不变,结果如图 7-17(b)所示。比较图 7-17(a)和图 7-17(b)可以得到:① 本区河流相薄砂体具有较强的振幅特征;② 即使是弱信号,只要满足薄砂体模式特征,也能够识别到。图 7-17(c)在图 7-17(a)其他参数不变的条件下,将波峰、波谷时间间隔扩大为 0~20 ms,得到的结果与图 7-17(a)、图 7-17(b)基本相同,这从另一个侧面说明了薄层调谐原理的正确性,当地震子波主频不变时,薄砂体是有厚度分辨率限制的。最重要的测试参数是波峰、波谷振幅比。该比值放宽后会把非薄砂体信息掺杂进来。如图 7-17(d)所示,波峰、波谷振幅比放宽至 0.75~1.5后,上部块砂也被当成薄砂体识被别出来。

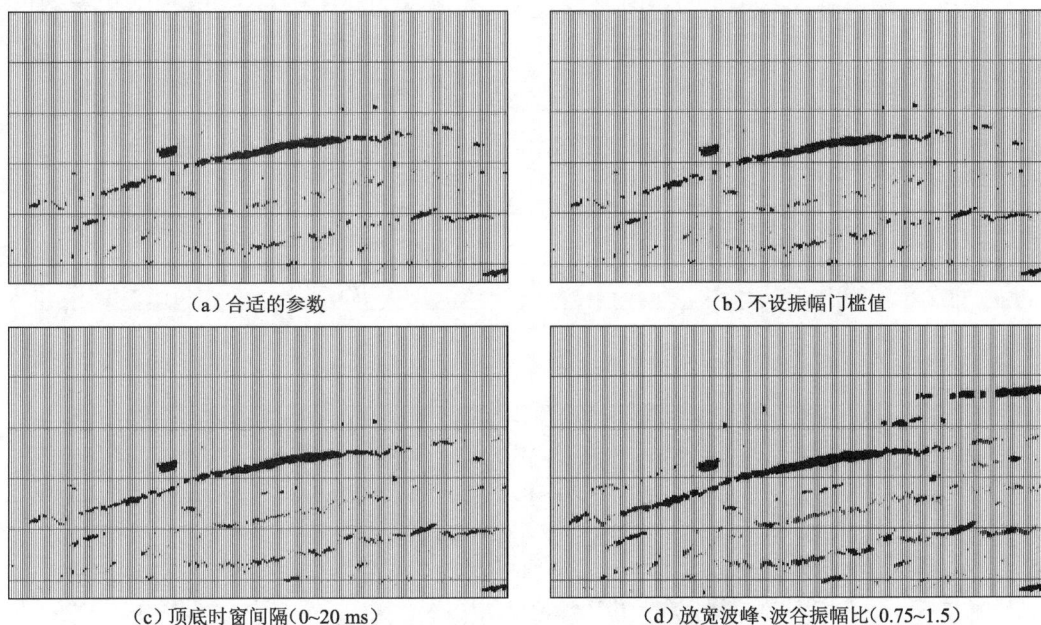

（a）合适的参数　　　　　　　　　　　　　　（b）不设振幅门槛值

（c）顶底时窗间隔(0~20 ms)　　　　　　（d）放宽波峰、波谷振幅比(0.75~1.5)

图 7-17　应用参数测试及效果对比

7.5.4　实际资料典型应用

类似于模型讨论,取波峰、波谷振幅比的绝对值范围为 0.9~1.15,波谷振幅最小值为 −5 000,波峰振幅最小值为 6 000,波峰、波谷时间间隔范围为 10~20 ms,在清水河组顶面和头屯河组底面控制下,用该方法预测整个三维区域的薄砂体并计算薄砂体厚度。图 7-18展示了剖面对比,通过对比可以看出常规解释中很难准确定位薄砂体位置并刻画其边界。图中箭头所指示的位置在常规解释时会被解释成河流相薄砂体,但模式识别方法不会将其预测成河流相薄砂体。从预测的薄砂体来看,常规解释预测的 1 砂组河道范围太大,不符合地质认识,而通过模式识别方法自动拾取的河道边界清晰,且下部 2 砂组、3 砂组的河道也能够自动检测出来(图中虚线箭头分别对应 3 套河道砂)。图 7-19 给出了模式识别方法检测出的研究区头屯河组的叠置河道,时间在 2 500~3 000 ms 范围内,若利用人工解释则很难完整、准确地刻画出来。

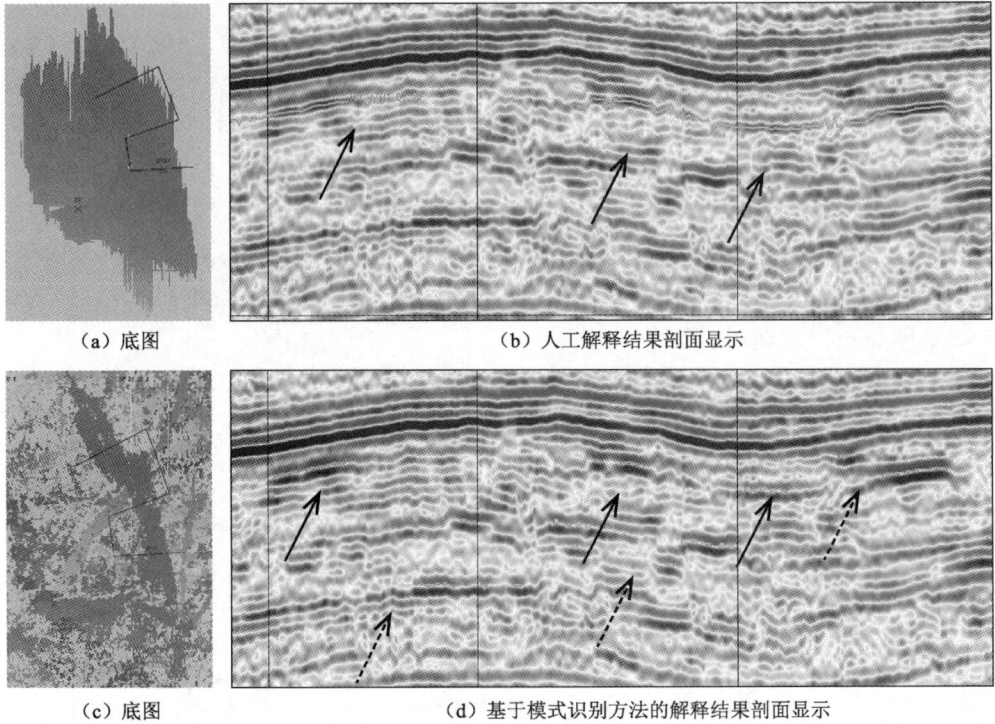

（a）底图 　　　　　　　　（b）人工解释结果剖面显示

（c）底图 　　　　　　　　（d）基于模式识别方法的解释结果剖面显示

图 7-18　河道砂体预测剖面结果对比

图 7-19　模式识别自动检测的河道砂体

在获得薄河道砂体空间位置的基础上，对董 7 和董 701 井所在的、勘探开发关注的 1 砂组有利目标储层进行厚度预测，其结果如图 7-20 所示。图 7-20（a）是根据常规地震属性预测的厚度，图 7-20（b）为基于模式识别方法预测的厚度。对比可以发现，基于常规属性预测的砂体分辨率低，无论是边界还是内部特征都没有根据薄砂体反射特征模式自动识别的好。同时，图 7-20 所示的河道与 T₀ 图相比，董 7 和董 701 井分别属于两个不同的薄河道砂体的特征更加明显，这与董 701 井油气显示好而董 7 井油气显示差的钻井认识一致。

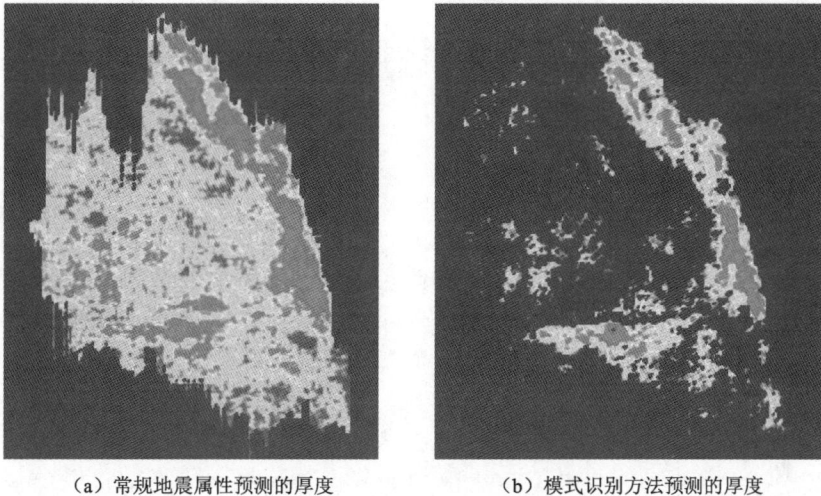

（a）常规地震属性预测的厚度　　　　　　　（b）模式识别方法预测的厚度

图 7-20　砂体厚度预测比较

7.5.5　本节小结

（1）当地震信噪比较高时，单个薄砂体储层地震反射具有典型的调谐特征，可以利用其振幅、时差特征，建立薄层的识别模式，通过模式识别方法自动检测出薄砂体储层。

（2）为了避免噪音对薄砂体储层预测结果的影响，在模式识别过程中的波峰和波谷振幅判别值应大于某一特定值，且其时窗范围不能过大，一般比调谐厚度时差大即可。

（3）为了提高运算效率，必须加入层位约束机制，可以利用目的层顶、底面的反射同相轴加以控制。

（4）对于有利目标的预测，厚度预测比储层空间展布预测更可靠。

7.6　基于神经网络的河流相储层预测方法

深度学习作为机器学习领域新的研究方向，在特征提取和模型预测方面都展现出强大的能力，也为储层预测提供了新的思路和方法。许多研究人员尝试将卷积神经网络等深度学习方法应用于岩性、油气储层预测，并取得了一定的效果。国外 Nam Pham 等（2019）已开始此类的研究，并取得了不错的效果。国内此类研究尚且处于起步阶段，李月等（2017）研究了 BP 神经网络在砂体连通性评价的应用。张显文等（2018）提出了河流相储层结构样式滑块模型，建立了反映河流相储层结构主因素变化的砂岩厚度与泥质夹层数量及夹层空间位置变化的地震敏感属性响应模板，并利用概率神经网络算法实现了模型数据与实际油田储层结构预测。

下面分别对使用双向循环神经网络和深度学习识别河道的方法进行介绍。

7.6.1 双向循环神经网络河流相储层预测方法

7.6.1.1 方法原理

双向循环神经网络(bi-recurrent neural network,BRNN)是在循环神经网络(recurrent neural network,RNN)基础上发展起来的一种深度学习方法。它由两个 RNN 上下叠加组成,弥补了单一 RNN 无法提供上下文信息的缺陷,可以高效提取时序数据的非线性特征。BRNN 在语音识别、语言建模以及机器翻译等领域有着良好的应用。

循环神经网络是双向循环神经网络的基础。在传统的神经网络中,输入层与隐藏层之间是全连接的,但隐藏层之间的节点是无连接的,使得输入层节点间无法通过隐藏层建立联系,从而不能解决一些需要联系上下文的问题。循环神经网络会记忆前面的信息,保存网络的内部状态,并应用于当前输出的计算中,即隐藏层的各个节点之间有连接,隐藏层的输入不仅包含输入层的输入还包含上一时刻隐藏层的输出。RNN 的主要网络结构包括输入层、隐藏层和输出层。将 RNN 按照时间展开可以得到如图 7-21 所示的网络结构。

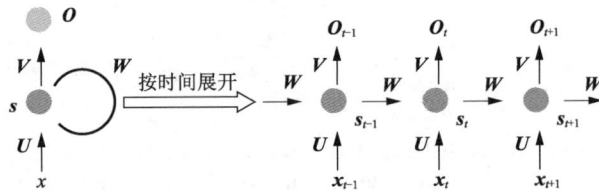

图 7-21　循环神经网络按时间展开结构(据朱剑兵等,2020)

该网络的中间节点在 t 时刻接收到 x_t 的同时还接收了上一个节点的输出,当隐藏层的值为 s_t 时,s_t 的值不仅取决于 x_t,还取决于 s_{t-1}。

可以用公式(7-8)来计算当前时刻 t 循环神经网络的输出层和隐藏层:

$$\begin{cases} O_t = g(Vs_t) \\ s_t = f(Ux_t + Ws_{t-1}) \end{cases} \tag{7-8}$$

式中,x_t 为输入层向量;s_t 为隐藏层的值;U 为输入层到隐藏层的权重矩阵;O_t 为输出层向量;V 为隐藏层到输出层的权重矩阵;W 为上一时刻隐藏层的值到下一时刻输入层的权重矩阵;f 为非线性激活函数,一般为 ReLu 函数;g 为分类函数,一般采用 softmax 函数。

f 和 g 具体的函数形式为:

$$\begin{cases} f(x) = \max(0, x) \\ g(z)_j = \dfrac{e^{z_j}}{\sum\limits_{k=1}^{K} e^{z_k}} \end{cases} \tag{7-9}$$

式中,K 为类别数,这里为 2 值分类,即储层和非储层;z_j 为特征向量 z 的第 j 分量值;$g(z)_j$ 为特征向量 z 映射到$(0,1)$的概率值。

该网络只能沿单一方向传播,即隐藏节点 s_t 只能利用时序过去时刻的信息而无法利用未来时刻的信息。为了克服这一缺点,提出双向循环神经网络,其基本思想是将输入层和输出层用两个向前和向后的循环神经网络连接,这一结构能够为输出层提供每个输入节点的上下文信息。地层上下围岩的岩性组合存在一定的相关性,利用上下文的信息有助于降低储层预测的多解性。为此设计了针对储层预测的双向循环神经网络,将多个地震属性作为输入层,不同时刻的地震波形对应不同的输入节点,井点处的储层和非储层样本为输出层,储层标记为 1,非储层标记为 0,隐藏层利用双向循环网络对每个隐藏节点建立上下联系。这里通过如下隐藏层建立地震属性和储层之间的映射关系,并同时考虑上下层间的沉积时序关系,所建立的双向循环神经网络结构如图 7-22 所示。

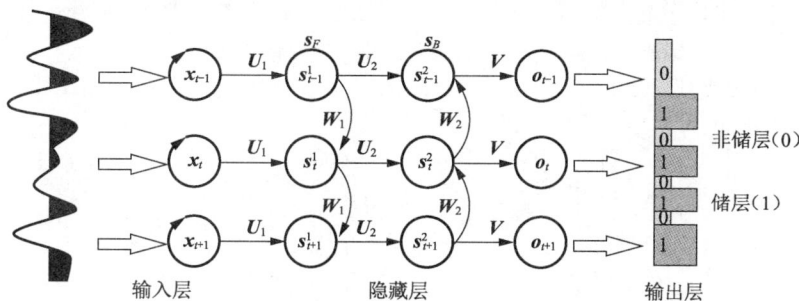

图 7-22　双向循环神经网络结构(据朱剑兵等,2020)

利用式(7-10)～式(7-12)表示这种网络关系:

$$s_t^1 = f(U_1 x_t + W_1 s_{t-1}^1) \tag{7-10}$$

$$s_t^2 = (U_2 x_t + W_2 s_{t+1}^2) \tag{7-11}$$

$$O_t = g[V(s_t^1 ; s_t^2)] \tag{7-12}$$

式中,s_t^1,s_t^2 分别为两个方向的隐藏层状态,是网络的记忆单元;U_1,U_2 分别为输入层到隐藏层的权重矩阵;O_t 为输出层向量;V 为隐藏层到输出层的权重矩阵;W_1,W_2 分别为两个方向隐藏节点之间的权重矩阵。

输出层利用 softmax 函数将预测结果映射到(0,1)区间,预测结果为储层概率。

样本数据来自某地区的馆上段,主要包括原始地震数据、地震属性数据、井储层标记信息等。样本标记信息由井点处的岩性数据和试油数据确定,砂岩和砾岩被认为是储层,含油和含水层也视作储层,其他为非储层,储层标记为 1,非储层标记为 0。利用 100 余口井的样本标签和时深关系,可以将所有井对应的样本标记可视化,结果如图 7-23 所示,其中连续的黑色方块表示储层,连续的白色方块表示非储层,可以很直观地看到储层与非储层相间分布,且长短不一。

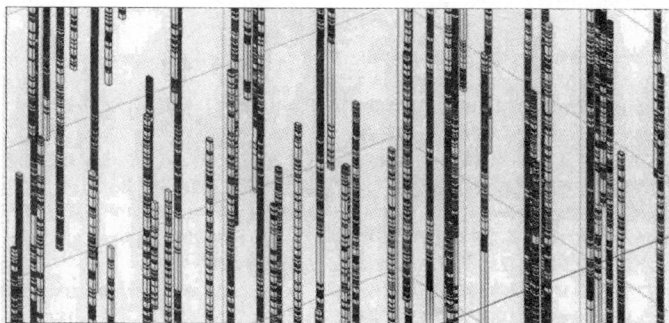

图 7-23　储层和非储层样本空间分布情况(据朱剑兵等,2020)

收集整理 18 个原始地震数据及分角度叠加数据体,提取振幅、频率、相位、构造等各类地震属性数据体,共计 201 个。在属性提取的基础上,利用 XGBoost 展开属性优选。XGBoost 是 Gradient Boosting 算法的优化版本,主要通过迭代逐步优选特征属性。XGBoost 算法的思想是将许多弱分类器集成在一起构建一个强分类器。特征的重要性评价以该特征在强分类器中的作用为标准,如果某个特征在所有弱分类器中作为有效分类特征的次数越多,那么该特征就越重要。统计所有分类器中地震属性的有效划分次数,可以得到每个地震属性的重要性评分值,再基于上述评分值对地震属性的重要性进行排序,可以得到地震属性的优选结果。图 7-24 为排名前 30 的地震属性优选结果。

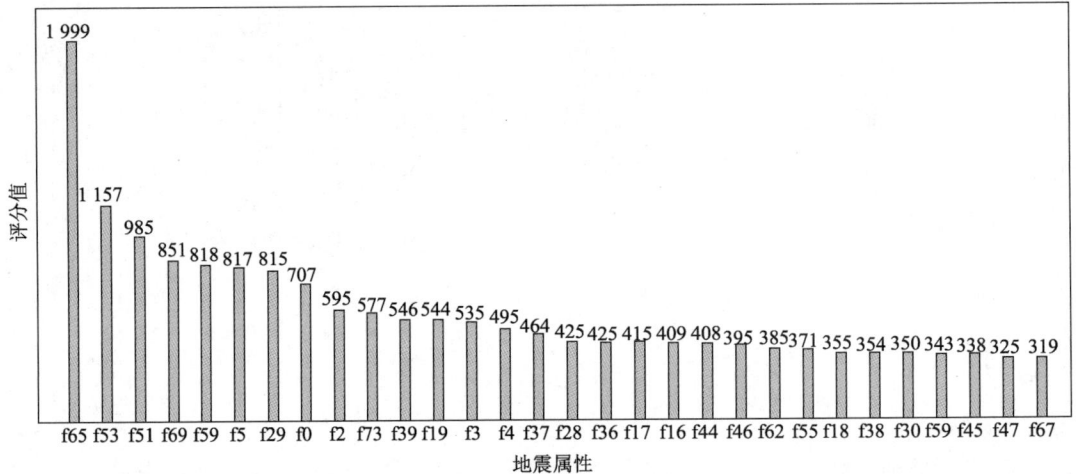

图 7-24　地震属性优选结果(据朱剑兵等,2020)

图 7-24 的横坐标依次为 30 个地震属性,纵坐标为地震属性的重要性评分值。根据评分值优选出 76 个与储层相关性大于 50% 的属性数据作为模型训练的特征数据,这样每一口井的储层标记都可以对应 76 维的特征数据,即

$$y_i = f_1(A_1, A_2, \cdots, A_i) \tag{7-13}$$

式中,y_i 为储层或非储层标记;A_i 为地震属性值,$i = 1, 2, \cdots, 76$;f_1 为通过网络训练得到的非线性映射函数。

整理样本数据,得到目的层段内构建的储层样本 7 358 个、非储层样本 12 111 个。不同于传统机器学习点对点的样本构成,双向循环神经网络的样本是序列对序列的输入,可以在学习过程中建立上下文的联系。

为了得到可用作模型训练的输入数据,构建完样本数据集后,需对数据进行归一化处理。归一化处理方法主要包括高斯归一化(Gauss normalization,GN)和线性归一化(Min max normalization,MN)方法。需要注意的是,不同的地震数据体有不同的归一化参数,因此归一化处理需要针对同一个地震数据体。高斯归一化和线性归一化的处理公式分别如下:

$$X_1^* = \frac{X - \min(X)}{\max(X) - \min(X)} \tag{7-14}$$

$$X_g^* = \frac{X - \mu(X)}{\sigma(X)} \tag{7-15}$$

式中,X 为原始振幅数据,$\min(X)$ 为最小振幅,$\max(X)$ 为最大振幅,$\mu(X)$ 为平均振幅,

$\sigma(X)$为振幅的方差，X_1^*为线性归一化之后的数据，X_g^*为高斯归一化后的数据。不同的归一化处理方法对模型的训练结果存在不同程度的影响，因此在构建模型时需要对归一化处理方法进行测试。

超参数是在开始模型训练前需要确定的模型参数，它通常需要人工调整。双向循环神经网络模型中的超参数主要包括 RNN 层数、优化方法、RNN Cell 类型、RNN Cell 中的隐层节点个数、计算节点随机丢弃率等。需要选取合适的归一化方法和损失函数，并通过大量实验来确定最优超参数。本节 BRNN 模型主要采用梯度下降的方法展开优化。梯度下降的方法包括随机梯度下降（stochastic gradient decent，SGD）方法、Momentum、Adagrad、RMSProp、Adam 优化器等。本节采用的 Adam 优化器属于自适应动量的随机优化方法，因最小化交叉熵计算是比其他损失函数更适合分类优化算法，故该方法将最小化交叉熵损失作为损失函数。其损失函数为：

$$\theta^* = \lim_{\theta}\left\{-\frac{1}{m}\sum_{i=0}^{m}y^i\lg[h_\theta(x^i)] + (1-y^i)\lg[1-h_\theta(x^i)]\right\} \quad (7\text{-}16)$$

式中，θ^*为损失函数，即目标函数；m为训练样本数量；x^i为第 i 个样本的特征；y^i为第 i 个样本的标记；h_θ为深度学习系统；$h_\theta(x^i)[0<h_\theta(x^i)<1]$为第 i 个样本的预测值。

7.6.1.2 双向循环神经网络的构建模型训练与应用

通过模型训练为设计好的双向循环神经网络模型选择参数和调整权重。模型训练的对象包括训练集、验证集和测试集 3 部分，占比分别为 60%，10% 和 30%。使用训练集训练，选取在验证集上误差最小的超参数组合，可得到最优模型。在测试集上分别对高斯、线性归一化处理方法得到的模型效果进行测试，得到的训练误差和验证误差曲线如图 7-25 所示。其中，BRNN 隐藏层数分别为 1 和 2，隐层单元个数分别为 16 和 32，共 8 组测试参数组合分别在训练集和验证集上进行训练。

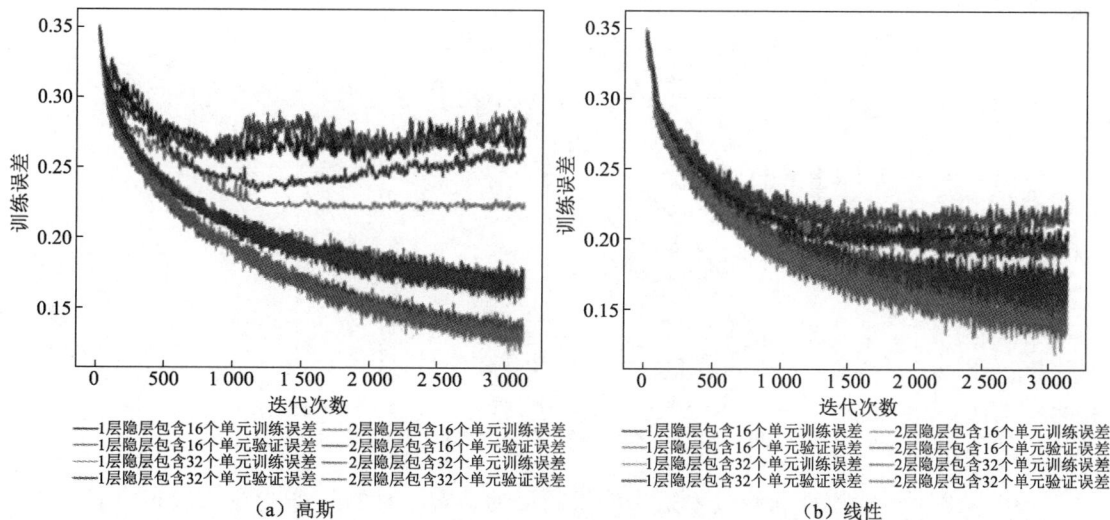

图 7-25 采用高斯(a)、线性(b)归一化处理方法得到训练误差和验证误差曲线(据朱剑兵等，2020)

将每组参数模型得到的若干统计量用于评价参数模型的效果，计算公式为：

$$F_\beta = \frac{(\beta^2+1)PR}{\beta^2+R} \tag{7-17}$$

式中，β 为参数，P 为精确率，R 为召回率。

当 $\beta=1$ 时，F_β 为最常见的 F1_Measure 评价指标；当 $\beta<1$ 时，表示更重视精确率；当 $\beta>1$ 时，表示更重视召回率。在实际应用中，精确率比召回率更重要，因此取 $\beta<1$，同时记录模型收敛时验证集的交叉熵损失，将该损失按从小到大进行排序，再将最大的误差和最小的误差对应的参数组合，得到的优选超参组合见表 7-2。

表 7-2　优选超参组合(据 Nam Pham et al.,2019)

超参数/优化器/损失函数	最优选择
模型隐藏层数	2
隐层单元个数	16
隐层单元类型	门控循环单元(GRU)
丢弃概率	0.5
归一化处理方法	线性归一化
优化器	Adam 优化器
损失函数	交叉熵损失

根据接收器操作特征(receiver operating characteristic，ROC)曲线评价已训练好的 BRNN 模型性能(图 7-26)，ROC 曲线的纵坐标为真阳性率(true positive rate，TPR)，即召回率，值越大表示模型效果越好，横坐标为假阳性率(false positive rate，FPR)，表示负样本中被识别为真的概率，值越小表示模型效果越好，因此曲线越靠近左上角则表示模型效果越好。ROC 曲线下方的面积(area under curve，AUC)为 0.676，AUC 值可直观地评价分类器的好坏，值越大表示模型效果越好。将训练后的 BRNN 模型应用于所在目的层的地震数据，可预测储层分布概率。

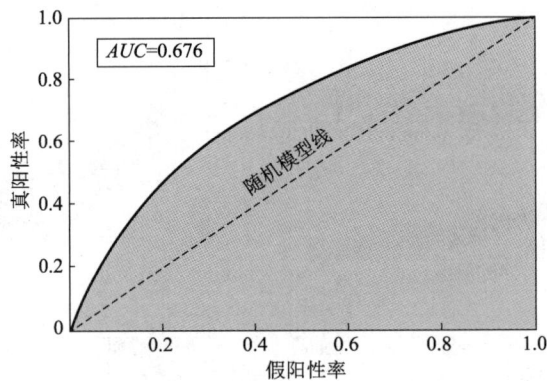

图 7-26　BRNN 模型的 ROC 曲线(据朱剑兵等,2020)

如图 7-27 所示，模型预测过程是将沿目的层的地震属性数据作为输入数据，因层位上的每个点都对应一个优选后的 76 维地震特征向量，故可利用训练后的模型将 76 维地震特征向量转化为储层概率。

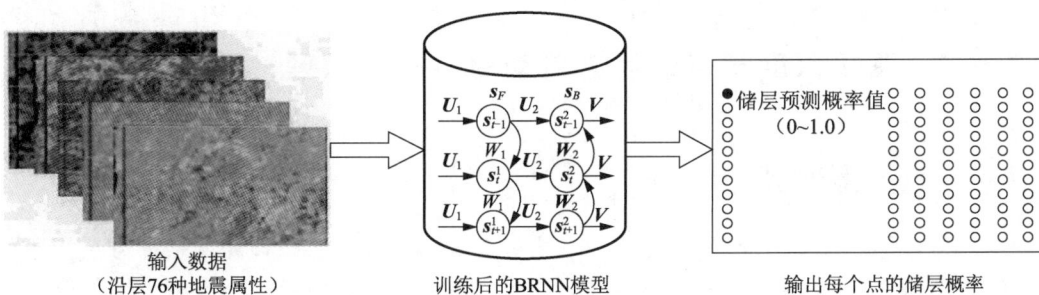

图 7-27　模型预测过程示意图(据朱剑兵等,2020)

　　分别采用三层神经网络和 BRNN 两种方法将所有层位上的点依次输入训练后的模型,得到的预测结果如图 7-28 所示。可以看出,采用两种方法均能清楚地预测主河道的分布形态,但采用 BRNN 方法能够更加清楚地预测一些局部的细小河道。

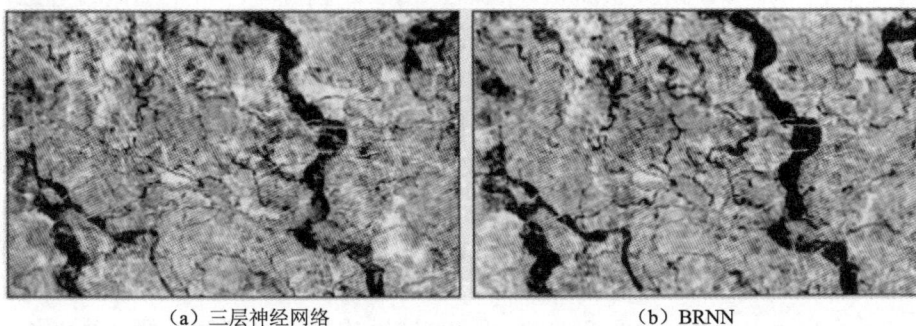

（a）三层神经网络　　　　　　　　　　　　（b）BRNN

图 7-28　采用不同方法沿目的层河流相储层进行模型预测的结果(据朱剑兵等,2020)

　　将剖面上所有点的地震特征数据作为输入,通过模型预测可以得到过井储层预测概率剖面(图 7-29)。可以看出,储层总体呈下厚上薄的分布特点,这与实际沉积规律吻合,其下部为较厚的辫状河沉积砂体,上部为较薄的曲流河沉积砂体。对比自然电位曲线与预测结果可知,上部泥包砂特征的砂体与自然电位曲线特征一致,而下部厚层砂体受样本数量以及地震特征多解性强的影响,局部存在与自然电位曲线特征不一致的现象。

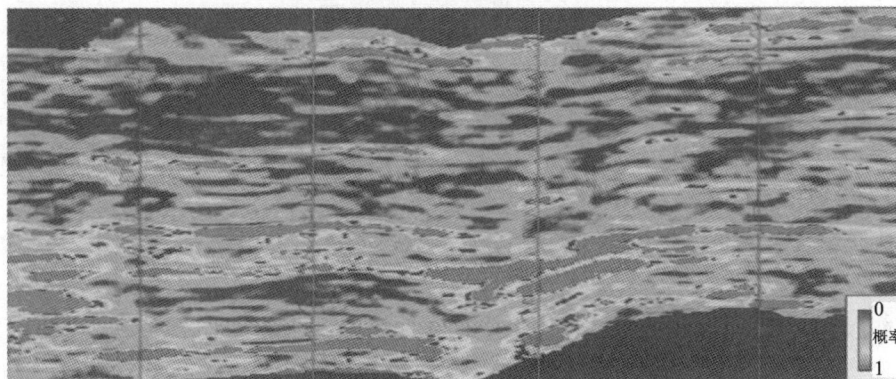

图 7-29　过井储层预测概率剖面(据朱剑兵等,2020)

7.6.2 基于深度学习的河道自动检测方法原理

7.6.2.1 方法原理

Nam Pham 和 Sergey Fomel 等开发了一种基于编码－解码卷积神经网络的方法用于三维地震体的河道自动检测。该网络借鉴了计算机视觉中常用的两种架构:用于图像分割的 SegNet 和用于不确定度测量的贝叶斯 SegNet。在三维合成数据体上训练网络,然后将得到的模型应用于实际地震资料的河道识别。澳大利亚近海 Browse 盆地的实际应用验证了该方法的有效性。该方法将网络模型直接应用于河道的自动检测,无须对地震属性进行任何人工解释,而且生成的不确定度数据也可以量化所检测模型的可信度。

卷积神经网络(CNN,convolutional neural networks)用卷积算子代替传统神经网络中的矩阵乘法,关注局部和空间的关系,是一种专门用于处理多数组形式数据的神经网络 (Lecun et al.,2015)。CNN 用非线性激活函数来学习输入数据中高度复杂的非线性关系。

计算机视觉中的图像分割是指在像素级别上对图像进行分割,并将每个像素分配给一个对象类。基于 CNN 的各种方法已经被广泛用于语义像素化标记,但是由于最大池化和下采样减少了特征图的尺寸,导致输出图像的分辨率下降。SegNet 架构的编码层可以学习图像的低分辨率特征,解码器层能够将这些特征映射到输入分辨率进行像素级分类 (Badrinarayanan et al.,2015)(图 7-30)。河道检测问题可以定义为一个图像分割任务,即地震图像的每个像素可以标记为河道或非河道。这里的自动检测河道的网络由 4 层编码器和 4 层解码器组成。

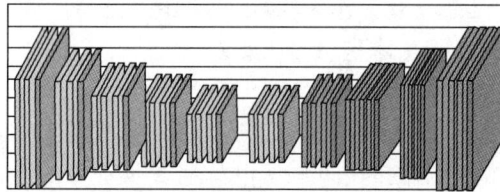

图 7-30　SegNet 架构示意图(据 Pham et al.,2019)

每个编码器层包括一个卷积层和一个池化层,每个卷积层包括 16 个大小为 $3\times3\times3$ 的滤波器,每个滤波器与上一层输出的特征图是局部连接的关系(Lecun et al.,2015)。每个卷积层都带有一个批处理归一化层,用于规范化数据和控制过拟合(Ioffe and Szegedy, 2015),在批处理归一化后利用非线性激活函数 ReLU 来学习非线性关系。在每个卷积层之间有大小为 $2\times2\times2$ 的最大池化层,以减小特征映射的空间大小和控制过拟合问题的出现。

每个解码器层对输入的特征图进行上采样,并使用可训练的滤波器对每一层的输出进行卷积生成密集映射图。上采样层采用转置卷积算法(Dumoulin and Visin,2016),滤波器大小为 $2\times2\times2$。粗输出与可学习的 $3\times3\times3$ 滤波器进行卷积,可以产生更密集的特征图。最后一个解码器层的输出利用 $1\times1\times1$ 的卷积操作后,即可生成对应河道和非河道两个标签的特征图。最后一层是 Softmax 层,能够输出地震图像中的每个像素对应的标签概率。

对于训练数据,选择一个 3D 卷积合成深度模型。该模型由得克萨斯州奥斯汀市经济地质局的 James Jennings 与 Chevron 合作创建(图 7-31a)。该数据模拟了非洲一个复杂的深水叠置河道系统,其孔隙度存在相关噪声,河道顶部的覆盖层存在随机产生的速度波动和孔隙度相关噪声(Fomel et al.,2007)。地震子波的主频为 40 Hz。

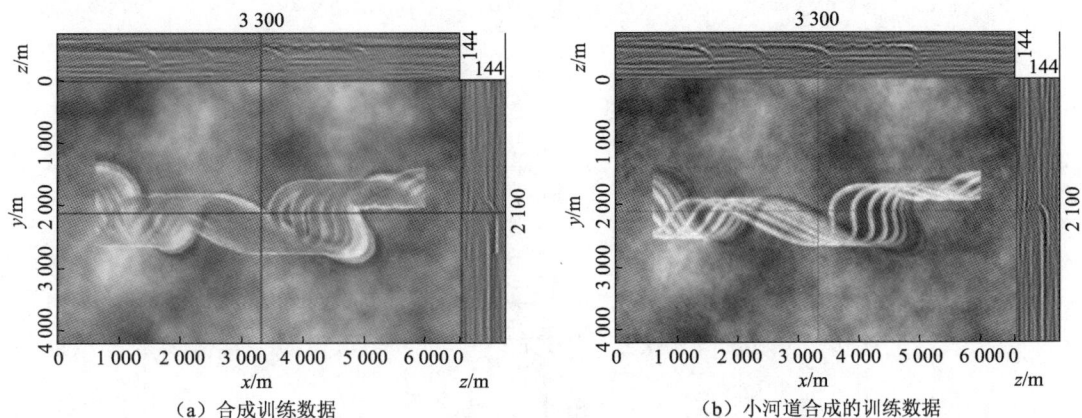

（a）合成训练数据　　　　　　　（b）小河道合成的训练数据

图 7-31　河道训练数据展示(据 Pham et al.,2019)

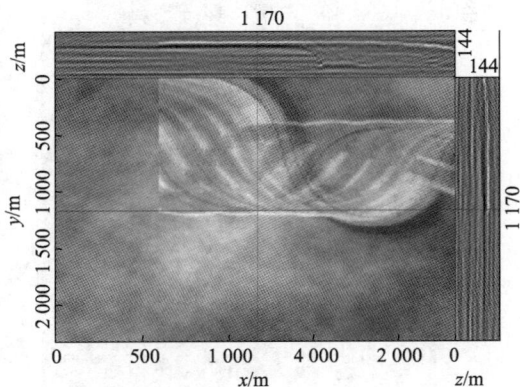

训练数据根据三组信息进行合成:① 三维浅层高分辨率地震数据;② 用于模拟河道的形状的分析曲线,由多名地质学家通过研究加利福尼亚的一个模拟露头获得;③ 基于地质统计学创建的背景信息。

消除河道数据体中的噪声后,将其与原始数据的结果相减得到河道的位置,然后将河道位置设为 1,其他位置设为 0 来创建标签(图 7-32)。

通过调整不同的河道属性,如混合砂截面形状参数、孔隙度、主频和河道厚度,可以创建多样化的训练数据集(图 7-31b)。由于计算资源有限,每个训练批次包含 4 个地震子数据体,大小为 $156 \times 156 \times 100$(图 7-33)。

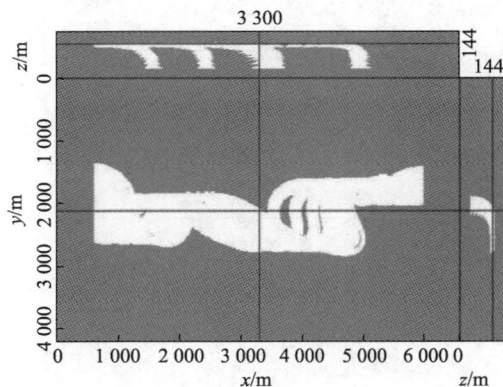

图 7-32　训练标签(据 Pham et al.,2019)　　　图 7-33　训练用数据体(据 Pham et al.,2019)

使用 Titan Xp GPU 在 4 h 内对网络进行了 33 次的合成数据训练。交叠率(IU)的均值定义如下:

$$\left(\frac{1}{n_{cl}}\right) \sum_i \frac{n_{ii}}{\sum_j n_{ij} + \sum_j n_{ji} - n_{ii}} \tag{7-18}$$

式中，n_{cl} 为类的数量，n_{ij} 为预测属于类 j 的类 i 的像素个数。

训练期间交叉熵损失值逐渐变小（图 7-34），训练后的平均 IU 为 93.5%。在训练过程中，全局准确率提高，达到 99%。将训练后的模型应用于 6 个没有参与验证的实例，得到的平均 IU 为 93%，与训练后的平均 IU 接近。

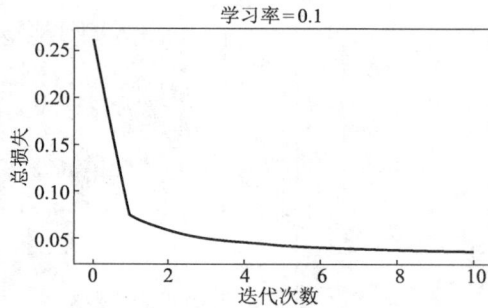

图 7-34   10 次循环的训练损失（据 Pham et al.,2019）

与图 7-35（b）中垂向切片的真实标签相比，河道在合成数据集中可被清晰地识别（图 7-35c）。贝叶斯分割模型计算得到的不确定度可以用来衡量河道自动检测的可信度。在河道边界处，预测结果具有很高的不确定性（图 7-35d），这反映了网络难以准确识别河道和非河道的过渡区域（Kendall et al.,2015）。与图 7-36（b）中水平切片的真实标签相比，该模型可以成功地识别河道位置（图 7-36c），但如果某个区域有多个河道，则该网络无法识别出每一个独立河道的位置（图 7-36d）。

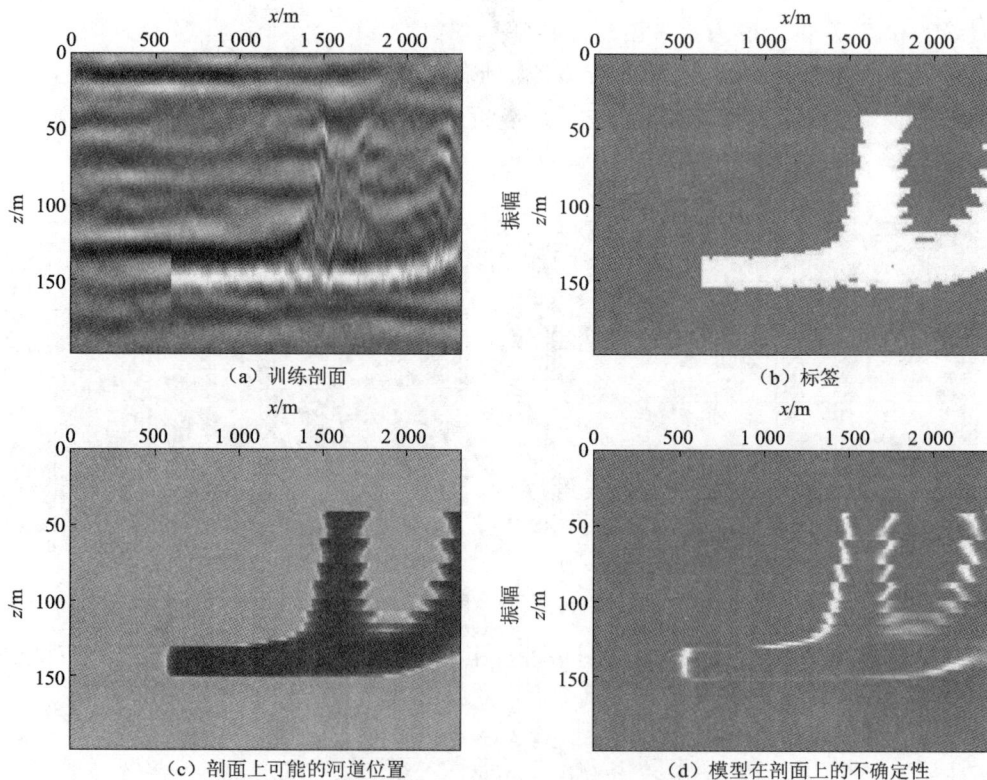

（a）训练剖面

（b）标签

（c）剖面上可能的河道位置

（d）模型在剖面上的不确定性

图 7-35   模型测试纵剖面比较（据 Pham et al.,2019）

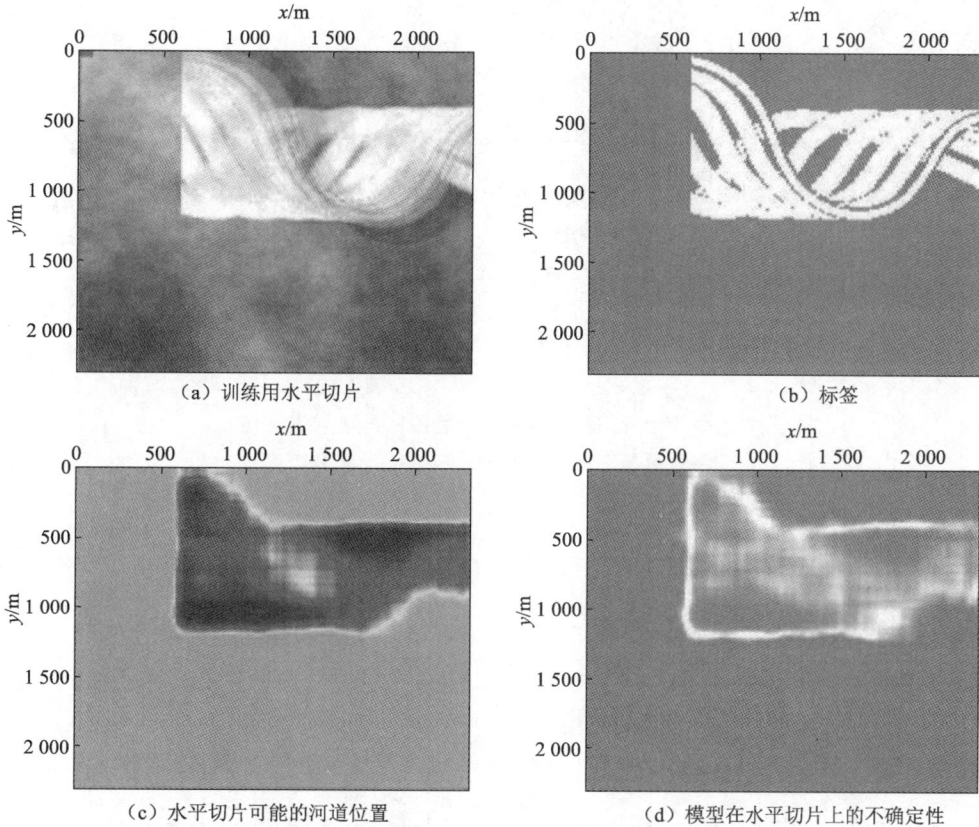

（a）训练用水平切片

（b）标签

（c）水平切片可能的河道位置

（d）模型在水平切片上的不确定性

图 7-36 模型测试切片比较(据 Pham et al.,2019)

7.6.2.2 实际资料应用

将网络训练得到的模型应用到澳大利亚近海的实际数据研究,数据体大小为 312×312×100(图 7-37)。该数据集采用三维海洋勘探采集,水深 2 500 m,时间采样间隔为 2 ms,主频为 120 Hz,深度域采样间隔为 2 m。数据体中包含大量叠置的深水河道-天然堤复合体。用非平稳修补法将数据体分成 16 个相互重叠的大小为 156×156×100 个样本的子数据体,以消除边界效应,分别测试每个子数据。如图 7-38 所示,河道可在数据体中被清晰地识别出来。使用来自河道概率后验分布的 30 个样本的方差来分析预测结果的不确定度(图 7-39)。当数据集中有多个河道时(图 7-37 中的黑色圆圈),训练后的模型不能很好地区分单个河道,预测的不确定度较大。经过训练的模型可以检测数据集中的小河道,但这些区域的不确定度较大(图 7-37 中的灰色圆圈)。因此,预测的不确定度对河道检测任务具有重要的参考价值,解释人员可以重新选取不确定度较大的区域,以提高神经网络检测结果的准确性。

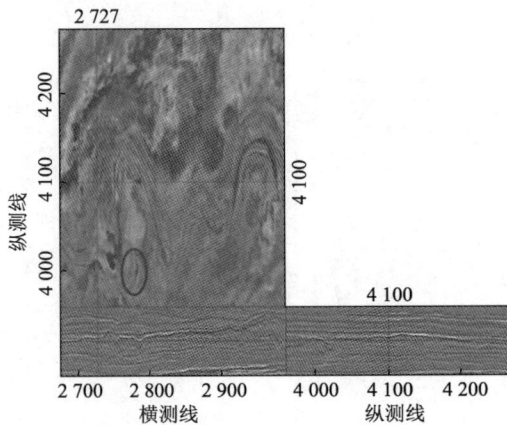

图 7-37　澳大利亚原始数据(灰色圆圈是小河道区域，
黑色圆圈是多河道区域)(据 Pham et al.,2019)

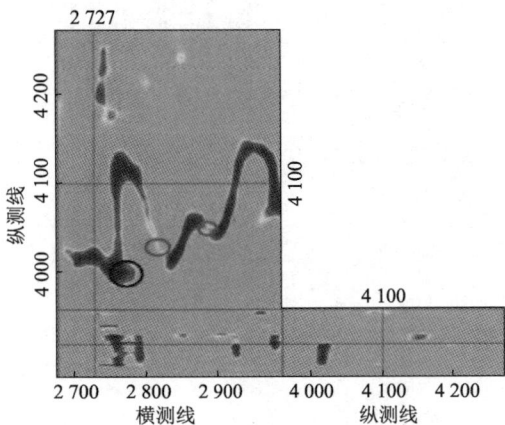

（a）澳大利亚实际数据集的河道概率　　　　（b）PWD Sobel滤波后澳大利亚实际数据集的河道边缘增强

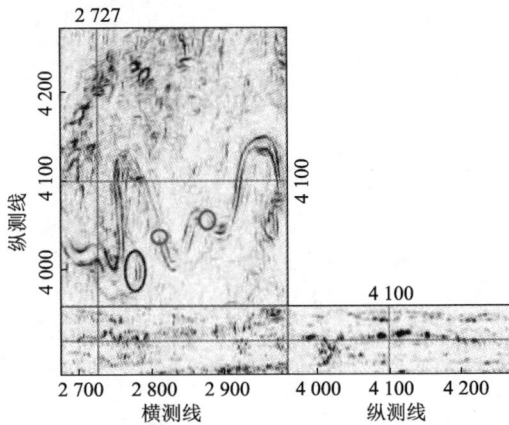

图 7-38　澳大利亚实际资料河道检测展示 (据 Pham et al.,2019)

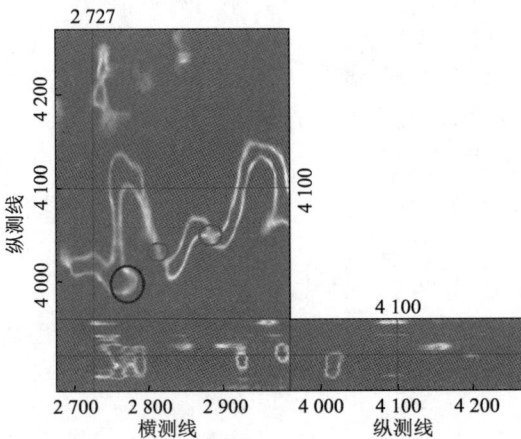

图 7-39　澳大利亚实际数据集的不确定度属性分析 (据 Pham et al.,2019)

7.6.3　本节小结

本节分别介绍了使用双向循环神经网络和深度学习识别河道的方法,通过分析可以得到以下结论:

(1) 双向循环神经网络通过两个方向隐藏层节点间的连接,建立上下文的联系,符合地质沉积的有序性。将地震数据及其属性作为时序数据输入,结合井点处的储层信息,通过机器学习方法优选属性,减少人为属性优选的困扰。构建针对河流相储层的双向循环神经网络预测模型。该模型能够较好地关联储层上下层之间的关系,降低储层预测多解性。相较于传统的三层神经网络方法,基于双向循环神经网络的河流相储层预测方法在 CD 地区的河流相储层预测中具有良好的应用效果,对细小河道的预测更加精细,提高了储层预测的精度。

(2) 相较于传统的储层预测方法,基于双向循环神经网络的储层预测方法是一种有监督的特征学习方法,其预测效果取决于样本的数量和质量,如果样本数据多且地震特征具有代表性,则训练模型的预测精度高。样本数据的不确定性和数量不足是制约双向循环神经网络等深度学习方法实际应用效果的重要因素。通过不断增加样本数量和质量,可以进一步提高储层预测的精度。

(3) 编解码器 CNN 在综合训练数据上进行训练,然后应用于现场数据。通过对合成数据集的训练,该模型成功地识别出了数据集中的河道。同时,通过计算预测的不确定性,可以帮助解释人员判断并提高河道检测效果。

第8章
火成岩储层精细描述方法及应用

8.1 概　述

火成岩亦称岩浆岩,是由岩浆侵入地壳或喷出地表后冷凝而成的岩石,是组成地壳的主要岩石,分侵入岩和喷出岩两种,其中喷出岩(喷发岩)又称火山岩。侵入岩由于在地下深处冷凝,故结晶好,矿物成分一般肉眼即可辨认,常为块状构造,按其侵入部位深度的不同,分为深成岩和浅成岩。喷出岩为岩浆突然喷出地表,在温度、压力突变的条件下形成的岩石,矿物不易结晶,常具隐晶质或玻璃质结构,矿物成分一般肉眼较难辨认。近年来对火成岩储层的研究不断增多,火成岩的岩性识别、储集空间及组合类型、储层发育的控制因素等已逐渐成为研究的热点(李军等,2015)。

8.1.1　国外研究进展

自1887年美国San Juan盆地首次发现火山岩油气藏以来,全球100多个国家或地区发现了160多个火山岩油气藏(侯连华等,2012)。从世界范围来看,火成岩油气储量主要集中在俄罗斯、美国、古巴、印度尼西亚及东欧一些国家,而产量主要集中在日本、印度尼西亚和美国等国家(江怀友等,2011)。世界上主要的火成岩油气藏有澳大利亚Scott Reef玄武岩油气藏、印度尼西亚Jatibarang玄武岩油气藏、新西兰Kapuni安山岩气藏、日本新潟盆地Yoshii-Higashi Kashiwazaki流纹岩气藏、纳米比亚Kudu玄武岩气藏、巴西Urucu辉绿岩油气藏等(赵文智等,2008;Petford and Mccaffrey,2003;孟凡超等,2010)(表8-1)。尽管国外已发现很多火成岩油气藏,但多为偶然发现或局部勘探,尚未作为主要领域进行全面勘探和深入研究。目前该类油气藏仅占世界总探明量的1%左右,具有广阔的发展前景。

表8-1　全球主要火成岩大油气田储量(据 Petford and Mccaffrey,2003)

国　家	油气田	流体性质	气储量/(10^8 m³)	油储量/(10^4 t)
澳大利亚	Scott Reef	油、气	3 877	1 795
印度尼西亚	Jatibarang	油、气	764	16 400

续表

国 家	油气田	流体性质	气储量/(10^8 m³)	油储量/(10^4 t)
新西兰	Kapuni	气	6 300	
日 本	Yoshii-Higashi Kashiwazaki	气	5 290	
纳米比亚	Kudu	气	849	
巴 西	Urucu	油气	330	1 685
美 国	Dineh-bi—Keyah	油、气	47	247
	Richland	气	399	
阿尔及利亚	Ben Khalala	油		＞6 800
俄罗斯	Yaraktin	油		2 877
格鲁吉亚	Samgori	油		＞2 260
意大利	Ragusa	油		2 192

8.1.2　国内研究进展

我国火成岩油气藏的勘探开发始于 20 世纪 70 年代,90 年代中后期得到突飞猛进的发展,先后在渤海湾盆地、二连盆地、黄骅坳陷、准噶尔盆地、塔里木盆地、松辽盆地及苏北盆地等发现了火成岩油气藏(邹才能等,2008)。二连、塔里木和三塘湖等盆地中的火山碎屑岩储层具有较大的勘探潜力,松辽盆地下白垩统营城组流纹岩是深层气藏开发的主力储层,渤海湾盆地惠民凹陷临商地区侵入岩为该区重要的火成岩储层。表 8-2 给出了我国火山岩主要分布、发育地层及岩性。

表 8-2　我国火山岩主要分布、发育地层及岩性

分 布	发育地层	代表岩性
高邮凹陷	盐城群	灰黑、灰绿、灰紫色玄武岩
	三垛组	玄武岩
东营凹陷	馆陶组底	橄榄玄武岩
	沙一段	玄武岩、安山玄武岩、火山角砾岩
惠民凹陷	馆陶组底	橄榄玄武岩
	沙三段	橄榄玄武岩
沾化凹陷	沙四段	玄武岩、安山玄武岩、火山角砾岩
松辽盆地	营城组	以中酸性火山岩为主,包括玄武岩、安山岩、英安岩、流纹岩、凝灰岩、火山角砾岩
	沙河子组	偶见火山岩、凝灰岩
	火石岭组	以中基性火山岩为主,火山碎屑岩互层夹少量酸性火山岩
二连盆地	兴安岭组	玄武岩、安山岩
三塘湖盆地	二叠系	安山岩、玄武岩

续表

分　布	发育地层	代表岩性
海拉尔盆地	兴安岭群	火山碎屑岩、流纹斑岩、粗面岩、凝灰岩、安山岩、玄武岩、安山玄武岩
准噶尔盆地	巴塔玛依内山组、风城组	安山岩、玄武岩、凝灰岩、火山角砾岩
	佳木河组	安山岩、玄武岩、流纹岩、凝灰岩、火山角砾岩
	塔木岗组、滴水泉组、巴山组、石钱滩组	安山岩、玄武岩、流纹岩、火山碎屑角砾岩
塔里木盆地	二叠系	英安岩、玄武岩、火山角砾岩、凝灰岩
四川盆地	二叠系	玄武岩

　　相对于广泛存在的沉积岩油气藏,火成岩由于其形成条件特殊,分布范围有限,勘探开发经验相对不足。但是火成岩油气藏一经发现,一般是产量较高的油气藏。为了满足我国经济快速增长对油气资源的巨大需求,火成岩油气藏作为深层优势油气藏类型之一,其勘探开发十分迫切(孟凡超等,2010;邹才能等,2008;安天下,2011;崔世凌等,2007)。中国科学院院士刘嘉麒在大陆火山作用国际会议上曾指出,"沿着火成岩找油气是我国石油界的第三次创新",由此可见火成岩储层研究的重要性。

8.2　火成岩储层的地质特征

　　喷出岩包括玄武岩、火山碎屑岩等;侵入岩以浅层侵入岩为主,岩性多为辉绿岩(崔世凌等,2007)。国内外关于火山岩相的划分方案很不统一:有的按火山岩喷发所处的环境,分为陆相火成岩和海相火山岩;有的以火山喷发物距火山口的远近,分为远火山口相和近火山口相;有的按火山喷发物所在的不同部位,分为顶板相、底板相、内部相等。目前较为通用的火山岩相的划分方案,多以火山喷发物产出形态和岩石特征为依据,将火山岩相划分为火山通道相、次火山相、侵出相、溢流相、爆发相及火山沉积相6个相带(图8-1)。表8-3是根据文献调研中各地的火成岩油藏资料总结出岩性与岩相对应关系,根据这种对应关系,可对钻遇火成岩的井进行相带划分。

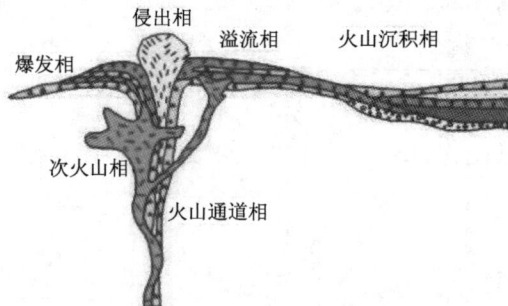

图 8-1　火山岩岩相划分(据邱家骧,1985)

表 8-3　火成岩岩相、岩性与特征对应表

岩　相			主要岩性	特　征
浅层侵入相	碎屑岩相		辉绿岩、花岗岩	裂缝、孔洞发育,近地表、浅成、超浅成产出
火山岩相	爆发相	近口相	火山碎屑岩、角砾岩	近火山口
		远口相	凝灰岩、角砾凝灰岩	凹陷、凸起
	溢流相		玄武岩、安山岩、英安岩、流纹岩	气孔发育,平面呈带状、舌状
	火山沉积相		凝灰质砂泥岩、凝灰砾岩、砂泥岩互层	远火山口
	侵出相		熔岩、火山碎屑岩等	岩针、岩钟、岩塞等
	火山通道相		熔岩、火山碎屑岩等	平面上呈椭圆、圆状或多边形,剖面上一般上宽下窄,多切穿围岩,产状直立或倾斜
	次火山相		熔岩为主,还有角砾岩、辉绿岩、玢岩,偶见熔结凝灰岩	潜伏地下,侵入产状,分近地表、浅成、超浅成 3 种相

　　火成岩油气藏储层的分布受岩石类型以及岩相的控制,火成岩的储层物性具有不随埋深增加而明显变差的优点。火成岩储层具有一定的特殊性,主要体现在以下几个方面:① 不具岩石类型的专属性。该类储层具有分布范围广、地质时代长的特征,这与此类储层不具岩石类型的专属性有关,即不论何种类型的火成岩,也不论什么时代的火成岩,都可以形成好的储层。② 与沉积岩储层的差异。它与沉积岩储层不同,火成岩和沉积岩岩石划分的依据是自然界岩石的特征及形成作用的差异。③ 时空分布。要想寻找火成岩储层,首先要弄清火成岩的时空展布。确定火成岩系地层时代的途径主要有同位素年龄、地层古生物、古地磁、岩石学和区域上的地层对比等。火成岩的空间展布具有明显的不连续性,受控于岩浆物理性质和流体动力学特征以及下伏地形的起伏。

　　根据已揭示的断陷期火成岩气藏各自的特点和成藏机制,火成岩气藏成藏模式可以分为:沿不整合面、断层运移至近火山口处火山岩圈闭聚集成藏模式,沿不整合面、断层、砂岩疏导层运移至断陷边部火山岩圈闭聚集成藏模式,沿裂缝运移至源岩区内"凹中隆"火山岩圈闭聚集成藏模式,深部无机成因天然气沿深大断裂运移至火山岩圈闭聚集成藏模式(匡朝阳等,2009)。火成岩成藏的关键是构造条件,基础是充足的油源条件,岩性条件则是重要补充。

8.3　火成岩储层的地震相特征

　　火成岩岩体与正常沉积岩波阻抗的差异造成其在常规地震剖面上形成特殊的反射特征。据此,可总结各类火成岩体的地震相模式:侵入岩体多呈平行、穿层板状地震相模式,下部受岩体遮挡,易形成杂乱地震反射;火山岩则呈"蘑菇状"或"丘状"地震相模式,内部多为杂乱反射(Xu et al.,2009)(图 8-2)。同时火山岩的不同岩相在地震上也有不同的特征(江怀友等,2011)(表 8-4)。

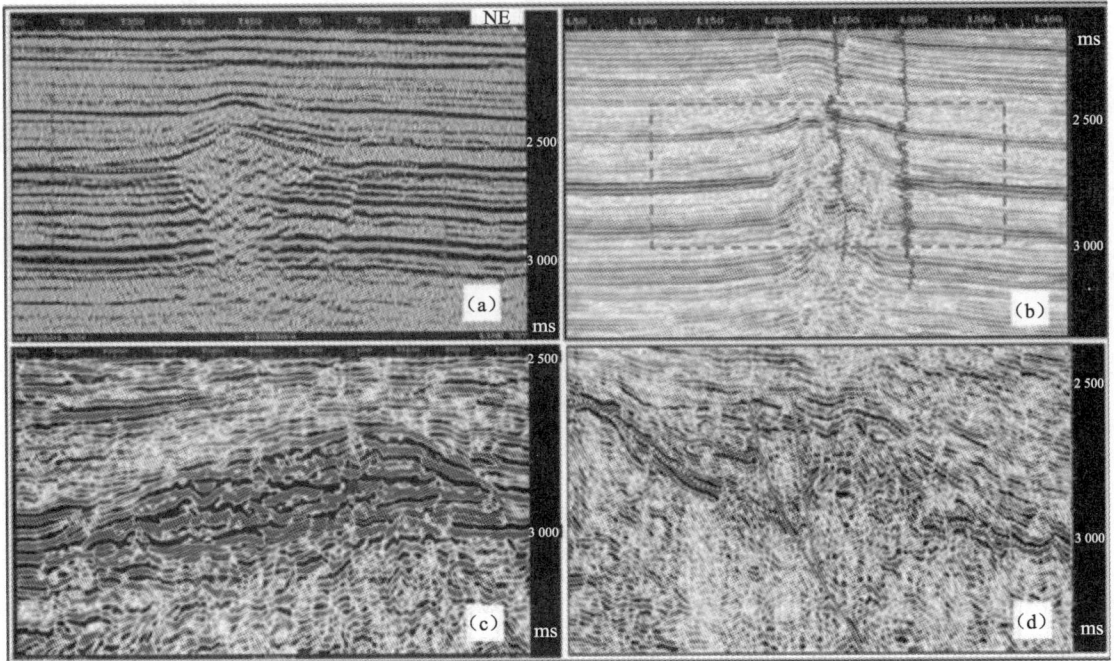

图 8-2　火成岩的地震相特征(据 Xu et al.,2009)

表 8-4　火山岩不同岩相的地震特征

类　型	层状反射	杂乱强反射	杂乱中强反射	丘形反射	层状或楔状反射
反射 特征					
频　率	中高频	中高频	中低频	中低频	中高频
振　幅	强振幅	强振幅	中强振幅	中强振幅	中强振幅
岩　相	火山沉积相	侵出相	火山通道相	爆发相	溢流相
构造部位	低洼部位	火山口附近	火山口	火山口	火山口斜坡低洼处

8.4　火成岩储层叠后地震描述有效方法

8.4.1　水平切片对比分析技术

对于小于调谐厚度的薄层火成岩,其反射为一个同相轴,沿其解释层位一定间隔切得一系列反映火成岩内部的反射能量变化的切片,由时深转换将时间域的层切片转换为深度域的层切片,再由已知井建立火成岩储层与反射能量的对应关系,通过对比不同深度的层切片,可以定性研究薄层火成岩储层纵、横向的分布规律,为火成岩储层有利相带的综合评价提供依据。在图 8-3 所示水平切片上可以清楚地对侵入岩进行辨别并可识别出火山岩由根部至顶部的变化。

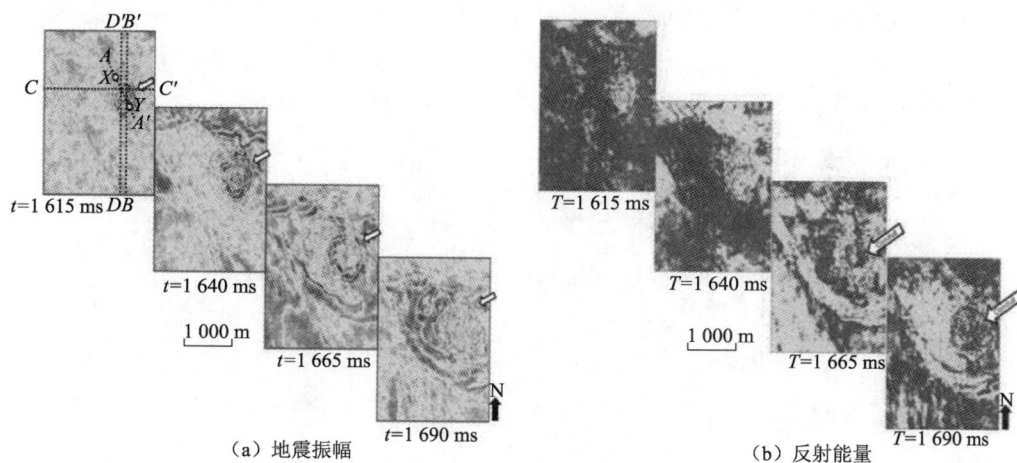

图 8-3　松辽盆地某处水平时间切片(据 Kui et al.,2011)

该技术适用于小于调谐厚度的火成岩储层预测,对多期形成的含沉积岩夹层的薄互层火成岩储层预测不适用。

8.4.2　三瞬地震属性分析技术

在瞬时振幅剖面上,孔缝发育的火成岩的瞬时振幅较小,利用火成岩反射段的瞬时振幅信息,可以寻找强振幅、中弱振幅的变化带,以预测火成岩储层发育带。在瞬时频率剖面上,在堆积较厚的火成岩的位置高频成分明显损失。因此,可以利用瞬时振幅和瞬时频率信息综合预测火成岩储层发育带(罗凤芝,2006;Zhang et al.,2009)(图 8-4)。

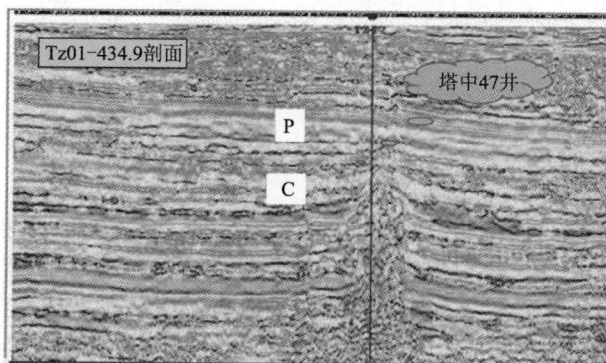

图 8-4　瞬时频率剖面(据罗凤芝,2006)

8.4.3　地震吸收、衰减检测技术

对于储层发育的非均质火成岩体,地震波的吸收系数较大,因此可利用吸收、衰减等地震属性来预测火成岩有利相带。其技术原理(张昆鹏等,2012)为:首先选定目标层,然后在

该目标层的顶、底开时窗,计算上下时窗围岩内的小波谱,将两时窗内的小波谱相比较并做归一化处理后作为目标层的衰减谱,形成预测储层物性和含油气性的方法。

图 8-5 展示了连井火成岩目的层段衰减谱,图中上部为连井地震剖面,中部两条谱线为两个时窗内的小波谱,下部为目的层衰减谱的检测结果,灰色由深到浅表示衰减由强到弱,高频衰减比较严重的区域是火成岩有利储层,与实际钻探相吻合。

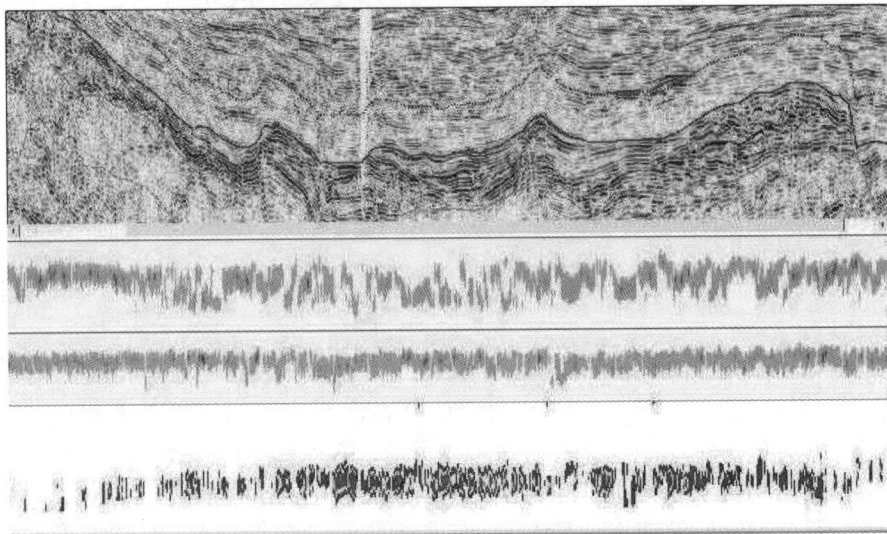

图 8-5 连井火成岩目的层段衰减谱(据张昆鹏等,2012)

8.4.4 地震曲率分析技术

火成岩属于易碎的脆性岩层,常有微裂缝发育,而岩层曲率的大小反映了岩层构造裂缝的相对发育程度和分布特征。根据岩层曲率与构造裂缝的成因关系来预测次生微裂缝的技术就是曲率分析技术(崔世凌等,2007)。

该技术适用于岩层曲率变化大的火成岩,如背斜型火成岩。由图 8-6 可以看出,曲率较大的为火成岩。图 8-7 是松辽盆地的火成岩油气藏中的井位布置,可以看出,发育裂缝的火成岩多为高曲率,这些地方多富含油气(Sun et al.,2014)。

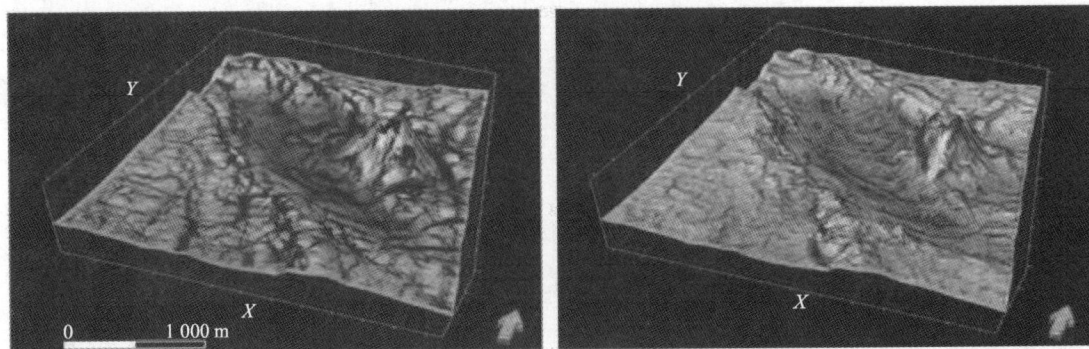

（a）最小负曲率　　　　　　　　　　（b）最大正曲率

图 8-6 松辽盆地某层位沿层切片(据 Kui et al.,2011)

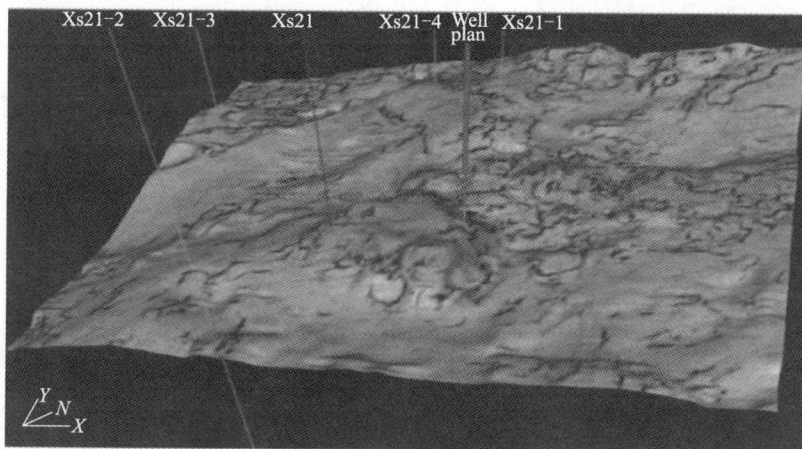

图 8-7 在三维重构曲率图上选择钻井位置(据 Sun et al.,2014)

8.4.5 速度谱分析技术

火成岩具有不规则侵入的特性,其层速度与围岩相比有巨大的差异,其速度横向变化比较剧烈,故可以根据速度谱来识别火成岩(陈胜红等,2008)(图 8-8)。该技术可在速度量级上对火成岩进行判别,但不精确且火成岩尖灭点位置难以确定。该技术只适用于局部地区小范围内火成岩的识别。

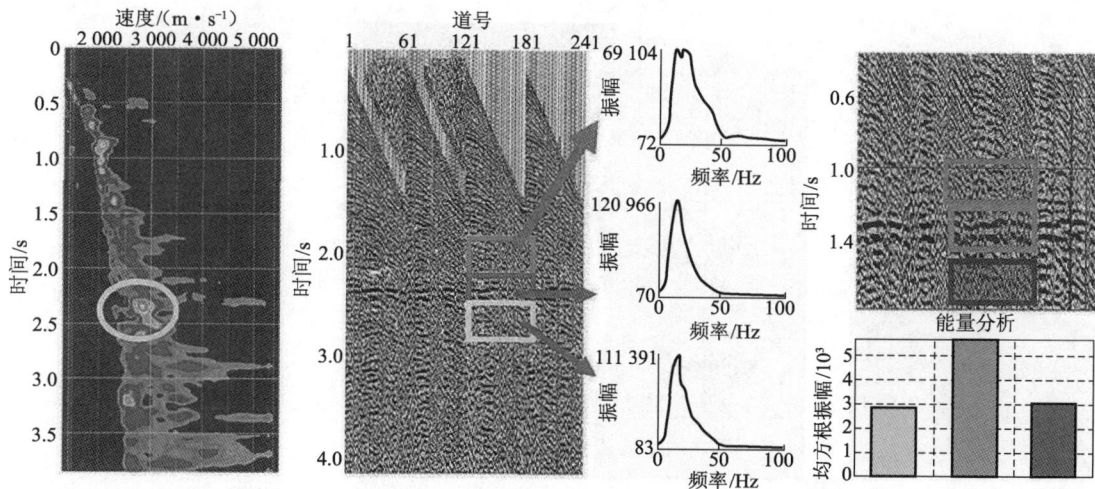

图 8-8 火成岩在速度谱、单炮、频率和能量上的反映(据陈胜红等,2008)

8.4.6 波阻抗、速度反演技术

该技术直接应用波阻抗剖面或层速度剖面,结合地质、钻井认识,用测井多元标定对火成岩进行识别,确定火成岩的顶、底构造以及厚度、储层分布规律(Jian et al.,2011;张昆鹏等,2012;Sun et al.,2014;陈胜红等,2008;Zhang et al.,2009)。该技术的优点:可对火成岩有效识别,且火成岩产状、变化趋势、尖灭点等在剖面上有直观的显示,反演结果精度更高。

图 8-9 是对惠民凹陷阳信洼陷 Y29 油气藏的反演剖面,从图中可以看出,地震反演得到的结果与地质和测井结果相符,利用该结果可以对一些有利的火成岩勘探目标进行评估。图 8-10 是黄骅坳陷中某区在声波时差测井曲线基础上得到的波阻抗反演剖面,图中深灰色区域为火成岩。

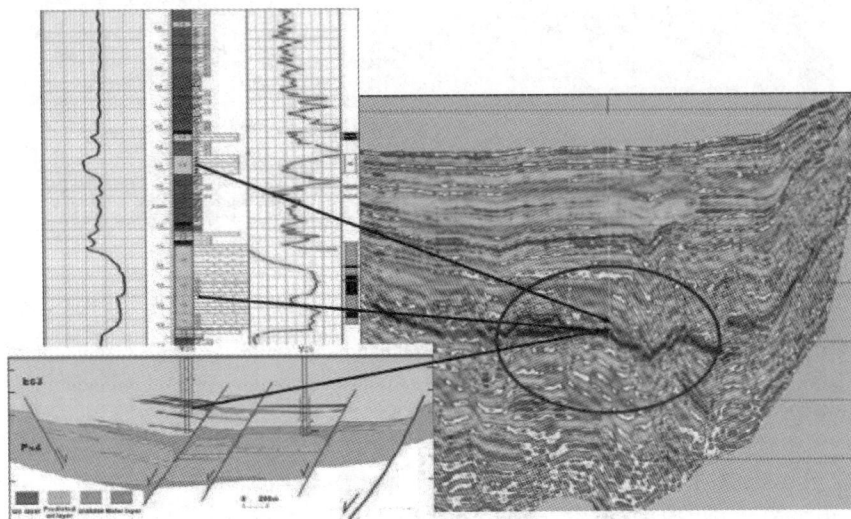

图 8-9 Y29 油气藏的反演剖面(据 Jian et al.,2009)

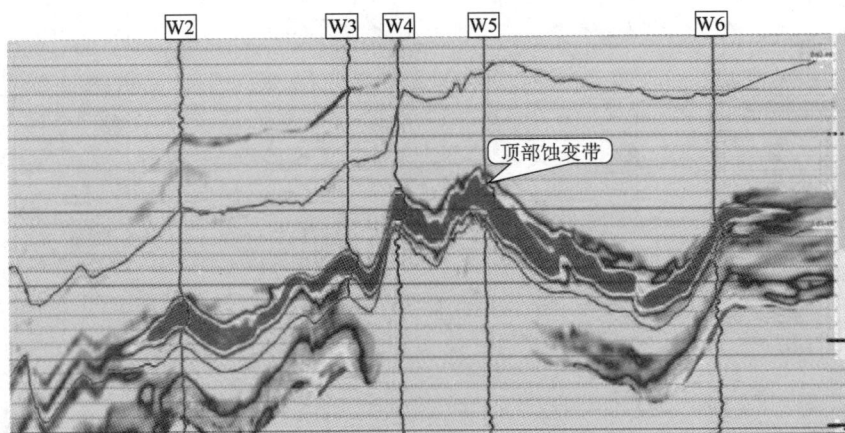

图 8-10 测井约束波阻抗反演剖面(据 Yao et al.,2011)

8.4.7 多参数联合反演技术

通过火成岩的测井响应分析发现,将声波时差、自然伽马和深侧向电阻率等测井信息互相补充能够较好地反映火成岩信息。因此,充分利用不同的测井信息进行多参数联合反演是识别火成岩的有效手段。

图 8-11 给出了苏北海安凹陷某连井反演剖面比较(刘小平等,2007)。其中波阻抗基本可以反映火成岩特征,但有些井中其不易与碎屑岩区分;自然伽马能比较准确地反映火

成岩变化,仅有少量井的伽马特征与火成岩岩性不符;深侧向电阻率拟阻抗能够识别出阜三段辉绿岩及其变质带,但不能很好地区分阜二段玄武岩与碎屑岩;而多信息融合能较准确反映火成岩的变化特征。

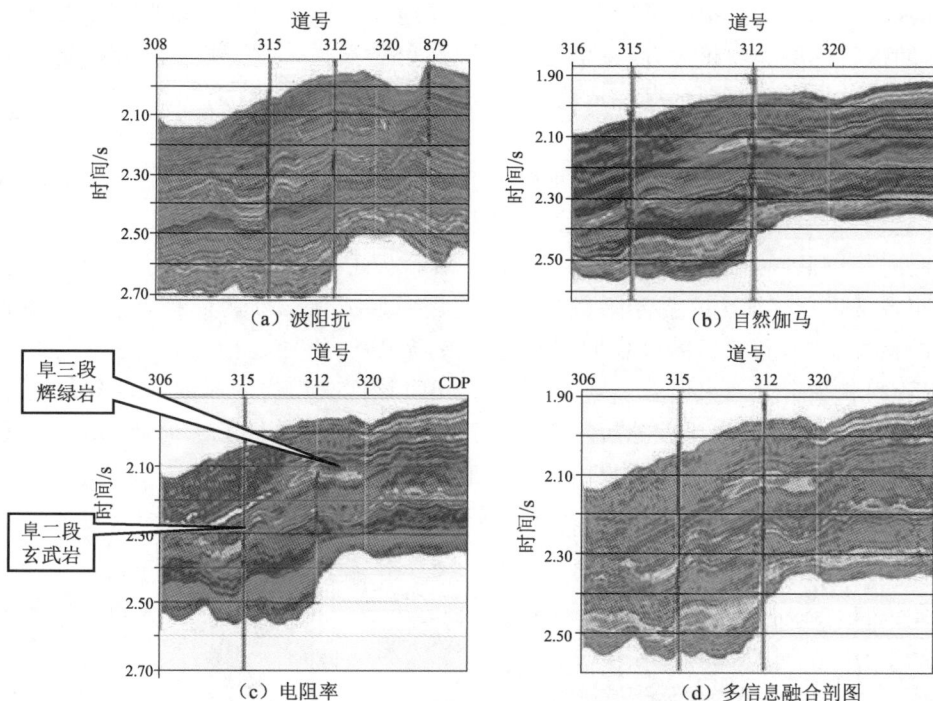

图 8-11　同一位置各种反演剖面(据刘小平等,2007)

8.4.8　地貌分析技术

地貌分析技术通过深浅不同的色调表示地形起伏状态。从三维地震数据中提取出振幅等属性,通过三维可视化技术,结合地貌学知识可对地质情况进行认识。在三维地震数据体的平面图上分辨地层信息,同时平面与剖面特征相互参照,将地震地貌学与地震地层学结合起来,可以有效地分辨一些特殊地质构造。另外,对现存的地层厚度进行一系列的处理,使其恢复到原始沉积的厚度,得到古地貌图,对包括火成岩在内的储层分布有一定的指示意义(图 8-12)。侵入岩和喷出岩在地貌图上有着一定的特征(Xu et al.,2009;Pena et al.,2009)。

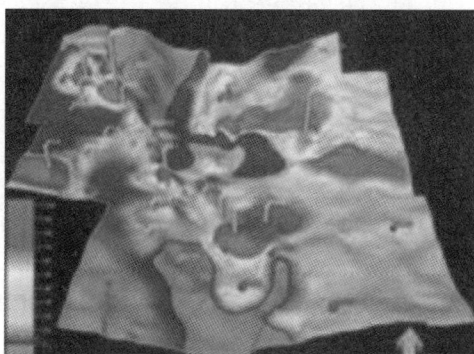

图 8-12　火成岩厚度与结构叠合图
(据 Xu et al.,2009)

8.4.9 低频地震识别技术

众所周知,地震勘探中地震波在地下传播时,地层对高频成分的吸收相比低频成分严重得多,勘探目的层深度越大,高频信号衰减和散射越严重,而低频信号保留却相对完整。因此,利用低频信息开展深部勘探成为近年来的发展趋势(陈鹏等,2018;杨平等,2016;孙龙德等,2015)。

乌伦古坳陷石炭系火山岩储层是准噶尔盆地油气勘探的重要目的层系,然而由于埋藏深,岩性复杂,受后期改造作用影响大,依靠以往二维地震勘探技术难以刻画火山岩体展布。研究人员以低频可控震源采集获得的地震资料为主,对乌伦古坳陷北部区域石炭系火山岩分布特征进行了研究。鉴于低频信息在地震深层成像方面的优势以及叠加剖面对构造趋势的良好反映,利用低频段叠加剖面进行波场识别,指导偏移剖面解释,并将地质、地震、钻井资料相结合开展火山岩识别研究,总结出了该区火山岩岩相的地震响应特征,综合利用地震反射特征和地震属性分析等手段,对火山岩体展布进行了识别刻画。本次研究探索了适用于深埋复杂岩性条件的火山岩储层低频地震识别方法,为该区石炭系油气勘探提供了一定的依据。图 8-13～图 8-16 分别为该区火山岩体地震识别的结果展示。

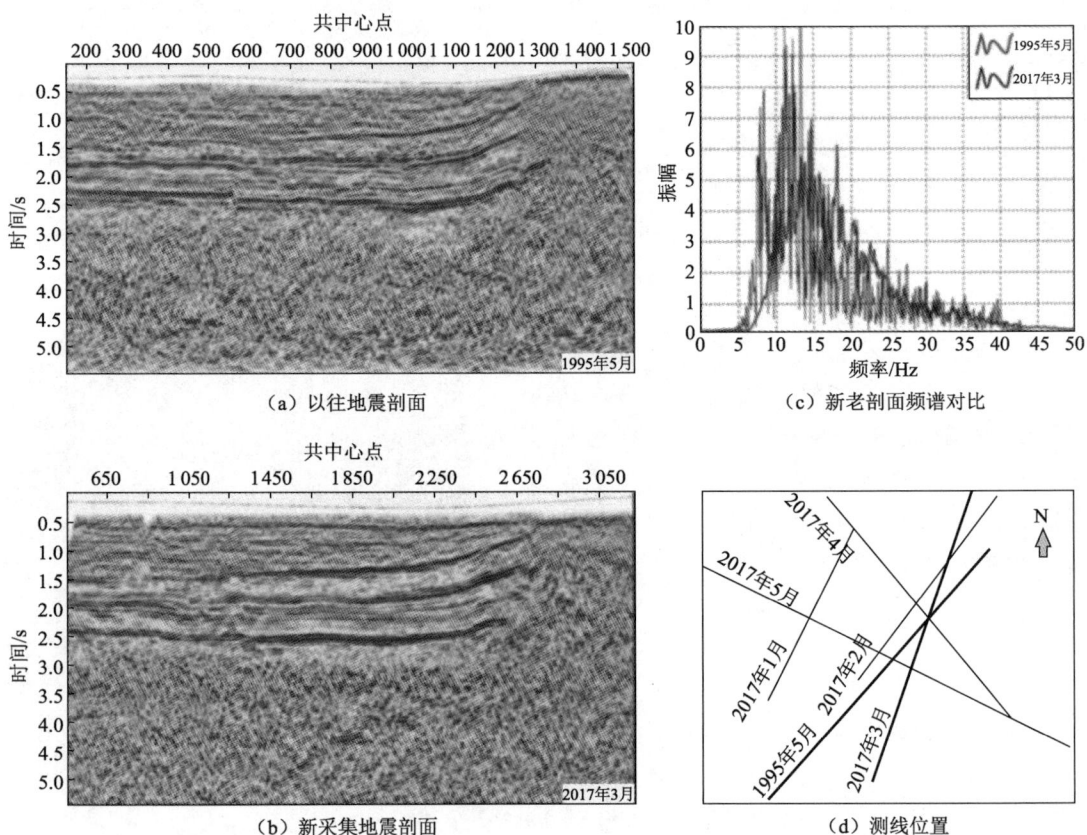

（a）以往地震剖面

（b）新采集地震剖面

（c）新老剖面频谱对比

（d）测线位置

图 8-13　新老地震剖面及频谱对比(据周惠等,2019)

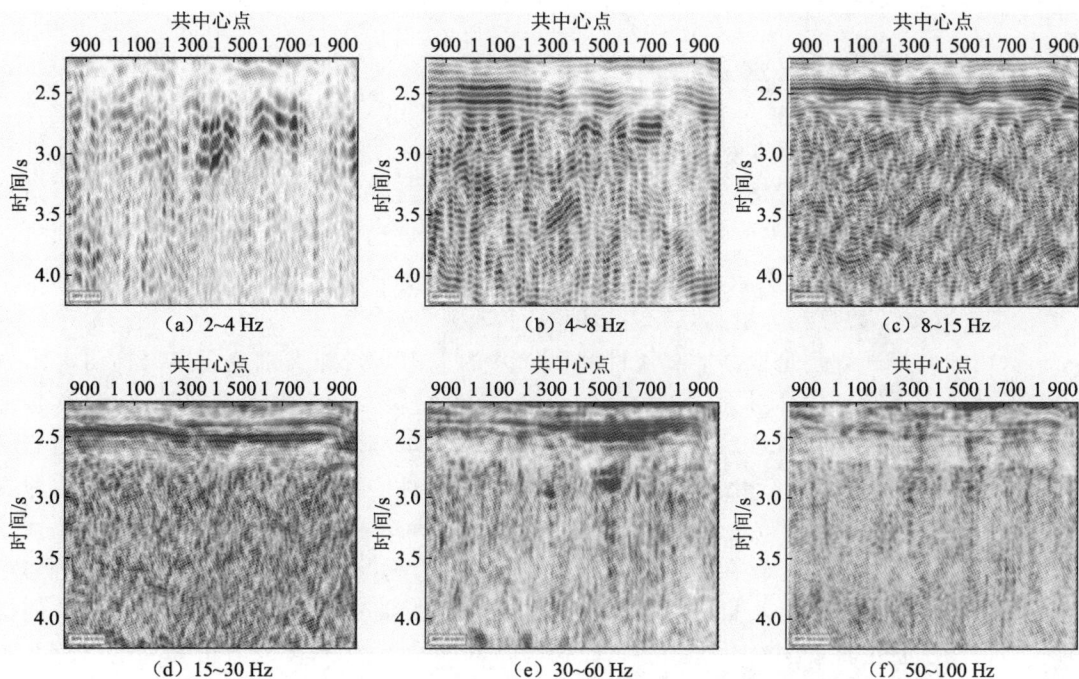

图 8-14　低频勘探地震剖面中深层分频扫描叠加剖面(据周惠等,2019)

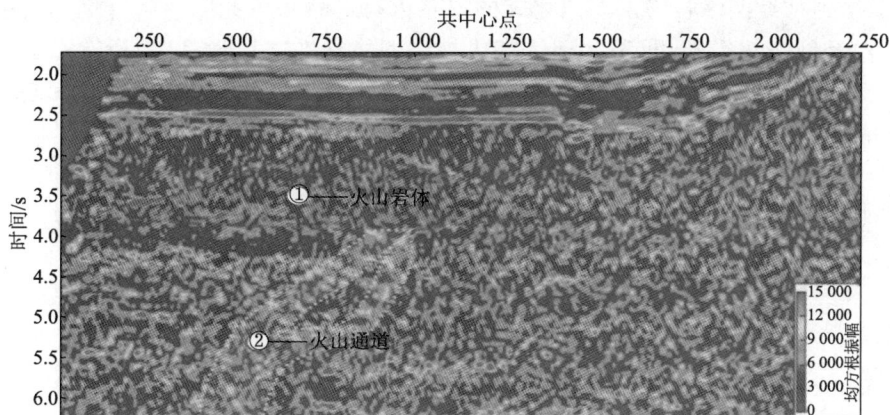

图 8-15　火山岩体地震属性识别(据周惠等,2019)

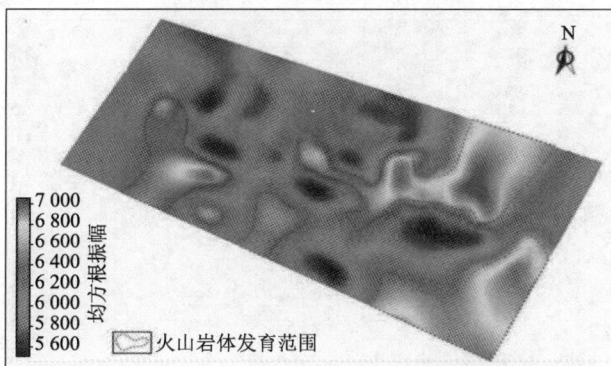

图 8-16　研究区火山岩体分布范围预测(据周惠等,2019)

8.4.10 模式识别方法

模式识别就是根据研究对象的某些特征进行识别并分类。模式识别包括聚类分析和分类判别。聚类的过程就是把所有的样品中具有相似特性的一些样品归类,分属于不同类的点则具有不同的性质。分类判别是以聚类为前提,通过已知样品的性质将各个类别指定特定的意义,然后建立判别公式,最后利用该公式判断所有未知类别的点应该属于哪一类(郭淑文,2008;王碧泉和陈祖荫,1989;边肇祺,1988)。

火山岩的模式识别是根据地震属性和已知井的火山岩岩相类别建立多属性与火山岩岩相的对应关系。首先针对火山岩发育的目标层位,沿层开时窗提取常规地震属性(各种振幅类、频率和弧长类)。然后结合已钻井的岩性标定和模型正演结果,分析典型火山岩厚度变化、常规地震属性的变化规律及敏感性,从多个属性中选出能有效识别火山岩的地震属性。虽然前述几个属性的平面预测结果能部分满足火山岩分布的预测,但是每个属性预测出的规律与钻井结果还存在差异,需要进一步综合多个属性及钻井结果进行火山岩岩相带的精细预测。根据钻井结果,对火山岩岩相进行类别划分,将每个岩相用一个相应的数字表示。将优选的地震属性井旁道数据作为神经网络输入端,再将所有已知井的岩相分类结果作为 BP 神经网络样本输出端。在输入、输出已知的情况下,对神经网络节点参数进行学习训练,得到神经网络各隐层节点之间的权系数。最后将研究区内所有优选的地震属性数据作为神经网络输入端,再通过训练完成神经网络参数,对研究区内所有点的火山岩岩相进行计算,井震结合得到火山岩岩相平面分布。该方法能克服单地震属性只能部分反映岩相差异的缺点,有效预测火山岩岩相的平面分布(图 8-17 和图 8-18)。

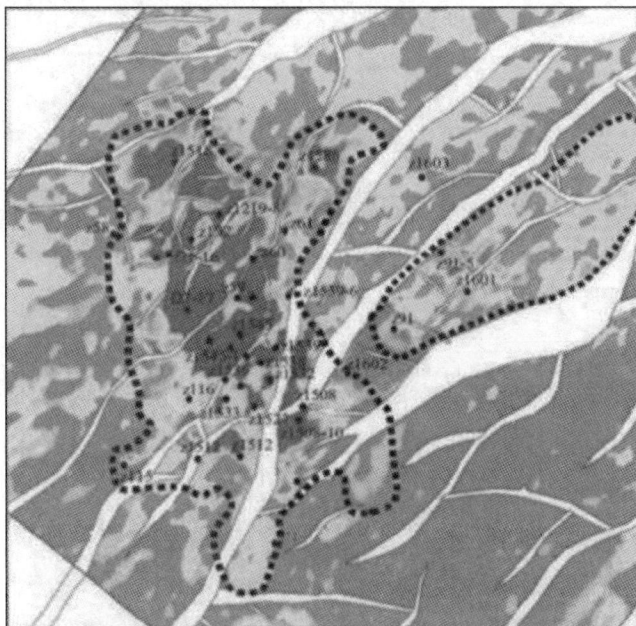

图 8-17 东关潜山中生界火山岩岩相平面分布预测图(据郭淑文等,2017)

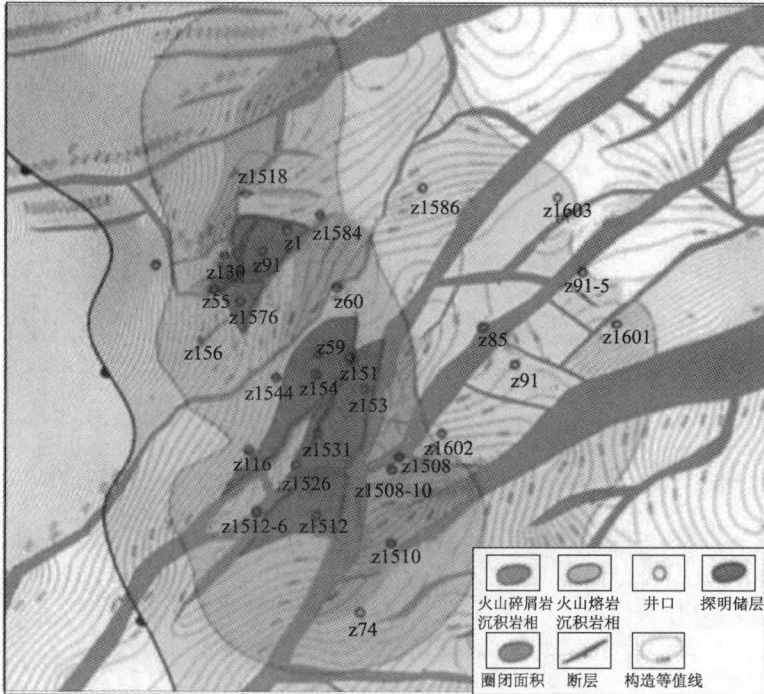

图 8-18　东关潜山中生界火山岩岩相评价图(据郭淑文等,2017)

8.5　火成岩储层叠前地震描述方法技术

8.5.1　方位各向异性技术

所谓方位各向异性,是由于裂缝存在而导致地震波动力学属性随着方位角的不同而发生变化。用于检测裂缝的地震属性有衰减、频率和波阻抗等。研究中,对各种属性的方位各向异性进行优选,从而实现对火山岩储层裂缝发育特征的预测。

从地质因素上来讲,由于地层上覆载荷的压实作用,水平或低角度裂缝近乎消失,对裂缝型油气藏贡献大的是易于保存的高角度和近于垂直的裂缝,而正是这类裂缝的大规模存在对地震波产生了各向异性的传播特征。考虑到这种情况,研究的方位各向异性裂缝预测方法针对 HTI 介质展开研究。目前 HTI 裂隙介质理论主要有 Hudson 裂隙理论与Thomsen 裂隙理论(Crampin,1984;Hudson,1981,1986;Thomsen,1995;Mallick et al.,1998)。通过参考 Hudson 模型的叠前方位各向异性裂缝预测方法是建立在以下的假设前提下:① 介质包含比地震波长小得多的定向的稀疏排列裂隙;② 裂隙是相互分离的,单个裂隙是薄扁球体(硬币状),即裂隙间流体不能流动,且单个裂隙的高宽比较小;③ 包体内所含气体、液体或其他充填物的体模量和剪切模量比围体小。

Hudson 用裂缝发育强度和裂缝的扁率 α 来描述裂缝系统。裂缝发育强度定义为:

$$e = \frac{N}{V}a^3 = \frac{3\varphi}{4\pi\alpha} \tag{8-1}$$

式中,a 为裂隙半径,N/V 为单位体积里裂缝的数量,φ 为裂缝形成的孔隙度,α 为裂缝的扁率。

根据对 HTI 介质的研究,当地下地层存在一定规模且平行排列的直立或近乎直立的高角度裂缝带(图 8-19)时,若纵波的传播路径(即炮检方位角)与直立裂缝走向垂直,则纵波的振幅、频率、速度等受裂缝影响最大;若纵波的传播路径与直立裂缝走向平行,则纵波的振幅、频率、速度等受裂缝影响最小。

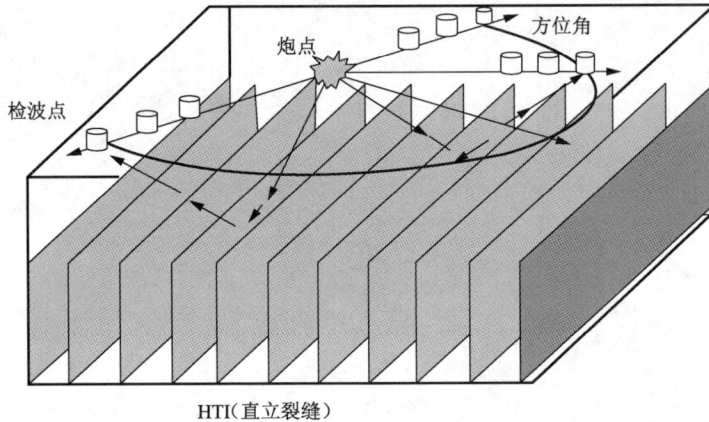

图 8-19 直立裂缝储层(HTI 介质)与三维地震方位数据采集示意图(据秦军等,2017)

在实际研究中,首先,将叠前道集数据进行方位角范围划分,在划分方位角时要注意两点:① 至少要划分出 3 个方位,以保证各向异性椭圆的拟合;② 进行划分时要保证不同范围的方位角道集的覆盖次数大致相同,否则会造成人为的各向异性,导致预测结果不准。然后,将不同范围内的方位角道集进行叠加,并计算得到频率、振幅、衰减和相对波阻抗等属性。最后,通过方位角属性拟合出需要的各向异性椭圆,计算椭圆扁率,进一步计算得到裂缝发育强度和方向,达到预测裂缝发育程度的目的(孙炜等,2010;Mallick et al.,1998)。

以准噶尔盆地西北缘车 476 井区为例,目标区石炭系火成岩受依附于东部大型红车逆掩断裂带多期喷发的裂隙式火山机构控制(姚卫江等,2010;孔垂显等,2018)。石炭系油层自上而下划分为 C_1,C_2,C_3 三套火山岩体,储层主要为爆发相火山角砾岩和溢流相玄武岩。裂缝以中高角度的斜交缝、直劈缝和网状缝为主,裂缝宽度 $1.06 \sim 5.63$ mm,裂缝密度 $0.01 \sim 14.29$ 条/m。

如图 8-20 所示,火山岩体内平均裂缝发育强度主要分布在 $1.10 \sim 1.40$ 之间。叠前方位各向异性裂缝预测结果主要反映高角度裂缝发育程度,对于低角度裂缝预测还需要利用叠后地震数据不连续检测等方法。

利用该方法预测的裂缝发育强度与单井测井解释、试油结果对比分析表明,叠前方位各向异性预测裂缝发育段符合油藏基本特征。以 CHE476 井(图 8-21)为例,该井 C_3 段 $2\,540 \sim 2\,670$ m 井段测井解释裂缝较发育,对应叠前预测裂缝剖面上裂缝发育强度大于 1.25 的裂缝发育段,井震对应关系较好。C_3 段上部 $2\,544 \sim 2\,580$ m 井段试油获得 10.8 t/d 的高产,说明预测结果符合裂缝型油藏特征。

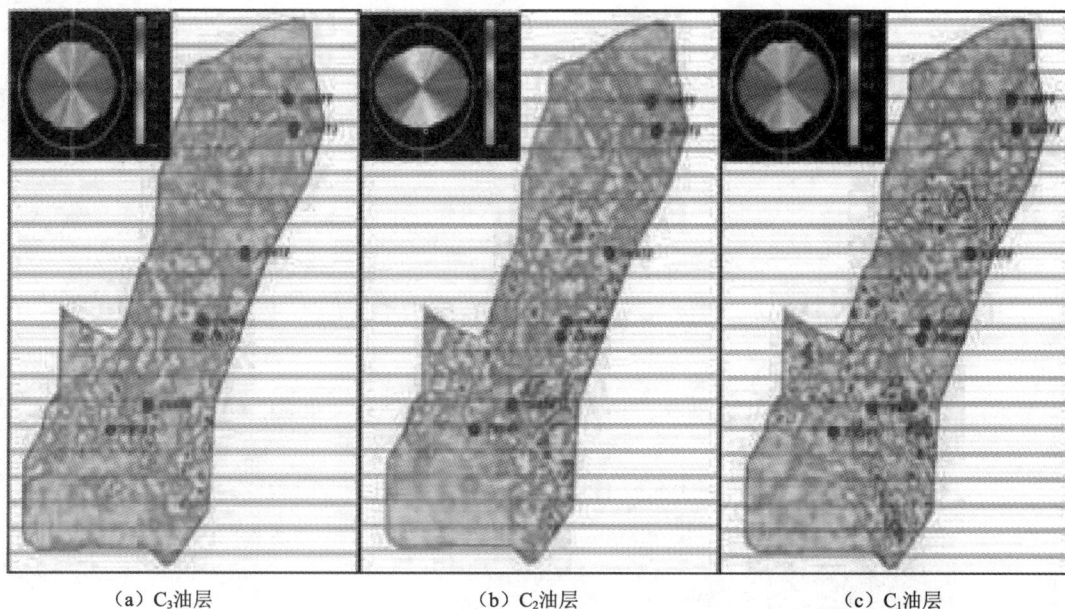

(a) C₃油层　　　　　　　　(b) C₂油层　　　　　　　　(c) C₁油层

图 8-20　叠前各向异性预测的裂缝发育强度平面分布图(据秦军等,2017)

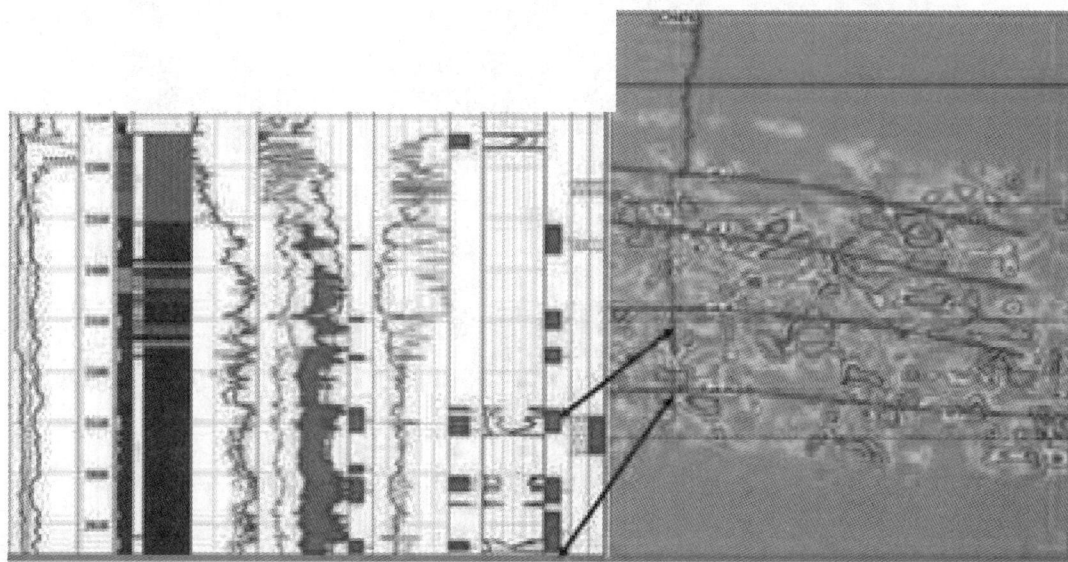

图 8-21　CHE476 井测井解释裂缝发育程度与预测裂缝发育程度对比显示图(据秦军等,2017)

　　对利用该方法预测的裂缝发育方向进行统计分析(图 8-22)表明,研究区火成岩裂缝发育方向总体以近东西向为主,北部裂缝走向偏向西南-东北向,南部裂缝走向偏向东南-西北向。各井点 FMI 成像测井解释的裂缝发育方向和利用方位各向异性统计得到的裂缝发育方向的玫瑰图信息基本一致,说明基于叠前地震方位各向异性的裂缝预测方法适合于对该地区的裂缝进行预测与描述。

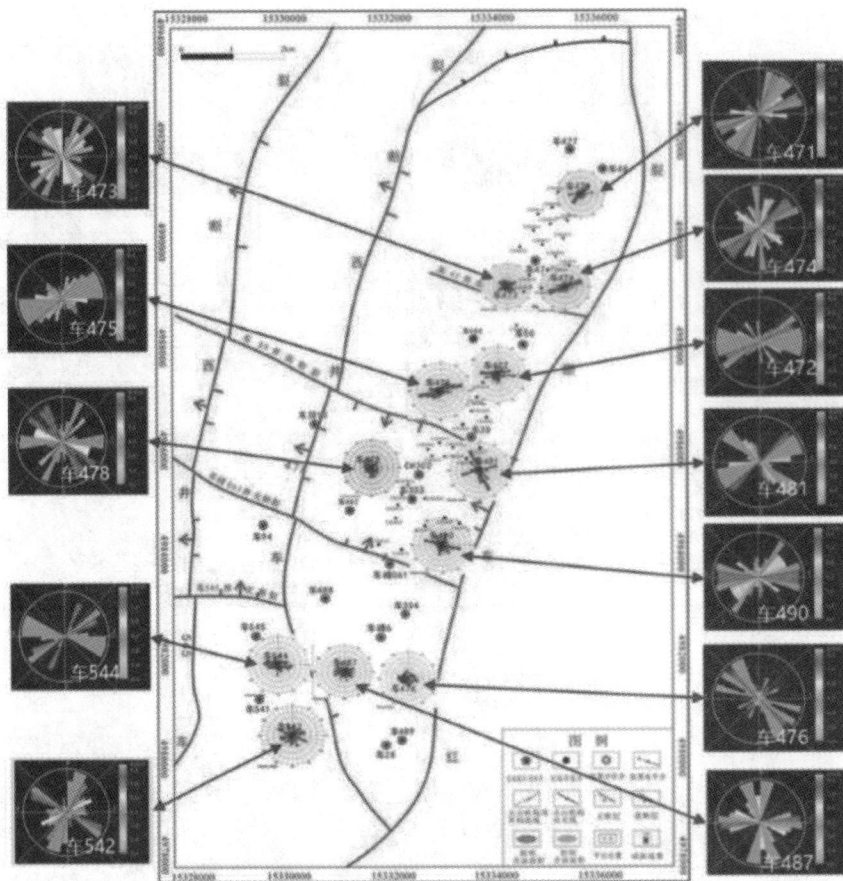

图 8-22　FMI 测井解释的裂缝发育方向和预测的裂缝发育方向(玫瑰图)对比图(据秦军等,2017)

8.5.2　叠前反演分析技术

通过前人研究可以发现,仅靠纵波阻抗不能很好地区分岩性和识别有利储层。叠前地震资料能够提供更多的储层信息,而且弹性波阻抗以及由弹性波阻抗提取的弹性参数对有利储层的指示和识别效果更好。

标准化的弹性波阻抗公式如下:

$$EI(\theta) = \alpha_0 \rho_0 \left[\left(\frac{\alpha}{\alpha_0} \right)^{1+\tan^2\theta} \left(\frac{\beta}{\beta_0} \right)^{8K\sin^2\theta} \left(\frac{\rho}{\rho_0} \right)^{1-4K\sin^2\theta} \right] \tag{8-2}$$

式中,θ 为入射角,α 为纵波速度,β 为横波速度,ρ 为密度,$K = \beta^2/\alpha^2 = 1/4$ 为常数,下标 0 表示初始值。

经岩石物理交会分析可知:与混合花岗岩储层相比,煌斑岩隔层具有较高的泊松比、较高的 $\lambda\rho$、较低的 $\mu\rho$、较低的自然伽马值,有利储层具有较低的泊松比、较低的 $\lambda\rho$、较高的 $\mu\rho$、较高的自然伽马值。将这几种参数相结合进行综合分析可以达到区分岩性、识别有利储层的目的。

在保证最大角度对应的偏移距不能超出实际地震资料的最大偏移距和目的层段有最

高照明度的前提下,将叠前地震道集划分为 $6°(3°\sim9°),12°(9°\sim15°),18°(15°\sim21°)$,做部分角度叠加。根据式(8-2)计算出各井的弹性波阻抗曲线,随后进行角度子波提取、地震地质层位对比和储层精细标定,在测井资料、钻井资料和地层构造的控制下,建立初始模型,对 3 个角度的数据分别做稀疏脉冲反演,得到 3 个角度的弹性波阻抗数据体,分别代入弹性波阻抗方程可以得到弹性波阻抗方程组,通过解方程组得到纵、横波速度以及密度数据体。由此可进一步计算得到泊松比、拉梅参数等数据体。接下来,用伽马曲线构建拟声波曲线,进行拟波阻抗反演,得到伽马数据体。结合岩石物理分析结果,综合泊松比、$\lambda\rho$、$\mu\rho$ 和伽马数据体可以实现岩性区分和有利储层的识别。

8.5.3　叠前地震直接定量反演技术

火成岩油气藏岩性复杂、非均质性强、孔隙及裂缝发育,叠前地震直接定量反演方法通过以岩芯实验数据、录井资料、测井数据为基础,研究火成岩岩石物理特征,从众多岩石物理弹性参数中筛选出最优的弹性参数,并制作定量分析的岩石物理量版,利用测井曲线正演叠前地震道集模型分析其火成岩 AVO 变化特征。直接定量反演时,重点使用 F. D. Gray 的近似 Zeoppritz 波动方程直接对叠前地震道集反演,计算优选出弹性参数反射率数据,并通过约束稀疏脉冲反演技术将 F. D. Gray 方程计算得到的叠前地震反射率数据体进行绝对值化,最终实现叠前地震直接定量反演,并利用其结果预测火成岩储层分布。叠前地震直接定量反演方法能够减小计算环节带来的迭代误差,预测结果精度高、可靠性强(仝敏波等,2011)。

图 8-23 为准噶尔盆地叠前密度直接定量反演剖面图,由预测结果可以认为研究区酸性火成岩有效储层主要分为上下两套。油气主要受到岩性和构造的双重因素控制,酸性火成岩分布的构造高部位是很好的油气聚集区。通过叠前地震直接定量反演方法,可以有效地结合岩石物理分析,更加精准地实现储层、流体预测,减少误差环节,增加结果的可靠程度,提高预测成功率。

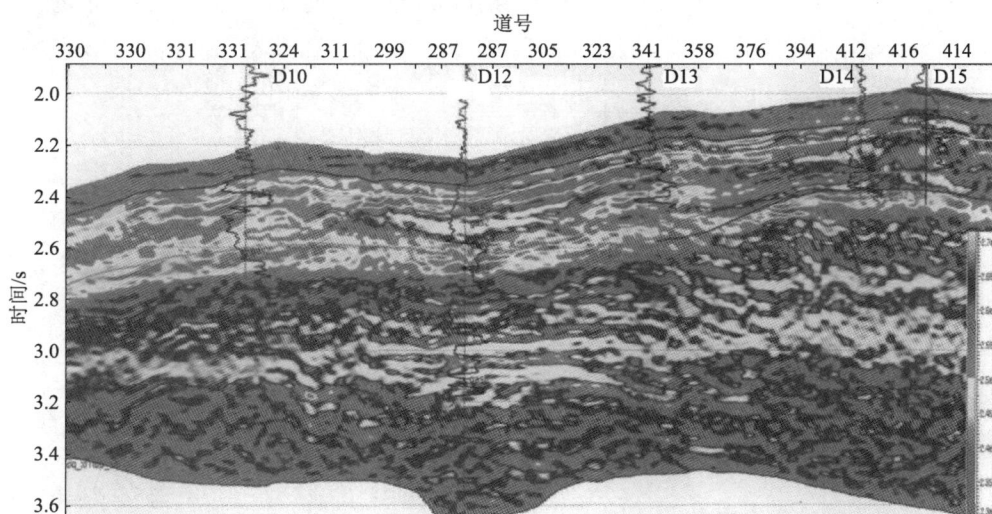

图 8-23　叠前密度直接定量反演剖面图(据仝敏波等,2011)

8.5.4 双参数约束地震叠前同时反演技术

利用三维地震资料,通过区内钻测井资料综合分析建立特有火成岩岩石物理模型,运用双参数约束三维地震叠前同时反演技术对研究区的火成岩分布进行预测描述,可以对区内的火成岩进行较为有效的刻画。

研究区位于北黄海盆地东部,北黄海盆地是中国黄海海域北部的一个以中新生界为主的盆地,北以海洋岛隆起、南以刘公岛隆起为界。如图 8-24 所示,A 井底部钻遇花岗斑岩厚 187 m(未钻穿),但三维地震资料上并无明显特征,故利用传统的地震剖面地震相识别以及叠后反演、叠前反演得到的波阻抗及纵、横波速度比等单一数据体约束,很难将区内纵、横向变化快且规模较小的这类浅层侵入火成岩清晰刻画,这使火成岩的分布特征成为该地区深入研究的难点。

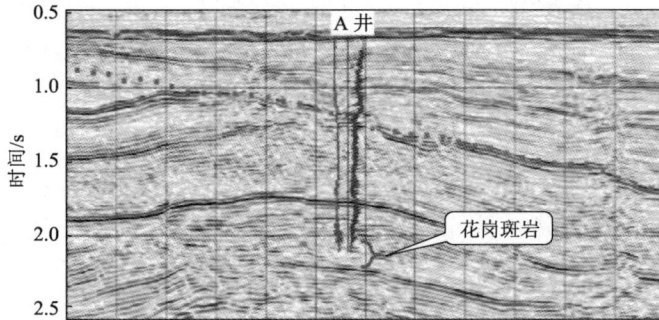

图 8-24 A 井钻遇火成岩地震剖面特征(据胡小强等,2015)

图 8-25 为原始道集经过 Gflat 残余动校正及 RNA 去噪处理后的对比图,可以看出,经过处理后的道集一定程度上剥离了干扰能量,从而提高了道集的信噪比,改善了道集的质量。经重新处理后的道集频率范围为 7~65 Hz,符合叠前反演地震道集频率组分的分布范围。

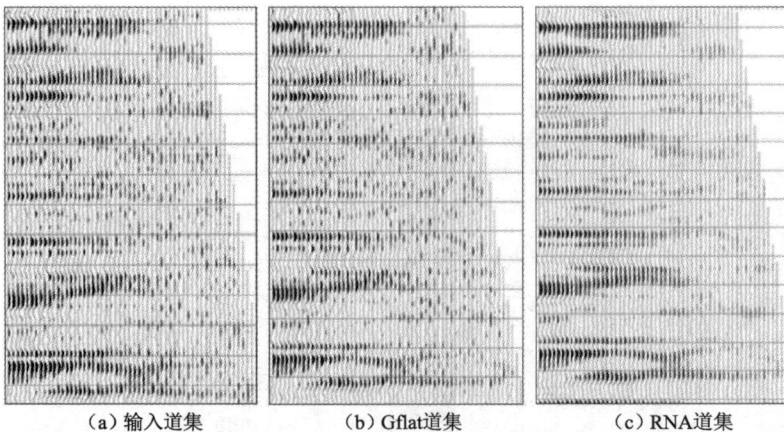

（a）输入道集 （b）Gflat道集 （c）RNA道集

图 8-25 原始道集与残余动校正及 RNA 去噪处理后道集对比(据胡小强等,2015)

研究表明,压实作用贯穿了区内地层沉积后整个变化阶段,其中下白垩统上部(R4 至

R44)的压实作用已经进入压实作用中期,而下白垩统下部(R44 至 R5)及中、上侏罗统(R5 至 Rg)则达到压实作用晚期。同时,由于火成岩受压实作用较砂、泥岩等沉积岩影响较小,所以选用带压实趋势的低频模型能够在后续反演结果中实现对火成岩更准确的刻画(图 8-26)。

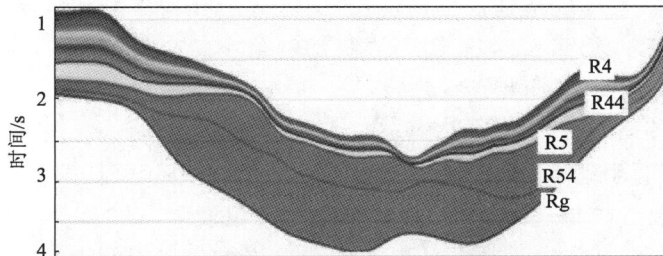

图 8-26　研究区带压实趋势的低频模型(据胡小强等,2015)

从过井反演成果剖面上看,叠前同时反演能够较好地刻画出研究区内的火成岩(图 8-27)。图中 B 井在 2 496.5~2 510 m,2 593.5~2 674.5 m,3 783~3 788 m 钻遇 3 套火成岩体,其中 2 593.5~2 674.5 m 的花岗斑岩和 3 783~3 788 m 的花岗斑岩获得较好的刻画,而 2 496.5~2 510 m 钻遇的花岗斑岩由于地震资料分辨率的原因(地震资料分析表明,本次叠前反演能够识别的岩层厚度下限为 18 m)没有在井上刻画出来。C 井在 3 013.5~3 020 m 处发育一套花岗斑岩,由于地震资料分辨率的问题,在井附近这套侵入体未刻画出来。D 井在 3 961.5~3 964 m 和 4 000~4 013 m 处各发育一套中性侵入岩,由于地震资料分辨率的原因,反演结果显示为一套火成岩。

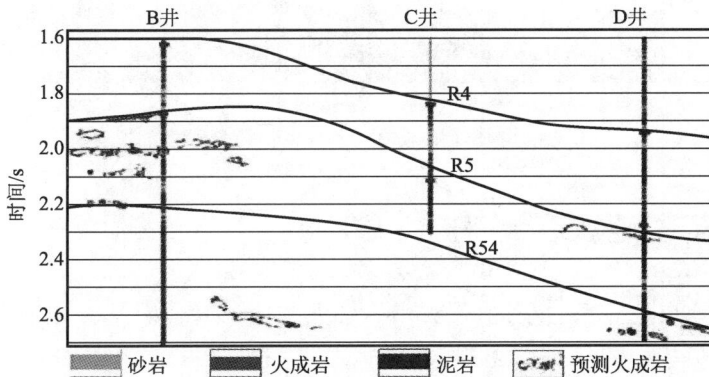

图 8-27　过 B—C—D 连井叠前反演剖面(据胡小强等,2015)

8.6　火成岩综合地球物理描述方法

8.6.1　时频电磁勘探方法

时频电磁勘探方法是一种人工场源电磁勘探方法,信号强、信噪比高,可以应用于深部矿产和油气资源勘探各个领域。以辽河坳陷东部凹陷火成岩描述为例,时频电磁勘探采用大功率、长偏移距、多频采集方法,提高了勘探深度和信噪比,更有利于研究深层目标。在后期资料处理中,考虑到电磁勘探的体积效应,为获得精确的电阻率成像,开展了井震建模二维约束反演。井震建模二维约束反演是根据已知地质、地震浅层信息,确定剖面浅层初始地质模型层位,依据钻井统计物性结果给定电阻率,首先反演浅层地电结构,经过多次反复反演,找到最小拟合差,完成浅层反演,然后固定浅层几何参数和电阻率,重点反演深层地电结构。反演过程中需多次反复反演,寻找深部最小拟合误差,完成深层地电结构模型的建立,最终得到反演结果(石艳玲等,2017)。

图 8-28 是 TFEM-01 线井震-时频电磁联合约束反演剖面。从图中可以看出,该反演剖面对沙三段内部电性差异反映清晰,对不同期次界线也有较好反映。对比物性统计结果表明,除测线左侧及右侧凸起区,沙三段内部高阻的粗面岩(类)在早期断陷内分布广泛。沙三段内部电性异常"高低相间",以沉积夹层或岩相组合突变面为界,沙三段共可解释出5期。以钻井标定,粗面岩、粗面质角砾岩为高电阻率,粗安岩、玄武岩电阻率相对低,低阻夹层主要为相对低电阻率的玄武岩(类)、火山碎屑岩和沉积岩,夹层在火山口附近不发育,远离火山口位置厚度增大。

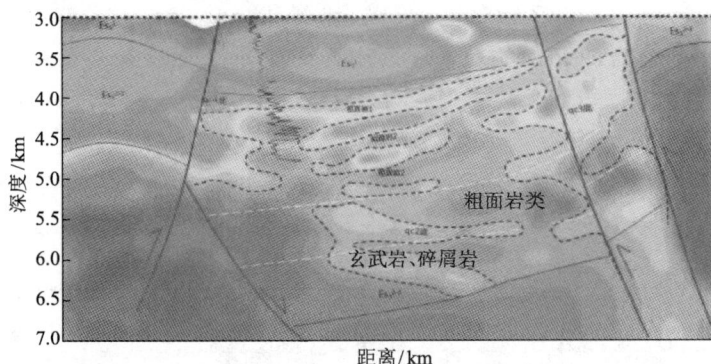

图 8-28　TFEM-01 线井震-时频电磁联合约束反演剖面图(据石艳玲等,2017)

8.6.2　电磁-地震联合研究方法

深层火山岩地层地震反射杂乱,使火山岩油藏的探测异常困难。针对火山岩储层制订了针对性的技术路线,采用电磁-地震联合模拟退火约束反演,利用钻井标定和地震构建浅层模型,提高深层的反演分辨率,有效提高了深层火山岩解释的准确性。

辽河凹陷位于渤海湾盆地的东北部,属典型的中新生代发育的大陆裂谷盆地。由于火山岩厚度大,对地震信号屏蔽作用强,深层火山岩地震信息不足,期次划分和岩性、岩相分布不清楚。

研究区的浅层地震资料具有较高的分辨率,为了获得高分辨率的电阻率成像,采用基于井震建模的模拟退火反演算法进行约束反演。其基本思想是将待反演模型的每个参数看作熔化物体的每一个分子,将目标函数看作熔化物体的能量函数,通过缓慢减小一个模拟温度的控制参数进行迭代反演,使目标函数最终达到全局极值点。L_2 范数情况下非线性的 TFEM 约束反演问题的目标函数为:

$$\varphi(\boldsymbol{m})=[\boldsymbol{d}-\boldsymbol{A}(\boldsymbol{m})]^{\mathrm{H}}*[\boldsymbol{d}-\boldsymbol{A}(\boldsymbol{m})] \tag{8-3}$$

式中,d 为数据矩阵;A 为模型正演矩阵;m 为模型参数向量;上标 H 为共轭转置,当观测数据为实数时,共轭转置退化为转置;"＊"为褶积运算。

将 TFEM 约束反演问题的每一个模型参数向量 m_i 等效为物体的某种状态 r_i,将目标函数 $\varphi(m)$ 等效为物体的能量函数 E_i,引入一个随迭代次数变化的控制参数 T 模拟物体的温度,就可以得到 TFEM 的非线性反演的 Metropolis 接受准则:

$$P(m_1 \rightarrow m_j) = \begin{cases} 1 & \varphi(m_j) < \varphi(m_i) \\ \exp\left[\dfrac{\varphi(m_i) - \varphi(m_j)}{k_b T}\right] & \varphi(m_j) \geqslant \varphi(m_i) \end{cases} \tag{8-4}$$

式中,k_b 为 Boltzmann 常数,在时频电磁反演过程中可设为 1;T 为温度。

由图 8-29 可见,电阻率反演剖面能够较好地反映地层整体的电性结构,并且在沙三段内部电阻率变化信息非常丰富。在电阻率剖面上进行期次界面识别和横向对比追踪,发现电阻率反演剖面对 5 个期次的分布特征有较清晰的揭示,呈现 1—0—2—0—2—0—1—0—1—0 电阻率编码节律特征,qc1,qc4 和 qc5 火山活动较弱,qc2 和 qc3 火山活动较强。剖面上红 33 井和红 25 井的电阻率测井曲线与反演结果对应关系良好。另外,根据 TFEM-05 线的反演结果(图 8-30)可见,爆发相角砾岩和上部溢流相粗面岩组成的火山机构清楚,于 73 井粗面岩 1 和粗面岩 2 之间的低阻夹层反映清楚,与电阻率测井结果一致。

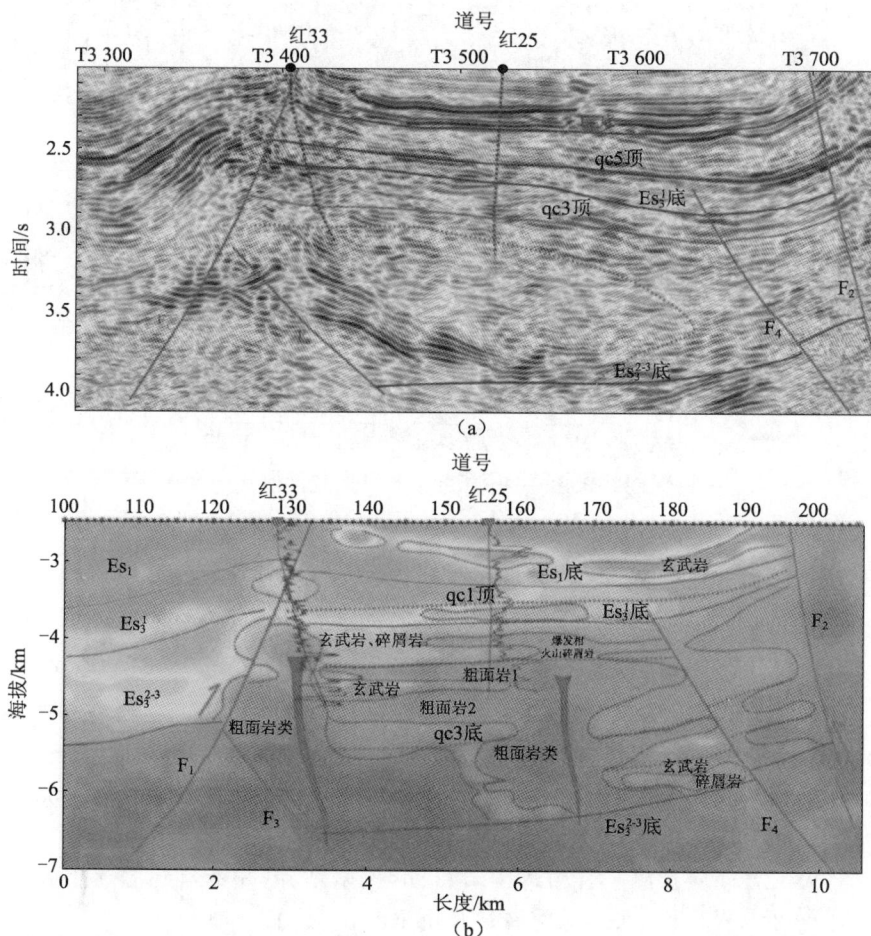

图 8-29　TFEM-03 线地震剖面(a)、电阻率反演剖面(b)及地质解释剖面(c)(据徐桂芬等,2019)

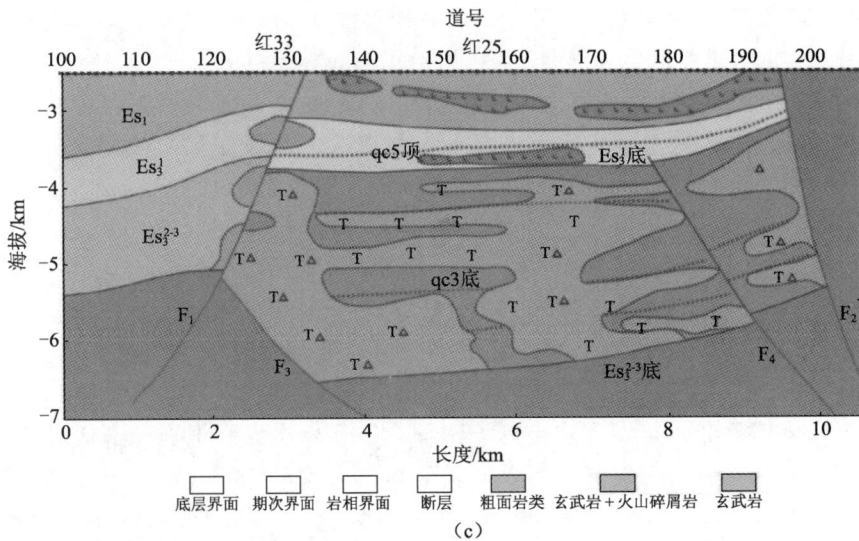

图 8-29（续） TFEM-03 线地震剖面(a)、电阻率反演剖面(b)及地质解释剖面(c)(据徐桂芬等,2019)

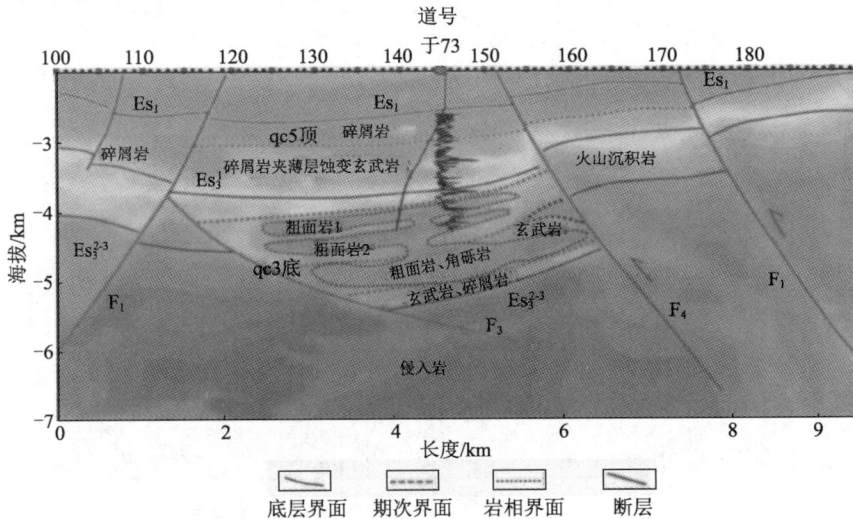

图 8-30 TFEM-05 线约束反演电阻率剖面及岩性解释剖面叠合图(据徐桂芬等,2019)

8.6.3 重磁电震综合预测方法

第一步,火山岩区域预测。利用区域性的重磁资料结合 2D 地震以及地质、钻井资料宏观预测火山岩及岩性分布,优选火山岩有利断陷、区块、区带。

第二步,火山岩目标识别。针对火山岩目标进行识别,实现火山岩目标的微观精细预测。可利用电测深资料识别火山岩目标,或者通过对 3D 地震数据体大跨度地浏览寻找异常,扫描可能的火山岩体,预测火山岩目标。

第三步,火山岩储层预测。针对火山岩目标,根据钻、测井资料建立火山岩识别的地球物理标志,划分火山岩岩相,通过地震属性及反演预测火山岩储层。

　　针对正则化下延增强深层和延拓回返垂直导数突出局部的特点,结合两种技术的优势,杨辉等(2011)提出了重磁深度振幅补偿异常增强提取新算法。其波谱算子为:

$$F = e^{2\pi kz} / [1 + \alpha e^{\beta(k-k_0)\lambda}] \{ e^{-2\pi kz} [6 - e^{-2\pi kz} - 2\cos(2\pi hu) - 2\cos(2\pi hv)] \}^p (2\pi k)^2 \quad (8\text{-}5)$$

式中,α 为正则化参数,β 为滤波指数,λ 为基波波长,u 和 v 分别为 x 和 y 方向的波数,$k = \sqrt{u^2 + v^2}$,k_0 为截频波数,z 为补偿深度,h 为延拓回返高度,p 为延拓回返次数。

　　图 8-31 为不同深度的火山岩体磁异常 ΔT 与能量补偿增强后磁异常 ΔT_{zz} 特征值的对比图。从图中可见,不同深度的火山岩体磁异常 ΔT 随深度 d 的增加其振幅迅速衰减,深度 1 500 m 的火山岩体产生的磁异常振幅是深度 5 000 m 的火山岩体所产生磁异常振幅的近 10 倍。通过能量补偿增强后这两个深度的火山岩体磁异常特征值基本一致,消除了火山岩体埋深对磁异常振幅的影响。通过深度振幅补偿后,同一火山岩体不同深度的磁异常特征值的误差小于 10%,能够满足识别同一类火山岩的需要,较好地消除了火山岩体埋深对重磁异常振幅特征的影响,有利于利用增强后位场异常的振幅特征划分火山岩岩性,提高磁异常识别火山岩岩性的可靠性。

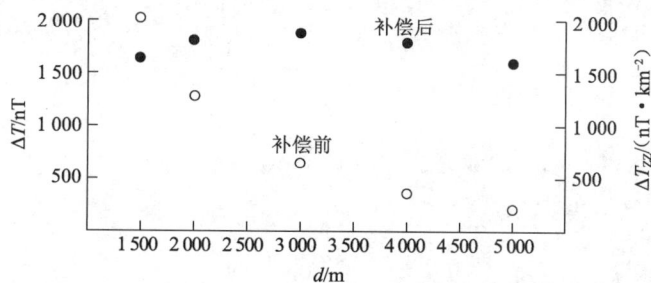

图 8-31　不同深度的火山岩体磁异常 ΔT(空心圆)与
能量补偿增强后磁异常 ΔT_{zz}(实心圆)特征值对比(据杨辉等,2011)

　　准噶尔盆地陆东地震 3D 研究区火山岩岩性及岩相分布预测:利用所提出的深度振幅补偿增强滤波技术,对准噶尔盆地勘探程度较高的陆东地区的磁异常进行了石炭系顶面磁异常深度振幅补偿增强提取。通过与 40 多口钻遇石炭系火山岩井的岩芯资料对比发现,中基性火山岩深度振幅补偿增强后磁异常 ΔT_{zz} 特征值为 300～350 nT/km²,中酸性火山岩深度振幅补偿增强后磁异常 ΔT_{zz} 特征值为 150～250 nT/km²,凝灰岩和沉积碎屑岩深度振幅补偿增强后磁异常 ΔT_{zz} 特征值为 −20～50 nT/km²。可见,通过深度振幅补偿,较好地增强了中基性火山岩、中酸性火山岩与凝灰岩和沉积碎屑岩磁异常 ΔT_{zz} 的振幅特征差异(图 8-32)。

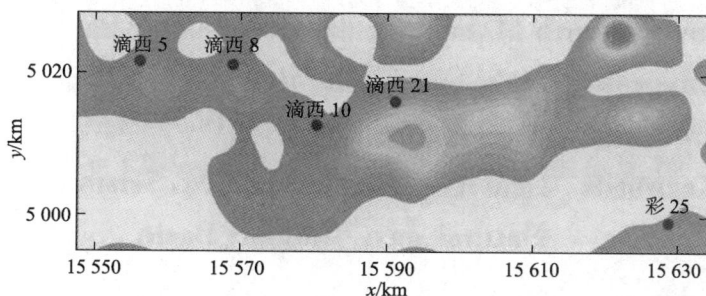

图 8-32　陆东地震 3D 研究区深度振幅补偿磁力垂直二次导数异常图(据杨辉等,2011)

初步统计分析表明,利用深度振幅补偿增强技术对中基性火山岩预测的符合率为84.6%,对中酸性火山岩预测的符合率为73.7%,对沉积岩预测的符合率为71.4%,平均符合率为83.2%,证实了该技术的有效性。

图 8-33 为从 3D 连片地震资料中沿石炭系顶面向下 100 ms(200 m 左右)提取的相干体切片(图 8-33a)和地震振幅(图 8-33b)属性特征的平面分布图。从相干体上可以明显看出团状火山口分布范围,以及围绕火山口发育大面积稳定的溢流相火山岩体。在解释溢流相的基础上再结合地震振幅属性进行火山岩岩性预测,滴西 17 井附近表现为基性火山岩特征,滴西 5 井以北弱反射为酸性火山岩,滴西 10 井以南的区域主要为中酸性火山岩。

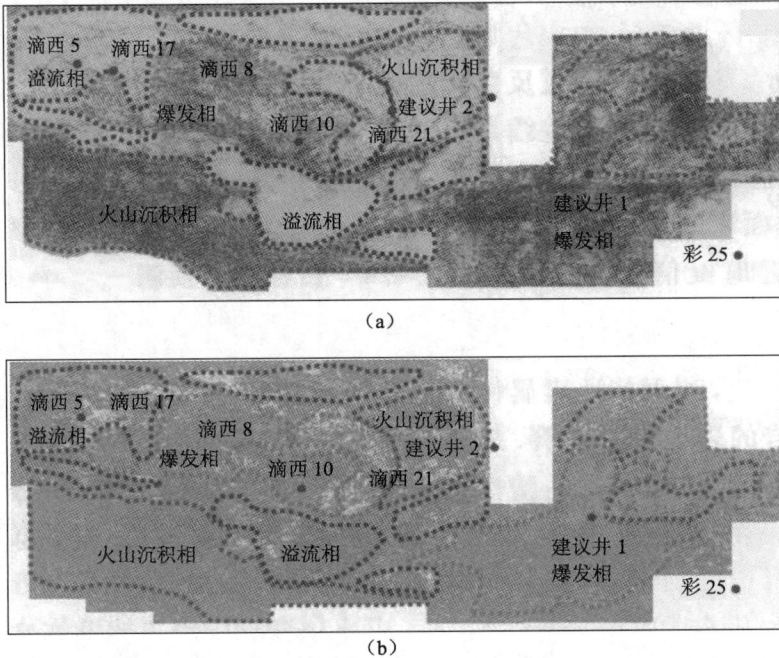

(a)

(b)

图 8-33 陆东地震 3D 研究区相干切片(a)和振幅(b)属性特征(据杨辉等,2011)

8.6.4 场源边缘检测方法

边缘是指断裂构造线、地质体边界线等(王万银,2010)。在地质体边缘附近,重磁异常变化率比较大,在其方向导数、垂向导数或水平梯度上表现为极值、零值或其他特征,场源边缘识别技术正是利用这种特征进行地质体边缘的检测。

1) 倾斜角导数及其水平梯度

Miller 和 Singh(1994)首次提出倾斜角(tilt angle)的概念。Verduzco 等(2004)给出的计算公式为:

$$TA(x,y) = \arctan\left|\frac{\partial f(x,y)}{\partial h}\middle/ \partial f(x,y)\right| \tag{8-6}$$

$$\frac{\partial f(x,y)}{\partial h} = \sqrt{\left(\frac{\partial f(x,y)}{\partial x}\right)^2 + \left(\frac{\partial f(x,y)}{\partial y}\right)^2} \tag{8-7}$$

式中，TA 为倾斜角导数，$f(x,y)$ 为磁异常。

倾斜角导数通过归一化换算，将整个磁异常数据的变化范围限制在 $-\pi/2 \sim \pi/2$ 之间，相当于一个自动增益滤波器，使强异常得到有效压制，弱异常得到增强，而且对场源深度不敏感，但是受场源倾斜角度的限制，仅适合探测倾角为 0°和 90°的场源边界。而其水平梯度在场源边界处取得极大值，不但继承了倾斜角导数的优点，而且有效解决了受场源倾斜角度限制的问题。但是该方法存在一个无法避免的问题就是比较弱的干扰异常同样被放大了，因此在运用该方法时应该注意这个问题。纳米比亚中北部有黄金矿藏的分布，但是该区域的火成岩比较发育，对金矿的磁异常特征干扰很大。Bruno(2004)通过求取航磁数据的倾斜角导数，较清楚地刻画出黄金矿藏发育特征，排除了火成岩的干扰。

2）θ 图

Wijns 等(2005)对重磁异常水平梯度以其解析信号模量为单位进行归一化，得到一个正则量 θ 角度，其公式为：

$$\cos \theta = \frac{\sqrt{(\partial f/\partial x)^2 + (\partial f/\partial y)^2}}{\sqrt{(\partial f/\partial x)^2 + (\partial f/\partial y)^2 + (\partial f/\partial z)^2}} \tag{8-8}$$

该方法利用极大值确定地质体的边缘位置，而且 θ 是基于导数的比值而来的，θ 图法可以很好地平衡异常中高、低振幅的异常，从而突出相对较弱的异常。由于 θ 图法没有进行高阶的梯度计算，可避免将干扰信号进一步放大，且不受磁化方向的影响。另外，磁异常向上延拓后再计算的 θ-Map 导数可以用来判断磁性体边界随深度的连续性。Wijns 使用西非布基纳法索的磁异常总场资料进行了磁性体边缘检测，检测结果显示出数据区的中部倒 V 形的线性特征非常清晰，推测其左分支为向斜或背斜的轴部的反映。

3）归一化标准差（NSD）

Cooper 和 Cowan(2008)提出一种对重磁异常方向导数进行归一化标准差计算的方法，其原理是用一个滑动的窗口来计算每一个方向导数网格节点的均方差，然后用 x, y, z 三个方向导数的标准差之和对垂向导数标准差进行归一化。计算公式为：

$$NSD = \frac{\partial \left(\frac{\sigma f}{\sigma z}\right)}{\partial \left(\frac{\sigma f}{\sigma x}\right) + \partial \left(\frac{\sigma f}{\sigma y}\right) + \partial \left(\frac{\sigma f}{\sigma z}\right)} \tag{8-9}$$

归一化标准差是利用极大值来识别地质体边缘，与倾斜角导数、θ-Map 等方法的基本原理相似，但在效果上比这些方法略有优势，不仅能突出反映地质体边缘的弱信号，还能使整个数据变得非常平滑。纳卡那岛弧是南非著名的阿得莱德褶皱俯冲带的一部分，由大陆沉积物构成了新元古代阿得莱德超序列，巨厚的沉积物掩盖了其底下富铁砂岩地层引起的磁异常，通过 NSD 不仅反映出了阿得莱德褶皱俯冲带的线性特征，也反映出了富铁砂岩地层的分布特征。

以北黄海某盆地火成岩分布特征研究为例，该盆地布格重力异常（图 8-34）整体上呈现出重力高与重力低异常相间分布的特征。盆地中央为一个 NE 向呈带状展布的重力低异常，该异常最小值为 -12 mGal；盆地东侧存在一个 NEE 走向的重力高异常，呈条带状展布，异常最大值达 35 mGal。布格重力异常所呈现出的这种特征与该盆地的隆坳构造有比较好的对应关系，说明布格重力异常能很好地反映盆地的构造特征。

　　该盆地极化磁异常(图 8-35)整体变化较小,盆地中部及东南部异常变化非常平缓,大部分异常值在-26~0 nT 之间,异常走向为 NW 向;盆地的东北部边缘和西南部边缘异常变化较剧烈,其中东部北部边缘异常以正异常为主,规模相对较大,西南部边缘异常以串珠状正异常为特征,异常规模相对较小。该盆地南、北两侧的隆起区磁异常变化剧烈,反映出该盆地南北两侧的岩浆活动程度强于该盆地内部的岩浆活动。

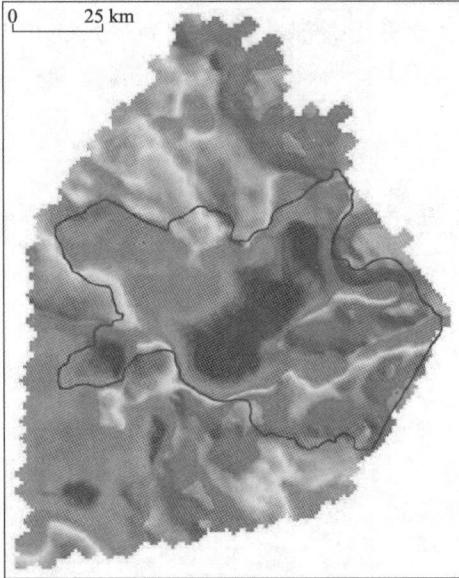

图 8-34　布格重力异常(据涂广红,2014)

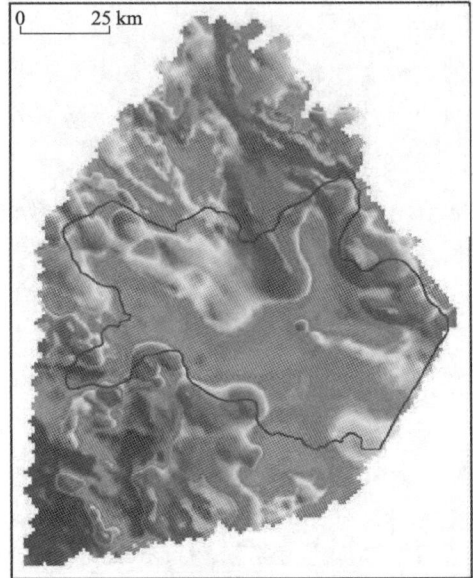

图 8-35　极化磁异常(据涂广红,2014)

　　从 6 种磁异常边缘识别结果来看,解析信号模水平梯度法效果最差(图 8-36b),对边缘的反映非常不明显,仅突出了地质体的中心位置。归一化均方差法效果最好(图 8-36f),该方法有效平衡了强、弱异常信息特征,将强、弱异常所代表的地质体边缘特征均表现出来,且处于一个平均的水平上,边缘特征清晰可见,细节丰富,反映的边缘信息也最多,同时带来了一些干扰异常的边缘信息,需要同其他几种方法的结果进行对比,以消除干扰异常产生的边缘信息。倾斜角导数水平梯度法(图 8-36c)和 θ 图水平梯度法(图 8-36e)的效果仅次于归一化均方差法,细节信息丰富,平衡了强、弱异常信息特征,但平衡的程度不够,相对归一化均方差法而言,倾斜角导数水平梯度法有效地突出了地质体边缘特征,但对弱异常所代表的地质体边缘特征增强的程度不够,而 θ 图水平梯度法虽对弱异常进行了有效的增强,但造成了一些干扰异常的边缘特征与有效的地质体边缘特征非常相似,特别是在盆地的北侧这些干扰信息导致了该区域一些地质体边缘难以有效地识别,其他几种方法结果明显显示该区域存在一些 NW 向边缘特征。相对倾斜角导数水平梯度法、θ 图水平梯度法和归一化均方差法而言,水平梯度法(图 8-36a)在弱异常增强以及平衡强、弱异常信息特征方面有所欠缺,但有效地突出了边缘特征,有力地压制了干扰信息。θ 图法(图 8-36d)不仅增强了弱异常信息,而且弱信号放大程度太大,导致强、弱信息倒置。如盆地中部有一个不太规则的 U 形的边缘,但这个特征在其他几种边缘识别结果中均没有显示,均反映为非常弱的异常信息。综合这些方法,排除一些干扰产生的边缘信息,最后圈画出依据磁异常识别出的火成岩体范围。

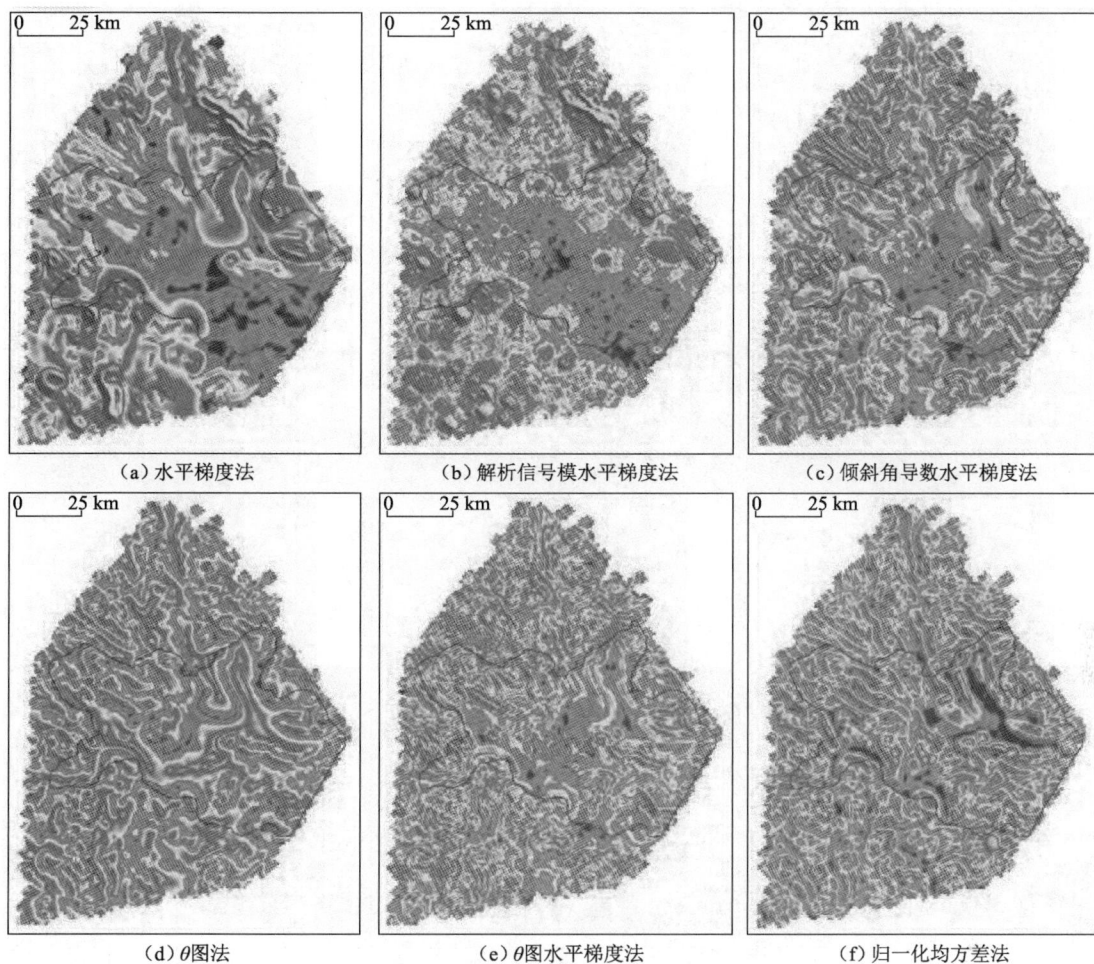

图 8-36　北黄海某盆地磁异常场源边缘识别(据涂广红,2014)

　　重力异常边缘识别结果(图 8-37)显示,θ 图法(图 8-37d)和 θ 图水平梯度法(图 8-37e)对地质体边缘识别效果明显优于其他 4 种方法,对非边缘信息进行了有效的压制,对边缘信息进行了增强,边缘轮廓清晰。相对 θ 图水平梯度法而言,θ 图法的边缘更清晰,边缘闭合性好,便于地质体的圈画,但 θ 图法进一步计算水平梯度后,将一些干扰异常信息放大,使一些边缘特征受到削弱。水平梯度法(图 8-37a)和解析信号模水平梯度法(图 8-37b)对边缘特征反映不明显,主要突出了地质体中心位置特征,而且一些干扰信息也被放大。倾斜角导数水平梯度法(图 8-37c)和归一化均方差法(图 8-37f)均突出了边缘特征,且归一化均方差法突出的边缘信息更丰富、特征更明显,但它们所反映的边缘特征以线形为主,基本没有闭合的边缘特征,也就是说所突出的边缘信息主要反映的是一些线性构造,而体现地质体的闭合边缘特征没有得到反映。主要依据 θ 图法的识别结果,比对 θ 图水平梯度法、水平梯度法、解析信号模水平梯度法、倾斜角导数水平梯度法及归一化均方差法的结果,圈画出依据重力异常识别出的火成岩体范围。

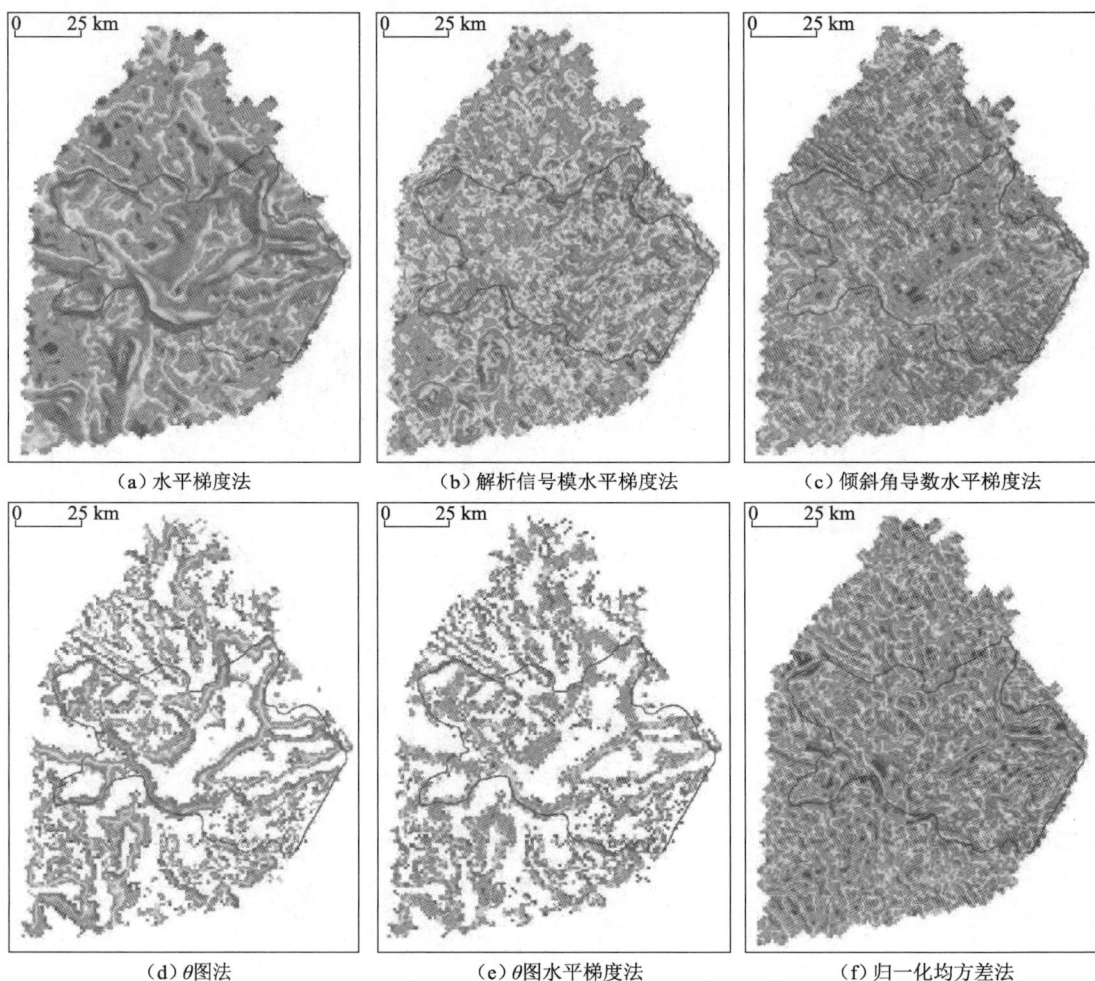

（a）水平梯度法　　　　　（b）解析信号模水平梯度法　　　　（c）倾斜角导数水平梯度法

（d）θ图法　　　　　　　（e）θ图水平梯度法　　　　　　　（f）归一化均方差法

图 8-37　北黄海某盆地重力异常场源边缘识别(据涂广红,2014)

从依据重磁异常分别圈画出的火成岩叠合图(图 8-38a)来看,两者火成岩范围基本吻合,但磁异常识别出的范围相对较大,重力异常识别出的范围相对较小,主要原因是北黄海分布的火成岩主要为酸性、中酸性和基性火成岩,与围岩密度差非常小,部分火成岩体在重力异常上基本没有显示,自然难以识别出这些火成岩的范围。图 8-38(b)主要依据磁异常推断岩体分布范围,圈画了火成岩的分布范围(图 8-38b)。

为了检验重磁异常识别出的火成岩范围的可靠性,将其结果与地震解释的火成岩(Rg)范围(图 8-38c)进行叠合对比,两者的范围大部分叠合在一起,部分岩体的形态存在差异,且地震解释的范围相对较小,在盆地西部基本没有岩体显示。主要原因有两点:一是地震解释的范围仅是 Rg 层位上的火成岩范围,而重磁异常识别的范围则是包括了整个沉积层内岩体的范围,如在盆地西部,重磁异常识别了一大片的岩体,而地震则没有识别出,原因是这些岩体与地震 Rg 层位不在同一个深度范围;二是二者识别火成岩的依据不同,地震识别火成岩主要依据火成岩的波速、地震相等属性,而重磁异常识别主要依据火成岩的密度和磁性,因此即使同一岩体,地震识别的范围与重磁异常识别的范围可能大致吻合,但完全一致的可能性较小。

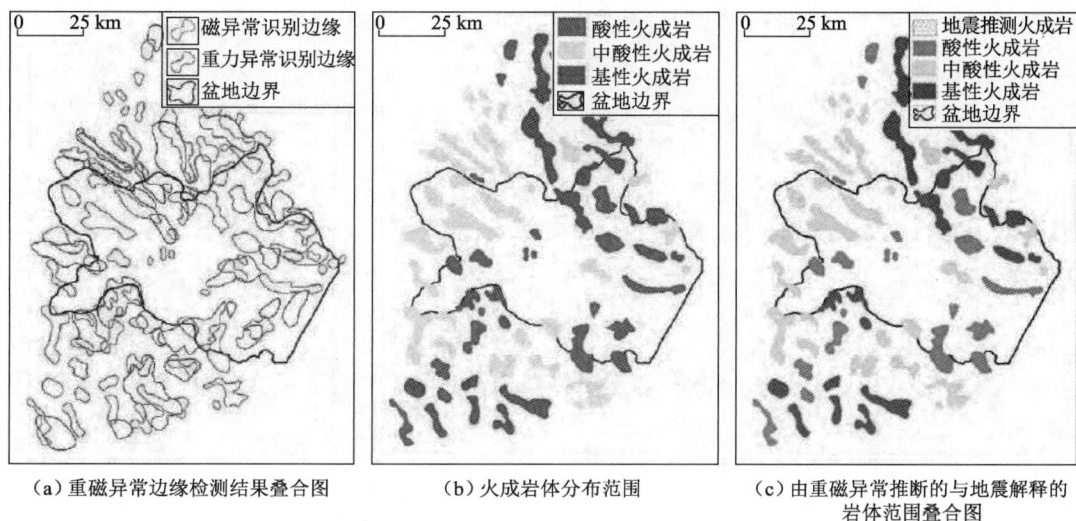

| （a）重磁异常边缘检测结果叠合图 | （b）火成岩体分布范围 | （c）由重磁异常推断的与地震解释的岩体范围叠合图 |

图 8-38　北黄海某盆地火成岩体分布范围

8.6.5　测井-地震综合预测方法

该方法的明显优势主要体现在：① 利用资料更全面。该方法利用了地质、钻井、测井及地震等多种资料，裂缝信息在以上资料中以不同的形式体现，全面的裂缝信息是有效、可靠识别裂缝的基础。② 多种识别手段相结合。测井和不同地震方法的结合既能实现对不同尺度裂缝的有效刻画，又能相互验证识别结果，提高了识别结果的可靠性。③ 测井和地震指标相结合。通过建立测井裂缝综合概率指标与地震边缘检测强度值的关系，利用由岩芯刻度的测井裂缝强度精细划分地震裂缝级别，得到的识别结果具有明确的物理意义，从而可全面预测裂缝的空间分布规律。

8.6.5.1　测井裂缝识别

1）曲线变化率

裂缝往往会导致测井曲线的异常变化，而这种变化率可以用来指示裂缝发育情况。测井曲线变化率通常可采用 3 个点或 5 个点计算，公式为：

$$\Delta X_i = \frac{|X_{i-1} - X_i| + |X_{i+1} - X_i|}{2} \tag{8-10}$$

或

$$\Delta X_i = \frac{1}{4} \sum_{j=-2}^{1} |X_{x+j} - X_{i+j+1}| \tag{8-11}$$

式中，ΔX_i 为计算出的测井曲线第 i 点位置的曲线变化率；X_i，X_{i-1}，X_{i+1}，X_{i+j} 及 X_{i+j+1} 分别为测井曲线第 i，$i-1$，$i+1$，$i+j$ 及第 $i+j+1$ 点位置的曲线数值。

2）岩石孔隙结构指数

岩石孔隙结构指数 m 是阿尔奇公式 $F = \dfrac{a}{\phi^m}$ 的系数，它表征岩石导电的孔隙曲折度，其

值越小,裂缝越发育。通过大量岩石物理实验获得的 a 和 m 的关系具有如下一般形式:

$$m = A - B\lg \alpha \tag{8-12}$$

则有:

$$m = \frac{A - B\lg F}{1 + B\lg \phi} \tag{8-13}$$

式中,A,B 均为经验系数;F 为地层因素;ϕ 为孔隙度。

3)地层因素比

地层因素受地层岩性、孔隙度及孔隙结构复杂程度影响。利用电阻率、孔隙度测井分别计算出的地层因素可反映岩性差异,利用构造地层因素比可表征裂缝发育程度。由电阻率测井计算地层因素 F_R 的公式为:

$$F_R = \frac{R_0}{R_w} \tag{8-14}$$

实际计算中利用 R_t 近似 R_0,由孔隙度计算地层因素 F_P 的公式为:

$$F_P = \frac{\alpha}{\phi^m} \tag{8-15}$$

则地层因素比 F_{RF} 定义为:

$$F_{RF} = \frac{F_R}{F_P} = \frac{R_t \phi^m}{\alpha R_w} \tag{8-16}$$

式中,R_0 为饱和水地层电阻率,R_w 为地层水电阻率,R_t 为深侧向电阻率。

4)饱和度比

地层裂缝发育必然导致泥浆及滤液侵入地层,而井壁附近的地层受侵入影响强,远离井壁的地层受侵入影响小,导致 $S_{xo} \geqslant S_w$,则饱和度比值 S_{wx} 为:

$$S_{wx} = \frac{S_w}{S_{xo}} = \left(\frac{R_w R_{xo}}{R_{mf} R_t}\right)^{\frac{1}{n}} \tag{8-17}$$

式中,S_w 及 S_{xo} 分别为原状地层含水饱和度及侵入带地层含水饱和度,R_{xo} 及 R_{mf} 分别为侵入带地层电阻率及泥浆滤液电阻率。

由此可知,裂缝越发育,侵入越强,深、浅侧向电阻率的差异就越小,即 S_{wx} 越趋近于1。

5)骨架指数

根据裂缝对密度和声波测井响应的差异,通过计算声波骨架指数和密度骨架指数构造交会骨架指数裂缝指标。由声波测井孔隙度 ϕ_s 计算声波骨架指数 S_{ma} 的公式为:

$$S_{ma} = \frac{\Delta t - \Delta t_f \phi_s}{1 - \phi_s} \tag{8-18}$$

式中,Δt 及 Δt_f 分别为岩石总体的声波时差及岩石孔隙水的声波时差。

将密度测井孔隙度 ϕ_D 代入上式即可得出密度骨架指数 D_{ma}:

$$D_{ma} = \frac{\Delta t - \Delta t_f \phi_D}{1 - \phi_D} \tag{8-19}$$

交会骨架指数 X_{mx} 定义为:

$$X_{mx} = \left| \frac{S_{ma}}{D_{ma}} - 1 \right| \qquad (8\text{-}20)$$

6）三孔隙度比

三孔隙度比为总孔隙度 ϕ_t、中子孔隙度 ϕ_N、密度孔隙度 ϕ_D 和声波孔隙度 ϕ_s 构造的比值，三孔隙度比 R_P 为：

$$R_P = \left| \frac{\phi_t - \phi_s}{\phi_t} \right| \qquad (8\text{-}21)$$

其中：

$$\phi_t = \sqrt{\frac{\phi_D + \phi_N}{2}}$$

$$\phi_D = \frac{\rho_{ma} - \rho_b}{\rho_{ma} - \rho_f}$$

$$\phi_s = \frac{\Delta t - \Delta t_{ma}}{\Delta t_f - \Delta t_{ma}} \qquad (8\text{-}22)$$

式中，ρ_{ma} 为岩石骨架密度，ρ_b 为岩石总密度，Δt_{ma} 为岩石骨架的声波时差。

由于声波测井反映水平裂缝和原生粒间空隙，密度和中子测井反映地层总孔隙度，所以在裂缝型地层中 R_P 越大，说明次生孔隙度越大，即次生孔越发育。

7）井径变化指标

裂缝引起的井径曲线的响应特征包括扩径或缩径，因此井径变化指标 $DCAL$ 也可作为表征裂缝的一个量，其公式为：

$$DCAL = |CAL - BITS| \qquad (8\text{-}23)$$

式中，CAL 为测得的井径，$BITS$ 为所用钻头尺寸。

8.6.5.2　地震相异性裂缝识别

第三代相干体算法由 Gersztenkorn 和 Marfurt(1999)提出，是在第二代相干体算法的基础上通过计算协方差矩阵的特征值计算相干属性。由于协方差矩阵是对称的半正定矩阵，当原始数据的元素不全为零时，可以计算出 J 个非负特征值 λ_j，定义

$$C_3 = \frac{\lambda_1}{\text{tr } C} = \frac{\lambda_1}{\sum\limits_{j=1}^{J} C_{jj}} = \frac{\lambda_1}{\sum\limits_{j=1}^{J} \lambda_j} \qquad (8\text{-}24)$$

为第三代相干值。式中，$\text{tr } C$ 为矩阵的迹，代表协方差矩阵的能量，λ_1 为最大主特征值。

从原理上分析，地震相干数据体的计算非常简单和易于理解。根据所给数据体的道数、倾斜角和选择的计算时窗，利用下式计算相关系数：

$$R(t, \phi_{max}) = \frac{\sum\limits_{L-1-N/2}^{L-1+N/2} T_L T'_{L+\phi_{max}}}{\sum\limits_{L-1-N/2}^{L-1+N/2} T_L^2 T'_{L+\phi_{max}}} \qquad (8\text{-}25)$$

式中，R 为相关系数，是地震道时间 t 和倾斜角 ϕ 的函数，T 和 T' 为地震道数据对。

倾斜角受方位的影响不易给定，计算时主要确定数据体的相干数据和相干时窗。

边缘检测是由 Mallat 等提出的一种图像检测算法。由于图像边缘检测与地震裂缝识别有许多相似之处,故可将该边缘检测算法运用到地震裂缝识别中。基于 Mallat 等提出的边缘检测算法,Taner 构造了相应的小波函数对三维地震数据体 $F(x,y,t)$ 进行边缘检测。三维地震数据体 $F(x,y,t)$ 的小波变换可写为:

$$\begin{cases} W_s \Delta F_x(x,y,t) = G(\tau) * W_s F(x-\tau,y,t) \\ W_s \Delta F_y(x,y,t) = G(\tau) * W_s F(x,y-\tau,t) \\ W_s \Delta F_t(x,y,t) = G(\tau) * W_s F(x,y,t-\tau) \end{cases} \quad (8\text{-}26)$$

式中,$\Delta F_x(x,y,t)$,$\Delta F_y(x,y,t)$,$\Delta F_t(x,y,t)$ 分别为 $F(x,y,t)$ 在 x,y,t 方向的带限差分;W_s 为小波算子,其中 s 为尺度因子;$G(\tau)$ 为高斯差分滤波器。

根据小波函数的尺度因子与裂缝尺度间的关系,选择合适的尺度因子以提高方程的求解精度。再将在小波域中求出的多尺度解反变换到时空域,通过重建得到实际的 $\Delta F_x(x,y,t)$,$\Delta F_y(x,y,t)$,$\Delta F_t(x,y,t)$。基于式(8-26)可以提高裂缝识别精度。利用式(8-26)的时空域解求出的最大变化值为:

$$C(x,y,t) = \sqrt{\Delta F_x^2(x,y,t) + \Delta F_y^2(x,y,t) + \Delta F_t^2(x,y,t)} \quad (8\text{-}27)$$

不连续曲面的法向水平面的角度为:

$$\theta(x,y,t) = \arctan\left[\Delta F_t(x,y,t), \sqrt{\Delta F_x^2(x,y,t) + \Delta F_y^2(x,y,t)}\right] \quad (8\text{-}28)$$

最大变化率方向为:

$$\varphi(x,y,t) = \arctan\left[\Delta F_y(x,y,t), \Delta F_x(x,y,t)\right] \quad (8\text{-}29)$$

通过计算地震波场的最大相异性识别裂缝。

火成岩裂缝识别基本流程:首先,利用测井和录井资料进行单井裂缝识别,分析火成岩裂缝在单井中的分布特征,并结合钻井取芯的裂缝发育情况对裂缝进行级别划分;其次,基于三维叠后地震资料、层位及构造解释进行相干裂缝检测和多尺度边缘检测,通过提取裂缝预测的剖面、平面特征分析不同方法的检测效果及特点,总结火成岩裂缝分布规律;最后,利用井震标定确立的时深关系进行地震、测井资料匹配,再综合对比测井、地震裂缝预测结果,拟合出测井裂缝指标与地震裂缝强度的关系式,并利用测井裂缝级别标定地震裂缝结果,从而划分地震裂缝级别。

8.6.5.3 实例分析

以 F117 井为例进行测井裂缝识别分析。F117 井位于富林洼陷中心东侧,在 3 706.6~3 721.4 m 井段的中生界试油,日产油 0.69 t。该井段火成岩储层发育,岩性以厚层凝灰岩夹泥岩为主,凝灰岩含油,油层厚度相对较小。图 8-39 为 F117 井中生界井段综合解释和测井裂缝识别结果对比。由图可见,油层主要见于凝灰岩裂缝中,凝灰岩是裂缝发育的有利岩性(图8-39a);测井裂缝识别结果(图 8-39b)表明,由相同井段、不同裂缝指标计算出的裂缝发育概率有差异,即不同裂缝指标对该井段裂缝发育的敏感程度不同。通过对比综合概率指数与实际钻井岩芯裂缝发育情况发现,综合概率指数越大,裂缝越发育,两者基本吻合,说明由综合加权获得的综合概率指数能更好地表征裂缝发育强度,可有效识别裂缝。裂缝预测结果与试油结果的对比表明,干层对应的井段裂缝相对欠发育,而含油层对应的井段裂缝较发育。因此,准确、有效地预测火成岩的裂缝分布是中生界裂缝型储层预测的主要方向。

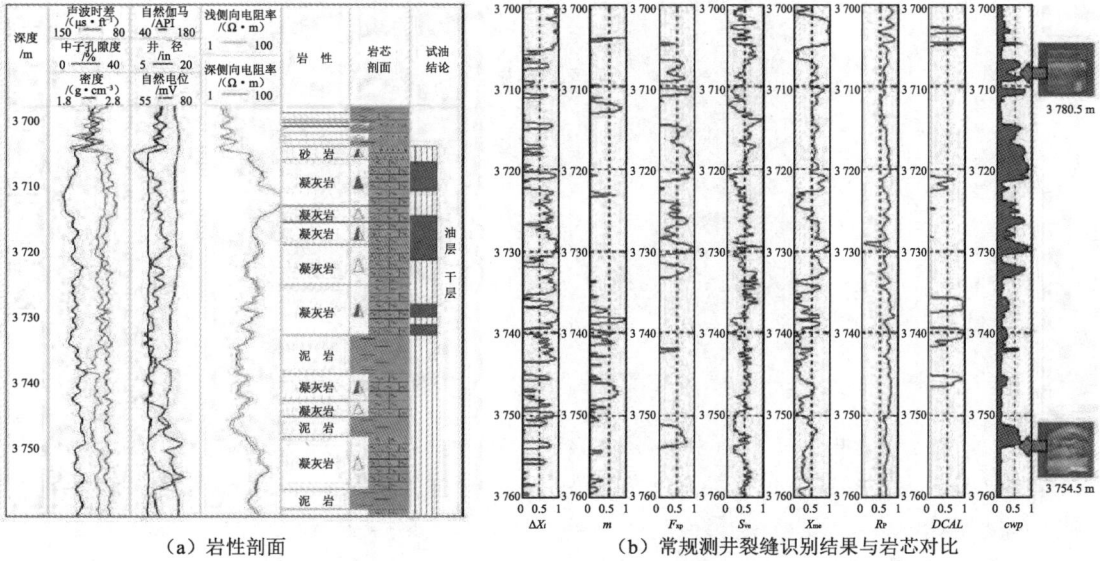

（a）岩性剖面　　（b）常规测井裂缝识别结果与岩芯对比

图 8-39　F117 井中生界井段综合解释和测井裂缝识别结果对比(据黄捍东等,2015)

　　图 8-40 为相干检测与多尺度边缘检测裂缝识别结果对比。由图可见,两种方法都能有效地识别造成地震同相轴错断的断裂,但识别的裂缝特征有所差异,具体表现为:相干检测（图 8-40a）能很好地识别较大的地震同相轴错断,预测大断裂及大尺度裂缝具有明显效果,是自动识别断裂系统及大尺度裂缝的有效方法;多尺度边缘检测（图 8-40b）识别的信息更加丰富,不仅能识别较大的地震同相轴错断,而且可刻画同相轴振幅的细微变化,即多尺度边缘检测方法能够识别小尺度裂缝信息,裂缝识别的分辨率更高,适用于描述小尺度裂缝。

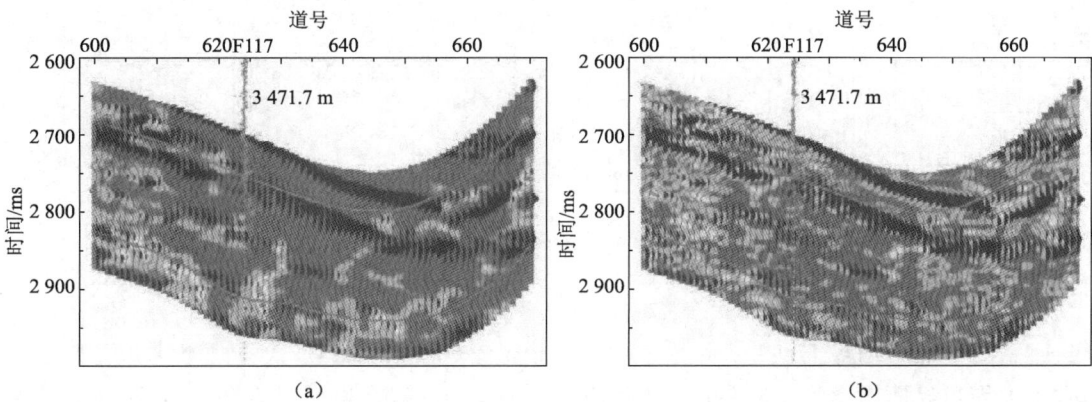

（a）　　（b）

图 8-40　相干检测（a）与多尺度边缘检测（b）裂缝识别结果对比(据黄捍东等,2015)

　　图 8-41 为中生界顶界裂缝相干检测结果与断裂叠合图。由图可见,裂缝相干检测结果与构造解释结果基本吻合,在构造解释的断裂区域裂缝密集,相比人工构造解释,裂缝相干检测方法能够自动识别大断裂,避免了人工解释的主观因素影响,检测结果精度更高,可靠性更强。

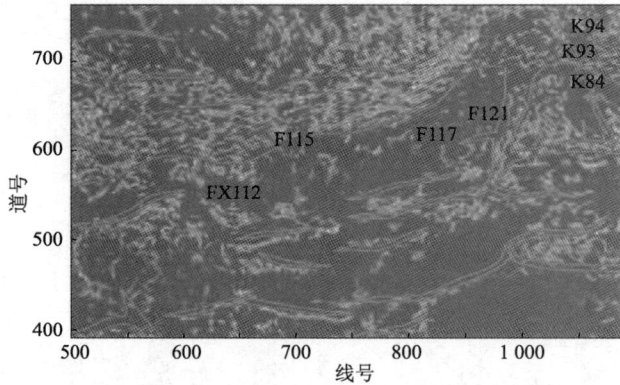

图 8-41　中生界顶界裂缝相干检测结果与断裂叠合图(据黄捍东等,2015)

　　综上所述,裂缝相干检测结果与断裂构造分布特征基本一致,裂缝相干检测方法主要对构造成因的大断裂或大尺度裂缝具有很好的识别效果,裂缝多尺度边缘检测更适用于识别小尺度裂缝。

　　图 8-42 为 F117 井中生界目的层层位标定图及多尺度边缘裂缝检测剖面。由图可见,高精度的井震标定搭建了测井与地震的关系"桥梁"(图 8-42a),多尺度边缘检测分辨率高,能够有效地刻画小尺度裂缝,为实现利用测井-地震方法综合预测火成岩裂缝提供了有利条件(图 8-42b)。

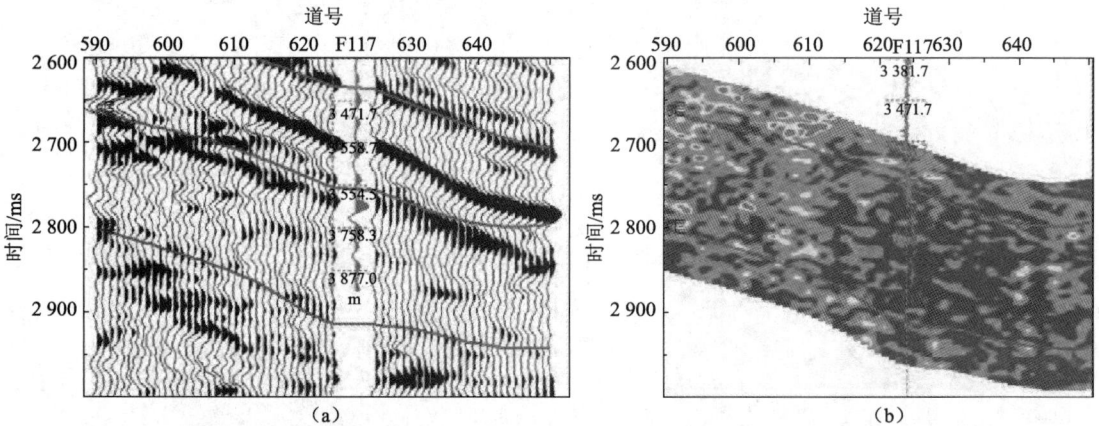

图 8-42　中生界目的层层位标定图及多尺度边缘裂缝检测剖面(据黄捍东等,2015)

　　图 8-43 为 F117 井周边中生界不同深度边缘检测裂缝级别切片。由图可见:① 在中生界顶面(图 8-43a)切片上,F117 井钻遇的区域较致密(无裂缝发育)。根据测井分层数据可知,中生界顶界面深度为 3 695 m,在该深度上未见油气显示,也无裂缝发育,与测井结果相吻合。② 在中生界顶界面＋10 ms(图 8-43b)、中生界顶界面＋30 ms(图 8-43d)及中生界顶界面＋50 ms(图 8-43f)切片上,F117 井没有钻遇明显的裂缝发育带。③ 在中生界顶界面＋20 ms(图 8-43c)、中生界顶界面＋40 ms(图 8-43e)切片上,F117 井钻遇小尺度微裂缝发育区,即该区域裂缝集中发育程度差。总体而言,由于 F117 井钻遇中生界目的层段区域的裂缝发育级别低,无明显的裂缝带,故测井试油结果呈现为不好的油层显示。因此,测井-地震综合预测结果与 F117 井只获低产油流的实际情况相一致。

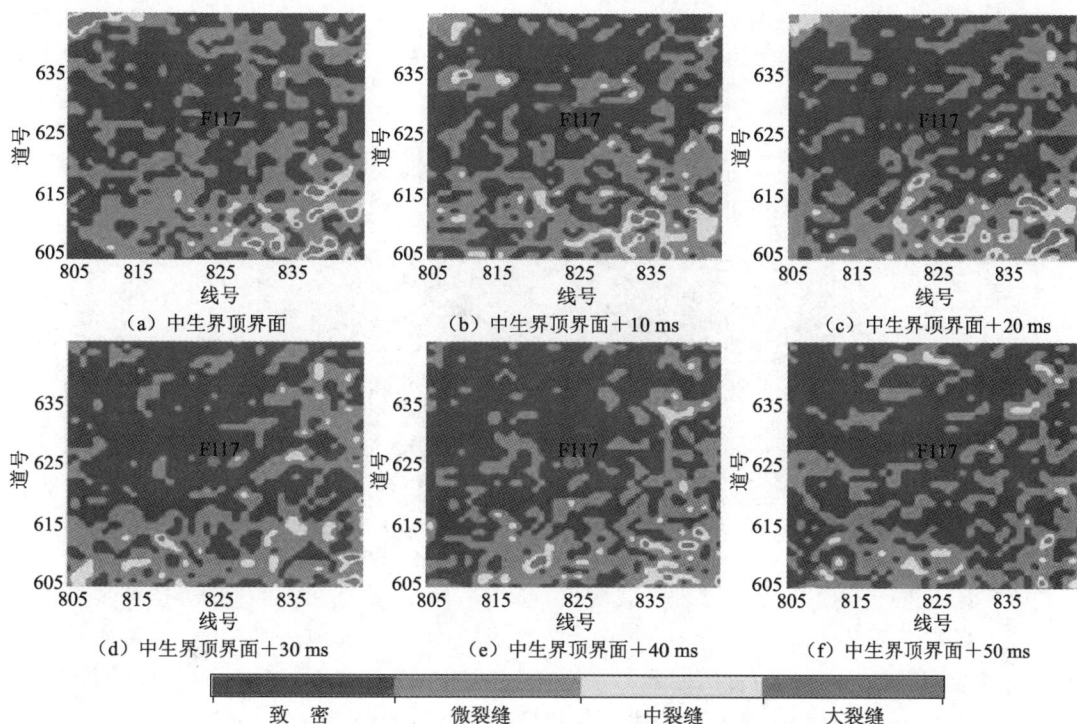

图 8-43　F117 井周边中生界不同深度边缘检测裂缝级别切片(据黄捍东等,2015)

8.7　认识与展望

（1）长期以来,在油气勘探开发领域中,把与沉积作用有关的碎屑岩和碳酸盐岩作为油气储层的主要研究对象,而火成岩则被长期排除在外。随着火成岩油气藏在世界各地被发现,火成岩储层的研究越来越受到重视,对火成岩储层地质学的发展和火成岩油气藏的勘探开发有着重要意义。

（2）火成岩储层在地质、测井上都具有不同于其他储层的特殊性,对其地质特征和测井响应的认识和了解有助于预测火成岩油气藏。

（3）火成岩体与正常沉积岩波阻抗的差异造成其在常规地震剖面上形成特殊的反射特征。利用这些特殊反射特征,可实现对火成岩体的半定量识别。在此基础上,瞬时信息技术、沿层切片技术以及提取对火成岩体反映明显的地震属性,能够精确确定岩体边界。地震反演技术通过地层速度信息,可以反映岩性的空间变化情况,能够达到预测火成岩空间厚度分布规律的效果。

（4）火山岩油气藏具有产能大、储量丰富的特点。但是,由于火山岩储层以火山机构为单元分布,其物性受岩性、岩相控制明显;其次,由于火山岩形成时期构造活动剧烈,地质流体类型复杂,导致火山岩成岩、埋藏过程中物性改造明显;再次,由于火山岩埋藏较深,常以块体出现,地震分辨率相对较差。所有这一切都加大了火山岩油气勘探开发风险。以准噶尔盆地春风油田排 66 区为例(图 8-44),该区块发育石炭系火山岩储层,目的层埋藏深、地震资料信噪比低,反射杂乱,构造落实、储层裂缝预测难度大,储层物性差异大、变化快,不同岩性储集空间类型、储层物性及含油概率也不同。由此可见火山岩油气藏勘探开发的难度是很大的。

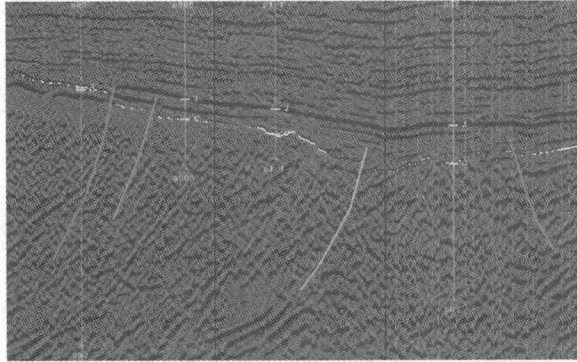

图 8-44　准噶尔盆地春风油田排 66 区实际连井剖面

（5）要想进一步提升火山岩油气藏的勘探效果,既需要理论上的突破,也需要技术上的革新。以往地质认识是火山岩不能生油,火山活动会破坏火山岩油气藏,因此火山岩被作为油气勘探的禁区而受到长期搁置。随着勘探程度的不断加强,日益丰富的地质资料为系统提升总结火山岩油气藏的成储、成藏理论体系奠定了物质基础。随着高分辨率三维地震资料采集处理技术的不断完善,相应的解释方法也日渐成熟,井震结合、地质-地球物理结合为火山岩油气勘探开发提供了技术保障。

第9章
浊积岩储层精细描述方法及应用

9.1 概 述

随着隐蔽油藏勘探的深入,浊积岩油藏已成为重要的岩性油藏勘探类型,具有较大的勘探空间和资源潜力。中国东部构造区自新生代以来发育松辽、渤海湾、珠江口等一系列断陷盆地,在这些盆地的强烈断陷和湖盆发育鼎盛期,浊积岩沉积在盆地洼陷带中普遍发育,目前已成为东部各含油气盆地的主要勘探开发对象。东营凹陷是中国东部典型的陆相断陷盆地,在古近纪沙三段沉积时期,在各三角洲入湖方向和陡坡带近岸水下扇、扇三角洲的前端,发育大量的浊积岩沉积(王惠勇等,2014)。

但是,经过几十年的勘探,浊积岩油藏勘探难度越来越大,勘探效益明显降低。目前浊积岩油藏勘探开发目标普遍具有埋藏深、个体小、厚度薄、含灰质的特点,给浊积岩储层识别和描述增加了很大的难度,储层不发育和储层物性差是浊积岩油藏勘探困难的主要原因(王惠勇等,2014)。例如,以东营凹陷沙三段为主要目的层系的浊积砂体横向连续性差、单层厚度变化快且在地震剖面上难以识别,从而给此类油藏的勘探带来很大难度,严重制约了浊积砂体的精细描述工作。随着勘探程度的日益提高、勘探理论的日趋完善、勘探技术的飞速发展,过去所形成的技术思路有待进一步的提高与完善。

董集洼陷是东营凹陷中一个独特的沉积、成油体系。该洼陷在沙三中、下亚段沉积时期发育滑塌浊积岩,研究区沙三中亚段浊积岩发育,其在平面上成群、纵向上叠合连片分布。浊积砂体被夹持在沙三中、下亚段巨厚暗色泥岩中,成藏条件有利。营 11 井区沙三中亚段 6 砂组已上报探明储量 1 291×10⁴ t;2013 年河 183 井区沙三中亚段 5 砂组上报探明面积 1.67 km²,储量 52.56×10⁴ t。完钻的营 925 侧、营 926、营 926 斜 1、斜 2 等井均在沙三中亚段获得成功,砂体单层厚度 2～20 m。2015 年营 926 区块上报含油面积 1.71 km²,石油地质储量 88.44×10⁴ t。截至 2015 年 8 月,营 926 区块含油面积内共完钻井 13 口,工业油流井 11 口,累计产油 3.64×10⁴ t,属中等产能,显示了该区良好的勘探潜力。营 691 等井均在沙三下亚段获得工业油流,上报探明面积 0.7 km²,探明储量 21×10⁴ t。

本章以东营凹陷董集洼陷沙三中亚段浊积岩储层为研究实例,分析总结浊积岩储层的地质特征和地震相特征,同时介绍基于压缩感知提高浊积岩分辨率和基于随机森林的储层预测方法,并分析总结其实际应用效果。最后根据文献调研,增加了一节浊积岩储层叠前反演技术的内容,供读者研究浊积岩时一并参考。

9.2　浊积岩储层的地质特征

浊积岩是由浊流所形成的各种沉积岩的统称。浊流广义上是水下重力流,狭义上是一种深水区域中大量泥砂与水混合的特殊类型的水下重力流,多在浪基面以下活动。这些泥砂混合物是以湍流机制支撑呈自悬浮状态,而重力流是一种由密度差异产生重力驱动的流体(武泽,2015)。Kuenen 等在 1950 年第一次提出"浊积岩"的概念,成为重力流研究的起点。"粒序层理是浊流形成的"是浊流理论的里程碑,之后鲍马通过分析浊流沉积事件在垂向上的沉积结构、构造特征、岩相组合特征,总结出反映浊流沉积特征的鲍马序列(图 9-1),并以此作为鉴定浊流沉积、识别浊积岩的重要依据(曾铭,2016)。

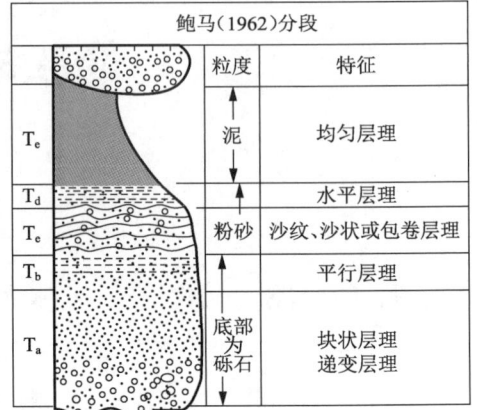

图 9-1　鲍马序列示意图
(据 Kuenen et al.,1950)

9.2.1　浊积岩的形成条件

浊积岩的形成受多种因素的控制,其必要条件包括以下 4 点(武泽,2015):

(1) 足够的水深。一般认为,浊积岩沉积的水深是 1 500~1 800 m。但无论何种沉积环境,水深的大小如何,其形成深度必须在风暴浪基面以下。

(2) 足够的坡度角。足够的坡度角是造成沉积物不稳定和易受触发而做块体运动的必要条件。一般认为最小坡度角是 3°~5°。

(3) 充沛的物源。充沛的物源是形成浊积岩的必要条件。洪水注入的碎屑物质和火山喷发物质,以及浅水的碎屑物质和碳酸盐物质都可以为其提供充沛的物源。

(4) 一定的触发机制。浊积岩形成属于事件沉积作用,这个作用力来源是多样的,可以是洪水、地震、海啸,也可以是火山喷发等其他阵发性因素直接或间接诱发而形成的。

9.2.2　浊积岩的地质特征

1) 成分特征

浊积岩的矿物成分和化学成分都比较复杂,常常以复成分砾岩和杂砂岩为特征,杂基含量高,岩石组分的结构成熟度和成分成熟度都比较低。

2) 构造特征

递变层理或叠覆递变层理是浊积岩最主要的沉积构造,其次还有平行层理、波状层理、漩涡层理及滑塌变形层理等。典型的浊积岩可以用鲍马序列来描述(图 9-2),非典型浊积岩可发育其他一些特殊类型的构造单元,如泄水管构造、叠瓦状构造等,有时可见交错层理和斜波状层理。另外,在浊积岩的底部经常发育各种印模构造,如槽模、沟模、重荷模等(图9-3)。这些构造不仅是识别浊流沉积的重要辅助标志,而且对判断浊流流向具有很好的帮助(钟万培等,2007)。

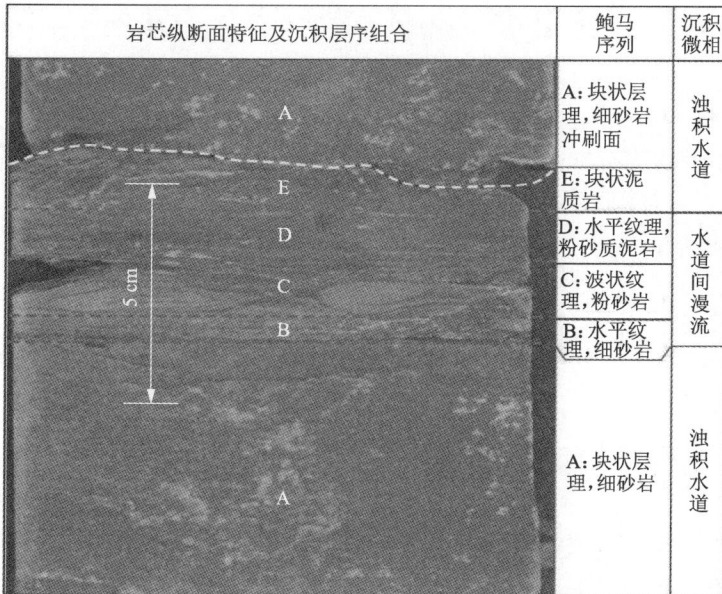

图 9-2　深水浊积层序中的鲍马序列(据王建明,2017)

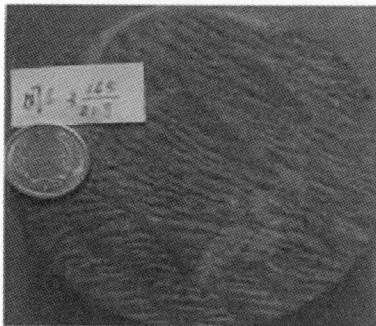

(a)沟铸型,固6井,长6,深度1 678.8 m

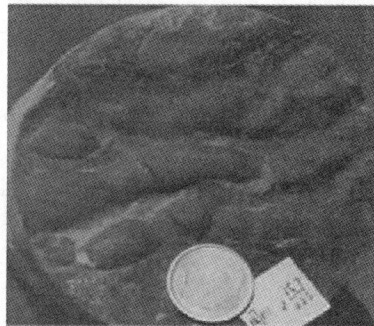

(b)负荷铸型,固10井,长6,深度1 675.6 m

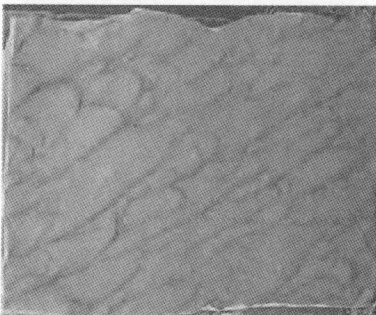

(c)铜川金锁关剖面槽铸型,长6

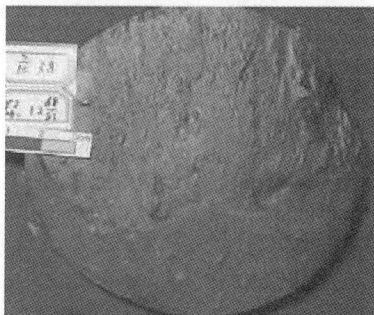

(d)跳铸型,庄38井,长7,深度1 769.2 m

图 9-3　浊积岩底模构造(据张海峰,2012)

3）结构特征

浊积岩的结构特征在粒度的各项参数方面均有良好的反映。由于浊流的密度大、流速快，沉积物以递变悬浮搬运为主，所以概率图表现为一条斜度不大的直线或微向上凸的弧线，说明只有一个递变悬浮总体，粒度范围分布广，分选差。在 C-M 图上，点的分布平行于 C＝M 线，C 值与 M 值始终成比例增加，属于粒序悬浮区，反映的也是递变悬浮沉积为主的特点。

4）生物特征

浊积岩中的生物化石常常是浅水生物化石和深水生物化石共生，而且是砂体含浅水生物化石，泥岩和页岩含深水生物化石。除生物化石外，浊积岩还含有深水遗迹化石，如爬迹、网状迹、觅食迹等。

9.3 浊积岩储层的地震相特征

9.3.1 浊积岩的地震相特征

浊积扇的非均质性与旋回性使得其在地震剖面上有特殊的地震反射特征，一般在沿浊积扇物源方向的地震剖面上不易看出浊积扇的存在，而在垂直于浊积扇物源方向的地震剖面上可以看出其地震相特征（张志军等，2016），且不同地区的浊积岩由于其成因、岩性、沉积环境等因素的差异往往具有不同的地震相特征。本小节在前人研究成果的基础上，对浊积岩储层的地震相特征进行分析总结。

浊积扇是在陡坡（包括断裂陡坡、挠曲陡坡、沉积陡坡）背景下，由重力流（滑塌、碎屑流、浊流等）搬运的碎屑物质在湖底堆积形成的扇形沉积体。其相带上可区分为内扇、中扇和外扇 3 个亚相带。张志军等（2016）对辽中北洼锦州 A 区东营组浊积扇不同部位的地震沉积特征进行了系统分析。从图 9-4 可以看出，浊积扇主体在地震剖面上整体为双向下超的丘形或蠕虫状反射特征，短波状或杂乱反射结构，中—低振幅和频率，连续性一般。通常近源浊积扇常呈丘形，内部为层状、波状、杂乱反射结构，而远源浊积扇主要呈楔性、透镜状等，内部反射结构沿物源方向为平行—亚平行型，垂直物源方向一般为底平顶凸的透镜型，是中—强振幅、中—低频、较连续的反射特征（张志军等，2016）。

三角洲前缘坡折带滑塌浊积扇是由于地形坡度的突变，在构造活动、自身重力、波浪或湖平面沉降等作用下，三角洲前缘沉积物滑塌并与水体混合形成高密度浊流，在不断对底床进行冲刷侵蚀的过程中重新堆积而形成外形呈扇状的浊积体。浊积体地震反射外形呈透镜状或模状，内部呈波状、短波状或杂乱反射结构，反射波组具有低—中频率、变振幅和差连续性等特征，不同于三角洲前缘典型的 S 形前积特征。高分辨率三维地震剖面（图 9-5）上可见流一上亚段的浊积水道下切、充填形态。浊积扇体为平面上连片展布、垂向上相互叠置的多期小型分支浊积水道复合体，或者仅发育于孤立、单一的大型浊积水道中。单个浊积水道地震相特征表现为 V 形或 U 形反射，说明水道的下切侵蚀作用较强（陶倩倩等，2019）。

(a)

(b)

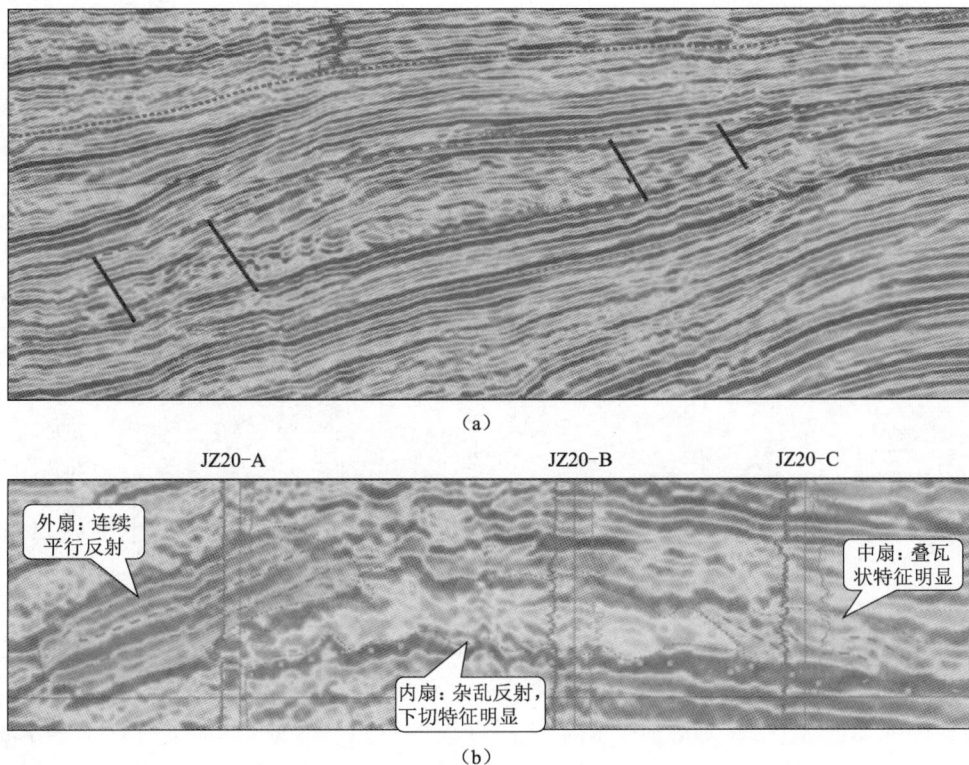

图 9-4　浊积扇地震反射特征(a)与浊积扇不同亚相地震响应特征(b)

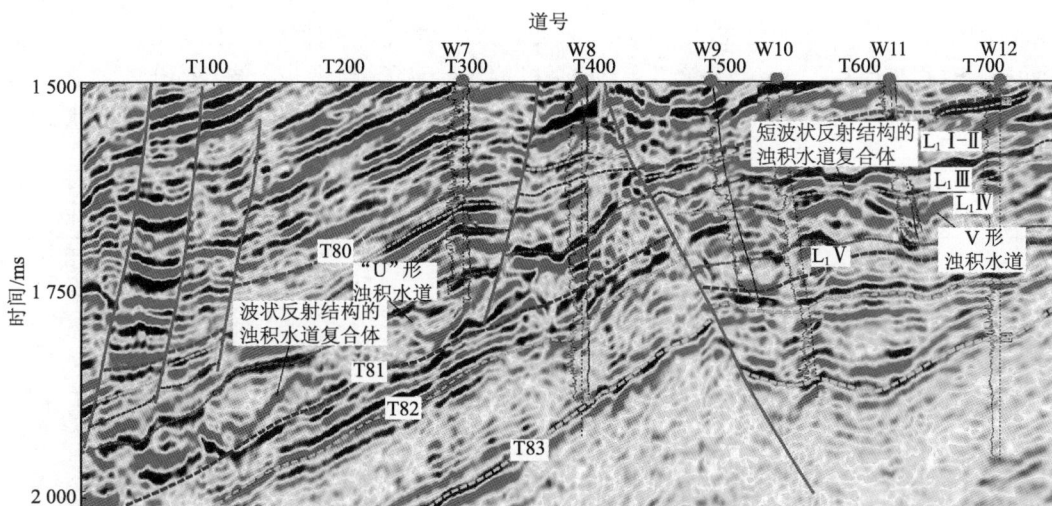

(据张志军,2016)

图 9-5　滑塌浊积扇典型地震反射特征

对发育于半深湖—深湖沉积环境浊积砂体来说,稳定的沉积环境提供了一个稳定的反射背景,砂体的横向变化造成了反射的差异性,导致在地震剖面上具有一定的反射特征。由于砂泥岩之间存在较强的波阻抗界面,所以可形成明显的地震反射。灰质泥岩由湖泊的水体变化形成,表现出稳定的沉积特征。从图 9-6 可以看出,在地震相上表现为连续的、平行的、稳定的、中—强振幅的地震反射同相轴。浊积砂体与泥岩、灰质泥岩不同,表现为不稳定的沉积,相带变化快,通常表现为变振幅(弱—中振幅)、短同相轴(有时呈现叠合短轴)(袁红军等,2010)。

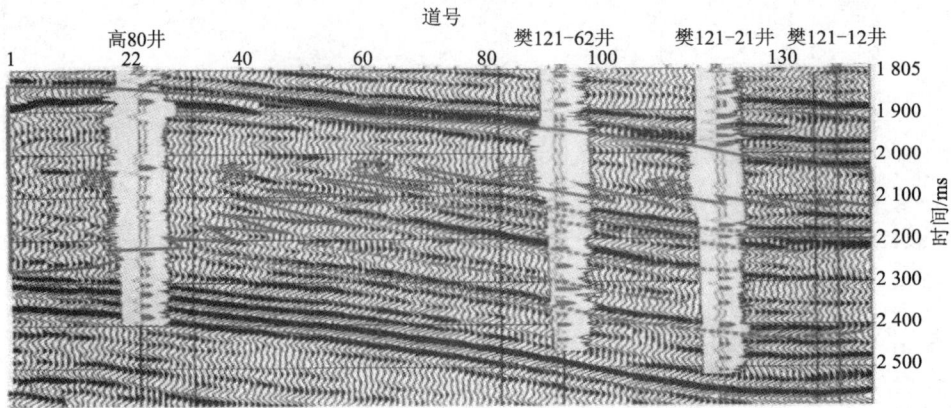

图 9-6　滑塌浊积砂体典型地震剖面(据袁红军等,2010)

以上是对浊积岩地震反射特征的简要分析和总结,正如前面所提到的,目前浊积岩勘探开发目标普遍具有"埋藏深、个体小、厚度薄、含灰质"的特点,这些特点在东营凹陷油藏勘探过程中尤为明显,已成为目前浊积岩储层勘探的难点。因此,下面继续对浊积岩的特点进行分析总结。

东营凹陷浊积岩中的储层主要发育在大套欠压实暗色泥岩中,埋深多大于 2 800 m,主要以薄互层的形式存在,砂岩单层厚度一般为 5～13 m(于正军,2014)。从图 9-7 中可以看出,该区频带范围 5～45 Hz,主频 15 Hz,速度若按 3 000 m/s 计算,只能分辨 50 m 的地层,而本区浊积砂厚度一般都只有几米,无论是按 1/4 波长还是 1/8 波长,均属于薄层范围,并且其频谱纵、横向变化均很大,故用频率预测浊积岩有利储层有较大的不确定性。

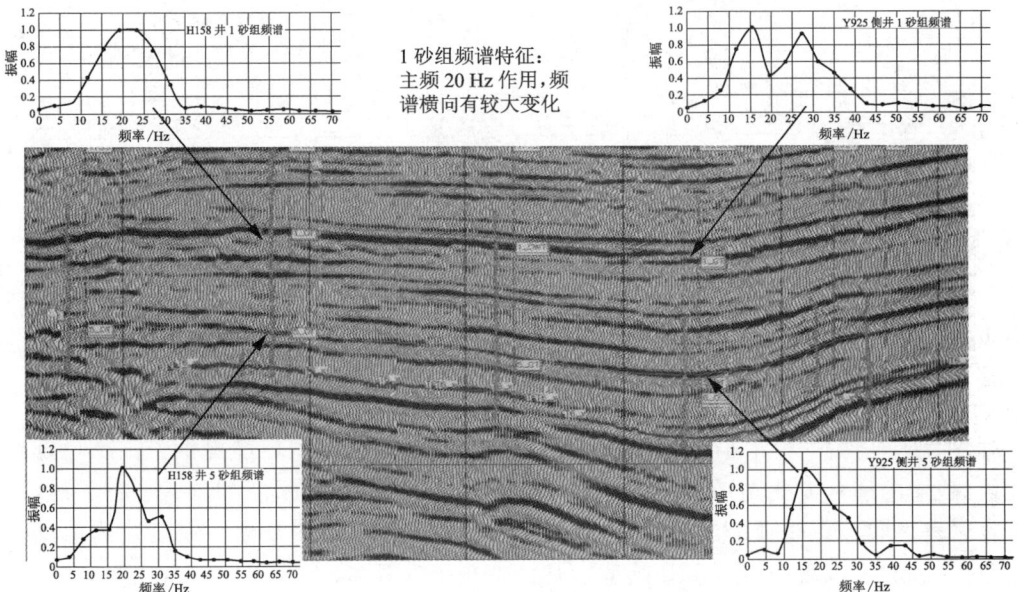

图 9-7　东营凹陷董集洼陷连井剖面及频谱图

同时,受灰质成分的影响,浊积岩难以识别,主要包括两种情况:① 灰质泥岩与浊积岩具有相似的地震反射特征,均表现为中—强振幅,尖灭点清晰(图 9-8);② 同一个三角洲期次内既发育浊积岩,又发育灰质泥岩,地震剖面上表现为一个连续性好的中—强反射同相轴,储层反射特征与灰质泥岩反射特征相近或相似,储层的边界难以识别(图 9-9)(孙淑艳等,2015)。

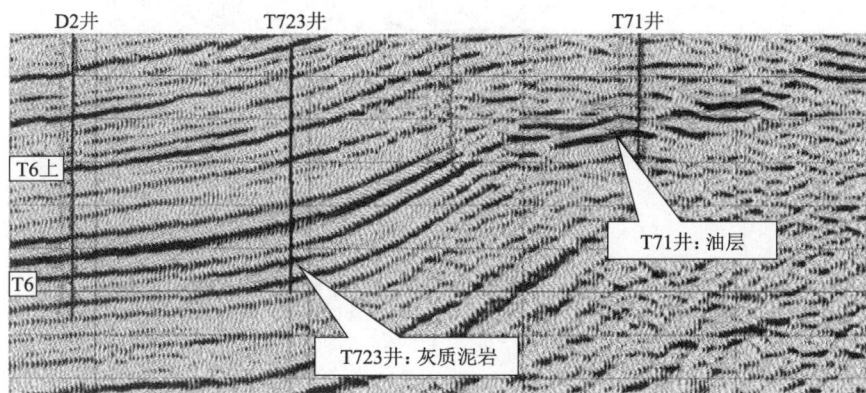

图 9-8　D2—T71 井连井剖面(据孙淑艳,2015)

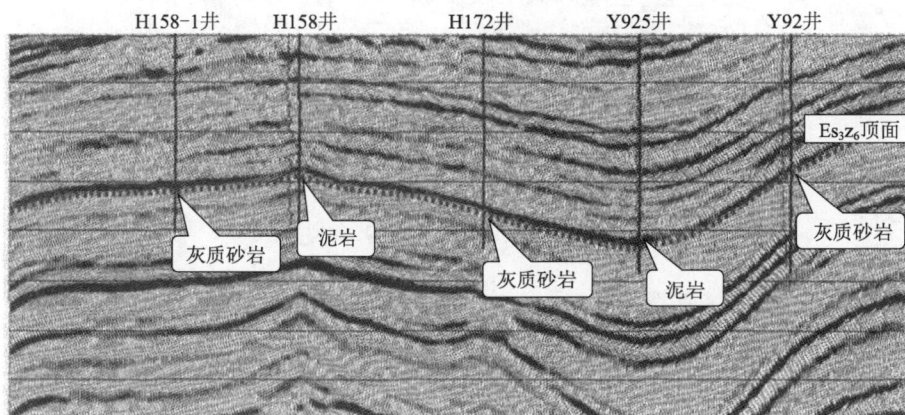

图 9-9　H158-1—Y92 井连井剖面

9.3.2　基于正演模拟的浊积岩特征分析

9.3.2.1　频谱成像正演模拟

通过建立两种简单的正演模型,分别为储层等厚、隔层不等厚和隔层等厚、储层不等厚,研究其频谱成像特征。

1) 储层等厚、隔层不等厚

如图 9-10 所示,建立的正演模型储层厚度均为 5 m,隔层厚度分别为 3 m,5 m,10 m 和 20 m。对该模型进行正演模拟,分别提取其 30 Hz,40 Hz,50 Hz,60 Hz 的单频体。从图中可以发现,单频体频率越高,储层越孤立,越容易被识别。

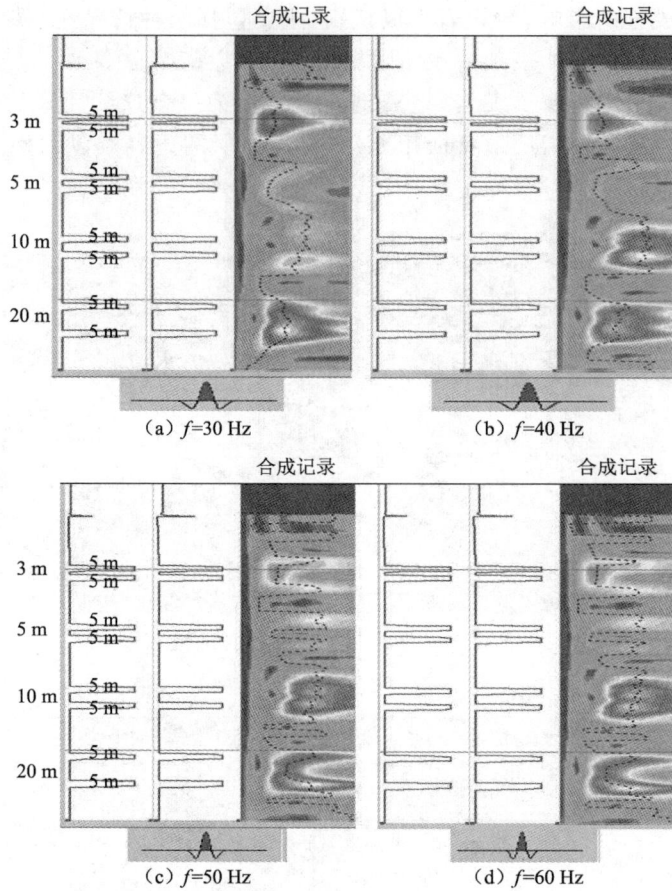

图 9-10　频谱成像正演模拟(模型一)

2）隔层等厚、储层不等厚

如图 9-11 所示,建立的正演模型隔层厚度相同,储层厚度分别为 3 m,5 m,10 m 和 20 m。对该模型进行正演模拟,分别提取其 30 Hz,40 Hz,50 Hz,60 Hz 的单频体。从图中可以发现,低频率对厚储层调谐,高频率对薄储层调谐。

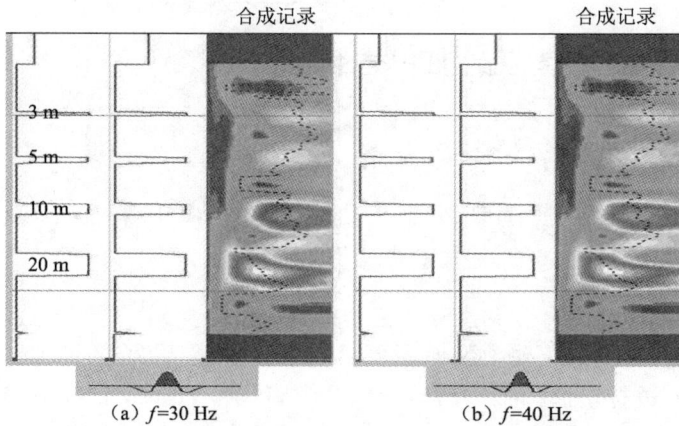

图 9-11　频谱成像正演模拟(模型二)

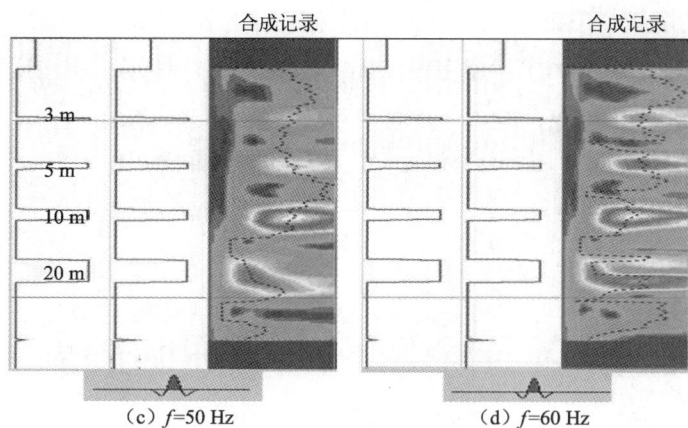

图 9-11(续)　频谱成像正演模拟(模型二)

9.3.2.2　浊积砂薄储层对地震调谐波形的影响

建立如图 9-12(a)所示的正演模型,砂岩层速度为 3 000～3 500 m/s,密度为 2 375 kg/m³,泥岩层速度为 2 500 m/s,密度为 2 184 kg/m³,砂岩厚度为 1～3 m,泥岩隔层厚度为 3～4 m,采用 40 Hz 雷克子波进行正演,研究 1～3 m 薄砂体对地震波形的影响,得到的地震剖面如图 9-12(b)所示。由图 9-12(b)可以看出,砂岩层与泥岩层反射信息叠合在一起,反射信息受到干扰,薄层虽然在地震上无法分辨,但会对波形样式产生影响。

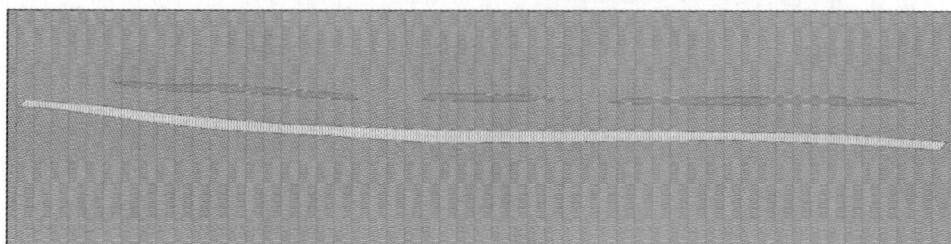

(a) 正演模型

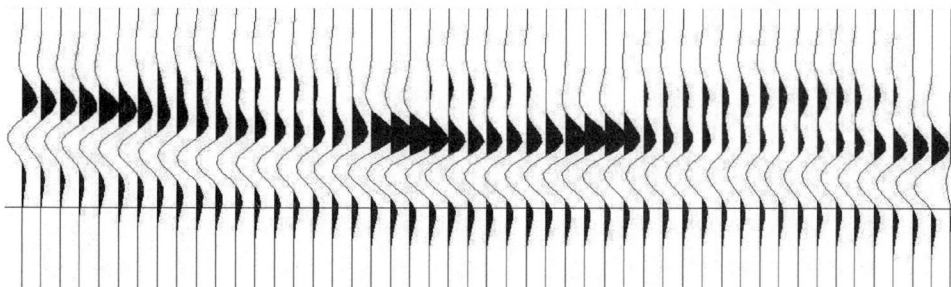

(b) 正演结果

图 9-12　薄储层对地震调谐波形正演模拟结果

由正演结果可以看出,地层对地震剖面上的波形有很大的影响,与此相对的波形的变化反映了储层组合结构的变化,如图 9-13 所示。

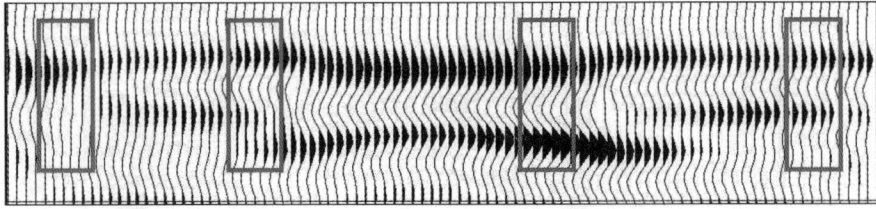

图 9-13   波形与储层结构的关系

9.4   基于压缩感知的浊积岩目标处理方法

作为一种新兴的采样思想,压缩感知(compressed sensing)又名压缩采样、压缩传感等,兴起于 2004 年,其基于稀疏特性,在远小于 Nyquist 条件下非直接、非均匀采样得到离散结果,再用非线性最小化方法来恢复原信号。现在它已被广泛应用到信号与图形处理、地球科学等领域(李瑞玲,2010)。

近年来,提高薄互层分辨率是地球物理勘探研究的热点问题,而往往针对反射系数的反演结果能直接反映地下构造情况,可以改善地震剖面的分辨率。但是实际资料往往受信噪比、分辨率及高低频信息缺少、地质目标本身复杂等因素的影响,容易造成反演精度不能满足实际需求。如董集地区沙三段浊积砂体横向连续性差、单层厚度变化快以及在地震剖面上难以识别,从而给此类油藏的勘探带来很大难度,严重制约了浊积砂体的精细描述工作。而压缩感知方法不仅可以解决信号采样的限制,而且可以对反演目标函数进行 L_0 范数的约束,更好地获得稀疏的反射系数序列,从而获得更高的求解精度。

因此,本节以董集地区沙三段浊积砂为研究实例,介绍基于压缩感知提高浊积岩分辨率的基本原理,并通过模型测试和实际应用来分析其应用效果。

9.4.1   用压缩感知提高浊积岩分辨率的基本原理

压缩感知基本原理可以参考第 6 章 6.5.1 小节的内容,此处不再阐述,本小节主要讨论基于压缩感知对反射系数稀疏反演原理。

9.4.1.1   反演目标函数构建

对实际地层来说,可认为反射系数是对地下实际地层的响应,但实质上并不是一个稀疏的信号,准确来说并不严格具有稀疏性。因此,可以通过反射系数序列的系数表示具有稀疏性,从而可以引进压缩感知技术来进行地震信号反演拓频,其实现原理(陈祖庆等,2015)为:

对于 N 个点的反射系数序列,设其中第 n 个点的振幅和延时分别为 α_n 和 τ_n,则其反射系数可表示为 $r(t) = \sum_{n=1}^{N} \alpha_n \cdot \delta(t - \tau_n)$,这里 α 具有稀疏性。设子波为 $w(t)$,噪声为 $n(t)$,则合成记录可表示为:

$$s(t) = w(t) * r(t) = \sum_{n=1}^{N} \alpha_n \cdot w(t - \tau_n) + n(t) \tag{9-1}$$

对式(9-1)进行傅里叶变换,可得:

$$S(f) = W(f)R(f) = \sum_{n=1}^{N} \alpha_n \cdot W(f)e^{-i2\pi f \tau_n} + N(f) \tag{9-2}$$

对于不同的频率分量 $f_m(m = 1, 2, \cdots, M)$,将式(9-2)离散化,可写成:

$$S(f_m) = \sum_{n=1}^{N} \alpha_n \cdot W(f_m)e^{-i2\pi f_m \tau_n} + N(f_m) \tag{9-3}$$

记 $D_{mn} = e^{-i2\pi f_m \tau_n}$,将式(9-4)写成矩阵形式:

$$\begin{bmatrix} S_{f_1} \\ S_{f_2} \\ \vdots \\ S_{f_M} \end{bmatrix}_{M \times 1} = \begin{bmatrix} W_{f_1} & & & \\ & W_{f_2} & & \\ & & \ddots & \\ & & & W_{f_M} \end{bmatrix}_{M \times M} \begin{bmatrix} D_{11} & D_{12} & \cdots & D_{1N} \\ D_{21} & D_{22} & \cdots & D_{2N} \\ \vdots & \vdots & & \vdots \\ D_{M1} & D_{M2} & \cdots & D_{MN} \end{bmatrix}_{M \times N} \begin{bmatrix} \alpha_1 \\ \alpha_2 \\ \vdots \\ \alpha_N \end{bmatrix}_{N \times 1} + \boldsymbol{N} \tag{9-4}$$

式中,$\boldsymbol{W}(f_m)$ 实质上是一个由子波构造的对角矩阵,也可以变化为一个正交矩阵,其列向量两两不相关;$\boldsymbol{D}_{mn}$ 是部分傅里叶矩阵,具有两两不相关特性。

记向量 $\boldsymbol{S}_{f_m}(m = 1, 2, \cdots, M)$ 为 $\boldsymbol{y}$,$\boldsymbol{W}_{f_m}(m = 1, 2, \cdots, M)$ 为 $\boldsymbol{W}$,$\boldsymbol{\alpha}_n(n = 1, 2, \cdots, N)$ 为 $\boldsymbol{x}$,则式(9-4)可写为:

$$\boldsymbol{y} = \boldsymbol{WDx} + \boldsymbol{N} \tag{9-5}$$

令 $\boldsymbol{A} = \boldsymbol{WD}$,$\boldsymbol{A}$ 表示感知矩阵,由对角矩阵和部分傅里叶矩阵构成,其列向量两两不相关,具有 RIP 性质。

$$\boldsymbol{y} = \boldsymbol{Ax} + \boldsymbol{N} \tag{9-6}$$

式(9-6)的物理含义为:反射系数 r 可以通过稀疏矩阵 $\boldsymbol{D}$(部分傅里叶矩阵)表示为稀疏的反射系数序列的系数 $\boldsymbol{x}$,然后通过测量矩阵 $\boldsymbol{W}$(子波对角矩阵)采样,得到测量数据 $\boldsymbol{y}$(地震记录谱信息)。因此,可以利用压缩感知思想,由地震频谱 $\boldsymbol{y}$ 重建得到稀疏系数序列结果 $\boldsymbol{x}$,再通过部分傅里叶矩阵 $\boldsymbol{D}$,从而获得反射系数 r。其实现过程为利用 L_0 范数来求解上述方程:

$$\min_x \|\boldsymbol{x}\|_0 \quad \text{s. t.} \quad \boldsymbol{y} = \boldsymbol{Ax} + \boldsymbol{N} \tag{9-7}$$

为了进一步对反射系数进行稀疏求解,引进正则项,则式(9-7)变形为:

$$\min_x \frac{1}{2}\|\boldsymbol{Ax} - \boldsymbol{y}\|_2^2 + \lambda \|\boldsymbol{x}\|_0 \tag{9-8}$$

式中,$\| * \|_2$ 表示 L_2 范数;$\| * \|_0$ 表示 L_0 范数;λ 表示正则项,可调节 L_0 范数所占比重;第一项为误差估计项,表示迭代过程收敛于地震谱;第二项为稀疏控制项,表示结果的稀疏程度。

上述 L_0 范数反问题的求解过程是一个 NP-hard 问题,必须列举 $\boldsymbol{x}$ 中非零值的全部 k 种可能分布情况(Donoho,2016)。因此,对于上述最优化过程的求解算法有两大类(李树涛等,2009):基于贪婪算法的匹配追踪算法与基于凸优化类算法的基追踪算法。前者利用原子向量的线性运算去逐渐逼近信号向量,经过不停迭代,最后达到给定的稀疏度,获得同原信号匹配的结果(Mallat et al.,1994)。而后者将非凸难题变成凸优化来解决,进而构建原信号的近似表示,使 L_0 范数约束转化为 L_1 范数(Chen et al.,2001),如基追踪去噪

(BPDN)算法、快速迭代阈值(FISTA)算法等,即

$$\min \|\boldsymbol{\alpha}\|_1 \quad \text{s. t.} \quad \boldsymbol{y} = \boldsymbol{A\alpha} \tag{9-9}$$

但往往实际信号都含有噪音干扰,则 $\boldsymbol{y} = \boldsymbol{A\alpha} + \boldsymbol{N}$。为了更好地重构稀疏信号,加入正则化因子得到以下目标函数:

$$\min \lambda \|\boldsymbol{\alpha}\|_1 + \frac{1}{2} \|\boldsymbol{y} - \boldsymbol{A\alpha}\|_2^2 \tag{9-10}$$

式中,λ 表示正则项,控制信号的稀疏程度。

但当噪声,尤其是高频噪声存在时,用以上处理方法往往得不到很好的效果。因此,在以上方法的基础上引进高斯函数,把频率域稀疏反演问题拓展到具有去噪和平滑特性的高斯频率域进行处理,并结合混合 $L_1\text{-}L_2$ 算法实现稀疏反射系数的重构,最后引进快速迭代阈值算法加快迭代速度和共轭梯度算法实现除偏思想,消除振幅缺失和微小干扰值。

根据前述压缩感知理论,传统反射系数稀疏反演的目标函数表示为:

$$\min_x \frac{1}{2} \|\boldsymbol{y} - \boldsymbol{Ax}\|_2^2 + \lambda \|\boldsymbol{x}\|_0 \tag{9-11}$$

为进一步消除噪声干扰,引入具有去噪和平滑特性的高斯函数,从而得到新的目标函数:

$$\min_x \frac{1}{2} (\alpha \|\boldsymbol{y} - \boldsymbol{Ax}\|_2^2 + \beta \|\widetilde{\boldsymbol{y}} - \boldsymbol{Ax}\|_2^2) + \lambda \|\boldsymbol{x}\|_0 \tag{9-12}$$

式中,$\dfrac{\beta}{\alpha}$ 表示信噪比程度,$\alpha + \beta = 1$,当噪声越大时,$\dfrac{\beta}{\alpha}$ 取值越大;$\widetilde{\boldsymbol{y}}$ 表示高斯滤波后的频谱结果;第二项表示迭代结果收敛于去噪后的地震记录频谱,其余项含义不变。

9.4.1.2 基于除偏的快速混合 $L_1\text{-}L_2$ 算法

同样,根据 RIP 性质,把 L_0 范数转化为 L_1 范数,再利用迭代求解如下目标函数:

$$f(\boldsymbol{x}) = \min_x \frac{1}{2} (\alpha \|\boldsymbol{Ax} - \boldsymbol{y}\|_2^2 + \beta \|\boldsymbol{Ax} - \widetilde{\boldsymbol{y}}\|_2^2) + \lambda \|\boldsymbol{x}\|_1 \tag{9-13}$$

设 $g(\boldsymbol{x}) = \dfrac{1}{2} (\alpha \|\boldsymbol{Ax} - \boldsymbol{b}\|_2^2 + \beta \|\widetilde{\boldsymbol{y}} - \boldsymbol{Ax}\|_2^2)$,并在 $\boldsymbol{x} = \boldsymbol{x}_i$ 处进行泰勒展开,得到:

$$g(\boldsymbol{x}) = g(\boldsymbol{x}_i) + \nabla g(\boldsymbol{x}_i)^{\text{T}}(\boldsymbol{x} - \boldsymbol{x}_i) + (\boldsymbol{x} - \boldsymbol{x}_i)^{\text{T}}[(\alpha + \beta)\boldsymbol{A}^{\text{T}}\boldsymbol{A}](\boldsymbol{x} - \boldsymbol{x}_i) \tag{9-14}$$

令 $c\boldsymbol{I} = (\alpha + \beta)\boldsymbol{A}^{\text{T}}\boldsymbol{A}$,$\boldsymbol{I}$ 为单位矩阵,$(*)^{\text{T}}$ 为转置运算,常数 $c > \|(\alpha + \beta)\boldsymbol{A}^{\text{T}}\boldsymbol{A}\|_2$,从而得到:

$$\widetilde{g}(\boldsymbol{x}) = g(\boldsymbol{x}_i) + \nabla g(\boldsymbol{x}_i)^{\text{T}}(\boldsymbol{x} - \boldsymbol{x}_i) + c \|\boldsymbol{x} - \boldsymbol{x}_i\|_2^2 \tag{9-15}$$

显然,$0 < g(\boldsymbol{x}) \leqslant \widetilde{g}(\boldsymbol{x})$,类似地 $f(\boldsymbol{x})$ 也具有类似的性质。

$$f(\boldsymbol{x}) = g(\boldsymbol{x}) + \lambda \|\boldsymbol{x}\|_1 \leqslant \widetilde{f}(\boldsymbol{x}) = \widetilde{g}(\boldsymbol{x}) + \lambda \|\boldsymbol{x}\|_1 \tag{9-16}$$

因此,对 $f(\boldsymbol{x})$ 的最小化变为对其上边界结果 $\widetilde{f}(\boldsymbol{x})$ 进行最小化处理,得:

$$\widetilde{f}(\boldsymbol{x}) = g(\boldsymbol{x}_i) + \nabla g(\boldsymbol{x}_i)^{\text{T}}(\boldsymbol{x} - \boldsymbol{x}_i) + c \|\boldsymbol{x} - \boldsymbol{x}_i\|_2^2 + \lambda \|\boldsymbol{x}\|_1 = \text{const} + c \|\boldsymbol{x} - \boldsymbol{v}\|_2^2 + \lambda \|\boldsymbol{x}\|_1 \tag{9-17}$$

式中,const 表示常数,向量 $\boldsymbol{v}$ 是一个关于 $\boldsymbol{x}_i$ 的函数:

$$\begin{cases} v = x_i - \dfrac{1}{2c}\nabla g(x_i) = Px_i + q \\[2mm] P = I - \dfrac{1}{c}\big[(\alpha+\beta)A^{\mathrm{T}}A\big] \\[2mm] q = \dfrac{1}{c}A^{\mathrm{T}}y \end{cases} \tag{9-18}$$

式中,矩阵 P 和向量 q 是已知结果,则直接运算获得矩阵 A 和向量 y。

分离 $\widetilde{f}(x)$ 中向量的各个元素,从而可写成累加和的形式:

$$\widetilde{f}(x) = \text{const} + \sum_{j=1}^{N}\{c(x[j] - v[j])^2 + \lambda\,|x[j]|\} \tag{9-19}$$

式中,$x[j]$ 和 $v[j]$($j = 1,2,\cdots,N$)分别表示向量 x 和 v 的第 j 个元素。

如果已知 x_i,则可对 $\widetilde{f}(x)$ 最小化,设最小化的解为 x_{i+1}:

$$x_{i+1} = \text{soft}\left(v, \frac{\lambda}{\alpha}\right) \tag{9-20}$$

式中,$\text{soft}(v,a) = \text{sign}(v)\max(|v|-\alpha, 0)$,$\text{sign}()$ 表示符号函数,$\max()$ 表示最大值。

将 x_i 当成目前解,不断迭代求解 x_{i+1},就可以得到一个收敛的结果 x^*。收敛条件为:

$$\frac{f(x_i) - f(x_{i+1})}{f(x_i)} < \varepsilon \tag{9-21}$$

式中,ε 是预设的收敛阈值参数。

然而,该方法的效率低,参考快速迭代阈值方法,结合变量 t,通过前面求解结果去获得新的解 x_{i+2}:

$$x_{i+2} = x_{i+1} + \frac{t_{i-1}}{t_{i+1}}(x_{i+1} - x_i) \tag{9-22}$$

式中,变量 $t_{i+1} = \dfrac{(1+\sqrt{4t_i^2+1})}{2}$。

同样,为了消除由凸约束类算法阈值引起的重构信号振幅衰减,引进除偏思想,选取上述重构结果 x^* 中比较大的剩余项,再利用共轭梯度算法对目标函数进行最小化,在消除信号幅度造成的衰减影响上更进一步能够压制噪声干扰和阈值选取的不合适。

$$x_{\text{best}} = \big[A^{-1}(U)A(U)\big]^{-1}A^{-1}(U)y \tag{9-23}$$

式中,U 为反射系数大于阈值 ϕ 的项,$(*)^{-1}$ 为矩阵逆运算。

9.4.1.3　基于反射系数拓频提高分辨率方法

含油气储层对高频具有吸收作用,造成地震资料分辨率低,因此拓展高频信息对于提高地震记录分辨率非常重要。

其主要实现过程(陈祖庆等,2015)为:先基于压缩感知(或基于压缩感知的高斯频域)实现窄带地震记录的稀疏反演,重构出高精度的宽带反射系数,通过傅里叶变换得到反射系数的频谱,从而通过反射系数的频带信息拓展地震资料的高频信息。根据原始子波,利用频带信息,设计一个宽带子波,再进行傅里叶变换得到宽带子波的频带信息,把宽带子波谱与重构反射系数谱进行频域乘积,进而获得拓展高频信息的宽频带地震资料谱,再利用傅里叶公式把地震数据反变换到时间域,实现高频的拓展,进一步改善薄互层分辨率。高频拓展公式为：

$$s^* = F^{-1}\big[F(r) \times F(w_{new})\big] \tag{9-24}$$

式中，r 为反射系数，w_{new} 为宽带子波，F 和 F^{-1} 分别为傅里叶正变换与反变换。

基于压缩感知的高斯频率域拓频方法计算流程如下：

（1）输入。输入信号 y 和 $\tilde{y}$ 及矩阵 A，设定权重参数 $\lambda, \alpha, \beta, t_0 (t_0=1)$ 和阈值 ε, ϕ。

（2）初始化。计算常数 $c = \rho \parallel (\alpha+\beta)A^T A \parallel_2 (\rho>1$，本书取为 $1.01)$，计算矩阵 P 和向量 q，初始解为 $x_0 = q$。

（3）快速混合 L_1-L_2 算法。设置迭代步长 $i=0$，迭代循环计算 x_{i+1}，再根据变量 t 运算 x_{i+2}，比较收敛条件，成功则停止，输出最优解 x_{best}，反之再次进行循环。

（4）除偏。寻找位置 U 使 $x^*(U)>\phi$，再利用共轭梯度算法计算 x_{best}。

（5）拓频。$\tilde{s} = F^{-1}\big[F(x_{best}) \times F(w_{new})\big]$。

（6）输出。最后输出最优化的解 s^*。

9.4.2　理论模型测试

现设计一个一维多层薄互层模型来验证本方法的可行性，该模型相关参数：2 ms 采样间隔，251 个采样点，25 Hz 零相位雷克子波，200 ms 和 300 ms 处各存在一个小薄互层，采用 BPDN 算法进行重建，阈值为地震记录振幅最大值的 10%，并利用改进的高斯频率域进行处理 $\big($阈值同前，$\dfrac{\beta}{\alpha} = 1.25\big)$，宽带子波选 50 Hz 零相位雷克子波。从图 9-14 中可以看出，在合成地震记录上薄互层信息波形相互叠加，薄互层无法识别，锯齿状存在，噪声干扰明显，由于阈值选取原因，BPDN 算法存在残留噪声和振幅差异，而改进算法处理后原薄层对应的复合波形得以分开，有利于两层和多层薄互层的识别。

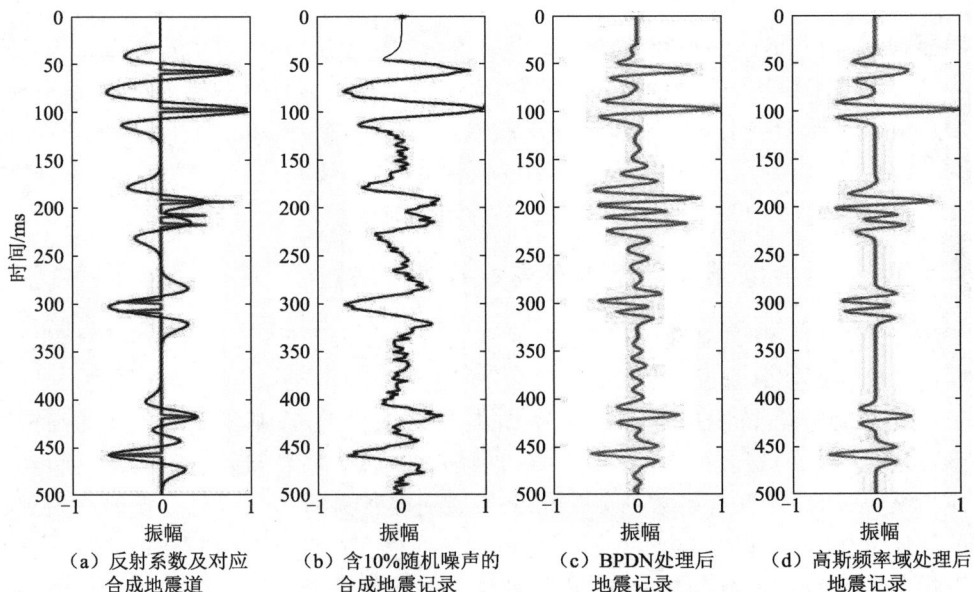

（a）反射系数及对应　　（b）含10%随机噪声的　　（c）BPDN处理后　　（d）高斯频率域处理后
　　合成地震道　　　　　　合成地震记录　　　　　地震记录　　　　　　地震记录

图 9-14　合成记录测试

为测试本方法对薄互层的剖面处理能力,设计了一个二维砂体模型,该模型相关参数:共 51 道,101 个采样点,采样间隔为 2 ms,25 Hz 零相位雷克子波,采用 BPDN 算法进行重建,阈值为地震记录振幅最大值的 10%,同时利用改进的高斯频率域进行处理 $\left(\text{阈值同前},\frac{\beta}{\alpha}=1.25\right)$,宽带子波仍选 50 Hz 零相位雷克子波。从图 9-15 中可以看出,原始地震记录中合成地震记录上的薄互层基本都被掩盖了,无法清晰识别,BPDN 算法对信号连续性和噪声压制较差,而改进算法处理后原薄层对应的复合波形得以分开,砂体信息得到凸显,噪声被有效压制,分辨率得到明显提高。

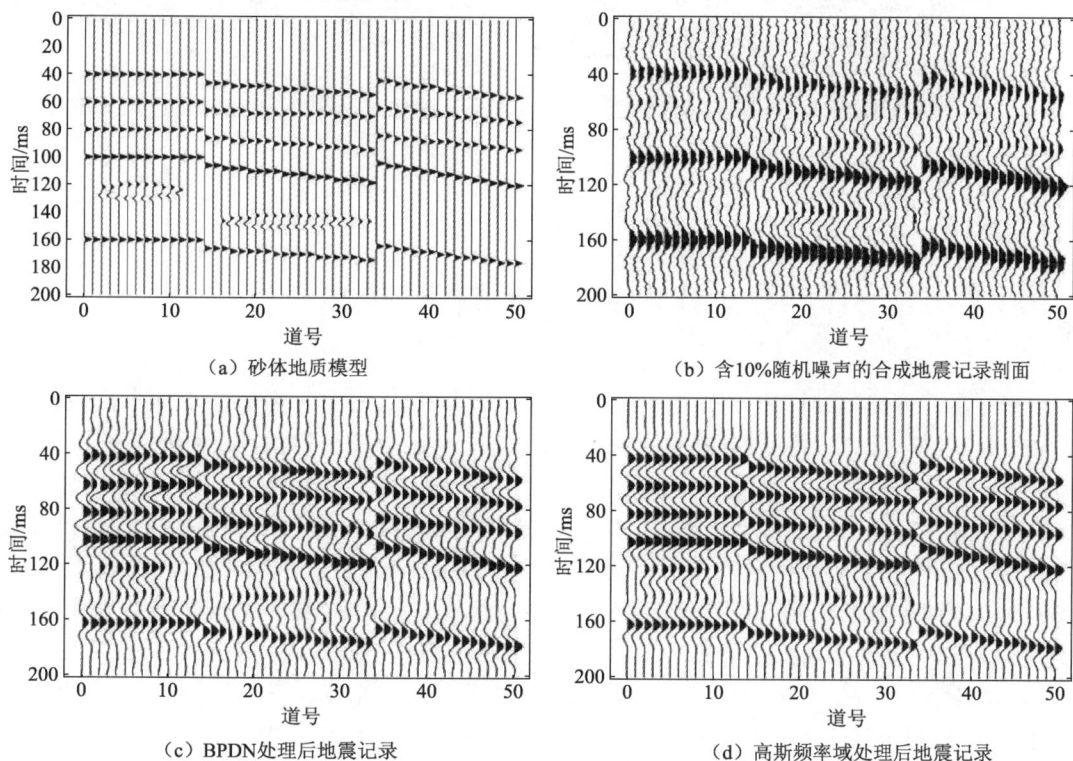

（a）砂体地质模型　　　　　　　　（b）含10%随机噪声的合成地震记录剖面

（c）BPDN处理后地震记录　　　　　（d）高斯频率域处理后地震记录

图 9-15　二维模型测试

9.4.3　实际资料典型应用

将上述方法应用于董集地区含沙三段浊积岩储层的过井剖面,采用 2 ms 采样间隔,时间 2 000~3 150 ms,151 道地震道。算法选用改进的基于压缩感知的高斯频率域算法,其阈值为地震记录振幅最大值的 10%,宽带子波选用 40 Hz 零相位雷克子波。从图 9-16 中可以看出,处理剖面相较原始剖面而言,其同相轴更细、分辨率更高,对浊积砂体分布的刻画更加精细,对 5 砂组和 6 砂组等目标储层的识别能力有所提高,并得到了测井资料的验证,与测井资料的认识更加符合。

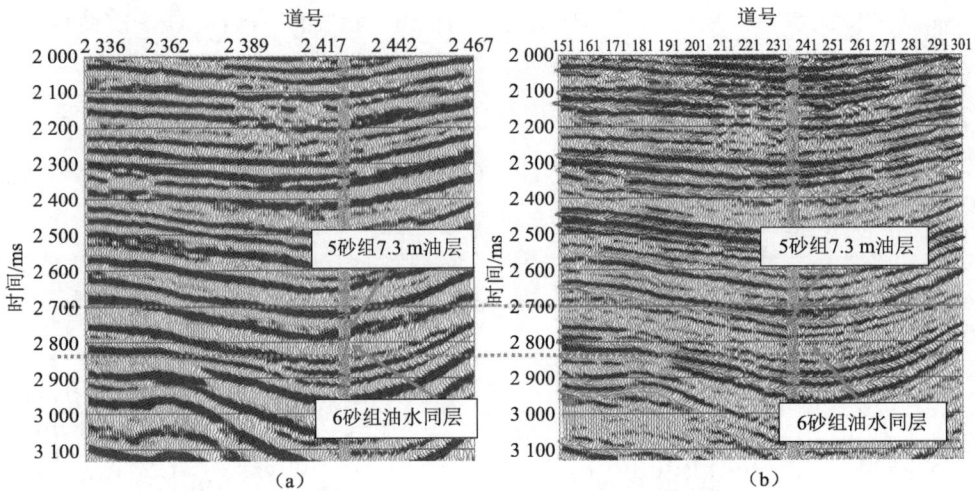

图 9-16　实际资料的原始剖面(a)与处理剖面(b)

9.5　基于随机森林的储层预测方法

储层厚度预测和计算的方法可分为三大类:一是参数法,分为单参数法和多参数法,例如振幅图版、时差、反射波特征点、频率、主振幅、主频率、有限带宽反射波波形分析法等;二是反演方法,例如振幅、频率综合反演、约束反演法等(陈遵德和朱广生,1997);三是地震多属性的线性和非线性函数逼近法。非线性算法以人工神经网络为代表,此类算法理论上能提高厚度预测的精度,但该类方法受训练样本种类和数量的影响较大,在钻井数量较少、分布不合理、缺少地质规律支撑的情况下,预测结果虽然在井点处精度高,但整体不能反映地质规律,甚至出现异常值。随机森林(RF,random forest)算法基于分类回归树(CART,classification and regression trees)原理,由于其预测精度高、对异常值和噪声容忍度好,且不容易出现过拟合,不但可以解决分类问题,而且可以解决回归问题,为预测储层厚度提供了可能。

董集地区浊积砂体主要位于沙三段,埋藏深、个体小、厚度薄,且横向上变化大、连续性差,部分浊积砂体上方还存在强屏蔽层,用常规方法很难描述。同时,研究区内的钻井数量较少,只有 17 口。因此,本节基于随机森林调节参数少、对异常值及噪声容忍度好且不易出现过拟合等诸多优点,以董集地区为例,用多属性的随机森林算法对浊积岩厚度进行预测,并分析其应用效果(任雄风等,2019)。

9.5.1　随机森林储层预测方法基本原理

随机森林算法是一种基于统计学理论的组合方法,由多棵决策树组成。N 个样本可以构建成 M 棵决策树,形成随机森林。预测问题时,每棵决策树均会给出一个预测结果。对于分类问题,这 M 棵 CART 形成随机森林,通过投票表决结果,决定数据属于哪一类;对于回归问题,将所有 CART 的结果的均值作为最后的预测值。作为一种统计学理论,RF 综合了 Bagging 思想和随机子空间方法。

1) Bagging 思想

从原始数据集中有放回地随机抽取多个与原始样本同等大小的训练数据集,每个训练数据集对应构建一个决策树。在 Bootstrap 抽样中,原始数据集中每个样本未被抽到的概率为 $\left(1-\frac{1}{n}\right)^n$,其中 n 为原始数据集中样本个数。当 n 足够大时,$\left(1-\frac{1}{n}\right)^n \approx \frac{1}{e} \approx 0.368$,这样初始训练集中约有 63.2% 的样本会出现在采样集中,抽取得到的每个采样集中的样本元素会有所不同,确保了构建决策树样本集的多样性,从而使形成的随机森林中的每棵树之间没有关联。

2) 随机子空间方法

在对决策树的每个节点进行分裂时,不是直接从当前节点属性集合(n)中选取一个最优属性,而是先从该节点的属性集合中随机选取包含 $k(k<n)$ 个属性的子集,再从这个子集中选取一个最优属性进行分裂。这个方法在决策树的训练过程中进一步确保了每棵决策树模型的差异,即使有相同的训练样本,由于随机选取特征,决策树上每个节点对应的特征也会不同,使得决策树的多样性更加丰富。

RF 的上述过程使构建得到的每棵决策树不同,可以模拟多种非线性关系,形成复杂的森林模型。Breiman(2001)用数学理论和大量实际数据测试证实 RF 不会轻易出现过拟合问题。RF 通过对样本空间的划分,设置决策树的棵数和随机属性选取个数,使样本空间划分多样化,拟合出复杂的非线性关系。

RF 地震储层预测方法和步骤如下:

(1) 从原始的地震数据中提取多种不同的地震属性,作为输入变量 x,把井点储层厚度作为输出变量 y,将地震属性与储层厚度作为原始数据集。

(2) 从原始数据集中采用 Bootstrap 的方式抽取多个与原始样本集元素相等的训练样本集,每个训练样本构建一棵决策树。

(3) 从训练集中随机选择 F 个特征,并比较其中的最优分割来构建 CART 树。

(4) 对于需要预测的数据 $X=x$,每棵回归树 $RT(n)$ 都会输出相应的预测值 $y_i(i=1, 2, \cdots, n)$,通过取这 n 个预测值的平均值得到随机森林的预测值 $\mathrm{Ave}\left(\sum y_n\right)$。

RF 预测储层流程框图如图 9-17 所示。

9.5.2 属性提取及选优

东营凹陷董集洼陷在沙三中、下亚段沉积时期发育大量的浊积岩,但浊积砂体较小,横向连续性较差,用常规方法很难描述。图 9-18 给出了其中一口井——H183 井的井震标定图,可以看出,砂体埋藏深度较深(普遍在 3 000 m 左右)、厚度薄(几米,最多也不过十几米,属于薄层范畴)且横向变化较大,部分浊积砂体上方还存在强屏蔽层,给浊积岩油藏的勘探开发带来很大困难。该区域沙三中亚段存在 5 个砂组,本次研究以油气比较富集的 5 砂组为研究目标层(图中最下面的薄储层)。

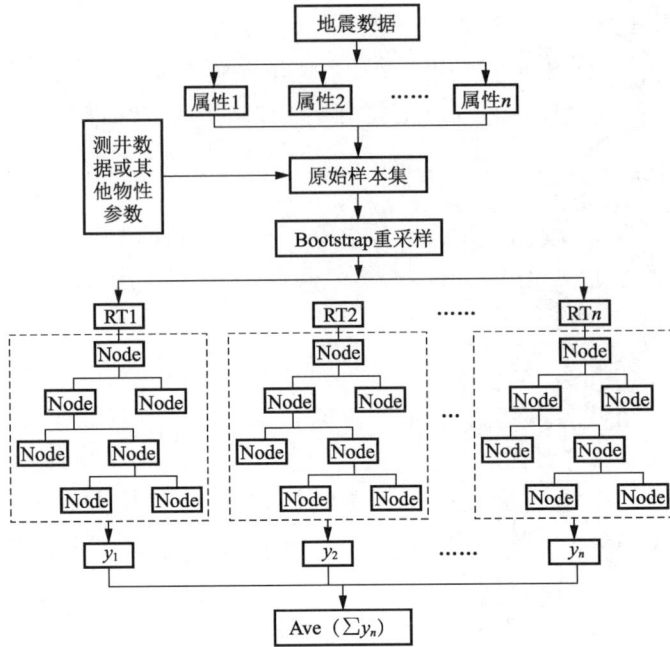

图 9-17　RF 预测储层流程框图

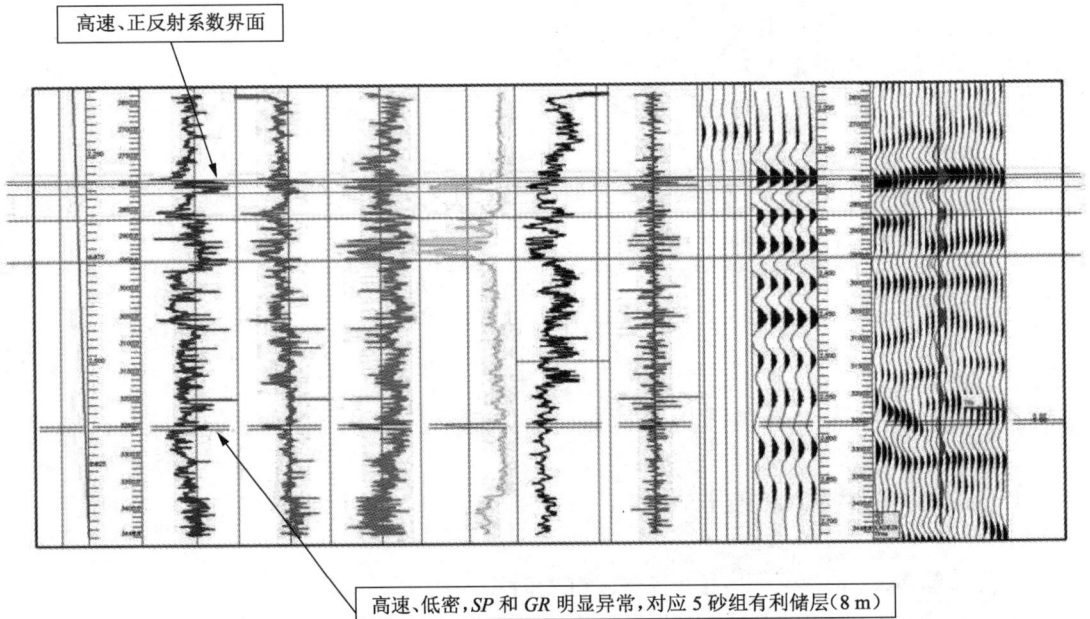

图 9-18　H183 井地震标定结果

　　地震属性作为常用的研究储层的有力工具,在各种类型储层的预测中应用十分广泛,有利的地震属性与储层有一定的对应关系,但不同类型储层或不同地区储层的有利属性也不同。对于本研究区,通过对比,优选了弧长、均方根振幅、能量半时、平均能量和最大振幅作为 RF 储层预测基础属性。

　　弧长属性是指时窗内地震道波形的长度,受地震波振幅和频率影响,对于波阻抗差较大的储层反映效果较好;均方根振幅间接地反映了地震反射系数的大小,可以用来指示地下岩性的变化;能量半时是在给定的分析时窗内能量达到 1/2 的相对时间,对于识别弱信号反射比较有效;平均能量是指数据窗内能量的均值,可以用作烃类检测及通过异常振幅和背景值的比较显示地质特征;最大振幅属性指的是在所选取的时窗范围内最大振幅所对应的区域,可用来识别油气储层段中的亮点和暗点,而往往这些区域是由地震波阻抗差异等因素引起的,极有可能与之对应的就是油藏储层。

　　属性的提取中,时窗选取非常重要。对研究区 5 砂组储层来说,其上面覆盖有一个较强的屏蔽层,通过试验,以图中解释层位为顶面,向下开设 15 ms 时窗(图 9-19),分别提取弧长、能量半时、均方根振幅、平均能量和最大振幅地震属性,再从道积分数据体提取道积分极值,如图 9-20 所示。从图 9-20 可以看出,提取的几种地震属性地质意义都比较明确,属性与储层均有一定的对应关系,但整体而言没有单独一种属性与实际钻井情况完全匹配,用单一地震属性描述浊积岩储层厚度有很大的不确定性。为此,下面选取多属性随机森林方法来预测储层厚度,并与神经网络方法做了对比研究。

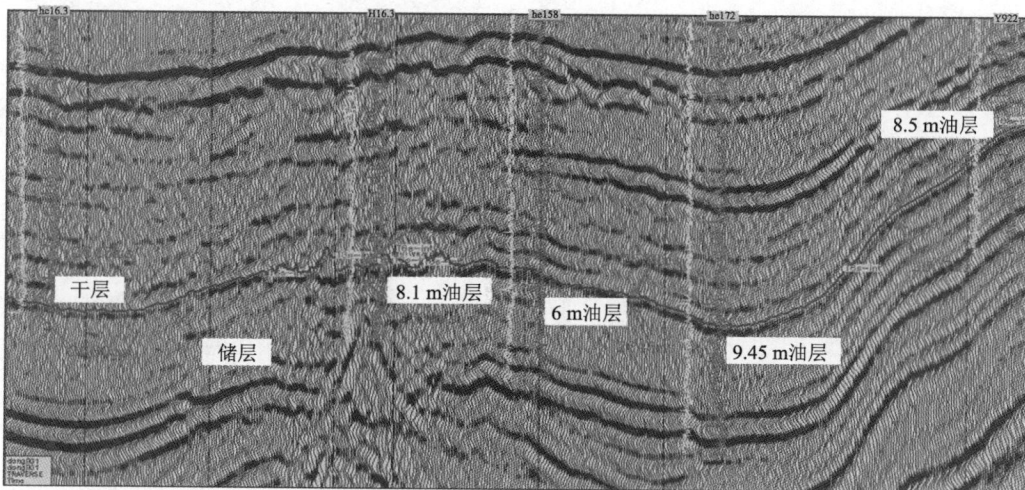

图 9-19　研究区某一连井地震剖面

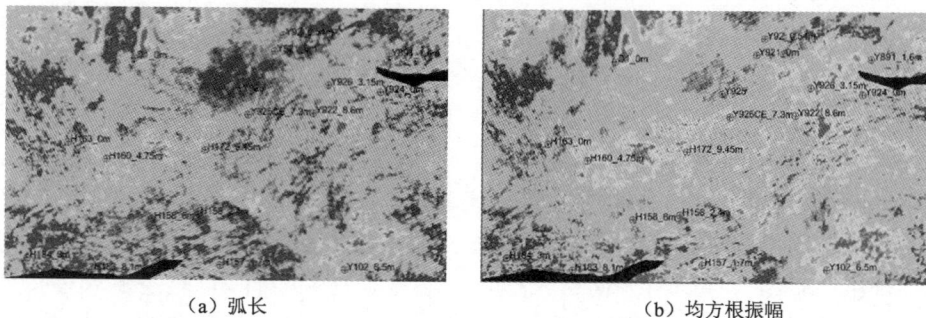

(a) 弧长

(b) 均方根振幅

图 9-20　目标储层提取的沿层属性

（c）能量半时

（d）最大振幅

（e）平均能量

（f）道积分

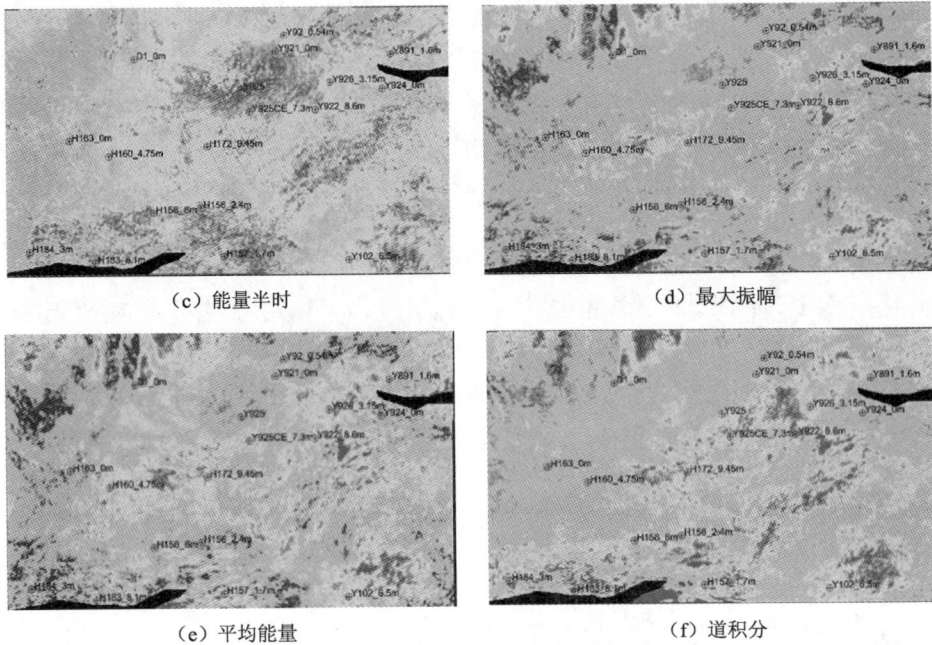

图 9-20（续） 目标储层提取的沿层属性

9.5.3　浊积岩储层有利储层预测

将上面提取的董集地区 5 砂组浊积砂体储层的弧长、均方根振幅、能量半时、最大振幅、平均能量和道积分地震属性作为输入数据。用 17 口井的地震属性值作为训练集，以其对应的浊积岩储层厚度作为训练数据的标签进行监督学习，并与神经网络方法预测结果进行比较。

图 9-21 展示了一棵深度为 4 的 CART，其中每个节点都展示每次分裂选取的特征以及最小二乘偏差和样本数量，图中主要以道积分属性作为分裂节点，结合对研究区的认识和几种属性的提取分析，道积分属性和储层厚度相关性确实较大，这也从该树上得到了体现。

随机森林算法预测的结果如图 9-22 所示，可以看出，随机森林算法综合了 6 种地震属性的共性，其每棵决策树都是一个弱分类器，具有高偏差、低方差的特点，多棵树的结合则在一定程度上降低了总体误差，提高了预测的可信度。但是个别井还存在一定的误差，问题主要有两个方面：一是预测井较少，预测结果难以完全控制整个研究区；二是浊积砂体上方还存在强屏蔽层，对储层属性也有一定影响。

比较图 9-22 和图 9-23 可以看出，神经网络预测的厚度与实际值比较，总体不如随机森林方法。这主要是因为神经网络这样的单一方法型存在局限性，且容易陷入过拟合，而基于集成思想的随机森林算法由多棵决策树模型共同对储层厚度进行预测，具有更高的可信度。

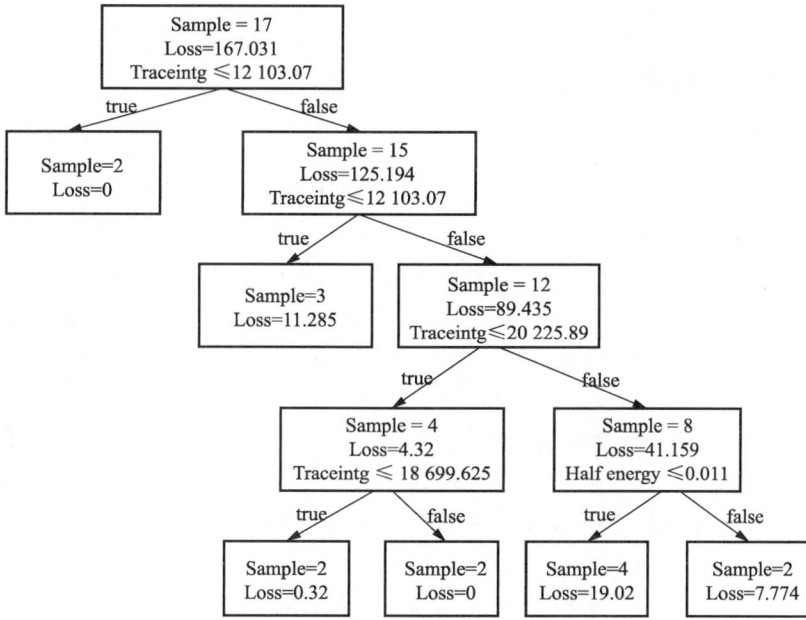

图 9-21　深度为 4 的决策树模型

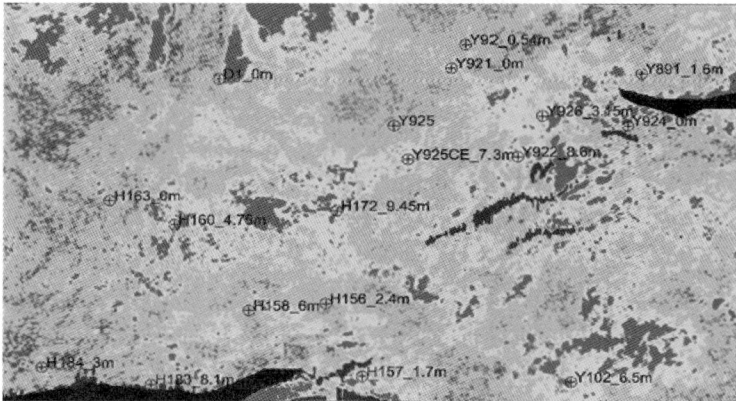

图 9-22　随机森林方法预测结果

图 9-23　神经网络方法预测结果(训练次数为 30 000)

9.6 浊积岩储层叠前反演技术

油气勘探的根本任务是根据观测到的各种信息研究和提取有关地下介质的物性参数，如速度、密度等，并对储层的含油气性做出评价。完成这一任务有正演和反演两种途径，其中反演是根据各种地球物理观测数据推测地球内部的结构、形态及物质成分，定量计算各种相关的地球物理参数（撒利明等，2015）。对地震反演来说，其目的是根据地震资料，通过对地下岩石的波阻抗和其他储层参数进行估算，描述地下岩层的岩性和含流体的性质，为油气资源的勘探开发服务（齐虹，2014）。

通常勘探领域地震反演根据输入数据的类型可分为叠后和叠前反演两大类。近 30 年来，叠后地震反演取得了巨大成功，已形成多种成熟的反演技术，例如递推反演、模型反演和地震属性反演、地震统计学反演、测井曲线反演等（撒利明等，2015）。传统的叠后地震反演只能得到波阻抗信息，很难获得孔隙度、储层流体、岩性等关键参数，使其解决地质问题的能力受到限制，也很难满足开发阶段对油藏精细描述的需求。而叠前地震反演技术充分利用叠前信息，可以得到除波阻抗之外的很多其他弹性参数信息，大大丰富了描述储层的手段，增强了对复杂储层的描述和流体检测的能力。

前面提到的东营凹陷董集地区中的浊积岩储层存在着厚度薄、变化大，且灰质含量高的特点，仅从常规地震剖面上砂体与灰质泥岩的地震反射特征难以区分，给识别和描述有效储层及流体带来了极大的困难。如何去除灰质对储层及流体识别的影响及预测优质储层，成为当前浊积岩油气藏勘探开发中的重点问题。许多学者从岩石物理出发，以叠前地震资料为基础，提出了针对该问题的叠前反演技术，且取得了较好的实际应用效果。本节根据文献调研结果，对浊积岩储层的叠前反演技术的原理及实际应用做简单的分析与总结。

9.6.1 叠前地震反演相关理论简介

1）Zoeppritz 方程

1919 年，Zoeppritz 总结了固体与固体的接触界面上关于反射与透射规律的公式，即著名的 Zoeppritz 方程（式 9-25），该方程描述了平面波入射时，位于介质分界面两边的反射波和透射波、纵波以及横波之间的关系（图 9-24）。

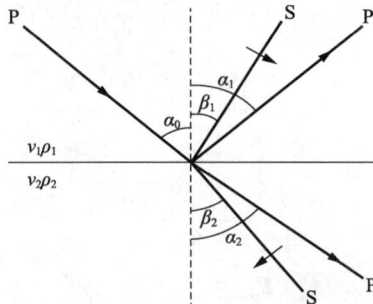

图 9-24 P 波入射时反射及透射示意图(据齐虹,2014)

$$
\begin{bmatrix}
\cos\alpha_1 & \dfrac{v_{P1}}{v_{S1}}\sin\beta_1 & \dfrac{v_{P1}}{v_{P2}}\cos\alpha_2 & -\dfrac{v_{P1}}{v_{S2}}\sin\beta_2 \\[2mm]
-\sin\alpha_1 & \dfrac{v_{P1}}{v_{S1}}\cos\beta_1 & \dfrac{v_{P1}}{v_{P2}}\sin\alpha_2 & \dfrac{v_{P1}}{v_{S2}}\cos\beta_2 \\[2mm]
-\cos 2\beta_1 & -\sin 2\beta_1 & \dfrac{\rho_2}{\rho_1}\cos 2\beta_2 & \dfrac{\rho_2}{\rho_1}\sin 2\beta_2 \\[2mm]
\sin 2\alpha_1 & -\dfrac{v_{P1}^2}{v_{S1}^2}\cos 2\beta_1 & \dfrac{\rho_2}{\rho_1}\dfrac{v_{S2}^2}{v_{S1}^2}\dfrac{v_{P1}}{v_{P2}}\sin 2\alpha_2 & \dfrac{\rho_2}{\rho_1}\dfrac{v_{P1}}{v_{S1}^2}\cos 2\beta_2
\end{bmatrix}
\begin{bmatrix} R_{PP} \\ R_{PS} \\ T_{PP} \\ T_{PS} \end{bmatrix}
=
\begin{bmatrix} \cos\alpha_1 \\ \sin\alpha_1 \\ \cos 2\beta_1 \\ \sin 2\beta_1 \end{bmatrix}
\tag{9-25}
$$

式中，R_{PP} 为纵波反射系数，R_{PS} 为转换横波反射系数，T_{PP} 为纵波透射系数，T_{PS} 为转换横波透射系数，v_{P1} 和 v_{P2} 分别为界面上下岩层的纵波速度，v_{S1} 和 v_{S2} 分别为界面上下岩层的横波速度，ρ_1 和 ρ_2 分别为界面上下岩层的密度，α_1 和 α_2 分别为纵波入射角和透射角，β_1 和 β_2 分别为转换横波的反射角和透射角。

但是，以上的方程组形式以及关系非常复杂，往往不可直接分析得出 4 种波动有关参数和振幅之间比较明确的函数关系（齐虹，2014）。从该方程诞生以来，试图对此方程进行简化的工作从未停止，通过简化近似工作，使得在实际使用过程中尽量减小计算工作量，推动其进一步发展。因此，接下来对部分关于 Zoeppritz 方程的近似式进行介绍。

2）Aki-Richard 近似式

Aki 和 Richard 注意到在反射界面两侧有 6 个弹性参数，即 v_{P1}，v_{P2}，v_{S1}，v_{S2}，ρ_1，ρ_2，其中只有 4 个是独立变量，即纵、横波平均速度比 $\dfrac{\overline{v_P}}{v_S}$，纵波速度相对差异值 $\dfrac{\Delta v_P}{v_P}$，横波速度相对差异值 $\dfrac{\Delta v_S}{v_S}$ 以及密度相对差异值 $\dfrac{\Delta\rho}{\rho}$，假设界面两边的弹性参数差异不大，经过一系列的运算后，可得有关于纵波反射系数为 $\dfrac{\Delta v_P}{v_P}$，$\dfrac{\Delta v_S}{v_S}$，$\dfrac{\Delta\rho}{\rho}$ 的线性组合：

$$
R_{PP}(\theta) \approx \frac{1}{2}\left(1-4\frac{v_S^2}{v_P^2}\sin^2\theta\right)\frac{\Delta\rho}{\rho} + \frac{\sec^2\theta}{2}\frac{\Delta v_P}{v_P} - 4\frac{v_S^2}{v_P^2}\sin^2\theta\frac{\Delta v_S}{v_S}
\tag{9-26}
$$

该公式虽不适合用于入射角比较大或者反射界面两边的岩石属性差异大的情况，但比较清楚地显示出弹性参数的变化量与反射系数之间的关联，且其形式简单、物理意义明确，比较适合实际应用。

3）Shuey 近似式

Shuey 在 Aki-Richard 近似式的基础上，根据泊松比、密度与横波速度的关系，用泊松比平均值 σ 以及泊松比差异值 $\Delta\sigma$ 来替换横波速度平均值 v_S 与横波速度差异值 Δv_S，得到以下近似式：

$$
R_{PP}(\theta) \approx R_0 + \left[A_0 R_0 + \frac{\Delta\sigma}{(1-\sigma)^2}\right]\sin^2\theta + \frac{1}{2}\frac{\Delta v_P}{v_P}(\tan^2\theta - \sin^2\theta)
\tag{9-27}
$$

其中：

$$
R_0 = \frac{1}{2}\left(\frac{\Delta v_P}{v_P}+\frac{\Delta\rho}{\rho}\right) \quad A_0 = B - 2(1+B)(1-2\sigma)/(1-\sigma) \quad B = \left(\frac{\Delta v_P}{v_P}\right)\bigg/\left(\frac{\Delta v_P}{v_P}+\frac{\Delta\rho}{\rho}\right)
\tag{9-28}
$$

式（9-27）中，约等号右侧第一项为小角度项，第二项为中角度项，第三项为大角度项。在实际应用中，当入射角及纵波速度相对差异值较小时，可将上式简化为：

$$R_{PP}(\theta) = R_0 + \left[A_0 R_0 + \frac{\Delta\sigma}{(1-\sigma)^2}\right]\sin^2\theta = P + G\sin^2\theta \qquad (9\text{-}29)$$

式中，θ 为入射角，P 为 AVO 截距，G 为 AVO 斜率。

式（9-29）中，在反演过程中泊松比是一个较为灵敏的参数，可以利用泊松比来判别岩石含气、流体的性质及预测岩性。

4）Smith-Gidlow 近似式

Smith 和 Gidlow 为了便于加权叠加，在 Aki-Richard 近似式的基础上提取了纵波、横波速度的相对差异值，并将 Gardner 经验公式代入其中，得：

$$R_{PP}(\theta) = \frac{5}{8}\frac{\Delta v_P^2}{v_P} - \frac{v_S^2}{v_P^2}\left(4\frac{\Delta v_S}{v_S} + \frac{1}{2}\frac{\Delta v_P}{v_P}\right)\sin^2\theta + \frac{1}{2}\frac{\Delta v_P}{v_P}\tan^2\theta \qquad (9\text{-}30)$$

式中只包含纵波速度相对异常值和横波速度相对异常值，参数提取比较容易。

5）Fatti 近似式

Fatti 将纵波阻抗 I 和横波阻抗 J 代入 Aki-Richard 近似式中，消除了纵、横波速度项，得到了反射系数与纵波阻抗相对差异值、横波阻抗相对差异值、密度相对差异值之间的关系式：

$$R_{PP}(\theta) = \frac{1}{2}\frac{\Delta I}{I}(1+\tan^2\theta) - 4\frac{v_S^2}{v_P^2}\frac{\Delta J}{J}\sin^2\theta - \frac{1}{2}\frac{\Delta\rho}{\rho}\left(\frac{1}{2}\tan^2\theta - 2\frac{v_S^2}{v_P^2}\sin^2\theta\right) \qquad (9\text{-}31)$$

在入射角小于 35°且纵、横波速度比在 1.5～2 之间时，式（9-31）中等号右侧的第三项可以忽略，即可简化为：

$$R_{PP}(\theta) = \frac{1}{2}\frac{\Delta I}{I}(1+\tan^2\theta) - 4\frac{v_S^2}{v_P^2}\frac{\Delta J}{J}\sin^2\theta \qquad (9\text{-}32)$$

6）Gray 近似式

Gray 在 Aki-Richard 近似式的基础上，得出拉梅常数公式的近似公式：

$$R_{PP}(\theta) = \left[\frac{1}{4} - \frac{1}{2}\left(\frac{v_S}{v_P}\right)^2\right]\sec^2\theta \cdot \frac{\Delta\lambda}{\lambda} + \left(\frac{v_S}{v_P}\right)^2 \cdot \left(\frac{1}{2}\sec^2\theta - 2\sin^2\theta\right)\frac{\Delta\mu}{\mu} + \left(\frac{1}{2} - \frac{1}{4}\sec^2\theta\right)\frac{\Delta\rho}{\rho}$$

$$(9\text{-}33)$$

上式能够直接提取出拉梅常数等的相对变化量，可以利用一些与含油气储层相关的、敏感的弹性参数来进行优质储层的预测。

除了以上介绍的几个 Zoeppritz 方程的近似式，还有许多其他的近似式，每一种近似式之所以有不同的表达式，是因为它们的出发点和选用的参数不同，它们构建了不同的岩性敏感参数与反射振幅（反射系数）的关系。除此之外，弹性参数与反射系数的关系是彼此约束且综合的，若想准确地反演岩性参数，则需多种方法结合应用，综合分析。

9.6.2　基于叠前同时反演的储层识别的研究实例

9.6.2.1　叠前同时反演方法原理

叠前同时反演依据岩石物理学和振幅随偏移距变化理论，基于 Zoeppritz 方程或 Aki-Richard 等多种近似式，对多个角度及数据体进行测井约束下的同时反演。根据 Hampson 和 Russell（2005）提出的叠前同时反演方法，利用 Fatti 等改写的 Aki-Richard 近似式计算

不同入射角时的反射系数,其公式为:

$$R_{PP}(\theta) = c_1 R_P + c_2 R_S + c_3 R_D \tag{9-34}$$

式中,R_P 为纵波反射系数,R_S 为横波反射系数,R_D 为密度反射系数,$c_1 = 1 + \tan^2\theta$,$c_2 = -8\gamma^2\tan^2\theta$,$c_3 = -0.5\tan^2\theta + 2\gamma^2\tan^2\theta$,$\gamma = v_S/v_P$。

纵波、横波和密度反射系数分别表达为:

$$R_P = \frac{1}{2}\left(\frac{\Delta v_P}{v_P} + \frac{\Delta\rho}{\rho}\right), \quad R_S = \frac{1}{2}\left[\frac{\Delta v_S}{v_S} + \frac{\Delta\rho}{\rho}\right], \quad R_D = \frac{1}{2}\frac{\Delta\rho}{\rho} \tag{9-35}$$

在小角度反射时,纵波的相对差异值可写为:

$$\frac{\Delta v_P}{v_P} \approx \Delta\ln v_P \tag{9-36}$$

横波速度与密度也有类似的关系。结合式(9-35)与式(9-36),纵波反射系数可近似写为:

$$R_{Pi} \approx \frac{1}{2}\Delta\ln Z_{Pi} = \frac{1}{2}(\ln Z_{Pi+1} - \ln Z_{Pi}) \tag{9-37}$$

式中,$Z_P = \rho v_P$,i 为 i 层的界面。将上式写为矩阵形式:

$$
\begin{bmatrix} R_{P1} \\ R_P \\ \vdots \\ R_{PN} \end{bmatrix} = \frac{1}{2}
\begin{bmatrix}
-1 & 1 & 0 & \cdots & 0 \\
0 & -1 & 1 & \cdots & 0 \\
0 & 0 & -1 & \cdots & 0 \\
\vdots & \vdots & \vdots & & \vdots \\
0 & 0 & 0 & \cdots & -1
\end{bmatrix}
\begin{bmatrix} L_{P1} \\ L_{P2} \\ \vdots \\ L_{PN} \end{bmatrix} \tag{9-38}
$$

式中,$L_{Pi} = \ln Z_{Pi}$。根据褶积模型,可得地震记录:

$$
\begin{bmatrix} T_1 \\ T_2 \\ \vdots \\ T_N \end{bmatrix} =
\begin{bmatrix}
w_1 & 1 & 0 & \cdots & 0 \\
w_2 & w_1 & 1 & \cdots & 0 \\
w_3 & w_2 & w_1 & \cdots & 0 \\
\vdots & \vdots & \vdots & & \vdots \\
w_N & w_{N-1} & w_{N-2} & \cdots & w_1
\end{bmatrix}
\begin{bmatrix} R_{P1} \\ R_{P2} \\ \vdots \\ R_{PN} \end{bmatrix} \tag{9-39}
$$

式中,$T_i(i=1,2,\cdots,N)$ 为第 i 个采样点的地震记录,$w_j(j=1,2,\cdots,N)$ 为提取的第 j 个地震子波。

综合上述两式,可得地震道与纵波阻抗对数的正演模型公式:

$$T = (1/2)WDL_P \tag{9-40}$$

式中,W 代表式(9-39)中的子波矩阵,D 代表式(9-38)中的导数矩阵。

对于叠前角度道集,将式(9-40)中的零偏移距道集扩展到多角度道集公式为:

$$T(\theta) = (1/2)c_1 W(\theta)DL_P + (1/2)c_2 W(\theta)DL_S + c_3 W(\theta)DL_D \tag{9-41}$$

式中,$L_S = \ln Z_S$,$L_D = \ln\rho$,$W(\theta)$ 表示从不同角度的叠前地震道集中提取的地震子波。

9.6.2.2 岩石物理分析

只有更有效地区分灰质泥岩、砂岩与泥岩,才能为储层反演等技术提供依据。因此,首先利用 Xu-White 模型和实测的横波数据对研究区进行横波速度的反演方法研究,得到适应该区的横波模拟方法,并用此方法估算没有横波数据井的横波速度。然后从测井参数入手,开展岩性、物性及纵、横波速度等岩石物理参数分析,总结各参数间的差异,得到纵波阻抗与横波阻抗交会图(图 9-25),纵、横波速度比与纵波阻抗交会图(图 9-26),以及纵、横波速度比与横波阻抗交会图(图 9-27)。

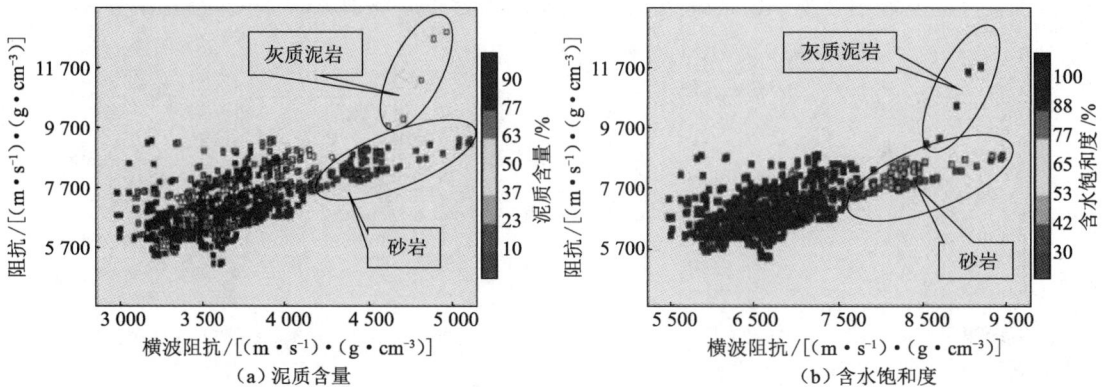

图 9-25　纵波阻抗与横波阻抗交会图(据杨亚华等,2017)

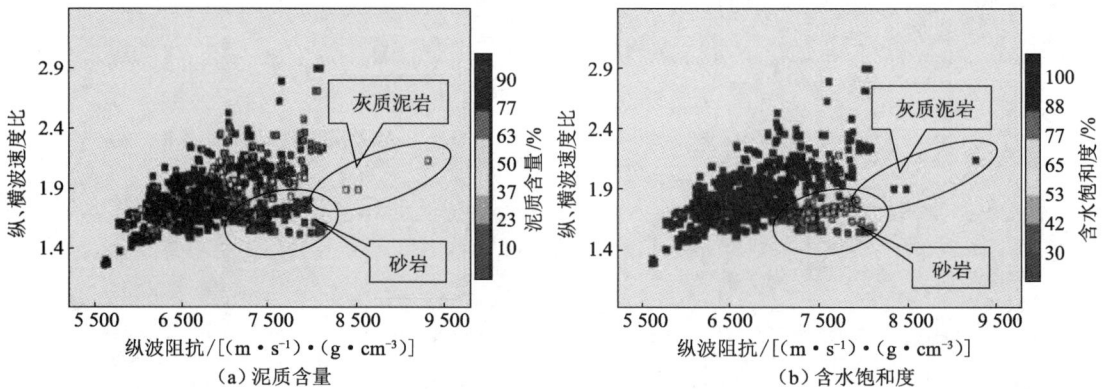

图 9-26　纵、横波速度比与纵波阻抗交会图(据杨亚华等,2017)

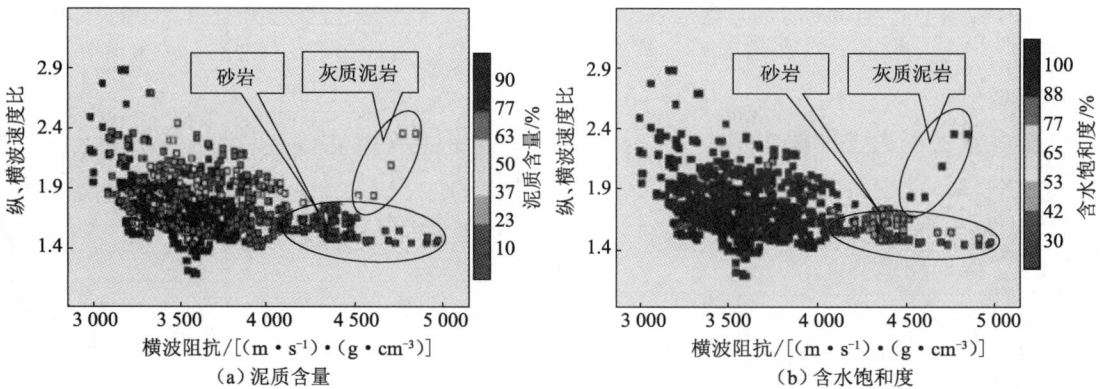

图 9-27　纵、横波速度比与横波阻抗交会图(据杨亚华等,2017)

从图中可以看出,灰质泥岩、砂岩与泥岩各个岩石物理参数都存在小范围的叠置,但总体上利用这些弹性参数能够区分灰质泥岩、砂岩与泥岩,而不同的岩石物理参数对于区分岩性及识别流体类型的能力有所差异。具体来说,利用横波阻抗能够明显区分砂岩与泥岩,利用纵波阻抗能够明显区分砂岩与灰质泥质,利用纵、横波速度比可以预测储层中的流体类型。

9.6.2.3 研究实例分析

从常规叠后地震剖面(图 9-28)上可以看出,灰质泥岩也表现出与砂岩相同的强地震振幅反射特征,仅凭地震振幅强弱无法区分灰质泥岩与砂岩。在叠后波阻抗反演结果(图 9-29)中,灰质泥岩与砂岩均表现为高纵波阻抗,可见,利用常规的叠后波阻抗反演方法亦无法区分灰质泥岩与砂岩储层。

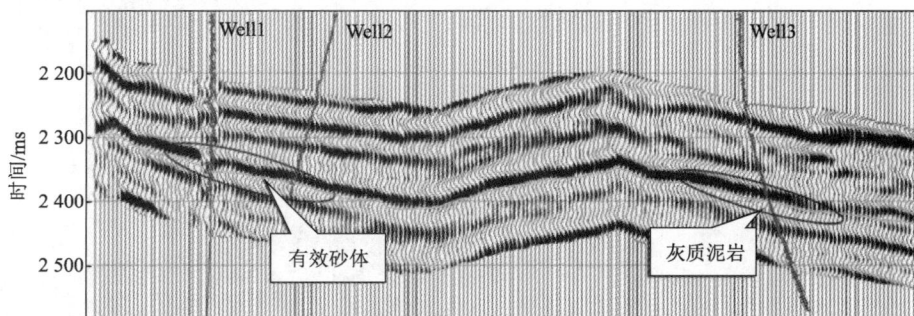

图 9-28 常规叠后地震剖面(据杨亚华等,2017)

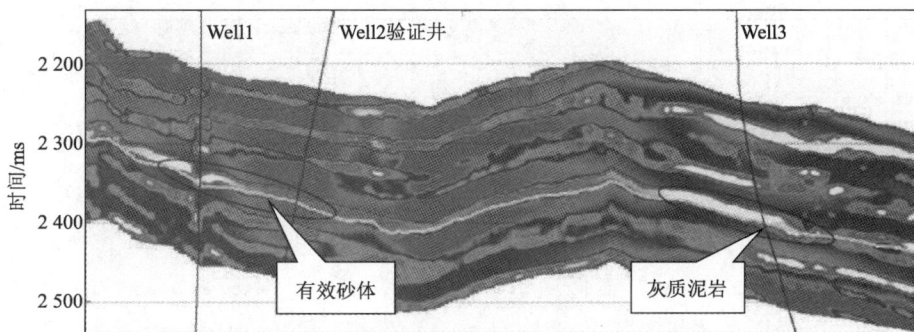

图 9-29 叠后波阻抗反演剖面(据杨亚华等,2017)

为了验证叠前同时反演方法在灰质发育区浊积岩预测有效储层及流体的效果,利用研究区内 10 口井进行纵、横波参数估算、岩石物理参数分析以及井震标定,建立初始模型,最后通过叠前同时反演,得到横波阻抗、纵波阻抗和纵、横波速度比的地震反演数据体(图 9-30~图 9-32)。

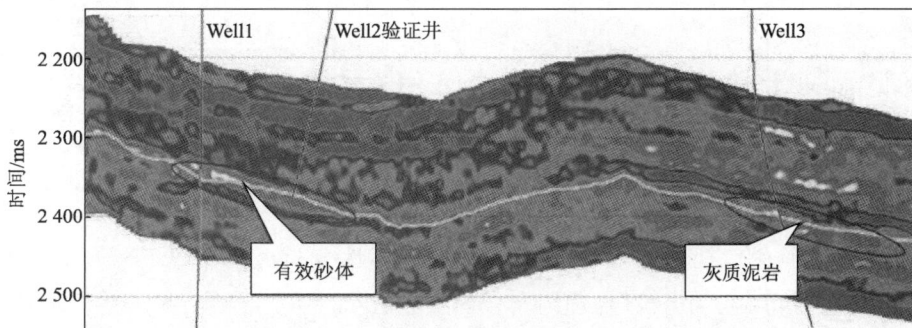

图 9-30 横波阻抗反演剖面图(据杨亚华等,2017)

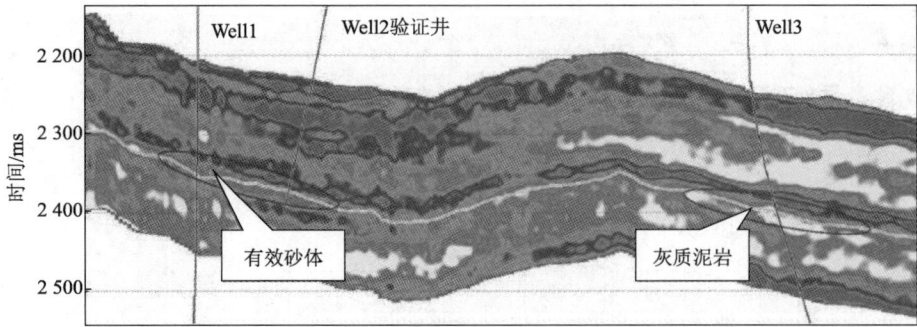

图 9-31　纵波阻抗反演剖面图(据杨亚华等,2017)

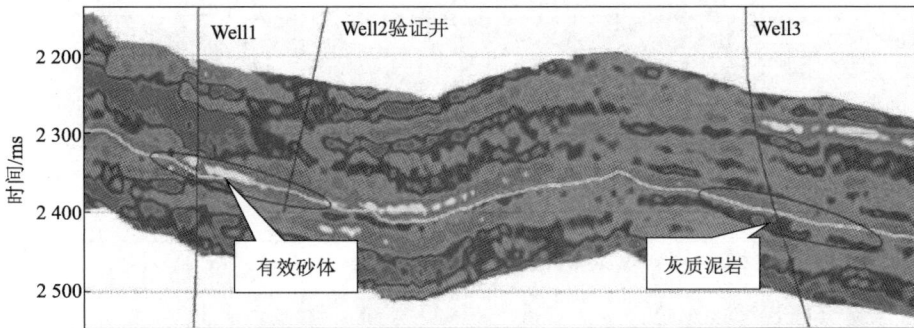

图 9-32　纵、横波速度比反演剖面图(据杨亚华等,2017)

从图中可以看出,储层的横波阻抗较高(well1 与 well2 处),利用横波阻抗,储层与非储层能够得到明显区分;灰质泥岩(well3 处)与砂岩未得到有效区分,储层表现为较高的纵波阻抗(well1 与 well2 处),同时非储层区域也表现为高纵波阻抗,well3 处灰质泥岩具有更高的纵波阻抗,说明利用纵波阻抗无法有效识别储层,但可识别灰质泥岩;在纵、横波速度比反演剖面中,纵、横波速度比可有效识别有效储层中的油气,但无法有效剔除灰质的影响。

综合横波阻抗、纵波阻抗以及纵、横波速度比的叠前同时反演剖面,对比岩石物理敏感性分析结果,说明叠前同时反演方法在该地区预测有利储层及流体是可行的,可作为类似储层预测的可行手段。

9.6.3　基于敏感岩性识别因子 AVO 反演的研究实例

9.6.3.1　浊积岩储层参数敏感性分析

对董集洼陷的 y925 地区储层识别因子进行敏感性分析。采用纵、横波速度及密度 3 种参数的不同组合得到多组岩石物理因子,利用常见的 8 种岩石物理因子对储层进行识别性分析,采用 R 代表每一种因子的识别能力。R 的表达式为:

$$R = \frac{\dfrac{|x_1 - x_2|}{x_1} + \dfrac{|x_2 - x_1|}{x_2}}{2} \tag{9-42}$$

式中，x_1 为储层的岩石物理因子，x_2 为盖层的岩石物理因子。

通过测井统计获得砂岩、灰岩和泥岩的岩石物理因子，利用直方图技术共计算了 8 种不同因子的识别能力 R 值（图 9-33）。在图 9-33 中，F 为基于 Biot-Gassmann 理论构建的储层识别因子，不同岩性有不同的 F。其具体表达式为：

$$F = Z_P^2 - \gamma_{dry}^2 Z_S^2 \tag{9-43}$$

式中，Z_P，Z_S，γ_{dry} 分别为纵波阻抗，横波阻抗，干岩石纵、横波速度比。

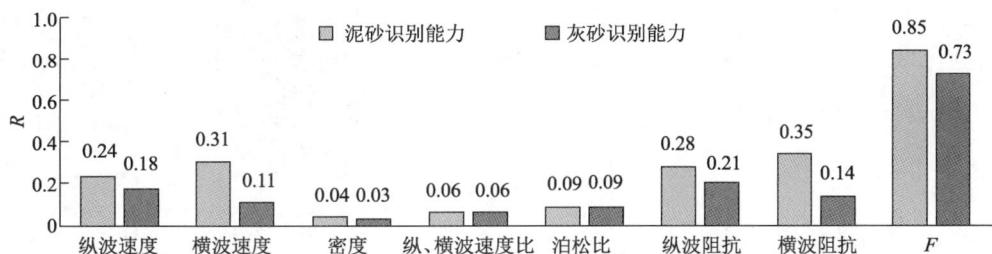

图 9-33　8 种因子对砂岩和泥岩的识别能力直方图(据周游等,2017)

从图 9-33 中可以看出，在灰质背景下，对识别砂岩和泥岩较为敏感的因子为 F、横波速度和横波阻抗。接着，对研究区内储层敏感的岩石物理因子进行二维交会分析，寻找有效的岩石物理因子组合。

从图 9-34 中可以看出，利用纵、横波速度比与纵波阻抗进行交会，可以较好地区分砂岩、灰质泥岩、泥岩，但其识别效果不是很理想；而利用纵、横波速度比与 F 交会，可以很容易地区分砂岩、灰质泥岩、泥岩，三者识别效果理想。

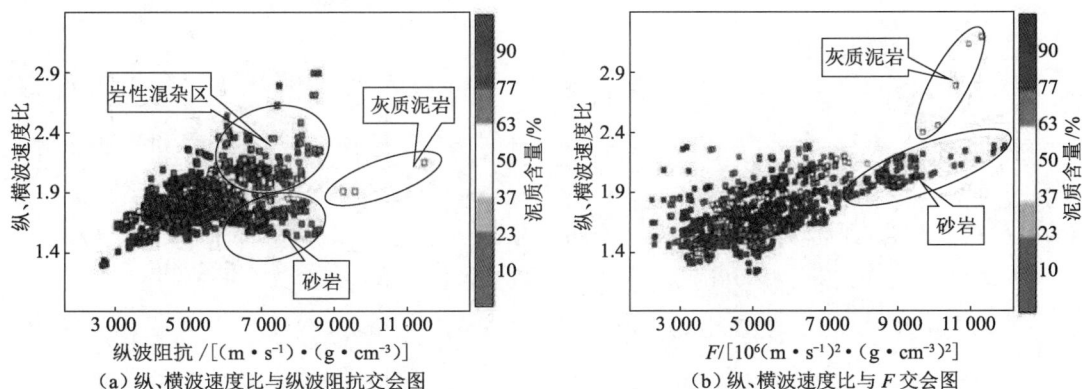

（a）纵、横波速度比与纵波阻抗交会图　　（b）纵、横波速度比与 F 交会图

图 9-34　多岩石物理因子交会图(据周游等,2017)

9.6.3.2　基于敏感岩性识别因子的 AVO 反演方法原理

对式(9-43)进行变换可得：

$$F = \beta_{\text{sat}}^2 \rho_{\text{sat}}^2 (\gamma_{\text{sat}}^2 - \gamma_{\text{dry}}^2) \tag{9-44}$$

式中，$\gamma_{\text{sat}}^2 = \dfrac{\alpha_{\text{sat}}^2}{\beta_{\text{sat}}^2}$，$\gamma_{\text{sat}}$ 为饱和岩石纵、横波速度比，ρ_{sat} 为饱和岩石密度，α_{sat} 为饱和岩石的纵波速度，β_{sat} 为饱和岩石的横波速度。

对式(9-44)进行微分处理，可得岩性识别因子反射系数与纵、横波速度及密度反射系数之间的关系式：

$$R_F = \frac{2\gamma_{\text{sat}}^2}{\gamma_{\text{sat}}^2 - \gamma_{\text{dry}}^2} R_\alpha - \frac{2\gamma_{\text{dry}}^2}{\gamma_{\text{sat}}^2 - \gamma_{\text{dry}}^2} R_\beta + 2R_d \tag{9-45}$$

式中，R_F，R_α，R_β，R_d 分别为岩性识别因子反射系数、纵波反射系数、横波反射系数、密度反射系数。

利用式(9-45)对 Aki-Richard 近似式推导、整理后可得近似式：

$$R(\theta) = \frac{1}{2}\left(1 - \frac{\gamma_{\text{dry}}^2}{\gamma_{\text{sat}}^2}\right)\sec^2\theta R_F + \left(\frac{1}{2}\frac{\gamma_{\text{dry}}^2}{\gamma_{\text{sat}}^2}\sec^2\theta - \frac{4}{\gamma_{\text{sat}}^2}\sin^2\theta\right)R_\mu + \left[\left(\frac{\gamma_{\text{dry}}^2 - 2\gamma_{\text{sat}}^2}{2\gamma_{\text{sat}}^2}\right)\sec^2\theta + 1\right]R_d \tag{9-46}$$

式中，R_μ 为剪切模量反射系数。

接着，类似弹性阻抗的推导方式，得到包含岩性识别因子 F 的弹性波阻抗方程：

$$EI(\theta) = F^a \mu^b \rho^c \tag{9-47}$$

式中，角度系数 a，b，c 分别为：

$$a = \frac{1}{2}\left(1 - \frac{\gamma_{\text{dry}}^2}{\gamma_{\text{sat}}^2}\right)\sec^2\theta$$

$$b = \frac{1}{2}\frac{\gamma_{\text{dry}}^2}{\gamma_{\text{sat}}^2}\sec^2\theta - \frac{4}{\gamma_{\text{sat}}^2}\sin^2\theta$$

$$c = \frac{\gamma_{\text{dry}}^2 - 2\gamma_{\text{sat}}^2}{2\gamma_{\text{sat}}^2}\sec^2\theta + 1$$

对式(9-47)两边取对数可得：

$$\ln EI = a\ln F + b\ln \mu + c\ln \rho \tag{9-48}$$

为得到 $\ln F$，$\ln \mu$，$\ln \rho$，需要将波阻抗数据体进行近、中、远角度叠加，得到角度分别为 θ_1，θ_2，θ_3 的 3 个不同弹性阻抗数据体，可得到 9 个角度系数 $a(\theta_1)$，$a(\theta_2)$，$a(\theta_3)$，$b(\theta_1)$，$b(\theta_2)$，$b(\theta_3)$，$c(\theta_1)$，$c(\theta_2)$，$c(\theta_3)$。将 9 个角度系数代入式(9-48)可得：

$$\begin{bmatrix} a(\theta_1) & b(\theta_1) & c(\theta_1) \\ a(\theta_2) & b(\theta_2) & c(\theta_2) \\ a(\theta_3) & b(\theta_3) & c(\theta_3) \end{bmatrix} \times \begin{bmatrix} \ln F \\ \ln \mu \\ \ln \rho \end{bmatrix} = \begin{bmatrix} \ln EI(\theta_1) \\ \ln EI(\theta_2) \\ \ln EI(\theta_3) \end{bmatrix} \tag{9-49}$$

利用上述方程组，可以估算出敏感岩性识别因子、剪切模量、密度参数。基于敏感岩性识别因子的 AVO 反演流程如图 9-35 所示。

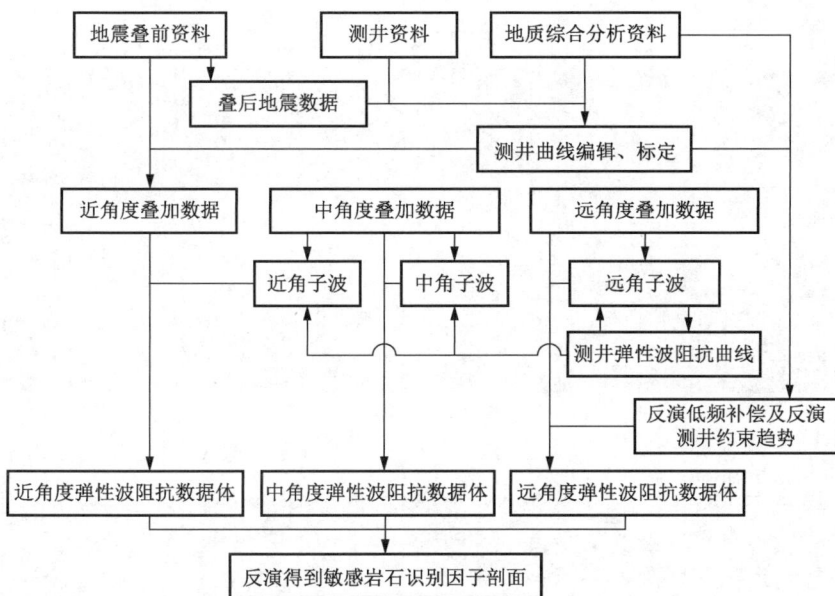

図 9-35　基于敏感岩性识别因子的 AVO 反演流程(据周游等,2017)

9.6.3.3　研究实例分析

选取研究区内某一连井剖面进行分析。从图 9-36(a)中可以看出,不含油的灰质泥岩与含油的灰质砂岩在地震剖面上的同相轴均为连续的强振幅,测井曲线上纵波速度、波阻抗差异较小,难以结合测井曲线从地震剖面上区分灰质和储层,常规的地震资料解释手段并不能消除灰质的影响。

图 9-36(b)是常规叠前三参数的纵波阻抗反演剖面,图 9-36(c)为岩性识别因子 F 反演剖面。从图中可以看出,泥岩表现为低波阻抗,而灰质砂岩与砂岩均表现为较高的波阻抗,说明纵波阻抗反演不能区分灰质泥岩和砂岩,不能消除灰质成分对储层识别的影响。相比之下,岩性识别因子 F 反演计算结果与解释结果吻合较好,对岩性较为敏感,可以区分出灰质泥岩、砂岩、灰质砂岩、泥岩,有效地消除了灰质成分对储层识别的影响,说明基于岩性识别因子 F 的叠前反演方法在实际应用中取得了良好的效果。

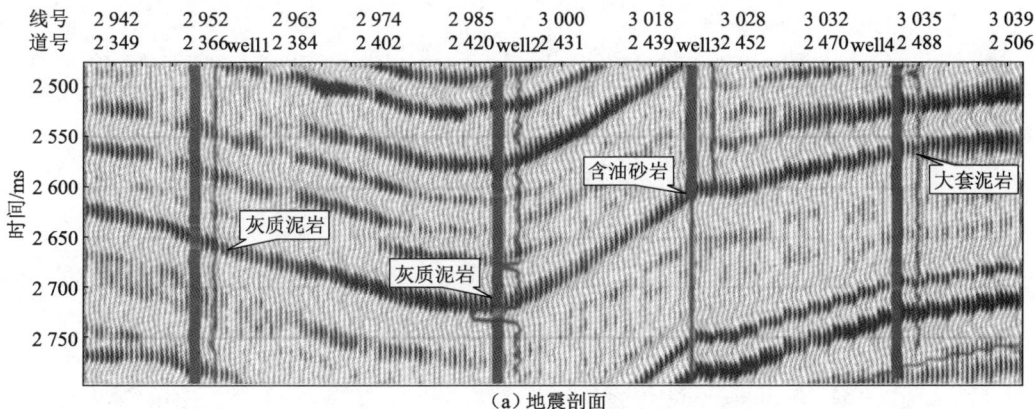

(a)地震剖面

図 9-36　实际资料的反演效果(据周游等,2017)

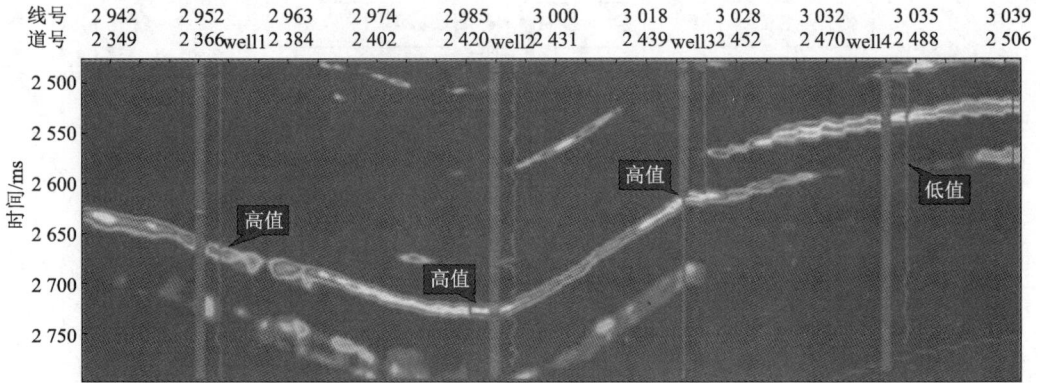

（b）纵波阻抗反演剖面

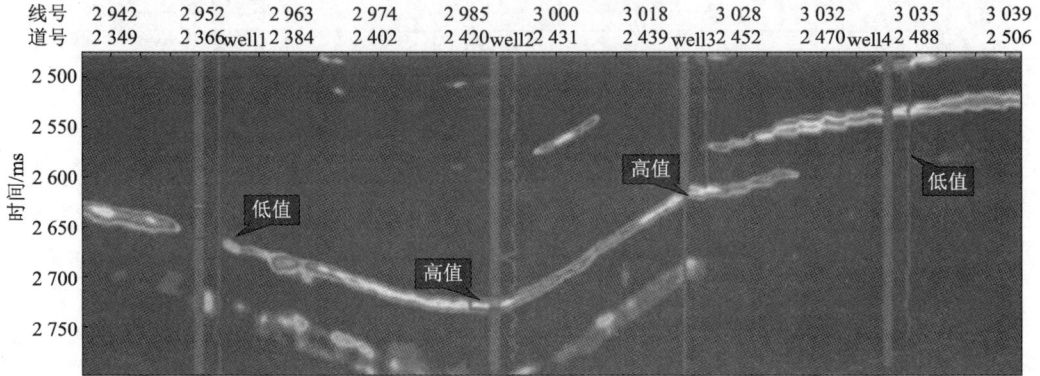

（c）岩性识别因子 F 反演剖面

图 9-36（续） 实际资料的反演效果（据周游等，2017）

第 10 章
砂砾岩储层精细描述方法及应用

10.1 概 述

砂砾岩(glutenite 或 sandy conglomerate)是一种含砾成分较高的砂岩,一般其砾石(粒径>2 mm)含量大于 50%,也称为含砾砂岩(conglomeratic sandstone 或 pebbly sandstone)。实际上砾石含量多少才可以称之为砂砾岩学术界并没有一个严格的定义。在地球物理界,以 glutenite 或 sandy conglomerate,即所谓的砂砾岩关键词搜索,几乎查不到国外学者的文献,但实际上砾岩油藏在许多国家得到了成功勘探开发。因此,将砾岩、砾状砂岩(gravelly sandstones)等以粗碎屑岩为主的油藏均称为砂砾岩油藏是比较合适的(Dart et al.,1994;胡复唐等,1997)。

砂砾岩油气藏一般离物源近、发育期次多、厚度大、单位面积产能高,非常适合立体开发和丛井开发,值得攻关研究与示范;另外,砂砾岩油气藏岩性变化快、非均质性强、储层连通性不易描述,加之低孔、低渗及较大的埋深,勘探开发难度较大。本章在参阅文献的基础上,对砂砾岩勘探的国内外研究现状进行回顾,对该类油气藏的地质、测井和地震基本特征进行详细总结和分析,对砂砾岩致密油藏的常规地震预测与描述方法进行阐述,重点讨论过零点个数地震属性、砂砾岩包络面描述、砂砾岩内部期次刻画、储层厚度预测等难点和焦点,以期对国内正在进行的致密油勘探开发有一定的借鉴作用和指导意义(王静等,2019)。

10.2 砂砾岩勘探的国内外研究现状

10.2.1 国内研究现状

国内砂砾岩勘探已有较长的历史,文献报道较多的是渤海湾盆地的济阳坳陷、准噶尔盆地的西北缘、南襄盆地的泌阳凹陷、松辽盆地徐家围子断陷,此外塔里木盆地的库车坳陷、二连盆地、鄂尔多斯盆地、柴达木盆地、四川盆地等也有勘探的应用实例。

新疆油田于 1958 年投入开发,主要油田包括克拉玛依、百口泉、车排子、玛湖等,砂砾岩发育层系为二叠统夏子街组、乌尔禾组和三叠统百口泉组,沉积类型为扇三角洲和湖泊相(斯春松,2014;程晓倩等,2014;邹妞妞等,2017)。2018 年,在玛湖发现了 10 亿吨级砾岩油田,专家称再造一个克拉玛依将成为现实。除了西北缘以外,新疆油田还在盆地腹部莫北油田的侏罗系三工河组找到了砂砾岩油藏,进一步拓展了砂砾岩油气藏的勘探领域(高树生,2011)。

松辽盆地的砂砾岩勘探集中在徐家围子断陷,层系包括下白垩统营城组和沙河子组。其中营城组致密砂砾岩气主要产于营四段,属三角洲前缘亚相,储层横向沿断裂带呈条带状分布,纵向以大套连续砂砾岩夹少量泥岩沉积为主,地层覆盖于火山岩之上,气藏分布还与火山岩气藏关系密切(冯子辉等,2013)。下部沙河子组岩性包括砂砾岩、泥岩、砂岩和煤层等,物源离沉积区较近,其碎屑物质被水流推至断陷深处,形成了"源储叠置"油藏特征(陆加敏等,2016)。

南襄盆地则在泌阳凹陷南部陡坡带发育大量裙边状砂砾岩扇体,主要层系为古近统核桃园组核一段—核三段,主要相带为扇三角洲相和浊流相。核一段和核二段有浅层稠油,如栗园的砂砾岩稠油储层(陈萍,2006),核三段主要发育扇三角洲前缘储层,是双河油田主力油层,储层具有岩性粗、岩石组分与结构复杂、分选差、厚度大、变化大、层间层内非均质严重等特点(倪锋,2012;姜建伟等,2016)。

鄂尔多斯盆地中部山西组和下石盒子组发育低孔、低渗砂砾岩储集层(斯春松,2012),大牛地气田山西组有三角洲前缘相的砂砾岩沉积(杜伟,2013)。塔里木盆地库车坳陷白垩统巴什基奇克组、古近统库姆格列木群、苏维依组发育砂砾岩体,属扇三角洲前缘沉积(高志勇等,2008)。柴达木盆地昆北地区路乐河组发育冲积扇辫状水道微相沉积的砂砾岩体(斯春松,2014)。二连盆地阿尔、阿南、乌里雅斯太等多个凹陷,在阿尔善组阿四段、腾格尔组腾下段发现有砂砾岩油气藏(王建等,2016;赵贤正等,2012)。四川盆地川东北元坝地区须家河组须三段气层为钙屑砂砾岩储层,水下分流主河道为最有利相带(杜红权等,2016)。

国内砂砾岩应用最广泛的是胜利油田,已在沾化、东营、车镇等凹陷发现了大量砂砾岩油藏。目前,砂砾岩是胜利油田致密油的 3 类攻关储层之一(图 10-1),3 类致密油储层分别为浊积岩、滩坝砂和砂砾岩。济阳坳陷砂砾岩油藏分布主要受断裂坡折带及低位扇的控制,具有成群成带分布的特点(潘元林等,2003)。其陡坡带发育重力流、冲积扇和三角洲等沉积体系,形成辫状河三角洲、扇三角洲、洪积扇、近岸水下扇、陡坡深水浊积扇、近岸砂体前缘滑塌浊积扇 6 类扇体(肖焕钦等,2002)。由于胜利探区砂砾岩油藏埋深较大(多数大于 3 500 m,部分小于 3 000 m),储层纵向叠置复杂,地震资料成像分辨率不高,其预测和识别具有很大的挑战性。

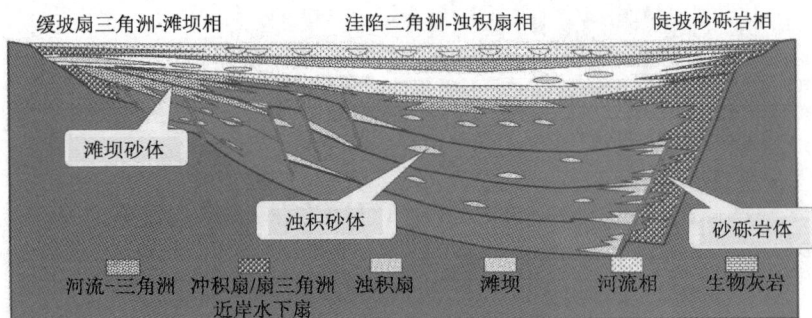

图 10-1 胜利油田砂砾岩及其他致密油藏类型

10.2.2　国外研究现状

国外砂砾岩油藏勘探开发文献报道较多的在美洲,如美国洛杉矶盆地的上新统 Yorba Linda 砾岩油藏、库克湾盆地(Cook Inlet Basin)McArthur River 油田渐新统 Hemlock 组砾岩油藏、阿根廷库约盆地(Cuyo Basin)Mendoza 油田侏罗—白垩系 Barrancas 组顶部红色砾岩油藏,以及加拿大西部盆地 Pembina 油田上白垩统 Cardium 油藏和巴西的 Sergipe-Alagoas 盆地 Carmopolis 油田下白垩统 Carmopolis 油藏等(胡复唐等,1997)。

美国库克湾盆地在区域地质构造上属于 Cordilleran 褶皱带的西北部,是一个呈东北走向的洼陷,主要储层为渐新统 Hemlock 组砾岩储层,圈闭类型多为断层发育的背斜或穹隆(Schoffmann,1991;O'Sullivan et al.,1991;Starzer et al.,1991)。该油藏的原始地质储量为 2.9×10^8 m³,可采储量为 1.01×10^8 m³。

阿根廷库约盆地位于阿根廷中西部地区,主要储层为侏罗—白垩系 Barrancas 组顶部红色砾岩层,整个 Barrancas 组是由一组互相重叠又互相结合的冲积扇及辫状河流沉积构成。在其冲积扇层序中,各单层在横切冲积扇方向上的连续性很差,而在自扇顶向外呈辐射状分布的方向上连续性较好(Dellape et al.,1995)。该油藏的含油面积约 96 km²,探明地质储量约 6360×10^4 m³。

加拿大西部盆地 Pembina 油田 Cardium 组储层的岩性主要是泥岩、砂岩和砂砾岩,分为两个岩石地层单元,分别为下 Perbina River 单元和上 Cardium Zone 单元。前者包含一个或多个从页岩到砂岩再到厚砾岩的向上变粗层序,后者也包含向上变粗层序,但主要是含少量砂岩和砾岩的泥岩(Dong et al.,2015;Pederson et al.,2013)。

巴西 Sergipe-Alagoas 盆地中最大的油田为 Carmopolis 油田,主要储层为 Carmopolis 段的含砾砂岩和砾岩,构造形态为东西向的椭圆形穹隆,油层累积厚度最大约为 106 m (Melton,2008)。

总的来说,国外砂砾岩油藏具以下特征:砾岩体均由山麓河流冲积相陆源沉积物组成,储层的岩性以砾岩为主,局部为砂质砾岩,储层具复模态结构,圈闭类型主要为构造圈闭,油藏的原油品质均较好,开发方式均为注水开发,并且都已进入高含水阶段,具有较长的开采历史(胡复唐,1997)。

10.3　砂砾岩致密油藏基本特征

10.3.1　砂砾岩致密油藏的地质特征

砂砾岩体纵向上存在多期叠置,平面上往往沿边缘断层或凸起带呈裙带状分布,向湖盆中心方向又有扇根、扇中、扇缘等沉积差异。砾岩类油藏油气富集及高产的主要控制因素是沉积相带和断裂作用,扇顶亚相是油气聚集的最有利相带(王永刚等,2001)。有学者根据扇体的不同位置,将砂砾岩发育模式进行了划分,如图 10-2 所示(肖焕钦等,2002)。

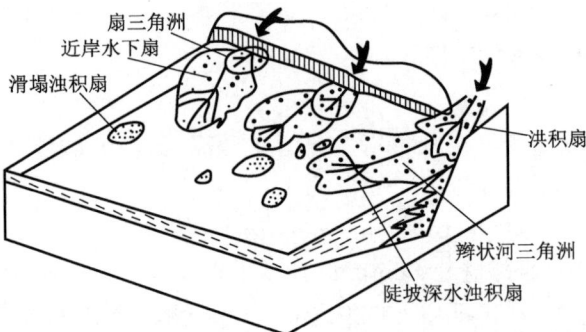

图 10-2 陡坡带砂砾岩扇体发育模式(据肖焕钦,2002)

　　储层的岩相特征是沉积相发育特征的直观反映,而沉积模式控制了储层的空间展布,因此对储层岩石特征的研究也非常重要。下面以胜利油田盐家地区(图 10-3)为例,简要介绍砂砾岩相的特征。中粗砾岩相包括中粗砾岩、中细砾岩和含(中)粗砾细砾岩,岩石分选较差,多发育递变层理及块状层理,底部多发育冲刷面;细砾岩相包括含砂细砾岩、砂质细砾岩、细砾岩和含中砾细砾岩,多发育块状层理和递变层理;含砾砂岩相主要包括含砾砂岩和粗砂岩,发育块状层理、递变层理、平行层理和交错层理;砂岩相主要包括中粗砂岩、中细砂岩、粉细砂岩、泥质砂岩以及砂泥岩薄互层,发育平行层理、交错层理、块状层理(樊海琳,2010)。根据岩石类型及层理构造,结合砂砾岩扇体的成因,可以总结出其对应的沉积相特征(表 10-1)。

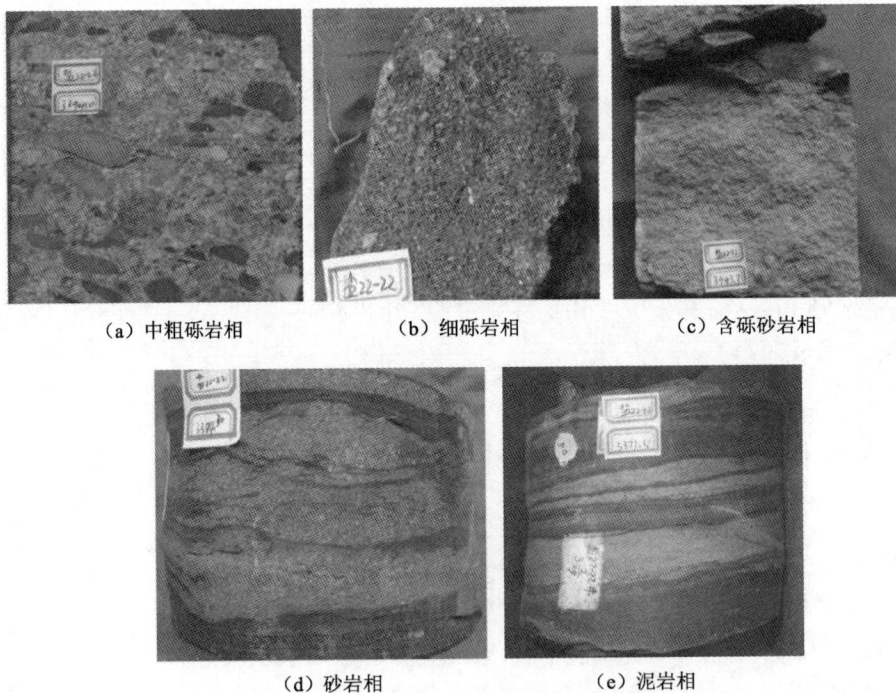

（a）中粗砾岩相　　　　　（b）细砾岩相　　　　　（c）含砾砂岩相

（d）砂岩相　　　　　（e）泥岩相

图 10-3 盐家地区盐 22 块砂砾岩岩相特征(据樊海琳,2010)

表 10-1　主要砂砾岩沉积类型及特征(据肖焕钦,2002)

沉积类型	成　因	沉积相	
		岩性组合	沉积构造
冲积扇	湖盆发育初期处在气候干旱、古地形高差大、蒸发量大于补给量等条件下,由季节性洪水携带碎屑物直接快速充填于盆内,整体在水上	大的角砾岩、砾岩、含砾砂岩夹薄层泥岩	为混杂堆积,块状无层理,扇中见粒序层理和交错层理
扇三角洲	在湖盆发育早期和湖盆深陷期,季节性洪流携带碎屑至湖盆陡坡堆积于入湖处,由河流波浪作用形成,部分在水下	砂砾岩为主,夹泥岩或砂岩	具有向上变粗的反旋回特征的各种层理
三角洲	在湖盆上升回阶段,水体变浅,古地形较平缓,气候温暖湿润,由河流作用形成,位于河流与湖水汇合处,前端在水下	泥岩或砂岩	波纹状层理、流水沙纹层理或变形层理
近岸水下扇	在湖盆深陷期,由季节性洪流所携带的碎屑直接入湖堆积形成,整体位于湖平面之下	由下而上砂岩层逐渐增多增厚,粒度变粗	底部为混杂堆积,中上部为块状砂岩,见各种层理,总体为向上变细层序
深湖浊积扇	主要形成于湖盆最大深陷期,一种为分布于陡坡之下的深湖浊积扇,另一种为三角洲前缘滑塌浊积扇	砂砾岩、泥岩和砂岩	具下细上粗的正旋回,可见不完整或完整的鲍马层序

　　有的砂砾岩扇体还遵循沟扇对应理论,陈萍(2006)利用该理论在泌阳凹陷陡坡带发现了新的砂砾岩扇体,笔者在胜利油田盐 22 井区也发现古冲沟砂砾岩非常发育。砂砾岩有利区还常由于湖流作用、溶蚀作用和构造作用,使物性变好,称为地质"甜点"(陈启林等,2018;许多年等,2015)。

10.3.2　砂砾岩致密油藏的测井响应特征

　　砂砾岩地层电阻率测井对应高阻抗异常,曲线形态与沉积时的水进及水退旋回、离物源区的距离及供给速率、水流能量的强弱、沉积背景等因素有关。就沉积旋回来说,水进型旋回包络为漏斗形,水退型旋回包络为钟形。单一砂砾岩段多呈块状,箱形只在厚度很大的情况下出现,尖指状、齿状的电阻率特征主要与沉积时的水动力条件有关。近源的砂砾岩体,如冲积扇、洪积扇、三角洲、扇三角洲的根部,其自然电位异常幅度较小(王永刚等,2001)。

　　图 10-4 给出了松辽盆地的一个实例,除了上面几个特征以外,还具有中高自然伽马(GR)、低井径(CNL)、高自然伽马能谱测井[$w(K)$]及低光电吸收界面指数(PE)等测井特征(白烨等,2012)。

　　吴述林(2013)研究表明塔里木库车地区砂砾岩具有低声波、高密度、高电阻、低中子的特征,裂缝的存在也会影响砂砾岩响应的测井特征,其自然伽马会出现一定程度的齿状,井径会出现不稳定现象。

　　盐家地区盐 22 块砂砾岩储层测井曲线特征为高自然伽马(GR)、中高自然电位(SP)、中低密度(DEN)、中低井径(CNL)、中低声波(AC),且含砾砂岩的电阻率呈相对低值,而砾状砂岩的电阻率相对较高(樊海琳,2010;王艳红,2012)。准噶尔盆地西北缘砂砾岩储层自然电位为负异常、平直响应特征,砂砾岩段自然伽马呈高值,密度中低,与东营凹陷盐家油田砂砾岩的特征极为相似(董文艺,2012;邹妞妞等,2017)。

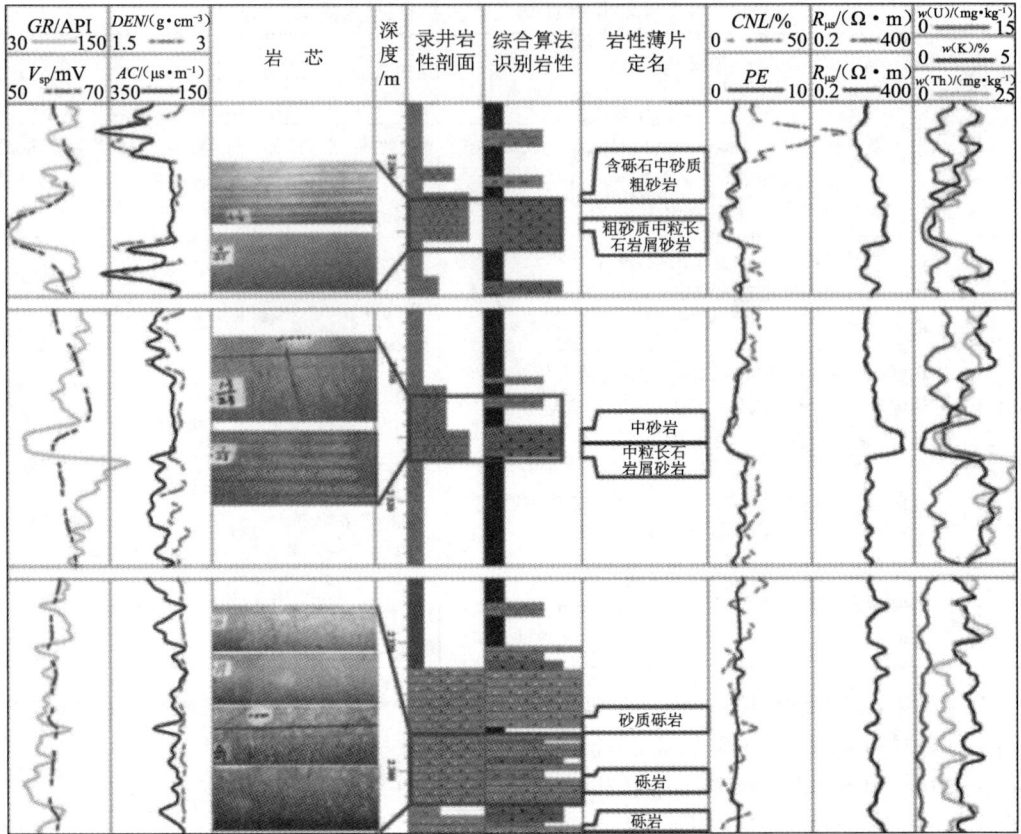

图 10-4　松辽盆地营城组岩性识别结果与录井、薄片结果对比(据白烨等,2012)

　　总的来说,砂砾岩储层在测井曲线上特征基本表现为高自然伽马值、中低声波值,且随着储层中砾石含量的增多,电阻率增大。

10.3.3　砂砾岩致密油藏的地震相特征

　　沉积类型不一样,砂砾岩体的地震相也不一样。蔡全升等(2017)将砂砾岩地震相特征总结为 5 种形式:冲积扇的地震相向盆方向为楔形,平行盆缘方向为丘形,内部见斜交或发散结构;扇三角洲在剖面上反射外形与冲积扇相似,内部呈不明显的前积结构;三角洲在剖面上反射外形为宽缓席状,内部具叠瓦式或 S 形前积结构;近岸水下扇在剖面上反射外形呈楔形或丘形,扇中可见斜交前积和波状结构,扇端连续性较好;深湖浊积扇在剖面上反射外形为丘形或透镜状,内部为波状-杂乱结构。

　　以上只是一般规律,不同区块砂砾岩地震相可能还会有所不同。图 10-5 为胜利油田盐 22 井区的一个连井剖面,其地震相存在纵向期次不易划分、横向连通性不好刻画的难点。砂砾岩的以上地震相特征以及低孔、低渗带来的开发问题,使得砂砾岩油气藏的勘探开发面临很大挑战,需要采用特殊的地震预测与描述方法来解决。

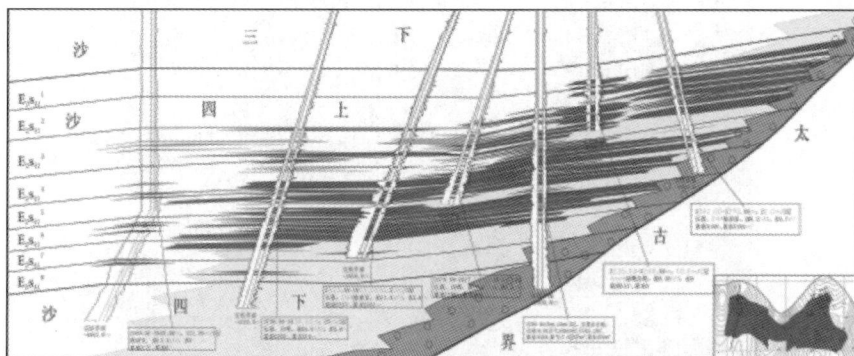

（a）油藏剖面

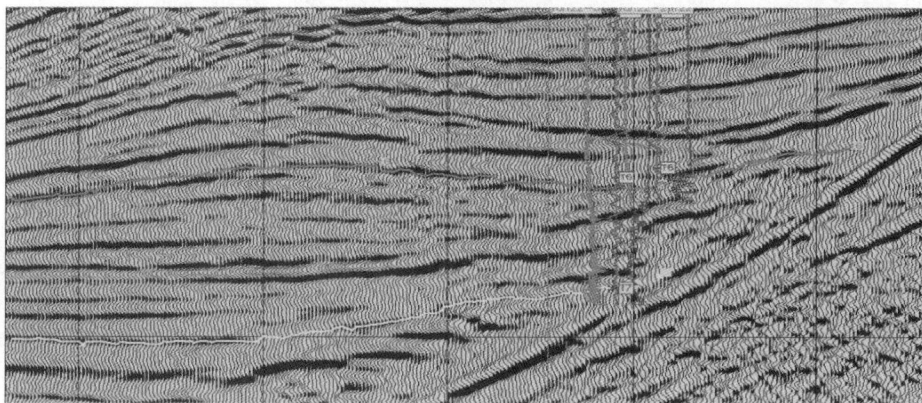

（b）地震剖面

图 10-5　胜利油田盐家地区连井油藏剖面和地震剖面对比

10.4　砂砾岩致密油藏常规地震预测与描述方法

10.4.1　基于属性分析及融合的砂砾岩预测方法

10.4.1.1　属性分析方法

利用地震属性信息进行砂砾岩体预测是目前最常用的手段，对砂砾岩致密油藏勘探的突破起到重要作用，比较有效的地震属性有相干属性、最大振幅属性、波形分类属性、相对波阻抗属性等。图 10-6 为美国 Buffalo Wallow 油田沿 Cherokee Wash 层位提取的相干属性，白色虚线围成的区域代表凹陷范围，箭头指示的分别为冲积扇和扇缘，波形的突变一般指示断层以及沉积特征的变化(Olorunsola et al.，2016)。

图 10-7 为准噶尔盆地玛湖凹陷北斜坡区三叠系百口泉组低渗透砂砾岩储层在古地貌恢复的基础上，通过提取最大波峰振幅属性来预测砂体的厚度(许多年，2015)。

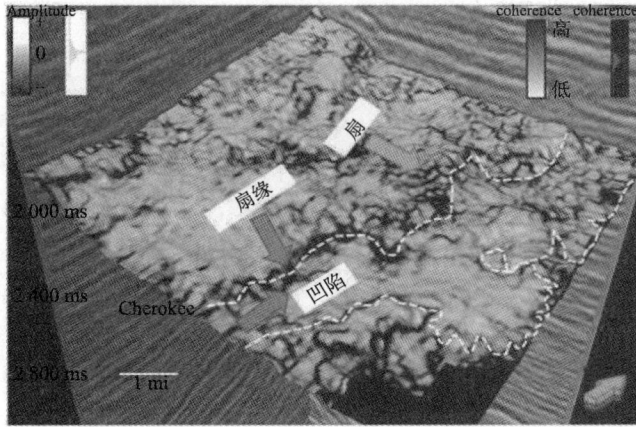

图 10-6　Buffalo Wallow 油田沿 Cherokee Wash 层位提取的相干属性(据 Olorunsola et al.,2016)

1 mi=1.609 km

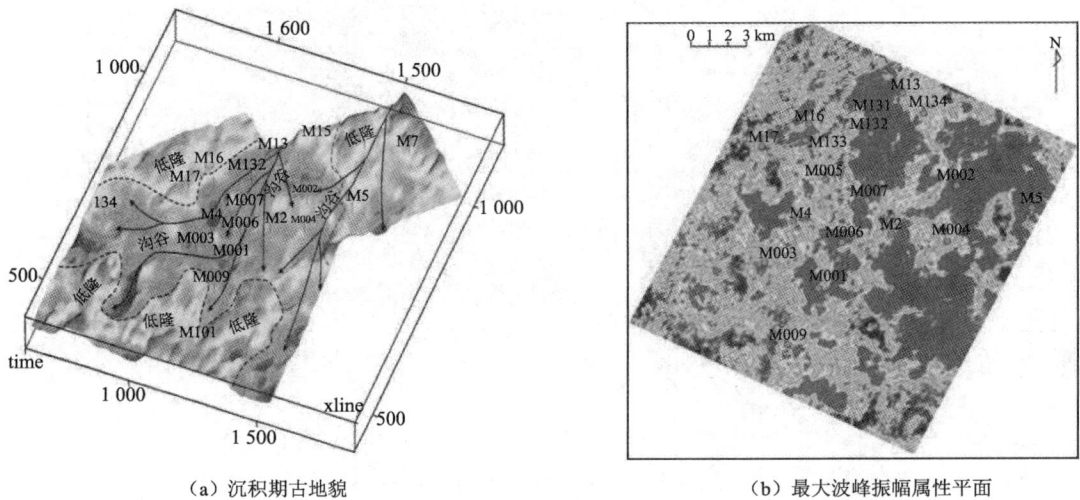

（a）沉积期古地貌　　　　　　　　　　（b）最大波峰振幅属性平面

图 10-7　准噶尔盆地玛湖凹陷百口泉组低渗透砂砾岩储层属性分析结果(据许多年,2015)

10.4.1.2　属性融合方法

单一的地震属性只能描述地震波形的某一种特征,而对多属性进行优化、融合,可以得到更为可靠的预测结果,有利于清晰准确地突出有利目标(李婷婷,2015)。

属性融合可分为 3 种类型:① 将构造图叠合在属性上。这是一种既简单又很直观的融合显示方式,由于商用工作站有这样的显示方式,所以在实际解释中经常被采用。② 采用二元色或 RGB 显示技术,将 2 种或 3 种属性融合显示。该种显示方式通常有非常好的应用效果,这在砂砾岩的立体雕刻中值得推广使用。③ 对多属性无约束聚类或用井加以约束,再进行储层预测。这可以称为更为广义上的融合方法,目前应用较多的有聚类分析方法、模式识别方法、支持向量机方法、回归分析方法以及专家优化方法等。随着大数据和人工智能的发展,基于深网络构建与训练方法的深度学习也正被应用于储层预测中。

图 10-8(a)为美国 Buffalo Wallow 油田 Cherokee Wash 层位相干属性和相干能量属性渲染图,亮色代表的是扇体内砂岩较多较厚的部分,高陡区域的相干能量值较大而扇缘的相干

能量较小。图 10-8(b)为最小负曲率和叠后声波阻抗渲染图,可见,相对低波阻抗与曲率异常的谷值相对应,而曲率是应变的指标,可能指示高断裂密度区域(Olorunsola et al.,2016)。

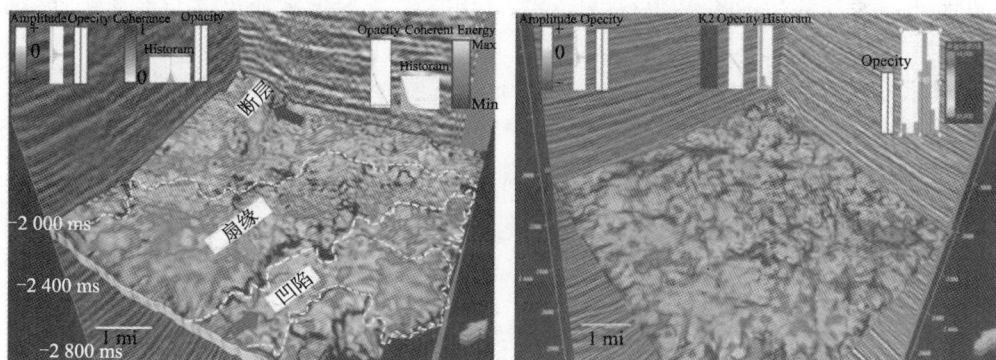

(a) 相干属性和相干能量属性渲染图　　　　(b) 最小负曲率和叠后声波阻抗渲染图

图 10-8　Buffalo Wallow 油田 Cherokee Wash 层位不同属性渲染图(据 Olorunsola et al.,2016)

10.4.2　基于反演的砂砾岩预测及描述方法

砂砾岩储层一般由多期扇体叠置而成,横向变化快,非均质性强,因而给储层预测带来了困难。而地震资料反演技术可充分利用测井、钻井、地质资料为油藏描述提供丰富的构造、层位、岩性等信息,可从常规的地震剖面推导出地下地层的波阻抗、密度、速度、孔隙度、渗透率、砂泥岩百分比、压力等信息(毛丹凤,2012;伊万顺,2009)。目前用于砂砾岩储层预测反演的方法主要包括常规波阻抗反演、叠前地质统计学反演、叠前弹性阻抗反演、叠前 AVAZ 反演等。

10.4.2.1　常规波阻抗反演

常规波阻抗反演是利用地震资料反演地层波阻抗(或速度)的地震特殊处理解释技术。其应用实例主要有以下几个:针对济阳坳陷陡坡带砂砾岩扇体储层预测,采用地震几何属性分析、波阻抗反演等技术进行扇体—扇体内幕—有效储层预测的砂砾岩体描述技术系列(穆星等,2006);针对东营凹陷 MF 地区的砂砾岩储层近物源、断裂多期活动等特点,对其进行层序地层分析,根据地震剖面反射特征,将目标层段划分为 5 个长期基准面旋回,结合地震多属性分析和波阻抗反演技术,识别出了 5 套有利砂砾岩体(雷海飞等,2009);针对常规波阻抗反演模型化严重,难以揭示储层内幕的特征,在该方法基础上研究出随机地震反演方法,并应用于盐家油田盐 22 块砂砾岩体的储层预测,通过反演各砂体的空间展布及叠置情况清晰展示出反演波阻抗剖面在垂向上与验证井相符程度较高,证明该方法的反演结果符合砂砾岩沉积的普遍规律和沉积特点,具有较高的可信度(付艳等,2010)。

10.4.2.2　叠前地质统计学反演

常规约束稀疏脉冲反演受制于地震频带,纵向分辨率不足,无法清晰地展现出砂体的叠置关系,而叠前地质统计学反演方法可以将叠前反演技术和随机反演技术相结合,有效地综合地质、测井、地震资料,将地震横向分辨率和测井纵向分辨率有机结合,不仅能够解决储层与围岩波阻抗叠置情况下有效储层的识别问题,而且能够提高纵向分辨率,解决薄层识别与储层描述问题(蔡伟祥等,2018;Shanor et al.,2011)。

图 10-9 为克拉玛依油田 WSD 区过 A1-A3 井的约束稀疏脉冲反演与地质统计学反演效果对比分析图,目的层底部 $P_3w_1^2$ 段储层普遍发育,与已知地质认识较为符合。相对于图 10-9(a)所示的约束稀疏脉冲反演,图 10-9(b)所示的地质统计学反演在纵、横向上的分辨率有很大程度的提高,砂体的薄厚变化、尖灭特征以及砂体间的叠置关系清晰可见,可稳定识别 8 m 以上的薄砂体或较厚的单砂体,实现储层砂体的精细追踪解释(蔡伟祥等,2018)。

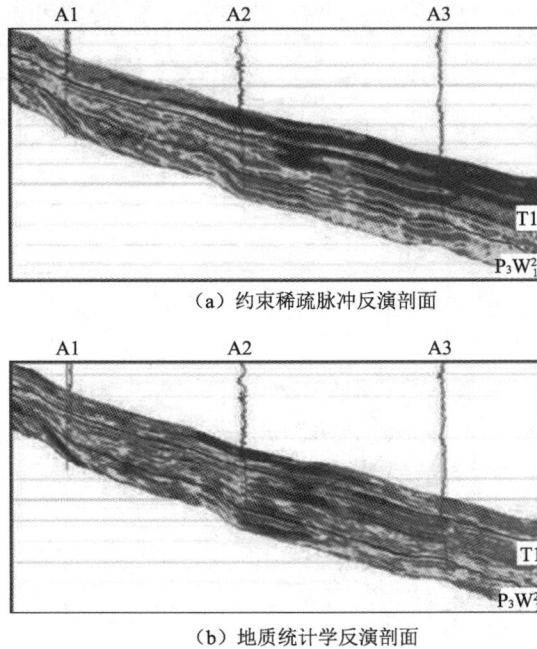

(a) 约束稀疏脉冲反演剖面

(b) 地质统计学反演剖面

图 10-9　稀疏脉冲反演与地质统计学反演效果对比分析图(据蔡伟祥等,2018)

10.4.2.3　叠前弹性阻抗反演

叠前弹性阻抗反演通过对叠前道集数据进行角道集叠加得到不同角度范围内的地震数据,分别为近、中、远角道集数据,通过井震标定提取不同角道集数据对应的子波,然后合成一个综合子波用于反演,建立反演模型,最终在反演模型的约束下进行 AVO 纵、横波联合反演,得到多种弹性参数数据体,主要包括纵、横波阻抗数据体,纵、横波速度比数据体,剪切模量以及杨氏模量数据体等,能较好预测优质储层的分布特征。叠前弹性阻抗反演保持了多种弹性参数反演的一致性,增强了反演结果的稳定性和可靠性,可实现对地下地质体的最佳预测。

图 10-10 为辽河坳陷清水地区井叠后波阻抗反演和叠前弹性波阻抗反演结果对比,钻探结果表明 s229 井在沙一段下部仅钻遇了一套细砂岩储层,并试油获得高产油气流。通过剖面对比可知,叠前弹性阻抗反演剖面准确地预测了该套含油细砂岩,且在其余井段均为低 $\mu\rho$ 的特征,即预测为非储层;叠后波阻抗反演剖面虽然也预测了该套含油细砂岩,但剖面中含灰粉砂岩和含灰泥岩同样为高波阻抗,与细砂岩相当,预测存在误区。因此说明叠前弹性阻抗反演结果更准确(陈昌,2017)。

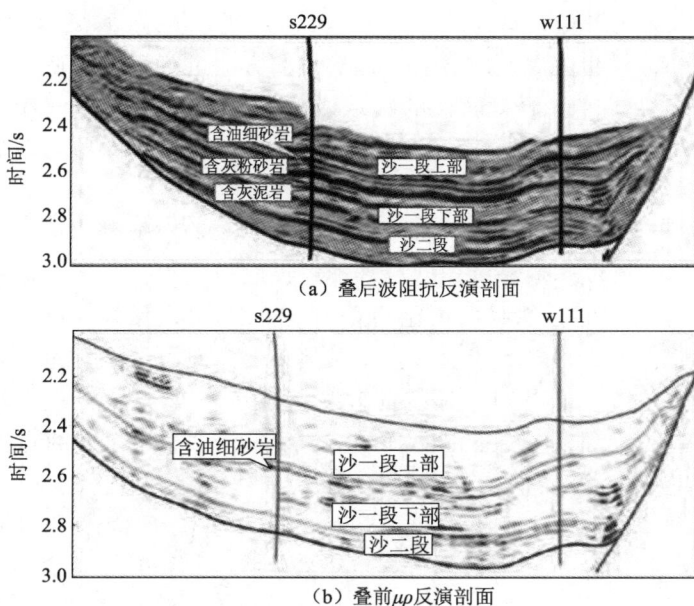

图 10-10　辽河坳陷清水地区叠后波阻抗反演和叠前弹性波阻抗反演结果对比(据陈昌,2017)

10.4.2.4　叠前 AVAZ 反演

叠前 AVAZ(amplitude versus azimuth)反演是由宽方位叠前道集数据直接获取裂缝介质弹性参数和各向异性梯度参数的振幅随方位角变化的反演方法,该方法被应用于美国 Williston 盆地 Bakken 组中段的油藏描述,Bakken 组上段和下段均为泥页岩,中段为砂岩及粉砂质白云岩,是油藏的主产层。图 10-11(a)和(b)分别为 Bakken 组中段地震数据和 P 波阻抗反演结果,可见,反演结果分辨率较高,能够较好地分辨厚度在 60 ft(1 ft≈0.304 8 m)以内的储层(Bachrach et al.,2014)。

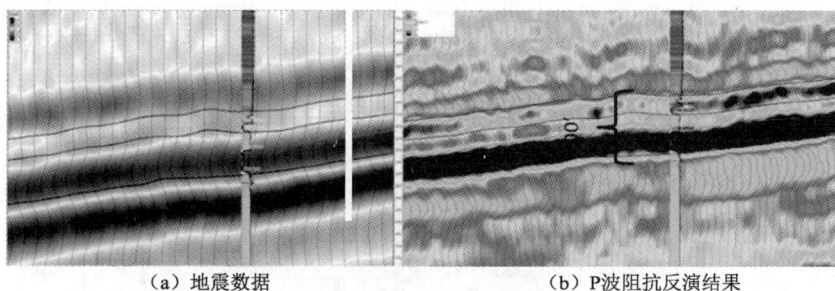

（a）地震数据　　　　　　　　（b）P波阻抗反演结果

图 10-11　Bakken 组中段叠前 AVAZ 反演结果(据 Bachrach et al.,2014)

10.5　基于过零点个数地震属性的砂砾岩储层描述方法

10.5.1　过零点个数属性的理论诠释

地震属性一般指地震数据经过数学变换导出的能反映地震波几何学、运动学、动力学或统计学特征的特殊测量值。Quincy 等(1997)对地震属性做了很好的分类,王永刚等(2007)、朱广生(2009)对相关属性的计算及储层预测方法进行了详细阐述。随着勘探开发日益向精细化方向发展,目前地震属性的提取、分析和预测已成为地震解释的主要工作。地震属性很多,常用的属性包括振幅、能量、主频、相干等,还包括一些特色属性,如道积分、能量半时、弧长等。

过零点个数地震属性即储层段内地震道与零轴相交的点的个数,称为过零点个数(zero crossing count),它可以作为一种层间属性加以提取与应用。笔者在砂砾岩非常规储层研究中发现,该属性与其他常规属性相比井震关系较好,可以作为一种砂砾岩描述特色属性加以利用(张军华等,2020)。关于过零点个数属性的定义可以认为过零点在数学上表示为函数曲线与直线 $y=0$ 相交的点。地震资料解释与其相似:过零点就是指地震道采样点振幅直接为零或者前后采样点振幅相反、可通过插值得到振幅为零的点。在给定的时窗内,设时窗为 W,共有 N 个采样点,这些采样点中,有直接在零轴上的点,也有位于零轴两边的点,计算时窗内直接等于零的点的个数记为 N_1,对于位于零轴两边的采样点,采用插值方法可以求取个数,记为 N_2,则总的过零点个数为:

$$N_{zc}=N_1+N_2 \tag{10-1}$$

式中,N_{zc} 为总的过零点个数,N_1 为采样点振幅为 0 的点的个数,N_2 为通过插值求得过零点个数。

1) 过零点个数与地震子波主频间的关系

地震子波主频是油气预测常用的地震属性,过零点个数是否与子波主频或波长有关是个值得关注的问题。如图 10-12 所示,选用 35 Hz,45 Hz 和 50 Hz 的雷克子波观察过零点的情况。容易看出,对于单个界面,过零点个数 N_{zc} 均为 2,不随子波主频和波长的变化而变化。

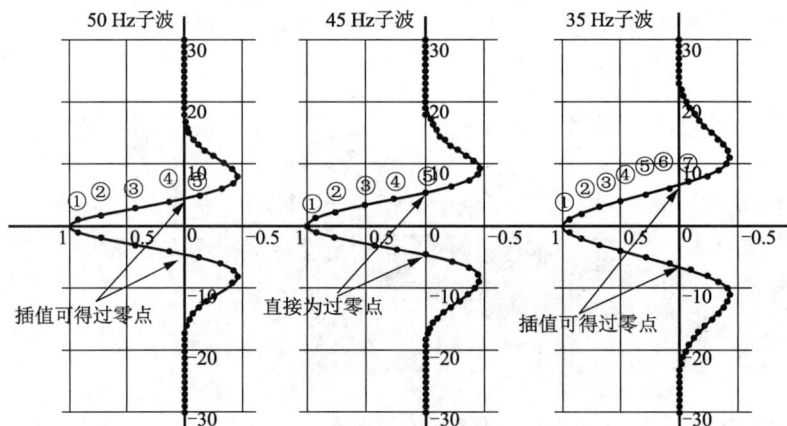

图 10-12 不同子波主频对过零点个数的影响

横向为振幅,纵向为时间,单位 ms,下同

2) 过零点个数与砂岩厚度之间的关系

砂岩厚度是储层描述的重要参数,过零点个数属性是否与它有直接关系,关系到这一属性的应用价值。对于多个地质界面组合的地层,过零点个数是无法直接解析计算的。以雷克子波为例,$w(t)=[1-2(\pi f_m t)^2]e^{-(\pi f_m t)^2}$,因为指数项的时差无法直接消去,所以只

能通过数值模拟记录计算该属性值。下面设计了砂体薄层和厚层模型,如图 10-13 所示,子波采用雷克子波,主频 35 Hz,先研究过零点个数与砂岩厚度之间的关系。从图中可以看出,当砂岩厚度较薄时,过零点个数 N_{zc} 为 3;当砂岩厚度加厚时,中间部分子波有混叠作用,N_{zc} 值为 5;当砂岩厚度进一步加厚时,子波完全独立,N_{zc} 为一不变值。因此基本认识是厚砂岩的过零点个数比薄砂岩大。

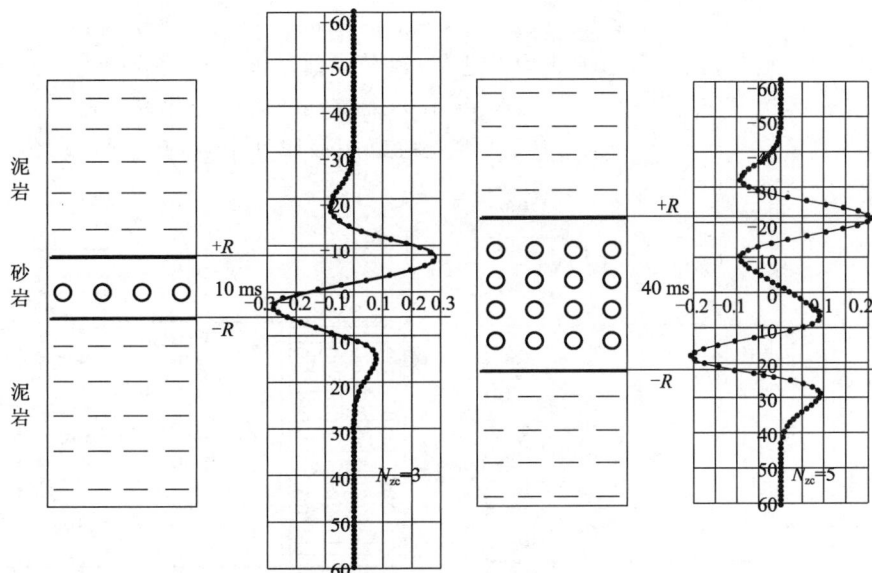

图 10-13　过零点个数与砂岩厚度之间的关系

3) 过零点个数与泥岩夹层之间的关系

砂体沉积除了厚层以外,常以薄互层为典型特征,泥岩夹层起到分隔砂层组的作用。泥岩夹层有的厚、有的薄,地震组合为一复合波。下面讨论泥岩夹层影响,子波参数同前,模型和合成记录如图 10-14 所示,左边为薄泥岩夹层,右边为厚泥岩夹层。

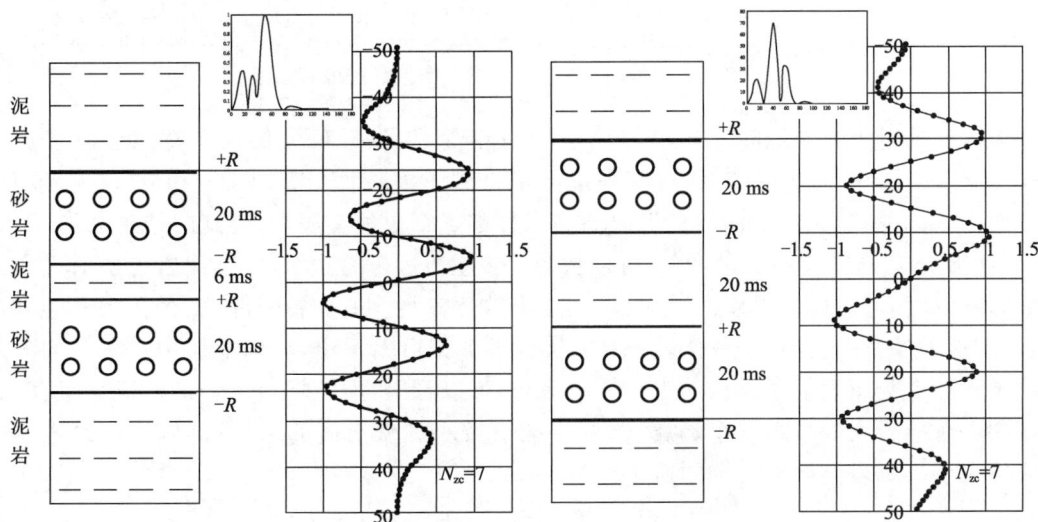

图 10-14　过零点个数与泥岩夹层之间的关系

统计以上两种情况的过零点,发现 N_{zc} 均为 7。这说明砂体间存在的泥砂夹层对其过零点个数总体影响较小。进一步观察波组特征、计算记录频谱,发现夹层厚度变化会影响波组形态,夹层较薄时波形紧凑、主频较高。此时用主频和弧长属性描述储层会取得较好效果。

4) 过零点个数与旋回或韵律之间的关系

砂体沉积经常会有一定旋回性或韵律性,下面对此进行测试。建立如图 10-15 所示的互层模型,左边为均匀地层,右边为非均匀地层,对合成记录进行对比分析。从图中可以看出,均匀分布的地层其过零点个数较小($N_{zc}=12$),而带韵律的或变化快的地层由于子波不等间隔叠合,过零点个数较大($N_{zc}=19$)。因此可以用该属性来判识储层是均匀沉积还是不规则沉积。

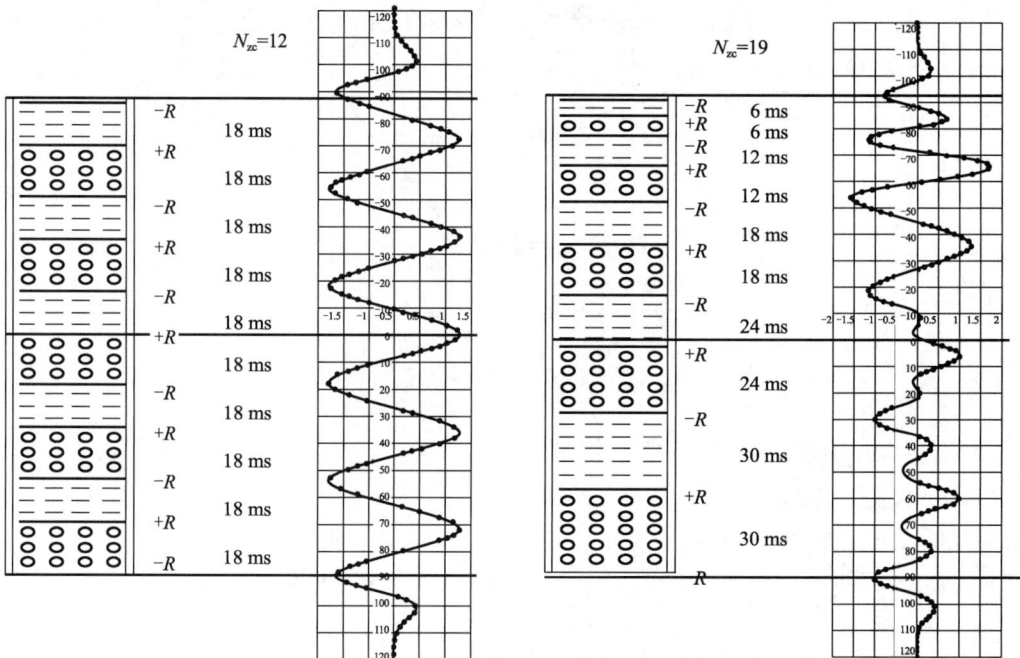

图 10-15　过零点个数与沉积旋回性之间的关系

为了验证过零点个数对于砂砾岩储层的适用性,根据砂砾岩储层的特点建立了如图 10-16(a) 和(b)所示的速度模型,对其进行褶积得到正演剖面(图 10-16c 和 d),在拾取顶、底界面的基础上,对正演剖面编程提取储层内过零点个数地震属性,得到的结果如图 10-16(e) 和(f)所示。从图 10-16(c) 和(e)可以看出:① 左边砂砾岩边缘部分,泥岩夹层对过零点个数影响较大,随着砾岩厚度的增大,过零点个数逐渐增多;② 中间部分,存在大套的砂砾岩,但期次不发育,过零点个数值较小;③ 从后半部分可以看出,均匀地层相对于非均匀地层的过零点个数明显下降。从图 10-16(d) 和(f)可以看出:沿陡坡带沉积的砂砾岩呈楔状,厚度中心对应较大的过零点个数属性,两端的值较小。从上面的结果可以看出,过零点个数属性对于砂砾岩储层有一定的适用性。

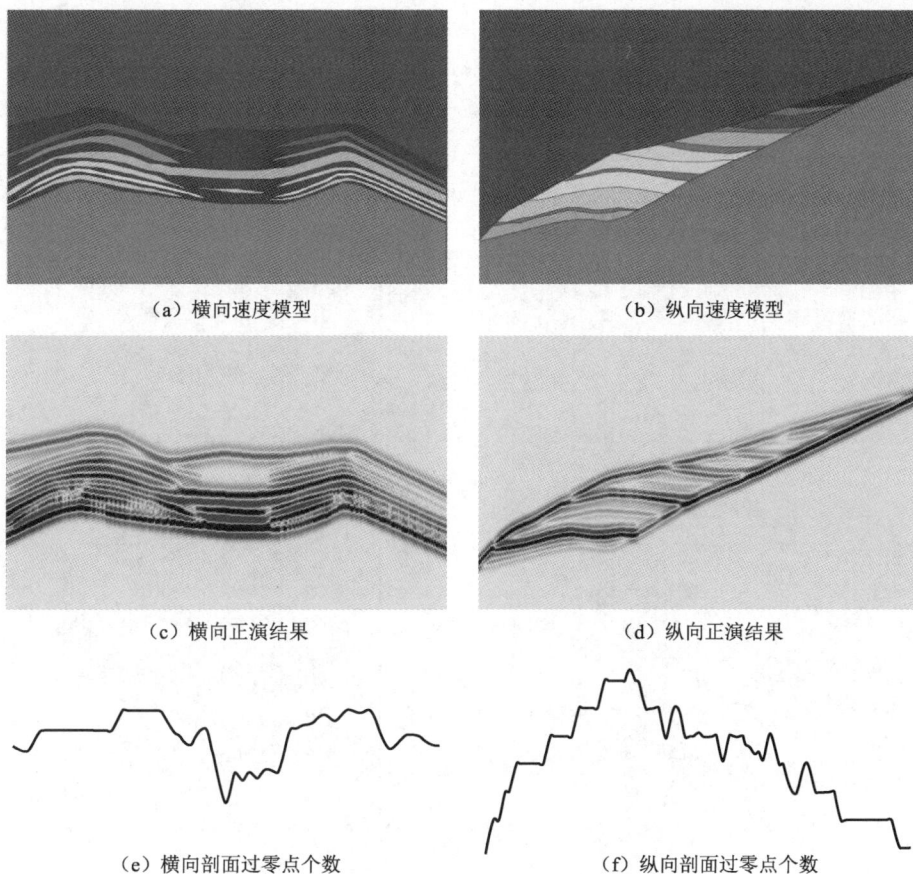

（a）横向速度模型　　　　　　　　（b）纵向速度模型

（c）横向正演结果　　　　　　　　（d）纵向正演结果

（e）横向剖面过零点个数　　　　　　（f）纵向剖面过零点个数

图 10-16　过零点个数属性模型测试图

10.5.2　实际典型案例应用与分析

东营凹陷属于渤海湾盆地济阳坳陷中的一个中、新生代断陷，是典型的陆相断陷湖盆，基本格局为北断南超、北陡南缓。沙四、沙三段沉积时期，由于构造活动加剧，发育了大量不同时期的砂砾岩扇体。已探明砂砾岩油藏储量超过亿吨，但由于技术方法的限制，无法进行有效的开采。笔者选取利津油田利 567 区块为研究实例，该油田位于东营凹陷陡坡带西段，滨南-利津断裂带东端，东临胜坨油田，西接滨县凸起，北为王庄油田，南部为东营凹陷最大的生油洼陷——利津洼陷。研究区勘探面积接近 300 km²，其中沙四段的砂砾岩体储层勘探潜力巨大，探明储量超过 1 000×10⁴ t，是目前主要的勘探目标。本小节以沙四上纯下段的砂砾岩储层为例，针对该区域砂砾岩体，首先进行层位标定和层位精细解释，以此获得整个区域砂砾岩储层的包络形态，再对砂砾岩内部形态与构造进行研究。研究表明，砂砾岩体储层目标层埋深大，厚度变化差异大，常规地震属性与井对比吻合度不理想，无法进行储层预测。

图 10-17(a)～(c)展示的是 3 种典型的沿层地震属性：(a) 图为最大振幅属性，可见全区均有分布，无井处也出现了大值，井震关系不理想；(b) 图为主频属性，可以看到研究区

主频大致为 25 Hz,但与油气的相关度不好;(c) 图展示的是薄互层研究经常使用的弧长属性,可见效果也不明显。笔者还提取了均方根振幅、能量半时等属性,取得的效果也不是很好。图 10-17(d) 为过零点个数属性,可见井震关系一概比较好。

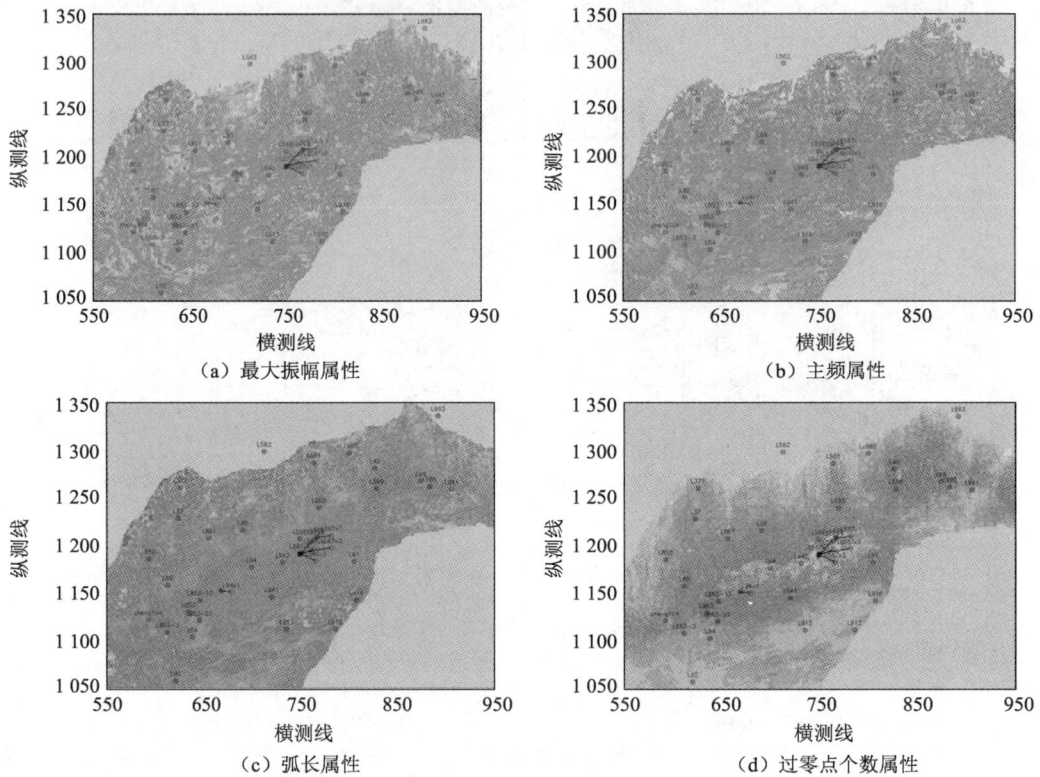

（a）最大振幅属性　　　　　　　　（b）主频属性

（c）弧长属性　　　　　　　　（d）过零点个数属性

图 10-17　几种常用地震属性与过零点个数属性的比较

10.6　砂砾岩储层包络面描述方法

10.6.1　方法基本原理

本节中使用的砂砾岩储层包络面描述方法涉及振幅极值、相位极性反转,通过频率域实现 90°相移,进而提取瞬时相位,进行种子点轮廓搜索,可应用于以砂砾岩体为主要特征的地震资料。

为了更好地理解振幅和相位在砂砾岩轮廓描述中的作用,首先需要理解振幅极值、相位极性反转的物理含义,对于原始地震道 $x(t)$,前面正极性的波形对应正反射系数界面,后面波形对应负反射系数界面。相对于瞬时相位道,与实际地震道相对比,瞬时相位反转的点即反射界面点,由此可用来判断界面位置。图 10-18 为原始地震道、希尔伯特变换道和瞬时相位道三者之间的关系。

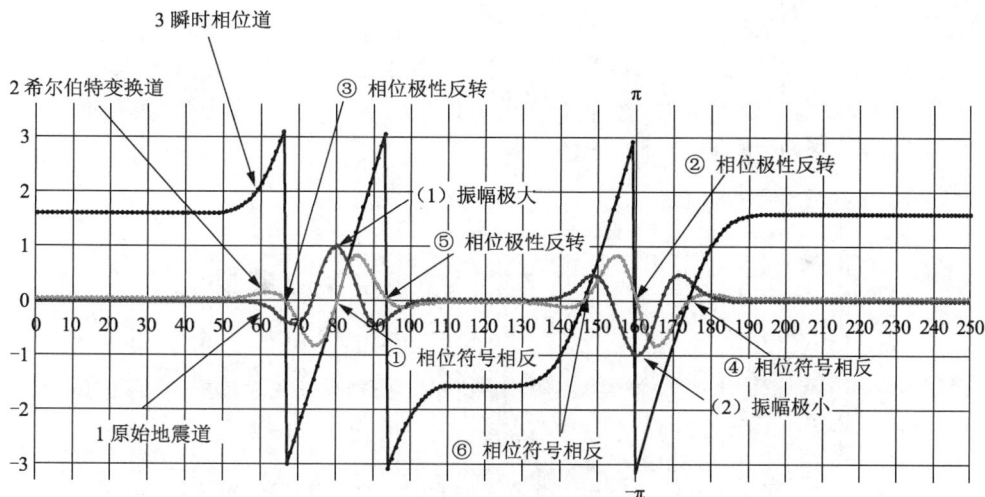

图 10-18　变换关系图

横向为时间，单位 ms，纵向为振幅

再通过种子点搜索或者层位控制来拾取砂砾岩顶面和底面：地震信噪比较高时，给定种子点搜索范围，即可得到砂砾岩体的顶面和底面；地震信噪比较低时，可以由工作站解释层位，得到砂砾岩体的顶、底界面，得到顶、底界面后提取其共同具有的线道号和时间。

在振幅、相位双控条件下精确追踪砂砾岩体的顶、底界面，得到精确的顶、底界面，由顶、底界面便可以得到砂砾岩体三维数据体，计算砂砾岩体平均振幅 A_0，并计算希尔伯特变换道，希尔伯特变换道中相位极性反转的点为反射界面。这对于砂砾岩轮廓描述具有重要作用，其中平均振幅计算公式为：

$$A_0 = \frac{1}{N} \sum_{i=1}^{N} |x_i| \tag{10-2}$$

式中，x_i 为第 i 个采样点的振幅，N 为视窗内采样点数。

由砂砾岩顶、底控制范围计算瞬时相位。瞬时相位的计算需要考虑一些关键要素，在计算瞬时振幅时，首先计算原始地震道 $x(t)$ 的频谱 $X(f)$，在频率域对其进行 90°相移；再计算其傅氏反变换得到希尔伯特变换道 $y(t)$，并构建复地震道，由此来计算瞬时相位 $\varphi(t)$。对于砂砾岩轮廓的刻画，瞬时相位的边界值很重要，由于其具有周期性，相位值 π 和 $-\pi$ 值是一样的。因此，其边界值要根据原始地震道 $x(t)$ 和希尔伯特变换道 $y(t)$ 的值综合判定，另外会出现被零除的问题，也要综合判断。

计算完顶、底范围内的瞬时相位后，试验比例因子 λ_0，将 $\pi\lambda_0$ 代入式（10-2），使得振幅的绝对值达到 $2A_0$ 数量级，这样能够让瞬时相位剖面更加清晰，使得内嵌的相位剖面能够区别于周围地震数据。$2A_0$ 数量级是经过试验后得到的结论，太低无法与围岩区分开来，太高轮廓过于浓重，与围岩区别太大，不利于后续研究。最后利用种子点算法搜索得到砂砾岩体轮廓，生成一个三维相位内嵌数据体。

10.6.2　理论模型测试

为了验证该方法的适用性，建立一个无噪声的楔形体模型，如图 10-19 所示，楔形体模

型共 101 道,子波主频选取为 35 Hz。由原始地震剖面计算得到瞬时相位剖面,如图 10-20
所示,在上界面处,振幅为极大,相位发生极性反转,由负值变为正值,其中零值即界面位
置;在下界面处,振幅为极小,相位发生 180°的极性反转,反转点即界面位置。研究表明,该
方法使用振幅和相位双控,可以同时解决薄层和厚层问题。

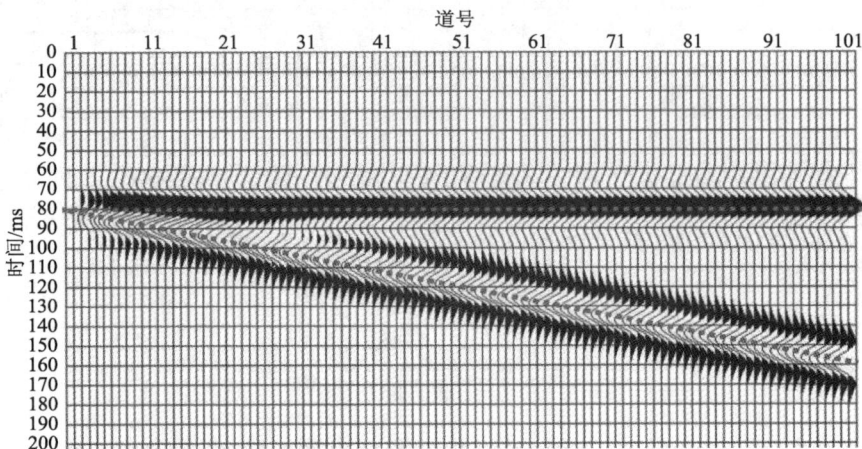

图 10-19　楔形模型

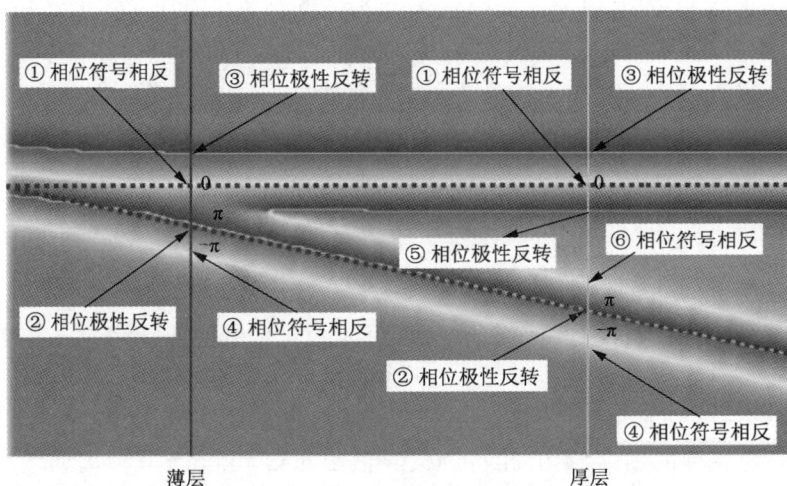

图 10-20　瞬时相位剖面

　　上述是简单楔形体模型的验证,有时还需要对复杂的模型进行验证。为此,根据实际
地震资料建立砂砾岩体模型,如图 10-21 所示,此砂砾岩体模型是根据实际地震剖面建立
而成的,砂砾岩体由冲积扇沿着陡坡带沉积而成,横向上砂砾岩体呈现隆起的形态,这与砂
砾岩体的沉积环境有一定的关系,砂砾岩体由多期次叠加而成,内部结构相对比较复杂。
　　由砂砾岩模型经过正演得到的剖面如图 10-22 所示,由正演剖面计算瞬时相位得到的
剖面如图 10-23 所示。用常规振幅单控对原始振幅剖面进行轮廓追踪,阈值分别取<0.02
和<0.1,获得的种子点追踪剖面如图 10-24(a)和(b)所示。再采用振幅、相位双控对原始
振幅剖面和瞬时相位剖面进行种子点搜索,结果如图 10-25 所示。可以看出,在双控条件
下的种子点搜索效果远远优于常规振幅单控条件下的种子点轮廓追踪。

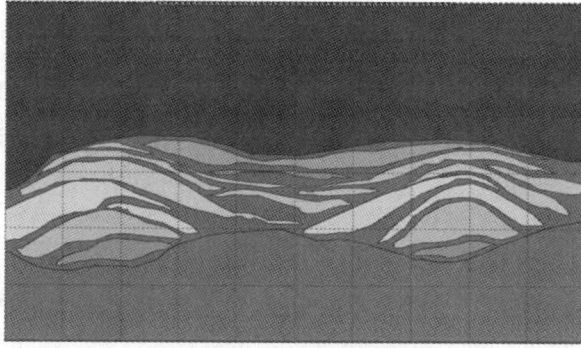

图 10-21　砂砾岩速度模型

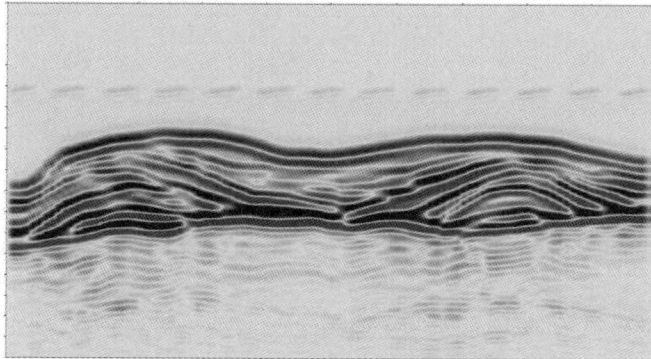

图 10-22　砂砾岩正演剖面

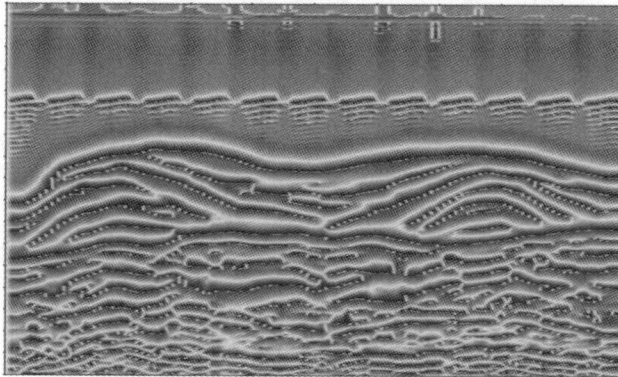

图 10-23　砂砾岩瞬时相位剖面

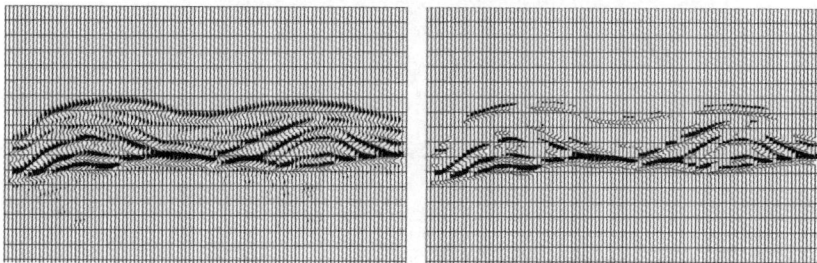

（a）阈值＜0.02　　　　　　　　　　　（b）阈值＜0.1

图 10-24　不同阈值种子点追踪结果

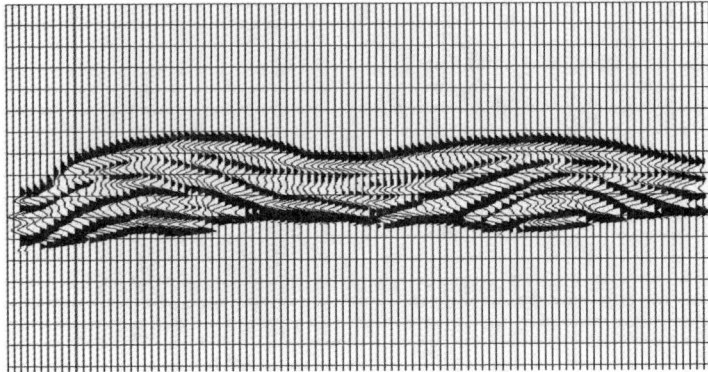

图 10-25　双控条件下种子点追踪结果

90°相移后频谱：

$$Y(f) = [X_r(f) + iX_i(f)]H(f) = \begin{cases} X_i(f) - iX_r(f), & f > 0 \\ -X_i(f) + iX_r(f), & f < 0 \end{cases} \tag{10-3}$$

式中，$X(f)$为原始地震道频谱。

复地震道：

$$z(t) = x(t) + iy(t), \quad \varphi(t) = a\tan\frac{y(t)}{x(t)} \tag{10-4}$$

式中，$x(t)$为原始地震道，$y(t)$为希尔伯特变换道，$\varphi(t)$为瞬时相位。

10.6.3　实际资料典型应用

将该方法应用于利 567 区块，其平面图如图 10-26 所示，道数为 300 道，线数为 400 线，过某井主测线原始地震剖面如图 10-27 所示，采样点 1 501 个，采样间隔 2 ms。

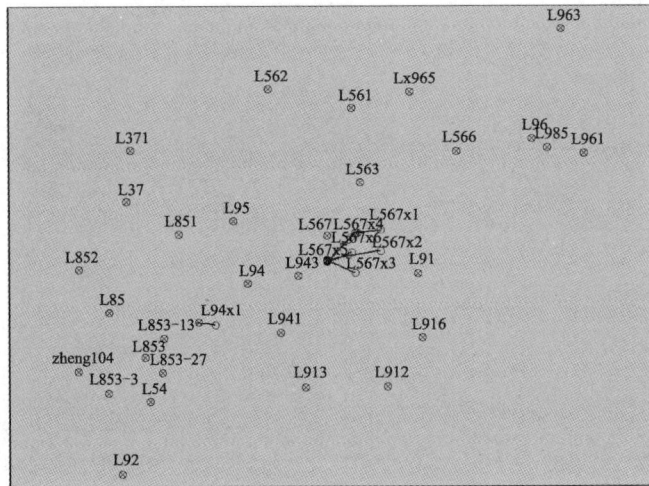

图 10-26　利 567 区块平面图

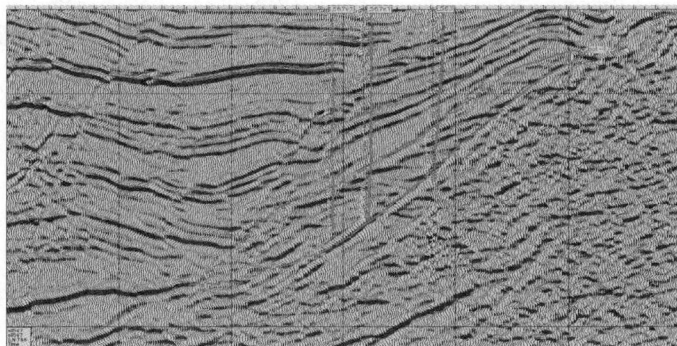

图 10-27　过某井主测线地震剖面

　　由图 10-27 可以看出,原始地震剖面砂砾岩体反射同相轴紊乱,砂砾岩体轮廓模糊,很难获得精确轮廓。利用基于振幅极值、相位极性双控的砂砾岩体轮廓描述方法,得到嵌套相位剖面,如图 10-28 所示,比较处理前后的地震剖面可以看出,砂砾岩体轮廓能够清楚地表示出来,内部结构也变得更加清楚。

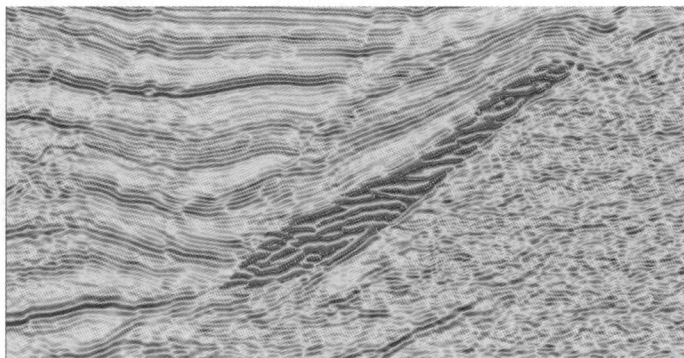

图 10-28　嵌套相位地震剖面

　　以此方法完成对整个区块的处理,获得一个相位内嵌数据体。展示砂砾岩体水平切片图,如图 10-29 所示,可见砂砾岩体的空间分布范围能够被清楚地展现出来。图 10-30 为砂砾岩体的三维显示,可以清楚地看见三维视角下砂砾岩体的轮廓,因此,此方法能够为砂砾岩体油气藏的勘探开发提供更准确的依据。

L853砂砾岩体　　　　　　　L563砂砾岩体

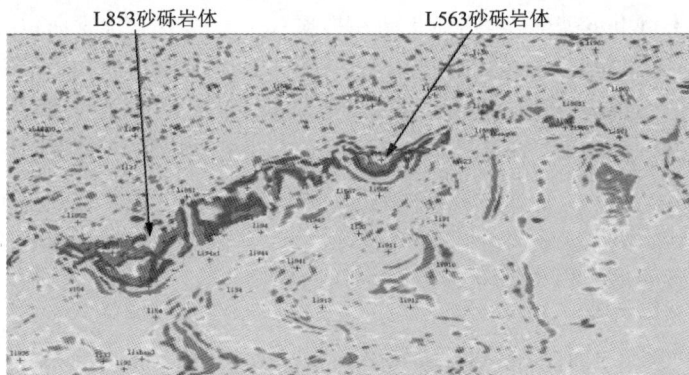

图 10-29　嵌套数据水平切片

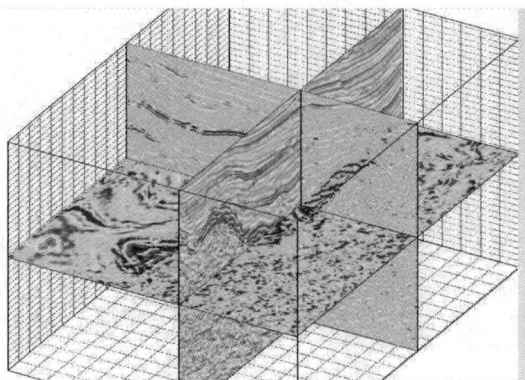

图 10-30　嵌套数据三维显示

10.7　砂砾岩储层期次刻画方法

10.7.1　方法基本原理

本节中使用的砂砾岩储层期次刻画方法是基于 90°相移数据体、种子点自动追踪的砂砾岩期次划分方法。通过采用希尔伯特变换将原始地震数据变换输出成 90°相移数据体，再通过选取目标井确定种子点，种子点的选取策略为：① 对于单一同相轴，在任意位置选取种子点即可；② 对于同相轴有分叉的情况，在分叉处各选取一个种子点。

种子点搜索采取主测线和横测线两个方向，首先对主测线方向进行种子点搜索。

（1）种子点所在道上下搜索策略：① 向上搜索时，若 $x<0$ 并且 $t>T1$（x 为 90°相移体的振幅，t 为地震解释双程旅行时间，$T1$ 为整个储层顶面层位时间），继续搜索，否则记录该期次砂砾岩顶面时间 Ts；② 向下搜索时，若 $x<0$ 并且 $t>T2$（$T2$ 为整个储层底面层位时间），继续搜索，否则记录该期次砂砾岩底面时间 Tx 并更新种子点时间。

（2）种子点左右剖面搜索策略：① 向左向下搜索时（由于砂砾岩体沿陡坡带下倾，故向左只需向下搜索），若时间 $Tz+dt$ 处 $x<0$（Tz 为种子点所在点的时间，dt 为采样间隔）并且 $tr>TR1$（tr 为道号，$TR1$ 为该期次最小可能道号，由层位解释时初步估算得到），确定该点为新种子点，进行种子点上下搜索，否则停止向左搜索；② 向右向上搜索时（由于砂砾岩体沿陡坡带下倾，故向右只需向上搜索），若时间 $Tz-dt$ 处 $x<0$ 并且 $tr<TR2$（$TR2$ 为该期次最大可能道号），确定该点为新种子点，进行种子点上下搜索，否则停止向右搜索。

其次对横测线进行种子搜索，让种子点向左向右进行搜索：① 若同相轴向外、向下逐渐增强，外延 50 m 停止搜索；② 对于同相轴合并增强处，向外、向下外延 50 m 停止搜索；③ 若同相轴向外中断，种子点向下合并，停止搜索。经过种子点搜索得到记录的储层时间和 90°相移厚度，再进行井震标定和相关性分析可以得到期次厚度图、期次层位图以及厚度层位叠合显示图。

为了更好地理解该方法在砂砾岩体期次划分中的作用，首先需要用模型进行验证。图 10-31 是 101 道 201 个采样点的楔形模型褶积得到的正演剖面，楔形模型具有从薄层到厚层的变化过程,是一个很好的验证模型,因为砂砾岩体从录井资料上来看多为具有泥岩夹层的薄层或薄互层,采用楔形模型进行验证符合实际地质意义。

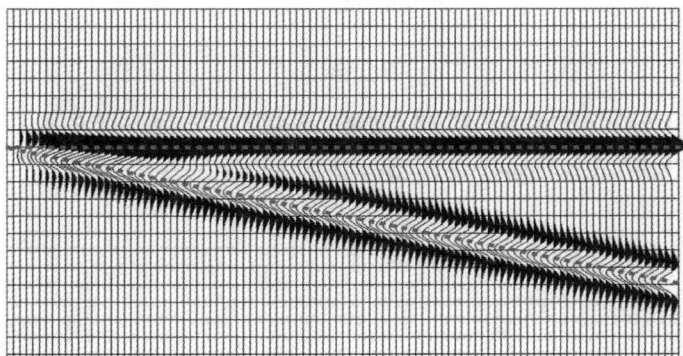

图 10-31　楔形模型

从图中可以看出,原始剖面上薄层部分无法有效分辨,单从地震剖面上来分析无法有效获得准确的地层界面信息。依据 90°相移数据在薄层描述时具有独到的优势,对原始地震剖面进行希尔伯特变换输出成 90°相移剖面。其中希尔伯特变换公式为:

$$\hat{s}(t) = H\{s\} = h(t) * s(t) = \int_{-\infty}^{\infty} s(\tau)h(t-\tau)\mathrm{d}\tau = \frac{1}{\pi}\int_{-\infty}^{\infty}\frac{s(\tau)}{t-\tau}\mathrm{d}\tau \qquad (10\text{-}5)$$

式中,$h(t) = 1/(\pi t)$。

得到的 90°相移剖面如图 10-32 所示,与原始剖面相比,90°相移剖面对于薄层的分辨能力大大提高,因此,90°相移数据体能够用于砂砾岩体期次划分。

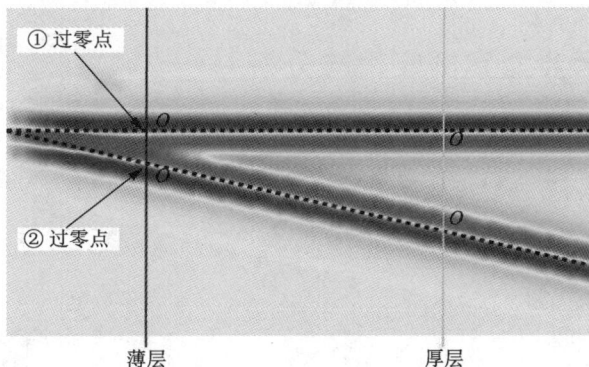

图 10-32　楔形模型 90°相移剖面

砂砾岩体的形成具有一定的期次性,在沿沟道倾向的主测线上呈沿陡坡的侧向沉积,在沿走向的横测线上呈上拱的鼓包状反射结构。依据砂砾岩沉积特征制作砂砾岩正演模型,与前文相同,对模型采用波动方程正演得到模拟剖面。

单从原始剖面上无法准确获得薄层或薄互层的地层界面信息,直接用于期次解释效果不佳。对原始正演剖面进行希尔伯特变换获得 90°相移剖面,如图 10-33 所示,与原始剖面相比较,90°相移剖面对薄层的分辨能力更强。对 90°相移剖面采用种子点搜索方法得到砂砾岩储层轮廓,如图 10-34 所示,再对其进行种子点搜索得到砂砾岩期次图,如图 10-35 所示,从图中可以清楚地看见砂砾岩体期次。

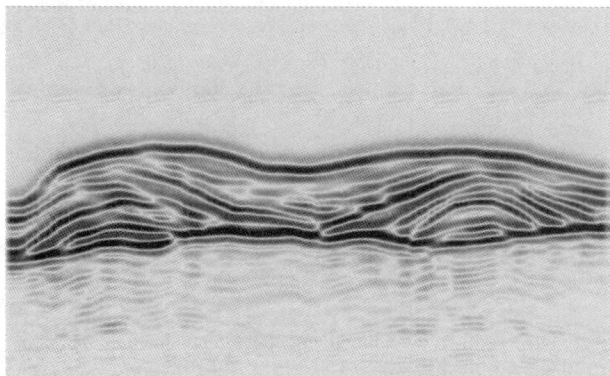

图 10-33　砂砾岩模型 90°相移剖面

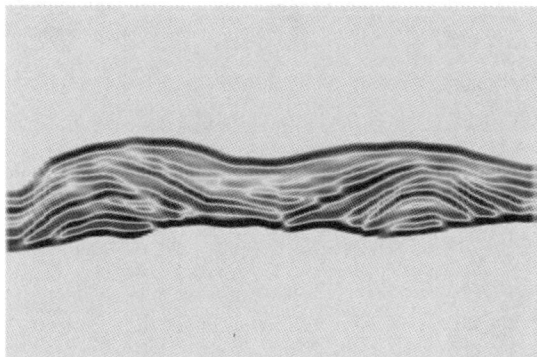

图 10-34　砂砾岩模型轮廓

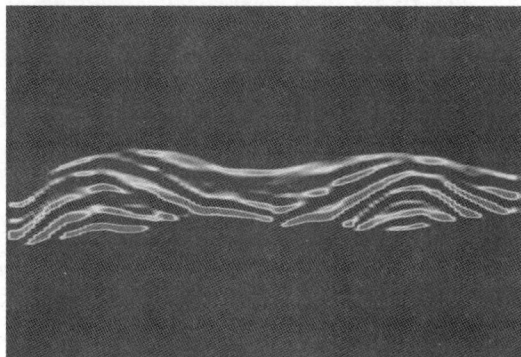

图 10-35　砂砾岩模型期次特征

10.7.2　实际典型案例应用与分析

上述已经完成了对简单楔形模型和复杂砂砾岩模型的理论叙述与验证，现对实际地震资料进行种子点搜索。首先对目的层原始地震数据进行希尔伯特变换获得 90°相移数据，再将 90°相移数据嵌套进原始地震数据，如图 10-36 所示（砂砾岩体的包络可由前面方法提取得到）。

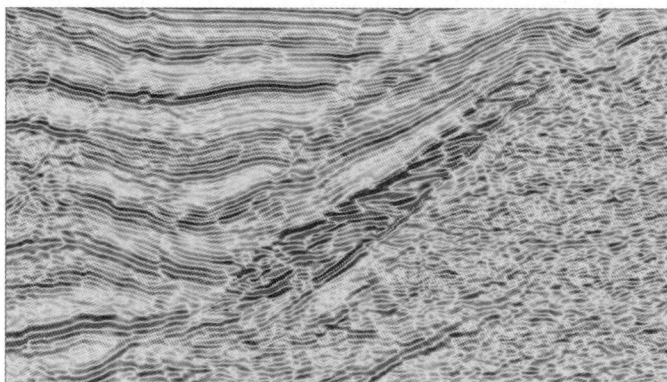

图 10-36　嵌套相位地震剖面

种子点搜索先沿着主测线进行搜索，主测线搜索包括种子点所在道搜索（图 10-37）和左右剖面搜索（图 10-38）。种子点所在道上下搜索策略包括：① 向上搜索时，若 $x<0$ 并且 $t>T1$，继续搜索，否则记录该期次砂砾岩顶面时间 Ts；② 向下搜索时，若 $x<0$ 并且 $t<T2$，继续搜索，否则记录该期次砂砾岩底面时间 Tx；③ 更新种子点时间为 $Tz=(Ts+Tx)/2$，记录该期次砂砾岩线道号、Ts、Tx、时间厚度 $Tx-Ts$。种子点左右剖面搜索策略包括：① 向左向下搜索时：若时间 $Tz+\mathrm{d}t$ 处 $x<0$ 并且 $tr>TR1$，确定该点为新种子点，进行种子点上下搜索，否则停止向左搜索；② 向右向上搜索时，若时间 $Tz-\mathrm{d}t$ 处 $x<0$ 并且 $tr<TR2$，确定该点为新种子点，继续进行种子点搜索，否则停止向右搜索。

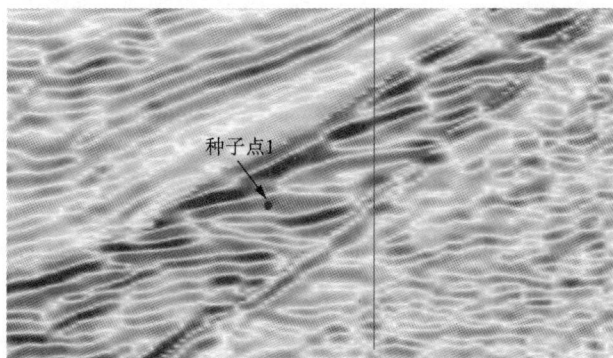

图 10-37　种子点主测线搜索原理图

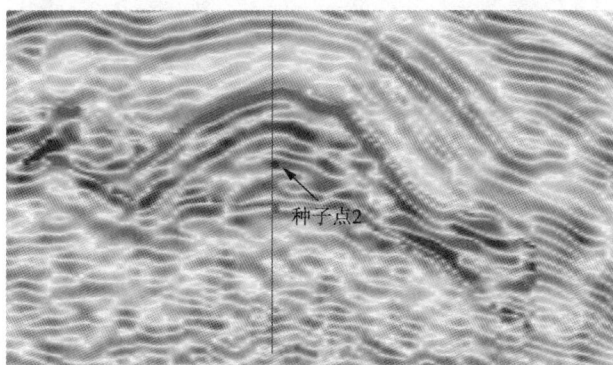

图 10-38　种子点横测线搜索原理图

完成主测线方向搜索后再沿着横测线方向进行种子点搜索：① 种子点搜索时若同相轴向外、向下逐渐增强，外延 50 m 停止搜索，或者同相轴合并增强时，向外、向下外延 50 m 停止搜索；② 搜索时若同相轴合并，向外、向下外延 50 m 停止搜索；③ 搜索时若同相轴向外中断，向下合并，停止搜索。

经过种子点搜索后记录储层时间以及 90°相移厚度数据，期次层位由人工修正得到最终的砂砾岩期次图。根据记录的储层时间，拾取 90°相移期次数据体，选取不同的显示方式。显示方式包括：① 与原始数据体叠合显示，如图 10-39 所示；② 加权显示，如图 10-40 所示；③ 分色标图形显示，如图 10-41 所示。

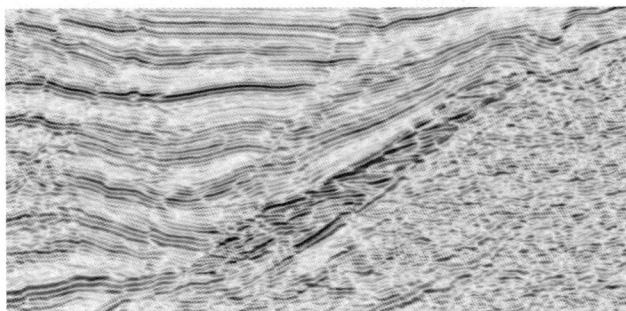

图 10-39　原始数据与 90°相移数据叠合显示

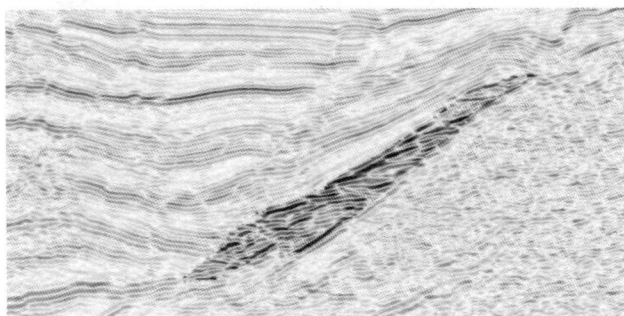

图 10-40　加权显示

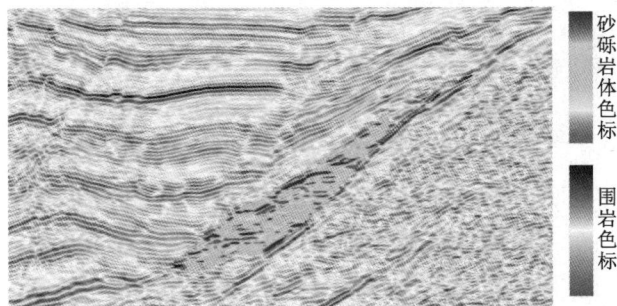

图 10-41　分色标图形显示

10.8　基于 PCA-RF 的砂砾岩储层厚度预测方法

10.8.1　方法基本原理

PCA(主成分分析,principal component analysis)是一种数据降维、去除相关性的方法。通过线性变换将向量投影到低维空间,按照方差由大到小排列,提取原始数据的主要特征(即主成分),可实现数据重构,已被广泛应用于工程领域。

设有 n 个 k 维向量 $\boldsymbol{x}_i=(x_{i1},x_{i2},\cdots,x_{ik})^{\mathrm{T}},i=1,2,\cdots,n$,均值向量为 $\boldsymbol{m}=\dfrac{1}{n}\sum\limits_{i=1}^{n}\boldsymbol{x}_i$,协

方差矩阵为 $C = \dfrac{1}{n} \sum_{i=1}^{n} (x_i - m)(x_i - m)^{\mathrm{T}}$，则变换后的样本为：

$$y_i = W(x_i - m) \tag{10-6}$$

式中，W 为投影矩阵，其每一行是 C 的特征向量，对角线元素是对应行即特征向量的特征值。

提取数据中的主要成分，取 W 的前 d 行，可得到 $y_i = (y_{i1}, \cdots, y_{id})^{\mathrm{T}}$，$y_i$ 的各个变量之间互不相关，且是按照方差由大到小排列的。

RF（随机森林，random forests）方法的基本原理可以参考第 9 章 9.5.1 节的内容，此处不再阐述。

基于 PCA-RF 方法的砂砾岩储层厚度预测流程图如图 9-17 所示。具体过程可以归纳为以下几个步骤：

（1）目标层层位数据提取。将目标层的层位数据从解释数据库中提取出来。

（2）地震属性提取。将目标层的地震数据通过各种数学变换提取出多种地震属性，每种变换都是一种新的观察角度，通常会根据井震关系提取与储层相关性较好的地震属性。

（3）地震属性优化。提取的属性需利用 PCA 进行优化，解决冗余问题并降维。另外，各个地震属性的量纲不一，在优化前需进行归一化处理。

（4）将研究区各井点的优化属性值和储层厚度作为原始数据集。

（5）在原始数据集中采用随机放回抽样，得到多个训练子集。

（6）决策树节点分裂时，从地震属性集合中随机选取 F 个特征，选择最优特征进行分裂，构建决策树。

（7）将优化后的属性作为输入，用构建的随机森林模型预测研究区的储层厚度展布，每棵决策树都输出相应的预测值 $y_i (i = 1, 2, \cdots, n)$，取 n 个预测值的平均值作为最终预测值 $\mathrm{Ave}\left(\sum_{i=1}^{n} y_i\right)$。

10.8.2　属性提取及优化

针对砂砾岩发育特征，通过对井口储层厚度和属性值交会分析，提取了平均能量、能量半时、均方根振幅、正振幅和、过零点个数和时间厚度 6 种井震关系较好的地震属性，如图 10-42 所示。

这 6 种地震属性的物理含义和地质意义为：过零点个数属性是地震波振幅与时间零轴相交点的个数，能较好地反映砂砾岩期次特征和泥岩夹层结构；能量半时属性可描述地震波能量衰减的快慢，用于刻画沉积过程及旋回性；均方根振幅属性是常用的地震属性，主要反映地震波的能量，一定程度上可反映储层岩性；平均能量属性是时窗内所有采样点的平均振幅平方和，也是一种地震波能量评价属性；时间厚度属性能够反映储层岩性和地层厚度的变化；正振幅和属性可以用来指示特殊岩性类型。

从图 10-42 中还可以看到，正振幅和、时间厚度和过零点个数 3 种地震属性的分布结构和特征比较相似，因此还要对它们做单独的 PCA 处理。

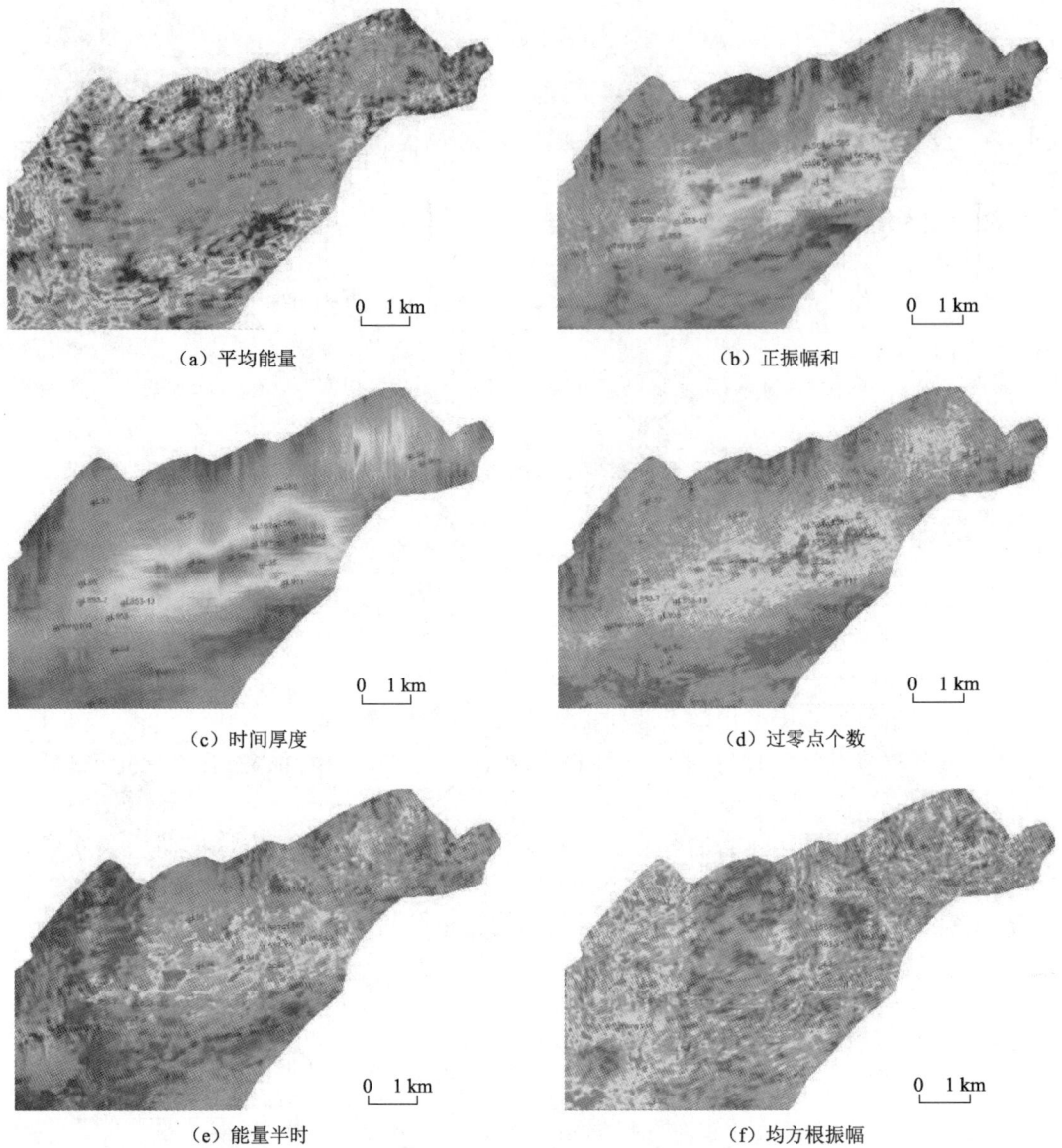

（a）平均能量

（b）正振幅和

（c）时间厚度

（d）过零点个数

（e）能量半时

（f）均方根振幅

图 10-42　研究区 6 种地震属性

10.8.3　实际典型案例应用及分析

选取利津油田利 567 区块为研究实例，该区块沙四段砂砾岩体勘探潜力巨大，其类型为以近岸水下扇为主的砂砾岩扇体沉积，多具有成岩作用剧烈、低孔低渗、横向展布不均匀、岩相变化快等特点，采用单一属性描述储层厚度有很大的不确定性。

1）直接采用 RF 方法

对归一化后的地震属性数据，提取井点处的地震属性和储层厚度，构建随机森林模型。随机森林模型由多棵决策树组成，图 10-43 展示了训练中一棵深度为 4 的决策树模型，其中每个节点处展示分裂时选取的特征、样本数量以及误差,误差采用的是方差与样本数量的乘积,可以看出主要以优化后正振幅和、过零点个数、时间厚度和能量半时作为分裂节点,这是由于这 4 种地震属性和厚度分布更符合实际地质情况,从决策树上得到了体现。

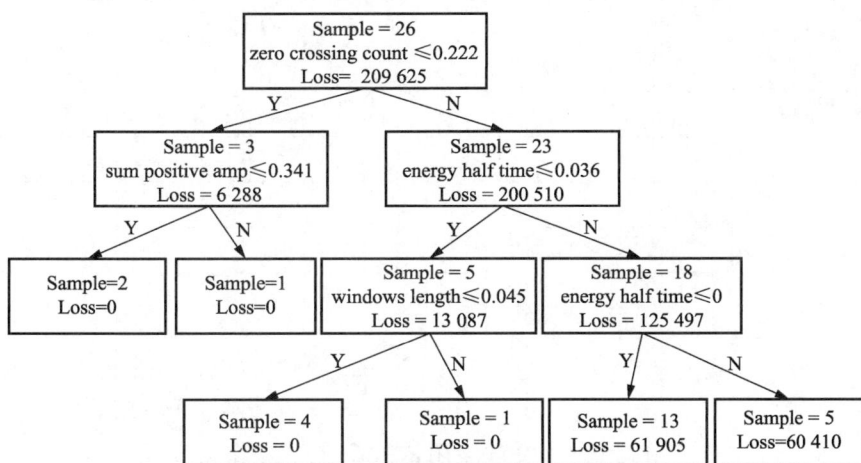

图 10-43　一棵深度为 4 的决策树模型

以归一化后的地震属性为输入,应用构建好的随机森林模型(决策树为 20 棵,即在训练数据中随机选取 20 个子集,最大深度为 10)对全区块储层厚度分布进行预测,预测结果如图 10-44(a)所示,表 10-2 给出了 3 口检验井的预测厚度和相对误差。由于没有去除属性间的冗余信息,常规方法预测精度不高(相对误差均大于 10%)。下面阐述两种 PCA 优化处理方法,并对其预测效果进行比较。

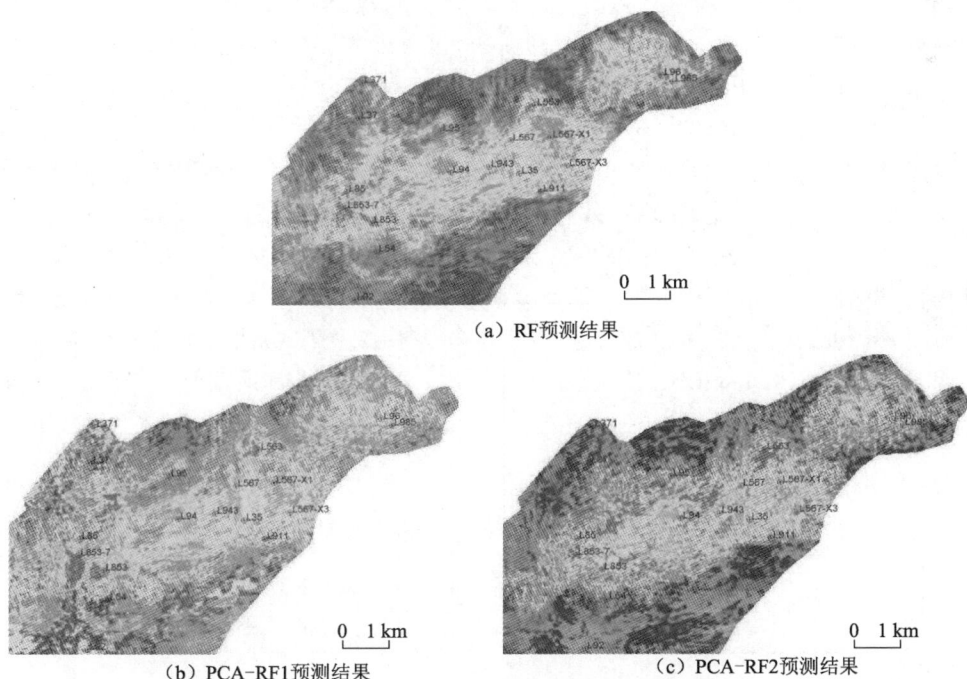

(a)RF预测结果

(b)PCA-RF1预测结果

(c)PCA-RF2预测结果

图 10-44　砂砾岩储层预测及比较

表 10-2　关键井预测相对误差

井　名	Li567	Li35	Li853
实际厚度	164.0	188.3	286.0
RF 预测厚度	192.512	213.854	242.188
RF 相对误差	17.39%	13.57%	15.32%
PCA-RF1 预测厚度	195.518	196.902	248.73
PCA-RF1 相对误差	19.22%	4.57%	13.03%
PCA-RF2 预测厚度	168.934	187.533	259.318
PCA-RF2 相对误差	3.01%	0.41%	9.33%

2）PCA-RF1 方法

对全部属性做降维处理，提取主成分后进行预测。对以上属性进行 PCA 处理，前五个主分量占比分别为 0.57，0.23，0.14，0.03 和 0.02，第六个已小于 0.01。为了去掉冗余信息的同时尽量保留原有细节信息，本次试验用前五个主分量作为属性样本集，构建随机森林模型（决策树、最大深度同前，分别取 20 和 10）。

3）PCA-RF2 方法

先对相似属性做降维处理，再组合其他属性进行预测。由图 10-43 决策树分析可知，正振幅和、过零点个数、时间厚度和能量半时与储层有较高的相关度，从图 10-42 直接观察，前 3 种相似度更高。为此，将前 3 种地震属性做 PCA 处理，降维生成一种新的属性，再和其他剩余属性组合进行 PCA 优化。以优化后的井旁地震属性和储层厚度作为训练样本，通过交叉验证训练生成随机森林模型（决策树为 80 棵，最大深度取 8）。

两种方法预测效果如图 10-44（b）和（c）所示，可以看到：经过 PCA-RF1 处理后，相对误差一定程度上得以减小，PCA-RF2 对属性降维处理，融合为一个新的属性，精度进一步得到提高，相对误差降低至 10% 以下。

研究区砂砾岩储层具有低孔低渗、横向展布不均匀、岩相变化快等特点，单一地震属性只能反映局部储层特征，不能反映整体分布情况，难以进行储层精确描述和预测。由于 RF 算法具有对异常值容忍性好、训练速度快、泛化误差小等优点，为此引入该算法对研究区储层厚度进行预测。但是由于提取的属性冗余度较高，常规 RF 方法预测精度还不能满足实际生产需要。为此，采取 PCA 多属性直接降维和先去除相似属性再组合降维两种方式。研究表明，改进后的 PCA-RF2 方法可以进一步提高预测精度，效果较 PCA-RF1，ANN，RF 都要好，可以实现对砂砾岩体这种厚度变化较快的非常规油气藏的有效预测（王军等，2020）。

第 11 章
深部储层精细描述方法及应用

深部储层具有埋深大、构造复杂、地震分辨率低、信噪比低等特点,其精细描述难度较中浅层大大增加。本章从分辨率和速度精度对深部勘探的影响出发,构建深部储层井震关系,对深部储层进行描述,最后介绍不同的深部储层厚度预测方法并进行比较,其预测结果对深部储层勘探开发具有一定的指导意义。

11.1　概　述

当地震波传播到深部储层时,波速变大、主频变低、波长变长,地震分辨率降低,且埋深越大,地下结构和构造越复杂,成层性越差,这些变化导致深部储层勘探难度大。由于深部储层的油藏非常丰富,勘探开发潜力很大,已有不少学者对深部储层进行了研究。潘兴祥(2013)从岩石物理分析入手,利用 AVO 叠前属性等多信息融合对东营深部储层进行砂岩预测。Adeoti 等(2015)通过 AVO 分析进行流体预测,并对尼日利亚尼日尔三角洲 Faith 油田的深部储层进行正演模拟,研究了岩性随埋深的变化。汪佳蓓等(2016)采用地震相控非线性随机反演方法,融入测井和层序界面等地质类信息,对桑塔木油田三叠系近 5 000 m 埋深的薄储层进行了钻前预测。王楠等(2016)引入横波资料,通过测井平面均一化和岩石物理分析,认为 v_P/v_S 可识别储层,并运用叠前同时反演对 K 气田平湖组储层进行预测。刘晓晶等(2016)提出了基于基追踪弹性阻抗反演的 Gassmann 流体项与剪切模量的求取方法,并将提取的 Gassmann 流体项应用于深部储层流体识别。Zhang 等(2016)通过建立砂岩分布模型,结合沉积相分析对松辽盆地龙凤山地区营城组储层形成机理进行研究,并对深层优质储层进行了预测。李振周等(2019)利用重新处理的三维地震资料,联合应用地震子波分解与重构技术、地层切片技术以及基于拟波阻抗的地震波波形指示反演技术,同时井震结合,重新预测了玉东地区古近系 3 砂组砂岩空间展布及新增储量规模。Wang 等(2020)对渤海湾盆地深部砂岩储层的形成机制和成岩作用进行了阐述。李宗杰等(2020)基于岩石物理参数和三维地震资料,建立了塔里木盆地顺南地区超深白云岩储层地震地质模型,并利用地震波形的特征分析与能量属性预测相结合,有效地识别了白云岩储层。

总的来看,目前对深部储层的描述及勘探方法以正演、反演、岩石物理方法为主,结合深部储层的地质描述,深部储层的预测也是研究的重点。为了对深部储层进行精细描述,本章从分辨率和速度精度出发,分析其对深层勘探的影响,介绍井震关系构建方法,定性地对深部储层进行描述,介绍基于流度因子的深部储层描述方法,更加精细地对深部储层进行描述,最后介绍 3 种深部储层厚度预测方法,从定性描述转变到定量计算。为了验证各方法的预测效果,本章选取东营凹陷深部红层作为典型案例分析,该研究区的红层储层分布于沙四下亚段和孔一中亚段。从已有的资料来看,该目标储层厚度大,勘探潜力大。但是由于目标层深度较深,测井曲线变化频繁,信噪比低,地层具有薄互层反射特征,振幅具有中等反射、连续性较差的地震相特征,储层预测有较大的难度。因此,该研究区可作为典型深部储层案例进行研究,最终对各预测方法结果进行比较,指出有利储层分布范围,作为下一步油气勘探重点区域。

11.2 深部储层分辨率讨论

深部储层具有地震波速大、低频、波长长等特点,且深部信噪比低,造成深层地震分辨率很低,从而使深层勘探精度降低。下面从分辨率出发,探讨其对深层勘探的影响。

11.2.1 分辨率及其对深层勘探的影响

在日常的理解中,将区分两个靠近物体的能力称为分辨能力(resolving power)。分辨能力强弱的度量方式一般分为两种:在距离度量中,分辨的垂直或横向距离越小,表示分辨能力越强;在时间度量中,相邻地层的时间间隔 Δt 越小,表示分辨能力越强。分辨能力越强,意味着分辨率就越高,无论是距离还是时间度量方法,都是距离或时间值越小,分辨能力越强。因此,通常将时间间隔的倒数 $1/\Delta t$ 定义为分辨率(resolution)。

地震勘探中的分辨率分为纵向和横向分辨率。纵向分辨率指地震剖面上能分辨的最小地层厚度,横向分辨率指在地震剖面上能分辨相邻地质体的最小宽度。在实际地震勘探中讨论的分辨率一般指纵向分辨率,它取决于地震波波长、地层厚度、埋藏深度和资料信噪比。由于地震波速度一般随深度增加而增加,且高频成分随深度增加迅速衰减,从而使频率变低,导致波长增大。又因为深层反射信号较弱、信噪比较低,所以深层的地震资料分辨率更低。

地震勘探中的纵向分辨能力往往为十几米甚至几十米,以 35 Hz 主频的雷克子波、速度为 3 500 m/s 的储层为例,时间域薄层分辨能力为 10~12.5 ms,深度域分辨能力为 35~43.75 m。而地质学家现在关注的经常是 3~5 m 的薄层,这一纵向分辨率是无法直接识别薄层的。对纵向分辨率的直观认识如图 11-1 所示。

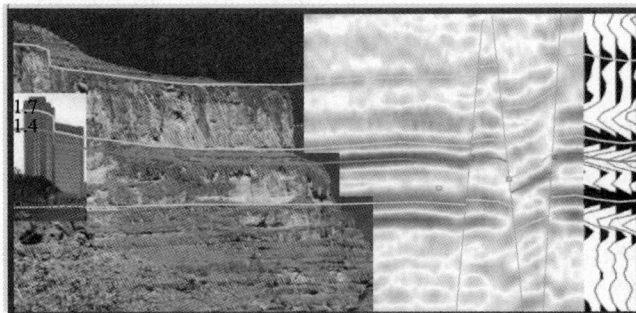

图 11-1 纵向分辨率的直观认识

从图 11-1 可以看到，地震剖面中两个相邻同相轴在实际地下的厚度大概为 3 个楼层高度。在深层勘探中，由于分辨率更低，能识别的最小地层厚度更大，这大大增加了深层勘探的难度。

11.2.2　速度精度讨论及对勘探精度的影响

在地震勘探中，速度分析是必不可少的，通过速度分析，制作速度谱，提取准确的速度信息，是实现动校正及叠加的基本保障。自从 Taner 和 Koehler(1969)提出常规叠加速度谱实现方法以来，速度分析技术得到了较快的发展。目前速度谱制作方法主要有叠加能量法、相似系数法、归一化互相关法、非归一化互相关法、统计性相位相关法和特征值法。需要指出的是，目前处理软件中可选用的主要是相似系数法。

为了比较不同的速度谱制作方法，制作如图 11-2 所示理论模型，共有 3 组同相轴，起始时间分别是 400 ms，1 000 ms 和 2 000 ms，每组同相轴又分成两小组同相轴，时间间隔为 50 ms，采用的速度一样，为的是测试时间分辨率，每小组同相轴内包含 3 条时距曲线，速度间隔为 200 m/s，是为了比较速度分辨率的。速度分别为 $v_{11}=2\ 000\ \text{m/s}$，$v_{12}=2\ 200\ \text{m/s}$，$v_{13}=2\ 400\ \text{m/s}$，$v_{21}=2\ 500\ \text{m/s}$，$v_{22}=2\ 700\ \text{m/s}$，$v_{23}=2\ 900\ \text{m/s}$，$v_{31}=3\ 000\ \text{m/s}$，$v_{32}=3\ 200\ \text{m/s}$，$v_{33}=3\ 400\ \text{m/s}$。

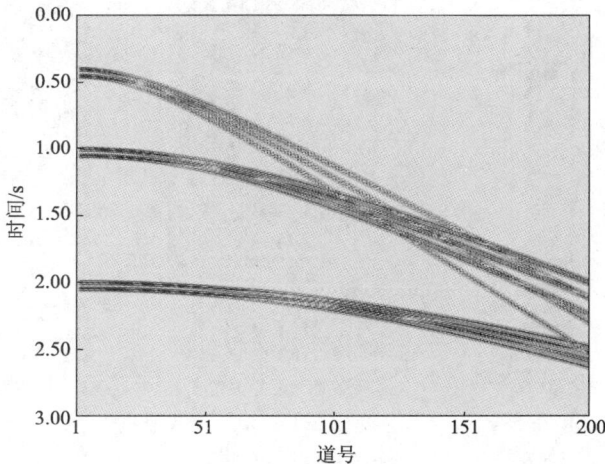

图 11-2　理论合成记录

利用以上理论模型，对 6 种方法获得的速度精度进行比较，分别从分辨率和抗噪性进行讨论。

1) 分辨率比较

图 11-3(a)～(f)分别是利用叠加能量法、相似系数法、归一化互相关法、非归一化互相关法、统计相位相关法和特征值法对理论模型进行速度分析后得到的速度谱。从图 11-3 可以看出，在分辨率方面，叠加能量法是最差的，其次是非归一化互相关法、相似系数法和统计相位相关法，而特征值法和归一化相关法进行速度分析的效果较好。相对而言，归一化互相关法横向分辨率更好一些，特征值法纵向分辨率更好一些。

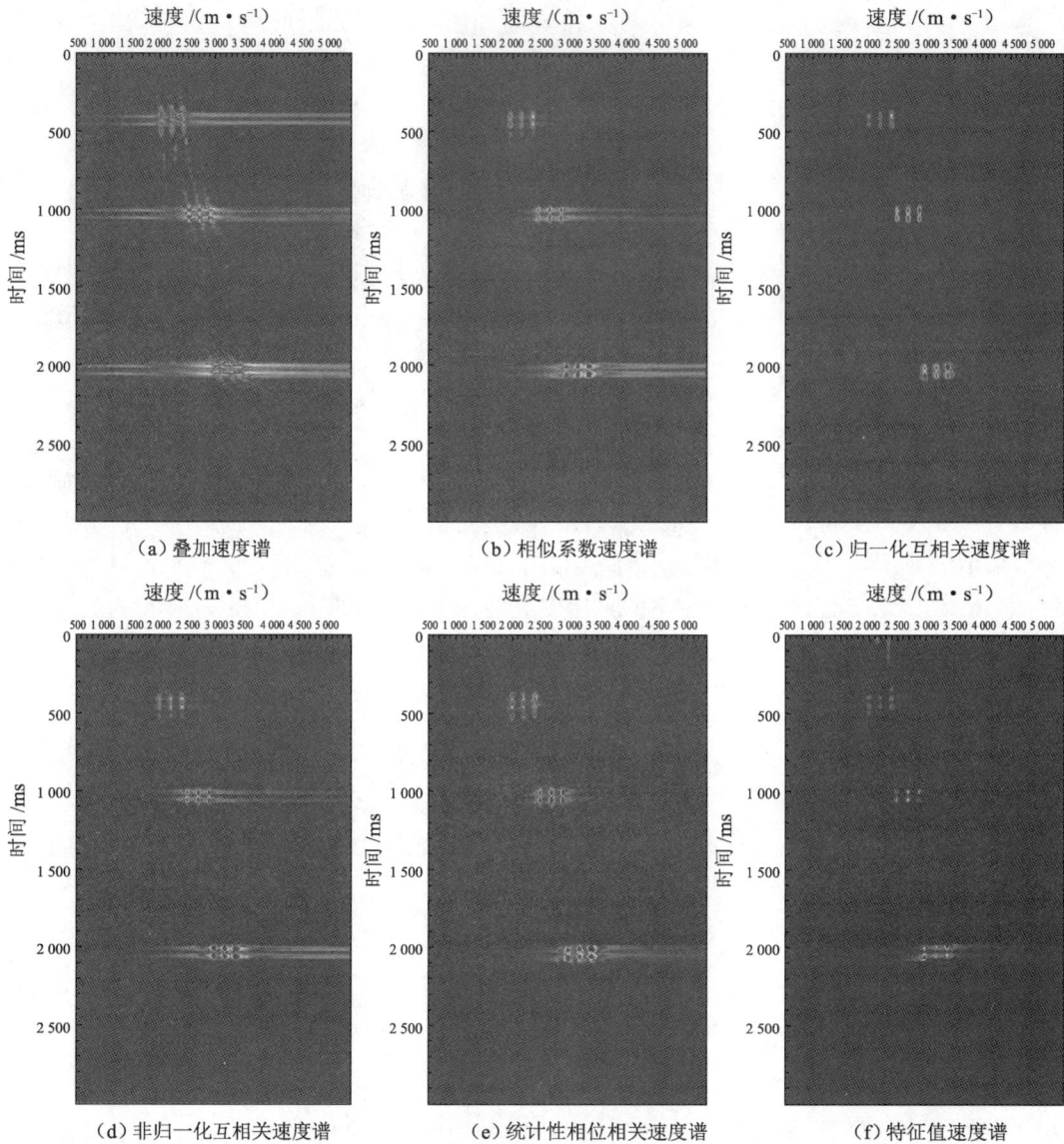

(a) 叠加速度谱 　　　　　(b) 相似系数速度谱 　　　　　(c) 归一化互相关速度谱

(d) 非归一化互相关速度谱 　　　(e) 统计性相位相关速度谱 　　　(f) 特征值速度谱

图 11-3　不同速度分析方法的分辨率比较

2）抗噪性比较

为了更好地比较不同速度分析方法在抗噪性方面的差别，对图 11-2 所示理论模型加入 50% 最大振幅能量的随机噪声（图 11-4）。图 11-5(a)～(f) 分别是利用叠加能量法、相似系数法、归一化互相关方法、非归一化互相关法、统计性相位相关法和特征值法得到的速度谱。从图 11-5 可以看出，当道集中含较强的噪音时，利用叠加能量法所得的速度谱的时间分辨率和速度分辨率明显变差，而其他方法得到的速度谱的抗噪性却非常好，几乎不受噪声的影响。不管是在纵向的时间分辨率上还是在横向的速度分辨率上，它们的整体显示效果都要优于叠加速度谱。同分辨率讨论一样，特征值法和归一化互相关法效果较好，从剖面整体来看，归一化互相关法似乎更好一些。

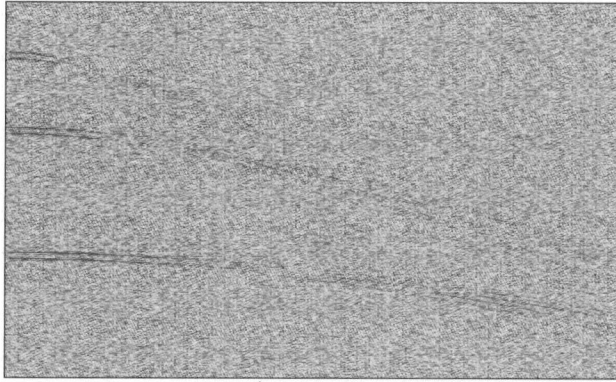

图 11-4　加入 50% 随机噪音的理论合成记录

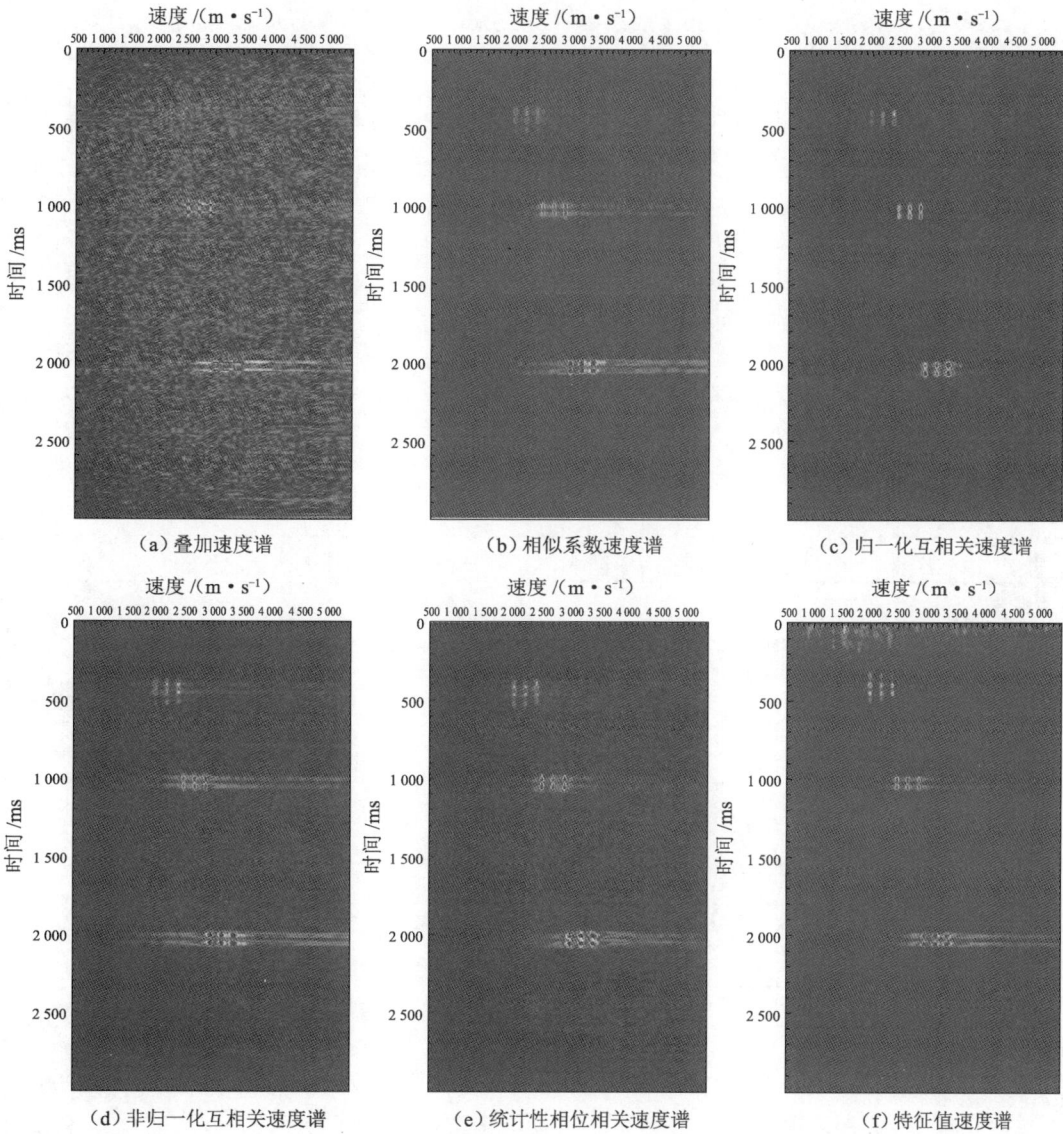

（a）叠加速度谱

（b）相似系数速度谱

（c）归一化互相关速度谱

（d）非归一化互相关速度谱

（e）统计性相位相关速度谱

（f）特征值速度谱

图 11-5　不同速度分析方法的抗噪性比较

综上所述,目前速度分析方法主要有常规的叠加能量法、相似系数法、归一化互相关法、非归一化互相关法、统计性相位相关法和特征值法。在纵向时间分辨率、横向速度分辨率和抗噪性方面,特征值法和归一化互相关法要明显优于其他几种方法,其中特征值法纵向分辨率效果最好,归一化互相关法横向分辨率效果最好,从剖面整体来看,归一化互相关法的抗噪性更好一些。

除了速度分析方法会对速度精度有影响,覆盖次数也会影响速度精度。覆盖次数较低时,速度谱能量团不收敛,要准确获知速度较难;覆盖次数过大时,速度分析结果差别不大,当然覆盖次数越大精度会越好。速度分析还与偏移距有关,如果缺少大偏移距信息,将对深部的速度精度有较大影响。因此在进行深层勘探时,需要更加注重远偏移距信息,会对深层速度精度有好处。

11.2.3 速度分辨率定量计算

O'Brien 和 Lerche(1988)导出了速度分辨率的计算公式:

$$\frac{\Delta v}{v} = \frac{3}{8} \frac{t_0 v^2}{f_m X_{max}^2} \tag{11-1}$$

式中,X_{max} 为最大偏移距,f_m 为主频。

按上式对胜利探区某区块进行应用,计算结果见表 11-1,绘出的变化曲线如图 11-6 所示。可以看到,随着时间的增大,速度分辨率降低,速度分析误差加大。

表 11-1　速度分析的分辨率

t_0/ms	700	1 200	1 700	2 200	2 700	3 200	3 700
v/(m·s^{-1})	2 017	2 171	2 312	2 453	2 594	2 962	3 398
f_m/Hz	39.1	37.1	39.1	31.3	21.5	13.7	19.5
Δv/(m·s^{-1})	4.72	10.62	17.26	33.36	70.46	195.41	238.72

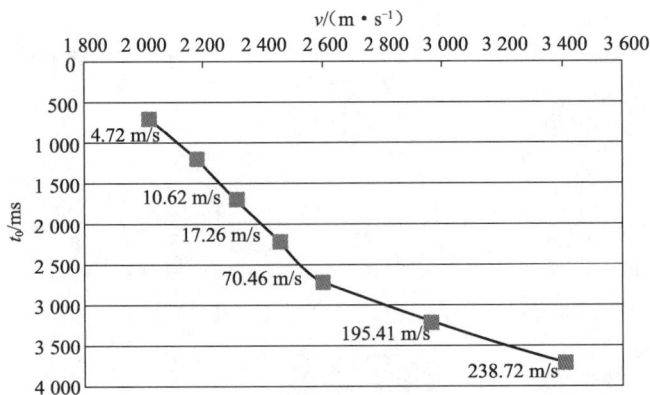

图 11-6　速度分析分辨率变化曲线

从图 11-6 可以看出,深度增加,速度分辨率理论上不可避免要降低,这是深层勘探不可回避的难点。只有采用单点高密度等勘探技术来提高地震子波的主频,才能以根本上解决深层勘探的瓶颈问题。

11.3　深部储层井震关系构建方法

由前面分析可知,深层具有低信噪比、低分辨率等特征,仅用地震数据对深部储层进行预测难度较大。因此,可结合测井数据构建井震关系。首先需要对深部井资料进行基础数据分析与统计,根据已知井的试油和测井解释,将目标层段分为储层、有利储层和非储层;然后通过绘制井资料交会图和雷达图,分析和优选出描述目标区域储层最主要的几种测井曲线,用优选出的测井曲线建立井震关系模板,绘制地震属性与储层参数交会图并拟合曲线,根据拟合曲线的相关系数可以直观看出研究区的敏感地震属性。

有利储层指油层、油水同层,储层指油层、水层、干层、油水同层、含油水层,非储层指泥岩层等。

以东营凹陷为例,深部储层是干燥沉积环境下的一套红层,其中的沙四下亚段和孔一中亚段储层厚度较大。但是红层具有年代老,砂、泥岩波阻抗差异较小,地震反射相对较弱,砂体侧向叠置,埋深较大等特点,因此其精细描述和地震预测有较大难度,需要结合测井数据进行分析。由于红层是以速度变化很大的薄互层为典型特征,储层横向非均质性较强,单井评价无法得出红层总的规律性认识。下面用东营凹陷深部储层井震关系构建对该方法进行诠释。

11.3.1　井资料交会图方法

井资料交会图方法是对目标层段中储层、有利储层、非储层的各测井曲线两两组合,分别绘制不同种类测井曲线的交会图,并分析各测井曲线数据的变化规律,从中筛选出适合研究区的优势测井曲线。

图 11-7 是 A 井沙四下亚段测井曲线交会图,由图可知,有利储层电阻率明显比非储层高,且非储层 AC 值大,储层、有利储层的 CNL 值明显比非储层低,有利储层的 GR 和 SP 值明显比储层、非储层低。

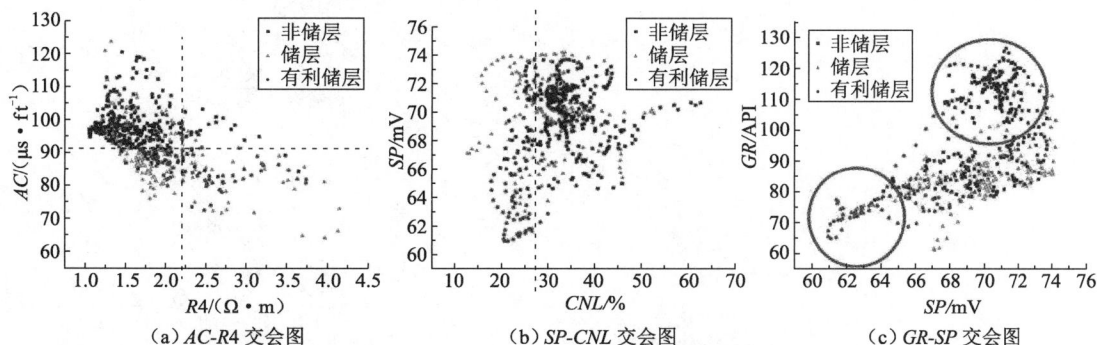

（a）AC-$R4$ 交会图　　　（b）SP-CNL 交会图　　　（c）GR-SP 交会图

图 11-7　A 井沙四下亚段测井曲线交会图

图 11-8 是 B 井孔一中亚段测井曲线交会图,由图可知,非储层的 GR 和 SP 值明显比储层、有利储层高,自然电位 SP 值对三者的区分度比较大,SP 是测井描述的最佳曲线,有

利储层电阻率明显比储层和非储层高,储层、有利储层的 CNL 值基本比非储层低,与沙四下亚段测井曲线规律基本一致。

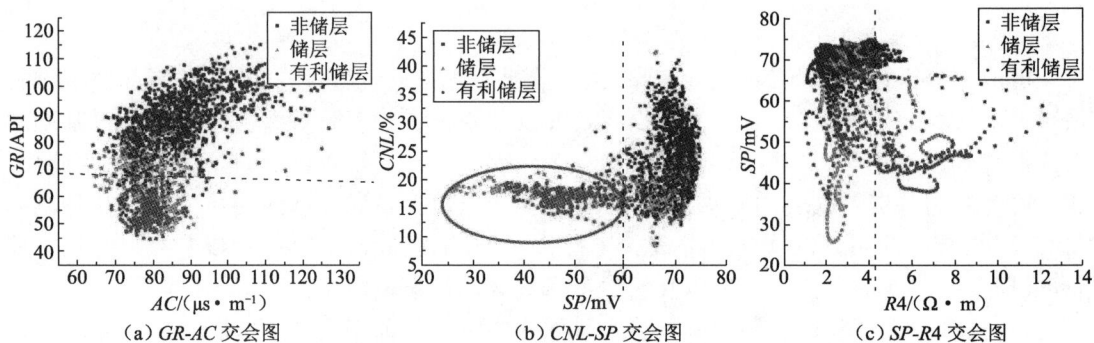

(a) GR-AC 交会图　　　(b) CNL-SP 交会图　　　(c) SP-R4 交会图

图 11-8　井 B 孔一中亚段测井曲线交会图

类似地,通过大量的测井曲线交会图分析,初步优选出 SP,AC,GR,$R4$,CNL 这 5 种测井曲线。下面用井资料雷达图方法进一步验证。

11.3.2　井资料雷达图方法

在井资料交会图分析结果的基础上,可再用雷达图进行分析验证,优选出最终的测井曲线。雷达图与交会图分析方法类似,先将已知井的测井曲线分为储层、有利储层、非储层,将其中的 AC 值转化为速度值;然后分别计算几种测井曲线数据均值,并对所有的均值做归一化处理,绘制成雷达图。

图 11-9 是东营凹陷深部储层典型井雷达图,其中,图(a)是在 A 井选取沙四下亚段为目标层,将其分为有利储层、储层、非储层,用交会图方法优选出的 5 种测井曲线,计算测井曲线值的均值,并做归一化处理,绘制得到雷达图,图(b)是在 B 井选取孔一中亚段为目标层,绘制方法同上。

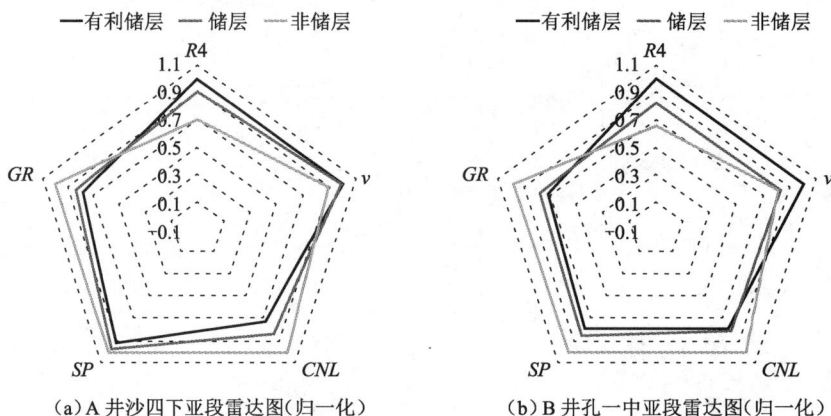

(a)A 井沙四下亚段雷达图(归一化)　　(b)B 井孔一中亚段雷达图(归一化)

图 11-9　典型井雷达图分析

从图中分析可知,沙四下亚段和孔一中亚段规律基本一致,有利储层、储层和非储层的 5 种优势测井曲线有如下规律:

（1）R4 值，有利储层＞储层＞非储层；

（2）GR 值，非储层＞储层＞有利储层；

（3）SP 值，有利储层＜储层＜非储层；

（4）CNL 值，有利储层＜储层＜非储层；

（5）速度值，有利储层较大，非储层较小。

根据交会图和雷达图的分析结果，对研究区域有利储层、储层、非储层做简单区分。下面将地震数据和井数据结合，分析地震特征和井曲线特征的对应关系。

11.3.3　井震模板法

通过井数据交会图方法和井数据雷达图方法可优选出研究区的优势测井曲线，除此之外，可通过地震相和测井相分析，建立井震模板。井震模板主要包含沉积相类型、岩性组合、优势测井曲线特征、地震相特征、相对波阻抗特征、反射强度属性、地震属性等。以东营凹陷深部储层为例，优势测井曲线特征分析选用 SP 和 GR 曲线特征。图 11-10 是东营凹陷沙四下亚段 3 个典型井的井震模板。

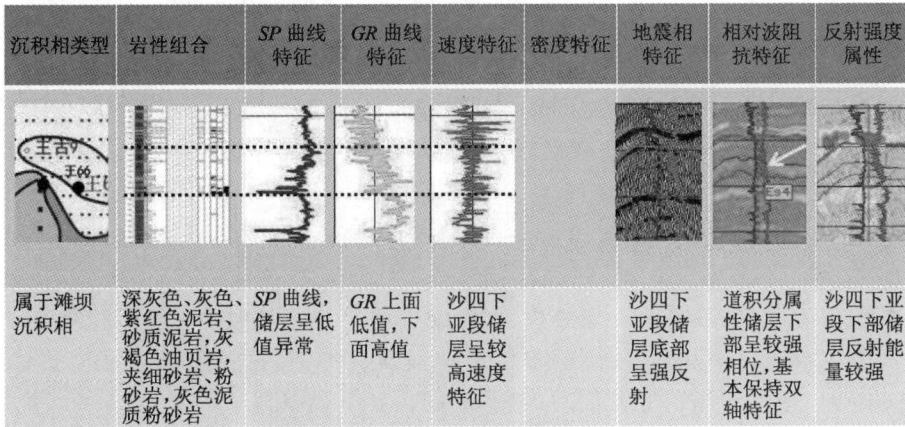

（a）王 66 井井震模板

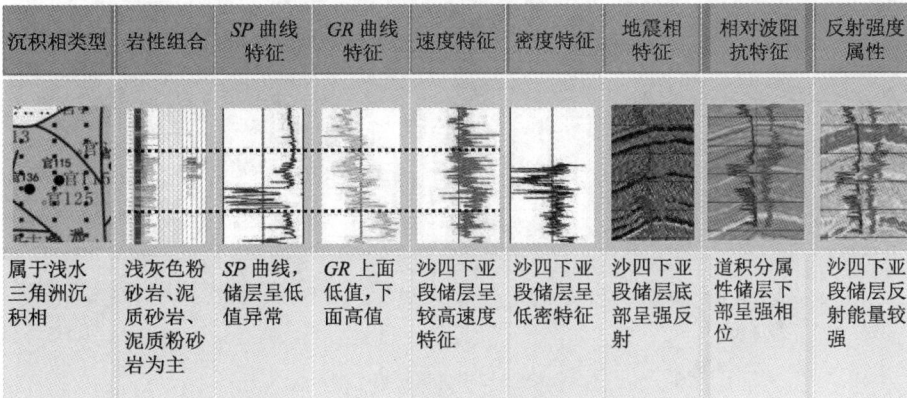

（b）官 115 井井震模板

图 11-10　东营凹陷沙四下亚段典型井井震模板

沉积相类型	岩性组合	SP 曲线特征	GR 曲线特征	速度特征	密度特征	地震相特征	相对波阻抗特征	反射强度属性
属于浅水三角洲沉积相	浅灰色泥岩、灰质泥岩、油页岩,夹灰色灰岩	SP曲线,储层呈低值异常	GR上面低值,下面高值	沙四下亚段储层呈较高速度特征	沙四下亚段储层呈高密特征	沙四下亚段储层底部呈较强反射	道积分属性储层下部呈中等反射	沙四下亚段下部储层反射能力较弱

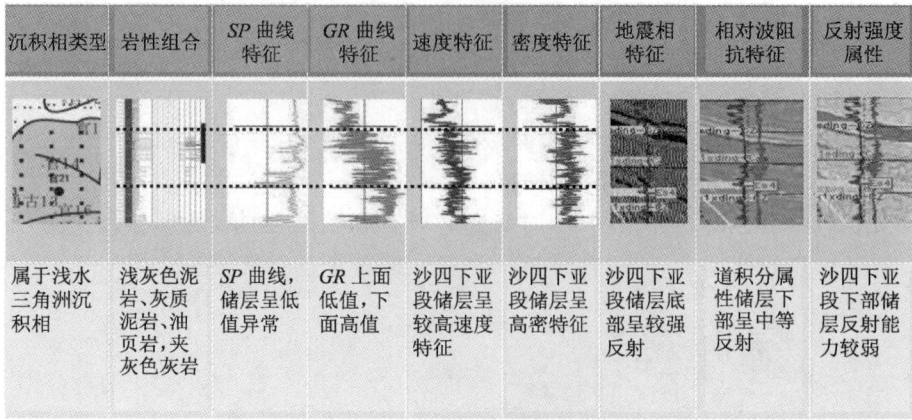

(c)官 14 井井震模板

图 11-10(续) 东营凹陷沙四下亚段典型井井震模板

由图 11-10 可总结东营凹陷深部储层沙四下亚段测井相、沉积相、地震相特征,具体如下。

(1)测井相特征:沙四下亚段储层 SP 异常比较明显,电阻率由纯下亚段的大值变为沙四下亚段的较小值。

(2)沉积相特征:沙四下亚段分浅水三角洲、滩砂、坝砂 3 类沉积相。

(3)地震相特征:沙四下亚段储层整体呈较强反射特征,沙四上纯上亚段、纯下亚段及沙四下亚段层序结构比较明显;研究区东部王家岗地区沙四下亚段层序存在,但储层物性明显变差。

图 11-11 是东营凹陷孔一中亚段 3 个典型井的井震模板,由图可总结出以下特征。

(1)测井相特征:储层 SP 异常比较明显。

(2)沉积相特征:孔一中亚段分冲积扇、漫湖三角洲、滩砂、坝砂 4 类沉积相。

(3)地震相特征:孔一中亚段储层整体呈较强反射特征,振幅属性表征储层特征比较清楚,孔一中亚段薄互层结构非常明显、频率较高。

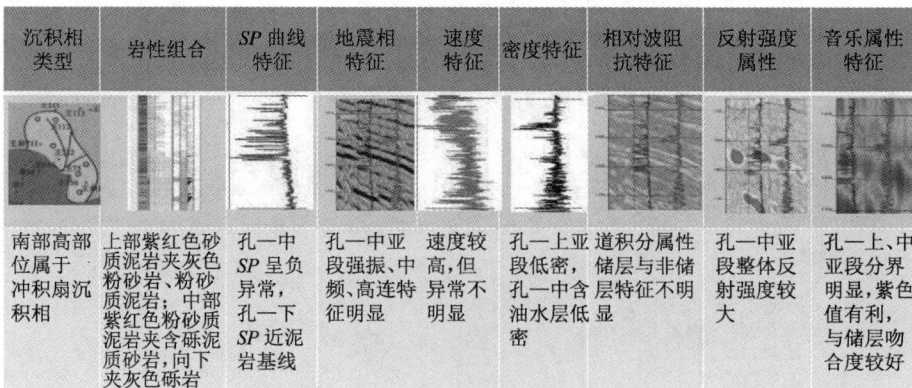

沉积相类型	岩性组合	SP 曲线特征	地震相特征	速度特征	密度特征	相对波阻抗特征	反射强度属性	音乐属性特征
南部高部位属于冲积扇沉积相	上部紫红色砂质泥岩夹灰色粉砂岩、粉砂质泥岩;中部紫红色粉砂质泥岩夹含砾泥质砂岩,向下夹灰色砾岩	孔一中SP呈负异常,孔一下SP近泥岩基线	孔一中亚段强振、中频、高连特征明显	速度较高,但异常不明显	孔一上亚段低密,孔一中含油水层低密	道积分属性储层与非储层特征不明显	孔一中亚段整体反射强度较大	孔一上、中亚段分界明显,紫色值有利,与储层吻合度较好

(a)王 112 井井震模板

图 11-11 东营凹陷孔一中亚段典型井井震模板

沉积相类型	岩性组合	SP 曲线特征	地震相特征	速度特征	密度特征	相对波阻抗特征	反射强度属性	音乐属性特征
属于漫湖三角洲相	紫红色泥岩夹灰色粉砂岩	孔一中亚段 SP 呈负异常	孔一中亚段强振、中频、高连特征明显	速度较高	孔一上亚段低密	道积分属性储层与非储层特征不明显	孔一中亚段整体反射强度中等	孔一上、中亚段分界明显，紫色值有利

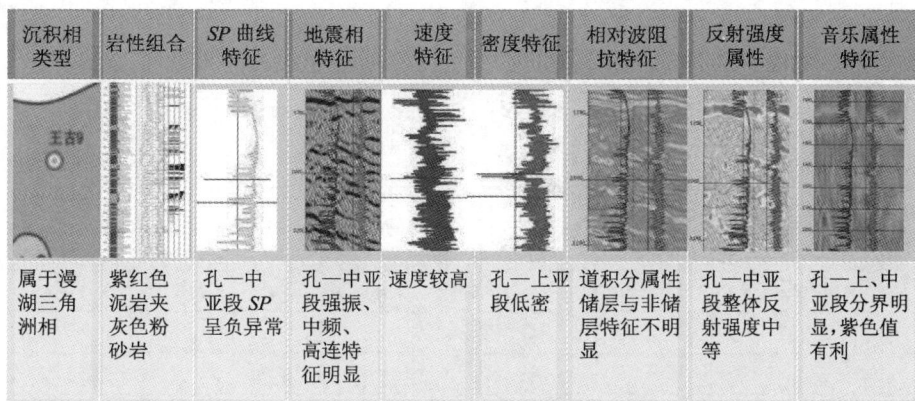

(b)王古 9 井井震模板

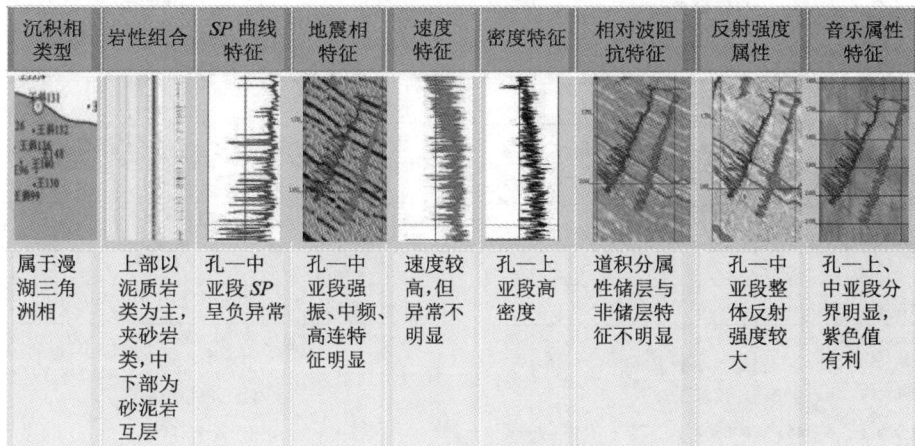

沉积相类型	岩性组合	SP 曲线特征	地震相特征	速度特征	密度特征	相对波阻抗特征	反射强度属性	音乐属性特征
属于漫湖三角洲相	上部以泥质岩类为主，夹砂岩类，中下部为砂泥岩互层	孔一中亚段 SP 呈负异常	孔一中亚段强振、中频、高连特征明显	速度较高，但异常不明显	孔一上亚段高密度	道积分属性储层与非储层特征不明显	孔一中亚段整体反射强度较大	孔一上、中亚段分界明显，紫色值有利

（c）王斜 132 井井震模板

图 11-11（续）　东营凹陷孔一中亚段典型井井震模板

　　综合井数据交会图方法和井数据雷达图方法，可以筛选出适合研究区的测井曲线，并且可以判断有利储层、储层和非储层的测井曲线特征。通过井震模板法将地震信息与测井曲线进行比对，根据测井曲线特征总结地震特征。获取研究区地震特征后，即可进行下一步的研究。

11.3.4　属性与储层参数交会图方法

　　地震属性是常用来表征地震特征的方法，因此，可通过地震属性与储层参数进行交会图绘制及分析，总结出适合于储层预测的地震属性，为下一步的储层预测打下基础。

　　以东营凹陷深部储层为例，根据已有资料可知，孔一中亚段储层厚度大于沙四下亚段储层厚度，勘探前景良好，为了最终预测孔一中亚段储层厚度，选取孔一中亚段地震属性与其储层厚度绘制交会图，其中储层厚度需要从已知井的录井报告中读取。在绘制交会图前，要对研究区域提取不同地震属性。将地震属性与已有的大致厚度图进行比对，将符合厚度图分布的地震属性优选出来，认为流度因子、过零点个数属性、最大振幅、能量半时与井点厚度特征比较类似，效果较好，而均方根振幅、弧长、主频则分带特征比较明显，东南边高、西北侧低,整体特征不理想。将以上 7 种地震属性分别与厚度数据绘制交会图(图 11-12),并将交会图中的点进行线性拟合,求取每种属性与井点厚度的相关系数。

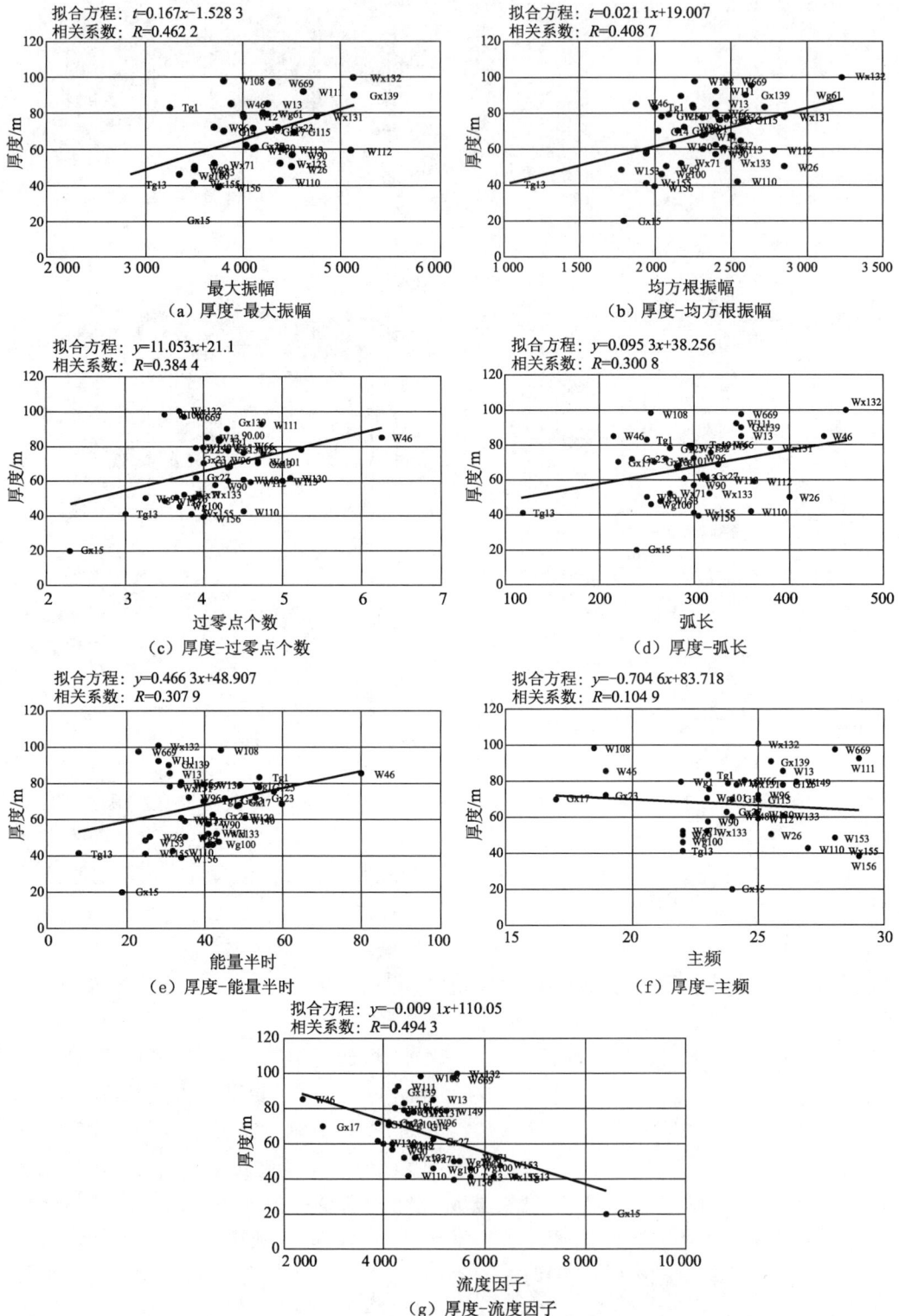

图 11-12　研究区孔一中亚段属性与厚度交会图

比较图中井点分布、拟合曲线和相关系数,发现流度因子、最大振幅井震关系较好,RMS 振幅、过零点个数属性、能量半时次之,而弧长、主频关系较差。因此,在后续的研究中可以重点考虑流度因子属性。

11.4 基于流度因子的深部储层描述方法

由于深部储层具有埋深大等特点,常规储层描述与预测方法难以取得好的效果。根据上一节讨论结果,流度因子与储层厚度关系较好。通过查阅资料发现,流度因子与频率有关。在油气勘探中,常把含油气区域称为亮点,会出现振幅变强、频率变低的反射特征,厚度较大时还伴随有时间下拉和低频伴影现象。因此,当储层含油气时,流度因子能较好地对其进行描述。下面阐述基于流度因子的深部储层描述方法(张军华等,2020)。

11.4.1 方法基本原理

流度是渗流力学中的概念,它表示流体在该地层中流动的难易程度,是储层流体有效渗透率与流体黏度的比值。流度定量研究较早见于 Korneev 等的超声实验和实际 VSP 资料分析,结果表明储层含饱和流体后,其低频段频谱会受比较大的影响。流度的应用发展在国内较快,代双和等根据 Silin 等的研究结论,第一次将流度属性应用于有利储层预测。蔡涵鹏(2012)对流度属性和成像属性与储层渗透率及产油率的关系做了较为详细的研究,并通过实际应用进行验证。陈学华等(2012)利用广义 S 变换法提取了储层流度属性,并在实际地震资料中取得了理想的效果。张生强等(2015)从 Biot 理论出发提出基于稀疏反演谱分解来计算储层流度属性的方法,整体提高了储层的分辨率和可识别性。杨吉鑫等(2017)将稀疏自适应快速 S 变换应用于海上地震资料的储层流度属性计算,得到了背景干扰较少的储层流度显示。

下面详细推导流度属性表征方法计算公式。根据 Silin 等低频反射系数线性渐进关系式,有:

$$R = \frac{Z_1 - Z_2}{Z_1 + Z_2} + R_1 \frac{1+\mathrm{i}}{\sqrt{2}} \sqrt{|\varepsilon|} + \cdots \tag{11-2}$$

式中,Z_1 和 Z_2 分别为界面上下的波阻抗,R_1 为实系数,$\varepsilon = \frac{\kappa \rho_m \omega}{\eta} \mathrm{i}$ 为无量纲小参数,i 为虚数单位,κ 为渗透率,η 为黏滞系数,ρ_m 为流体密度,ω 为角频率。

$$R_1 = \frac{Z_1}{Z_1 + Z_2} \cdot \frac{A}{D} \left[\frac{(\gamma_k^1)^2 + \gamma_\beta^1}{\gamma_k^1} - \frac{(\gamma_k^2)^2 - \gamma_\beta^2}{\gamma_k^2} \right] \tag{11-3}$$

$$A = \left[\frac{\gamma_k^1}{(\gamma_k^1)^2 + \gamma_\beta^1} - \frac{\gamma_k^2}{(\gamma_k^2)^2 + \gamma_\beta^2} \right] \cdot \frac{2 Z_1 Z_2}{Z_1 + Z_2} \tag{11-4}$$

$$D = \frac{1}{\sqrt{\gamma_k}} \frac{M^2}{v_F^2} \frac{(\gamma_k^1)^2 + \gamma_\beta^1}{\gamma_k^1} \cdot \frac{\sqrt{(\gamma_k^2)^2 + \gamma_\beta^2}}{\gamma_k^2} + \frac{M^1}{v_F^1} \frac{(\gamma_k^2)^2 + \gamma_\beta^2}{\gamma_k^2} \cdot \frac{\sqrt{(\gamma_k^1)^2 + \gamma_\beta^1}}{\gamma_k^1} \tag{11-5}$$

式中,A 和 D 为相关中间变量,上标 1 和 2 为可渗透界面的两种介质,$\gamma_\beta = K\left(\beta_f \varphi + \frac{1-\varphi}{K_{fg}}\right)$,

$\gamma_{\mathrm{k}}=1-\dfrac{(1-\varphi)K}{K_{\mathrm{sg}}}$，$K_{\mathrm{sg}}=K_{\mathrm{g}}/(1-\varphi)$，$K_{\mathrm{fg}}=K_{\mathrm{g}}\Big/\Big(1-\dfrac{K}{K_{\mathrm{g}}}\Big)$，$M=K+\dfrac{4}{3}\mu$，$v_{\mathrm{F}}$ 为快波速度，K_{sg} 和 K_{fg} 为弹性模量，分别用于定量评价骨架的体应变和流体压力变化造成的基质颗粒压缩，β_{f} 是流体的压缩系数，K 和 μ 分别为岩石体积模量和剪切模量，φ 为介质的孔隙度。

$$A_{12}=\frac{Z_{2}}{Z_{1}},\quad A_{11}=\frac{\gamma_{\mathrm{k}}^{1}}{(\gamma_{\mathrm{k}}^{1})^{2}+\gamma_{\beta}^{1}}-\frac{\gamma_{\mathrm{k}}^{2}}{(\gamma_{\mathrm{k}}^{2})^{2}+\gamma_{\beta}^{2}} \tag{11-6}$$

$$A_{22}=\frac{(Z_{2})^{2}}{Z_{1}}\left[\frac{(\gamma_{\mathrm{k}}^{1})^{2}+\gamma_{\beta}^{1}}{\gamma_{\mathrm{k}}^{1}}-\frac{(\gamma_{\mathrm{k}}^{2})^{2}+\gamma_{\beta}^{2}}{\gamma_{\mathrm{k}}^{2}}\right],\quad A_{21}=D \tag{11-7}$$

式(11-7)可简化为：

$$R=\frac{1-A_{12}}{1+A_{12}}+\sqrt{2}\,\frac{A_{11}A_{22}}{A_{21}}\frac{1}{(1+A_{12})^{2}}(1+\mathrm{i})\sqrt{\frac{\kappa\rho_{\mathrm{m}}\omega}{\eta}} \tag{11-8}$$

令 $R_{\mathrm{a}}=\dfrac{1-A_{12}}{1+A_{12}}$，$R_{\mathrm{b}}=\sqrt{2}\,\dfrac{A_{11}A_{22}}{A_{21}}\dfrac{1}{(1+A_{12})^{2}}$，式(11-8)可简化为：

$$R=R_{\mathrm{a}}+R_{\mathrm{b}}(1+\mathrm{i})\sqrt{\frac{\kappa\rho_{\mathrm{m}}\omega}{\eta}} \tag{11-9}$$

式(11-9)即反射系数频变渐进表达式，很多应用均依据此公式。式中 R_a 和 R_b 是两个无量纲实参数，与孔隙度、弹性波阻抗以及储层岩石密度有关，还与岩石力学特性有一定联系。式(11-9)对角频率求导，可得：

$$\frac{\mathrm{d}R}{\mathrm{d}\omega}=\frac{R_{\mathrm{b}}(1+\mathrm{i})}{2}\sqrt{\frac{\rho_{\mathrm{m}}}{\omega}}\sqrt{\frac{\kappa}{\eta}} \tag{11-10}$$

将式(11-10)中的 $\dfrac{R_{\mathrm{b}}(1+\mathrm{i})}{2}\sqrt{\dfrac{\rho_{\mathrm{m}}}{\omega}}$ 记作复合函数 C_{m}，令流度因子 M_{f} 为 $\dfrac{\kappa}{\eta}$，式(11-10)可简化为：

$$\frac{\mathrm{d}R}{\mathrm{d}\omega}=C_{\mathrm{m}}\sqrt{M_{\mathrm{f}}} \tag{11-11}$$

考虑同一储层段子波频谱近似不变，反射系数 R 可用振幅谱 $A(\omega)$ 来近似代替，由式(11-11)得到的属性称为成像属性，可以用来进行储层流体识别。

进一步变换，可得流度属性的计算表达式：

$$M_{\mathrm{f}}=\frac{1}{C_{\mathrm{m}}^{2}}\Big(\frac{\mathrm{d}R}{\mathrm{d}\omega}\Big)^{2} \tag{11-12}$$

从式(11-12)可以看出，流度属性 M_{f} 与介质反射系数对角频率的一阶偏导数的平方成正比。与成像属性讨论类似，易得：

$$M_{\mathrm{f}}\approx\frac{1}{C_{\mathrm{m}}^{2}}\Big[\frac{\mathrm{d}A(\omega)}{\mathrm{d}\omega}\Big]^{2} \tag{11-13}$$

由此，可通过对时频分析得到的低频带振幅谱对角频率计算一阶偏导数再平方，得到流度属性的近似值。

此外，优势频率的确定对于流度属性的提取也是关键的一环，根据国内学者陈学华以及蔡涵鹏等的优势频率确定方法，优势频率实质上就是基于渗透率的反射因子在取得最大值时对应的峰值频率，其表达式为：

$$f_{\max} = \frac{\kappa}{2\pi\eta H^2} \frac{2M}{\gamma_\beta + \gamma_k{}^2} \tag{11-14}$$

式中，H 为储层厚度。

由于深部储层厚度等参数具体数值难以获取，所以这里通过对储层进行谱分析，将储层的主频作为优势频率来提取流度属性，并取得了较好的效果。

11.4.2　理论模型测试

根据上一节流度因子公式推导，用岩石物理参数和流体置换建立含油层和干层的理论模型。

设计理论模型，如图 11-13(a)所示，上下有两个反射界面，中间有一个含油砂体和一个干层。根据研究区测井、油藏信息，设计纵、横波速度，以及密度、孔隙度、杨氏模量、剪切模量等岩石物理参数，见表 11-2。根据流体置换，得到等效速度并计算出反射系数，其中反射系数通过 $R = \dfrac{Z_1 - Z_2}{Z_2 + Z_1}$ 近似给出，波阻抗由等效速度和密度得到。给定储层子波主频为 35 Hz，褶积生成合成地震记录，并加入 10% 最大振幅的随机噪声，结果如图 11-13(b)所示。

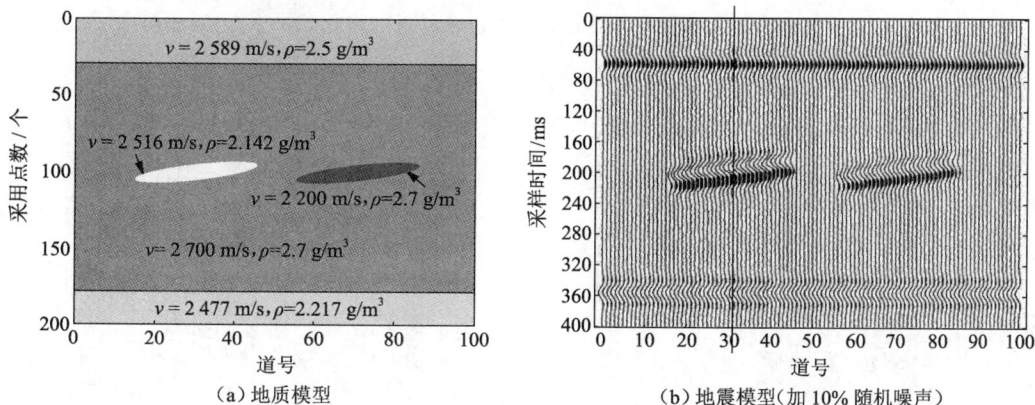

(a) 地质模型　　　　　　　　　　(b) 地震模型(加 10% 随机噪声)

图 11-13　理论模型及正演结果

表 11-2　模型岩石物理参数表

物理参数	度量值	油层相关参数	度量值	干层相关参数	度量值
纵波速度 $v_P/(\text{m}\cdot\text{s}^{-1})$	2 200				
横波速度 $v_S/(\text{m}\cdot\text{s}^{-1})$	1 100	密度 $\rho/(\text{g}\cdot\text{m}^{-3})$	0.84	密度 $\rho/(\text{g}\cdot\text{m}^{-3})$	2.7
岩石密度 $\rho/(\text{g}\cdot\text{m}^{-3})$	2.7				
剪切模量 μ/Pa	3 267 000				
杨氏模量 K/Pa	8 712 000	等效速度 $v_P/(\text{m}\cdot\text{s}^{-1})$	2 516	等效速度 $v/(\text{m}\cdot\text{s}^{-1})$	2 200
经验系数 $1-B$	0.7				
岩石骨架杨氏模量 /Pa	6 098 400				
岩石孔隙度	0.3	反射系数 R	0.150	反射系数 R	0.102
饱和流体岩石杨氏模量 /Pa	8 409 251				

对该模型进行广义 S 变换（generalized S-transform，简记 GST）时频分析以及单道流度属性提取，选取经过油层的第 31 道（图中黑线所在位置），如图 11-14 所示。由图可以看出：① 模型的主频在 35 Hz，流度属性也在 35 Hz 左右最为明显，与给定的储层主频相吻合；② 与常规时频谱对比，流度属性对含油层更敏感，而背景噪声和上下非储层的界面信息得到有效抑制；③ 从本质上来说，流度属性就是通过求导来放大地质体在频谱上的异常，一阶导数（成像属性）不够，用一阶导数平方来做进一步放大。

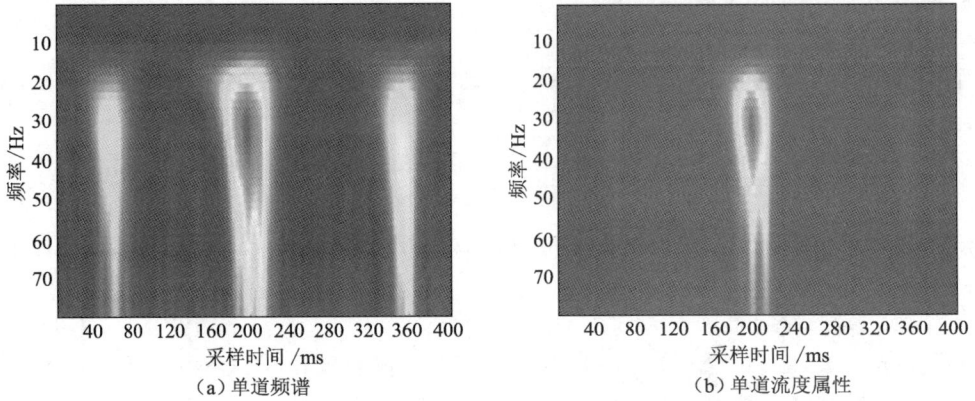

(a) 单道频谱　　　　　　　　　　(b) 单道流度属性

图 11-14　单道谱分析与单道流度属性提取效果

对该模型进行短时傅里叶变换（short-time fourier transform，简记 STFT）和 GST 时频分析，选取 35 Hz 谱分析的单频剖面和流度属性单频剖面进行比较，如图 11-15 所示。

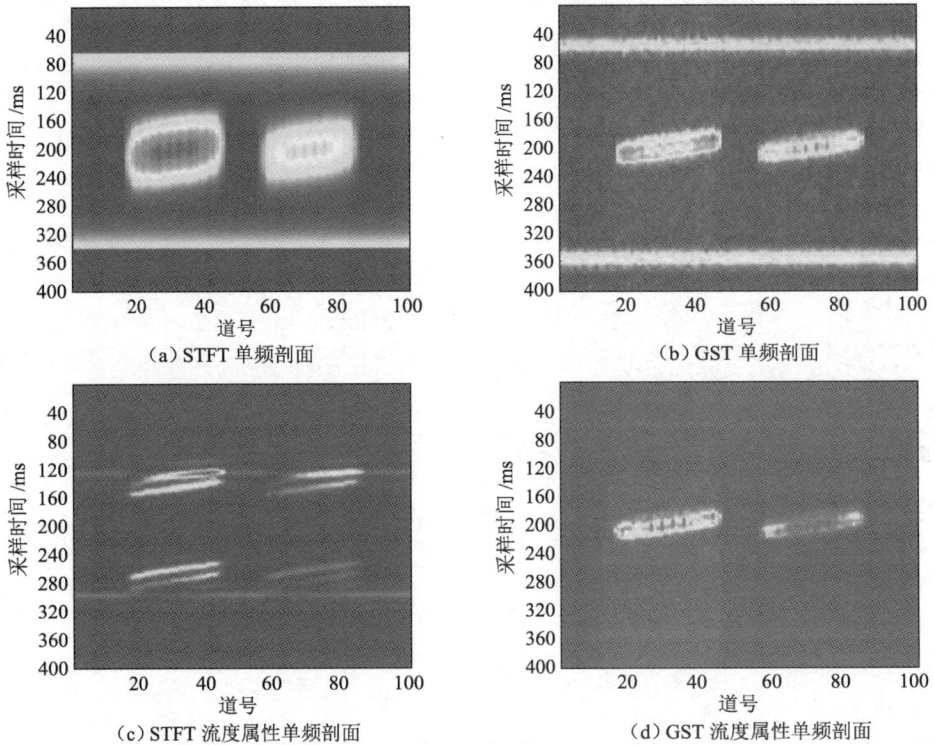

(a) STFT 单频剖面　　　　　　　　(b) GST 单频剖面

(c) STFT 流度属性单频剖面　　　　　(d) GST 流度属性单频剖面

图 11-15　常规谱分析与流度属性理论模型识别效果对比

从图 11-15 可以看出:① 对于常规的谱分析方法,STFT 分辨率很低,预测厚度与模型厚度差别很大,GST 分辨率有明显提高,但抗噪性能不强。② 对于流度属性的提取,STFT由于时窗长度的选取不同,其约束能力也不同,流度属性单频剖面上会出现双轴现象或横向不均衡现象;GST 提取的流度属性吻合度最高,含油层和干层出现不同强弱的能量团,背景噪声也比较干净。③ 从理论推导来看,流度属性与某个低频的谱导数平方最具相关性;从模型分析看,将储层主频作为优势频率为最好。以上认识与图 11-14 单道分析结论也完全一致。④ 用模型模拟时,透镜体中部没有任何地层变化,这使得透镜体中部流度属性没有值,但实际资料储层中的小层只要是有变化,频谱上就会有异常,流度也会有值的变化,因此,储层内部情况在分辨率足够的情况下是可以预测的。

11.4.3　实际资料典型应用

以东营凹陷东部陈官庄—王家岗三维区块为研究实例,研究过井剖面和沿层流度属性切片。先选取一连井剖面进行分析,剖面中包含两种曲线,分别是 SP 曲线和 AC 曲线。图 11-16(a)为原始地震剖面,研究区储层为深部储层,有两套目的层,分别为沙四下亚和孔一中亚段,wx131 井及 wx132 井孔一中亚段储层 SP 曲线呈负异常,速度曲线值较高,但异常不明显,孔一中亚段储层深部信号总体上强振、中频、高连特征明显,使得常规储层描述与预测方法对该储层的预测效果不明显。目标层为干燥环境下沉积的一套薄互层地层,俗称红层。这是一套特殊的地层,在该层地震波的主频比上下地层中地震波的主频要高。图 11-16(b)~(d) 分别为低频(15 Hz)、中频(35 Hz)、高频(55 Hz)的流度属性剖面。由图可以看到,太低频率和太高频率流度属性剖面,无论是沙四下亚段还是孔一中亚段储层效果都不好。通过对 35 Hz 附近多个剖面的单频剖面的对比,最终确定 35 Hz 为研究区目标层的最佳频率。

根据前面的分析,频率 35 Hz 为储层主频,并将其作为求取储层流度属性时的优势频率,为此对三维地震数据求取三维流度属性数据体,提取沿层切片,对研究区重点目的层孔一中亚段做典型解剖。图 11-17(a)为提取的流度属性沿层切片,图 11-17(b)的主频属性和图 11-17(c)的均方根属性是具有代表性的常用地震属性,图 11-17(d)为井点厚度图,可以看到流度属性给出的分布范围与井点厚度图有很好的吻合度。通过比较可以看出流度属性的储层预测效果要优于常规地震属性的储层预测效果。

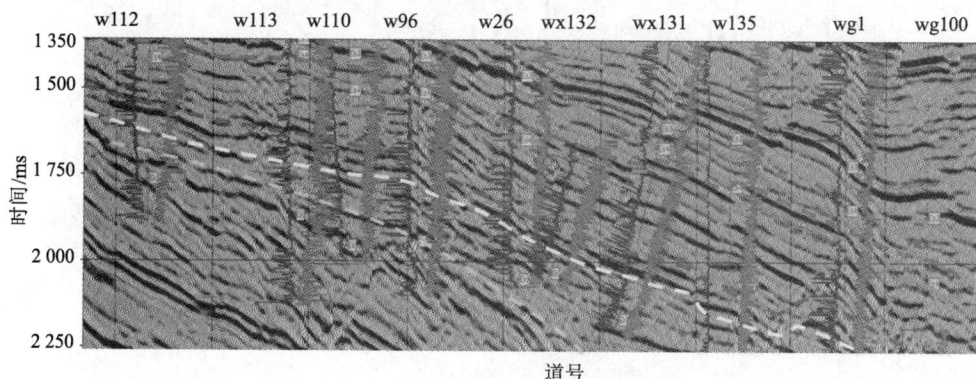

(a)原始地震剖面

图 11-16　不同频率流度属性连井剖面比较

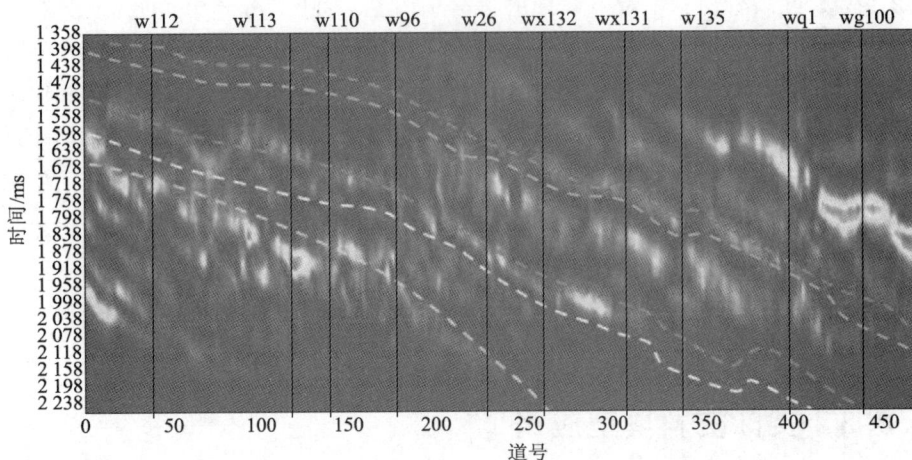

（b）15 Hz 流度属性剖面

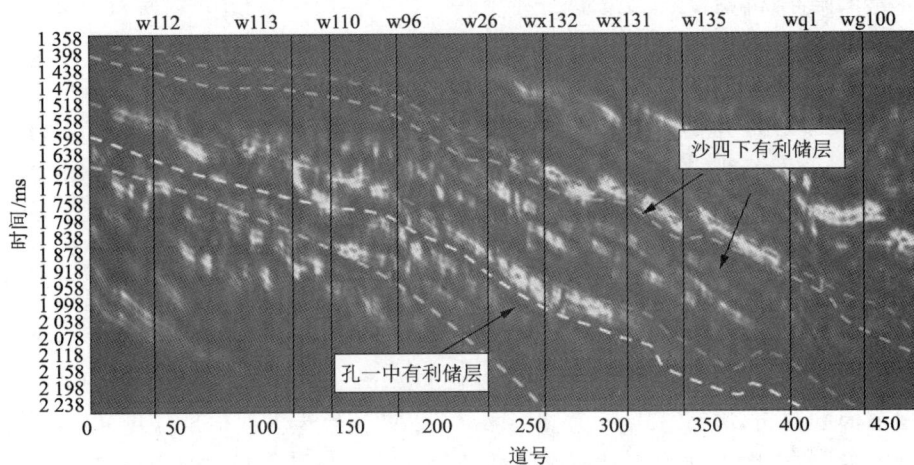

（c）35 Hz 流度属性剖面

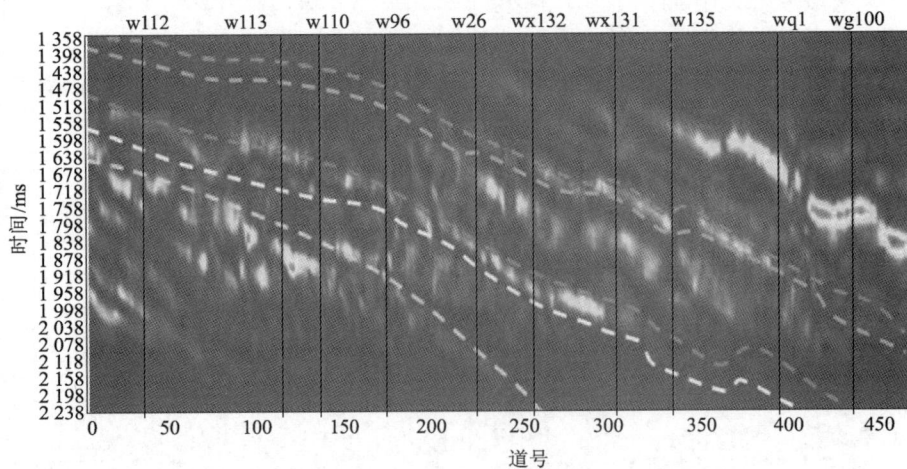

（d）55 Hz 流度属性剖面

图 11-16（续） 不同频率流度属性连井剖面比较

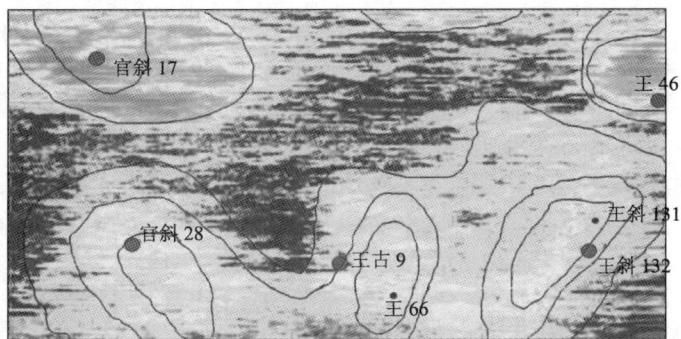

（a）35 Hz 流度属性沿层切片

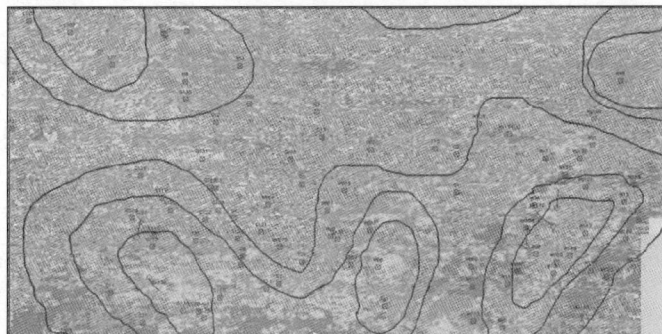

（b）主频

（c）均方根振幅

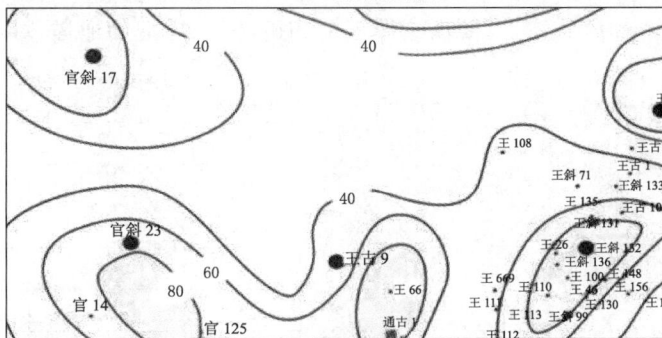

（d）井点厚度图

图 11-17 孔一中亚段属性沿层切片及厚度图

综上所述，流度因子是渗流力学中的一个概念，定义为储层渗透率与流体黏滞系数的比，在子波相对稳定的条件下，可近似认为其低频振幅谱对角频率偏导数的平方成正比，由此可以应用于储层预测。通过理论模型测试和实际资料应用得出结论:① 建立在时频分析基础上的流度因子计算依赖谱分析的精度,基于广义 S 变换的储层流度因子较短时傅里叶变换和小波变换精度要高、抗噪能力也强。② 流度属性因为与频谱的偏导数有关,它对油气藏的识别能力无论是形态还是分布范围,都比常规的单频分解要好。③ 以往人们计算流度采用的是较低的频率,但是研究的东营深层主频较高,用这一较高的主频提取的流度属性,效果明显好于主频、均方根振幅等常规属性,拓展了流度属性的应用范围。

11.5 深部储层厚度预测方法研究

前面的方法只能定性地描述深部储层,而在实际生产中,往往需要一个定量的结果,若能预测出储层的厚度,将会对实际勘探开发有重大意义。下面介绍 3 种深部储层厚度预测方法,分别为单属性转换方法、多元回归方法、基于交叉验证 SVM 的储层预测方法。

11.5.1 单属性转换方法

单属性转换方法是将已知井点实际储层厚度与其单一地震属性值进行曲线拟合,利用拟合公式,结合整个研究区的单一地震属性值进行储层厚度预测。由于该方法只使用一种地震属性进行预测,因此对地震属性的要求较高。根据图 11-12(g)可知,流度因子属性无论是形态还是与井点厚度的相关度都比较好,并且前对流度因子的分析认为其适用于储层预测。因此,本节采用流度因子属性进行单属性转换方法。

从图 11-12(g)可看出流度因子属性与储层厚度关系式为:

$$H = -0.009\,1\,m + 110.05 \tag{11-15}$$

式中,m 为流度属性值。

将流度因子属性根据式(11-15)换算成厚度后,用计算机绘图,结果如图 11-18 所示,图中高值区为有利储层。图 11-18(b)的是与实际井厚度的相关分析,可见相关系数为 50.64%,比原始属性略有提高但提高不多,wx132 井高值区还是不太吻合。这说明单属性厚度转换主要还是依赖原始属性,要改变厚度分布的特征、更准确地描述厚度还是不行的。

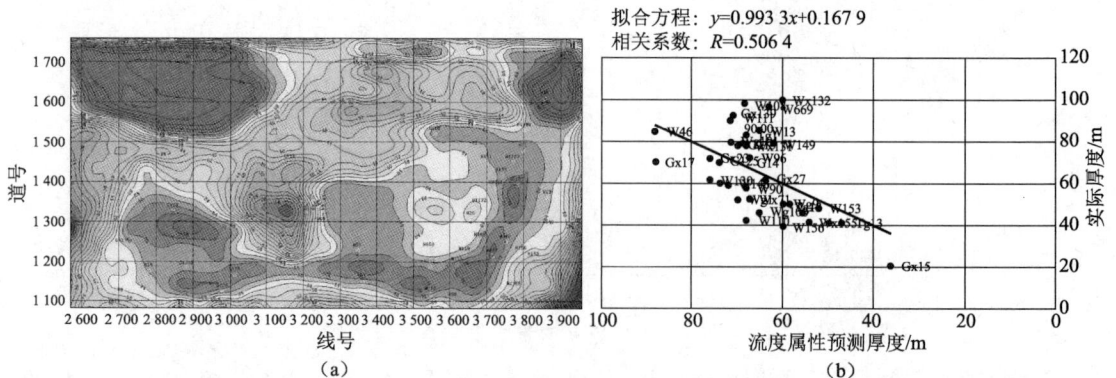

图 11-18 流度因子单属性厚度预测结果及与井点实际厚度相关分析

11.5.2　多元回归方法

对于深部储层来说,储层无论是横向还是纵向变化都很大,用单个属性估算厚度误差肯定很大。对于东营凹陷深部储层研究区,即使用流度因子优势属性,井点相关度也只有50.64%。不同属性物理含义不全相同,能否利用多个属性取长补短,达到较好预测储层厚度的目的,实际应用还比较少。

对于多属性厚度预测,多元线性回归(multiple linear regression,简记 MLR)是一比较简单而实用的方法。拟定厚度与地震属性多元回归经验公式为:

$$H_i = a_1 + a_2 x_{1i} + a_3 x_{2i} + \cdots + a_{m+1} x_{mi} \tag{11-16}$$

式中,H 为储层预测厚度;$x_1, x_2, \cdots, x_m$ 为不同的地震属性;$a_1, a_2, \cdots, a_{m+1}$ 为回归系数;m 为属性个数;$i = 1, 2, \cdots, n$ 对应不同观测点即井号。

根据最小二乘原理,采用乔里斯基分解法可以编程解出回归系数。

下面给出两种回归结果,一种是 7 种属性全部参与,另一种是去除井震关系不好的弧长、主频属性,用 5 种较好属性来估算,结果如图 11-19 所示。对比图 11-19(a)和(b),从形态上看几乎难分出谁更好些。统计分析井点的预测值,7 种属性的相关系数为 48.18%,5种属性的为 50.54%,可后见者要略好于前者,但差别不是很大。

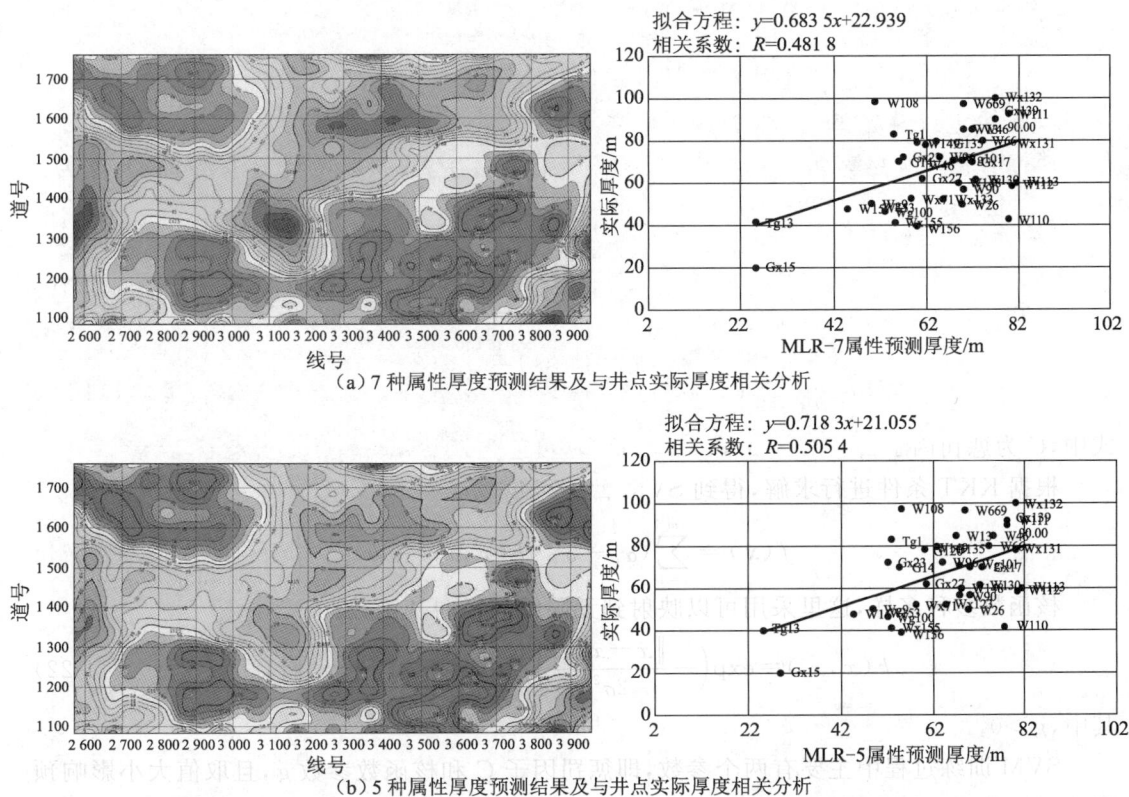

(a)7 种属性厚度预测结果及与井点实际厚度相关分析

(b)5 种属性厚度预测结果及与井点实际厚度相关分析

图 11-19　不同种类属性多元回归储层厚度预测及与井点实际厚度相关分析

结合上节讨论和本节结果,可以得出 3 点认识:① 做储层预测,属性优先是必要的,但并不是属性越多越好,毕竟里面有好有坏;② 对于多元线性回归方法,并不是减少不好的属性就能大大改进预测效果,本质原因是不好的属性已在回归系数上体现了较小的权重;③ 单属性(流度因子)和 5 种属性预测的井点厚度相关系数几乎一样,但从形态上看,多属性预测结果明显要好于单属性。

11.5.3　基于交叉验证 SVM 的储层预测方法

根据前面的讨论,用单一属性预测深部储层厚度有很大的不确定性,多元回归由于是基于线性模型也难以精细描述复杂地质情况下储层与地震属性之间的关系。考虑到支持向量机(SVM)具有如下优点:① 综合考虑分类器的经验风险和置信风险,在一定意义下具有最好的泛化能力;② 具有全局最优解,不会陷入局部最优;③ 利用核函数解决非线性问题。因此,选用 SVM 进行深部储层小样本储层预测。

将井点属性值作为输入数据 $x_i, i=1,2,\cdots,m$,井点厚度作为标签 $y_i, i=1,2,\cdots,m$ ($m=37$)进行训练。由于样本是非线性的,需要用核函数 $\varphi(x)$ 将其映射到高维空间,再构建模型 $f(x)$:

$$f(x)=\boldsymbol{w} \cdot \varphi(\boldsymbol{x})+b \tag{11-17}$$

式中,w 为权重向量,b 为偏置项。

SVM 回归是一个二次凸优化问题,需满足:

$$\min_{\boldsymbol{w},b}\frac{1}{2}\|\boldsymbol{w}\|^2, \quad \text{s. t.} \quad |\boldsymbol{y}-f(x)|\leqslant\varepsilon \tag{11-18}$$

式中,ε 为决定边界宽度的超参数。

通过引入松弛变量 ξ,ξ^* 和拉格朗日因子 $\alpha,\alpha^*,\mu,\mu^*$,SVM 的优化函数可以归结为:

$$\max_{\alpha,\alpha^*}\sum_{i=1}^{m}\left[y_i(\alpha_i^*-\alpha_i)-\varepsilon(\alpha_i^*+\alpha_i)\right]-\frac{1}{2}\sum_{i=1}^{m}\sum_{j=1}^{m}\left[(\alpha_i^*-\alpha_i)(\alpha_j^*-\alpha_j)\varphi(x_i)\cdot\varphi(x_j)\right]$$

$$\tag{11-19}$$

其约束条件为:

$$\text{s. t.} \quad \sum_{i=1}^{m}(\alpha_i^*-\alpha_i)=0, \quad 0\leqslant\alpha_i, \quad \alpha_i^*\leqslant C \tag{11-20}$$

式中,C 为惩罚因子;$\varphi(x_i)\cdot\varphi(x_j)$ 为核函数,可记为 $k(x_i,x_j)$。

根据 KKT 条件进行求解,得到 SVM 回归函数:

$$f(\boldsymbol{x})=\sum_{i=1}^{m}(\alpha_i-\alpha_i^*)k(x,x_i)+b \tag{11-21}$$

核函数多种多样,这里采用可以映射到无限维的径向基函数:

$$k(x,x_i)=\exp\left(-\frac{\|x-x_i\|^2}{2\sigma^2}\right)=\exp(-g\|x-x_i\|^2) \tag{11-22}$$

其中,$g>0$。

SVM 训练过程中主要有两个参数,即惩罚因子 C 和核函数参数 g,且取值大小影响预测精度。采用 k 折交叉验证方法对二者进行选取,得到最佳参数,其原理如图 11-20 所示。将训练样本随机等分为 k 份,每次选取一份作为测试集,其他 $k-1$ 份为训练集进行训练构建模型,从第一份开始迭代,得到 k 组测试结果,其平均值作为当前两个超参数对应的模型精度估计。从而优选出精度最高的预测模型对应的超参数,再对全部样本重新训练得到最终的模型,用于全区块的厚度预测。

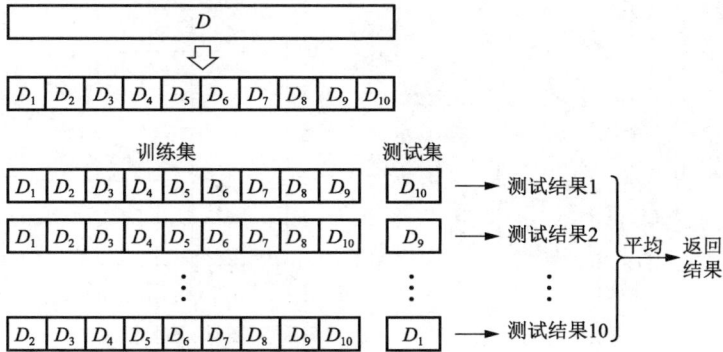

图 11-20　k 折交叉验证原理图($k=10$)

多元回归已得出结论,即用相关性较好的属性预测效果较好,下面用 SVM 方法进行验证。5 种和 7 种属性选取同前。从图 11-21 所示的预测结果看,5 种属性无论是形态还是相关性均比 7 种属性要好,这与多元回归讨论一致。比较图 11-21 和图 11-19 的相关系数,SVM 的相关系数都要好于 MLR。

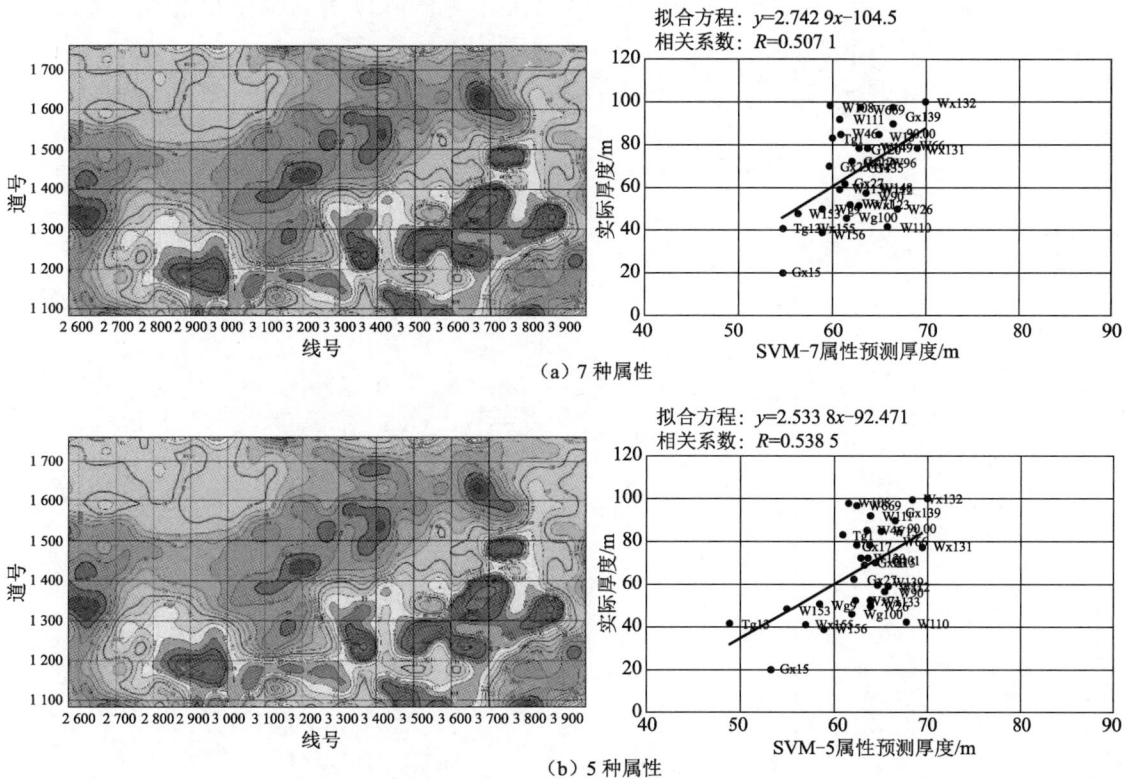

拟合方程: $y=2.742\,9x-104.5$
相关系数: $R=0.507\,1$

（a）7 种属性

拟合方程: $y=2.533\,8x-92.471$
相关系数: $R=0.538\,5$

（b）5 种属性

图 11-21　不同种类属性 SVM 储层厚度预测及与井点实际厚度相关分析

综上所述,5 种相关性较好的属性预测效果较好,下面用交叉验证 SVM(CV-SVM)来估算厚度。编程选取最佳超参数,惩罚因子 C 为 22.5,核函数参数 g 为 10,图 11-22 为预测结果,可以看到 CV-SVM 预测厚度和井点厚度相关性最高,厚度分布也比较合理。

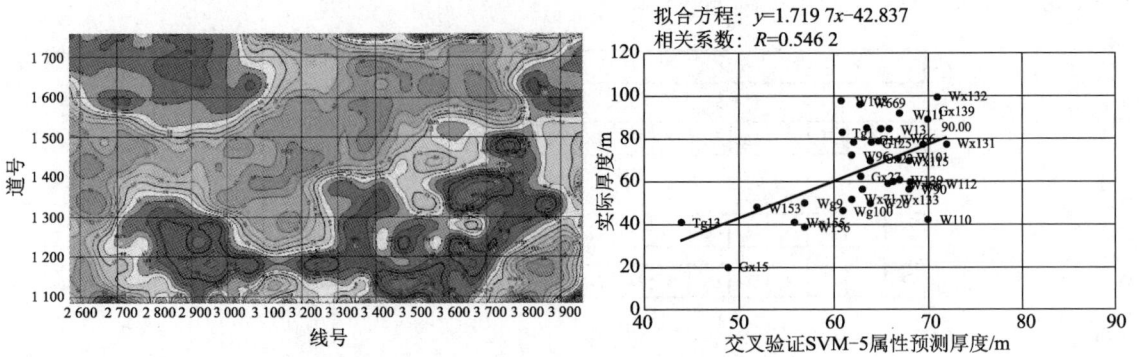

图 11-22　CV-SVM 储层厚度预测及结果对比

　　通过单属性、多元回归、支持向量机 3 种方法进行储层预测,综合来看有如下特点:
① 从方法上,非线性的 SVM 要好于前面线性的 MLR 和 SA 方法,符合深部储层复杂的地层结构和储层物性特征;② 从地质和地球物理关系上,实测厚度只有井点的认识,横向精度有限,而依据地震属性预测的厚度,含有全区域的地球物理特征,分布特点更加合理、精度更高;③ 从预测成果上分析,王 66 井以北较大范围已钻井少、预测值有利、构造部位较高,是比较有利的资源区,西南侧的 gx23 井区和西北侧的 gx17 井区周围也值得扩边滚动勘探。

参考文献

安鹏,曹丹平,2018.基于深度学习的测井岩性识别方法研究与应用[J].地球物理学进展,33 (3):1029-1034.

安天下,2011.惠民凹陷商741地区古近系火成岩储层特征研究[D].青岛:中国石油大学(华东).

安玉林,管志林,1985.滤除高频干扰的正则化稳定因子[J].物探化探计算技术,7(1):13-23.

白烨,薛林福,潘保芝,等,2012.多方法融合判别复杂砂砾岩岩性[J].吉林大学学报(地球科学版),42(S2):442-451.

边肇祺,1988.模式识别[M].北京:清华大学出版社.

蔡涵鹏,2012.基于地震资料低频信息的储层流体识别[D].成都:成都理工大学.

蔡全升,胡明毅,胡忠贵,等,2017.松辽盆地徐家围子北部宋站地区沙河子组地震相与沉积相解释应用[J].西安石油大学学报(自然科学版),32(4):1-10.

蔡伟祥,夏振宇,马楠,等,2018.地质统计学反演在储层预测中的应用——以 WSD 区 P_3w 为例[J].地球物理学进展,33(2):554-561.

蔡义峰,夏雨,黄新华,等,2019.多属性融合技术在沉积相研究中的应用[C].中国石油学会物探技术研讨会论文集:723-726.

蔡紫薇,2018.塔河油田深层碳酸盐岩储层精细刻画研究[D].成都:成都理工大学.

操应长,王建,刘惠民,等,2009.东营凹陷南坡沙四上亚段滩坝砂体的沉积特征及模式[J].中国石油大学学报(自然科学版),33(6):5-10.

曹孟起,王九拴,邵林海,2006.叠前弹性波阻抗反演技术及应用[J].石油地球物理勘探,41(3):323-326.

曹思远,梁春生,2002.储层预测中 BP 神经网络的应用[J].地球物理学进展,17(1):84-90.

曹谊,司娟娟,2008.叠前弹性波阻抗反演(EI)方法与应用[J].油气地球物理,6(3):50-55.

常炳章,王艳,辛利波,2008.分频反演技术在泌阳凹陷井楼—高庄地区的应用[J].石油天然气学报,30(2):463-465.

陈昌,2017.叠前地震反演在清水地区砂砾岩优质储层预测中的应用[J].海洋地质前沿,33(6):59-64.

陈发宇,杨长春,2009.依据频率的匹配追踪快速算法的改进[J].石油物探,48(1):80-83.

陈恭洋,陈玲,朱洁琼,等,2012.地震属性分析在河流相储层预测中的应用[J].西南石油大学学报(自然科学版),34(3):1-8.

陈广坡,2009.碳酸盐岩岩溶型储层地质模型及储层预测——以轮古西风化壳岩溶型储层为例[D].成都:成都理工大学.

陈华,2015.塔里木盆地沙48井区奥陶系灰岩储层预测研究[D].北京:中国地质大学(北京).

陈林,宋海斌,2008.基于经验模态分解的地震瞬时属性提取[J].地球物理学进展,23(4):1179-1185.

陈林,宋海滨,2009.地震信号瞬时频率的估算[J].地球物理学报,52(1):207-213.

陈鹏,于常青,韩建光,等,2018. 低频可控震源在哈拉湖冻土区二维地震勘探试验研究[J]. 地球物理学进展,33(2):562-570.

陈萍,2006. 泌阳凹陷陡坡带砂砾岩体预测[J]. 石油勘探与开发,33(2):198-200.

陈启林,邓毅林,魏军,等,2018. 酒泉盆地下白垩统致密油类型、分布特征及勘探领域[J]. 石油勘探与开发,45(2):1-11.

陈人杰,童思友,刘怀山,等,2014. 基于子波分解与重构的储层预测技术[J]. 海洋地质前沿,30(1):55-61.

陈胜红,张智勇,韩敏,等,2008. 提高沙埝—花庄北地震成像质量的针对性处理[J]. 勘探地球物理进展,31(5):383-386.

陈伟,吴智平,侯峰,等,2010. 断裂带内部结构特征及其与油气运聚关系[J]. 石油学报,31(5):774-780.

陈学华,贺振华,朱四新,等,2012. 地震低频信息计算储层流体流度的方法及其应用[J]. 应用地球物理,9(3):326-332,362.

陈彦虎,陈佳,2019. 波形指示反演在煤层屏蔽薄砂岩分布预测中的应用[J]. 物探与化探,43(6):1254-1261.

陈祖庆,郭旭升,李文成,等,2016. 基于多元回归的页岩脆性指数预测方法研究[J]. 天然气地球科学,27(3):461-469.

陈祖庆,王静波,2016. 基于压缩感知的稀疏脉冲反射系数谱反演方法研究[J]. 石油物探,55(4):459-466.

陈遵德,朱广生,1997. 地震储层预测方法研究进展[J]. 地球物理学进展,12(4):76-84.

程洪,张杰,2020. "断溶体"储层类型识别、预测及发育模式探讨——以塔河十区 TH10421 单元为例[J]. 石油与天然气地质,41(5):996-1003.

程乾生,1979. 希尔伯特变换与信号的包络、瞬时相位和瞬时频率[J]. 石油地球物理勘探,14(3):1-14.

程晓倩,2014. 新疆低渗透砂砾岩油藏渗吸机理研究[D]. 北京:中国科学院研究生院.

程彦,2016. 多属性融合技术在三维地震资料解释中的应用[J]. 中国煤炭地质,28(10):67-70.

崔世凌,杨泽蓉,2007. 火成岩储层的综合预测研究[J]. 石油物探,46(1):36-41.

代双和,陈志刚,于京波,等,2010. 流体活动性属性技术在 KG 油田储集层描述中的应用[J]. 石油勘探与开发,37(5):573-578.

邓兴梁,乔占峰,王彭,等,2018. 埋藏期"断溶体"的储集特征、成因及发育规律——以塔中十号带奥陶系良里塔格组岩溶储层为例[J]. 海相油气地质,23(1):47-55.

刁瑞,李振春,韩文功,等,2011. 基于广义 S 变换的吸收衰减分析技术在油气识别中的应用[J]. 石油物探,50(3):260-265.

丁继才,姜秀娣,翁斌,等,2015. 基于物理小波时频分析及 RGB 分频混色的高精度频谱成像技术优势分析及应用[J]. 中国海上油气,27(5):27-30,48.

董立生,刘书会,刘跃华,等,2004. 地震属性分析技术的研究与应用[J]. 石油物探,43[增刊]:17-21.

董文艺,2012. 克百断裂带砂砾岩储层测井评价方法研究[D]. 青岛:中国石油大学(华东).

杜斌山,贺振华,雍学善,等,2012. 碳酸盐岩溶洞厚度定量预测方法研究与应用[J]. 地球物理学进展,27(6):2526-2533.

杜红权,王威,周霞,等,2016. 川东北元坝地区须三段钙屑砂砾岩储层特征及控制因素[J]. 石油与天然气地质,37(4):565-571.

杜凯,林承焰,马存飞,等,2020. 地质模式约束的断层破碎带内部结构地震识别——以东营凹陷樊 162 井区为例[J]. 石油地球物理勘探,55(3):651-660.

杜伟,2013. 鄂尔多斯盆地大牛地气田山西组层序地层、沉积相与储层研究[D]. 北京:中国地质大学(北京).

段友祥,李根田,孙歧峰,2016. 卷积神经网络在储层预测中的应用研究[J]. 通信学报,35(S1):1-9.

樊海琳,2010. 盐家地区盐 22 块沙四段砂砾岩体储层特征研究[D]. 青岛:中国石油大学(华东).

冯凯,查朝阳,钟德盈,2006. 反演技术和频谱成像技术在储层预测中的综合应用[J]. 石油物探,45(3):262-266.

冯磊,2009. 辽河滩海西部古近系沙河街组沉积特征与沉积相研究[D]. 北京:中国地质大学(北京).

冯子辉,印长海,陆加敏,等,2013. 致密砂砾岩气形成主控因素与富集规律——以松辽盆地徐家围子断陷下白垩统营城组为例[J]. 石油勘探与开发,40(6):650-656.

付超,林年添,张栋,等,2018. 多波地震深度学习的油气储层分布预测案例[J]. 地球物理学报,61(1):293-303.

付艳,2010. 盐 22 区块砂砾岩体油藏沉积特征研究[J]. 石油天然气学报,32(3):200-202.

甘其刚,2005. 川西坳陷深层致密非均质裂缝性气藏地震识别技术研究[D]. 成都:成都理工大学.

高静怀,万涛,陈文超,等,2006. 三参数小波及其在地震资料分析中的应用[J]. 地球物理学报,49(6):1802-1812.

高静怀,刘乃豪,吕奇,等,2018. 薄互层型油气储层同步挤压变换域分析方法[J]. 石油物探,57(4):512-521.

高利君,李宗杰,李海英,等,2020. 塔里木盆地深层岩溶缝洞型储层三维雕刻"五步法"定量描述技术研究与应用[J]. 物探与化探,44(3):691-697.

高强山,2017. 基于随机回归森林的储层预测方法研究[D]. 青岛:中国石油大学(华东).

高树生,2012. 新疆莫北油田砂砾岩储层渗流机理与油藏工程应用研究[D]. 北京:中国地质大学(北京).

高志勇,郭宏莉,安海亭,等,2008. 库车坳陷东部山前带古近系不同体系域内扇三角洲沉积砂体的对比研究[J]. 地质科学,43(4):758-776.

龚明平,张军华,刘文革,等,2017. 各向异性介质地震波场数值模拟及特征分析[J]. CT 理论与应用研究,26(6):661-668.

龚明平,张军华,王延光,等,2018. 分方位地震勘探研究现状及进展[J]. 石油地球物理勘探,53(3):642-658.

顾雯,章雄,徐敏,等,2017. 强屏蔽下薄储层高精度预测研究——以松辽盆地三肇凹陷为例[J]. 石油物探,56(3):439-448.

郭得海,李谋杰,2015. 三维多属性体显示融合技术在储层地震预测中的应用[J]. 石油天然气学报,37(9):22-25.

郭建,王咸彬,胡中平,等,2007. Q 补偿技术在提高地震分辨率中的应用——以准噶尔盆地 Y1 井区为例[J]. 石油物探,46(5):509-513.

郭淑文,王振升,牟智全,等,2017. 模式识别技术预测火山岩相[J]. 石油地球物理勘探,52(S1):60-65.

郭淑文,2008. 二维叠前模式识别方法研究[J]. 石油地球物理勘探,43(3):313-317.

郭迎春,张军华,刘磊,等,2015. 能量半时地震属性的诠释与应用[J]. 地球物理学进展,30(2):746-751.

韩卫雪,周亚同,池越,2018. 基于深度学习卷积神经网络的地震数据随机噪音去除[J]. 石油物探,57(6):862-869.

侯连华,邹才能,刘磊,等. 2012. 新疆北部石炭系火山岩风化壳油气地质条件. 石油学报,33(4):533-540.

侯连华,朱如凯,赵霞,等,2012. 中国火山岩油气藏控制因素及分布规律[J]. 中国工程科学,14(6):77-86.

胡复唐,1997. 砂砾岩油藏开发模式[M]. 北京:石油工业出版社.

胡国泽,滕吉文,阮小敏,等,2014. 秦岭造山带和邻域磁异常特征及结晶基底变异分析[J]. 地球物理学报,57(2):556-571.

胡文革,2020. 塔河碳酸盐岩缝洞型油藏开发技术及攻关方向[J]. 油气藏评价与开发,10(2):1-10.

胡小强,沈艳杰,高丹,等,2015. 北黄海盆地东部坳陷沉积层序充填与盆地演化[J]. 世界地质,34(4):1042-1051.

胡中平,2006. 溶洞地震波"串珠状"形成机理及识别方法[J]. 中国西部油气地质,2(4):423-426.

黄大吉,赵进平,苏纪兰,等,2003. 希尔伯特-黄变换的端点延拓[J]. 海洋学报,25(1):1-11.

黄光南,2009. 希尔伯特-黄变换及其在地震资料分析处理中的应用[D]. 青岛:中国海洋大学.

黄捍东,刘徐敏,蔡燕杰,等,2015. 综合利用测井-地震方法识别火成岩裂缝. 石油地球物理勘探,50(5):942-950.

贾凌霄,王彦春,菅笑飞,等,2016. 叠后地震反演面临的问题与进展[J]. 地球物理学进展,31(5):2108-2115.

江怀友,鞠斌山,江良冀,等,2011. 世界火成岩油气勘探开发现状与展望[J]. 特种油气藏,18(2):1-6.

江馀,张军华,韩宏伟,等,2020. 优化变分模态分解方法消除强反射影响——以东营凹陷沙四段滩坝砂目标处理为例[J]. 石油地球物理勘探,55(1):147-152.

姜建伟,肖梦华,王继鹏,等,2016. 泌阳凹陷双河油田扇三角洲前缘构型精细解剖[J]. 断块油气田,23(5):560-568.

蒋春玲,敬兵,张喜梅,等,2011. 利用叠前弹性参数反演储层参数[J]. 石油地球物理勘探,46(3):452-456.

蒋有录,叶涛,张善文,等,2015. 渤海湾盆地潜山油气富集特征与主控因素[J]. 中国石油大学学报(自然科学版),39(3):20-29.

金成志,秦月霜,2017. 利用长、短旋回波形分析法去除地震强屏蔽[J]. 石油地球物理勘探,52(5):1042-1048.

金强,周进峰,王端平,等,2012. 断层破碎带识别及其在断块油田开发中的应用[J]. 石油学报,33(1):82-89.

柯兰梅,马永强,尹太举,等,2010,分频解释技术在储层预测中的应用[J]. 复杂油气藏,3(2):47-49.

孔垂显,巴中臣,晏晓龙,等,2018. 车排子油田 A 井区火山岩油藏产能控制因素[J]. 新疆石油地质,39(2):189-196.

匡朝阳,贺日政,高锐,等,2009. 火成岩气藏储层预测及勘探技术——以松辽盆地长岭断陷为例[J]. 地球物理学进展,24(2):602-608.

郎晓玲,彭仕宓,康洪全,2012. 碳酸盐岩缝洞型储层地球物理响应特征及预测方法研究[J]. 北京大学学报(自然科学版),48(5):775-784.

乐友喜,王永刚,2002. 非参数回归法在孔隙度参数预测中的应用[J]. 地质科学,37(1):118-126.

雷海飞,杨飞,付小锋,等,2009. 砂砾岩储层预测方法研究——以东营凹陷 MF 地区为例[J]. 石油天然气学报,31(5):290-292,438.

雷蕾,韩宏伟,于景强,2019. 近岸水下扇沉积样式及地震响应特征新认识[J]. 石油地球物理勘探,54(5):1151-1158.

雷明,王建功,刘彩艳,等,2010. 地震切片技术在安达工区的应用[J]. 石油地球物理勘探,45(3):418-422.

李春鹏,印兴耀,刘志国,等,2017. 裂缝型储层预测的各向异性梯度反演方法研究[J]. 石油物探,56(6):835-840.

李凡异,狄帮让,魏建新,等,2012. 碳酸盐岩缝洞体宽度估算方法[J]. 地球物理学报,55(2):631-636.

李峰,杨永超,2009. 濮城油田沙一段油藏濮 1-1 井组 CO_2 驱研究及先导实验效果分析[J]. 海洋石油,29(4):56-60.

李海涛,孟宪军,宋传春,等,2004. 准噶尔盆地中部区块地震属性适用性研究[J]. 石油物探,43(增刊):122-126.

李海英,刘军,龚伟,等,2020. 顺北地区走滑断裂与断溶体圈闭识别描述技术[J]. 中国石油勘探,25(3):107-120.

李继光,2017. 二氧化碳驱油的地震资料特征研究[J]. 科学技术与工程,17(17):166-171.

李继岩,2017. 渤海湾盆地东营凹陷东段红层储层成岩环境时空演化及成岩孔隙演化[J]. 石油与天然气地质,38(1):90-97.

李继岩,2020. 局限湖盆滨浅湖滩坝砂体沉积特征——以东营凹陷青南洼陷沙四上亚段为例[J]. 断块油气田,27(2):160-164.

李军,张军华,龚明平,等,2018. 基于魔方矩阵的断层检测方法[J]. 石油地球物理勘探,53(3):552-557.

李军,张军华,谭明友,等,2016. 高 89-4 井区二氧化碳驱波及范围地震预测[J]. 特种油气藏,23(6):40-44.

李莉,2016. 江陵凹陷南斜坡新沟嘴组下段薄互层滩坝砂储层预测技术[J]. 海洋地质前沿,32(12):46-53.

李鹏飞,崔德育,田浩男,2017. 塔里木盆地塔北地区 X 区块断溶体刻画方法与效果[J]. 石油地球物理勘探,52(S1):189-194.

李强,尚新民,赵胜天,等,2011. 非一致性时移地震资料叠前互约束处理技术[J]. 物探与化探,35(1):97-102.

李少华,王利,王军,等,2014. 断层破碎带的建模方法和意义[J]. 断块油气田,21(4):409-412.

李曙光,徐天吉,甘其刚,等,2010. 频率域小波变换分频处理在川西地震勘探中的应用[J]. 石油物探,49(5):500-503.

李婷婷,王钊,马世忠,等,2015. 地震属性融合方法综述[J]. 地球物理学进展,30(1):378-385.

李相文,马培领,刘永雷,等,2020. 提高小尺度缝洞型储层预测精度的特色解释性处理技术及其应用[J]. 物探化探计算技术,42(1):42-49.

李一超,杨飞,徐天鑫,等,2020. 川西南井研地区灯影组断溶体形成机制与识别[J]. 断块油气田,27(2):193-197.

李月,徐守余,2017. BP 神经网络在砂体连通性评价中的应用[J]. 甘肃科学学报,29(4):16-21.

李振周,刘永雷,周成刚,等,2019. 深层碎屑岩薄储层预测技术在玉东地区的应用[J]. 石油地质与工程,33(4):26-30.

李宗杰,王鹏,陈绪云,等,2020.塔里木盆地顺南地区超深白云岩储层地震、地质综合预测[J].石油与天然气地质,41(1):59-67.

李宗杰,杨子川,李海英,等,2020.顺北沙漠区超深断溶体油气藏三维地震勘探关键技术[J].石油物探,59(2):283-294.

林年添,付超,张栋,等,2018.无监督与监督学习下的含油气储层预测[J].石油物探,57(4):601-610.

林年添,张栋,张凯,等,2018.地震油气储层的小样本卷积神经网络学习与预测[J].地球物理学报,61(10):4110-4125.

凌云研究小组,2003,应用振幅的调谐作用探测地层厚度小于1/4波长地质目标[J].石油地球物理勘探,38(3):268-274.

刘磊,刘显太,郭迎春,等,2013.中国滩坝砂勘探现状与储层基本特征分析[J].特种油气藏,20(5):14-18.

刘宝增,漆立新,李宗杰,等,2020.顺北地区超深层断溶体储层空间雕刻及量化描述技术[J].石油学报,41(4):412-420.

刘必心,侯吉瑞,李本亮,等,2014.二氧化碳驱特低渗油藏的封窜体系性能评价[J].特种油气藏,21(3):128-132.

刘炳官,朱平,雍志强,等,2002.江苏油田 CO_2 混相驱现场实验研究[J].石油学报,23(4):56-60.

刘财,周辉,杨宝俊,等,1995.高分辨率复数道分析方法[J].石油地球物理勘探,30(S1):24-29.

刘曾勤,王英民,白广臣,等,2010.甜点及其融合属性在深水储层研究中的应用[J].石油地球物理勘探,45(S1):158-162.

刘传奇,吕丁友,侯冬梅,2008.渤海 A 油田砂体连通性研究[J].石油物探,47(3):251-255.

刘东甲,洪天求,贾志海,等,2009.位场向下延拓的波数域迭代法及其收敛性[J].地球物理学报,52(6):1599-1605.

刘洪林,张秀丽,王彦辉,等,2007.InverMod 反演技术在砂体预测中的应用[J].大庆石油学院学报,31(2):15-17.

刘杰,秦成岗,张忠涛,等,2013.低位楔三角洲砂体尖灭特征描述与识别技术——以珠江口盆地番禺地区为例[J].天然气地球科学,24(6):1268-1273.

刘炬,齐颖,2016.地震砂体刻画技术在鄂尔多斯盆地宁东 26 井区储层预测中的应用[J].海洋地质前沿,32(6):64-70.

刘俊峰,孟小红,王建民,等,2010.海拉尔盆地乌东地区裂缝储层综合分析[J].石油地球物理勘探,45(S1):181-184.

刘坤岩,许杰,2019.塔河奥陶系隐蔽溶洞体地震精细识别[J].石油地球物理勘探,54(5):1106-1114.

刘磊,张军华,刘艺璇,等,2018.基于薄砂体反射特征的模式识别及储层表征方法研究[J].地球物理学进展,33(6):223-229.

刘磊,张秋,张军华,等,2016.基于匹配追踪算法的强屏蔽剥离技术在樊 159 井区储层预测中的应用[J].CT 理论与应用研究,25(3):331-337.

刘力辉,陆蓉,杨文魁,2019.基于深度学习的地震岩相反演方法[J].石油物探,58(1):123-129.

刘培金,张军华,刘磊,2013.滩坝砂精细解释软件 Seis_BBS 开发及应用[J].石油地球物理勘探(物探年会专刊):655-658.

刘汝敏,罗智,王震,等,2010.复合砂体内单一河道的识别方法[J].石油天然气学报,32(3):214-219.

刘小平,杨晓兰,曾忠玉,等,2007.多参数联合反演在火成岩储集体预测中的应用[J].石油地球物理勘探,42(1):44-49.

刘晓晶,印兴耀,吴国忱,等,2016.基于基追踪弹性阻抗反演的深部储层流体识别方法[J].地球物理学报,59(1):277-286.

刘学利,鲁新便,2010.塔河油田缝洞储集体储集空间计算方法[J].新疆石油地质,31(6):593-595.

刘杨,2019.基于压缩感知的薄互层拓频方法研究[D].青岛:中国石油大学(华东).

刘勇,方伍宝,李振春,等,2016.基于叠前地震的脆性预测方法及应用研究[J].石油物探,55(3):425-432.

刘振东,陈萍,昝新,2010.泌阳凹陷南坡陡坡带砂砾岩体预测方法[J].地质科技情报,29(3):124-127.

柳广弟,吴孔友,查明,2002.断裂带作为油气散失通道的输导能力[J].石油大学学报(自然科学版),26(1):16-18.

鲁新便,胡文革,汪彦,等,2015.塔河地区碳酸盐岩断溶体油藏特征与开发实践[J].石油与天然气地质,36(3):347-355.

陆基孟,王永刚,2011.地震勘探原理[M].东营:中国石油大学出版社.

陆加敏,刘超,2016.断陷盆地致密砂砾岩气成藏条件和资源潜力——以松辽盆地徐家围子断陷下白垩统沙河子组为例[J].中国石油勘探,21(2):53-60.

逯宇佳,曹俊兴,刘哲哿,等,2019.波形分类技术在缝洞型储层流体识别中的应用[J].石油学报,40(2):182-189.

罗二辉,胡永乐,李保柱,等,2013.中国油气田注CO_2提高采收率实践[J].特种油气藏,20(2):1-7,42.

罗凤芝,2006.塔里木盆地塔中地区火成岩特征及预测技术研究[D].北京:中国地质大学(北京).

罗辑,吴国忱,宗兆云,等,2015.基于方位弹性阻抗反演的裂缝型储层流体检测方法[J].石油地球物理勘探,50(6):1154-1165.

罗平,张静,刘伟,等,2008.中国海相碳酸盐岩油气储层基本特征[J].地学前缘,15(1):36-50.

罗群,黄捍东,王保华,等,2007.低序级断层的成因类型特征与地质意义[J].油气地质与采收率,14(3):19-21,25.

麻旭刚,陈华靖,李才,等,2015.浅层复杂断块区相干体制作方法——以渤中23构造区为例[J].世界地质,34(4):1024-1030.

马灵伟,杨勤勇,李宗杰,等,2017.利用波形分解技术识别塔中北坡强反射界面之下的储层响应[J].石油地球物理勘探,52(2):326-332.

马世忠,何伟,王昭,2015.基于地震分频技术的河道砂体精细刻画[J].黑龙江科技大学学报,25(4):411-416.

毛丹凤,2012.储层地震预测技术及其应用[D].武汉:长江大学.

毛凤华,顾端阳,连运晓,等,2013.涩北气田薄层测井响应特征[J].青海石油,31(3):39-45.

孟凡超,刘嘉麒,李明,等.2010.松辽盆地徐家围子营城组流纹岩地球化学特征及构造指示意义.岩石学报,26(1):227-241.

孟凡超,刘嘉麒,李明,等,2010.火成岩油气藏的烃源、成藏机理及勘探能力[J].新疆石油地质,31(1):102-105.

穆星,2005.利用地震几何属性和自组织神经网络进行地震相的自动识别[J].地质科技情报,24(3):109-112.

穆星,印兴耀,王孟勇,2006. 济阳凹陷储层地震地质综合预测技术[J]. 石油物探,45(4):351-356.

倪锋,2012. 特高含水期高渗透砂砾岩油田二次聚驱油藏工程可行性分析[D]. 北京:中国地质大学(北京).

倪维军,李琪,郭文惠,等,2017. 基于支持向量机的页岩储层横波速度预测[J]. 西安石油大学学报(自然科学版),32(4):46-49.

潘兴祥,2013. 东营凹陷南坡西段"红层"储层地震描述方法[J]. 石油地球物理勘探,48(S1):82-88.

潘元林,宗国洪,郭玉新,等,2003. 济阳断陷湖盆层序地层学及砂砾岩油气藏群[J]. 石油学报,24(3):16-23.

庞宏磊,阎昭岷,张营革,等,2016. 子波分解重构技术在义东地区砂砾岩体描述中的应用[J]. 油气地球物理,14(2):9-13.

彭更新,但光箭,郑多明,等,2011. 塔里木盆地哈拉哈塘地区三维叠前深度偏移与储层定量雕刻[J]. 中国石油勘探,16(Z1):49-56.

齐虹,2014. 叠前地震反演方法与应用研究[D]. 武汉:长江大学.

乔柱,王思权,张德龙,等,2017. 渤海 X 油田岩性勘探中河道刻画及连通性分析[J]. 天然气与石油,35(6):54-59.

秦军,周阳,华美瑞,2019. 叠前方位各向异性技术在西北缘火成岩裂缝预测中的应用[C]. 油气田勘探与开发国际会议论文集:2215-2221.

邱家骧,1985. 岩浆岩石学[M]. 北京:地质出版社.

曲寿利,季玉新,王鑫,等,2001. 全方位 P 波属性裂缝检测方法[J]. 石油地球物理勘探,36(4):390-397.

曲寿利,朱生旺,赵群,等,2012. 碳酸盐岩孔洞型储集体地震反射特征分析[J]. 地球物理学报,55(6):2053-2061.

任朝发,杨重洋,赵海波,等,2015. 叠前叠后裂缝预测在致密油勘探中的应用[C]. 中国石油学会物探技术研讨会论文集.

任雄风,刘杨,张军华,等,2019. 基于随机森林的浊积岩储层预测方法[J]. 科学技术与工程,19(25):68-74.

阮帅,王绪本,高永才,等,2006. 位场正则化下延在自然电位概率成像中的应用[J]. 物探化探计算技术,28(4):332-336.

撒利明,杨午阳,姚逢昌,等,2015. 地震反演技术回顾与展望[J]. 石油地球物理勘探,50(1):184-184.

邵君,2006. 基于 MP 的信号稀疏分解算法研究[D]. 成都:西南交通大学.

师永民,祁军,张成学,等,2005. 应用地震波形分析技术预测裂缝的方法探讨[J]. 石油物探,44(2):128-130.

施尚明,马艳平,王雷,等,2011. 曲流河复合砂体内单一河道的识别方法[J]. 科学技术与工程,11(3):471-475.

石艳玲,刘雪军,何展翔,等,2017. 采用综合地球物理方法识别火成岩有利储层[C]. 中国地球科学联合学术年会论文集:100-102.

石颖,刘洪,2008. 地震信号的复地震道分析及应用[J]. 地球物理学进展,23(5):1538-1543.

舒萍,曲延明,王国军,等,2007. 松辽盆地火山岩储层裂缝地质特征与地球物理识别[J]. 吉林大学学报(地球科学版),37(4):726-733.

斯春松,2014. 准噶尔盆地西北缘中二叠统—下三叠统扇三角洲砂砾岩储层孔隙结构表征及成因机制[D].北京:中国地质大学(北京).

斯春松,寿建峰,王少依,等,2012.鄂尔多斯盆地中部上古生界砂(砾)岩储集层孔隙成因及控制因素[J].古地理学报,14(4):533-542.

宋建国,高强山,李哲,2016.随机森林回归在地震储层预测中的应用[J].石油地球物理勘探,51(6):1202-1211.

宋建国,杨璐,高强山,等,2018.强容噪性随机森林算法在地震储层预测中的应用[J].石油地球物理勘探,53(5):954-960.

宋维琪,朱卫星,孙英杰,2007.复数子波匹配追踪算法识别薄层砂体[J].地球物理学进展,22(6):1796-1801.

宋效文,周立宏,文开丰,等,2016.零值剥离法在致密油甜点体预测中的应用——以沧东凹陷G108井区Ek_2-2为例[J].石油地球物理勘探,51(6):1195-1201.

苏朝光,闫昭岷,张营革,等,2007.地层油藏超剥尖灭线夹角定量外推方法模型研究[J].地球物理学进展,22(6):1841-1846.

隋淑玲,唐军,蒋宇冰,等,2012.常用地震反演方法技术特点与适用条件[J].油气地质与采收率,19(4):38-41.

孙成田,赵伟,雷福平,等,2017.多属性分析及断裂识别技术在酒泉盆地油气勘探中的应用[J].石油地球物理勘探,52(S2):170-174.

孙龙德,方朝亮,撒利明,等,2015.地球物理技术在深层油气勘探中的创新与展望[J].石油勘探与开发,42(4):414-424.

孙淑艳,朱应科,沈正春,2015.东营凹陷东部浊积岩储层地震识别技术及描述思路[J].油气地球物理,13(2):1-6.

孙炜,何治亮,李玉凤,等,2014.基于HTI介质各向异性正演的裂缝预测熟悉优选[J].石油物探,53(2):223-231.

孙炜,王彦春,李梅,等,2010.利用叠前地震数据预测火山岩储层裂缝[J].物探与化探,34(2):220-232.

孙夕平,李劲松,郑晓东,等,2007.调谐能量增强法在石南21井区薄储集层识别中的应用[J].石油勘探与开发,34(6):711-717.

孙夕平,张研,张永清,2010.地震拓频技术在薄层油藏开发动态分析中的应用[J].石油地球物理勘探,45(5):696-699.

陶倩倩,周家雄,孙文钊,等,2019.滑塌浊积扇内幕结构及成因——以涠西南凹陷流一段上亚段为例[J].石油地球物理勘探,54(2):423-432.

田亚军,2018.旋回性薄互层时频特性正演模拟研究[D].大庆:东北石油大学.

仝敏波,景春利,刘英明,等,2011.叠前地震直接定量反演方法在火成岩储层预测中的应用研究[J].地球物理学进展,26(5):1741-1747.

万效国,邬光辉,谢恩,等,2016.塔里木盆地哈拉哈塘地区碳酸盐岩断层破碎带地震预测[J].石油与天然气地质,37(5):786-791.

万中华,2017.东濮凹陷濮卫地区盐湖相高压薄层油气藏成藏机理研究[D].青岛:中国石油大学(华东).

汪恩华,贺振华,李庆忠,2002.沿层谱比的物理意义及实用价值[J].石油物探,41(1):76-80.

汪佳蓓,黄捍东,张文珠,2016.桑塔木地区三叠系深部地震薄储集层预测[J].断块油气田,23(4):447-450.

王宝坤,2018.基于深度学习方法的储层预测研究[D].上海:复旦大学.

王碧泉,1994.模式识别研究及其在地震学中的应用[J].地球物理学报,37(S1):214-222.

王碧泉,陈祖荫,1989. 模式识别理论、方法与应用[M]. 北京:地震出版社.

王大伟,刘震,陈小宏,等,2005. 地震相干技术的进展及其在油气勘探中的应用[J]. 地质科技情报,24(2):71-76.

王大兴,王永刚,赵玉华,等,2016. 一种地震强反射振幅消除方法在鄂尔多斯盆地的试验[C]. SPG/SEG 北京国际会议:413-416.

王光付,2008. 碳酸盐岩溶洞型储层综合识别及预测方法[J]. 石油学报,29(1):47-51.

王惠勇,陈世悦,张云银,等,2014. 东营凹陷浊积岩优质储层预测技术[J]. 石油地球物理勘探,49(4):776-783.

王建,孔庆明,董雄英,2016. 二连盆地致密油形成特征及勘探潜力[J]. 西南石油大学学报(自然科学版),38(2):11-19.

王金铎,于建国,孙明江,1998. 陆相湖盆陡坡带砂砾岩扇体的沉积模式及地震识别[J]. 石油物探,37(3):40-47.

王金铎,许淑梅,于建国,等,2008. 用波形分析法预测滨浅湖滩坝砂岩储层:以东营凹陷西部地区沙-4 上亚段为例[J]. 地球科学——中国地质大学学报,33(5):627-634.

王静,张军华,王延光,等,2019. 特征值相干理论诠释及效果比较[J]. 地球物理学进展,34(5):1917-1923.

王军,任雄风,张军华,等,2020. 基于 PCA-RF 的砂砾岩有利储层厚度预测方法[J]. CT 理论与应用研究,29(3):311-318.

王军,张中巧,滕玉波,等,2011. 基于地震瞬时谱分析的三角洲砂体尖灭线识别技术[J]. 断块油气田,18(5):585-588.

王军,朱博华,刘振,2012. 基于 HHT-MWT 的滩坝砂薄互层描述技术研究[J]. 石油地球物理勘探(物探年会专刊):94-97.

王明春,2007. VTI 介质多波叠前联合反演岩性参数方法及应用[D]. 成都:成都理工大学.

王楠,张纪,孙莉,等,2016. 叠前同时反演在 K 气田深部储层预测中的应用[J]. 海洋石油,36(1):7-11.

王勤聪,李宗杰,孙雯,2002. 塔河油田碳酸盐岩储集层地球物理识别模式[J]. 新疆石油地质,23(5):400-401.

王庆峰,张军华,李红梅,等,2017. 匹配追踪去强屏蔽技术在浊积岩储层预测中的应用[C]. 2017 中国地球科学联合学术年会论文集:123-124.

王树刚,李红梅,王红,等,2013. 东营北带东部盐下深层砂砾岩体有效储层地震识别[J]. 石油物探,52(5):553-558.

王树华,2009. 准噶尔盆地永进地区隐蔽油气藏识别与预测[D]. 青岛:中国海洋大学.

王万银,2010. 位场总水平导数极值位置空间变化规律研究[J]. 地球物理学报,53(9):2257-2270.

王维红,林春华,王建民,等,2009. 叠前弹性参数反演方法及其应用[J]. 石油物探,48(5):483-492.

王晓春,杨有发,1992. 煤层在三瞬地震剖面上的响应特点和厚度反演研究[J]. 中国煤田地质,4(3):69-73.

王兴涛,石磐,朱非洲,2004. 航空重力测量数据向下延拓的正则化算法及其谱分解[J]. 测绘学报,33(1):33-35.

王延光,李皓,李国发,等,2020. 一种用于薄层和薄互层砂体厚度估算的复合地震属性[J]. 石油地球物理勘探,55(1):153-160.

王艳红,2012. 盐家油田永 921 块砂砾岩沉积旋回划分与储层岩电表征[D]. 北京:中国地质大学(北京).

王永刚,乐友喜,张军华,2007. 地震属性分析技术[M]. 东营:中国石油大学出版社.

王永刚,杨国权,2001. 砂砾岩油藏的地球物理特征[J]. 石油大学学报(自然科学版),25(5):31-35.

王云专,郭雪豹,邢小林,等,2013. 薄层峰值频率特征分析[J]. 地球物理学进展,28(5):2515-2523.

王志刚,何展翔,覃荆城,等,2016. 时频电磁技术的新进展及应用效果[J]. 石油地球物理勘探,51(增刊):144-151.

王志杰,2012. 东营凹陷小营油田沙二段砂体尖灭线地震描述技术[J]. 石油地球物理勘探,47(2):305-308.

魏佳明,韩家新,2018. 随机森林在储层孔隙度预测中的应用[J]. 智能计算机与应用,8(5):79-82.

魏雅斋,陈清礼,桂志先,2008. 复合属性在北堡地区东营组储层预测中的应用[J]. 勘探地球物理进展,31(5):388-391.

魏艳,尹成,丁峰,等,2007. 地震多属性综合分析的应用研究[J]. 石油物探,46(1):42-47.

魏志平,2009. 谱分解调谐体技术在薄储层定量预测中的应用[J]. 石油地球物理勘探,44(3):337-340.

文山师,李海英,洪才均,等,2020. 顺北油田断溶体储层地震响应特征及描述技术[J]. 断块油气田,27(1):45-49.

吴述林,2013. 致密砂岩储层流体识别方法研究[D]. 武汉:长江大学.

吴莹莹,2013. 地震断层识别方法研究及应用[D]. 西安:西安科技大学.

吴永国,贺振华,黄德济,2008. 串珠状溶洞模型介质波动方程正演与偏移[J]. 地球物理学进展,23(2):539-544.

武克奋,2005. 双向预测法压制线性干扰波和多次波[J]. 石油物探,44(5):458-460.

夏冰,2007. 地震新技术在低级序断层识别中的应用[J]. 断块油气田,14(2):24-26.

夏晓敏,吴颜雄,张审琴,等,2019. 湖相滩坝砂体构型及对致密油甜点开发的意义——以柴达木盆地扎哈泉地区扎2井区为例[J]. 天然气地球科学,30(8):1158-1167.

鲜强,冯许魁,刘永雷,等,2019. 塔中地区碳酸盐岩缝洞型储层叠前流体识别[J]. 石油与天然气地质,40(1):196-204.

向龙斌,李东安,2016. 基于多子波分解和旋回分析法去火成岩地震反射屏蔽[J]. 地质科技情报,35(3):210-215.

肖佃师,张飞飞,卢双舫,等,2016. 井震联合识别复合砂体中单一河道——以朝44区块扶余油层为例[J]. 石油地球物理勘探,51(1):148-157.

肖焕钦,王宝言,陈宝宁,等,2002. 济阳坳陷陡坡带断裂控砂模式[J]. 油气地质与采收率,9(5):20-22.

肖鹏飞,2020. 叠前地震流体识别技术在碳酸盐岩缝洞型储层中的应用[J]. 石油物探,59(3):450-461.

谢春辉,雍学善,王洪求,等,2015. 基于AVAZ反演的裂缝型储层流体识别方法[C]. 中国石油学会物探技术研讨会论文集:530-533.

徐春梅,2011. 川中古隆起磨溪地区碳酸盐岩储层预测研究[D]. 大庆:东北石油大学.

徐桂芬,何展翔,石艳玲,等,2019. 电磁-地震联合研究深层火山岩储层——以辽东凹陷火山岩勘探为例. 石油地球物理勘探,54(4):937-946.

徐敬领,刘洛夫,王贵文,等,2010. 应用测井资料的"三瞬"属性进行地层划分及对比研究[J]. 地球科学进展,25(4):408-417.

徐天吉,沈忠民,文雪康,2010.多子波分解与重构技术应用研究[J].成都理工大学学报(自然科学版),37(6):660-665.

徐伟,2009.东营凹陷西部地区滨浅湖滩坝砂岩储层预测技术及描述技术研究[D].青岛:中国海洋大学.

徐伟慕,郭平,胡天跃,2013.薄互层调谐与分辨率分析[J].石油地球物理勘探,48(5):750-757.

许多年,尹路,瞿建华,等,2015.低渗透砂砾岩"甜点"储层预测方法及应用——以准噶尔盆地玛湖凹陷北斜坡区三叠系百口泉组为例[J].天然气地球科学,26(S1):154-161.

闫相宾,管路平,王世星,2007.塔里木盆地碳酸盐岩缝洞系统的地震响应特征及预测[J].石油与天然气地质,28(6):828-835.

严高云,2007.垦利油田构造特征及勘探潜力分析[D].东营:中国石油大学(华东).

阎平凡,高林,徐雷,1987.由地震记录辅助推断沉积相——模式识别在地震勘探中应用的探讨[J].清华大学学报(自然科学版),27(1):77-86.

杨春生,2015.井震结合内前缘亚相窄小河道砂体刻画方法研究[J].长江大学学报,12(26):15-18.

杨辉,文百红,戴晓峰,等,2011.火山岩油气藏重磁电震综合预测方法及应用.地球物理学报,54(2):286-293.

杨吉鑫,文晓涛,陈昕,等,2017.基于稀疏自适应S变换的储层流体流度计算[J].科学技术与工程,17(36):145-151.

杨金山,丁艳红,李志勇,等,2010.频谱成像技术在泌阳凹陷深凹区储层预测[J].石油物探,49(1):54-57.

杨璐,宋建国,2018.基于随机森林的地震储层分类方法研究[C].中国地球科学联合学术年会.

杨敏,李小波,谭涛,等,2020.古暗河油藏剩余油分布规律及挖潜对策研究[J].油气藏评价与开发,10(2):43-48.

杨培杰,印兴耀,张广智,2007.希尔伯特-黄变换地震信号时频分析与属性提取[J].地球物理学进展,22(5):1585-1590.

杨平,高国成,侯艳,等,2016.针对陆上深层目标的地震资料采集技术——以塔里木盆地深层勘探为例[J].中国石油勘探,21(1):61-74.

杨森林,万国宾,高静怀,2015.基于分块压缩感知的遥感图像融合[J].计算机应用研究,32(1):316-320.

杨晓,王真理,喻岳钰,2010.裂缝型储层地震检测方法综述[J].地球物理学进展,25(5):1785-1794.

杨晓兰,2019.基于正演模型的地震相识别溶洞充填技术——以塔河油田12区东奥陶系储层为例[J].复杂油气藏,12(2):17-21.

杨晓萍,赵文智,邹才能,等,2007.川中气田与苏里格气体"甜点"储层对比研究[J].天然气工业,27(1):4-7.

杨亚华,高刚,魏红梅,等,2017.叠前同时反演在灰质发育区识别储层及流体的应用研究[J].地球物理学进展,32(1):338-344.

姚光庆,周锋德,2002.孤岛油田馆陶组河流砂体储层宏观特征[J].河南石油,16(3):4-7.

姚军辉,张晓晖,王延宾,等,2010.低孔低渗裂缝性储层建模及预测研究——以新疆百31断块二叠系佳木河组为例[J].中国石油勘探,15(5):37-40.

姚清洲,孟祥霞,张虎权,等,2013.地震趋势异常识别技术及其在碳酸盐岩缝洞型储层预测中的应用——以塔里木盆地英买2井区为例[J].石油学报,34(1):101-106.

姚威,吴冲龙,史原鹏,等,2013. 利用地震属性融合技术研究洪浩尔舒特凹陷下白垩统沉积相特征[J]. 石油地球物理勘探,48(4):634-642.

姚卫江,党玉芳,张顺存,等,2010. 准噶尔盆地西北缘红车断裂带石炭系成藏控制因素浅析[J]. 天然气地球科学,21(6):917-923.

叶树刚,孙希杰,仝敏波,等,2014. 水平切片解释方法在焦作井田构造复杂区的应用[J]. 工程地球物理学报,11(5):604-608.

叶泰然,苏锦义,刘兴艳,2008. 分频解释技术在川西砂岩储层预测中的应用[J]. 石油物探,41(1):72-76.

伊万顺,2009. 东营凹陷北部陡坡带砂砾岩体预测技术与目标预测[D]. 北京:中国地质大学(北京).

殷积峰,李军,谢芬,等,2007. 波形分类技术在川东生物礁气藏预测中的应用[J]. 石油物探,64(1):53-57.

尹继全,衣英杰,2013. 地震沉积学在深水沉积储层预测中的应用[J]. 地球物理学进展,28(5):2626-2633.

尹继先,1980. 欢喜岭油田沙二油藏形成的地质条件与油气富集规律[J]. 石油勘探与开发,7(5):25-33.

于建国,韩文功,刘力辉,2006. 分频反演方法及应用[J]. 石油地球物理勘探,41(2):193-197.

于建国,姜秀清,2003. 地震属性优化在储层预测中的应用[J]. 石油与天然气地质,24(3):291-295.

于四伟,2017. 基于自适应稀疏反演的地震数据重构[D]. 哈尔滨:哈尔滨工业大学.

余鹏,李振春,2006. 分频技术在储层预测中的应用[J]. 勘探地球物理进展,29(6):419-423.

余振,王彦春,何静,等,2012. 富含油储层地震响应特征分析[J]. 现代地质,26(6):1250-1257.

袁红军,高振平,刘民,等,2010. 东营凹陷博兴洼陷浊积岩特征及油气藏类型[J]. 石油地球物理勘探,45(S1):167-171.

昝灵,王顺华,张枝焕,等,2011. 砂砾岩储层研究现状[J]. 长江大学学报(自然科学版),8(3):63-66.

曾勇坚,印兴耀,宗兆云,2015. 基于方位杨氏模量直接反演的地层裂缝预测[C]. 中国地球科学联合学术年会论文集:102.

张彬彬,张在金,傅金荣,等,2014. 利用地震数据高频成分恢复低频信息[C]. 中国地球科学联合学术年会论文集:13-14.

张宸赫,韩军铮,纪友亮,等,2020. 陆相湖盆扇三角洲-滩坝体系砂体展布特征与叠置模式——以渤海湾盆地饶阳凹陷留西地区沙三上亚段为例[J]. 天然气地球科学,31(4):518-531.

张尔华,关晓巍,张元高,2011. 支持向量机模型在火山岩储层预测中的应用——以徐家围子断陷徐东斜坡带为例[J]. 地球物理学报,54(2):428-432.

张繁昌,李传辉,印兴耀,2012. 三角洲砂岩尖灭线的地震匹配追踪瞬时谱识别方法[J]. 石油地球物理勘探,47(1):82-88.

张凤青,宋永忠,高静怀,等,2014. 基于三参数小波变换的地震瞬时属性计算方法及应用[J]. 物探化探计算技术,36(4):481-486.

张奉东,2010. 低渗透微裂缝储层地质特征及改造技术[D]. 西安:西北大学.

张福利,2008. 地震反射层夹角外推法定量确定地震超覆线位置——以陈家庄凸起东段北部缓坡带下段为例[J]. 石油地球物理勘探,43(5):573-577.

张辉,陈龙伟,任治新,等,2009. 位场向下延拓迭代法收敛性分析及稳健向下延拓方法研究. 地球物理学报,52(4):1107-1113.

张会卿,2016. 含油砂体刻画技术在复杂断块油藏开发中的应用[J]. 油气地球物理,14(1):32-35.

张京思,揣媛媛,边立恩,2016. 正演模拟技术在渤海油田 X 井区砂体连通性研究中的应用[J]. 岩性油气藏,28(3):127-132.

张军华,周振晓,谭明友,等,2007. 地震切片解释中的几个理论问题[J]. 石油地球物理勘探,42(3):348-352,361.

张军华,高荣涛,张科,等,2006. 地震精细标定效果及问题分析[J]. 石油地球物理勘探(西部会议专刊):228-230.

张军华,黄广谭,李军,等,2015. 基于层次分析法的地震有利储层预测[J]. 特种油气藏,22(5):23-27.

张军华,黄广谭,刘培金,等,2014. 滩坝砂地震精细解释软件开发及实现[J]. 物探化探计算技术,36(5):577-582.

张军华,刘杨,林承焰,等,2018. 甜点地震属性理论诠释及应用[J]. 石油地球物理勘探,53(2):355-360.

张军华,刘振,刘炳杨,等,2012. 强屏蔽层下弱反射储层特征分析及识别方法[J]. 特种油气藏,19(1):27-30.

张军华,刘振,朱博华,等,2011. 河流相储层特征及识别:一个老河口油田的实例分析(英文)[J]. Applied Geophysics,8(3):181-188.

张军华,王庆峰,张晓辉,等,2017. 薄层和薄互层叠后地震解释关键技术综述[J]. 石油物探,56(4):459-471,482.

张军华,朱文博,吴成,等,2014. 碳酸盐岩溶洞成像要素分析与研究[J]. CT 理论与应用研究,23(3):413-423.

张军华,2012. 断块、裂缝型油藏地震精细描述技术[M]. 青岛:中国石油大学出版社.

张军华,范腾腾,杨勇,等,2016. 永进油田西山窑组砂体储层尖灭线的地震识别技术[J]. 石油物探,55(2):261-270.

张军华,桂志鹏,刘显太,等,2020. 过零点个数地震属性理论诠释及应用[J]. 地球物理学进展,35(1):258-264.

张军华,侯静,辛星,等,2018. 道积分属性理论诠释及其在薄河道砂体预测中的应用[J]. 地球物理学进展,33(1):326-333.

张军华,李军,吴成,等,2015. 溶洞型储层地震采集参数与成像关系研究[J]. 石油地球物理勘探,50(4):573-579.

张军华,李军,肖文,等,2016. 基于速度频散因子表征的 CO_2 驱地震监测方法(英文)[J]. Applied Geophysics,13(2):307-314.

张军华,李琴,王延光,等,2020. 用相干体识别古河道及实际应用[J]. 科学技术与工程,20(35):14431-14439.

张军华,刘显太,杨勇,等,2014. 滩坝砂储层地震解释存在的问题及对策[J]. 石油地球物理勘探,49(1):167-175.

张军华,陆文志,王月英,等,2004. 薄层地球物理特征再认识[J]. 石油物探,43(6):541-546.

张军华,王伟,谭明友,等,2007. 基于 GST 的相干体方法研究及应用[J]. 天然气工业(增刊 A):381-383.

张军华,董猛,周振晓,等,2007. 地震解释的误区与对策[J]. 天然气工业(增刊 A):100-103.

张军华,王永刚,杨国权,等,2003. 地震旋回体的概念及应用[J]. 石油地球物理勘探,38(3):281-284.

张军华,王月英,赵勇,2004. C3 相干体在断层和裂缝识别中的应用[J]. 地震学报,26(5):560-564.

张军华,王作乾,谭明友,等,2020. 东营凹陷深部储层流度属性提取及应用[J]. 石油物探,59(3):441-449.

张军华,张彬彬,吴成,等,2014. 地震采集与处理因素对溶洞成像的影响分析[J]. 地球物理学进展,29(3):1350-1356.

张军华,张瑞芳,刘磊,2012. 滩坝砂薄互层储层正演模拟研究[J]. 石油地球物理勘探(物探年会专刊):22-25.

张军华,张晓辉,张秋,等,2017. 基于 Moore Penrose 算法的谱反演方法研究[J]. 地球物理学进展,32(6):2596-2601.

张军华,张在金,张彬彬,等,2016. 地震低频信号对关键处理环节的影响分析[J]. 石油地球物理勘探,51(1):54-62.

张军华,朱焕,高荣涛,等,2007. 地震复合属性——地震属性提取与解释新方法[J]. 新疆石油地质,28(4):494-496.

张军林,田世澄,郑多明,等,2013. 裂缝型储层地震属性预测方法研究与应用[J]. 石油天然气学报,35(3):79-84.

张猛,王华忠,隋志强,等,2016. 基于经验模态分解和小波变换的地震瞬时频率提取方法及应用[J]. 石油地球物理勘探,51(3):565-571.

张木森,林承焰,许红,等,2016. 多尺度子波分解技术在地震解释中的应用[J]. 海洋地质前沿,35(3):73-78.

张荣强,2005. 平衡剖面技术在莱州湾地区及周围盆地构造分析中的应用[D]. 北京:中国地质科学院.

张生强,韩立国,李才,等,2015. 基于高分辨率反演谱分解的储层流体流度计算方法研究[J]. 石油物探,54(2):142-149.

张世鑫,张繁昌,李少鹏,等,2010. 泌阳凹陷安店区块薄储层精细预测[J]. 石油物探,49(1):34-41.

张伟,2016. 下扬子地区复杂构造地震物理模拟[D]. 北京:中国石油大学(北京).

张显文,曹树春,聂妍,等,2018. 地震多属性孔隙因子参数反演及其在伊拉克 M 油田碳酸盐岩储层预测中的应用[J]. 石油物探,57(5):756-763.

张显文,胡光义,范廷恩,等. 河流相储层结构地震响应分析与预测[J]. 中国海上油气,18(1):110-117.

张向君,张烨,2018. 基于支持向量机的交互检验储层预测[J]. 石油物探,57(4):597-600.

张彦周,刘叶玲,谢宝英,2005. 支持向量机在储层厚度预测中的应用[J]. 勘探地球物理进展,28(6):422-424.

张义,尹艳树,2015. 约束稀疏脉冲反演在杜坡油田核三段中的应用[J]. 岩性油气藏,27(3):103-107.

张营革,2013. 能量半衰时属性在浊积岩储层预测中的应用研究[J]. 石油物探,52(6):662-668.

张宇,2008. 东营凹陷西部沙四段上亚段滩坝砂体的沉积特征[J]. 油气地质与采收率,15(6):35-38.

张云银,魏欣伟,谭明友,等,2019. 基于压缩感知技术的去除强屏蔽研究及应用[J]. 岩性油气藏,31(4):85-91.

张在金,2016. 含强屏蔽层的储层地震预测方法研究与应用[D]. 青岛:中国石油大学(华东).

张在金,张军华,李军,等,2016. 煤系地层地震强反射剥离方法研究及低频伴影分析[J]. 石油地球物理勘探,51(2):376-383.

张志军,周东红,2016.辽中北洼锦州 a 区东营组浊积扇地震描述研究[J].西南石油大学学报(自然科学版),38(3):55-64.

赵坤,2015.断层破碎带内部结构及油气地质意义[D].青岛:中国石油大学(华东).

赵维娜,张训华,吴志强,等,2016.三瞬属性在南黄海第四纪地震地层分析中的应用[J].海洋学报,38(7):117-125.

赵文智,邹才能,冯志强,等,2008.松辽盆地深层火山岩气藏地质特征及评价技术[J].石油勘探与开发,35(2):129-142.

赵文智,邹才能,冯志强,等,2008.松辽盆地深层火山岩气藏地质特征及评价技术[J].石油勘探与开发,35(2):129-142.

赵贤正,张锐锋,田建章,等,2012.廊固凹陷整体研究再认识及有利勘探方向[J].中国石油勘探,17(6):10-15.

赵贤正,降栓奇,淡伟宁,等,2010.二连盆地阿尔凹陷石油地质特征研究[J].岩性油气藏,22(1):12-17.

赵志超,罗运先,田景春,1996.中国东部陆相盆地砂砾岩成因类型及地震地质特征[J].石油物探,35(4):76-86.

郑多明,邹义,关宝珠,等,2020.基于 OVT 域五维道集碳酸盐岩叠前裂缝预测技术[J].物探化探计算技术,42(1):9-16.

郑静静,王延光,杜磊,等,2014.基于概率核主成分分析的属性优化方法及应用[J].石油地球物理勘探,49(3):567-571.

郑四连,2009.地震综合反演在准噶尔盆地 YJ 地区砂体预测中的应用[J].石油物探,48(6):568-576.

郑晓丽,安海亭,王祖君,等,2019.哈拉哈塘地区走滑断裂与断溶体油藏特征[J].新疆石油地质,40(4):449-455.

周惠,田玉昆,刘晓,等,2019.乌伦古坳陷深层石炭系火山岩低频地震识别技术应用[J].物探与化探,43(6):1217-1224.

周进峰,2011.东辛油田典型断层破碎带识别与描述[D].青岛:中国石油大学(华东).

周新桂,操成杰,袁嘉音,2003.储层构造裂缝定量预测与油气渗流规律研究现状和进展[J].地球科学进展,18(3):398-404.

周游,高刚,桂志先,等,2017.灰质发育背景下识别浊积岩优质储层的技术研究——以东营凹陷董集洼陷为例[J].物探与化探,41(5):899-906.

朱博华,2013.滩坝砂薄互层油藏储层预测方法研究[D].青岛:中国石油大学(华东).

朱超,夏志远,王传武,等,2015.致密油储层甜点地震预测[J].吉林大学学报(地球科学版),45(2):602-610.

朱广生,2009.地震资料储层预测方法[M].北京:石油工业出版社.

朱剑兵,谭明友,2009.利用支持向量机法预测地震储层厚度的尝试[J].大庆石油地质与开发,28(1):34-36.

朱剑兵,王兴谋,冯德永,等,2020.基于双向循环神经网络的河流相储层预测方法及应用[J].石油物探,59(2):250-257.

庄成三,王培强,肖娃莉,等,1994.储层模式识别技术[J].石油地球物理勘探,29(5):630-636.

邹才能,张国生,杨智,等,2013.非常规油气概念、特征、潜力及技术——兼论非常规油气地质学[J].石油勘探与开发,40(4):385-399.

邹才能,赵文智,贾承造,等,2008.中国沉积盆地火山岩油气藏形成与分布[J].石油勘探与开发,35(3):257-271.

ABBAS A,ABBASI H,SHAFIQ A,2015. Enhancement of subtle features in coherence volumes [C]. SEG Technical Program Expanded Abstracts:1707-1710.

ADEOTI L,ADELEYE K,ITSEMODE A,et al.,2015. Fluid prediction using AVO analysis and forward modelling of deep reservoirs in Faith Field,Niger Delta,Nigeria[J]. Arabian Journal of Geosciences,8(6):4057-4074.

AI-DOSSARY S,MARFURT K J,2006. 3D volumetric multispectral estimates of reflector curvature and rotation[J]. Geophysics,71(5):41-51.

AI-DOSSARY S,2015. Preconditioning seismic data for channel detection[J]. Interpretation,3 (1):T1-T4.

ALISTAIR R B,1996. Seismic attributes and their classification[J]. The Leading Edge,15(10): 1090.

BACHRACH R,SAYERS C M,DASGUPTA S,et al.,2014. Seismic reservoir characterization for unconventional reservoirs using orthorhombic AVAZ attributes and stochastic rock physics modeling[C]. SEG Technical Program Expanded:2408-2412.

BACHRACH R,SAYERS C M,DASGUPTA S,et al.,2013. Recent advances in the characterization of unconventional reservoirs with wide-azimuth seismic data[J]. SEG Technical Program Expanded Abstracts:263-272.

BADRINARAYANAN V,KENDALL A,CIPOLLA R,2017. SegNet:A deep convolutional encoder-decoder architecture for image segmentation[J]. IEEE Transactions on Pattern Analysis and Machine Intelligence,39(12):2481-2495.

BAKKER P,2002. Image structure analysis for seismic interpretation[D]. Technical University Delft.

BALCH A H,1971. Color sonograms:A new dimension in seismic data interpretation[J]. Geophysics,36(6):1074-1089.

BANESHI M,BEHZADIJO M,ROSTAMI M,et al.,2015. Using well logs to predict a multimin porosity model by optimized spread RBF networks[J]. Energy Sources,37(21-24):2443-2450.

BOIS P,1983. Some applications of pattern recognition to oil and gas exploration[J]. IEEE Transactions on Geoscience and Remote Sensing,21(4):416-426.

BOTTER C,CARDOZO N,QU D,et al.,2017. Seismic characterization of fault facies models [J]. Interpretation,5(4):SP9-SP26.

BROWN A R,2001. Understanding seismic attributes[J]. Geophysics,66(1):47-48.

CANDES E J,ROMBERG J,2007. Sparsity and incoherence in compressive sampling[J]. Inverse Problems,23(3):969-985.

CANNY J,1986. A computational approach to edge detection[J]. IEEE Transactions on Pattern Analysis and Machine Intelligence,8(6):679-698.

CHAKRABORTY A,OKAYA D,1995. Frequency-time decomposition of seismic data using wavelet based methods[J]. Geophysics,60(6):1906-1916.

CHEN Q,SIDNEY S,1997. Seismic attribute technology for reservoir forecasting and monitoring [J]. The Leading Edge,16(5):445-450.

CHEN X H,HE Z H,ZHU S X,et al.,2012. Seismic low-frequency-based calculation of reservoir fluid mobility and its applications[J]. Applied Geophysics,9(3):326-332.

CHOPRA S,KUMAR R,MARFURT K J,2014. Seismic discontinuity attributes and Sobel filtering[C]. SEG Technical Program Expanded Abstracts:1624-1628.

CHUNG H,LAWTON D C,1995. Amplitude responses of thin beds:Sinusoidal approximation versus Ricker approximation[J]. Geophysics,60(1):223-230.

CRAMPIN S,1984. Effective anisotropic elastic constants for wave propagation through cracked solids[J]. Geophysical Journal of the Royal Astronomical Society,76(1):135-145.

DAI J F,LI H Y,ZHANG M S,et al.,2017. Reservoir prediction of glutenite fan based on time-frequency analysis—A case of a structure in Bohai area[C]. SEG:2294-2298.

DART C J,COLLIER R,GAWTHORPE R,et al.,1994. Sequence stratigraphy of Pliocene-Quaternary synrift,Gilbert-type fan deltas,northern Peloponnesos,Greece[J]. Marine and Petroleum Geology,11(5):545-560.

DAVIS T,2010. The state of EOR with CO_2 and associated seismic monitoring[J]. The Leading Edge,29(1):31-33.

DELLAPE D,HEGEDUS A,1995. Structural inversion and oil occurrence in the Cuyo Basin of Argentina[J]. AAPG Memoir,62:359-367.

DONIAS M,DAVID C,BERTHOUMIEU Y,et al.,2007. New fault attribute based on robust directional scheme[J]. Geophysics,72(4):P39-P46.

DONOHO D L,2006. Compressed sensing[J]. IEEE Transactions on Information Theory,52 (4):1289-1306.

DRAGOMIRETSKIY K,ZOSSO D,2014. Variational mode decomposition[J]. IEEE Transactions on Signal Processing,62(3):531-544.

DUMOULIN V,VISIN F,2016. A guide to convolution arithmetic for deep learning[J]. arXiv: 1603.07285.

FOMEL S,LANDA E,TANER M T,2007. Poststack velocity analysis by separation and imaging of seismic diffractions[J]. Geophysics,72(6):U89-U94.

FOMEL S,2002. Applications of plane-wave destruction filters[J]. Geophysics,67(6):1946-1960.

FOUAD K,AMBROSE W A,BROWN F,et al.,2003. Seismic facies and attribute analysis of the miocene incised-valley-fill and submarine-canyon systems in Tuxpan Basin,Offshore Mexico [J]. Seg Technical Program Expanded Abstracts,22(1):2452.

FUTTERMAN W I,1962. Dispersive body waves[J]. Journal of Geophysical Research,67:5279-5291.

GERSZTENKORN A,MARFURT K J,1999. Eigen structure based coherence computations as an aid to 3-D structural and stratigraphic mapping[J]. Geophysics,64(5):1468-1479.

GHAHRAMANI Z,2015,Probabilistic machine learning and artificial intelligence[J]. Nature, 521(7553):452-459.

GREENE M,2007,The discrete prolate spheroidal sequences and a series expansion for seismic wavelets[J]. Geophysics,72(6):V119-V132.

GUO H,LEWIS S,MARFURT K J,2008. Mapping multiple attributes to three and four-component color models—a tutorial[J]. Geophysics,73(3):7-19.

HART B S,2008. Channel detection in 3-D seismic data using sweetness[J]. AAPG Bulletin,92 (6):733-742.

HICKEY J J,BO H,2007. Lithofacies summary of the Mississippian Barnett Shale,Mitchell 2T. P Sims well,Wise County,Texas[J]. AAPG Bulletin,91(4):437-443.

HUANG K Y,FU K S,1985. Syntactic pattern recognition for the recognition of bright spots[J]. Pattern Recognition,18(6):421-428.

HUANG N E,SHEN Z,LONG S R,et al.,1998. The empirical mode decomposition and the Hilbert spectrum for nonlinear and non-stationary time series analysis[J]. Proceeding of the Royal Society of London,Series A:Mathematical,Physical and Engineering Sciences,454:903-995.

HUDSON J A,1981. Wave speeds and attenuation of elastic waves in material containing cracks [J]. Geophysical Journal of the Royal Astronomical Society,64:133-150.

HUDSON J A,1986. A higher-order approximation to the wave propagation constants for a cracked solid[J]. Geophysical Journal of the Royal Astronomical Society,87:265-274.

IOFFE S,SZEGEDY C,2015. Batch normalization:Accelerating deep network training by reducing internal covariate shift[J]. CoRR,abs/1502. 03167.

JEFFREY P,1987. Multitaper spectral analysis of high-frequency seismogram[J]. Journal of Geophysical research,92(B12):12675-12684.

JUSTICE J H,HAWKINS D J,WONG G,1985. Multidimensional attribute analysis and pattern recognition for seismic interpretation[J]. Pattern Recognition,18(6):391-399.

KENDALL A,BADRINARAYANAN V,CIPOLLA R,2015. Bayesian segnet:Model uncertainty in deep convolutional encoder-decoder architectures for scene understanding[J]. CoRR,abs/1511. 02680.

KHATIWADA M,WIJK K,ADAM L,et al.,2009. A numerical sensitivity analysis to monitor CO_2 sequestration in layered basalt with coda waves [C]. Houston,2009 SEG Annual Meeting:Society of Exploration Geophysicists:3865-3869.

KINGMA D P,BA J L,2014. Adam:A method for stochastic optimization[J]. CoRR,abs/1412. 6980.

KINGTON J,2015. Semblance,coherence,and other discontinuity attributes[J]. The Leading Edge,34(12):1510-1512.

KOLYUKHIN D R,LISITSA V,PROTASOV M,et al.,2017. Seismic imaging and statistical analysis of fault facies models[J]. Interpretation,5(4):SP71-SP82.

KORNEEV V A,GOLOSHUBINZ G M,DALEY T M,et al.,2004. Seismic low-frequency effects in monitoring fluid-saturated reservoirs[J]. Geophysics,69(2):522-532.

LECUN Y,BENGIO Y,HINTON G,2015. Deep learning[J]. Nature,521:436-444.

LEI L,TAN M Y,ZHANG Y Y,et al.,2016. Analysis of seismic response for CO_2 flooding:A case study in G89 area of SL Oilfield[C]. SEG Global Meeting Abstracts:45-48.

LI F Y,ZHANG B,ZHAI R,et al.,2017. Depositional sequence characterization based on seismic variational mode decomposition[J]. Interpretation,5(2):SE97-SE106.

LILLY J M,PARK J,1995. Multiwavelet spectral and polarization analysis of seismic records[J]. Geophysical Journal International,122(3):1001-1021.

LIU J L,MARFURT K J,2007. Instantaneous spectral attributes to detect channels[J]. Geophysics,72(2):P23-P31.

LIU J L,MARFURT K,2007. Multicolor display of spectral attributes[J]. The Leading Edge,26:268-271.

LIU J L,WU Y F,HAN D H,et al.,2007. Time-frequency decomposition based on Ricker Wavelet[J]. SEG Technical Program Expanded Abstracts,2004,23(1):1937-1940.

LIU Y,ZHANG J H,WANG Y G,et al.,2020. An improved Gaussian frequency domain sparse inversion method based on compressed sensing[J]. Applied Geophysics,17(3):443-452.

LONG J E,SHELHAMER,DARRELL T,2014. Fully convolutional networks for semantic segmentation[J]. CoRR,abs/1411. 4038.

LUO W P,LI H Q,SHI N. Semi-supervised least squares support vector machine algorithm:Application to offshore oil reservoir[J]. Applied Geophysics,13(2):406-415.

LUO Y,HIGGS W G,KOWALIK W S,1996. Edge detection and stratigraphic analysis using 3D seismic data[C]. SEG Technical Program Expanded Abstracts:324-327.

MALLAT S G,ZHANG Z F,1993. Matching pursuit with time-frequency dictionaries[J]. IEEE Transactions on Signal Processing,41(12):3397-3415.

MALLICK S,CRAFT K,MEISTER L,et al.,1998. Determination of the principle direction of azimuthal anisotropy from P-wave seismic data[J]. Geophysics(63):692-706.

MATHEWSON,HALE D,2008. Detection of channels in seismic images using the steerable pyramid[J]. SEG Technical Program Expanded Abstracts:199-210.

MCCULLAGH T,HART B,2010. Stratigraphic controls on production from a basin-centered gas system:Lower Cretaceous Member,Deep Basin,Alberta,Canada[J]. AAPG Bulletin,94 (3):239-315.

MELTON B D,2008. A geological and geophysical study of the Sergipe-Alagoas Basin[J]. Physics,64(64):405-408.

MITCHELL J T,DERZHI N,LICHMAN E,et al.,1996. Energy absorption analysis:A case study[C]. SEG Technical Program Expanded Abstracts:1785-1788.

MONEA M,KNUDSEN R,WORTH K,et al.,2009. Considerations for monitoring,mitigation, and verification for GS of CO_2[J]. Geophysical Monograph,183:303-316.

OLORUNSOLA,INFANTE L,HUTCHINSON B,et al.,2016. Multiattribute seismic facies expressions of a complex granite wash formation:A Buffalo Wallow field illustration[C]. SEG Technical Program Expanded Abstracts:1884-1888.

OSULLIVAN T P,KILOH K D,et al.,1991. Conglomerate identification and mapping leads to development success in a mature Alaskan Field[C]. International Arctic Technology Conference,Anchorage,Alaska:719-723.

PARTYKA G,GRIDLEY J,LOPEZO J,1999. Interpretational applications of spectral decomposition in reservoir characterization[J]. The Leading Edge,18(3):353-360.

PAWAR R,LORENZ J,BYRER C,et al.,2006. Sequestration of CO_2 in a depleted sandstone oil Reservoir:Results of a field demonstration test[C]. 8th international conference on Greenhouse Gas Control technologies,Trondhein,Norway.

PEDERSEN P K,FIC J D,FRASER A,2013. Integrated geological reservoir characterization of the Cardium Light Tight Oil Play,Pembina Field in Alberta[C]. Unconventional Resources Technology Conference:807-813.

PENA V,SARKAR S,MARFURT K J,et al.,2009. Mapping igneous intrusive and extrusive from 3D seismic in Chicontepec Basin,Mexico[C]. SEG Houston 2009 International Exposition and Annual Meeting:613-617.

PETFORD N,MCCAFFREY K,2003. Hydrocarbons in crystalline rocks[C]. International Journal of Computer Assisted Radiology & Surgery.

PHAM N,FOMEL S,DUNLAP D B,et al.,2019. Automatic channel detection using deep learning[C]. SEG Technical Program Expanded Abstracts 2018:2026-2030.

PHILLIPS M,FOMEL S,2017. Plane-wave Sobel attribute for discontinuity enhancement in seismic image[J]. Geophysics,82(6):WB63-WB69.

PHILLIPS M,FOMEL S,SWINDEMAN R,2014. Structure-oriented plane wave Sobel filter for edge detection in seismic images[C]. SEG Technical Program Expanded Abstracts:1954-1959.

PREWITT J M,1970. Object enhancement and extraction[J]. Picture Processing and Psychopictorics:75-149.

RADOVICH B J,OLIVEROSR B,1998. 3-D sequence interpretation of seismic instantaneous attributes from the Gorgon field[J]. The Leading Edge,17(9):1286-1293.

ROBERTS A,2001. Curvature attributes and their application to 3D interpreted horizons[J]. First Break,19(2):85-100.

SCHOFFMANN A B,1991. Optimizing fracture stimulations in the McArthur river field,Hemlock reservoir,utilizing historical results and improved technology[C]. International Arctic Technology Conference,Anchorage,Alaska:635-639.

SILIN D B,KORNEEV V M,GOLOSHUBIN V M,et al.,2004. A hydrologic view on Biot's theory of poroelasticity[M]. LBNL Report 54459.

SILIN D,GOLOSHUBIN G M,2009. A low-frequency asymptotic model of seismic reflection from a high-permeability layer[M]. Lawrence Berkeley National Laboratory Report,Berkeley, California,USA.

SILIN D,GOLOSHUBIN G,2010. An asymptotic model of seismic reflection from a permeable layer[J]. Transport in Porous Media,83(1):233-256.

SMITH J S,2005. The local mean decomposition and its application to EEG perception data[J]. Journal of the Royal Society Interface,2(5):443-454.

STARZER M R,BORDEN C U,SCHOFFMANN A B,1991. Waterflood monitoring technique results in improved reservoir management for the Hemlock reservoir,McArthur river field, Cook inlet,Alaska[C]. International Arctic Technology Conference,Anchorage,Alaska:187-189.

SUN D S,LING Y,GAO J,et al.,2014. Fractured volcanic reservoir characterization:A case study in the deep Songliao basin[C]. SPE Annual Technical Conference and Exhibition.

TANER M T,KOEHLER F,SHERIFF R E,1979. Complex seismic trace analysis[J]. Geophysics,44(6):1041-1063.

THOMSEN L,1995. Elastic anisotropy due to aligned cracks in porous rock[J]. Geophysical Prospecting,43(6):805-829.

TON L P,BROWNSCOMBE E R,DYES A B,1952. Method for producing oil by means of carbon dioxide[P]. US,2623596.

TSAIG Y,DONOHO D L,2006. Extensions of compressed sensing[J]. Signal Processing,86 (3):549-571.

VAPNIK V N,GOLOWICH S E,SMOLA A,1996. Support vector method for function approximation,regression estimation,and signal processing[J]. Advances in Neural Information Processing Systems,9(9):281-287.

WANG Y H,2007. Seismic time-frequency spectral decomposition by matching pursuit[J]. Geophysics,72(1):V13-V20.

WANG Y H,2010. Multichannel matching pursuit for seismic trace decomposition[J]. Geophysics,72(1):V61-V66.

WANG Z,CATES M E,LABGAN R T,1998. Seismic monitoring of a CO_2 flood in a carbonate reservoir:A rock physics study[J]. Geophysics,63(5):1604-1617.

WIDESS M B,1973. How thin is a thin bed? [J]. Society of Exploration Geophysicists,38(6):1176-1180.

WILSON A,CHAPMAN M,LI X Y,2009. Frequency-dependent AVO inversion[C]. SEG Technical Program Expanded Abstracts:341-345.

WLOSZCZOWSKI D, GOU Y, FARAJ A, 1998. 3-D acquisition cost-saving study[C]. SEG Technical Program Expanded Abstracts:70-73.

WU X J,JIANG G C,WANG X J,et al.,2013. Prediction of reservoir sensitivity using RBF neural network with trainable radial basis function[J]. Neural Computing and Applications,22(5):947-953.

WU X,2017. Directional structure-tensor-based coherence to detect seismic faults and channels [J]. Geophysics,82(2):A13-A17.

WU Z,HUANG N E,2009. Ensemble empirical mode decomposition:A noise-assisted data analysis method[J]. Advances in Adaptive Data Analysis,1(1):1-41.

XU G,LIU G J,CHEN Y Z,et al.,2009. Simultaneous large array 3D-VSP and full azimuth 3D surface seismic acquisition:A case history of igneous rock reservoir exploration[C]. SEG Houston 2009 International Exposition and Annual Meeting:456-460.

XU L G,XIA Y P,LIU W H,2009. Identification and prediction for deep-buried volcanic rock in superimpose basin[C]. SEG Beijing International Geophysical Conference and Exposition.

YAO J,LI S W,LIU H Q,et al.,2011. Prediction method research of diabase alteration zone in Huanghua Depression[C]. SEG San Antonio Annual Meeting:2487-2490.

YEH J R,SHIEH J S,2010. Complementary ensemble empirical mode decomposition:A novel noise enhanced data analysis method[J]. Advances in Adaptive Data Analysis,2(2):135-156.

ZENG H L,BACKUS M M,BARROW K T,et al.,1998. Stratal slicing,Part I. Realistic 3D seismic model[J]. Geophysics,63(2):502-513.

ZHANG J H,LI J,XIAO W,et al.,2016. Seismic dynamic monitoring in CO_2 flooding based on characterization of frequency dependent velocity factor[J]. Applied Geophysics,13(2):307-314.

ZHANG J H,LIU Z,FENG D Y,et al.,2011. Fluvial reservoir characterization and identification:A case study from Laohekou Oilfield[J]. Applied Geophysics,8(3):181-188.

ZHANG J H,ZHANG B B,ZHANG Z Z,et al.,2015. Low-frequency data analysis and expansion [J]. Applied Geophysics,12(2):212-220.

ZHANG J,SUN Z D,SUN Y S,et al.,2009. Identification and quantitative characterization of igneous rocks:Method and application in the north Huimin Sag[C]. SEG Houston International Exposition and Annual Meeting:1020-1024.

ZHANG K,MARFURT K J,WAN Z,et al.,2011. Seismic attribute illumination of an igneous reservoir in china. The Leading Edge,30(3):266-270.